普通高等教育农业农村部"十三五"规划教材

全国高等农林院校"十三五"规划教材

全国高等农业院校优秀教材

动物学

第二版

武晓东　付和平 / 主编

中国农业出版社

北　京

内容简介

　　本教材是编者在农林院校讲授基础课程"动物学"多年教学经验和第一版教材使用经验的基础上，吸纳国外同类型相关教材的优点，结合高等院校相关专业特色需求编写而成的。本教材共分十八章，系统地介绍了学习"动物学"课程所必须掌握的基本理论和基础知识，又结合不同专业特色在相应章节上有所侧重。在授课过程中，教师可以根据不同专业的培养目标，对授课内容进行适当取舍。本教材可作为高等院校本科生教材，同时可供从事农、牧、林、医等方面的相关人员参考。

第二版编写人员 ∨

主　编　武晓东（内蒙古农业大学）

付和平（内蒙古农业大学）

副主编　郭志成（内蒙古农业大学）

袁　帅（内蒙古农业大学）

参　编　魏登邦（青海大学）

刘发央（甘肃农业大学）

杨志杰（甘肃农业大学）

时　磊（新疆农业大学）

曲伟杰（云南农业大学）

刘雅婷（云南农业大学）

钱林东（云南农业职业技术学院）

高权荣（内蒙古医科大学）

张笑宇（内蒙古农业大学）

第一版编写人员 ∨

主　编　武晓东（内蒙古农业大学）

副主编　付和平（内蒙古农业大学）

参　编　孙素荣（新疆大学）

　　　　　朱仁俊（云南农业大学）

　　　　　呼和巴特尔（内蒙古农业大学）

　　　　　庞保平（内蒙古农业大学）

　　　　　郭志成（内蒙古农业大学）

　　　　　高权荣（内蒙古医学院）

　　　　　魏登邦（青海大学）

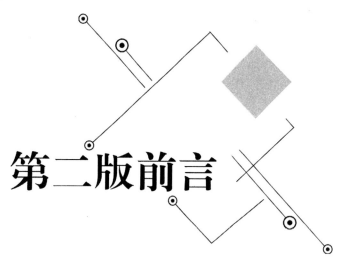

第二版前言

全国高等农林院校"十一五"规划教材《动物学》（中国农业出版社，武晓东主编）于2007年出版，使用超过10年，在有关院校的专业基础课教学中发挥了重要作用，得到了师生们的普遍认可。可以说，《动物学》对高等院校相关特色专业，诸如动物科学、动物医学、水产养殖学、草业科学和野生动物与自然保护区管理等专业明显起到了强基固本的作用，为实现相关专业的培养目标及后续专业核心课程的学习奠定了良好的基础。

21世纪是生物学的世纪，大脑定位机制、生物钟工作机制和抗疟疾新药发明等生物学领域日新月异的成就，无不与动物学有关。日益增长的生物学领域新理论、新知识使得作为传统学科的动物学更加需要更新和完善。为此，我们在原来部分编写人员的基础上，组织了相关院校多年从事动物学教学与科研的教师，开展了第二版教材的编写工作。第二版教材以动物的演化与多样性为主线，本着强化基本知识体系和着重进化适应思想的宗旨，参考了国内外新出版的相关教材和专著，查阅了动物学的新进展和新成果，在坚持原有特色的基础上，重新编写或完善了章节内容，并根据教学需要增补了5章内容，分别是：无脊椎动物若干小动物门简介、原口动物与后口动物、动物的结构与功能、动物行为、动物保护。

本教材由武晓东、付和平任主编，郭志成、袁帅任副主编，包括十八章内容和附录。具体分工如下：第一章、第十四章由武晓东编写；第二章、第三章、第四章、第七章第1~2节由郭志成编写；第五章由郭志成、高权荣编写；第六章由袁帅编写；第七章第3~8节由袁帅、魏登邦编写；第九章、第十章由付和平编写；第十一章由曲伟杰、刘雅婷编写；第十二章由钱林东、时磊、张笑宇编写；第十三章由郭志成、刘发央、杨志杰编写。新增的5章内容，第八章、第十八章由郭志成编写；第十五章、第十六章由武晓东、郭志成编写；第十七章由武晓东、付和平编写；附录由郭志成整理。袁帅、郭志成、付和平负责本教材图片的处理和图题的翻译及整理工作。

中国农业出版社的领导和参与本教材出版的工作人员，为本教材的出版付出了艰辛的努力，在此表示衷心的感谢！感谢内蒙古农业大学卫智军教授对本教材部分章节的编写提出宝贵建议；感谢研究生杨素文、纪羽、金永玲、张蓉、郭乾伟和温都苏帮助查阅、整理英文资料和部分图片，使得本教材编写内容更为完善，加快了出版进程。

第二版教材与第一版教材相比内容增加了不少且变动较大，由于编者水平所限，虽经多次认真修改审核，肯定仍然会有疏漏甚至错误，我们恳切希望有关专家和读者批评指正，以便再版修改。

编　者

2018年2月

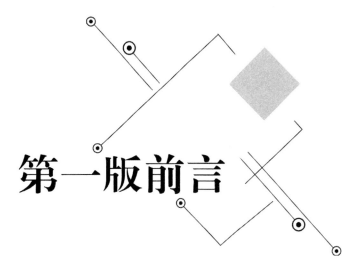

第一版前言

　　动物学作为一门古老的生物学科的分支学科，是农、林、牧、生物、医学及生物资源保护等专业的基础知识，是高等院校畜牧、兽医、生物工程、植保、草原、林学和野生动物管理等专业的必修课程。多年来我国的动物学家和学者编写了各种类型的动物学教材和专著，但很少有一种教材能结合高等农业院校相关专业特色而编写。本教材编者根据在高等农业院校多年从事动物学教学的经验，结合相关专业的特色和培养目标，在多年逐步完善和整理动物学讲义的基础上，参考国内外动物学教材和专著的精华编写而成。目的是为高等农业院校提供一本较合适和有特色的动物学教材。

　　在本教材中我们尝试以进化和系统的观点对各章进行了编写，如将海绵动物和腔肠动物合编为"低等多细胞动物"一章；将扁形动物、原腔动物和环节动物合编为"蠕形动物"一章；将两栖纲和爬行纲合编为"脊椎动物从水生到陆生的适应"一章。在结构上脊椎动物部分所占比重较大，在鸟纲和哺乳纲两章中重点介绍了西北地区的珍稀和有代表性的种类。以期使本教材能较好地适合高等农业院校有关的专业特色和培养目标。教材所有图片都是参考国内外相关书籍，请专业人员仿照绘制而成，并注明了出处。

　　本教材由武晓东主编，包括绪论和十二章内容，其中绪论、第五章、第十二章由武晓东编写；第一章、第二章、第三章和第四章第4节由郭志成编写；第四章第1～3节由呼和巴特尔和高权荣编写；第六章第1～3节、第七章、第八章由付和平编写；第六章第4～7节由庞保平编写；第九章由朱仁俊编写；第十章由孙素荣编写；第十一章由魏登邦编写。

　　由于编者水平有限，加之时间仓促，教材中的错误和疏漏在所难免，我们恳切希望有关专家、同仁和读者批评指正。

编　者

2006 年 12 月

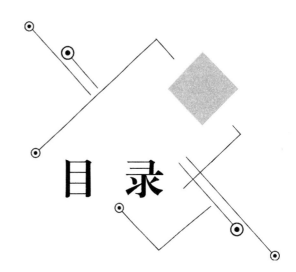

目 录

第一章

绪　论

内容提要

　　本章介绍了生物分界和动物学的概念，简述了西方与我国动物学发展的历史，重点说明了动物的分类系统和物种的概念，举例说明了动物的命名方法及其分类等级，介绍了动物界最主要的11个动物门。重点需要掌握的是动物分类知识和动物界的分门。

第一节　动物学形成

一、生物分界

　　生物分界随着科学和技术的发展不断地深化，其中光学显微镜和电子显微镜的发明起了关键的推动作用。最早提出生物分界的是瑞典生物学家林奈（Linne），他在1735年以生物能否运动为标准，明确提出动物界（Animalia）和植物界（Plantae）的两界系统。光学显微镜和电子显微镜的发明极大地推动了人们对生物分界的认识。霍格（J. Hogg，1860）和赫克尔（E. H. Haeckel，1866）提出了原生生物界（包括单细胞生物和一些简单的多细胞生物，具体是细菌、藻类、真菌和原生动物）、植物界、动物界的三界系统；考柏兰（H. F. Copeland）于1938年提出四界系统，即原核生物界、原始有核界、后生植物界和后生动物界。

　　目前，学界普遍认可的是五界系统和三总界六界系统：①惠特克（R. H. Whittaker）1969年根据细胞结构的复杂程度及营养方式，提出了五界系统——原核生物界（Monera）、原生生物界（Protista）、真菌界（Fungi）、植物界和动物界（图1-1），现在看来其缺陷是没有包括非细胞形态的生命；②我国学者陈世骧于1979年提出了三总界六界系统——非细胞总界（包括病毒界）、原核总界（包括细菌界和蓝藻界）、真核总界（包括植物界、真菌界和动物界），其进步之处是提出了病毒界，比五界系统更趋完善。

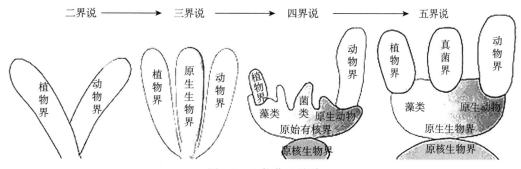

图1-1　生物分界学说

　　生物分界还有其他学者提出的六界系统、八界系统等，可知目前人们对生物的分界尚无统一的意见。但无论如何，从30多亿年前的古生物化石记录到当前地球上现存生物的情况，从形态比较、生理、生化的例证等，都揭示了生物从原核到真核、从简单到复杂、从低等到高等的进化方向，而生物分界则显示了生物所经历的发展过程，即由非细胞形态的生命进化到原核生物，由原核生物进化出单细胞真核生物，再进化出多细胞真核生物，多细胞真核生物再由简单到复杂向前发展，动物是多细胞真核生物的最高级生命形式。

二、动物学及其分支学科

动物学（zoology）是一门古老而又内容十分广博的基础学科，它研究动物的形态结构、分类、生命活动、动物与环境的关系及发生发展的规律。随着科学与技术的不断发展，动物学研究的领域越来越广泛、越来越深入，也在不断地与其他学科互相渗透融合，形成新的研究领域和学科（如仿生学和保护生物学）。动物学形成许多分支学科，大致可以按照研究对象和研究内容来划分。

1. 按照研究对象划分　最大的分支学科是无脊椎动物学和脊椎动物学。当然，根据研究的需要可以划分非常具体，如环节动物学、昆虫学、鱼类学、鸟类学、兽类学、寄生动物学和水生动物学等。昆虫学也可以结合不同专业划分，使研究对象更为具体，如草地昆虫学、园林昆虫学、园艺昆虫学和森林昆虫学等。

2. 按照研究内容划分　按照研究内容来划分，主要有动物形态学、动物分类学、动物解剖学、动物生理学、动物胚胎学、动物生态学、动物地理学和动物遗传学等。

在实际研究中，前面的"动物"可以是具体的动物类群，这既包括了具体的研究对象又有研究内容，如家畜解剖学、家禽解剖学、昆虫分类学、鸟分类学和啮齿动物生态学等。

第二节　动物学发展简史

一、西方动物学发展史

西方动物学的研究最早可追溯到古希腊学者亚里士多德（Aristotle，前384年—前322年）。他通过总结人们在生产斗争中得来的动物学知识，加上自己对各种动物所进行的细致深入的观察，记述了450种动物，将动物分为无血动物和有血动物两大类，首次建立了动物分类系统。

16世纪以后，动物学特别是动物分类学及解剖学取得了很大成就。17世纪，显微镜的发明极大地加深了人们对微观的认识，使组织学、胚胎学及原生动物学均得到了发展。

瑞典生物学家林奈（Carlvon Linne，1707—1778）在18世纪创立了动物分类系统，并创立了动植物的命名法——双名法；法国生物学家拉马克（J. B. Lamarck，1744—1829）提出了"用进废退"和"获得性遗传"的观点。19世纪中叶，德国学者施莱登（M. Schleiden，1704—1881）及施旺（T. Schwann，1810—1882）提出了细胞学说；英国科学家达尔文（C. R. Darwin，1808—1882）发表了他的伟大著作《物种起源》（1859），有力地说明了有机体的历史发展过程，并提出了发展的原因是环境变化、生物变异与自然选择等，解释了动物界的同一性、多样性和变异性。恩格斯曾把进化论和细胞学说作为19世纪自然科学上三大发现中的两大成果。

自19世纪末到20世纪初期，动物学的各个领域积累了大量实践资料，分支学科也越来越多。20世纪中叶的沃森（J. D. Watson，1953）和克里克（F. H. C. Crick）提出了DNA双螺旋结构模型，出现了分子生物学这门新兴的学科。当今由于动物学与数、理、化、信息、工程等相关学科的渗透与综合，其发展更是日新月异，不断开拓新的研究领域。

二、我国动物学发展史

我国人民对动物的认识与总结最早可追溯到公元前3000年前，那时我们的祖先就已知道养蚕和饲养家畜。夏商时期（约公元前21世纪至公元前11世纪）马、牛、羊、鸡、犬等家畜（禽）饲养都已发展起来。《诗经》记载的动物达100多种。晋代（265—420）开始编撰动植物图谱。明代李时珍的《本草纲目》中描述了400多种动物，并配有附图。在明代以前，中国动物学知识及结合农、医实践的成就在世界上并不落后。

我国 20 世纪初才开始现代动物学的研究，但彼时因人力、财力不足以及战乱频繁，动物学的研究进展缓慢。中华人民共和国成立以后，动物学的发展与其他学科一样，进入了一个崭新的阶段，取得了辉煌的成就。我国的动物科技工作者在动物的形态、分类、发生、生态、生理、古生物、进化、遗传、生物工程等各个方面取得了举世瞩目的成就，为丰富我国动物学教育内容，解决生产和科研中的问题，查清我国的动物资源及保护、开发和持续利用，学科的发展提供了丰富的基础资料，在我国现代化的经济建设和社会发展中发挥了重要的作用。

第三节 动物分类知识

人们估计现今自然界生存着 500 万～5 000 万种生物，已记载的动物大约有 150 万种，如此浩繁的生物和动物种类，必须对其进行科学的分类，这是动物学研究的基础。

一、分类依据

动物分类所依据的方法称为自然分类系统（natural classification system），又称自然分类法（natural classification）或系统分类法。这种分类系统是以生物物种之间有进化发展关系为基础的，与人为分类法截然不同，后者主要是凭借对生物的某些形态结构、功能、习性、生态或经济用途的认识对生物进行分类，而不考虑生物亲缘关系的远近和演化发展的本质联系。自然分类系统是以动物形态或解剖的相似性和差异性的总和为基础的，古生物学、比较胚胎学和比较解剖学上的许多证据基本上反映了动物界的自然类缘关系。具体方法是使用 7 个分类等级，分类等级由高到低的顺序是：界、门、纲、目、科、属、种。

随着现代动物学的发展，在分类特征依据方面，生理、生化、细胞、遗传、血清学和分子生物学（如染色体的数目、结构、核型，氨基酸的结构与序列，DNA 核苷酸的序列等）已经应用于动物分类中。目前，动物分类学的理论和研究方法有了很大的发展，出现了 3 大学派，分别是支序分类学派、进化分类学派和数值分类学派。其特点是在分类时各自强调的方面不同，支序分类学派强调血缘关系，即共同祖先分类单元之间的相对近度；进化分类学派除强调血缘关系外，还主要考虑分类单元之间的进化程度；数值分类学派运算各分类单元之间的相似系数，来分析各分类单元之间的相互关系。

二、物 种

物种（species）简称种，是分类系统的基本单位。人们对于物种的认识是随着对自然界认识的不断加深而发展起来的，当进化观点被人们广泛接受后，人们认为世界上没有固定不变的物种。物种是生物界发展的连续性与间断性统一的基本间断形式，即种与种在历史上是连续的，但种又是生物连续进化中的一个间断的单元。物种由外形相似、占有一定空间、具有实际或潜在繁殖能力的种群所组成，而且与其他这样的群体在生殖上是隔离的。

亚种（subspecies）是种内个体在地理和生殖上充分隔离后形成的群体。如果一个种群内，有少数个体又出现了一些新特征，与该种群内其他个体的共同特征存在着差异，称为变种。通过人工杂交、选育出的具有优良性能的群体称为品种（如家畜、家禽），它不属于分类范畴。

三、动物命名方法

由于各国文字和语言的差异，各种动物或同一种动物在各国的名称及文字表述均不相同。因此，国际上规定了每个物种的命名方法，即双名法（binominal nomenclature），由林奈首创。双名法规定：每个物种都应有一个学名（science name），这个学名由两个并列的拉丁字或拉丁化的文字所组成，前一个字是属名，用名词，首字母要大写，后一个字是种名，是形容词，字母要小写。

　　狼又名野狼、豺狼和灰狼，其学名为 *Canis lupus*，*Canis* 代表犬属；大天鹅的学名为 *Cygnus cygnus*，大天鹅也是天鹅属的模式种；家畜品种水牛的学名是 *Bubalus bubalus*。在学名之后还可以写上定名人的姓名，如犬，*Canis familiaris* Linne。如果一种动物的种名还没有定，则可以在属名之后加上 sp.，如 *Canis* sp.。动物亚种的命名则采用三名法，即在种名之后再加上亚种名，如猪的学名是 *Sus scorfa*，我国有 3 个亚种，如家猪亚种（*Sus scorfa domestica*）。如果亚种还没有被定名，可写成 spp. 或 subsp.，如果是变种，可加上 var.。

　　双名法系统的价值体现在它的统一性、简便性和唯一性。任何一个物种都可以准确无误的由两个单词确定，动物名称统一，避免了翻译的烦琐和错误。该系统已经在植物学（始于 1753 年）、动物学（始于 1758 年）和细菌学（始于 1980 年）中广泛应用。

四、分类等级

　　根据各种动物形态上的差异和亲缘关系的远近将动物逐级分类。动物分类系统由大到小依次为界（kingdom）、门（phylum）、纲（class）、目（order）、科（family）、属（genus）、种（species）等分类阶元（分类等级，category）。任何一个已知的动物种无一例外地可以归属到这几个阶元中，如猪：

　　　界　kingdom　　　　　　动物界　Animal
　　　　门　phylum　　　　　　脊索动物门　Chordata
　　　　　纲　class　　　　　　哺乳纲　Mammalia
　　　　　　目　order　　　　　偶蹄目　Artiodactyla
　　　　　　　科　family　　　　猪科　Suidae
　　　　　　　　属　genus　　　　猪属　*Sus*
　　　　　　　　　种　species　　　猪种　*Sus scorfa*

　　有时为了更精确地表述种的分类地位，还可将以上分类阶元细分，即在原有阶元名称之前加上总（super）或之后加上亚（sub），这样分类阶元可细分为：

　　　界　kingdom
　　　　门　phylum
　　　　　亚门　subphylum
　　　　　　总纲　superclass
　　　　　　　纲　class
　　　　　　　　亚纲　subclass
　　　　　　　　　总目　superorder
　　　　　　　　　　目　order
　　　　　　　　　　　亚目　suborder
　　　　　　　　　　　　总科　superfamily（-oidea）
　　　　　　　　　　　　　科　family（-idae）
　　　　　　　　　　　　　　亚科　subfamily（-inae）
　　　　　　　　　　　　　　　属　genus
　　　　　　　　　　　　　　　　亚属　subgenus
　　　　　　　　　　　　　　　　　种　species
　　　　　　　　　　　　　　　　　　亚种　subspecies

以上亚科、科和总科都有标准字尾（亚科是-inae，科是-idae，总科是-oidea）。

五、动物界分门

　　关于动物界的分门，由于分类学者的意见不一致，国际上目前仍无统一的分类体系。有的学者将动物界分为 28 个门（W. H. Johm Son，1977），有的学者将动物界分为 36 个门（刘凌云等，2009），包括：原生动物门（Protozoa）、中生动物门（Mesozoa）、海绵动物门（Spongia）、扁盘动物门（Placozoa）、腔肠动物门（Coelenterata）、栉水母动物门（Ctenophora）、扁形动物门（Platyhelminthes）、纽形动物门（Nemertea）、颚口动物门（Gnathostomulida）、微颚动物门（Micrognathozoa）、黏体动物门（Myxozoa）、轮虫动物门（Rotifera）、腹毛动物门（Gastrotricha）、动吻动物门（Kinnorhynicha）、曳鳃动物门（Priapulid）、兜甲动物门（Loricifera）、线虫动物门（Nematoda）、线形动物门（Nenematomorpha）、棘头动物门（Acanthocephala）、圆环动物门（Cycliophora）、内肛动物门（Entoprocta）、环节动物门（Annelida）、蠕虫动物门（Echiura）、星虫动物门（Sipuncula）、须腕动物门（Pogonophora）、软体动物门（Mollusca）、缓步动物门（Tardigrada）、有爪动物门（Onychophora）、节肢动物门（Arthropoda）、腕足动物门（Brachiopoda）、苔藓动物门（Bryozoa）、帚虫动物门（Phoronida）、毛颚动物门（Chaetognatha）、棘皮动物门（Echinodermata）、半索动物门（Hemichordata）、脊索动物门（Chordata）。

另外，异涡虫（2 种）以前被划入软体动物门，现已独立为异涡动物门（Xenoturbellida）（Bourlat，2006）。一般最常见最重要的有 11 门动物，也是本教材介绍的重点，内容分列如下：

1. 原生动物门（Protozoa）
2. 海绵动物门（Spongia）
3. 腔肠动物门（Coelenterata）
4. 扁形动物门（Platyhelminthes）
5. 线虫动物门（Nematoda）
6. 环节动物门（Annelida）
7. 软体动物门（Mollusca）
8. 节肢动物门（Arthropoda）
9. 棘皮动物门（Echinodermata）
10. 半索动物门（Hemichordata）
11. 脊索动物门（Chordata）

▌本章小结▐

1. 生物的分界随着科学的发展而不断地深化。目前，人们对生物的分界尚无统一的意见，但均揭示了生物从原核到真核、从简单到复杂、从低等到高等的进化方向。

2. 动物学研究动物的形态结构、分类、生命活动与环境的关系及发生发展的规律。随着科学与技术的不断发展，动物学越来越不断地与其他学科互相渗透融合，显现出形成新的研究领域和学科的强大生命力（如仿生学和保护生物学）。

3. 目前所用的动物分类系统，称为自然分类系统，它是以动物形态或解剖的相似性和差异性的总和为基础的，古生物学、比较胚胎学和比较解剖学上的许多证据，基本上反映了动物界的自然类缘关系。

4. 物种简称种，是分类系统的基本单位。地球上的物种是在长期进化过程中遗传、变异和自然选择的结果。物种是生物连续进化过程中的一个间断的单元，不同物种之间有着相对稳定的界限。因而物种是变的又是不变的，是连续的又是间断的。

5. 国际上规定了每个物种的命名方法，即双名法，由林奈首创。双名法的优点是做到了统一和唯一，便于学习交流，所以至今仍在采用。

思考题

1. 五界系统的具体内容是什么？体现了什么思想？
2. 三总界六界系统的具体内容是什么？与五界系统有什么区别？
3. 生物的分界主要遵循的基本原则是什么？
4. 动物学的研究内容有哪些？
5. 动物学有哪些分支学科？
6. 目前动物分类依据的分类系统为何？它的根据是什么？
7. 什么是物种？它与亚种和品种的区别是什么？
8. 国际上规定物种命名采用什么方法？如何命名？
9. 常见的动物门有哪些？互相讨论一下，试举出一些代表动物及其特点。

第二章

动物的基本结构与生殖发育

内容提要

　　本章前三节主要从细胞、组织、器官和系统等几个不同层次上对高等动物身体结构进行了阐述，重点在细胞和组织水平上。细胞部分须掌握细胞学说、原核细胞与真核细胞的比较、细胞的一般特征、动物细胞结构、细胞周期、细胞分裂、细胞分化、细胞凋亡与细胞程序性死亡、细胞全能性与干细胞、细胞衰老等内容。组织部分须掌握组织的概念，细胞连接及其类型，4大类基本组织及其特点、分布和功能。第四节主要阐述了动物生殖，主要内容有生殖演化、无性生殖和有性生殖的概念、分类及特点，了解动物界的一些特殊生殖方式。第五节阐述了动物个体发育，动物的个体发育可分为胚前期、胚胎期和胚后期，重点在于胚胎期动物胚胎发育的6个主要阶段，掌握原口动物、后口动物概念，掌握胚层和体腔相关内容。第六节阐述了生物学上一条重要定律——生物发生律，须熟悉生物发生律的内容和重要例证。

第一节　细　　胞

一、细胞学说

　　17世纪中叶，科学家们利用光学显微镜发现了细胞。在此后的170多年中，人类对细胞的认识不断深入，1838—1839年，德国的施旺、施莱登提出：一切植物、动物都是由细胞组成的，细胞是一切动植物体的基本单位。这就是细胞学说（cell theory）。它的提出对当时的生物学发展起了巨大的促进和指导作用。恩格斯把细胞学说列为19世纪自然科学的三大发现之一。人们通常将细胞学说、1859年达尔文确立的进化论和1866年孟德尔确立的遗传学称为现代生物学的三大基石。对于细胞了解的不断深入是生物科学和医学进一步发展所不可缺少的，对细胞及其结构和功能的研究是现代生物科学的重要组成部分。

　　在自然界，除病毒外，一切有机体都由细胞构成，细胞是构成有机体的基本单位，也是生命活动的基本单位。

二、细胞分类

　　生物界目前已知物种约为200万种，按细胞结构的复杂程度，可分为原核生物和真核生物2大类。从大小上看，原核细胞比真核细胞小得多。在光镜下看，原核细胞的特点是无细胞核膜，只在细胞中央有1个"核区"，遗传物质即位于此处。目前，地球上广泛存在的原核生物主要是细菌和蓝藻等微小的单细胞生物。绝大多数物种由具有细胞核膜的真核细胞组成，二者的区别见表2-1。真核细胞是由原核细胞进化而来的。真核生物有的只由1个细胞构成（如草履虫、变形虫等原生动物），有的由许多乃至千万亿个细胞构成。如1个成年人，据估计大约由$2×10^{14}$个细胞组成。人体内有200多种不同类型的细胞，但根据其分化程度又可分为600多种，它们的形态结构与功能差异很大，但都由一个受精卵通过分裂与分化而来。

表 2-1 原核细胞与真核细胞基本特征比较

特征	原核细胞	真核细胞
细胞膜	有（多功能性）	有
染色体	由 1 个环状 DNA 分子构成的单个染色体，DNA 不与或很少与蛋白质结合	2 个以上染色体，染色体由线状 DNA 与蛋白质组成
核膜、核仁、线粒体、内质网、高尔基体、溶酶体、细胞骨架	无	有
核外 DNA	细菌具有裸露的质粒 DNA	线粒体 DNA，叶绿体 DNA
细胞壁	细菌细胞壁主要成分是氨基糖与胞壁酸	动物细胞无细胞壁，植物细胞壁的主要成分为纤维素
细胞增殖（分裂）方式	无丝分裂（直接分裂）	以有丝分裂（间接分裂）为主

三、细胞的一般特征

细胞是由细胞膜和它所包围的原生质体（protoplasm）组成，原生质体又可分为细胞质和细胞核。少数单细胞有机体不具核膜，称为原核细胞（prokaryotic cell），具有核膜的细胞称为真核细胞（eukaryotic cell）。细胞一般较微小，须用显微镜才能看清楚，通常以微米（μm）为单位表示其大小。但也有例外，如鸟卵，直径可达几厘米。高等动植物的细胞，不论其种的差异有多大，同一器官与组织的细胞大小均在一个恒定范围内。

细胞的形态和机能是高度统一的，动物细胞大致有以下几种形状（图 2-1）：

①游离的细胞多为圆形和椭圆形，如血细胞和卵。

②紧密连接的细胞有扁形、方形和柱形等，如上皮细胞。

③具收缩机能的细胞多为纤维状和纺锤形，如肌肉细胞。

④具传导机能的神经细胞则为星形，多具长的突起。

细胞在机能上有以下共同特征：

①细胞能够利用和转化能量，如肌肉细胞能将化学能转变为热能和机械能。

②具有生物合成能力，能把小分子物质合成为大分子，如蛋白质、核酸等。

③具有自我复制和分裂繁殖能力。

细胞的形态和机能多种多样，化学成分也有差别，但组成元素是基本一致的。在自然界存在的 100 多种元素中，有 24 种是细胞所具有的，也是生命所必需的。按其在细胞中含量的多少，可分为大量元素、少量元素和微量元素 3 类。大量元素有 6 种，分别是碳（C）、氢（H）、氧（O）、氮（N）、硫（S）、磷（P），对生命活动起着极为重要的作用，它们组成了大部分有机分子。少量元素有 6 种，分别是钙（Ca）、钾（K）、钠（Na）、氯（Cl）、镁（Mg）、铁（Fe）等。另外，还有锰（Mn）、碘（I）、钼

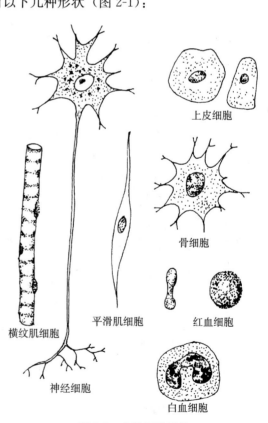

上皮细胞

骨细胞

平滑肌细胞 红血细胞

横纹肌细胞

神经细胞

白血细胞

图 2-1 动物细胞形状
（仿刘凌云）

（Mo）、钴（Co）、锌（Zn）、硒（Se）、铜（Cu）、铬（Cr）、锡（Sn）、钒（V）、硅（Si）和氟（F）等12种微量元素，也是生命活动不可缺少的。上述元素形成了各种化合物，可分为无机物——水、无机盐（矿物质）和有机物——蛋白质、核酸、脂类、糖类和维生素。在动物细胞中含有75%～85%的水、10%～20%的蛋白质、1%的核酸、2%～3%的脂类、1%的糖类和1%的无机盐。

每一个细胞都包含着该生物体的全套遗传信息，即全部的基因，也就是说它们具有遗传的全能性。目前，人类已经掌握了把动、植物的单个体细胞克隆为一个个体的技术，这就是细胞全能性的最有力的证据之一。

四、动物细胞结构

真核细胞具有复杂的生物膜系统（biomembrane system）、细胞骨架系统（cytoskeletonic system）和遗传系统（genetic system），并称"细胞内的三大系统"。

①生物膜系统：细胞核膜以及内质网、高尔基体、线粒体、叶绿体和溶酶体等细胞器，它们都由膜构成，这些膜的化学组成相似，基本结构大致相同，统称为生物膜系统。

②细胞骨架系统：细胞骨架是由蛋白质与蛋白质搭建起的骨架网络结构构成，包括细胞质骨架和细胞核骨架。细胞骨架系统的主要作用是：维持细胞的一定形态，对细胞内物质运输和细胞器的移动来说又起交通动脉的作用，将细胞内基质区域化，细胞骨架具有帮助细胞移动（cell locomotion）的功能。

③遗传系统：分为细胞核遗传和细胞质遗传2种。细胞核遗传简称核遗传，是指细胞核内基因控制的性状遗传，主要是细胞核内的DNA作为遗传物质；细胞质遗传是指子代的某些性状由细胞质内的基因（线粒体DNA、叶绿体DNA和细胞质粒上的基因）所控制，是细胞质内的基因所控制的遗传现象和遗传规律。

动物细胞主要包括图2-2所示结构。

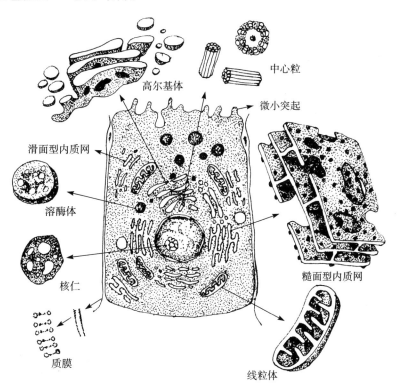

图2-2　动物细胞模式图

（仿 Hickman）

（一）细胞膜（cell membrane）

细胞膜又称质膜（图2-3），是指围绕在细胞最外层，由脂类和蛋白质组成的薄膜。蛋白质分子以不同的方式镶嵌在脂质双分子层中或结合在其表面。细胞膜除有保护和隔离的作用外，还起着信息传递、代谢调控、细胞识别和免疫等作用。

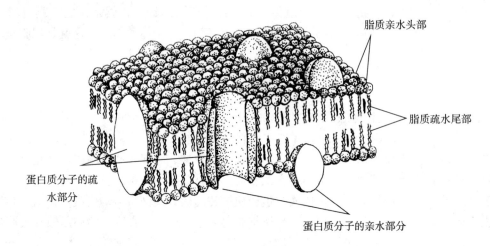

图 2-3　细胞膜结构

（仿 Hickman）

（二）细胞质（cytoplasm）

细胞质指细胞膜以内，细胞核以外的部分。在光镜下，呈半透明、均质状，包括细胞器（organelle）和细胞质基质（cytoplasmic matrix）两部分。细胞质基质中主要含有与中间代谢有关的数千种酶类及与维持细胞形态和细胞内物质运输有关的细胞骨架结构，担负着一系列重要功能。细胞质中含有下列重要细胞器：

1. 内质网（endoplasmic reticulum，ER）　内质网（图2-2）是由封闭的膜系统及其围成的腔形成互相沟通的网状结构，根据形态不同可分为糙面型内质网（rough ER）和滑面型内质网（smooth ER）2种，是细胞内除核酸外的一系列重要的生物大分子如蛋白质、脂类和糖类合成、加工和运输的基地。

2. 高尔基体（Golgi apparatus）　电镜下高尔基体（图2-4）由一些（常为4～8个）排列较为整齐的扁平囊（saccules）堆叠在一起形成，另有一些球形小囊分散在其周围。高尔基体实际上也是细胞的一种内膜结构。高尔基体是细胞内大分子运输的一个主要的交通枢纽，主要功能是将内质网合成的多种蛋白质进行加工、分类与包装，然后分别送到细胞的特定部位或分泌到细胞外，也对内质网合成的脂类进行运输。此外，它还是细胞内糖类合成的工厂。

3. 溶酶体（lysosome）　溶酶体（图2-2）是由单层膜围绕，内含60多种酸性水解酶的囊泡状的细胞器。溶酶体的主要作用是消化作用，是细胞内的消化器官，同时细胞自溶、防御以及对某些物质的利用均与溶酶体的消化作用有关。溶酶体能把大分子物质（如蛋白质、核酸、多糖、脂类等）分解为较小的分子，供细胞内的物质合成或供线粒体氧化需要；另外，它对排除生活机体内的死亡细胞、异物以及对个体发生过程中（胚胎的形成和发育、昆虫和蛙类的变态发育）的组织和器官的改造或重建都有重要作用。

4. 过氧化物酶体（peroxisome）　过氧化物酶体又称微体（microbody），是由单层膜包围的内含一种或几种氧化酶的细胞器。它是一种异质性细胞器，在不同的生物细胞中，甚至单细胞生物的不同个体中由于所含酶种类不同，所行使的功能也不同。目前，对动物细胞中过氧化物酶体的功能了解得不多，已知在肝、肾细胞中，它可氧化分解血液中的有毒成分（如酚、甲酸、甲醛和乙醇等），起到解毒作用。

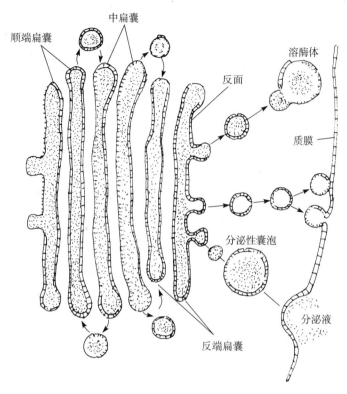

图 2-4　高尔基体（示其分泌作用等主要机能）
（仿 Rothman）

5. 线粒体（mitochondrium）　线粒体是细胞内的一些线状、小杆状或颗粒状结构，由双层膜构成，是细胞的呼吸中心，通过氧化作用氧化营养物质（如葡萄糖、脂肪酸和氨基酸等）产生能量，供细胞生命活动需要，被称为细胞的"动力工厂"（power house）。线粒体拥有自身的遗传物质（mtDNA）和遗传体系，是一种半自主细胞器。除了为细胞供能外，线粒体还参与诸如细胞分化、细胞信息传递和细胞凋亡等过程，并拥有调控细胞生长和细胞周期的能力。

6. 中心粒（centriole）　又称中心小体，是在光镜下在中心体中央部位所看到的可被色素染色较深的两个小粒，从而命名为中心粒。在电镜下呈柱状，由 9 组小管状亚单位组成，通常成对存在，垂直交叉在一起。中心粒是微管的组织中心，中心粒的自发活动，可以使细胞质内存在的微管蛋白亚单位有条理地聚合起来，形成微管结构；动物细胞的中心粒与星体、纺锤体和染色体等组成有丝分裂器，使染色体能够准确地、有条不紊地在细胞内活动，从而使细胞正常地进行分裂。

7. 细胞骨架（cytoskeleton）　细胞骨架是广义上细胞器的一种，是指真核细胞中的蛋白纤维网架体系，是由微管（microtubule，MT）、微丝（microfilament，MF）及中间纤维（intermediate filament，IF）组成的体系。主要对细胞起骨架支持作用，维持细胞形状。广义的细胞骨架概念是细胞核骨架、细胞质骨架、细胞膜骨架和胞外基质所形成的网络体系。

（三）细胞核（nucleus）

细胞核（图 2-2）是真核细胞内最大、最重要的细胞器，主要由核膜、染色质、核仁及核骨架组成，在细胞进化中核的出现是一个特别大的飞跃，使细胞内大多数遗传物质（DNA）都被装在核内，是遗传信息的储存场所，也是真核细胞区别于原核细胞最显著的标志。通常每个细胞有 1 个核，也有双核的和多核的。

核膜将细胞内核与质两大结构与功能区域有机地分开，从而使 DNA 复制（核内）、RNA 转录（核内）与蛋白质翻译（质内）在时空上分隔，保证了精确合成结构复杂的蛋白质。核膜上有许多核孔（nuclear pore），为物质的进出通道，允许小分子与离子自由通透；而如蛋白质般较大的分子，则需要载体蛋白的帮助才能通过。核运输是细胞中最重要的功能，基因表达与染色体的保存，皆有赖于核孔上所进行的输送作用。DNA 与多种蛋白质复合形成染色质（chromatin），而染色质在细胞分裂时，会浓缩形成染色体（chromosome），其中所含的所有基因合称为核基因。核仁（nucleolus）主要参与核内 RNA 的合成，RNA 是核糖体的主要成分，核糖体在核仁中产出之后，会进入细胞质进行 mRNA 的转译。细胞核的作用是维持基因的完整性，并在这里进行基因复制、转录和转录初产物的加工过程，从而控制细胞的遗传与代谢活动。

五、细胞周期

细胞在生活过程中周期性地进行生长和分裂。一次细胞分裂结束到下一次分裂结束之间的期限称为细胞周期（cell cycle），包括分裂间期（interphase）和分裂期。二次细胞分裂之间的时期称为分裂间期。处于分裂间期的细胞体积不断增大，内部发生了复杂的变化，为细胞分裂做准备。

六、细胞分裂

一切多细胞生物体都是由 1 个细胞按细胞分裂规律成长起来的。细胞分裂（cell division）是指活细胞增殖其数量由 1 个细胞分裂为 2 个细胞的过程。分裂前的细胞称母细胞，分裂后形成的新细胞称子细胞。通常包括细胞核分裂和细胞质分裂两步，在核分裂过程中母细胞把遗传物质传给子细胞。细胞分裂可分为无丝分裂、有丝分裂和减数分裂。

（一）无丝分裂（amitosis）

无丝分裂（图 2-5A）也称直接分裂，其过程非常简单，细胞体积增大，核及核仁形成哑铃形，从中部缢缩分裂为 2 个核，同时细胞质拉长并分裂，最终形成 2 个子细胞。动物的间质组织、肌肉组织和乳腺细胞中经常可见到无丝分裂。

（二）有丝分裂（mitosis）

有丝分裂（图 2-5B）也称间接分裂，一般人为地分成 4 个时期，即前期、中期、后期和末期。

1. 前期（prophase）　细胞核中染色质不断浓集，在形态上变短变粗成为染色体。中心粒向两极移动，在它的周围出现星芒状细丝，称为星体。同时，在两星体间出现一些纺锤状细丝，称为纺锤体（spindle），每条细丝称为纺锤丝（spindle fiber）。核膜、核仁逐渐消失。染色体逐渐向细胞中央移动，直到全部排列在细胞的赤道面上，这时就进入下一个分裂期。

2. 中期（metaphase）　染色体在赤道面上呈辐射状排列在纺锤体周围。一些纺锤丝从纺锤体的两极分别与染色体的着丝点连接，另一些纺锤丝直接伸到两极的中心粒上。由于纺锤丝的不断收缩，染色体的着丝点分裂，2 个

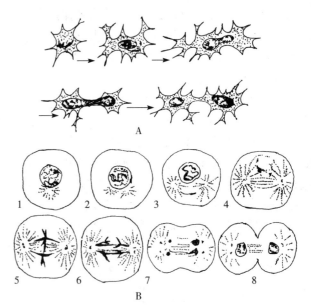

图 2-5　动物细胞分裂
A. 小鼠腱细胞无丝分裂　B. 有丝分裂图解
1~4. 前期　5. 中期　6. 后期　7、8. 末期
（仿 Mazia）

染色单体分开，分裂又进入下一个时期。中期时染色体高度螺旋化，呈浓缩状，是观察染色体形态、计算染色体数目最合适的时期。

3. 后期（anaphase）　从染色单体分开向两极移动开始，直到在两极处停止移动的整个过程，都属于后期。分开的染色单体称为子染色体（daughter chromosome）。

4. 末期（telophase）　末期主要进行核的重建和细胞质的分裂，核膜、核仁重新出现，并在细胞内形成 2 个核。染色体的浓缩状态逐渐减低，又成为染色质。同时，胞质发生分裂，在赤道区域发生缢缩，并不断加强，直到分裂成 2 个子细胞。此后细胞进入分裂间期。

（三）减数分裂（meiosis）

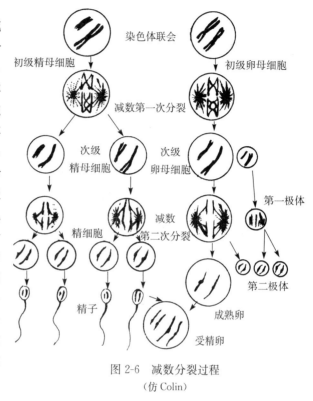

进行有性生殖活动的动物、植物都由减数分裂过程来形成性细胞（图 2-6）。减数分裂时进行 2 次连续的核分裂，细胞分裂 2 次，但染色体只复制 1 次，结果性细胞中染色体数目（2n）减少了一半（n）。当精子和卵融合后受精卵的数目为 2n，使该物种的染色体数目恒定。减数分裂的具体过程非常复杂，在此仅做简要说明。初级精母细胞（primary spermatocyte）（2n）经过第一次分裂到次级精母细胞（secondary spermatocyte）（n），染色体数目减少了一半，后者再分裂一次产生 4 个精细胞（spermatid）（n），通过分化过程转变为精子（spermatozoon）（n）。在此雌体中这些相应的阶段是初级卵母细胞（primary oocyte）（2n）、次级卵母细胞（secondary oocyte）（n）和卵（egg）（n）。所不同的是每个初级卵母细胞只产生一个成熟卵和另外 3 个不孕的极体（polar body）。这种不平均的分裂使卵细胞有足够的营养以供将来发育的需要。减数

图 2-6　减数分裂过程
（仿 Colin）

分裂对维持物种染色体数目的恒定性，对遗传物质的分配、重组等都具有重要意义。

以上简单介绍了 3 种细胞分裂。细胞分裂是生物生长、发育、分化、繁殖的基础。如高等动植物，包括人在内，不论如何复杂，都是由 1 个细胞（受精卵）经过细胞分裂、生长、分化而来，如人从受精卵发育到儿童平均须进行 41 次有丝分裂，可产生 2.2×10^{12} 个细胞，成年人可达到 2×10^{14} 个细胞。需要指出的是，不是所有的细胞分裂速度和代数都是一样的，有的在幼体出生时就停止了分裂，如神经细胞。细胞分裂在胚胎时比较快，以后随年龄的增长而下降。细胞寿命的长短也不一样，如红细胞约为 120d，神经细胞可活几十年，直到个体死亡。通过细胞分裂个体不断长大，并不断补充衰老死亡的细胞以及各种原因导致的经常损失的细胞。

七、细胞分化

细胞分化（cell differentiation）是指同一来源的细胞逐渐产生出形态结构、功能特征各不相同的细胞类群的过程。细胞分化的结果是在空间上细胞产生差异，在时间上同一细胞与其从前的状态有所不同。细胞分化的本质是基因组在时间和空间上的选择性表达，通过不同基因表达的开启或关闭，最终产生标志性蛋白质。

细胞分化的潜能随个体发育进程逐渐"变窄"，分化是建立在细胞分裂的基础上的，在胚胎发育过程中，细胞逐渐由全能到多能，最后趋向单能，这是细胞分化的一般规律。

一般情况下，细胞分化过程是不可逆的。然而，在某些条件下，分化了的细胞也不稳定，其基因表达模式也可以发生可逆性变化，又回到其未分化状态，这一过程称为去分化（dedifferentiation）。

八、细胞凋亡与细胞程序性死亡

细胞凋亡（cell apoptosis）指为维持内环境稳定，由基因控制的细胞自主的有序的死亡。如脊椎动物肢体发育过程中一个引人注意的现象，就是通过指（或趾）间的细胞发生凋亡，而形成正常的肢体。如人的胚胎发育过程中，手指本是相连的，后来指间的细胞凋亡了，手指就分开了。在鸡胚胎趾骨之间细胞凋亡较多，而鸭胚胎趾骨之间细胞凋亡较少，这显然与它们足趾的形态是吻合的。鸡趾间无蹼，适于陆栖步行；鸭前3趾有蹼，适于划水。细胞凋亡与细胞坏死不同，细胞坏死是病理条件下，自体被损伤的一种现象，而细胞凋亡则是主动过程，它涉及一系列基因的激活、表达以及调控等的作用，是为更好地适应生存环境而主动争取的一种死亡过程。

细胞程序性死亡（programmed cell death，PCD）是生物体发育过程中普遍存在的，是一个由基因决定的细胞主动的有序的死亡方式。具体指细胞遇到内、外环境因子刺激时，受基因调控启动的自杀保护措施，包括一些分子机制的诱导激活和基因编程，通过这种方式去除体内非必需细胞。

细胞程序性死亡（PCD）与细胞凋亡有相同点，但严格来讲还是有很大区别的。细胞程序性死亡是描述在一个多细胞生物体中某些细胞死亡是个体发育中的一个预定的、并受到严格程序控制的正常生理过程。如蝌蚪变成青蛙，其变态过程中尾部的消失伴随大量细胞死亡，高等哺乳类动物指间蹼的消失、颚融合、视网膜发育以及免疫系统的正常发育都必须有细胞死亡的参与。以上这些形形色色的在机体发育过程中出现的细胞死亡有一个共同特征，即散在的、逐个地从正常组织中死亡和消失，机体无炎症反应，而且对整个机体的发育是有利和必需的。因此，从发育学来看细胞程序性死亡是一个功能性概念，而细胞凋亡则是一个形态学的概念，描述一件有着一整套形态学特征的细胞死亡形式。一般情况下，细胞凋亡和细胞程序性死亡两个概念可以交互使用，具有同等意义。

九、细胞全能性与干细胞

1. 细胞全能性（cell totipotency）　是指细胞经分裂和分化后仍具有形成完整有机体的潜能或特性。在多细胞生物中每个个体细胞的细胞核具有个体发育的全部基因，在一定条件下，每个个体细胞的细胞核都可发育成完整的个体。

在生物体的所有细胞中，受精卵的全能性是最高的。生殖细胞，尤其是卵细胞，虽然分化程度较高，但是仍然具有较高的全能性，如蜜蜂的孤雌生殖，自然界偶然出现的单倍体玉米等。体细胞的全能性比生殖细胞低得多，尤其是动物，高度分化的动物体细胞的全能性受限制，严格来说只有高度分化的动物细胞的细胞核才具有全能性。克隆羊的成功，利用的就是高度分化的动物体细胞的细胞核具有全能性。

2. 干细胞（stem cell）　是指具有增殖和分化潜能的细胞，具有自我更新复制的能力（self-renewing），能够产生高度分化的功能细胞。干细胞是一种未充分分化，尚不成熟的细胞，具有再生各种组织器官的潜在功能，在一定条件下，它可以分化成多种功能细胞。根据干细胞所处的发育阶段可将其分为胚胎干细胞和成体干细胞。根据干细胞的发育潜能可将其分为3类：全能干细胞、多能干细胞和单能干细胞（专能干细胞）。如受精卵和早期卵裂球细胞具有发育为完整个体的能力，是全能干细胞。当胚胎发育到囊胚时，其干细胞具有分化为各种细胞类型的能力，是多能干细胞。在一些动物成体组织中也存在干细胞。它们具有分化成某些组织细胞类型的能力，称为单能干细胞（又称组织干细胞）。

干细胞对早期人体的发育特别重要，在儿童和成年人中也可发现单能干细胞。如造血干细胞，存在于每个儿童和成年人的骨髓之中，也存在于循环血液中，但数量非常少。在我们整个生命过程中，造血干细胞不断地向人体补充血细胞——红细胞、白细胞和血小板。如果没有造血干细胞，我们就无法存活。

十、细胞衰老

细胞衰老（cell aging）是指细胞在生命活动过程中，随着时间的推移，细胞增殖与分化能力和生理功能逐渐发生衰退的变化过程。正常生命活动中细胞衰老死亡与新生细胞生长更替是新陈代谢（metabolism）的必然规律，也避免了组织结构退化和衰老细胞的堆积，使机体延缓了整体衰老。不同种类的细胞其寿命和更新时间有很大的差别，如成熟粒细胞的寿命仅为 10 余 h，红细胞寿命约为 4 个月，胃肠道的上皮细胞每周需要更新 1 次，胰腺上皮细胞的更新约需要 50d，而皮肤表皮细胞的更新则需要 1～2 个月。由此可见，细胞的寿命总是比人的寿命短很多。发育生物学理论认为，哺乳动物自然寿命为其生长发育期的 5～7 倍。

细胞的生命历程都要经过未分化、分化、生长、成熟、衰老和死亡几个阶段。衰老死亡的细胞被机体的免疫系统清除，同时新生的细胞也不断从相应的组织器官生成，以弥补衰老死亡的细胞。细胞衰老死亡与新生细胞生长的动态平衡是维持机体正常生命活动的基础。

第二节　组织及其分类

多细胞动物中的体细胞开始有了分化，即一群相同或相似的细胞及其非细胞形态的细胞间质（基质、纤维等）彼此以一定的形式连接，并形成一定的结构，担负一定的功能，就称为组织（tissue）。

一、动物细胞的连接方式

动物细胞间的连接是细胞膜在相邻细胞之间分化而形成的特定连接，称为细胞连接（cell junctions）。脊椎动物的细胞连接主要有以下 3 种类型（图 2-7）：

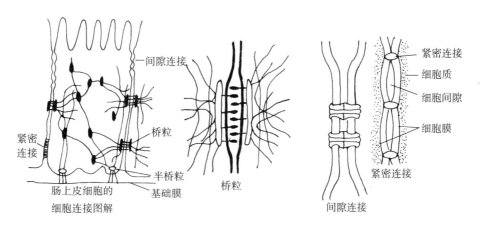

图 2-7　动物细胞连接类型
（仿许崇任）

1. 桥粒（desmosomes）　在电镜下观察，上皮细胞之间，如动物皮肤、子宫颈等处的上皮细胞之间有一种很牢固的连接方式，呈纽扣状的斑块结构，这种结构就是桥粒。桥粒与细胞质溶胶中的中间纤维连接，间接地成为相邻细胞之间的细胞骨架。从结构上分析桥粒的功能是机械性的，很像建筑结构上的铆钉或焊接点。

2. 紧密连接（tight junctions）　紧密连接是指相邻细胞之间的细胞膜紧密靠拢，膜之间不留空隙。这样细胞外的物质就不能通过。在上皮组织中，细胞间的紧密连接环绕各个细胞一周成为腰带状。在这个腰带区中很多紧密连接组织合成网状，使细胞层成为一个完整的膜系统，相当于完全封闭了细胞之间的通道，防止了物质从细胞之间通过。如动物肠壁的上皮细胞之间就有紧密连接，阻止了肠内与代谢无关的物质从细胞之间穿过。

3. 间隙连接（gap junctions）　动物细胞间最多的胞间连接方式是间隙连接。这种细胞连接是指两细胞之间存在间隙，但很窄，其宽度在 2～4nm。有一系列的通道贯穿在间隙之间，细胞质通过细胞之间存在的通道彼此相通。由于这些通道的宽度在 1.5nm 左右，所以只有离子和相对分子质量不大于 1 000 的小分子物质可以通过，这表明细胞内的小分子如无机盐离子、糖、氨基酸、核苷酸和维生素等有可能通过间隙连接的孔隙，而蛋白质、核酸、多糖等生物大分子一般不能通过。有研究表明，间隙连接存在于神经元之间、神经元与效应细胞之间，或出现于脊索动物和大多数无脊椎动物胚胎发育的早期，为胞间的通信联系建立了低电阻通路，其作用十分复杂。

二、组织分类

高等动物体中的各种组织归纳起来可分为 4 大类基本组织，即上皮组织、结缔组织、肌肉组织和神经组织。

（一）上皮组织（epithelial tissue）

上皮组织的特点是细胞密集，细胞间质（intercellular substance）少，在细胞之间有明显的连接复合体（junctional complex）。一般呈膜状，覆盖了体表和体内各种器官、管道、囊、腔的内表面及内脏器官的表面，类型多样（图 2-8）。上皮组织根据所在位置不同具有多样化的功能，如具有保护（表皮）、吸收（肠上皮）、排泄（汗腺、肾上皮）、分泌（油脂腺、胃腺、肠腺、肾上腺）、呼吸（肺泡上皮）、感觉（嗅觉上皮）等功能（图 2-9）。

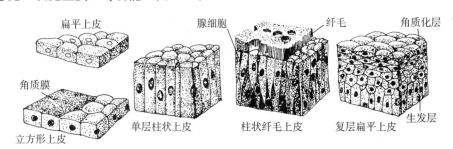

图 2-8　上皮组织类型
（仿江静波）

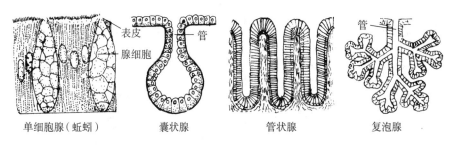

图 2-9　腺体类型
（仿江静波）

（二）结缔组织（connective tissue）

结缔组织的特点是细胞种类多且分散在大量细胞间质中。细胞间质有液体、胶状体、固体基质和纤维。包括疏松结缔组织、致密结缔组织、脂肪组织、软骨组织、骨组织和血液等。在动物体内具有支持、保护、营养、修复和物质运输等功能。

1. 疏松结缔组织（loose connective tissue）　疏松结缔组织（图 2-10）在动物体内分布于皮下和器官间隙等处，起填充、支持、联系等功能，无一定形态，由排列疏松的纤维和分散在纤维间的多种细胞构成。成纤维细胞分泌胶原纤维和弹性纤维，2 种纤维交织成网状，使该组织柔软、疏松而有弹性，从而起保护作用，并对伤口愈合有重要作用。此外，还有巨噬细胞（macrophage），具有活跃的吞噬能力，能吞噬侵入机体的异物、细菌、病毒及死细胞碎片，起保护作用。

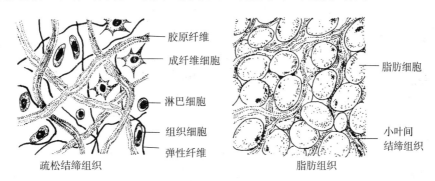

图 2-10　疏松结缔组织和脂肪组织

（仿刘凌云）

2. 致密结缔组织（dense connective tissue）　致密结缔组织（图2-11）由大量胶原纤维或弹性纤维组成，基质和细胞较少。如肌腱由大量平行排列的胶原纤维束组成，成纤维细胞成行排列在纤维束之间；皮肤的真皮层由胶原纤维交织成网；韧带及大动脉管壁的弹性膜则由大量弹性纤维平行排列构成。

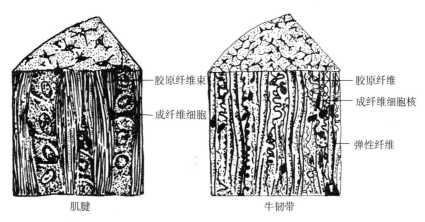

图 2-11　肌腱和韧带

（仿刘凌云）

3. 脂肪组织（adipose tissue）　脂肪组织（图 2-10）含大量脂肪细胞，细胞呈圆形，内有大量脂肪，细胞核被挤到细胞边缘。分布在许多器官和皮下，具有支持、保护、维持体温等作用，并参与能量代谢。

4. 软骨组织（cartilage tissue）　软骨组织（图 2-12）是脊椎动物体内起支持作用的一种组织。所有脊椎动物在胚胎时期无骨组织，全部为软骨组织，发育到成体时，除软骨鱼外，其他脊椎动物的软骨

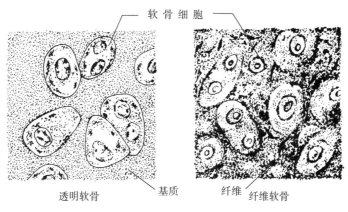

图 2-12　软骨组织

（仿江静波）

大部分由硬骨所代替，只有某些地方还保留了软骨，如哺乳动物的外耳壳、鼻软骨等。软骨组织由软骨细胞及其分泌的黏多糖及胶原纤维和弹性纤维组成。根据纤维的性质不同可分为：①透明软骨：主要有关节软骨、肋软骨、气管软骨等；②纤维软骨：如椎间盘、关节盂等；③弹性软骨：如外耳壳等。

5. 骨组织（osseous tissue）　骨组织（图 2-13）只存在于脊椎动物体内，坚硬而具活性。在间质中沉积了大量的无机盐，主要为磷酸盐和少量碳酸盐及镁、氟离子等。此外，间质里还含有骨蛋白和胶原纤维，使骨有一定韧性。骨细胞分散于镶嵌在间质的骨小窝内，并伸出许多突起到骨小窝上面的骨小管内。相邻骨小窝上的骨小管是相通的，使骨细胞彼此互相连接。在间质里还有

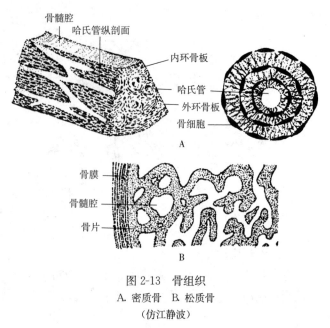

图 2-13　骨组织
A. 密质骨　B. 松质骨
（仿江静波）

许多相互沟通的细小管道，称作哈氏管，内有血管和神经纤维通过。哈氏管与相邻骨小窝上的骨小管相通，构成管道系统，成为骨细胞进行代谢的通路。许多长骨中央有一个较大的骨髓腔，内有骨髓。

6. 血液（blood）　血液（图 2-14）由各种血细胞和血浆组成。血细胞包括红细胞、多种白细胞和血小板等。红细胞含血红蛋白，能与氧结合，携带氧至身体各部。白细胞有多种，有的能吞噬细菌、异物和坏死组织，有的能产生抗体和免疫物质，参与身体的防御机能。血小板（blood platelet）存在于哺乳动物的血液中，血管破裂时，黏在伤口表面，释放凝血酶，对血液凝固起一定作用。血浆中含有多种凝血因子，对凝血起重要作用。

（三）肌肉组织（muscular tissue）

肌肉组织由伸缩性很强的肌肉细胞构成，内有肌纤维，通过肌纤维的收缩和舒张，使肌体进行各种运动。根据肌肉细胞的形态结构可分为横纹肌、心肌、斜纹肌和平滑肌。

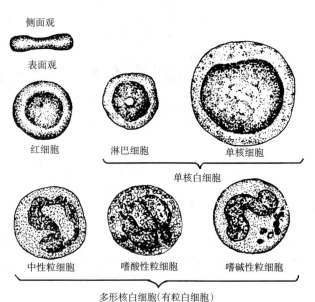

图 2-14　人的血细胞
（仿江静波）

1. 横纹肌（striated muscle）　横纹肌也称骨骼肌（skeletal muscle），主要附着在骨骼上，肌肉细胞呈长圆柱状，为多核细胞，内有 100 多个核，光镜下可见明显横纹而得名。肌肉细胞内有许多沿细胞长轴平行排列的细丝状肌原纤维。每一肌原纤维都有相间排列的明带（肌动蛋白丝）及暗带（肌球蛋白丝）。相邻的各肌原纤维，明带均在一个平面上，暗带也在一个平面上，因而使肌纤维显出明暗相间的横纹（图 2-15）。肌肉的收缩与舒张是肌动蛋白丝在肌球蛋白丝之间滑动而形成的。横纹肌的伸缩受意志支配，又称为随意肌，伸缩快而有力，但不持久，易疲劳。

2. 心肌（cardiac muscle）　心肌（图 2-16）为心脏特有，由心肌细胞组成。心肌细胞呈短柱状或有分支，横纹不明显。心肌除有收缩性、兴奋性和传导性外，最大特点在于心肌具有自动节律性。

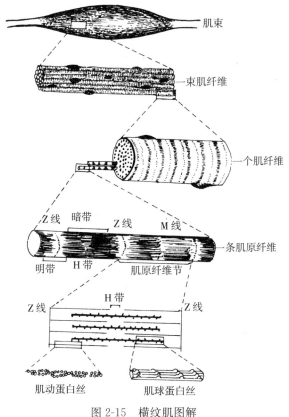

图 2-15　横纹肌图解
（仿 Hickman）

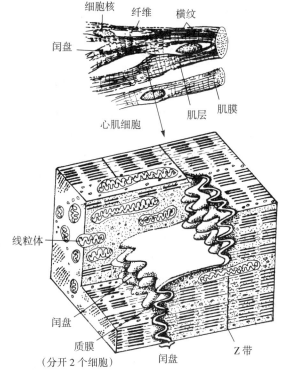

图 2-16　心肌细胞（示闰盘结构）
（仿 Nason）

3. 斜纹肌（obliguely striated muscle）　斜纹肌又称螺旋纹肌，广泛存在于低等无脊椎动物，如腔肠动物、涡虫、线虫、环节及软体动物体内。肌原纤维与横纹肌的基本相似，暗带和明带在肌原纤维中呈螺旋排列，暗带特别明显，因此在纵切面上出现斜纹而得名，其伸缩的力量弱于横纹肌。

4. 平滑肌（smooth muscle）　平滑肌（图 2-17）广泛存在于脊椎动物的各种内脏器官，如消化道管壁、膀胱和子宫壁，也分布于某些无脊椎动物的体壁上。肌肉细胞一般呈梭形，有些为星形。平滑肌的伸缩力较弱，但能持久工作，不易疲劳。其活动不受意志支配，也称不随意肌。

（四）神经组织（nervous tissue）

神经组织由神经细胞（nerve cell）（图 2-18）和神经

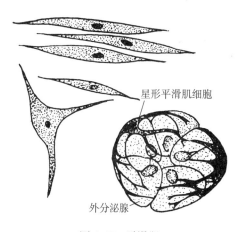

图 2-17　平滑肌
（仿 Hickman，Welsch）

胶质细胞（neuroglial cell）组成。神经细胞又称神经元（neuron），具有高度发达的感受刺激和传导兴奋的能力。一个神经细胞由含有细胞核的胞体和由胞体发出的若干突起（神经纤维）构成。突起分 2 种：一种数目较多且较短，呈树枝状，故称树突（dendron）（人的神经细胞树突可达数千条）；另一种细而长，称为轴突（axon）。一个神经细胞可有一个到多个树突，但轴突只有一个。在机能上，树突接受刺激传导冲动至胞体，轴突则传导冲动离开胞体。神经组织是组成脑、脊髓以及周围神经系统的基本成分，它能接受内外环境的各种刺激，并能发出冲动联系骨骼肌和机体内部各种脏器协调活动。高等动物神经细胞数量极多，以人为例，约有 10^{10} 个神经细胞，若连接起来，全长约 30 万 km，相当于从月球到地球的距离。神经胶质细胞是神经组织的辅助成分，多数也有突起，胞体一般比神经细胞的胞体小，而数量却为神经细胞的 10 倍左右，对神经细胞起支持、营养、绝缘、保护和修复等功能。

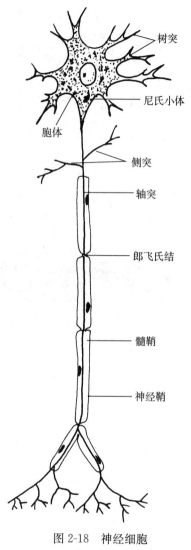

图 2-18　神经细胞
（仿 Hickman）

树突
尼氏小体
胞体
侧突
轴突
郎飞氏结
髓鞘
神经鞘

第三节　器官与系统

一、器　官

器官（organ）是由几种不同类型的组织联合形成的，具有一定的形态特征和一定生理机能的结构。如小肠由上皮组织、疏松结缔组织、平滑肌以及神经等组成，具有消化食物和吸收营养的机能。器官虽然由几种组织所组成，但不是各组织的机械结合，而是相互关联、相互依存，成为有机体的一部分。如小肠的上皮组织具有消化和吸收的能力；结缔组织起支持、联系的作用；经血管由血液输送营养并输出代谢废物（metabolic waste）；平滑肌收缩使小肠蠕动，以消化食物；神经组织起接受刺激、协调控制各组织活动的作用。

二、系　统

几种器官在机能上密切联系，联合起来完成一定的生理功能即成为系统（organ system）。如口、食道、胃、肠、肛门及各种消化腺有机地结合起来形成消化系统。高等动物体内有许多系统，如人体系统有 9 大系统的提法，即运动系统、消化系统、呼吸系统、循环系统、免疫系统、排泄系统、内分泌系统、神经系统和生殖系统。本教材为方便介绍动物躯体结构，采用 11 大系统的提法，分别是皮肤系统、骨骼系统、肌肉系统、消化系统、呼吸系统、循环系统、免疫系统、排泄系统、内分泌系统、神经系统和生殖系统。这些系统在神经系统和内分泌系统的调节控制下，彼此相互联系、相互制约地执行不同的生理功能。

第四节　动物生殖

一、生殖演化

任何生命个体最终都不免要死亡，但其种群却不会因此而消亡，这是动物具有生殖能力，可以产生后代，而其后代也同样具有生殖能力的缘故。

动物生殖演化大的方向是从无性生殖到有性生殖，从水中生殖到陆地生殖，从体外受精到体内受精；脊椎动物则实现了从无羊膜卵（鱼类、两栖类）到羊膜卵的飞跃，羊膜类实现了从开始的卵生羊膜类（爬行类和鸟类）至胎生羊膜类（哺乳类）的跨越。有性生殖就个体而言，原始多细胞动物和两胚层动物由体细胞分化出精卵细胞（或称配子），有的会形成临时的精巢和卵巢来产生精子和卵；三胚层动物出现生殖器官，有了固定的精巢和卵巢，开始很可能是雌雄同体，后来出现性别分化，形成雌雄异体的动物种类。

就性别而言，在已知的自然界 100 多万种动物中，①有少数为雌雄同体（hermaphroditism），即在一个个体内同时存在雌性和雄性 2 套完整的生殖系统，主要为无脊椎动物所具有，如扁形动物、某些小杆线虫和许多植物线虫、环节动物的寡毛类、软体动物的某些种类如蜗牛和蛞蝓、节肢动物的藤壶、毛颚动物，甚至原始的脊索动物海鞘；②多数动物为雌雄异体（gonochorism），即同一个体内只存在雌性或雄性 1 套生殖系统，为一些无脊椎动物如线虫动物、软体动物、节肢动物和脊椎动物所具有。

性别分化不仅使雌雄动物机体的形态结构、功能分化和复杂程度不同，而且生殖系统的结构、精卵的结构和发育程度各不相同，产生了各种各样的适合于动物自己种群繁衍的生殖方式，具有种群特有的求偶交配行为，以及发育激素、体色、羽色和味腺等。因此，高等动物在生殖期间，雌雄能相互发现并交配，精卵同步发生成熟，亲代在一定时间内照顾保护胚胎和幼体，成功地繁衍后代维系种族的发展。

动物的生殖活动及卵的受精、个体发育都有一定的规律，掌握这种规律就可以控制动物的生殖，保护、开发和持续利用动物资源，探索出促使经济动物大量而迅速生殖的有效途径。例如，注射激素促使雌性动物超数排卵进行人工授精；采用现代科学技术进行胚胎的分割移植和冷冻保存；通过人工授精、杂交改良、细胞克隆，促进优良动物充分繁育，扩大动物种群，培育出适合人类需要的新品种。

动物由于进化水平存在差异，生活环境不同，生殖后代的方法多种多样，可分为 2 大类，即无性生殖（asexual reproduction）和有性生殖（sexual reproduction）。

二、无性生殖

无性生殖的特点是参加繁育后代的只有 1 个亲体，且整个过程无性细胞参与。这种方式在原生动物和低等的多细胞动物中最为普遍。大致可分为 4 种：

1. 分裂生殖（fission）　分裂生殖又称二分裂，主要为原生动物所具有，一般为典型的有丝分裂，根据分裂的方向不同，可分为横裂和纵裂，如眼虫（纵裂）和草履虫（横裂）等。

2. 出芽生殖（budding）　出芽生殖是由母体上通过细胞分裂长出 1 个芽体，芽体长大后与母体脱离，形成 1 个独立的新个体，如水螅的外出芽；或者不脱离与母体共同形成群体，如原生动物中的夜光虫、钟形虫，海绵动物，腔肠动物和苔藓虫等。

3. 孢子生殖（sporulation）　孢子生殖又称多体分裂，孢子是细菌、原生动物、真菌和植物等产生的一种有繁殖或休眠作用的生殖细胞，能直接发育成新个体。在动物中，主要是原生动物中的孢子虫类的寄生虫（如疟原虫、球虫）在生活史中能进行孢子生殖。具体过程是细胞核先迅速并反复分裂，形成多个子核，最终细胞分裂时每个子核分别获得一部分细胞质和细胞膜，形成许多新个体，称为孢子或子孢子，其数量从数百个至上万个不等，个体十分微小。

4. 断裂生殖（fragmentation）　动物身体断裂为两段或多段，然后每小段通过再生（regeneration）发育成一个新个体，如涡虫、某些水母、珊瑚虫和海蛇尾等。

三、有性生殖

有性生殖多指融合生殖（syngamy），一般由精子（sperm）和卵（ovum）经过受精作用相互结合为受精卵，再发育为新个体的过程就是有性生殖。在有性生殖的早期，两性配子（gametes）在大小上相同或差别不大。从进化的角度来看，融合生殖是朝着同配生殖→异配生殖→卵配生殖方向进化的，且雌配子越来越大。融合生殖是动物界最普遍的有性生殖方式，也广泛存在于植物和真菌中。

1. 融合生殖

（1）同配生殖（homogamy）：配子形态大小完全相同，只在生理上有区别，称为同配生殖，如原生动物的衣滴虫（*Chlamy domonas*）。这可能是有性生殖最原始的形式。

（2）异配生殖（heterogamy）：参加结合的配子，形状相同，但大小和性表现不同。一般雌配子个体较大，不能运动，储存了大量营养物质，而雄配子个体较小，有鞭毛，能通过游动主动寻找卵子进行受精。如原生动物的球虫。

（3）卵配生殖（oogamy）：雌、雄配子高度特化，其大小、形态和性表现都明显不同，称为卵和精子。卵和精子经过受精，融合为受精卵。卵配生殖是分化显著的异配生殖，在多细胞动物中普遍存在。

2. 特殊的有性生殖

（1）接合生殖（conjugation）：接合生殖只存在于原生动物的纤毛虫类，它们进行生殖时，并不产生配子，只是 2 个亲体紧贴，交换部分遗传物质，然后分开，再以横裂方式进行无性生殖。

（2）孤雌生殖（parthenogenesis）：孤雌生殖是指除无性和有性生殖外，有些动物的卵不经过受精就发育为一个新个体，又称单性生殖。主要只存在于少数无脊椎动物中，如蚜虫、水蚤、竹节虫、粉虱、蚧和蓟马等，当然它们有些也可进行有性生殖。另外，蜜蜂中雄蜂也是由孤雌生殖方式发育来的。

（3）幼体生殖（paedogenesis）：常与孤雌生殖相关，是指雌性昆虫尚未达到成虫阶段，卵巢就已经发育成熟，并能进行生殖，往往采取胎生方式，从母体生产出幼体。幼体生殖有利于扩大分布和在不良环境下保持种群生存。如昆虫中的摇蚊、瘿蚊和瘿蝇等有幼体生殖现象。

（4）世代交替（metagenesis）：世代交替存在于某些动物生活史中，无性生殖与有性生殖有规律地交替进行，见于原生动物如疟原虫和腔肠动物的某些种类如薮枝螅等。

动物多种多样的生殖方式，都是它们在长期发展过程中，适应其特殊生活条件所获得的特性。大多数动物只有 1 种生殖方式，少数兼有 2 种。

无性生殖最古老，如单细胞动物和细菌，是采用简单的分裂方式繁殖的。为什么有性生殖会在生殖演化中出现，并且成为主要的生殖方式？原因是有性生殖能产生更多的基因组合，增加适应性演化的概率，防止有害突变的积累。也就是说，有性生殖产生的多样化的基因组合后代，其中一些后代能适应环境变化而生存下来；如果是无性生殖，从基因组合的角度来讲，后代基因总是一成不变，当环境发生改变时，所有后代可能都无法适应新环境而灭绝。

第五节　动物个体发育

多细胞动物的个体发育（ontogeny）是建立在有性生殖基础上的，概括起来可分为 3 个时期：胚前期、胚胎期和胚后期。

一、胚　前　期

胚前期主要为精子（sperm）和卵（egg）的发生。动物体发育成熟后，体内的精原细胞和卵原细胞经过一系列变化过程，经过增殖、生长和成熟（减数分裂）3 个阶段，才能发育为成熟的精子和卵。

1. 精子　动物的精子一般细长而体积小（图 2-19），如一般家畜精子长度为 $50 \sim 70 \mu m$。各种动物精子的形态多种多样，一般可分为头、颈、尾 3 个部分，如人类的精子（图 2-19）。精子的头部细胞质几乎消失了，只有 1 个较大的细胞核。头部前端被 1 个顶体覆盖，内含高尔基体，能够分泌酶类，溶解出 1 条穿膜孔道，进入卵细胞，完成受精作用。颈部很短，内有 2 个中心粒，是控制尾部运动的中心。尾部细长，内含细长的轴丝，尾的运动就是靠轴丝的摆动引起的。

2. 卵　动物的卵一般呈圆形，内含卵黄，其成分是蛋白质和卵磷脂，体积比精子大千万倍，并失去了运动能力，表面常有被膜，有保护功能。根据卵黄的含量多少，一般将动物的卵分为 3 大类：

（1）少黄卵：卵黄含量少，且分布均匀，如海胆、海星、文昌鱼和哺乳动物的卵。

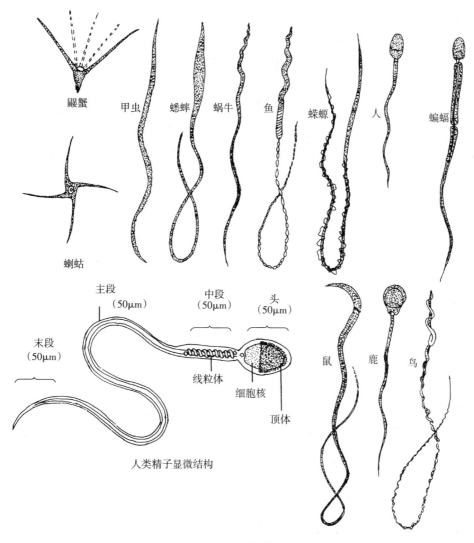

图 2-19 动物精子
(仿 Mitchell)

（2）中黄卵：卵黄较多，分布不均匀。通常把卵黄多的一端称植物极，另一端称动物极，如蛙的卵。

（3）多黄卵：卵黄极多，如鸟类的卵内几乎被卵黄占满，细胞质和核则被挤到细胞边缘很小的盘状区域内；昆虫卵的卵黄集中在中央，占据很大空间，细胞质和细胞核分布于周边。

二、胚 胎 期

多细胞动物的发育极为复杂，不同种类的胚胎其发育有不同的特点，但是胚胎发育的早期是相同的，人们把多细胞动物的胚胎发育划分为 6 个主要阶段，即受精、卵裂、囊胚形成、原肠胚形成、中胚层及体腔形成和胚层分化。

1. 受精（fertilization） 精子与卵结合为一个细胞——受精卵的过程称为受精（图 2-20，图 2-21A）。受精卵是新个体发育的起点。根据动物所处的环境可分为体外受精和体内受精。体外受精常发生在水生动物（如甲壳类和鱼类）中，两性个体群集在一起，同时把精子和卵排到水中进行受精。体内受精存在于陆生种类（如昆虫和哺乳类）、寄生种类和少数水生动物（如鲨鱼）中，雄性个体一般都具外生殖器（阴茎），可以直接把精液送到雌体内，精子在输卵管与卵相遇进行受精。

2. 卵裂（cleavage） 受精卵的分裂称卵裂（图 2-21B、C），是一种特殊的细胞分裂。与一般的细胞分裂的不同之处在于：卵裂后的细胞还未长大就又不断分裂下去，因此细胞越来越小，但数量以

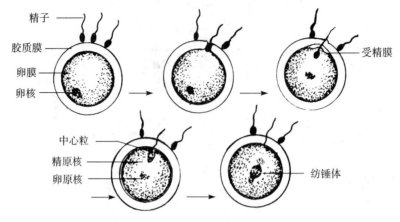

图 2-20 受精过程示意图
(仿 Hickman)

几何级数（2^n）增长。这些细胞称为分裂球（blastomere）。由于不同动物卵细胞内卵黄多少及其在卵内分布情况不同，卵裂的方式也不同，可分为以下 2 大类：

（1）完全卵裂（total cleavage）：多见于少黄卵和中黄卵，其特点是整个卵细胞都可进行分裂。少黄卵卵黄分布均匀，形成的分裂球细胞大小相等，称等裂，如海胆、海星和文昌鱼；中黄卵卵黄分布不均匀，形成的分裂球细胞大小不等，称不等裂，如海绵动物、蛙类（图 2-21）。蛙类卵黄少的动物极一端形成的胚细胞较小，而卵黄多的植物极一端形成的胚细胞较大。

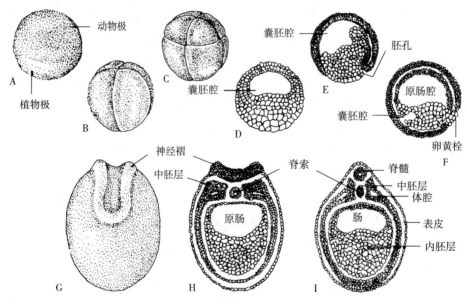

图 2-21 蛙的早期胚胎发育（为完全卵裂的不等裂）
(仿 Keeton)

（2）不完全卵裂（partial cleavage）：鸟类和昆虫的多黄卵属这一类。鸟的卵细胞中卵黄占据了大部分空间，细胞质部分被挤到边缘，由于卵黄多而黏稠，卵裂只局限于很小的盘状区域，称盘状卵裂（discal cleavage）。昆虫是卵黄在中间，细胞质在四周，分裂区限于卵表面，又称表面卵裂（peripheral cleavage）。各种不同的卵裂，后期的发育也有差别。为简便起见，以下各阶段都以完全卵裂为基础来说明。

3. 囊胚形成（blastulation） 卵裂的结果，分裂球形成了中空的球状胚（图 2-21D），称为囊胚（blastula）。中间的腔称为囊胚腔（blastocoel），内有囊胚液。

4. 原肠胚形成（gastrulation） 囊胚的植物极大细胞发生内陷，最后把囊胚腔挤掉，结果变成由两层细胞所组成的胚体，称为原肠胚（gastrula），此时约含 1 000 个细胞（图 2-21E、F）。组成原肠胚的外层细胞称外胚层（ectoderm），内层细胞称内胚层（endoderm），内层细胞围成的空腔称原肠腔（gastrocoel），即将来的消化腔。内胚层细胞将来要形成消化道上皮，故称原肠，将形成消化道内壁及相关消化腺（如脊椎动物的肝和胰）。原肠与外界唯一的开口称原口，或称胚孔（blastopore）。以上形成原肠胚的方式称内陷。除内陷外，还有其他方式，如内移、分层、内转、外包等。在动物胚胎发育中以上几种类型综合出现，相伴进行。

在原肠阶段还未出现细胞分化，但在两个胚层的细胞集团已经确定了未来细胞分化出不同器官的区域，称作器官原基（organ rudiment）。

5. 中胚层及体腔形成　绝大多数多细胞动物除了内、外胚层，还要在两胚层间发育出中胚层（mesoderm）。主要有以下 2 种方式（图 2-21G、H、I，图 2-22）：

（1）端细胞法（telocells method）：在胚孔两侧，内、外胚层交界处各有一个细胞进行分裂，形成索状，伸入内外胚层之间，形成中胚层。由中胚层细胞之间裂开形成的腔称真体腔。由于体腔是在中胚层细胞之间裂开形成的，所以这种方式又称裂体腔法。原口动物，如扁形动物、线虫动物、环节动物、软体动物及节肢动物都是以端细胞法形成中胚层和体腔的。

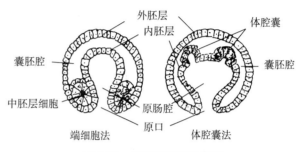

图 2-22　中胚层形成示意图
（仿 Hickman）

（2）肠体腔法（enterocoelous method）：又称体腔囊法，在原肠胚原肠（内胚层）背壁两侧，向外突出形成成对的囊状突起，经过分节形成一系列肠体腔囊，与原肠背壁脱离后，肠体腔囊在内外胚层之间逐步扩展形成中胚层和体腔。后口动物的棘皮动物、毛颚动物、半索动物及脊索动物均以体腔囊法形成中胚层和体腔。

6. 胚层分化　动物体的组织器官都是由内、中、外 3 个胚层分化（differentiation）来的。在高等脊椎动物的器官形成过程中，3 个胚层的主要衍生物归纳如下：

（1）外胚层（ectoderm）：皮肤上皮及其衍生物（皮肤腺、羽毛、毛、角、爪等）、神经系统、感觉器官、消化管两端。

（2）中胚层（mesoderm）：肌肉、结缔组织（包括骨骼、血液等）、排泄与生殖器官的大部分。

（3）内胚层（endoderm）：消化管的大部分上皮、肝、胰、呼吸器官（肺）、排泄与生殖器官的小部分。

三、胚 后 期

动物体从卵孵化出来或从母体降生后，就成为幼体，还要进一步生长、发育到成体，然后逐渐进入衰老期，最终死亡，这段时期称胚后期或胚后发育。具体分为 2 种基本类型，即直接发育（direct developent）和间接发育（indirect developent）。

1. 直接发育　是指高等动物胚胎在营养丰富和稳定的环境中完成发育，孵出的幼体与成体除个体大小外，形态结构与成虫极为相似，不经变态，逐渐长大成为成体。如无脊椎动物中的线虫、蚯蚓、蚂蟥和绝大多数脊椎动物的胚后发育。

2. 间接发育　是指多数无脊椎动物卵黄少不能满足胚胎发育的营养需要，幼体早早孵出，幼体与成体极不相同，要经过形态和生理上的变化后，才能发育成为成体，又称变态发育。如腔肠动物、扁形动物、软体动物、环节动物（沙蚕）、节肢动物、棘皮动物中的许多种。其中，以节肢动物中的昆虫最为特殊（见本教材第七章第七节，第十五章第二节）。脊椎动物的两栖类也有变态发育现象。

四、原口动物与后口动物

在胚胎发育后期，动物形成口和肛门有2种不同方式，也就有了原口动物和后口动物之分。

1. 原口动物（protostomes）　动物胚胎发育时原肠胚的原口形成了口，有肛门的动物是在对侧开孔形成肛门，此类动物称为原口动物。主要包括扁形动物、原腔动物、环节动物、软体动物及节肢动物等几大类群。原口动物在发展上又分化为2大组群，即触手担轮动物和蜕皮动物。

2. 后口动物（deuterostomes）　动物胚胎发育时原肠胚的原口形成了肛门，并在其对侧开孔形成口的一类动物称为后口动物，主要包括棘皮动物、半索动物、脊索动物等几大类群。

可以说原口动物先形成口，后形成肛门，原始种类有的没有肛门（扁形动物），口兼有肛门的功能；后口动物是先形成肛门，后形成口。二者在形成口和肛门的时空次序上不同，代表了动物演化的两个方向。

五、胚层与体腔

体腔是动物体壁与内脏之间的空隙。体腔的出现为动物体内器官系统的发生发展提供了场所，使器官的分化发展成为可能。

两胚层动物，如海绵动物和腔肠动物胚胎发育至原肠胚，并没有形成中胚层和体腔，只有内层细胞包围的中央腔或消化循环腔。

在三胚层（triploblast）动物中，根据体腔的有无和形成方式，又可将其分为3类，即三胚层无体腔动物、三胚层假体腔动物、三胚层真体腔动物（图2-23）。

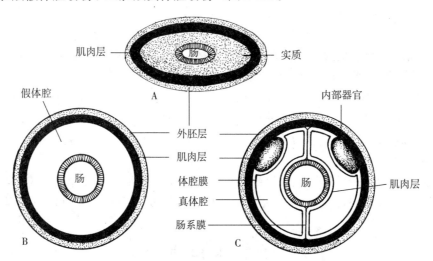

图 2-23　动物的胚层与体腔
A. 无体腔形式　B. 假体腔形式　C. 真体腔形式
（仿许崇任）

1. 三胚层无体腔动物　在两侧对称、三胚层的多细胞动物中，没有体腔的动物主要为扁形动物和纽形动物，其体壁和消化道之间充满了中胚层起源的实质（parenchyma），实质是一种结缔组织，在体内负责水分和养料的储存及进行缓慢的物质传递。这几类动物的身体多是扁平细长的，这种体形增加了身体的相对表面积，有利于细胞与外界接触及进行物质交换。

2. 三胚层假体腔动物　从进化角度看，假体腔（pseudocoel）又称原体腔，是动物界中最先出现的体腔形式。在这种体腔中，中胚层只形成了体壁的肌肉层，而动物的肠壁没有中胚层形成的肌肉层。其肠壁由来源于内胚层的单层上皮组织构成，且没有体腔膜。假体腔是一种初级的原始体腔形式，它不是由中胚层包围形成的空腔，而是胚胎的囊胚腔持续到成体形成的体腔，只是增加了体壁肌肉层，封闭并充满体腔液，起到流体静力骨骼（hydrostatic skeleton）的作用。具有这种体腔的动物称为假体腔动物（pseudocotlomates）。假体腔的出现为动物体内器官系统的发展提供了条件，又统称原腔动物，包括约 10 个动物门，主要有线虫动物门和线形动物门等。

3. 三胚层真体腔动物　真体腔（true coelom）是由中胚层所包围形成的腔。真体腔动物具有了体壁肌肉层和脏壁肌肉层。有了脏壁肌肉层，就可以使肠道自主蠕动，增强了动物的消化能力。真体腔中内衬了中胚层形成的单层细胞的体腔膜，包围在体腔内面及内脏器官的表面，可形成系膜，以悬挂并固定内脏器官。真体腔较发达的动物类群主要有环节动物、棘皮动物、半索动物及脊索动物等。

第六节　生物发生律

生物发生律（biogenetic law）又称重演律（recapitulation law），是德国人赫克尔（E. haeckel）于 1866 年提出的。他在《普通形态学》一书中有这样的描述：生物发展史可分为 2 个相互紧密联系的部分，即个体发育（ontogeny）和系统发育（phylogeny）2 部分，也就是个体的发育历史和由同一起源所产生的生物群的发展历史。生物发生律是指个体发育史是系统发育史的简单而迅速的重演。如青蛙的个体发育，由受精卵开始，经过囊胚、原肠胚、三胚层的胚、无腿蝌蚪、有腿蝌蚪到成体青蛙。这一系列过程反映了它在系统发展过程中经历了像单细胞动物、单细胞的球状群体、两胚层动物（腔肠动物）、原始三胚层动物、鱼类动物，发展到有尾两栖类再到无尾两栖动物的基本过程，说明了蛙的个体发育重演了其祖先的进化过程，也就是个体发育简短而迅速地重演了其种族的发展史。生物发生律对于了解各动物类群的亲缘关系及其发展线索极为重要。因而对不能确定的许多动物的亲缘和分类位置，常常通过研究其胚胎发育和幼体发育来解决。上面所举的胚胎的例子只是重演化现象的最经典的例证。除此之外，大量返祖现象也是例证。在人体中，返祖现象时有可见，较明显的是毛人、有尾人等。毛人和有尾人在很多国家和地区都出现过。据统计，已知的有尾人近 200 个，有的人尾巴长 30cm。我们知道，人的胚胎发育到第 7 周时有尾巴出现，在第 5 周和第 6 周时全身有毛。这样看来，返祖现象是重演律的有力证明，只不过在个体发育过程中，由于某些原因发育进行得不彻底或者出现了某种"差错"，而使得这些"吓人的"原始性状保留下来。

在生活史方面，可由重演律解释的现象也很多。如蛔虫的幼虫必须在肺内生活发育一个阶段以后，才能在肠道的低氧条件下寄生，这个肺内生活的阶段很可能就是其自由生活的祖先要在有氧的条件下才能生存的特征的某种再现。在某些情况下连细胞都会出现返祖现象，如癌细胞就是一种"返祖细胞"。它不分化，并不断分裂生殖，具有了与原生生物（单细胞真核生物）的细胞相似的无限分裂、转移、播散活动的能力，这在某种程度上重现了祖先的特征。

发育重演的有关现象很多，说明这是一种带有普遍性的发育现象。但要强调一点，对任何重演现象而言，没有哪一种或一类是严格遵循重演的，所谓的重演不是机械地重复，是大致的、局部的。

我们知道，物种进化和个体的发育是由完全不同的因素参与进行的，进化历时长达万亿年，有自然选择因素参与，而个体发育是受精卵（或发育着的细胞）在较短时间内受发育有关的因素影响的过程。那么究竟二者是如何联系起来的呢？究竟谁是重演律的幕后指挥者？如人类，是什么原因竟可让胎儿在子宫这个"舞台"上，在短短的大约 10 个月的时间里把人类亿万年的发生史重新"表演"一遍？目前，一般认为在分子水平上，个体的基因是在系统发育这一漫长过程中逐步积累变异来的，个体基因库当中保留了不少原先是用来决定祖先性状的基因，因此个体发育时就会悄悄重演祖先的故事。研究生物发育重演现象可以为我们提供认识各种生物进化现象的线索，进而为我们正确解答各类生物包括人类的起源与进化等问题提供有力的帮助。

▎本章小结▎

细胞是除病毒外的一切有机体形态结构和生命活动的基本单位，可分为原核细胞和真核细胞两大类。原核细胞都有细胞壁、细胞膜、细胞质和拟核，一般没有高尔基体、线粒体和内质网等细胞器。真核细胞远比原核细胞复杂，具有线粒体、叶绿体、内质网、高尔基体、溶酶体等主要细胞器，细胞核有明显的核仁、核膜。

细胞数目的增加依赖于细胞分裂。一次细胞分裂结束到下一次分裂结束之间的期限称为细胞周期，包括分裂间期和分裂期。细胞分裂一般有无丝分裂、有丝分裂和减数分裂 3 种。动物细胞间的连接是细胞膜与细胞膜在相邻细胞之间分化形成的，主要有桥粒、紧密连接和间隙连接 3 种形式。

一些形态相同或相似、机能相同的细胞群构成了组织，包括细胞和非细胞形态的细胞间质两大部分。根据构造和功能的区别，将动物体内的组织归为 4 大类基本组织，即上皮组织、结缔组织、肌肉组织和神经组织，4 类组织细胞在分布、形态和功能上各有不同。不同类型的组织联合形成具有一定形态特征和一定生理机能的结构，即为器官。多种器官又形成了动物的系统。动物的多种系统在神经系统和内分泌系统的调节控制下，彼此相互联系和相互制约地执行不同的生理功能，从而实现了动物体的全部生命活动。

动物的种群延续靠不断的生殖后代才能进行下去，动物生殖后代的方式多种多样，总体可分为 2 大类即无性生殖和有性生殖。

多细胞动物的个体发育是建立在有性生殖基础上的。可分为 3 个时期，即胚前期、胚胎期和胚后期。胚前期主要为精子和卵的发生。胚胎期的发育可分为 6 个主要阶段，即受精、卵裂、囊胚形成、原肠胚形成、中胚层及体腔形成、胚层分化。胚后期指动物体自孵化后或出生后，经过幼体、成体、老年个体等一系列发育过程，最终死亡的过程；胚后发育包括直接发育和间接发育 2 种基本类型。按照动物口和肛门形成的时空次序不同将动物分为 2 大类群：原口动物和后口动物。三胚层动物按照体腔的不同可以分为 3 种基本类型：三胚层无体腔动物、三胚层假体腔动物和三胚层真体腔动物。

生物发生律是一条客观规律，它不仅适用于动物界，而且适用于整个生物界。我们不能把"重演"理解为机械地重复，而且在个体发育中也会有新的变异出现，个体发育又不断地补充系统发展。这二者的关系是辩证统一的，二者相互联系又相互制约，系统发育通过遗传决定个体发育，个体发育又能补充和丰富系统发育。

思考题

1. 细胞学说的内容及现在人们对细胞的认识如何？
2. 原核细胞和真核细胞的区别是什么？
3. 简述动物细胞的组成和基本结构。
4. 什么是细胞周期？
5. 细胞分裂的方式有哪几种？其分裂过程如何进行？
6. 动物细胞间的连接方式有哪几种？是如何连接的？
7. 简述组织、器官和系统的基本概念。
8. 动物的组织有哪几种基本类型？简述各种组织的结构特点、分布及其功能。
9. 动物的繁殖分为哪两大类？如何区别？
10. 动物的无性繁殖分为哪几类？各有什么特点？（举例说明）
11. 动物胚胎期的个体发育可分为哪 6 个重要阶段？
12. 动物的中胚层是如何发生的？
13. 请画出原肠胚的示意图并注明各部分名称。
14. 何为器官原基？

15. 原口及后口动物各包括哪些动物类群？试比较其差别。

16. 何为假体腔和真体腔？三胚层无体腔动物、三胚层假体腔动物和三胚层真体腔动物各包括哪些动物类群？

17. 高等脊椎动物的 3 个胚层各分化为哪些器官？

第三章

原生动物门（Protozoa）

内容提要

须掌握原生动物作为动物进化史上最原始、最低等类群的生物学特征，了解原生动物在生态系统食物网中的作用，了解原生动物的形状、大小和颜色等方面的特点。在动物学上，一般根据运动胞器的不同，将原生动物分为4个纲，即鞭毛纲、肉足纲、孢子纲和纤毛纲。须掌握各纲代表动物的形态结构特点和生活习性，了解常见寄生原生动物的寄主及其危害。在原生动物与农牧业关系一节，须了解人类、家畜、家禽、鱼类由于感染致病原生动物而造成的常见疾病。

第一节　原生动物门特征

原生动物在动物进化史上属最原始、最低等的一个类群，其主要特征是身体由单个细胞构成，除具有细胞的一般特征外，还有许多独特的细胞器来完成各种生理功能。常见种类有变形虫、眼虫、草履虫等，广泛分布于海水、淡水、潮湿的土壤中，营自由生活。少数如疟原虫、黑热病原虫、痢疾内变形虫、瘤胃纤毛虫等，在其他动物体内营寄生生活及互惠共生。

一、原生动物在生态系统中的作用

自由生活的原生动物在生态系统食物网中主要扮演3个角色。

1. 细菌的主要捕食者　异养型的鞭毛虫、纤毛虫大量捕食细菌，使水生态系统中的细菌数量维持在一个较低的水平上。如四膜虫（tetrahymena）的细菌捕食速度达$100\sim200$个/h，旋口虫（spirostomum）每小时可捕食数千个细菌。

2. 藻类的捕食者　原生动物的捕食防止了藻类在水中过度繁殖。据报道，美国的 Chesapeake 海湾中原生动物在春夏两季可捕食藻类生物量的$13\%\sim55\%$。

3. 后生动物的饵料　在水上层的原生动物被以小甲壳类为主的浮游生物所吞食。在水底的原生动物被底栖的寡毛类、多毛类、甲壳类及软体动物所吞食。Schönborn（1984）发现淡水寡毛类毛腹虫（*Chaetogaster diastrophus*）的食物中纤毛虫和鞭毛虫分别占20.0%和2.1%。

二、原生动物门特征

原生动物从形状上看变化多样。浮游种类一般呈球形，那些主动游泳以取得食物的种类（如草履虫）身体趋于延长，取食水底碎屑者身体扁平。黏着类型的纤毛虫和鞭毛虫则进化成圆锥形和卵圆形，变形虫类的原生动物身体则是无定形的，不断改变形状。原生动物的身体大小也变化很大，绝大多数个体长度为$2\sim300\mu m$。某些灭绝原生动物（化石）直径可达几厘米，记录中最大的有孔虫的壳的直径达19cm。

绝大多数原生动物的身体为无色半透明的，但也有一部分原生动物的身体是有颜色的，这主要是由于其体内有色素颗粒、叶绿素或其他色素质体，或有内共生的有色藻类等原因造成的，从而使它们的身体呈现各种颜色，如红色、金黄色、紫色和绿色等。

原生动物主要有以下几方面生物学特征：

1. 单细胞动物　原生动物的形态多种多样，有些寄生原虫在生活史各阶段形态也不相同，但原生动物都具有一般细胞的基本结构，即细胞膜、细胞质（含内质网、高尔基体、溶酶体、线粒体等）和细胞核。与高等动物体内的单个细胞不同的是，原生动物能够完成一般动物体所表现的各种生活机能，如运动、消化、呼吸、排泄、感应和生殖等，是能独立生活的有机体。

2. 具特殊细胞器　原生动物分化出多种特殊细胞器来完成各种生活机能，类似于多细胞动物的器官，是原生动物独立生活的物质基础。如执行运动功能的细胞器（纤毛、鞭毛）、摄食胞器（胞口、胞咽和伪足）、排泄胞器（伸缩泡）等。

3. 具多细胞群体的生活方式　如团藻由成千上万个细胞有序地聚集为球体，但其细胞一般没有分化，最多只有体细胞和生殖细胞之分。因细胞分化少，体细胞具有相对独立性，所以不同于多细胞动物。

4. 营养方式多样化　原生动物可自养和异养，具体可分 3 种：

（1）光合营养（phototrophy）：主要为鞭毛虫，虫体内有色素体，含有叶绿素，可进行光合作用来合成所需的营养物质，又称自养。

（2）吞噬营养（phagotrophy）：吞食固体食物颗粒或微小生物，形成食物泡，与溶酶体融合，进一步形成消化泡进行消化，以此来获取养料的营养方式。

（3）渗透营养（osmotrophy）：指通过体表渗透吸收周围呈溶解状态的有机物，主要为某些寄生种类所具有，与吞噬营养的相同之处为二者都是异养。

5. 生殖方式多样化与再生能力　生殖（reproduction）方式有无性生殖和有性生殖。无性生殖包括二分裂（如眼虫）、出芽生殖（夜光虫）、孢子生殖（疟原虫）。有性生殖包括配子生殖和接合生殖（草履虫）。配子生殖包括同配生殖（有孔虫）和异配生殖（团藻）。

如果把一个原生动物切割成若干片段，其中有些片段能长出被切掉的部分，成为与原来的细胞一样的完整个体，这种现象就是再生（regeneration）。试验证明，原生动物一般都具有再生能力。在纤毛虫的再生试验中，带有大核的片段都能形成正常的虫体。

6. 生活环境不良时可形成包囊　当水生环境受到化学污染、食物匮乏、因蒸发而干涸或低温时，原生动物可分泌一层胶状物质，形成具保护性的外壳，即包囊（encystment）。此时，原生动物处于休眠的生理状态，可在恶劣环境下生存数月甚至更久。在干燥情况下，还可随风飘落到遥远的地方，当遇到适宜环境时，又会破囊而出，进行繁殖。原生动物的广泛分布和其结囊能力有密切关系。

7. 应激性　原生动物和其他动物一样，对外界刺激会起一定的反应，总体表现为趋利避害。当它遇到食物或有利环境时，会主动靠近，当遇到有害刺激时则会避开，称为应激性（irritability）。这种能力对它的生存有很大的意义。用细针触碰草履虫的前端，草履虫会倒退着游，再转向游开，这是回避反应；如果触碰后端，草履虫会加快向前游动，这是逃避反应。

三、原生动物门分类

现记载的原生动物有 65 000 种，有一半以上是化石，现存种类约 30 000 种，其中有约 10 000 种为寄生种类。原生动物作为研究材料具有取材容易、培养方便、生命周期短、容易观察等优点，因此很早就被用作生命科学领域各学科的研究材料。

根据 1980 年国际原生动物协会修订的分类系统，应将原生动物划分为原生生物界、原生动物亚界。但作为农业院校专业基础课的《动物学》教材，需要介绍寄生于人、家畜、家禽和鱼类的寄生原虫，因而仍将原生动物作为动物界下面的一个门加以介绍。根据原生动物运动胞器的不同将其分为 4 个纲，即鞭毛纲、肉足纲、孢子纲和纤毛纲。

第二节 鞭毛纲（Mastigophora）

一、代表动物——眼虫

眼虫是眼虫属（*Euglena*）生物的统称，大多生活于有机物丰富的水沟、池沼或暖流中。温暖季节可大量繁殖，常使水呈绿色。

绿眼虫（*Euglena viridis*）呈梭形，长约 60μm，前端钝圆，后端尖，具 1 根细长鞭毛（图 3-1）。眼虫的身体覆以具弹性、带斜纹的表膜（pellicle）（图 3-2）。过去很多人认为表膜就是原生质分泌的角质膜，但在电镜下研究发现，表膜就是细胞膜，由许多螺旋状条纹联结而成。每 1 个表膜条纹的一边有向内的沟（groove），另一边有向外的嵴（crest）。一个条纹的沟与另一条纹的嵴相嵌合。嵴可在沟中滑动，使表膜条纹之间相对移动。表膜条纹的特殊构造使眼虫既保持一定的形状，又能做收缩变形运动。表膜条纹是眼虫科的特征，其数目多少又是种的分类特征之一。

眼虫有 1 个圆形细胞核，位于虫体中后部，内有明显的核仁。虫体前端有 1 个胞口（cytostome），向后连 1 个膨大的储蓄泡（reservoir），从胞口伸出 1 条细而长的鞭毛（flagellum）。鞭毛是运动胞器，通过它的不断摆动，使眼虫向前做螺旋状运动。鞭毛下连 2 根轴丝（axoneme）。每根轴丝在储蓄泡底部与 1 个基体（basal body）相连。由基体产生出鞭毛，并对虫体分裂起中心粒的作用。从 1 个基体发出 1 条细丝（根丝体，rhizoplast）至核，表明鞭毛受核的控制。鞭毛基部紧贴储蓄泡处有 1 个红色眼点（stigma），靠近眼点近鞭毛基部有光感受器（photoreceptor），能接受光线。这 2 个结构的存在使眼虫在运动中有趋光性（图 3-3）。

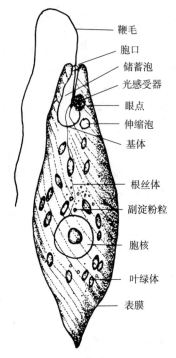

图 3-1　眼虫的一般结构
（仿刘凌云）

（图3-1 标注：鞭毛、胞口、储蓄泡、光感受器、眼点、伸缩泡、基体、根丝体、副淀粉粒、胞核、叶绿体、表膜）

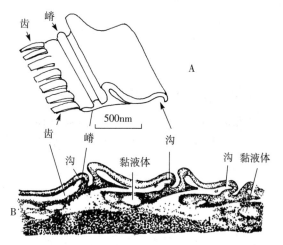

图 3-2　眼虫表膜微细结构图
A. 一个表膜条纹的图解，示沟和嵴
B. 旋眼虫（*E. spirogyra*）表膜横切，放大 41 500 倍
（仿 Leedale）

（图3-2 标注：齿、嵴、500nm、齿、嵴、沟、沟、黏液体、沟、黏液体）

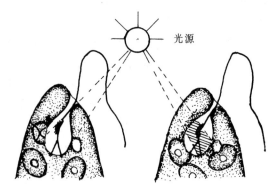

图 3-3　眼点光感受器遮光功能假说示意图
（仿 Farmer）

（图3-3 标注：光源）

眼点呈浅杯状，光线只能从杯的开口面射到光感受器上。因此，眼虫必须随时调整运动的方向，趋向适宜的光线，但如果光照度超过一定阈值，会出现畏光反应，即突然改变运动方向。眼点和光感

受器普遍存在于绿色鞭毛虫，这与它们进行光合作用有关。

在眼虫的细胞质中有叶绿体（chloroplast），内含叶绿素。因此眼虫能像绿色植物那样进行光合作用，在有光的条件下把 CO_2 和 H_2O 合成糖类进行光合营养（phototrophy）。制造的过多食物形成一些半透明的副淀粉粒（paramylum granule）储存在细胞质中。在无光条件下，眼虫也可通过体表吸收溶解于水中的有机物质，进行渗透营养。眼虫光合作用产生的 O_2 可被用于进行呼吸作用，呼吸作用产生的 CO_2 又可用于进行光合作用。在无光条件下，通过体表吸收水中的 O_2，排出 CO_2。

储蓄泡旁有 1 个大的伸缩泡（contractile vacuole），它的主要功能是调节水分平衡（一般在淡水中），收集细胞质中多余的水分及代谢废物，注入储蓄泡，再经胞口排出体外。

眼虫的繁殖一般为纵二分裂（图 3-4），在包囊期和自由游泳期均可发生。首先核进行有丝分裂，但核膜不消失；同时基体复制；然后虫体从前端分裂，鞭毛脱去，同时由基体长出 2 根新鞭毛，或者保存原有鞭毛，另长出 1 条新鞭毛；胞口纵裂为二，然后继续由前向后分裂，最终分开成为 2 个新个体。

因眼虫适宜生活在有机物丰富的水中，它本身也制造大量有机物，故近年来眼虫被用作有机物污染环境的指标，来确定污染的程度，如绿眼虫为重度污染的指标。此外，眼虫有耐放射性的能力，较高的放射强度对眼虫的生存几乎无影响，因此眼虫可用来净化水中的放射性物质。

二、鞭毛纲主要特征

1. 鞭毛　一般具鞭毛，通常为 1～4 条，少数种类具较多的鞭毛。

2. 营养方式　有光合营养、吞噬营养和渗透营养 3 种形式。

3. 繁殖　无性繁殖为纵二分裂，有性繁殖为配子结合或整个个体结合。

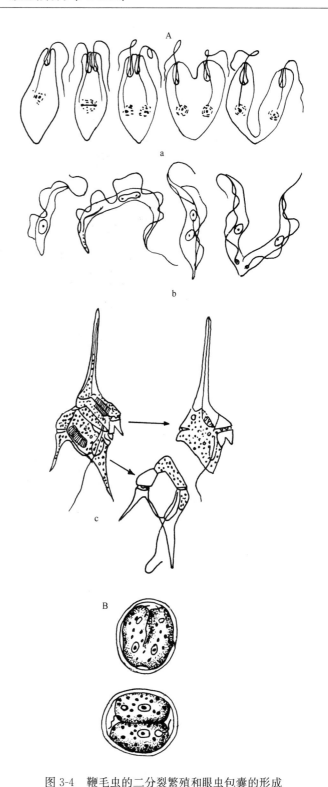

图 3-4　鞭毛虫的二分裂繁殖和眼虫包囊的形成
A. 鞭毛虫的二分裂繁殖　B. 眼虫包囊的形成
a. 眼虫纵二分裂　b. 锥虫纵二分裂　c. 腰鞭虫（Ceratium）的斜二分裂，每 1 个子细胞生出其失去的部分
（A 仿 Brusca；B 仿陈义）

三、鞭毛纲重要类群

鞭毛纲动物约有 7 000 种，根据营养方式的不同，可分为 2 个亚纲：

(一) 植鞭亚纲 (Phytomastigina)

一般具色素体，能进行光合作用，自己制造食物。自由生活于海水或淡水中。由于体内常含叶绿素，身体呈绿色，故称绿色鞭毛虫。

有些以多细胞群体的形式生活。如盘藻（图 3-5）一般由 4 或 16 个个体排在 1 个平面上，呈盘状，每个个体都具 2 根鞭毛，含色素体，且都能进行营养和繁殖。又如团藻（图 3-5）由成千上万个个体组成，排列为 1 个空心圆球，个体之间有简单分化，多数为无繁殖能力的营养个体，少数具繁殖能力。研究团藻对研究多细胞动物的起源很有意义。

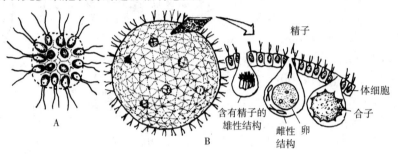

图 3-5 盘藻和团藻

A. 盘藻 B. 团藻

(仿 Keeton 等)

夜光虫和其他多数腰鞭毛虫（图 3-6）生活于海水中，它们体内的色素体呈金黄色或红色，且能分泌毒素。当环境适宜时，可大量繁殖，使局部海水变红，称为赤潮。当赤潮发生时，鞭毛虫会堵塞海洋生物的呼吸器官，加上毒素的作用，使该水域的鱼类大量死亡，对渔业生产危害很大。如 1971 年美国的佛罗里达州海域发生大规模赤潮，被毒死的鱼类达 2 270 万 kg 以上。

大多数绿色鞭毛虫是浮游生物的组成部分，是鱼类的天然饵料。

(二) 动鞭亚纲 (Zoomatigina)

这类鞭毛虫无色素体，不能自己制造食物，营养方式为异养。有不少寄生种类对人和家畜有害。

利什曼原虫（*Leishmania donovani*）（图 3-7）又称黑热病原虫，能引发人的黑热病，是我国五大寄生虫之一。个体微小，寄生于人体的有 3 种。其生活史有两个阶段，一个阶段在人或犬体内，另一个阶段在白蛉子体内。当被感染的白蛉子叮咬人时，将原虫注入人体，在巨噬细胞内发育并失去鞭毛，称为无鞭毛体。使人肝、脾肿大，发热、贫血，并在皮肤上有黑色素沉着，以至死亡，死亡率达 90% 以上。当雌白蛉子叮咬患者时，病原虫进入其消化道内，又可感染他人。

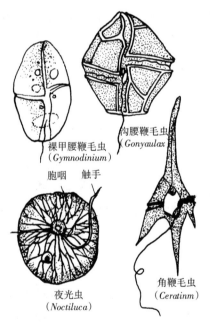

裸甲腰鞭毛虫 (*Gymnodinium*)

沟腰鞭毛虫 (*Gonyaulax*)

胞咽 触手

夜光虫 (*Noctiluca*)

角鞭毛虫 (*Ceratinm*)

图 3-6 几种腰鞭毛虫

(仿 Hickman)

动鞭亚纲也有自由生活种类（图 3-8），如领鞭毛虫、双领虫等，对了解海绵动物和原生动物的亲缘关系有一定意义。又如变形鞭毛虫，既有鞭毛又有伪足，对探讨鞭毛类和肉足类的亲缘关系有一定意义。

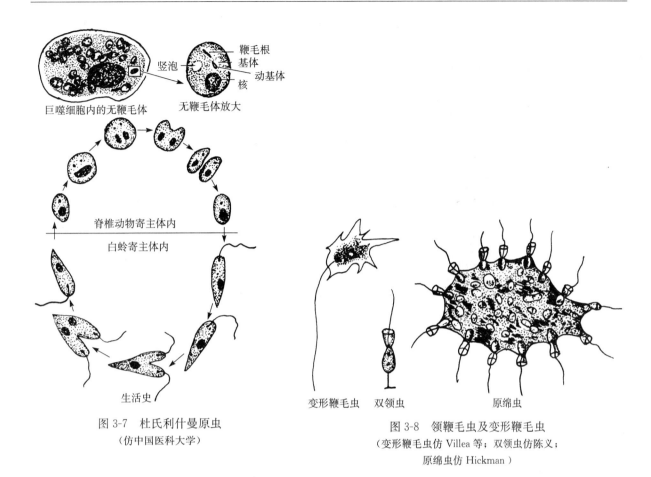

图 3-7　杜氏利什曼原虫
（仿中国医科大学）

图 3-8　领鞭毛虫及变形鞭毛虫
（变形鞭毛虫仿 Villea 等；双领虫仿陈义；
原绵虫仿 Hickman）

第三节　肉足纲（Sarcodina）

一、代表动物——大变形虫

大变形虫（*Amoeba proteus*）通常生活在池塘、水坑等静止的积水中或水流缓慢、藻类较多的浅水中，一般可在浸没于水中的植物上找到。

大变形虫（图 3-9）是变形虫中最大的一种，直径 $200\sim600\mu m$，虫体无固定形状，可随时改变，结构简单，运动缓慢（约 2cm/h）。

虫体表面为一层薄而柔软的质膜。细胞质明显分为外质和内质。光镜下，外质均匀透明无颗粒，为位于质膜下的一层细胞质；外质之内为内质，其中有细胞核、伸缩泡、食物泡及处在不同消化程度的食物颗粒等。内质又可分为 2 部分，处在外层呈相对固态的称为凝胶质（plasmagel），在其内部呈液态的称为溶胶质（plasmasol）。二者主要成分都是蛋白质，由于其分子的伸展或折叠卷曲而互相变化。

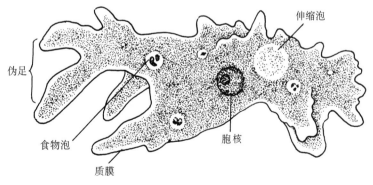

图 3-9　大变形虫
（仿 Mitchell）

大变形虫必须到处移动才能获得食物，可在体表任何部位形成临时性的细胞质突起，称为伪足（pseudopodium），作为临时运动胞器。其运动方式称为变形运动（amoeboid movement）（图 3-10）。

过程如下：伪足形成时，外质向外突出呈指状，内质流入其中，溶胶质向运动方向流动，到达伪足前端后，又向四周分散，变为凝胶质，同时虫体后面的凝胶质又变为溶胶质，不断向前流动，这样虫体就不断向伪足伸出的方向移动。

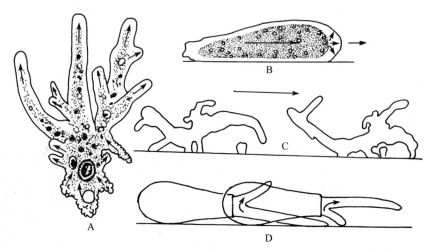

图 3-10　变形虫的变形运动

（A～C 仿 Grell；D 仿 Kudo）

伪足不仅是运动胞器，也是摄食胞器，具有摄食作用。变形虫主要以单胞藻类、小的原生动物为食，其摄食过程称为吞噬作用（phagocytosis）（图 3-11）：当变形虫碰到食物时，即伸出伪足进行包围，食物进入体内，形成食物泡（food vacuole）与质膜脱离，进入内质，与溶酶体相融合，由溶酶体所含的水解酶消化食物，消化后的食物进入周围细胞质中。不能消化的食物残渣随着虫体的前进，相对留于后端，通过质膜排出体外，这种现象称为排遗（图3-12）。

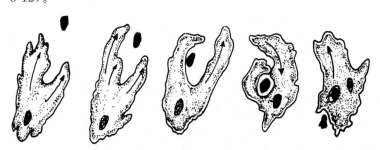

图 3-11　大变形虫吞噬食物过程

（仿 Mitchell）

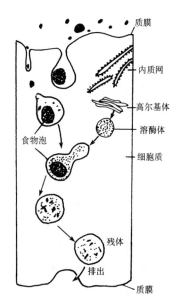

图 3-12　细胞消化示意图

（仿 Keeton）

变形虫还可通过表膜吸收水中的有机质，甚至有时可以使表膜内陷形成 1 条微小的管道，摄取液体食物，这种现象与饮水相似，故称胞饮作用（pinocytosis）（图 3-13）。

生活状态下，内质中的伸缩泡有节律地膨大、收缩，排出体内多余的水分和代谢废物。海水中生活的变形虫一般无伸缩泡，因为它们的细胞质与海水等渗。如把它们放到淡水中，则可形成伸缩泡。如果用试验方法抑制伸缩泡的活性，则虫体不断膨大，最终胀裂死亡。可见伸缩泡对调节虫体的水分平衡是极为重要的。

大变形虫通过体表吸收水中的 O_2 并排出 CO_2。生殖为二分裂，是典型的有丝分裂（图 3-14）。环境恶化时，大变形虫不能形成包囊。

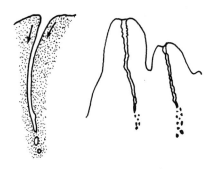

图 3-13 变形虫的胞饮作用
（仿 Hotter）

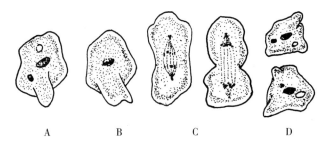

图 3-14 变形虫的分裂生殖
A. 间期 B. 前期 C. 后期 D. 子细胞
（仿 Hickman）

二、肉足纲主要特征

1. 伪足 以伪足为运动胞器，兼有摄食功能。各种伪足形态结构不同，为分类依据。

2. 质膜 质膜薄且易变形。有的种类具石灰质或几丁质外壳，或具硅质骨骼。

3. 细胞质 细胞质明显地分为外质和内质。

4. 繁殖 一般为二分裂，有的种类具有性生殖。普遍能形成包囊。

三、肉足纲重要类群

肉足纲动物约有 11 000 种，根据伪足形态的不同可分为 2 个亚纲。

（一）根足亚纲（Rhizopoda）

伪足为叶状、指状、丝状或根状。大变形虫即属此亚纲。变形虫种类很多，生活于水中，也有生活在土壤中的，还有寄生的。

如痢疾内变形虫（*Entamoeba histolytica*），又称溶组织阿米巴，寄生在人的肠道内，引起痢疾。在生活史中有 3 种形态，分别是：大滋养体、小滋养体和包囊（图 3-15）。滋养体专指原生动物寄生在寄主体内并获取营养的阶段。大滋养体、小滋养体结构基本相同，不同的是大滋养体个大，运动活泼，能分泌蛋白酶，溶解肠壁组织，而小滋养体个小，伪足短，不侵蚀肠壁，以细菌和霉菌为食。包囊指不摄取养料阶段，刚形成时是 1 个核，以后核分裂 2 次，成为 4 个，此时的包囊正处于感染阶段。

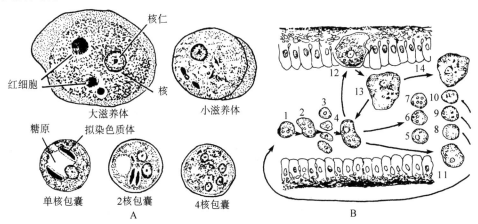

图 3-15 痢疾内变形虫的形态（A）及生活史（B）

1. 进入人肠的 4 核包囊 2～4. 小滋养体形成 5～7. 含 1、2、4 核包囊 8～10. 排 1、2、4 核包囊 11. 从人体排出的小滋养体 12. 进入组织的大滋养体 13. 大滋养体 14. 排出的大滋养体

（A 仿中国医科大学；B 仿上海交通大学医学院）

当人误食包囊后，在小肠下段，囊壁因受肠液消化，囊内变形虫破壳而出，每个核占据一部分胞质形成4个小滋养体，进行分裂生殖。过一时期，可形成包囊，随粪便排出体外，又可感染新的寄主。当寄主抵抗力降低时，小滋养体可变为大滋养体，分泌蛋白水解酶溶解肠黏膜，吞食红细胞，并不断增殖，引起肠壁溃烂、便血，造成腹膜炎。大滋养体不形成包囊，可变为小滋养体，也可随粪便排出，还可至肝、肺、脑、心脏等各处，形成脓肿。消灭包囊来源和防止包囊进入人体是预防该病的关键。

此外，有些种类在质膜外形成保护性外壳，如足衣虫、有孔虫、表壳虫、砂壳虫等（图3-16），很多是浮游生物的重要组成，为许多海洋动物的饵料。

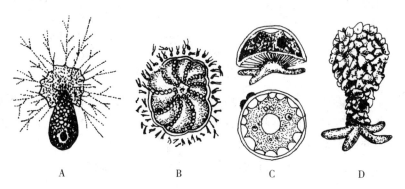

图 3-16　几种根足虫
A. 足衣虫　B. 有孔虫（周围为配子）　C. 表壳虫（下为顶面观）　D. 砂壳虫
（仿陈义等）

有孔虫为海生，石灰质的外壳上有许多小孔，伪足从孔中伸出。随着身体的生长，可不断增加新的壳室来扩充其住所，结果形成多室的外壳。有孔虫是古老的原生动物，距今5亿年前的寒武纪已经出现，而且数量巨大，海底的软泥大约有35%是有孔虫死亡后遗留下的壳形成的。在地中海某海岸所取的1g沙中，竟有5万个有孔虫的外壳。著名的埃及金字塔的石灰石和英国的杜威白垩悬崖就是有孔虫的尸积形成的。有孔虫在地层中演变快，在不同时期有不同种类的化石。根据其化石种类能确定地层的地质年代和沉积相，而且还能揭示地下结构情况，对寻找沉积矿产和石油有着重要的指示作用。

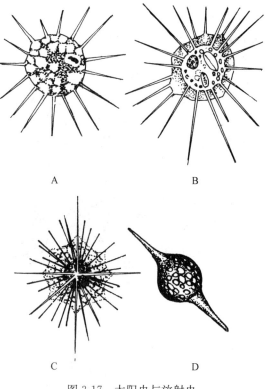

图 3-17　太阳虫与放射虫
A. 放射太阳虫（*Actinophrys sol*）
B. 艾氏辐射虫（*Actinosphaerium eichhorni*）
C. 等辐骨虫（*Acanthometron*）
D. 一种放射虫（*Sphaerostylus ostracion*）的中央囊
（仿 Meglitsch）

（二）辐足亚纲（Actinopoda）

伪足针状，其中有轴丝，称有轴伪足。虫体一般呈球形，营漂浮生活。常见的有太阳虫和放射虫（图3-17）。

太阳虫（*Actinophrys*）：具半永久性伪足，在体表呈辐射状排列。多生活于淡水中，细胞质呈泡沫状，伪足较长，这些都有利于增加虫体浮力，适于漂浮生活。太阳虫是浮游生物的组成部分，为鱼的天然饵料。

放射虫：身体呈放射状，具几丁质多孔的中央囊，将原生质分为内外两部分。海中漂浮生活。放射虫是古老的动物类群，当虫体死亡后其骨骼沉于海底，形成沉积，其作用、意义与有孔虫相似。

第四节　孢子纲（Sporovoa）

一、代表动物——间日疟原虫

寄生于人体的疟原虫有 4 种，分别是间日疟原虫（*Plasmodium vivax*）、卵形疟原虫、三日疟原虫和恶性疟原虫。所引起的疾病，通常称疟疾，患者出现周期性的发冷和发热，老百姓称为"打摆子"或"发疟子"。过去古书记载的瘴气，其实就是疟疾。4 种疟原虫的生活史大同小异，须经过 2 个寄主即人和按蚊（图 3-18），可分为 3 个时期。3 个时期是：①裂体生殖：在人体内进行。②配子生殖：在人体中开始，在蚊胃中完成。③孢子生殖：在蚊体内进行。

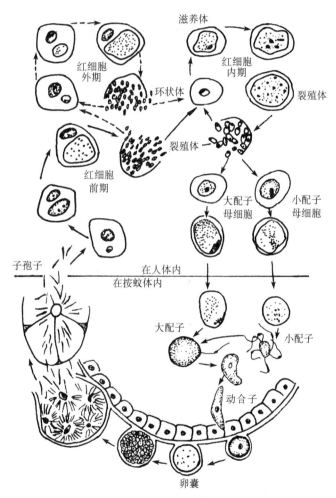

图 3-18　间日疟原虫生活史
（仿刘凌云）

现以间日疟原虫为例，描述如下：

（一）裂体生殖

疟原虫在肝细胞和红细胞内发育。在肝细胞内发育称为红细胞外期，在红细胞内发育包括红细胞内期及有性时期的开始（配子体形成）。

1. 红细胞外期（exo-erythrocytic stage）　当被感染的雌按蚊叮咬人时，其唾液中的疟原虫子孢子进入人体，随血流入肝，以肝细胞质为食，称为滋养体，成熟后通过复分裂进行裂体生殖，即核首先分裂为很多个，此时称裂殖体，然后细胞质随着核的分裂而分裂，包在每个核的外边，形成很多小个体，称裂殖子，成熟后胀破肝细胞，分散在体液和血液中，一部分被吞噬细胞吞噬，一部分侵入红细胞。

2. 红细胞内期（erythrocytic stage） 裂殖子摄取红细胞内的血红蛋白为养料，经过环状体、大滋养体进一步发育形成裂殖体，几乎占满了红细胞。裂殖体形成很多裂殖子后，使红细胞胀裂，散到血浆中，又侵入其他红细胞，重复进行裂体生殖。完成这个周期在各种疟原虫所需时间不同，间日疟原虫需 48h（三日疟原虫需 72h，恶性疟原虫需 36～48h），这也是间日疟原虫发作所需的间隔时间。

经过几次裂体生殖后，裂殖子发育成大、小配子母细胞，可在血液中生存 30～60d。

（二）配子生殖

人红细胞内的大、小配子母细胞被雌按蚊吸去后，在蚊的胃腔内进行有性生殖，形成大小配子。小配子在蚊胃腔中游动与大配子结合（受精）形成合子（zygote）。合子能蠕动，又称动合子（ookinate）。这样就完成了配子生殖阶段。

（三）孢子生殖

动合子进入胃壁，外层分泌囊壁，发育为卵囊，数量可达数百个。卵囊内的核及胞质进行分裂，形成数百至上万个子孢子。卵囊成熟后即破裂，子孢子出来后，多数进入蚊的唾液腺。每个按蚊唾液腺中的子孢子可达 20 万个。当蚊再叮人时这些子孢子便随唾液进入人体，进行裂体生殖。

疟疾是全球性的严重疾病。全球每年约有 3.5 亿人受疟疾危害，非洲等热带地区每年因疟疾死亡 100 万人以上，全世界在 270 万人以上。疟疾也是我国五大寄生虫病之一，1949 年前每年得病者至少在 3 000 万人以上。防治该病须采取综合措施，治病与灭蚊并进才能取得好的效果。

1820 年，2 位法国化学家从金鸡纳树中提取了抗疟特效药，称为奎宁（quinine）或金鸡纳霜。1850 年左右开始大规模使用。第二次世界大战期间，美国的 Sterling Winthrop 公司以此为引导，合成了氯奎宁（chloroquine），药效良好，在战后成为最重要的抗疟药物。

疟原虫在 20 世纪 60 年代对奎宁类药物产生了抗药性，严重影响治疗效果。中国药学家屠呦呦女士（1930— ）受中国典籍《肘后备急方》启发，从黄花蒿中成功提取出青蒿素，青蒿素及其衍生物能迅速消灭人体内疟原虫，对恶性疟疾有很好的治疗效果，被誉为"拯救 2 亿人口"的发现。根据世界卫生组织的统计数据，自 2000 年起，撒哈拉以南非洲地区约 2.4 亿人口受益于青蒿素联合疗法，约 150 万人因该疗法避免了疟疾导致的死亡。因此，很多非洲民众尊称其为"东方神药"。

2015 年 10 月，屠呦呦女士因发现青蒿素获得诺贝尔生理学或医学奖，这种药品可以有效降低疟疾患者的死亡率。她成为首获自然科学类诺贝尔奖的中国人。2017 年 1 月，屠呦呦获得 2016 年度中国国家最高科学技术奖。

二、孢子纲主要特征

孢子纲约有 5 600 种，主要类群有球虫、血孢子虫、黏孢子虫和疟原虫等。其特征如下：

(1) 营寄生生活，无运动胞器，或只在生活史的一定阶段以鞭毛或伪足为运动胞器。

(2) 生活史复杂，有世代交替现象。孢子纲的一些重要类群在第六节中叙述。

第五节 纤毛纲（Ciliata）

一、代表动物——大草履虫

大草履虫（*Paramecium caudatum*）喜欢生活在有机物含量较多的稻田、水沟或水不大流动的池塘中，以细菌和单细胞藻类为食，全身密布纤毛，外形像一只倒置的草鞋（图 3-19），以纤毛作为运动胞器在水中游泳生活。

虫体前端表膜凹陷形成一道沟以螺旋状伸向身体的中部，称为口沟（oral groove）。草履虫游泳

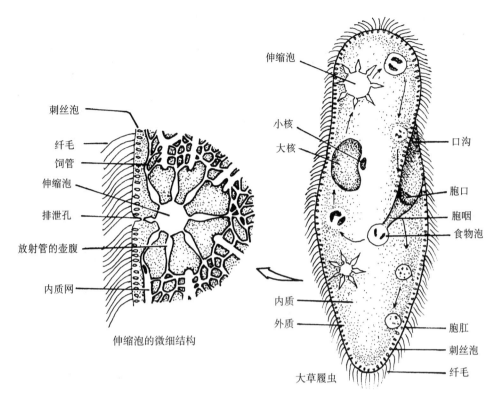

图 3-19　大草履虫结构图
（仿 Hickman）

时，由于口沟的存在和该处纤毛较长，摆动有力，使虫体旋转着前进，有利于获取食物。虫体表面为表膜。其下整齐地垂直排列着一些小杆状结构，称为刺丝泡（trichocyst），有孔开口于表膜。当草履虫遇到刺激时，刺丝泡就射出其内容物（释放时间为 1/1 000s），遇水成为细丝，一般认为具有防御功能。草履虫具 2 个细胞核，位于虫体中部。大核略呈肾形，小核呈圆形，位于大核凹陷处。大核主要管营养代谢，小核管遗传。口沟末端有 1 个开口，称胞口（cytostome），其下连 1 个漏斗形的胞咽（cytopharynx）。纤毛摆动引起水流进入胞口，由水流中带来的食物（细菌、有机碎屑或其他小生物）进入胞咽，于胞咽下端形成食物泡，后与溶酶体融合，对食物进行消化。不能消化的食物残渣由身体后端临时形成的胞肛排出。

在虫体前部和后部各有 1 个伸缩泡。每个伸缩泡向周围伸出放射状排列的收集管（放射管），并与内质网相联系（图 3-19）。伸缩泡在表膜上有开孔，收集管收集体内多余的水分和溶于其中的代谢废物，注入主泡，通过表膜小孔排出体外。前后伸缩泡交替舒缩，不断排出体内多余水分，调节水分平衡。呼吸作用主要通过体表吸收 O_2，排出 CO_2。

无性生殖为横二分裂（图 3-20），分裂时小核行有丝分裂，大核行无丝分裂，然后从虫体中部横缢，成为 2 个新个体。

有性生殖为接合生殖（图 3-21）：首先 2 个草履虫口沟部

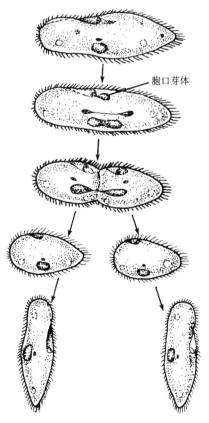

胞口芽体

图 3-20　草履虫的横二分裂
（仿 Hickman）

位互相黏合，该处表膜溶解。小核脱离大核，大核消失，小核分裂2次形成4个核，其中3个解体，剩下1个小核又分裂为大小不等的2个核，然后两虫体较小的核互换，与对方较大的核融合为1个接合核，这一过程相当于受精作用。此后，2个虫体分开，接合核分裂3次成为8个核，4个成为大核，其余4个有3个解体，剩下一个小核分裂2次，随着小核分裂的同时虫体也分裂2次，结果共形成8个草履虫，各有1个大核和1个小核。

草履虫因其易采集、结构典型、繁殖快等，所以是研究细胞遗传的好材料。近年来，有的人试用草履虫的水溶性提取物诊断消化系统的癌症和乳腺癌等。据估计，一只草履虫每小时大约能形成60个食物泡，每个食物泡中大约含有30个细菌，所以一只草履虫每天大约能吞食43 200个细菌，它对污水有一定的净化作用。

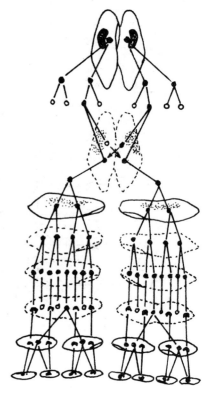

图3-21　大草履虫接合生殖图解
（仿陈义）

二、纤毛纲主要特征

1. **纤毛**　一般终生具纤毛，以纤毛为运动胞器。
2. **细胞核**　一般2个，分化为大核和小核。
3. **生殖**　无性生殖为横二分裂，有性生殖为接合生殖。
4. **生活方式**　生活于海水或淡水中，也有寄生种类。

纤毛虫约有8 500种，自由生活种类分布广泛，大部分为浮游生物的组成部分，为鱼类的天然饵料。寄生种类见本章第六节。

第六节　原生动物与农牧业关系

与农牧业关系密切的原生动物大多为寄生种类，分内寄生与外寄生两大类，对它们的研究已成为一门学科，称为寄生原生动物学。原生动物寄生于植物的种类很少，主要寄生于动物体内，与养殖业、渔业及人类健康有密切关系，多细胞动物为寄生原生动物提供了适宜的、广阔的栖息环境，原生动物通过多种方式从一个寄主到另一个寄主，从寄主身体的一个部位到另一个部位，直接或间接地对人类健康和经济利益产生影响。

一、内寄生原生动物

从在寄主体内的分布来看，主要涉及消化道、组织细胞和血液等特殊环境。

寄主消化道中寄生的原生动物包括鞭毛虫、变形虫和纤毛虫等多个类群。消化道内含丰富的营养物质，寄生虫可借助吸管、钩或触手附着于消化道的特定部位，取食其中的细菌，或吸收寄主消化过的营养物质，或通过插入寄主肠壁细胞间的附着器来获取营养，并把代谢废物排到寄主消化道中。故消化道的寄生种类最多，且数量惊人。在寄主组织和血液中寄生的原生动物有以下几种感染途径：通过口和消化道再进一步侵入组织和体腔中，也有些种类经由皮肤，尤其是通过易受感染的区域如鱼鳃进入寄主组织。另外，因血液循环系统是一个封闭系统，有些种类须以某些吸血动物（蚊、蜱、水蛭）为媒介来感染寄主。寄生于血液中的原生动物身体都很小（因毛细血管细），结构也相对简单。

在牛、羊等反刍家畜的瘤胃中寄生的原生动物占瘤胃微生物总量的50%以上，除少数鞭毛虫外，主要为纤毛虫，与寄主为互利内共生关系，可占到瘤胃体积的1/10，浓度高至100万个/mm³个体。目前，已知反刍动物瘤胃中有120多种原生动物。据报道，常见的纤毛虫有16个属之多，有关学者对中国水牛瘤胃纤毛虫做了调查，获得 9 个属共 26 种（图 3-22）。一部分纤毛虫取食瘤胃内的细菌及可溶性碳水化合物；另一部分以淀粉和纤维素作为主要营养来源。植物纤维素在瘤胃微生物的作用下，终产物为挥发性脂肪酸，是反刍动物易于吸收的主要营养来源。反刍动物瘤胃中的纤毛虫与细菌种群之间既相互颉颃形成动态平衡，对消化纤维素又有相互增效的作用。试验结果表明，单独纤毛虫对纤维素的消化率为 6.9%，单独细菌对纤维素的消化率为 38.1%，当两者共存时，纤维素的消化率可提高至 65.2%，远远超出两者消化率的总和 45%。正是由于有了瘤胃纤毛虫和瘤胃细菌，才使反刍动物有了消化纤维素的能力。有人估计，正常情况下瘤胃原生动物对纤维素物质的消化能提供寄主所需营养的 1/4。

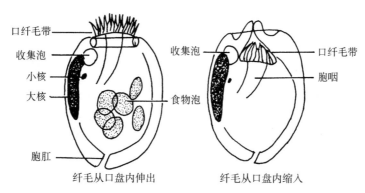

口纤毛带　　　　　　　　　　　　　　　收集泡　　　　　　　口纤毛带
收集泡
小核　　　　　　　　　　　　　　　　　　　　　　　　　　胞咽
大核　　　　　　　　　　　　　食物泡

胞肛

纤毛从口盘内伸出　　　　　　　纤毛从口盘内缩入

图 3-22　内毛属瘤胃纤毛虫
（仿 Imais）

　　球虫属于孢子纲，为脊椎动物肠道细胞内的寄生虫，许多种类是致病的，对人类健康和经济利益有严重影响且多为世界性分布。常见属有艾美耳球虫属、等孢子球虫属、肉孢子球虫属、疟原虫属等。如鸡球虫病原体感染鸡肠黏膜细胞，造成肠绒毛形态结构异常，肠黏膜表皮细胞脱落，使鸡对营养物质吸收明显减少，产蛋量急剧下降，重者死亡（Ruff 等，1977）。据报道，火鸡中的寄生球虫已使美国损失几亿美元。又如兔球虫，对断奶前后的仔兔危害严重，引起大量死亡。

　　鲩内变形虫（*Entamoeba ctenopharyngodoni*）属于肉足纲。为寄生于草鱼肠内的一种内变形虫，可破坏肠组织，使肠发生溃疡，造成脓血痢疾，严重时侵入肝，引起肝溃疡症，最终使草鱼死亡。

　　锥虫（*Trypanosoma*）属于鞭毛纲（图 3-23）。广泛寄生于脊椎动物体内，包括牛、马、猪等家畜，约有 400 种。通过吸血媒介，寄生于寄主血液、淋巴系统、肝、脾等内，导致严重病症。对牛、马危害最重，引起苏拉病，使之出现食欲减退、消瘦、浮肿发热、肢体麻木等症状，急性的如不加治疗，1～2 月病死率达 100%。某些锥虫如侵入人的脑脊髓系统，可引发昏睡病，该病传染媒介为吸血昆虫采采蝇，只局限于非洲地区。有些种类以水蛭为吸血媒介进入鱼体引发鱼类锥虫病，病鱼无活力、贫血、鳃变白，直到衰竭死亡。

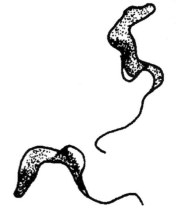

　　隐鞭虫属于鞭毛纲。以水蛭吸血为媒介进入鱼体内寄生，引起鱼失重，不活动，眼下陷，鳃变白，呼吸受阻而缺氧死亡。

　　柯氏四膜虫和梨形四膜虫属于纤毛纲。寄生于多种淡水鱼类的皮肤、肌肉和内脏中，鱼皮肤出现白斑，肌肉坏死，表皮脱落导致脱鳞，最终死亡。

图 3-23　伊万氏锥虫（*T. evansi*）
（仿陈心陶）

　　巴贝虫属于孢子纲（图 3-24），为世界性分布。生活模式与疟原虫相似，病原体为一种吸血的蜱，也是唯一媒介，感染牛、马、羊、猪等家畜和犬，使寄主出现发热、贫血、血尿、黄疸等症状，最终死亡。这类病症统称巴贝虫病，感染家畜的巴贝虫约有 20 种。双芽巴贝虫（*Babesia bigemina*）主要感染黄牛、水牛，寄生于它们的红细胞内，大量破坏红细胞，引起贫血和血红蛋白尿，最后牛死于缺氧。

泰来虫属于孢子纲，也为世界性分布。对牛危害极大，以蜱为吸血媒介。病牛连续高热（高至41℃），食欲减退，腹泻，反刍停止，眼角糜烂流泪，血红蛋白尿，迅速失重，最终死亡。

寄生在鱼体的黏孢子虫属于孢子纲，国际上已报道1 000多种（淡水和海水），在我国淡水鱼体上寄生的黏孢子虫就有574种。我国杭州西湖渔场曾报告，有5种黏孢子虫（图3-25）侵袭白鲢的神经系统，引起鲢疯狂病。病鱼中枢神经系统受破坏，引起机体各部功能失调，在水里抽搐打转，沉入水底或躺在水面，尾部极度上翘，最终大批死亡（吴宝华，1973）。现在在分类上有人将黏孢子虫划为黏体动物门（Myxozoa）下的1个纲。

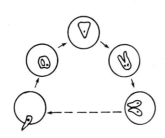

图 3-24　牛双芽巴贝斯焦虫（*Babesia bigemina*）
在红细胞内发育图解
（仿中国农业大学等）

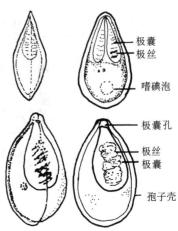

极囊
极丝
嗜碘泡
极囊孔
极丝
极囊
孢子壳

图 3-25　寄生于鱼体的黏孢子虫
（仿江静波）

二、外寄生原生动物

外寄生原生动物大多为纤毛虫，少数为鞭毛虫，借助寄主体表作为支持物附着，多数直接从寄主获取营养，少数从周围环境获取营养，对寄主产生不同程度的影响。外寄生于鱼体的纤毛虫约有120种（Hoffman，1977），我国已发现7种。

小瓜虫属于纤毛纲。寄生于淡水鱼的皮肤及鳃处，广泛损伤上皮，使水进入上皮组织，引起白斑病，病鱼因贫血而死亡（图3-26）。

车轮虫属于纤毛纲。寄生于多种淡水鱼的鳃及皮肤上，重感染时引起皮肤损伤，产生不规则白斑，表皮增生、贫血，不活动以至死亡（图3-26）。

鳃隐鞭虫属于鞭毛纲。对鲤科鱼类有严重感染性，破坏鳃表皮，导致毛细血管炎症，形成血栓，使鱼呼吸受阻而死亡（Chen，1955）（图3-27）。

从以上介绍的几个重要类群可以看出，寄生原生动物绝大多数对寄主产生不利影响，特别是锥虫、球虫、巴贝虫、小瓜虫等对养殖

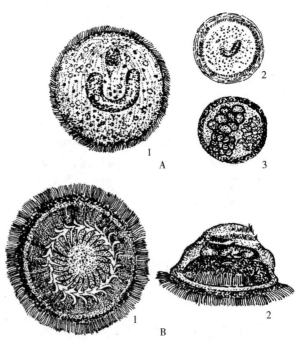

图 3-26　多子小瓜虫和车轮虫
A. 多子小瓜虫　1. 成虫　2. 形成包囊的虫体
3. 虫体在包囊内不断分裂形成许多幼虫
B. 车轮虫　1. 虫体的反口面观　2. 虫体的侧面观
（仿江静波）

业、渔业危害很大；少数对寄主有益，如反刍家畜瘤胃内的纤毛虫；另有一些类群寄生于寄主消化道内，以细菌为食，对寄主基本无影响。

三、净化污水

原生动物在污水的生物处理方面有十分重要的作用。人类可利用原生动物消除有机废物、有害细菌以及对有机废水进行絮化沉淀。如草履虫等纤毛虫能分泌多糖，多糖改变了污水中颗粒物的表面电荷，使颗粒聚集而沉淀。如四膜虫（*Tetrahymena*）的细菌捕食速度达 100～200 个/h，旋口虫（*Spirostomum*）每小时可捕食数千个细菌。

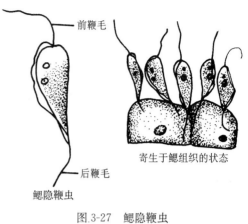

前鞭毛

寄生于鳃组织的状态

后鞭毛

鳃隐鞭虫

图 3-27　鳃隐鞭虫

（仿刘凌云）

本章小结

　　原生动物是动物进化史上最原始、最低等的一个类群，多数为自由生活种类，且广泛分布于各种生境，少数种类寄生生活。一般个体微小，须在显微镜下才能看清。绝大多数种类的身体由单个细胞构成，但它是一个完整的有机体，能靠细胞内的特殊细胞器来完成各种生活机能。营养方式包括光合营养、吞噬营养和渗透营养 3 种。捕食的食物主要是细菌、藻类及其他原生生物。生殖方式分为无性和有性两大类。无性生殖包括二分裂、出芽生殖和孢子生殖 3 种。有性生殖包括配子生殖和接合生殖。原生动物对外界环境反应敏感，总的来说是趋利避害，生活环境不良时，有些淡水生种类可形成包囊。

　　许多寄生的原生动物会引起人、畜和鱼类疾病，危害较大，应引起注意。人类还利用原生动物对水污染进行生物处理，取得了较好的效果。眼虫还可以作为有机物污染环境的生物指标。

思考题

1. 原生动物的主要生物学特征有哪些？在生物进化中的地位如何？
2. 原生动物在生态系统食物网中的作用如何？
3. 在动物学上，原生动物分为哪几个纲？其分类依据是什么？
4. 什么是伪足？试述变形虫以伪足作为运动胞器进行运动的过程和机理。
5. 原生动物的水分调节和排泄是如何进行的？
6. 原生动物的无性繁殖有哪几种？区别是什么？
7. 痢疾、疟疾、昏睡病、黑热病各是什么原生动物引起的？这 4 种疾病是如何传播的？
8. 间日疟原虫的生活史中经历哪些寄主？分为哪 3 个时期？
9. 简述间日疟原虫的生活史。
10. 哪类原生动物中的一些种类具有外壳？其死后身体的沉积物有何利用价值？
11. 原生动物在污水的生物处理中起什么作用？
12. 大草履虫的接合生殖如何进行？
13. 反刍家畜瘤胃中的寄生原生动物与寄主关系如何？发挥什么作用？

第四章

低等多细胞动物

内容提要

通过对海绵动物身体结构特点（身体无定形、3种水沟系、体壁为两层细胞、无消化腔、行细胞内消化、无神经系统）的学习，掌握它们是处于细胞水平上的动物，没有出现组织、器官和系统，因而是最原始、最低等的多细胞动物。了解海绵动物的经济意义。

腔肠动物同样具有一系列原始特征：具两个胚层和原始消化腔，辐射对称的体制，生活史中具2种体形（水螅型和水母型）和世代交替现象，形成了简单的组织，上皮肌肉组织和神经组织，没有形成器官和系统，具有刺细胞（又称刺胞动物），全部水生等。通过对以上主要特征的学习，要深刻认识到动物界真正的两胚层多细胞动物是从腔肠动物开始的，它们是处于组织水平的多细胞动物，还未达到器官系统的水平。腔肠动物分属3个纲，即水螅纲、水母纲和珊瑚纲。了解各纲动物的主要特征和代表动物及与人类的关系。

关于多细胞动物起源的问题目前主要有3种理论：合胞体理论、群体理论和多元起源理论，要理解其具体内容。多细胞动物起源于单细胞动物主要有3方面证据：古生物学证据、形态学证据和胚胎学证据。

第一节　海绵动物门（Spongia）

海绵动物在水中固着生活，身体无定形，以体内特殊的水沟系来过滤取食，具有一定的细胞分化，是最低等、最原始的多细胞动物。海绵动物十分古老，出现于距今5.7亿～5亿年前寒武纪早期，现在的海绵动物和其化石差别不大，仍具许多原始性特征，因而其发展道路不同于其他后生动物（Metazoa），在动物进化上是一个侧支，又名侧生动物（Parazoa）。体表有许多入水孔和较大的出水孔，又称多孔动物（Porifera）。约有1万种，绝大部分海生，仅有约150种生活在淡水中。体内因有胡萝卜素和共生的海藻而具有各种颜色，如灰色、黄褐色、亮绿色、橘红色等。常在岩石、贝壳和水草上营固着生活，有单体也有群体种类，身体大小从十分微小（几克重）到2m长（几十千克），常见的有白枝海绵（*Leucosolenia*）、偕老同穴（*Euplectella*）、浴海绵（*Euspongia*）等（图4-1）。

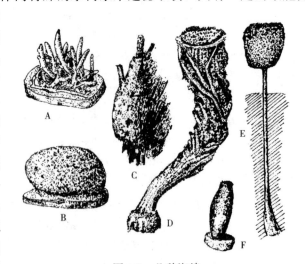

图4-1　几种海绵

A. 白枝海绵在木块上　B. 浴海绵在木片上
C. 淡水海绵在木柱上　D. 偕老同穴　E. 拂子介　F. 樽海绵
（仿陈义）

一、海绵动物门特征

1. 体形　海绵动物在水中固着生活。多数不对称，外形不规则，身体无定形，呈块状、树枝状、管状、瓶状等（图 4-1）。

2. 水沟系（canal system）　海绵体表有无数进水孔，是水进入体内的孔道，与体内管道相通，并有出水孔通体外。群体海绵有多个出水孔。海绵体内水流通过的管道，称为水沟系，是海绵特有的结构，对适应固着生活有很大意义，有 3 种类型（图 4-2）：①单沟型（ascon type）：进水孔→中央腔→出水孔，如白枝海绵等；②双沟型（sycon type）：由单沟型体壁折叠而成，水自流入孔→流入管→前幽门孔→辐射管→后幽门孔→中央腔→出水孔流出，如毛壶（*Grantia*）等；③复沟型（leucon type）：最为复杂，在中胶层内形成了许多分支的管道并由一些领细胞组成众多的鞭毛室，水自流入孔→流入管→前幽门孔→鞭毛室→后幽门孔→流出管→中央腔→出水孔流出，如浴海绵等。大型海绵每天的滤水量为自身体积的上万倍。

由 3 种水沟系可看出海绵动物的进化也是由简单到复杂。从单沟型的直管到双沟型的辐射管，再发展为复沟型的鞭毛室，使领细胞的数目不断增多，由于鞭毛的定向摆动，相应增加了水流通过海绵体的速度和流量，带来了更多的氧气和食物，同时不断排出废物，对海绵动物的生命活动和适应环境有重要意义。

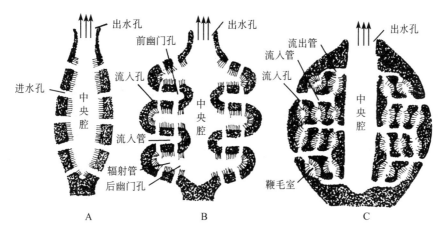

图 4-2　水沟系
A. 单沟型　B. 双沟型　C. 复沟型
（仿江静波）

3. 海绵动物是处于细胞水平的多细胞动物　海绵动物有一定的细胞分化，细胞之间疏松地结合在一起，有联系但不是紧密协作，因而没有形成明确的组织，更谈不上器官和系统。体壁由两层细胞构成，两层细胞之间为中胶层（mesoglea）（图 4-3）。动物在出现中胚层后，才达到器官、系统水平。

外层又称皮层（dermal epithelium），主要为扁平细胞（pinacocyte），内含肌丝，可进行缓慢地伸缩，以调节体表表面积和起保护作用。另有许多孔细胞（porocyte），穿插在扁平细胞之间，胞体呈管状，形成单沟型海绵动物的进水孔。

内层又称胃层（stomachic epithelium），细胞因种类不同而异。单沟型海绵动物的内层由领细胞（choanocyte）（图 4-4）围成一较大的中央腔（central cavity），但还不是消化腔，不能进行细胞外消化，只能进行细胞内消化。每个领细胞游离端有一根鞭毛，鞭毛基部有一薄膜状领围绕。鞭毛摆动引起水流通过海绵体，水流中带有食物颗粒（如微小藻类、细菌和有机碎屑），附到领上，落到领基部被胞体吞入，在领细胞内消化，或将食物泡移至中胶层的原细胞内消化。

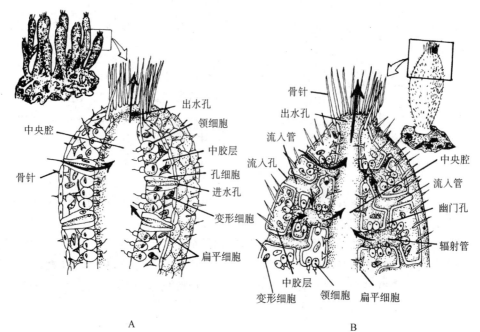

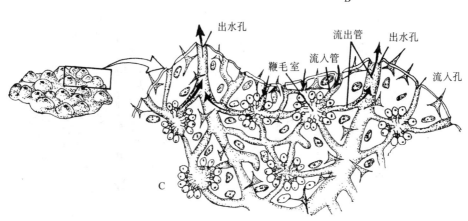

图 4-3　海绵体壁结构图
A. 白枝海绵（单沟型）　　B. 樽海绵（双沟型）　　C. 浴海绵（复沟型）
（仿 Mitchell）

　　中胶层主要由细胞分泌物组成，内有变形细胞（amoebocyte）3 种（图 4-5），分别是能分泌骨针（spicule）的成骨针细胞，能分泌海绵丝（sponginfiber）的成海绵质细胞和原细胞。骨针和海绵丝对海绵身体起骨骼支持作用，使其保持一定形状。骨针十分微小，一般肉眼难以看到，是海绵动物分类的重要依据。人类生活中使用的海绵就是某些海绵动物的海绵丝。原细胞（archeocyte）具有全能性，能分化形成其他类型的细胞，还能消化食物并可形成精子和卵。中胶层还有芒状细胞（collencyte），有些学者认为它有神经传导功能。

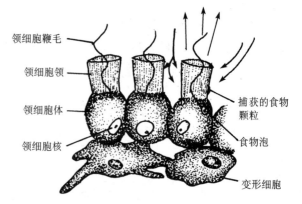

图 4-4　海绵动物的领细胞及取食（箭头示水流方向）
（仿 Barnes）

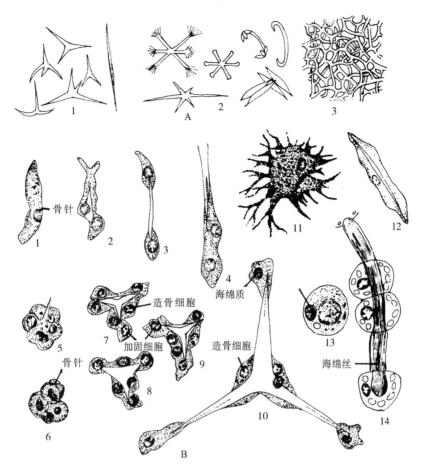

图 4-5　海绵的骨针和海绵丝（A）及其形成（B）

A.　1. 钙质骨针　2. 硅质骨针　3. 海绵丝

B.　1～4. 单轴骨针的形成　5～10. 三轴骨针的形成　11. 钙质分泌细胞

12. 单轴硅质骨针的形成　13～14. 海绵丝的形成

（仿江静波）

二、海绵动物生殖与再生

1. 无性生殖和有性生殖　无性生殖可分为出芽生殖和芽球（gemmule）生殖 2 种。出芽生殖是海绵体壁的一部分向外突出形成芽体，长大后脱离母体形成新个体或与母体连在一起形成群体。芽球生殖为中胶层内一些储存了丰富营养的原细胞聚集成堆，外包一层几丁质膜和一层骨针并有 1 个小的胚孔，形成芽球（图 4-6）。当成体死亡后，芽球可以生存下来，度过干旱或严冬，当环境适宜时，芽球内的原细胞从胚孔出来，发育成新个体。

有性生殖多为雌雄同体（monoecy），少数为雌雄异体（dioecy），但均为异体受精。精子和卵由原细胞或领细胞发育而来，成熟的精子随水流进入另一个体内，被领细胞吞噬，并带入中胶层与卵相遇而受精。受精卵经过卵裂发育为两囊幼虫（钙质海绵）或实胚幼虫（寻常海绵），幼虫离开母体在水中营自由生活，经过变态，固着下来发育为成体。

海绵动物在胚胎发育过程中有胚层翻转（又称逆转，inversion）现象。

2. 再生（regeneration）　海绵动物的细胞在多细胞动物中分化程度是最低的，具有很强的再生能力和同种识别能力。如把海绵切成小块，每块都能独立生活，而且能继续长大。将不同种类海绵捣碎过筛，再混合在一起，同一种海绵能重新组成小海绵个体，这对研究细胞如何结合很有意义。因此海绵动物常被用作发育生物学的研究材料和组织移植的实验材料。海绵动物养殖利用的是它的再生能力。

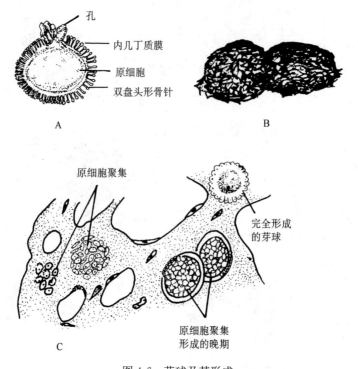

图 4-6　芽球及其形成

A. 淡水海绵的芽球（切面观）　　B. 海产硅质海绵的芽球（表面观）　　C. 海产海绵芽球的形成
（A、B 仿 Marshall；C 仿 Bayer）

三、海绵动物门分类

海绵动物约有 1 万种，主要在海洋中营固着生活，分布范围广，从赤道至南极、北极海域均有分布。根据海绵动物骨针的质地、形状和水沟系的类型不同，分为 3 个纲。

1. 钙质海绵纲（Calcarea）　骨针为钙质。生活于浅海，体型较小，结构简单。如白枝海绵和毛壶。

2. 六放海绵纲（Hexactinellida）　骨针为硅质且为六放形，复沟型，鞭毛室大，产于深海，如偕老同穴和拂子介。

3. 寻常海绵纲（Demospongiae）　骨骼为非六放形的硅质骨针或角质的海绵丝，或二者联合，复沟型，鞭毛室小，体形常不规则。生活于海洋或淡水。如穿贝海绵（*Cliona*）、浴海绵和针海绵（*Spongilla*）。

四、海绵动物与人类关系

总的来说，海绵动物和人类的关系不是很密切，对人类生活影响不大。主要有以下几方面影响：

1. 直接利用　通常说的海绵即海绵动物（多为浴海绵）中胶层的海绵丝，用于床垫和座椅等的垫层、洗浴、医用上吸收药液或脓血，其他较硬的海绵可用于擦拭工厂机器上的油污。

2. 对输水设备的影响　深水海绵附着于输水管或输水口，能减弱水流，甚至堵塞输水口。有些淡水海绵要求一定的物理化学生活条件，可作为水环境的鉴别之用。

3. 对贝类危害　海洋中有些海绵生长在一些双壳类软体动物的贝壳上，封闭贝壳，使其不能开闭，或分泌酸性物质腐蚀贝壳，使其形成孔洞，造成贝类死亡，所以对贝类养殖有一定危害。

4. 人工养殖　主要通过人工养殖的方法来繁殖海绵动物。先将海绵动物切成小块，挂在固体上，置于海底，数年就可以利用，利用晾晒和揉搓的方法使有机物腐烂，使其只剩下中胶层的海绵丝，洗涤干净后用药物漂白即可使用。现在由于人造海绵的出现，人们对人工养殖海绵的利用大为减少。

5. 药用价值　中药紫梢花是一种淡水海绵，称脆针海绵（*Spongilla fragills*）。具抑菌、补肾壮阳作用。国外有研究称，海绵动物体内提取的活性物质有抗抑郁、抗癌、抗菌和降血压作用。

6. 观赏价值　海绵动物中偕老同穴和拂子介的形态非常美丽，是极具观赏价值的工艺品和装饰品。

7. 海绵城市的概念　海绵吸水储水的特点被人们利用来定义城市未来的发展方向——海绵城市。这是新一代城市雨洪管理概念，是指城市在适应环境变化和应对雨水带来的自然灾害等方面具有良好的"弹性"，也可称之为"水弹性城市"。2017年3月5日，中华人民共和国第十二届全国人民代表大会第五次会议上，李克强总理在政府工作报告中提到：推进海绵城市建设，使城市既有"面子"，更有"里子"。

第二节　腔肠动物门（Coelenterata）

腔肠动物为辐射对称（radial symmetry），真正具两胚层、有组织分化、有原始消化腔及原始网状神经系统的低等后生动物。因具有可进行细胞外消化的消化循环腔而得名。全部水生，绝大部分海产，如薮枝螅、霞水母、海蜇、海葵和珊瑚虫等，仅有水螅、桃花水母等少数种类生活于淡水。这类动物触手和体壁上具刺细胞，为攻防武器。在动物界腔肠动物是唯一以细胞作为攻防武器的动物，故又名刺胞动物。

一、腔肠动物门特征

1. 辐射对称的体制　绝大多数腔肠动物，通过其身体的中央轴有许多个切面可以把它分为彼此镜像的两部分，称为辐射对称（图4-7）。辐射对称是一种原始的、低级的体制形式，使动物只有上下之分，而没有前后左右之分，这是适应营水中固着或漂浮生活的体制形成。

2. 水螅型和水母型　腔肠动物有2种基本形态（图4-8）：一种是适应固着生活的水螅型（polyp）；另一种是适应漂浮生活的水母型（medusa）。水螅型呈筒状，固着端是反口面，称为基盘；相对的一端是口面，中央为口，周围有若干条触手。水母型呈伞状或圆盘状，生活时反口面向上，口面向下，口面中央为一条垂管，末端是口。如果将水母体翻转过来，就可以看出水螅型与水母型的基本构造是一样的。

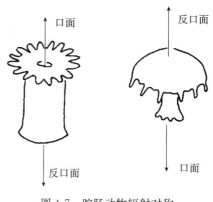

图4-7　腔肠动物辐射对称
（仿周正西）

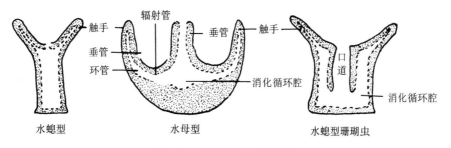

图4-8　水螅型和水母型比较
（仿江静波）

3. 具两胚层及原始消化腔　腔肠动物是真正的两胚层动物（图4-9），以水螅为例，胚胎发育至原肠胚，就开始进行细胞和组织分化，没有出现中胚层。由体壁所包围的空腔，即胚胎发育中的原肠腔，可行细胞外和细胞内消化，为腔肠动物的消化腔。这种消化腔又兼有循环作用，能将消化后的营养物质输送到身体各部分，所以称为消化循环腔（gastrovascular cavity）。对有些形成复杂群体的水螅纲动物来讲，消化循环腔在内部相互连通，对营养物质在全身的分配意义很大。口由原肠胚的原口发育而来，兼有摄食和排遗功能。

中胶层由内外胚层细胞分泌形成的胶状物质组成。营漂浮生活的水母体的中胶层比水螅体的厚，含有大量水分，以减小身体的密度。

4. 细胞和组织分化 腔肠动物不仅有细胞分化，也出现了简单的组织，如上皮肌肉组织、神经组织，但一般认为它还未达到器官系统的水平（图 4-10）。

（1）上皮肌肉组织（epithelio-muscular tissue）：简称皮肌组织，其特点是在上皮细胞内含有肌原纤维，使得该细胞兼有上皮和肌肉的功能（图 4-10），是一种原始现象，称为皮肌细胞。就水螅型而言，外皮肌细胞的肌原纤维位于其基部，呈纵行排列；内皮肌细胞基部的肌原纤维呈环行排列，排列不同的肌原纤维交替收缩和舒张，使其身体发生长短粗

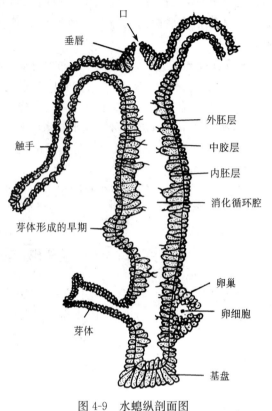

图 4-9 水螅纵剖面图
（仿刘凌云）

细的变化而产生运动。外皮肌细胞具有保护功能。内皮肌细胞具鞭毛，鞭毛摆动可引起水流，便于伸出伪足吞噬食物，进行细胞内消化，并吸收营养物质，又称营养肌肉细胞（nutritive muscular cell）。

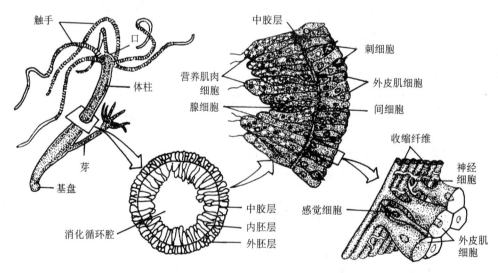

图 4-10 水螅的体壁由宏观至微观示意
（仿 Mitchell）

（2）刺细胞（cnidoblast）：为腔肠动物所特有，呈椭圆形，遍布体表，以触手部最多（图 4-11）。起毒杀作用的刺细胞内有囊状刺丝囊和 1 条盘旋的丝状管，囊内储有毒液；胞外有 1 根刺针，当受刺激时，刺丝立刻翻射出来，把毒液注入敌害或捕获物中，使之麻醉或死亡。所有刺细胞都只能使用 1 次，再由间细胞分化产生新的刺细胞来补充。

（3）间细胞（interstitial cell）：是处于未分化状态的胚性细胞，位于外胚层细胞之间，大小相当于皮肌细胞的细胞核，聚集分布为很多堆，由它分化为各种细胞，主要是刺细胞和生殖细胞。

（4）腺细胞（gland cell）：多分布于内胚层，分泌消化酶到消化循环腔中，行细胞外消化。

（5）感觉细胞（sensory cell）：较细长，分散在皮肌细胞之间，在口周围、触手和基盘上较多。其端部具感觉毛，基部与神经纤维相连（图4-10）。

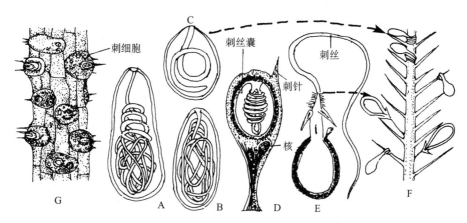

图4-11　水螅刺细胞

A、B. 黏性刺丝囊　C. 卷缠刺丝囊　D. 刺细胞（含穿刺刺丝囊）　E. 穿刺刺丝囊的刺丝外翻
F. 翻出的卷缠刺丝囊在甲壳动物的刺毛上　G. 触手的一段（示刺细胞）
（仿江静波）

（6）网状神经系统：腔肠动物具有神经网（nerve net），习惯上称为网状神经系统，是动物界最简单、最原始的神经系统（图4-12）。神经细胞位于中胶层靠近外胚层一侧，一般为多极的，有多个树突，以神经纤维彼此连接成网状，又与外胚层的感觉细胞和内、外皮肌细胞相联系。感觉细胞接受刺激，通过神经纤维传导至全身才能发出指令，使皮肌细胞的肌纤维舒缩产生运动，对外界刺激产生有效反应，如避敌、捕食及协调整体运动。网状神经系统由于无神经中枢，并且神经冲动传导速度很慢，为人的1/1000，如海葵的神经传导速度只有12～15cm/s，而人类是12 500cm/s，所以其是动物界最原始的神经系统。腔肠动物的神经系统因无神经中枢，神经传导无定向，又被称为扩散型神经系统（diffuse nervous system）。

5. 呼吸与排泄　无专门的呼吸、排泄和循环器官，内外胚层细胞均吸收溶于水的O_2，并把CO_2和代谢废物排入水中。

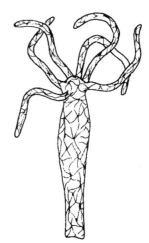

图4-12　水螅神经系统
（仿江静波）

6. 生殖和世代交替　既有无性生殖，也有有性生殖。无性生殖通常为出芽生殖，有时芽体不与母体脱离，留在母体上形成复杂的群体，如薮枝螅。行有性生殖的种类多是雌雄异体的，其性细胞由间细胞分化形成，精子和卵受精后发育为体表长满纤毛的浮浪幼虫（planula），游动生活一段时间后，附着于海底物体上，再发育为新个体。

有些腔肠动物水螅型与水母型同时存在，在水螅期以无性生殖方式产生水母型个体，水母型个体又以有性生殖方式产生水螅型个体，这种现象称世代交替。腔肠动物有些种类水螅型发达，水母型不发达或不存在；有些种类水母型发达，水螅型不发达或不存在。

二、腔肠动物门分类

腔肠动物有1万多种，分属3个纲：水螅纲、水母纲和珊瑚纲。

1. 水螅纲（Hydrozoa）　一般为小型的水螅型或水母型个体（图4-13）。水螅型无口道，水母型具缘膜，刺细胞存在于外胚层，临时形成的生殖腺由外胚层产生。生活史中多数有世代交替现象：筒螅的水母型不发达；水螅无水母型；桃花水母水螅型不发达；薮枝螅和僧帽水母表现为群体多态。

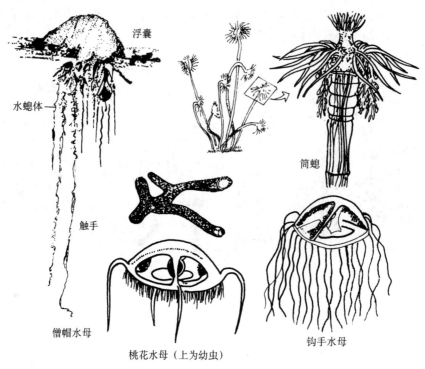

图 4-13　水螅纲代表动物

（仿陈义，Paker）

　　水螅：呈筒状，长 1cm 左右（图 4-9），营固着生活，以触手猎食小型甲壳类等浮游生物。饥饿时，触手伸长为体长的 1～1.5 倍，包围被捕物，利用刺细胞麻醉、缠绕或杀死被捕物，吞入消化循环腔内。以无性（出芽生殖）和有性生殖 2 种方式产生水螅幼体（图 4-14）。再生能力很强，如果把它们切成几段，在良好条件下，每段都能发育为一个完整的个体。

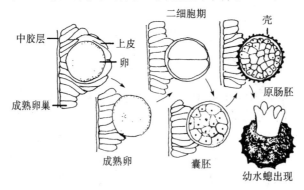

图 4-14　水螅发育各时期示意图

（仿 R. A. Booloofian）

　　薮枝螅：分布于浅海的小型树枝状群体（图 4-15）。固着生活在海藻或岩石上。其基部生出螅根，在螅根上生出螅茎，螅茎外被有围鞘，内部是共肉部分，共肉内为体内彼此相通的消化循环腔。螅茎上又分出许多分支，每支顶端生出 1 个螅状体（营养体）或生殖体。螅状体结构与水螅相似，可进行捕食和消化。生殖体无口和触手，中央有 1 个柄状物，称子茎，与共肉相通。子茎以出芽生殖方式产生许多水母芽，成熟后经生殖体顶端开口游出，发育为小型水母。水母为雌雄异体，精卵成熟后落入水中受精，经浮浪幼虫阶段，在水中游泳一个时期，就附着下来，经过变态发育为水螅体，再以出芽的方法形成水螅型群体。水母体产生性细胞后即死亡。

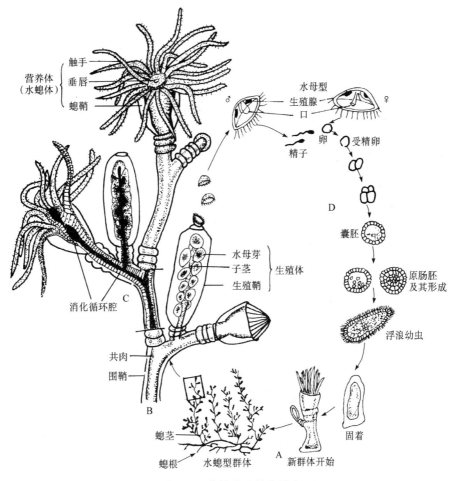

图 4-15　薮枝螅及其生活史
A. 群体　B. 群体的部分放大　C. 部分剖面观　D. 生活史
（仿刘凌云）

2. 水母纲（Scyphozoa）　又称钵水母纲或真水母纲，全部海产，多为大型水母，比水螅纲水母构造复杂。不具缘膜，无水螅型或水螅型不发达仅以幼虫形式出现，口道短，不具骨骼，内外胚层均有刺细胞，生殖细胞由内胚层产生。目前已知有 200 多种。最大的霞水母，伞面直径可达 2m，触手长达 30m。常见种类有海月水母、海蜇等。水螅型不发达或不存在。

海蜇（*Rhopilema esculentum*）伞边缘无触手，有 8 个缺刻，内有触手囊，是重要的感受器。由口腕下端分支形成许多吸口，吸口周围有许多触手，可猎取小型浮游生物（图 4-16）。营养丰富，含有蛋白质、维生素 B_1、维生素 B_2 和钙、磷、铁等无机盐。它的伞部可加工为蜇皮，口腕部可加工为蜇头，为著名的水产珍品，我国沿海产量甚为丰富。

3. 珊瑚纲（Anthozoa）　是腔肠动物中最大的类群，有 7 000 多种。生活史中无世代交替，仅具水螅型，以单体或群体生活。身体构造比水螅纲的水螅复杂，由外胚层下陷形成发达的侧扁的口道（stomodaeum）（图 4-17），并在消化循环腔的内壁生出垂直的隔膜，将消化循环腔分成许多小室，增加了消化吸收面积，如海葵能消化像小鱼或小蟹这样的动物。大多数可形成石灰质骨骼，生殖腺由内胚层产生，内外胚层均有刺细胞。"海底花园"这样美丽而奇异的景观，水螅纲和珊瑚纲的动物是其重要组成部分。

扁平的口道由口向胃腔延伸，内陷直达体长的 1/2～2/3 处。口道的结构与体壁相同，只是由于内陷，所以外胚层在口道的内壁，内胚层在口道的外围。由于口道和口道沟的存在，使珊瑚纲

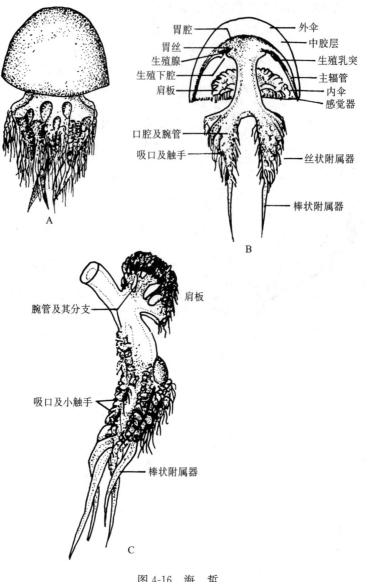

图 4-16 海 蜇

A. 外形图 B. 纵剖面 C. 口腕（示腕管及吸口）

（仿洪惠馨）

动物的体制成为两辐射对称。国外有学者认为，外面是辐射对称，但内部已经是两侧对称。常见种类有：

（1）海葵：单体，固着生活于岩石上，无外骨骼，体呈长筒状，皮肌细胞发达。在口道的两端各有 1 个纤毛沟（siphonoglyph）或称口道沟（有些种类只有 1 个纤毛沟），口道沟内壁的细胞具纤毛。当海葵收缩成一团时，水流仍可由纤毛沟流入消化循环腔。一般具有鲜艳的颜色，如橙色、绿色和橘红色等，当触手伸展开时，很像一朵朵盛开的菊花，有"花虫"之称。

（2）珊瑚虫：外胚层细胞大都能分泌石灰质或角质的外骨骼，由于不断进行出芽生殖，往往形成由许多个体组成的群体。个体死亡后，留下大量的骨骼，形成珊瑚或珊瑚礁（图 4-18）。

石珊瑚（为石珊瑚目的统称）又称造礁石珊瑚，其骨骼是构成珊瑚礁和珊瑚岛的主要成分，我国的西沙群岛、印度洋的马尔代夫岛、南太平洋的斐济群岛均由大量珊瑚骨骼堆积形成。未露出海面的暗礁，则成为鱼类和诸多海洋生物的栖息场所。我国海南省和台湾省居民用石珊瑚来盖房子、烧石灰制水泥和铺路。

大堡礁（The Great Barrier Reef），是世界上最大最长的珊瑚礁群，位于南半球，它纵贯澳大利亚的东北沿海，绵延伸展共有 2 011km，有 2 900 个大小珊瑚礁岛，自然景观非常特殊，被称为海洋中的"热带雨林"，鱼类和软体动物的种类十分丰富。

三、腔肠动物与人类关系

1. 食用 主要是水母纲的海蜇，其营养丰富，含有蛋白质、维生素及各种无机盐。可食用的还有叶腕水母和部分海葵。

2. 药用 水母纲海蜇具有抑菌、舒张血管及抗衰老等作用。珊瑚纲的海葵提取物有强心、降血压、降血脂及抗癌作用，如从黄海葵（*Anthopleara xanthogrammia*）中提出的海葵毒素的强心作用为目前医用强心苷的 500 倍。另外，从珊瑚中可提取抗癌物质和前列腺素。

3. 观赏 色彩鲜艳、形状奇特的珊瑚可作为装饰品和工艺品，价值很高。

4. 仿生学研究 钵水母类的触手囊具有敏锐的感觉能力，如它能感受到比声波微弱得多的次声波。有时在风平浪静的海面上会见到水母类的聚集或成群游动，有经验的渔民及海员会意识到几小时之后，海面将会有风暴来临，这是由于空气中的气流及海浪的摩擦所产生的一种人不能察觉的次声波，而水母类能感受到。因此，人们把某些钵水母类看作是一种有效地预测风暴的指示生物。仿生学家也利用了它的触手囊结构，成功地制成了风暴预测仪，这种预测仪能提前 15h 对风暴做出预报，对航海和渔业的安全都有重要意义。海蜇的运动是脉冲式喷射推进的，科学家们拟利用此原理来制造下一代喷气式飞机，以节约能量并增加推力。

5. 有害方面 大多数的水母纲动物对

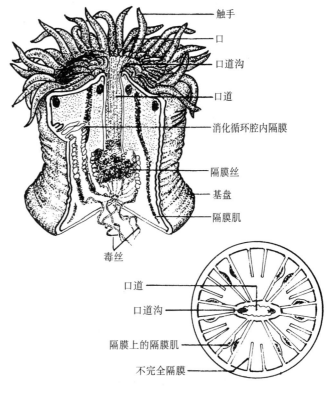

图 4-17 海葵的结构
（仿 Mitchell）

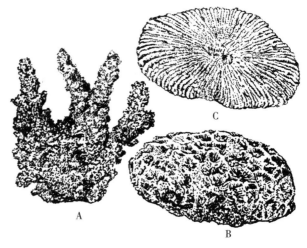

图 4-18 六放珊瑚类
A. 鹿角珊瑚 B. 菊珊瑚 C. 草珊瑚
（仿江静波）

渔业生产有害，大量取食幼鱼和幼贝，而且还能破坏网具。水母中有些也会给人造成危害。如霞水母，当人接触后，被刺丝刺中会感到皮肤剧痛，产生休克、虚脱、呼吸困难、肌肉痉挛等症状，人会在几分钟之内心跳停止而死亡；箱水母（cubozoa）又名海黄蜂，被称为地球上已知的对人毒性最强的生物之一，一只箱水母（直径不足 20cm）的毒素足以毒死 60 个成年人；海葵的毒性也很大，有人做过试验，若把海葵含水匀浆，用相当于 6mg 多一点，就可使 20g 重的小鼠很快死亡。其致死作用是神经性中毒。

第三节　多细胞动物起源

多细胞动物是指由多个分化的细胞组成的动物体，其分化的细胞各有不同的、专门的功能。多细胞动物均起源于单细胞动物，单一起源的观点已被公认，意味着自然界所有的多细胞动物都有共同的起源，都有亲缘关系。从单细胞到多细胞是动物由低等向高等发展的一个重要过程，代表了生物演化史上一个极为重要的阶段，多细胞动物由群体状态发展为两胚层乃至三胚层动物，分化出各种组织、器官、系统，并越来越复杂和多样化，从而出现了纷繁复杂、多姿多彩的动物类群。

除原生动物外，绝大部分多细胞动物称为后生动物（Metazoa）。还有约 50 种中生动物（Mesozoa）介于二者之间，为小型内寄生种类，虫体仅由 20～40 个细胞组成。

一、多细胞动物起源学说

目前，有关多细胞动物起源理论主要有 3 种，简述如下：

1. 合胞体理论（syncytial theory）　认为后生动物起源于原始的单细胞纤毛虫，这种纤毛虫最初形成多核，后来每个核获得一部分细胞质和细胞膜形成多细胞结构，演化为多细胞动物（图4-19）。该学说因缺乏有力证据，持反对意见的较多。

2. 群体理论（colonial theory）　认为后生动物来源于群体鞭毛虫，是单起源的，这是目前被广泛认可的理论，具体有 2 种学说（图 4-20）：

（1）赫克尔的原肠虫学说：认为多细胞动物最早的祖先是类似于团藻的球形群体，一面内陷以后成为原肠虫，与原肠胚结构相似，有两胚层和原口，因而称为原肠虫，它最终进化为多细胞动物。

（2）梅契尼柯夫的吞噬虫学说：认为多细胞动物的祖先是由一层细胞构成的单细胞动物群体，后来个别细胞摄取食物后进入群体之内形成内胚层，结果就成为两胚层动物，起初为实心的，后来逐渐形成消化腔，称为吞噬虫。

3. 多元起源理论　认为海绵、腔肠、栉水母和扁盘动物各自从不同途径进化而来。海绵和腔肠动物可能从群体鞭毛虫进化而来，而栉水母和扁盘动物可能由纤毛虫进化而来。

二、多细胞动物起源于单细胞动物证据

多细胞动物起源于单细胞动物主要有 3 方面证据：

1. 古生物学证据　古代动、植物的遗体或遗迹，经过千百万年地壳的变迁或造山运动等，被埋在地层中形成化石。已发现的最古老的地层中，化石种类也是最简单的，越是晚近的地层中动物的化石越复杂，并且能看出生物由低等向高等发展的顺序。现有化石证据表明，最古老的原核生物出现于 30 多亿年前，单细胞真核生物出现于约 13 亿年前，而最古老的海绵动物出现于约 6 亿年前，说明地球上最初出现的是单细胞动物，后来才出现多细胞动物。

2. 形态学证据　从现有的动物来看，有单细胞动物、多细胞

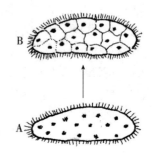

图 4-19　合胞体理论示意图
A. 原始的多核纤毛虫　B. 合胞体细胞化，形成多细胞结构，然后进一步发展成为无肠类涡虫样的两侧对称的动物
（仿 R. S. K. Barnes）

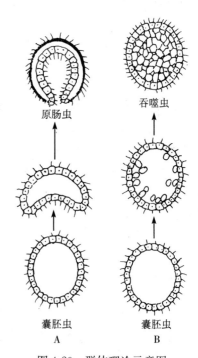

图 4-20　群体理论示意图
A. 赫克尔的原肠虫学说
B. 梅契尼柯夫的吞噬虫学说
（仿 R. P. Barnes）

动物，并形成了由简单到复杂、由低等到高等的序列。原生动物中有些群体鞭毛虫（如团藻）形态与多细胞动物胚胎期的囊胚很相似，推测这类动物是从单细胞动物过渡到多细胞动物的中间类型。最原始的多细胞动物（海绵动物、腔肠动物）与单细胞的原生动物均有相似之处，如细胞内消化、细胞长有鞭毛等。

3. 胚胎学证据 在胚胎发育中，多细胞动物是由受精卵开始的，经卵裂、囊胚、原肠胚等一系列过程，逐渐发育为成体。多细胞动物的早期胚胎发育基本上是相似的。根据生物发生律，在个体发育过程中简单而迅速地重演了系统发育的过程，可以说明多细胞动物起源于单细胞动物，并且说明多细胞动物发展的早期所经历的过程是相似的。

本章小结

海绵动物和腔肠动物都没有出现中胚层，它们同属于低等水生无脊椎动物。

海绵动物体壁由两层细胞组成，细胞分化简单，具有与原生动物领鞭毛虫相同的领细胞，还未出现组织，更说不上出现器官和系统。海绵动物在进化过程中是很早由原始的群体领鞭毛虫发展来的一个侧支。其退化、保守的固着生活方式，使海绵动物在漫长的岁月中身体构造变化很少，是动物界中现存的最原始、最低等的多细胞动物。

腔肠动物是真正的两胚层的细胞动物，具有简单的组织分化，如形成皮肌组织、神经组织等。所以说它们是一群处于组织水平上的多细胞动物，还未达到器官系统的水平。

浮浪幼虫是腔肠动物发育过程的幼虫时期，以纤毛摆动在水中游泳，没有通往体外的开口。目前认为最早出现的腔肠动物是它的原始的浮浪幼虫式的祖先出现触手之后形成的，是一些原始的水母型个体。在腔肠动物的3个纲中，水螅纲是最低等的，因为其水螅型和水母型个体的构造都很简单，生殖腺来自外胚层。水母纲水螅型退化，水母型发达，并且结构复杂，体型巨大。珊瑚纲无水母型，只有结构复杂的水螅型，多营固着生活。后两纲的生殖腺都来自内胚层，因此一般认为水母纲和珊瑚纲起源于水螅纲并沿不同途径发展而来。

思考题

1. 为什么说海绵动物是动物进化上的一个侧支？
2. 海绵动物的水沟系分为哪三种？其主要的功能和结构特点有哪些？
3. 海绵动物的水沟系统是如何进化的？
4. 海绵动物体壁的两层细胞（包括中胶层）分化为哪些细胞？有何功能？
5. 海绵动物的体制与它们的生活方式有什么样的适应关系？
6. 什么是辐射对称体制？对动物的生活方式有何决定意义？
7. 试比较腔肠动物水螅型和水母型的异同。
8. 以薮枝螅为例说明腔肠动物的世代交替现象。
9. 海绵动物门和腔肠动物门如何分类？
10. 腔肠动物在动物演化过程中地位如何？
11. 刺细胞的结构及其作用机理是什么？
12. 什么是网状神经系统？为什么说它是动物界最简单、最原始的神经系统？
13. 关于多细胞动物起源的学说有哪几种？简述其内容。
14. 多细胞动物起源于单细胞动物的依据有哪些？

第五章

蠕形动物

内容提要

　　本章前 3 节介绍了蠕形动物中的扁形动物门、线虫动物门和环节动物门。扁形动物出现了两侧对称和中胚层，使动物身体结构变得复杂和完善，并初步实现了由水生到陆生的演化，包括涡虫纲、吸虫纲、绦虫纲 3 个纲。

　　第一节介绍了扁形动物门的主要特征。以中华分支睾吸虫和猪带绦虫为例，讲述了寄生扁形动物的形态结构、生活史及危害，并介绍了扁形动物的系统发展。第二节主要介绍了原腔动物中的线虫动物门的主要特征，以人蛔虫为例，讲述了寄生线虫的形态结构和生活史及危害。第三节环节动物是蠕形动物中最高等的类群，是高等无脊椎动物的开始。具有一系列进步特征，特别是分节现象和真体腔的出现，对动物身体结构和功能的复杂及完善有着深远影响，大大增强了环节动物的适应能力。环节动物对人类有一定的经济价值，要了解对人类有益和有害之处。第四节内容是对寄生生活的特点和寄生虫病防治规律的总结。

　　何为蠕形动物（vermes）？蠕形动物都是三胚层的无脊椎动物，身体两侧对称，多为蠕虫状，无附肢或附肢不发达，体壁肌肉较发达，具流体静力骨骼（hydrostatic skeleton，又称水骨骼），运动时蠕动前进。主要包括扁形动物门、线虫动物门、环节动物门及一些其他的无脊椎动物门。

第一节　扁形动物门（Platyhelminthes）

一、扁形动物门特征

　　扁形动物是具有两侧对称和中胚层 2 个重要特征，身体无体腔、背腹扁平，消化系统有口无肛门，排泄系统是末端具有焰细胞的原肾管，并且具有梯形神经系统和发达的生殖系统的动物。扁形动物在动物演化史上占有重要地位，这类动物移动较快速，且适于爬行，除水生种类外，有些进入陆地生活，还有寄生种类，成功地适应了更广阔的环境。

　　1. 两侧对称（bilateral symmetry）　动物界中从扁形动物开始，获得了两侧对称的体制。所谓两侧对称的体制是指通过身体的中轴只有一个切面，将身体分为左、右镜像的两部分，因此两侧对称也称为左右对称（图 5-1）。这种体制使动物明显地分为前端和后端、背面和腹面。体制的分化，带来机能的分化：体背面发展了保护的功能，腹面则为运动功能。向前运动的部分逐渐集中，有"脑"、感觉器和摄食器，使得动物的运动由不定向变为定向，促进了动物头部的出现。两侧对称既适于游泳又适于爬行，它是动物由水中漂浮生活过渡到水底爬行生活的结果，也是动物由水生发展到陆生的基本条件之一。

　　2. 中胚层的形成　从扁形动物开始在外胚层和内胚层之间出现了中胚层（mesoderm），扁形动物属于三胚层动物，但无体腔。中胚层的产生减轻了内胚层和外胚层的负担，引起了一系列的组织、器官、系统的分化，为动物体结构的逐步复杂化提供了必要的物质条件，使扁形动物达到了器官系统的水平。中胚层形成的肌肉层，不但增强了动物的运动机能，提高了动物在空间的移行速度，而且使消化管壁也有了肌肉，加强了消化管的蠕动能力，促进了消化。中胚层的出现加强了新陈代谢的机能，并且促进了排泄系统的形成。扁形动物开始有了原始的排泄系统——原肾管。由于运动机能的提高和对外界环境的接触增多，促进了神经系统和感觉器官的进一步发展，扁形动物的神经系统得到了进一步完善，形成了梯形的神经系统。因此，中胚层的产生促进了动物的新陈代谢和各器官系统的进一步分化与发展，同时也是动物由水生进化到陆生的基本条件之一。

扁形动物体腔被由中胚层形成的实质（parenchyma）组织所填充，这是一种特殊的柔软结缔组织，内脏器官都包埋于其中（图5-2）。实质组织有储存水分和养料的功能，使动物体能抗干旱和耐饥饿，还有保护内脏、输送营养和排泄的作用，具有分化和再生新器官的能力。

3. 皮肤肌肉囊（dermo-muscular sac）　从扁形动物开始，由于中胚层的形成产生了复杂的肌肉构造，即环肌（circular muscle）、纵肌（longitudinal muscle）和斜肌（diagonal muscle）。这些肌肉与表皮（epidermis）相互紧贴组成的体壁，包裹了全身，如囊状，称为皮肤肌肉囊，简称皮肌囊（图5-2）。中胚层形成的肌肉系统不但有保护功能，而且也强化了运动机能，再加上两侧对称，使得动物能更迅速、有效地摄取食物和躲避敌害。

4. 消化系统（digestive system）　扁形动物的消化系统与腔肠动物相似。通向体外的开孔既为口又具有肛门的作用，故称不完全消化系统（incomplete digestive system）。肠是由一层来源于内胚层的上皮形成的盲管，有的种类具有高度发达的分支，延伸至身体的各部，管壁无肌肉（图5-3）。营寄生生活的种类，吸虫消化系统趋于退化，而绦虫完全消失。

5. 排泄系统（excretory system）　从扁形动物开始出现了原肾管式（protonephridium）的排泄系统，由焰细胞（flame cell）、多分支的排泄管（excretory canal）和排泄孔所组成，分布遍及全身（图5-4）。焰细胞又是由帽细胞（cap cell）和管细胞（tubule cell）结合在一起形成的，主要用来收集水分和代谢废物。原肾管的功能主要是排出体内多余水分，调节渗透压，同时也排出一些代谢废物（metabolic waste）。

6. 神经系统（nervous system）　与腔肠动物的网状神经系统相比，神经细胞更为集中，扁形动物已有较为原始的中枢神经系统——梯形神经系统（ladder-type nervous system）。神经细胞逐渐向前集中，形成"脑"及从"脑"向后分出若干纵神经索（longitudinal nerve cord），在纵神经索之间有横神经（transverse commisure）相连，构成梯形，故称梯形神经系统（图5-5）。

7. 生殖系统（reproductive system）　大多数扁形动物为雌雄同体，生殖器官较为复杂、多样。由于中胚层的出现，形成了产生生殖细胞的固定生殖腺及一定的生殖导管，如精巢（testis）、卵巢（ovary）、输卵管（oviduct）、输精管（vas deferens），还有附属腺和附属导管，如储精囊（seminal vesicle）、前列腺（prostate gland）、卵黄腺（vitelline gland）和卵黄管（vitelline duct）等（图5-7）。扁形动物为异体受精，通过交配向对方输送精子进行体内受精。体内受精是动物由水生进化到陆生的一个重要条件。

二、扁形动物门分类

扁形动物有20 000多种，又称扁虫（flatworm），营自由生活和寄生生活，分属3个纲。涡虫纲的动物营自由生活，分布于海水、淡水或潮湿的陆地，肉食性；吸虫纲和绦虫纲的种类营寄生生活，生活史复杂，具有2～3个寄主和多个幼虫期。

三、涡虫纲（Turbellaria）

涡虫纲是扁形动物门中最原始的类群，绝大多数营自由生活，它们起源于海洋，海生的种类最多，淡水水域中次之，少数生活于热带及亚热带地区的丛林、草地上，白天隐藏在石块或落叶下。我国西藏地区5 000m高原的池塘中可找到微口涡虫（*Microstomum*）。现以日本三角涡虫（*Dugesia japonica*）为例来说明涡虫纲的特征。

1. 外部形态　三角涡虫生活在淡水溪流中的石块下，以活的或死的小型水生动物如蠕虫、甲壳类和螺类等为食。身体柔软，背面稍凸，体型较小，长约15mm，呈柳叶状。头端略呈三角形，背面有2

个黑色眼点，两侧各有 1 个耳状突，口位于腹面近体后 1/3 处，稍后方为生殖孔，无肛门，身体腹面密生纤毛，由于纤毛和体壁肌肉的运动，使涡虫能在物体上做游泳状的爬行（图 5-1）。

2. 内部构造

（1）皮肤肌肉囊：包括表皮层和肌肉层，表皮由外胚层的柱形细胞组成，其中有杆状体（rhabdites），当虫体遇刺激时，杆状体被排出体外，弥散出有毒性的黏液，供捕食或防御用，腹面表皮密生纤毛，表皮底下是非细胞构造的有弹性的基膜，再下面是中胚层形成的肌肉层，共有 3 层：外层为环肌，中层为斜肌，内层为纵肌。在体壁与内部器官之间填满了由中胚层形成的实质，疏松地互相连接在一起，形成网状，可储存养分（图 5-2）。

（2）摄食和消化：口位于腹面，口后为咽囊，包括咽腔和咽鞘。咽囊内有肌肉质咽（pharynx），咽可以从口中伸缩。咽连接肠，日本三角涡虫的肠分为 3 支主干，1 支向前，2 支向后，每条主干又反复分出小支，分布到全身各部，成为末端封闭的盲管，无肛门，不能消化的食物仍由口排出（图 5-3）。取食时，靠体表分泌黏液来黏缠、固定捕获物，再伸出咽，分泌蛋白水解酶分解组织，咽插入其体内，吮吸组织液体，吸入肠内，先进行细胞外消化，再由吞噬细胞吞噬碎片，进行细胞内消化。高度分支的肠，增加了消化吸收的表面积，也可以运输营养。

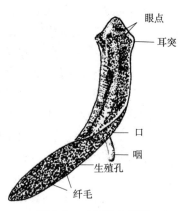

图 5-1　三角涡虫外形
（仿 Moore，Olsen）

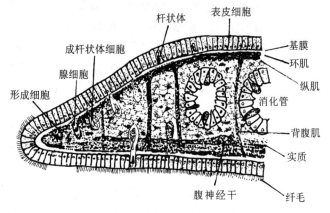

图 5-2　三角涡虫的横切面
（仿 Storer 等）

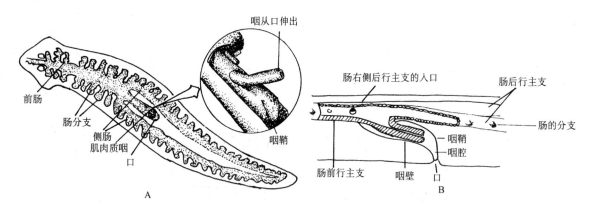

图 5-3　三角涡虫消化系统（A）及咽部、肠结构纵切示意图（B）
（A 仿 Moore，Olsen；B 仿 Barnts）

（3）呼吸与循环：无专门的呼吸、循环器官，依靠体表渗透作用进行气体交换，由实质组织中的液体运送和扩散新陈代谢产物。

（4）排泄系统：为原肾管型，由焰细胞和排泄管组成。焰细胞为盲管状，其顶端有 1 束鞭毛，有 35～90 根，由于鞭毛不断地摆动，形状如火焰，故称焰细胞。焰细胞实际上由帽细胞和管细胞组成，帽细胞在原肾管分支最末端，盖在管细胞上，帽细胞的鞭毛，悬垂于管细胞中央（图 5-4）。周围实质中水分进入焰细胞，依赖鞭毛的摆动，流经毛细管和排列在身体两侧的大排泄管，最终由背侧的排泄孔排出体外。

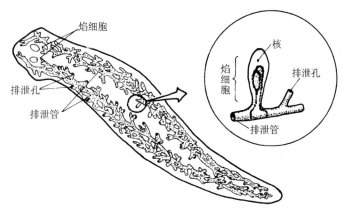

图 5-4　涡虫的排泄系统
（仿 Moore，Olsen）

（5）梯形神经系统："头部"有 1 对称作"脑"的神经节，由此分出 1 对向体后延伸的纵神经索，在两条纵神经索之间有横神经相连（图 5-5）。涡虫前部背面有一对由色素细胞和视觉细胞构成的眼点，它们不能看像，只能辨别光的明与暗。还有一些感觉细胞位于头部两侧的耳突，司味觉和嗅觉，可用于寻食（图 5-6）。

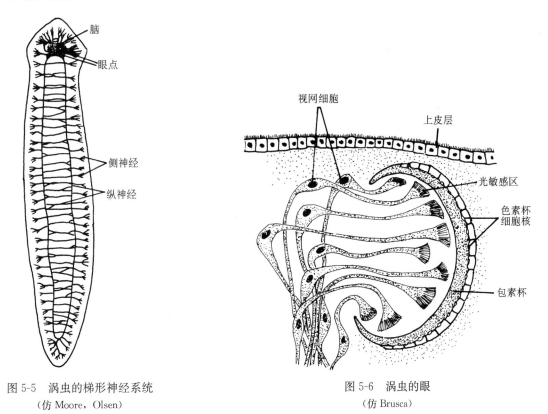

图 5-5　涡虫的梯形神经系统
（仿 Moore，Olsen）

图 5-6　涡虫的眼
（仿 Brusca）

（6）生殖系统：为雌雄同体。雄性生殖器官（图 5-7）位于身体两侧，有很多精巢，由每个精巢发出 1 条输精小管，汇合成 1 对纵行的输精管，输精管在近端膨大为储精囊，再由 2 个储精囊汇合成为多肌肉的阴茎（penis），阴茎的基部还有许多单细胞腺体，称前列腺，开口于生殖腔（genital atrium）。

雌性生殖器官（图 5-7）具卵巢 1 对，位于体前两侧，每个卵巢有 1 条输卵管向后行，通入生殖腔。在输卵管的外侧有许多卵黄腺，卵黄由卵黄管进入输卵管。2 条输卵管在后端汇合形成阴道（vagina），通入生殖腔。由阴道前端向前伸出 1 条受精囊（seminel receptacle），也称交配囊，可接受和储存对方的精子。涡虫虽为雌雄同体，但须交配进行异体受精。

（7）再生：涡虫有较强的再生能力，若将它横切成为 2 段，每段均可以将失去的那一段再生长出来，从而各自成为 1 条完整的涡虫，甚至将虫体分割为多段，每一段也能再生成 1 条完整的涡虫（图 5-8）。由此看来，涡虫的无性生殖与再生能力是相互关联的，并且由实质组织来增加新细胞和再分化形成失去的部分。

由于涡虫体前后的代谢率不同，涡虫的再生具有明显的极性（polarity），再生速度由前向后呈梯度递减，其切取部分的再生速度也不一样，在切块大小相同的条件下，前段较后段的再生速率要快。

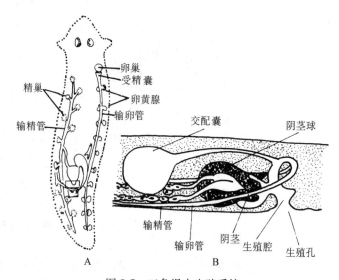

图 5-7　三角涡虫生殖系统
A. 左侧示雄性生殖器官，右侧示雌性生殖器官　B. 交配器官（侧面观）
（仿汪义慰）

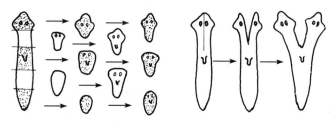

图 5-8　三角涡虫的再生与极性
（仿汪义慰）

3. 涡虫纲的分类　涡虫纲分类各学者意见不完全一致，现举常见的 4 个目简要分述如下：

（1）无肠目（Acoela）：体小，长度为 1～12mm，呈长圆形，无消化管，有一团来源于内胚层的营养细胞进行吞噬和消化，海生，如旋涡虫（*Convoluta*）。

（2）大口虫目（Macrostomida）：体小，0.5～15mm，具简单的咽及囊状具纤毛的肠，有腹侧神经索 1 对，生殖系统结构完全，常行无性生殖，虫体横分裂后常不分开形成虫链。如大口虫（*Macrostomum*）和微口涡虫（*Microstomum*）。

（3）多肠目（Polycladida）：虫体呈扁圆形或叶形，体长 3～20mm，口位于腹面近后端，有肌肉质咽，肠具 1 条不明显的主干，两侧有许多分支，故名多肠目。如平角涡虫（*Planocera*）。

（4）三肠目（Tricladida）：体长 2～50mm，口在腹面近中央部分，咽为管状，肠分 3 主支，1 支向前、2 支向后，每支上各有许多分支，原肾管 1 对，卵巢 1 对，卵黄腺分支。如三角涡虫（*Dugesia japonica*）和笄蛭涡虫（*Bipalium*）。

四、吸虫纲（Trematoda）

（一）代表动物——中华分支睾吸虫（*Clonorchis sinensis*）

简称华支睾吸虫，俗称华肝蛭。成虫寄生在人、猫、犬等的肝、胆管内，由它所引起的疾病称为华支睾吸虫病。华支睾吸虫病主要流行于广东、台湾、福建等地区，终末寄主因生吃鱼虾而感染，国内多寄生于猫、犬，人体也有感染，常引起消化系统的病症，如胆囊炎和肝肿，严重时可引发肝癌，导致死亡。

1. 形态结构　虫体柔软、扁平、菲薄、透明如叶片状，前端较窄，后端略宽。虫体长为 10～

25mm，体宽为3～5mm。虫体表面有口吸盘和腹吸盘（图5-9）。口吸盘（oral sucker）大于腹吸盘，位于虫体前端，腹吸盘（acetabulum）位于虫体腹面前约1/5处，其前方有2个很小的小孔，为雌性和雄性生殖孔。吸盘富有肌肉，是附着器官。活的华支睾吸虫呈肉红色，固定后呈灰白色，体内器官隐约可见，在虫体后部1/3处有2个前后排列的树枝状睾丸，为该虫主要特征之一，故称支睾吸虫。

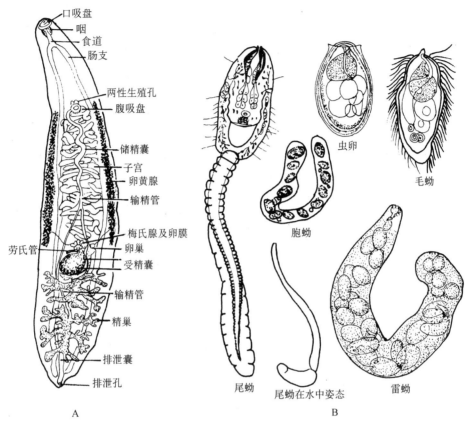

图5-9　华支睾吸虫（A）及华支睾吸虫各期幼虫（B）

（仿徐秉锟，赵慰先）

（1）体壁：体壁是由许多大细胞的细胞质延伸，彼此融合形成的一层合胞体（syncytium）。其中有线粒体、内质网、胞饮小泡以及由结晶蛋白所形成的小刺等。这一层称为皮层（tegument）。皮层的基部为基膜（basal membrane），其下为环肌层和纵肌层，再下面为实质细胞。大细胞的本体（包括细胞核）下沉到实质中，由一些细胞质的突起穿过肌肉层与表面的细胞质层相连。皮层的这种特殊结构不仅对虫体有保护作用，而且虫体与环境之间的气体交换、含氮废物的排出也通过扩散作用经体表进行。一些营养物质，如氨基酸等可通过胞饮作用摄入虫体。

（2）消化系统：口位于口吸盘中央，口下连接1个球形而富肌肉的咽，咽下为短的食道，后接2个盲肠，沿虫体两侧直达后端，无肛门。华支睾吸虫主要以寄主肝管的上皮细胞为食，有时也食入一些白细胞、红细胞和胆管内的分泌物，还能通过体表吸收一些养料，食物以糖原、脂肪的形式储藏。

（3）呼吸系统：没有呼吸器官，行厌氧性呼吸。

（4）排泄系统：分为2支的原肾管系统，位于身体两侧，末端终止于焰细胞。代谢废物通过分支小管经左右2条排泄管送到身体后部，汇合成1个"S"形排泄囊，最后从末端的排泄孔排出体外。

（5）神经系统和感觉器官：不发达，基本与涡虫的神经系统相似，也是梯形，咽旁有一对神经节，由此向前后各发出6条纵行的神经索，向后的6条神经索之间横神经联络。

（6）生殖系统：雌雄同体，构造复杂。

雄性生殖器官：精巢（或称睾丸）1对，呈树枝状分支，位于虫体后1/3处前后排列，每个精巢发出1条输精小管（或称输出管），2条输精小管汇合成1条输精管，向前扩大成储精囊，储精囊前行并开口于腹吸盘前的雄性生殖孔，通出体外。无阴茎、阴茎囊和前列腺。

雌性生殖器官：在精巢之前有 1 个略呈分叶状的卵巢。受精囊长椭圆形，位于精巢和卵巢之间。劳氏管（Laurer's canal）一端与输卵管相接，另一端开口在身体背面，有人认为其具有排出多余卵黄或精子的作用，也有人认为它是退化的阴道。卵黄腺分布于虫体的两侧，各侧的腺体相互汇合成 1 个卵黄管，在虫体中部合成总卵黄管，然后与输卵管相连接。输卵管上有 1 个成卵腔（卵囊），它是由输卵管、受精囊、劳氏管及卵黄管汇合而成的。成卵腔周围有一群单细胞腺体，称为梅氏腺（Mehlis gland），其分泌物一部分与卵黄腺的分泌物相结合而形成卵壳，另一部分可能具有一定的润滑作用。成卵腔之前为子宫，其内常充满虫卵，子宫迂回前行在腹吸盘与卵巢之间，开口于腹吸盘前的雌性生殖孔。

华支睾吸虫能自体受精，也能异体受精。自体受精时，精子从精巢出来，经输精管、储精囊、从雄性生殖孔出来进入自身的雌性生殖孔，再到子宫，最后到达受精囊。异体受精是 2 种虫体交配，虫体从雌性生殖孔接受另一个体的精子，也可由劳氏管接受精子到受精囊，精子、卵子在输卵管或成卵腔中结合成受精卵，在成卵腔中，每个受精卵的外面有很多来自卵黄腺的卵黄细胞，卵黄细胞可以作为受精卵发育的营养，同时又可分泌一些物质形成卵壳。梅氏腺的功能是对卵壳的形成起作用或刺激卵黄细胞释放卵黄物质以及活化精子，也有学者认为它的分泌物对卵有滑润作用。由成卵腔形成的受精卵，向前移至子宫，最后从雌性生殖孔排出。

2. 生活史　华支睾吸虫受精卵由虫体排出后，首先进入人胆管和胆囊里，经胆总管到小肠，然后随寄主的粪便排出体外。虫卵平均大小为 $29\mu m \times 17\mu m$，里面含有毛蚴。

虫卵进入水中，被第一中间寄主（first intermediate host）（纹沼螺、中华沼螺、长角沼螺等）吞食后，毛蚴（miracidium）才在螺的小肠或直肠内从卵中逸出，穿过肠壁变成胞蚴（sporocyst），大部分胞蚴移行至直肠的淋巴间隙，在此胞蚴中的许多胚细胞团各发育形成一个雷蚴（redia），它们大部分移往肝间隙，其余的移行直肠、胃及鳃的淋巴间隙。在感染后的第 23 天，雷蚴体内的胚细胞团逐渐发育成尾蚴（cercaria）。尾蚴形似蝌蚪，分体部和尾部。尾蚴成熟后自螺体逸出，在水中可活 1~2d，游动时如遇第二中间寄主（second intermediate host）（某些淡水鱼或虾）则侵入其体内。在第二中间寄主体内脱去尾部，形成囊蚴（metacercaria），大多数寄生在肌肉中。囊蚴是感染期，人或动物吃了生的含有囊蚴的鱼、虾而感染。囊蚴进入人和动物的十二指肠内，囊壁被胃液及胰蛋白酶消化，幼虫逸出，经寄主的胆总管到肝胆管发育成长，1 个月后发育成为成虫，并开始产卵。华支睾吸虫最终在人和猫、犬体内发育为成虫，寿命可达 15~20 年之久（图 5-10）。

囊蚴怕热，70℃热水 8s 即可死亡，但冷冻、盐、酱油等调味品并不能短期杀死囊蚴，因而生吃鱼虾、贝类不可取。

寄生虫的幼虫寄生的动物称为中间寄主（intermediate host），如华支睾吸虫的中间寄主为沼螺和淡水鱼虾；寄生虫的成虫寄生的动物称为终末寄主（final host），如华支睾吸虫的终末寄主为人或猫、犬。

（二）吸虫纲主要特征

吸虫纲的种类均为寄生。少数营外寄生，多数营内寄生生活。它们与涡虫类在系统发展上较为接近，表现在体形及消化、排泄、神经、生殖系统等结构有许多一致或相似之处。但是由于吸虫类适应寄生生活，其形态结构和生理功能相应地发生了一系列变化。寄生环境的特点是：环境相对稳定，营养丰富，缺氧，空间狭小，黑暗。为适应这类寄生环境，吸虫纲动物具有以下特点：

（1）运动机能退化。体表无纤毛、无杆状体，也无一般的上皮细胞，而大部分种类发展为具有小刺的皮层。

（2）神经、感觉器官趋于退化。内寄生的种类眼点等感觉器官消失。

（3）发展了吸盘和小钩等吸附器。吸盘肌肉发达，用以固着于寄主的组织上。

（4）消化系统相对退化。一般较简单，有口、咽、食道和肠，但绦虫纲无消化系统。

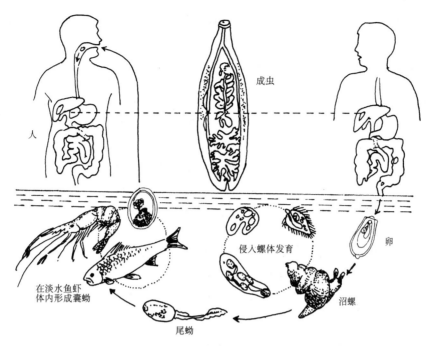

图 5-10　华支睾吸虫的生活史

（仿李朝品）

（5）内寄生种类行厌氧呼吸。

（6）生殖系统复杂，雌雄同体，生殖机能发达。

（7）生活史复杂，内寄生的种类常有 2 个或 3 个寄主，具有多个幼虫期。虫态从受精卵开始经毛蚴、胞蚴、雷蚴、尾蚴、囊蚴到成虫，且幼虫期（胞蚴、雷蚴）能进行无性的幼体繁殖，产生大量后代，有利于多次更换寄主，完成生活史。外寄生种类生活史简单，通常只有一个寄主，一个幼虫期。

（三）吸虫纲分类

1. 单殖亚纲（Monogenea）　为体外寄生吸虫。生活史简单，直接发育，不更换寄主。主要寄生于鱼类、两栖类、爬行类等的体表、排泄器官或呼吸器官内，如鳃、皮肤、口腔，少数寄生在膀胱内。常缺少口吸盘，体后有发达的附着器官，其上有锚和小钩。眼点有或无。排泄孔一对，开口在体前端。

三代虫（*Gyrodactylus*）是单殖亚纲的代表，有 20 余种，主要侵害淡水鱼类（鲤、鲫、鳟等），使鱼类患三代虫病，也寄生于两栖类。

三代虫身体扁平纵长，前端有两个突起的头器，能够主动伸缩，又有单细胞腺的头腺一对，开口于头器的前端。此虫没有眼点，口位于头器下方中央，下通咽、食道和两条盲管状的肠在体的两侧。体后端有一固着器为盘形，称为固着盘。盘中央有 2 个大锚，大锚之间由 2 条横棒相连，盘的边缘有 16 个小钩有序地排列着（图 5-11），以大锚和小钩固着在鱼体上，同时前端的头腺分泌黏液，黏着在鱼体上并像尺蠖一样慢慢爬行。雌雄同体，有 2 个卵巢和 1 个精巢，位于身体的后部。卵胎生，在卵巢的前方有未分裂的受精卵及发育的胚胎，大胚胎内又有小胚胎，因此称为三代虫。

三代虫的幼虫能在水中自由游泳寻觅寄主，感染方式主要靠接触传

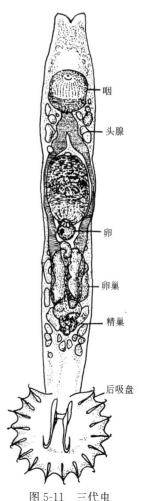

图 5-11　三代虫

（仿华中师范学院等）

染，对鱼苗及春花鱼种危害很大，三代虫用锚钩钩住鱼体，对体表造成创伤，病鱼皮肤上形成灰蓝色无光泽的黏液膜。感染三代虫的鱼种表现为极度不安，狂躁地在水中游泳，继则食欲不振、消瘦，以至死亡。1～2 年以上的鱼不会害病，但为本虫的带虫者。在单殖亚纲中寄生在鱼类鳃上的常见种类还有指环虫（*Dactylogyrus*）。

2. 盾腹亚纲（Aspidogastrea）　盾腹亚纲是吸虫纲中很小的一类。其最显著的特征是吸附器官，或者是单个的大吸盘覆盖在整个虫体腹面，吸盘上有纵行及横行肌肉将吸盘纵横分隔成许多小格（图 5-12），如盾腹虫（*Aspidogaster*），或者是一纵列吸盘。具口、咽及 1 个肠盲管。生殖系统基本上像复殖吸虫，典型的只有 1 个精巢，与单殖吸虫和复殖吸虫有相似特征，但更接近于复殖吸虫。大部分为内寄生，寄生在鱼和爬行动物的消化管及软体动物的围心腔或肾腔内。生活史有 1 个或 2 个寄主。许多种类没有寄主的专一性，在软体动物及鱼体上均可生活及产卵。这一类动物似乎能够说明自由生活到寄生生活的过渡。

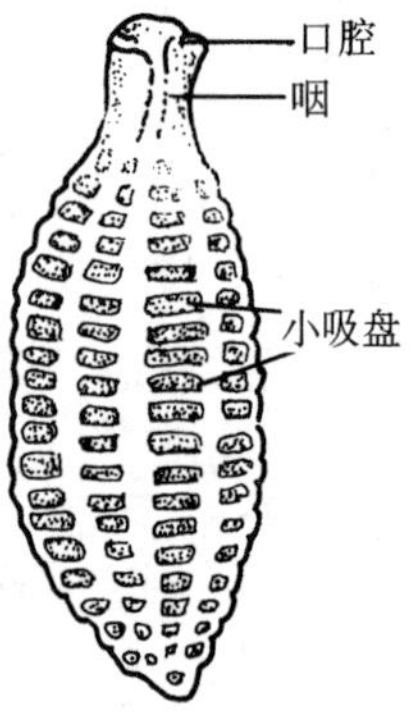

3. 复殖亚纲（Digenea）　复殖亚纲为体内寄生的吸虫，它们主要寄生在内部器官内。生活史复杂，需要 2 个以上的寄主。一般幼虫期的寄主（中间寄主）是软体动物，成虫期的寄主（终末寄主）为脊椎动物。成虫有 1 个或 2 个吸盘，体后无复杂的固着器，成虫无眼点，而幼虫有退化的感光器。这类寄生虫一般也按寄生部位取名，寄生在肠内的称为肠吸虫，如布氏姜片吸虫；寄生在肝、胆管内的则称为肝吸虫，如肝片吸虫；寄生在血液中的称为血吸虫，如日本血吸虫。

（1）肝片吸虫（*Fasciola hepatica*）：分布于世界各地，尤以中南美、欧洲、非洲等地比较常见。中国各地广泛存在，主要感染羊、牛和骆驼等家畜，也有人体受其感染的报道。

①形态结构：肝片吸虫俗称羊肝蛭（图 5-13），是动物体内较大的一种吸虫，虫体长 20～40mm，

图 5-12　盾腹虫
（仿 Meglitsch）

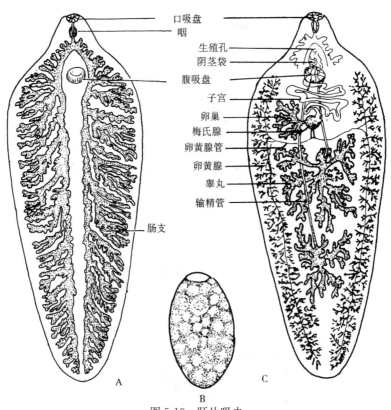

图 5-13　肝片吸虫
A. 肝片吸虫的消化系统　B. 虫卵　C. 肝片吸虫的生殖系统
（仿徐秉锟）

宽5～13mm。体表有小棘，体呈柳叶状，虫体前端突出，略似圆锥形，称头锥。口吸盘在虫体前端的头锥上。在头锥之后腹面的吸盘称为腹吸盘。生殖孔在腹吸盘的前面。口吸盘的底部为口，口经咽通向食道和肠，肠为2条，向外侧分出很多侧支，终止在身体后端。精巢2个，前后排列呈树枝状分支，位于虫体的中后部，卵巢1个，为鹿角状分支，位于前精巢的右上方。劳氏管细小，无受精囊。虫卵椭圆形，淡黄褐色，卵的一端有小盖，卵内充满卵黄细胞。

②生活史（图5-14）：成虫寄生在牛、羊及其他食草动物和人的肝胆管内。成虫在胆管内排出虫卵，随胆汁排到肠道内，再和寄主的粪便一起排出体外。卵在有水的环境中和适宜的温度下经过2～3周的发育变成毛蚴。毛蚴在水中游动，当遇到中间寄主椎实螺时，迅速脱去纤毛，钻入螺的体内及肝，在此发育成为囊状的胞蚴，胞蚴体内的胚细胞继而发育成雷蚴，每个雷蚴又发育为几个子雷蚴，然后形成尾蚴。尾蚴分体部和尾部，在体部上有口吸盘、腹吸盘和简单的肠管。尾蚴成熟后离开椎实螺在水中游动一段时间（5～120min），附着在水草等物体上脱掉尾部形成囊蚴。囊蚴也可以在水中保持游离状态。

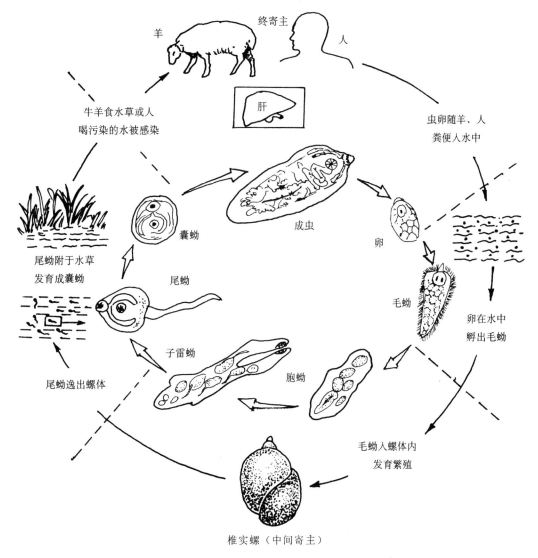

羊　终寄主　人

牛羊食水草或人
喝污染的水被感染

肝

虫卵随羊、人
粪便入水中

囊蚴

成虫

卵

尾蚴附于水草
发育成囊蚴

尾蚴

毛蚴

尾蚴逸出螺体

子雷蚴

胞蚴

卵在水中
孵出毛蚴

毛蚴入螺体内
发育繁殖

椎实螺（中间寄主）

图5-14　肝片吸虫生活史
（仿刘凌云）

牲畜饮水或吃草时吞进囊蚴即可感染。囊蚴在肠内破壳而出，穿过寄主的肠壁，经腹腔钻入肝到达肝胆管中，继续发育为成虫。肝片吸虫在胆管内生长发育的同时，对寄主肝组织正常机能有较为明显的影响。往往造成肝组织损伤，胆管发炎、肿胀和变硬。虫体寄生多时，还可以造成胆管堵塞，影响消化和食欲。虫体分泌的毒素被寄主吸收后，可使红细胞溶解，发生贫血、消瘦及浮肿等中毒现象。

（2）日本血吸虫（*Schistosoma japonicum*）：在人体内寄生的血吸虫主要有 3 种，即埃及血吸虫（*S. haematobium*）、曼氏血吸虫（*S. mansoni*）和日本血吸虫。在我国南方流行的为日本血吸虫，又称裂体吸虫，因在日本首先发现而得名，所引起的疾病简称血吸虫病，钉螺是它唯一的中间寄主。

①形态结构：成虫雌雄异体，体为长圆柱形。雄虫乳白色，长 10～22mm，宽 0.5～0.55mm，体表光滑，口吸盘和腹吸盘各 1 个。雌虫较细长，长 15～26mm，宽 0.3mm，呈暗褐色，口、腹吸盘均较雄虫的小。雄虫自腹吸盘后形成抱雌沟，雌虫停留其中，呈合抱状态（图 5-15）。

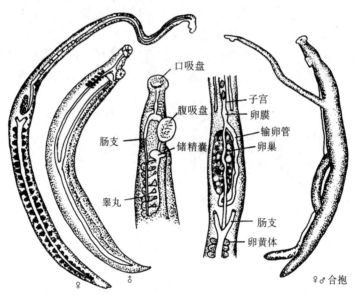

图 5-15　日本血吸虫成虫（示生殖系统）
（仿李朝品）

雄虫口吸盘呈漏斗状，内有口，下接食道，食道两侧有食道腺。食道在腹吸盘前分为两支，向后延伸为肠管至虫体后部 1/3 处又合并为 1 根单管，并继续向后伸达虫体的末端。雌虫食道由口伸延至腹吸盘的背面处分成两支肠管，向后伸至卵巢后面合并为 1 个单盲管。

雄虫有睾丸 7 枚，呈椭圆形，在腹吸盘下排列成单行，每个睾丸有 1 条输出管，共同合为一输精管，向前略为扩大而形成储精囊，开口在腹吸盘后抱雌沟内，为雄性生殖孔。雌虫卵巢呈椭圆形，位于虫体中部偏后方两肠管之间，其后端发出 1 条输卵管，并折向前伸延，在卵巢前面和卵黄管合并，形成卵膜，卵膜周围为梅氏腺。卵膜前为管状的子宫，内含虫卵，开口于腹吸盘后方，为雌性生殖孔。卵黄腺呈较规则的分支状，位于虫体后 1/4 处。虫卵呈椭圆形，淡黄色，卵无盖，其一侧有小刺，由寄主体内排出的虫卵已发育至毛蚴阶段。

②生活史：血吸虫成虫寄于人体或哺乳动物的肝门静脉及肠系膜静脉内，雌雄虫内交配后，雌虫产卵，虫卵可顺着血流入肝内，或逆血流而入肠壁，在肠壁或肝内逐渐发育成熟。卵内毛蚴分泌的酶，溶解了周围的组织，虫卵经肠壁穿入肠腔，随粪便排出体外（图 5-16）。受损伤的肠壁修复后变厚。因此，虫卵不易再穿过肠壁，有的便死在肠组织内，有的随血流入肝，还可游离到身体各器官中停留。虫卵与水接触孵化，一般存活时间不超过 20d。

毛蚴呈梨形，被有纤毛，在近水面处做直线游动，可存活 1～3d。当遇到钉螺时，毛蚴侵入螺体，进行无性繁殖，先形成母胞蚴，母胞蚴成熟破裂后释放出多个子胞蚴；子胞蚴成熟后又不断放出尾蚴，一条毛蚴进入螺体后能增殖到数万条甚至 10 万条尾蚴。

尾蚴是血吸虫的感染期幼虫，成熟的尾蚴从钉螺体内逸出，一般密集在水面上，当接触人、畜皮肤或黏膜时，借助头腺分泌物的溶解作用及本身的机械伸缩作用侵入皮肤，脱去尾部成为童虫，而后侵入小静脉和淋巴管，在体内移行。移行途径见图 5-17：尾蚴→皮肤→静脉系统或淋巴系统→右心

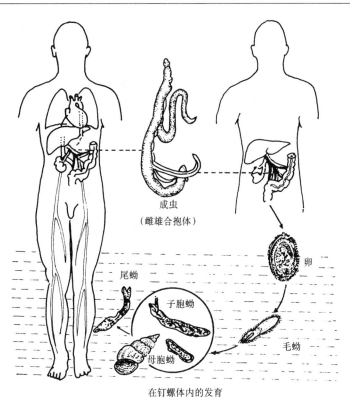

成虫
（雌雄合抱体）

卵

尾蚴

子胞蚴

毛蚴

母胞蚴

在钉螺体内的发育

图 5-16 日本血吸虫的生活史
（仿李朝品）

房→右心室→肺动脉→肺毛细血管→左心房→左心室→主动脉→肠系膜动脉→毛细血管→肝门静脉。

血吸虫在人体内移行发育过程中，未能到达肝门静脉系统的一般不能发育为成虫。自尾蚴感染至成虫产卵约需4周。成虫在人体内的寿命估计在10～20年。

③分布与危害：该病在我国历史悠久，1972年湖南马王堆出土的西汉女尸的肝中查出了血吸虫虫卵。这证明2100年前，我国就有血吸虫病流行。我国长江下游和洞庭湖、鄱阳湖、太湖流域，即湖南、湖北、江西、安徽、江苏、四川、云南七省的110个县（市、区）为主要流行区。1956—1957年，中国对血吸虫病进行了全面普查和防治试点工作。经过50多年的有效防治，大部分流行区已消灭或控制了血吸虫病。

日本血吸虫寄生可造成急性或慢性肠炎，腹泻、消瘦、贫血与营养障

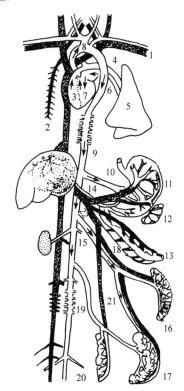

图 5-17 日本血吸虫童虫在终末寄主体内迁移示意图
1. 锁骨下静脉 2. 后大静脉 3. 右心室 4. 肺动脉 5. 肺 6. 肺静脉 7. 左心室 8. 主动脉弓 9. 背大动脉 10. 腹腔动脉 11. 胃 12. 脾 13. 十二指肠 14. 胃静脉 15. 前肠系膜动脉 16. 小肠 17. 大肠 18. 前肠系膜静脉 19. 后肠系膜动脉 20. 结肠 21. 后肠系膜静脉 22. 肝门静脉
（仿唐仲璋）

碍等疾患，最终导致肝硬化和肝腹水，民间称为"大肚子病"，受感染者，成人丧失劳动力，儿童不能正常发育而成为侏儒，妇女不能生育，甚至丧命。

④防治原则：主要有以下几种必要的防治方法。

A. 切断日本血吸虫传播途径：灭螺是切断血吸虫病传播的关键，主要措施是结合农田水利建设和生态环境改造，改变钉螺滋生地的环境以及局部地区配合使用杀螺药。粪便管理：感染血吸虫的人和动物的粪便污染水体是血吸虫病传播的重要环节。因此，管好人、畜粪便在控制血吸虫病传播方面至关重要。

B. 安全供水：因地制宜地建设安全供水设施，避免水体污染和减少流行区居民直接接触疫水的机会。尾蚴不耐热，在60℃的水中会立即死亡，因此可采用加温的方法杀灭尾蚴。

C. 保护易感者并隔离治疗患病人群：人类感染血吸虫主要是人的行为所致。加强健康教育，引导人们改变自己的行为和生产、生活方式，对预防血吸虫感染具有十分重要的作用。隔离治疗患病人群是控制传染源的有效途径。

血吸虫病的防治是一个复杂的过程，单一的防治措施很难奏效，应该从多方面入手，中国防治血吸虫病的基本方针是"积极防治、综合措施、因时因地制宜"。

五、绦虫纲（Cestoidea）

（一）代表动物——猪带绦虫（*Taenia solium*）

猪带绦虫的成虫寄生在人的小肠中，因中间寄主为猪而得名。

1. 形态结构　成虫白色带状，全长为2～4m，由700～1 000个节片（proglottid）组成。虫体分头节（scolex）、颈部（neck）和节片3个部分。头节呈圆球形，直径约有1mm。头节前端中央为顶突（rostellum），顶突上有25～50个小钩，大小相间或内外两圈排列，内排的钩较大，外排的钩较小，顶突下有4个圆形的吸盘，这些都是适应寄生生活的附着器官；头节之后为颈部，颈部纤细不分节片，与头节间无明显的界限，它能继续不断地以横分裂方式产生节片，所以也是绦虫的生长区；节片数量极多，越靠近颈部的越幼小，越近后端的则越宽大和老熟（图5-18）。

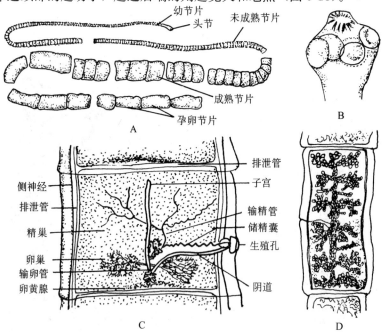

图 5-18　猪带绦虫

A. 成虫　B. 头节　C. 成熟节片　D. 孕卵节片

（A仿Brusca；B～D仿中国医科大学）

依据节片内生殖器官的成熟情况可分为未成熟节片（immature proglottid）、成熟节片（mature proglottid）和孕卵节片（或称妊娠节片）（gravid proglottid）3 种。未成熟节片宽大于长，内部尚未发育；成熟节片近于方形，内有雌雄生殖器官；孕卵节片为长方形，几乎全被子宫所充塞（图 5-18）。

（1）体壁与营养：绦虫的体壁与吸虫的基本相同（图 5-18），不同点是在皮层的表面具有很多微绒毛（microtriches），能增加其表面积。绦虫没有消化系统，没有口和肠，而是通过皮层直接吸收食物，微绒毛的存在增加了吸收的表面积。在皮层内具有大量的线粒体，这表明吸收需要能量，具有主动运输（active transport）的过程。皮层也可通过寄主的消化酶促进对食物的消化作用。绦虫吸收的营养物主要以糖原的形式储存于实质中，通过厌氧呼吸获得能量。

（2）排泄系统：排泄器官属原肾管型，由焰细胞和许多小分支汇入身体两侧的两对侧纵排泄管（1 对在背面，1 对在腹面）组成。在每一节片的后端 2 条腹排泄管之间又有一横排泄管相连，在成熟节片中背排泄管消失，在头节 2 对排泄管间形成一排泄管丛，在最后一个节片的后方左右 2 条腹排泄管汇合，并由 1 个总排泄孔通出体外，若该节片脱离身体，则两条纵排泄管末端与外界相通的孔即为排泄孔，不再有总排泄孔。

（3）神经系统：头节上的神经节不发达，由此发出的神经贯穿整个节片，最大的一对神经索是在两纵行排泄管的外侧，没有特殊的感觉器官。

（4）生殖系统：雌雄同体，在每个成熟节片内部各有 1 套雌性和 1 套雄性生殖器官（图 5-18）。

①雄性生殖器官：在成熟节片背侧的实质中散布着 150～200 个泡状的精巢，每个精巢都连有输出管，输出管汇合成输精管，输精管的膨大处通常称为储精囊，其后端为阴茎，被包在阴茎囊内，开口于生殖腔，生殖腔与体外相通。

②雌性生殖器官：卵巢分为左右 2 个大叶，在靠近生殖腔的一侧有一小副叶（此为该种特征之一），由卵巢发出的输卵管通入成卵腔，成卵腔的周围有梅氏腺，由成卵腔向上伸出 1 个盲囊状的子宫，下接卵黄管与卵黄腺。由成卵腔通至生殖腔的管道称为阴道，可以接受精子。

受精可以在同节之间、异节之间或 2 个个体之间进行。精子由阴道进入成卵腔，可以在阴道和成卵腔内受精。在成卵腔内由卵黄细胞分泌成卵的外壳。梅氏腺的分泌物对卵起润滑作用。受精卵从成卵腔到子宫。子宫逐渐膨大，以便容纳更多虫卵，节片中的其他器官逐渐消失，最后整个节片被盛满虫卵的呈分支状的子宫所占据，此时的节片被称为孕卵节片。猪带绦虫孕卵节片的子宫约分为 9 支（7～13 支）。孕卵节片常常数节连在一起，逐渐地脱离虫体，并随寄主粪便排出体外。被排出体外的孕卵节片，其子宫内的卵已发育成六钩蚴，即有 3 对小钩的幼虫（图 5-19）。

2. 生活史　脱落的孕卵节片随寄主粪便排出或自动从寄主肛门爬出，随着节片的破坏，卵散落在粪便中。虫卵在外界可存活数周。当孕卵节片或虫卵被中间寄主（猪）吞食后，虫卵受肠内消化酶的作用，胚膜溶解，六钩蚴逸出，利用其小钩钻入肠壁，经血流或淋巴流至全身各部，一般在肌肉中经 60～70d 发育为囊尾蚴（cysticercus）。囊尾蚴为卵圆形、乳白色、半透明的囊泡，头节凹陷在泡内，可见有小钩和吸盘。此种具囊尾蚴的猪肉称"米粒肉"或"豆肉"。这种生猪肉被人误食后，囊尾蚴在十二指肠中其头节自囊内翻出，借小钩及吸盘附着于小肠黏膜上，经 2～3 个月后发育为成熟的猪带绦虫。猪带绦虫的寿命较长，据称能活至 25 年以上（图 5-19）。

此外，猪带绦虫虫卵可在人的肌肉、皮下、脑、眼等部位发育成囊尾蚴。其感染的方式有：经口误食被虫卵污染的食物、水及蔬菜等，或由于肠的不正常逆蠕动（恶心呕吐），将脱落的孕卵节片返入胃中，感染情况与食入大量虫卵一样。由此可知，人可以是猪带绦虫的终末寄主，此病称为猪绦虫病；也可为其中间寄主，称为猪囊虫病。

3. 危害　猪绦虫病对人的危害严重，可引起患者消化不良、腹痛、腹泻、失眠、乏力、头痛，影响儿童的发育。猪囊尾蚴如寄生在人的脑部，可引起癫痫、阵发性昏迷、呕吐、循环与呼吸紊乱；寄生在肌肉与皮下组织，可出现局部肌肉酸痛或麻木；寄生在眼的任何部位均可引起视力障碍，甚至

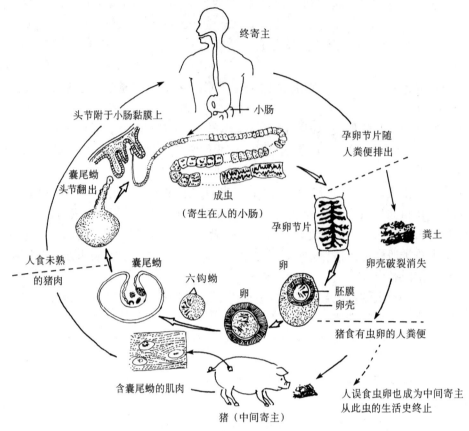

图 5-19　猪带绦虫的生活史

（仿刘凌云）

失明。该病为世界性分布。

　　该病的流行与饮食习惯及猪的饲养方法有密切关系，有些地区习惯于吃生猪肉、尝馅，或切生肉、熟肉和蔬菜时，用同一个砧板，使人被感染。某些地区猪只在野外放养，猪极易接触到人粪，猪因吞食带有猪带绦虫孕节的人粪而感染。

　　4. 防治原则　通常从切断猪带绦虫生活史的总原则考虑，在预防上加强科普宣传，改变饮食陋习，不食未熟或生的猪肉，加强肉品检验、检查制度；加强猪的饲养管理，杜绝"放跑猪"，人的大小便要入厕，对病人应及时治疗，以杜绝传染源。

　　（二）绦虫纲主要特征

　　所有绦虫都是寄生在人及其他脊椎动物体内，其寄生历史可能比吸虫还要长，因此身体结构也表现出对寄生环境（特别是小肠内）的高度适应。

　　1. 形状　身体呈背腹扁平的带状，由许多节片构成，但少数种类不分节片。

　　2. 特化的头节　身体前端有1个特化的头节，有吸盘、小钩或吸沟等附着器官集中于此。

　　3. 消化系统　消化系统消失，通过体表来吸收寄主小肠内已消化的食物。

　　4. 生殖器官　高度发达，每一个成熟节片生殖系统与一条吸虫的生殖系统相当。

　　5. 生活史　一般有幼虫期，大多数只经过一个中间寄主。

　　（三）绦虫纲分类

　　绦虫纲根据体节的不同可分为单节亚纲（Cestodaria）和多节亚纲（Eucestoda）。

　　1. 单节亚纲　为一小类群，与吸虫纲动物有些相似，缺乏头节和节片，如旋缘绦虫（*Gyrocotyle*）。虫体仅有雌雄生殖系统，有时存在像吸虫的吸盘（图 5-20），但是无消化系统，具有与绦虫相似的幼虫——十钩蚴，主要寄生在鲨鱼、鳐和原始的硬骨鱼的消化道或体腔内，中间寄主为水生的无脊椎动物幼虫或甲壳类等。

2. 多节亚纲 体由多个节片组成，幼虫为六钩蚴，成虫全部寄生在人或脊椎动物的消化道内。人和家畜体内常见的绦虫均属于此类。除前述的猪带绦虫外，还有一些重要的种类。在此仅介绍一下细粒棘球绦虫。

细粒棘球绦虫（*Echinococcus granulosus*）的成虫寄生在犬科动物犬、狼、狐等的小肠内，幼虫为棘球蚴（*Hydatid cyst*），寄生在人及牛、羊、骆驼、马等草食家畜的肝、肺等实质脏器中，引起一种严重的人兽共患病，称棘球蚴病或包虫病，是危害人类最严重的绦虫之一（图 5-21）。棘球绦虫分布广泛，尤以牧区为多。国内主要分布在西藏、新疆、青海、甘肃、内蒙古、宁夏及陕西等省（自治区）。人容易感染本病，多在儿童期被感染，由于棘球蚴生长缓慢，故发病年龄多在 20～40 岁。

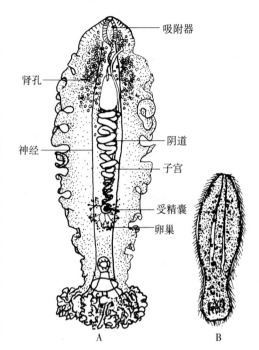

图 5-20　旋缘绦虫成虫和旋缘绦虫幼虫
A. 旋缘绦虫成虫　B. 旋缘绦虫幼虫
（仿 Chandler）

（1）形态构造：成虫长 3～6mm，通常由头节和 3 个节片组成（图 5-21A）。头节呈梨形，上有 4 个吸盘，顶突上有小钩，排列成内外 2 圈；颈部细短。未成熟节片近似正方形；成熟节片长大于宽，内有雌雄生殖系统，精巢略呈圆形，为 35～55 个，分布在整个成熟节片中。卵巢呈马蹄形，生殖孔开口于节片侧缘。孕卵节片最长，子宫有不明显的分支，数目为 12～15 个。子宫被虫卵充满膨胀而破裂，此种破裂现象，在孕卵节片脱离母体前后都可发生。虫卵形态与猪带绦虫的虫卵相似。

棘球蚴呈囊状，近似球形，大小不等，小的直径数厘米，大的直径可达 50cm。棘球蚴分单房性棘球蚴和多房性棘球蚴 2 种。单房性棘球蚴（图 5-21B）的囊壁具内外 2 层，外层为角质层，有支持、保护的作用；内层为生发层，从生发层的内壁形成无数突起，每个突起可变成生发囊，由生发囊中生出许多头节，其构造和成虫的头节一样。多房性棘球蚴略似恶性肿瘤，只有生发层，内有很多子囊，能恶性增殖，极易移至其他组织，特别是肺和脑，危险性大。多房性棘球蚴在人体较少见，通常多见于牛体。

（2）生活史：成虫多寄生于犬、狼等动物的小肠，孕节随粪便排出体外，有较强的活动能力，可沿草地或植物蠕动爬行，污染牧场、畜舍、水源和周围环境。虫卵被中间寄主家畜吞食或人误食后至小肠，自卵内孵出六钩蚴。六钩蚴穿过肠壁进入肝门静脉，大部分停留在肝，有的可随血流到达肺及其他器官组织寄生，经数月发育，长成为棘球蚴。成熟的单房性棘球蚴囊内有许多子囊，子囊内又可以长出与母囊内一样的许多头节。犬吞食含棘球蚴的牛、羊内脏组织后，棘球蚴内的头节在犬的小肠内翻出，吸附于肠壁上寄生，经 3～10 周发育为成虫。

（3）危害：棘球蚴对寄主危害的严重程度往往取决于寄生部位、体积大小和数量多少。由于棘球蚴生长很慢，感染后常在数年内不显症状。生长中的棘球蚴的主要危害是压迫所寄生的器官，破坏周围的组织。在肝寄生时，由于压迫肝，常引起患者消瘦、乏力、失眠，使小儿发育受阻；如在肺中可使患者窒息致死，在脑因寄生部位不同可引起不同症状，如引起癫痫和失明。

（4）防治原则：不接触和抚弄病犬，对牧羊犬、警犬和家犬要进行定期检查及驱虫。还要加强肉品卫生检疫工作，禁止用带有棘球蚴的内脏喂犬，以免犬受感染。对不明死因的动物尸体做深埋处理，避免被犬食入。

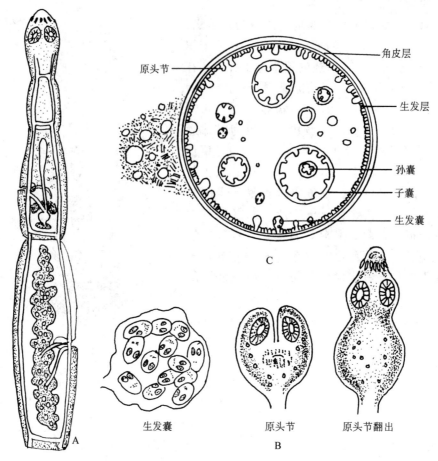

图 5-21　细粒棘球绦虫

A. 成虫　B. 单房性棘球蚴（幼虫）　C. 细粒棘球绦虫棘球蚴横切面

（仿李朝品）

六、扁形动物系统发展

关于扁形动物的起源问题，学者们的意见尚未统一。一种学说是郎格（Lang）所主张的，认为扁形动物是由爬行栉水母进化来的。因栉水母在水底爬行，丧失了游泳机能，体扁平，口在腹面中央等特征与涡虫纲的多肠目极为相似。另一种学说是由格拉夫（Graff）所提出的，认为扁形动物的祖先是浮浪幼虫样的，像浮浪幼虫的祖先适应爬行生活后，体扁平，神经系统移向前方，原口留在腹方，而演变为涡虫纲中的无肠目。这 2 种学说都有它们的根据，但是无肠目的结构是最简单、最原始的，因此后一种学说可能更为正确。

在扁形动物中，自由生活的涡虫纲是最原始的类群。吸虫纲无疑是由涡虫纲适应寄生生活的结果而演变来的。吸虫的神经、排泄等系统的形式与涡虫纲单肠目极为相似，部分涡虫营共栖生活，纤毛和感觉器官趋于退化，与吸虫很相似，而吸虫在幼虫时期也有纤毛，寄生后才消失。这些事实都可以证实营寄生生活的吸虫起源于自由生活的涡虫。

关于绦虫纲的起源问题有 2 种看法：一种认为，它是吸虫对寄生生活进一步适应的结果，因为单节绦虫亚纲体不分节，形态很像吸虫，但是单节绦虫亚纲和其他绦虫的关系不大；另一种认为，绦虫起源于涡虫纲中的单肠目，因为它们的排泄系统和神经系统都很相似，而且单肠目中有借无性繁殖组成链状群体的现象，这和绦虫产生节片的能力可能有关。因此，后一种看法是比较可信的。

综上所述，将扁形动物的系统发展概括如下：涡虫纲是自由生活的种类，适于自由游泳或爬行。这种生活方式促使涡虫的神经系统和感觉器官比较发达，能迅速地对外界刺激，特别是对光线和食物起反应，捕捉食物与防御敌害的能力加强。但有些种类生活在其他动物体上，由于生活方式的改变，在形态上也就相应地起了变化，产生了附着器官，体后端具吸盘。有的种类体表色素消失，表皮无纤毛和杆状体，眼点退化，肠囊状，但生殖器官却特别发达，如三肠目中的海产种类鲨涡虫，附着在鲨的鳃上；多肠目中的一些种类附着在海螺的口内，它们并不吸取被附着动物的营养，而是与其营共栖生活。以上可以看出，扁形动物从自由生活到共栖，再到寄生的过渡现象。吸虫纲还保持着一些自由生活的特征，如有自由生活的幼虫，它们有纤毛和眼点，成虫有明显的消化管，由体外寄生到体内寄生。绦虫纲则较明显地、全面地适应着寄生生活，无消化管，全部体内寄生，幼虫也全部营寄生生活。

第二节　线虫动物门（Nematoda）

原腔动物（protocoelomata）是动物界中比较复杂的一个较大的类群，又称假体腔动物（pseudocoelomata），目前包括线虫动物门、轮虫动物门、腹毛动物门、棘头动物门、线形动物门、动吻动物门、兜甲动物门、鳃曳动物门、内肛动物门和圆环动物门，共 10 个类群，它们的共同特征是具有 1 个充满液体的原体腔，但外形差异很大，彼此之间的亲缘关系尚待研究。本节主要介绍种类最多且与人类关系最密切的线虫动物门。

线虫动物是具原体腔，有发育完善的消化管，体表被角质膜，排泄器官属原肾系统，具梯形神经系统，雌雄异体的动物。线虫已记录的约有 28 000 种，其中 16 000 多种为寄生性的，有人估计还有大量线虫未被发现。线虫分布很广，自由生活种类在海水、淡水、土壤中都有，数量极大且微小，农田土壤中有线虫 1 000 万条/m²，仅重约 10g。植食性线虫以细菌、单细胞藻类、真菌、植物根及腐败有机物等为食；肉食性种类食原生动物、轮虫及其他线虫等。寄生线虫寄生在人体、动物和植物的各种器官内，危害较大。

线虫的身体一般呈圆柱状，细长，故通称圆虫（roundworm）。土壤线虫和植物线虫体多微小，最小的种类体长只有 200μm；寄生线虫中，大的体长可超过 30mm，大的可达 1m 以上，但其直径均小于 2mm。

一、线虫动物门特征

1. 角质膜（cuticle）　线虫体表被一层角质膜，厚度一般为身体半径的 7%，坚韧富弹性，主要成分为蛋白质。角质膜为上皮分泌形成，由皮层（cortex）、中层（median）、基层（basal layer）3 层和基膜组成（图 5-22），角质膜有保护作用，可抵御土壤的摩擦或寄主消化酶的侵蚀，有些线虫可以生活于较极端的环境，如某些高温高压环境及醋、啤酒当中。

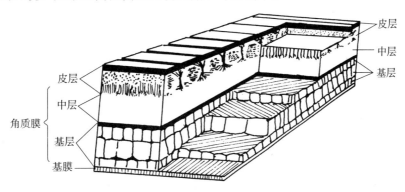

图 5-22　人蛔虫成虫的角质膜
（仿 A. F. Bird）

线虫在生长发育过程中，有几次脱去旧的角质膜，长出新的角质膜，称为蜕皮（ecdysis）。很多线虫一生蜕皮 4 次，在两次蜕皮间及最后一次蜕皮后均生长。

2. 体壁和原体腔（primary coelom）　线虫的体壁仍是皮肌囊结构，由角质膜、上皮和纵肌层组成。角质膜下为合胞体的上皮，即上皮细胞的界限不清，具多核。很多寄生种类上皮向内突起成脊，成为沿身体纵轴排列的体线（body line），包括 2 条侧线（lateral line）和背线（dorsal line）、腹线（ventral line）各 1 条。上皮内为中胚层形成的纵肌层，不发达，属典型的斜纹肌。

线虫体壁围成的广阔空腔称为原体腔，又称假体腔（pseudcoel）或初生体腔，是由胚胎时期的囊胚腔发展形成，原体腔只有体壁中胚层，且不具体腔膜（peritoneum），无脏壁中胚层。原体腔的出现是动物进化上的一个重要特征。线虫的原体腔内充满体腔液，致使虫体鼓胀饱满，内压平均为 70～100mmHg*，最高可达 225mmHg，起到流体静力骨骼的作用，撑起身体也利于全身的物质循环。弊端是身体运动受限，只能依靠纵肌交替伸缩，沿背腹向弯曲做波浪蠕动，从而游泳或爬行。

3. 发育完善的消化管　线虫有发育完善的消化管，即有口和肛门（图 5-23）。消化管分为前肠、中肠和后肠 3 部分。前肠由外胚层于原口处内陷形成，内壁有角质膜，分化为口腔及咽。口腔内常形成齿、口针（oral stylet）等，可辅助摄食，咽外壁有发达的辐射状肌

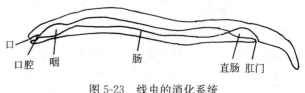

图 5-23　线虫的消化系统
（仿 Noble）

肉，收缩时使三角形咽腔迅速扩大，有吮吸作用。大多数线虫的咽外有单细胞咽腺，能分泌多种消化酶，进行细胞外消化。中肠由内胚层发育形成，为消化与吸收的主要部分，无肌肉，吸收的营养物质直接扩散到体腔液，再到全身各处。后肠也为外胚层于胚胎后端处内陷形成，内壁也具角质膜，包括短的直肠和肛门。寄生线虫的消化管简单，有退化趋势，无消化腺。

食物由口摄入，有序地从前向后移动，在中肠内进行细胞外消化，不能消化的食物残渣由肛门排出。这样的消化机能提高了动物对食物的利用率，这也是动物进化的特征之一。

4. 排泄器官　线虫的排泄器官结构特殊，没有纤毛及焰细胞存在，可分为腺型（glandular type）和管型（tubular type）2 种：

（1）腺型：腺型为自由生活种类所具有，属原始类型，通常由 1～2 个称为原肾细胞（renette cell）的大的腺细胞构成，位于咽的后端腹面，浸于体腔液中，排泄孔开口于腹侧中线（图 5-24）。

（2）管型：寄生线虫的排泄器官多为管型，由腺型演变而来，是由 1 个原肾细胞特化形成的，由纵贯侧线内的 2 条纵排泄管构成，2 管间尚有一横管（有的呈网状，如蛔虫）相连，略呈"H"形（图 5-25）。由横管处伸出一短管，其末端开口即为排泄孔，位于体前端腹侧，溶于体腔液中的代谢产物通过侧线处的上皮进入排泄管。线虫的排泄器官显然不同于扁形动物的原肾管，但这 2 种排泄器官均来源于外胚层，从结构与机能上看较为相似，可以看成是一种独特的原肾管。

5. 生殖　线虫为雌雄异体（dioecious），且雌雄异形，雄性个体小于雌性个体。有极少数种类为雌雄同体，常称为共殖线虫，如某些小杆线虫（*Rhabditis*）和植物线虫。更有一些种类只有雌虫存在，未发现雄虫，营孤雌生殖。

线虫的生殖器官为细长管状，雄性为单管，分化成精巢、输精管、储精囊、射精管，通入直肠，精子由肛门排出，故直肠实为泄殖腔（cloaca），肛门即泄殖孔。雌性的生殖器官为双管，有卵巢、输卵管、子宫，2 条子宫汇合成短的阴道，开口于腹侧中线上的雌性生殖孔。

雌雄虫交配，卵在子宫内受精，多为直接发育，生长过程中有蜕皮现象。自由生活的种类产卵量小，寄生线虫产卵量巨大。

6. 神经系统和感官　神经中枢基本为梯形神经系统，但较扁形动物更为复杂（图 5-31）。线虫的神经系统有围绕咽部的围咽神经环（circumenteric ring），主要是神经纤维，只有少数神经节

---

* 毫米汞柱为非法定计量单位。1mmHg＝133.322 4Pa。——编者注

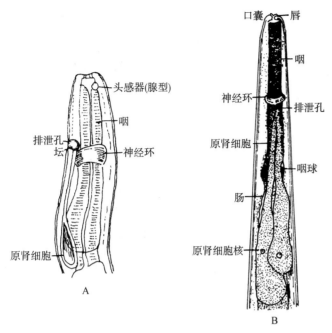

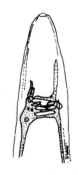

图 5-24　线虫的腺型排泄系统

A. *Linhomeus* 的前端　B. 小杆线虫的前端

（A 仿 Kreis；B 仿 Chitwood）

图 5-25　线虫的管型排泄系统

（仿 Hickman）

（ganglion）与之相连。与围咽神经相连的主要神经节有成对的侧神经节（lateral ganglion）和单个或成对的腹神经节（ventral ganglion）。神经环向前后各发出 6 条神经，均嵌在上皮中，向后 6 条有横神经连合，呈较为复杂的梯形。

线虫的感官不发达，头端和尾端有乳突（papillae），为触觉器官；还有头感器（amphid）和尾感器（phasmid），可接受化学刺激。寄生线虫的头感器退化，尾感器发达，也有的没有尾感器。

二、代表动物——人蛔虫

人蛔虫（*Ascaris lumbricoides*）是人体最常见的肠道寄生线虫之一，对儿童感染率高。人蛔虫与猪蛔虫二者形态结构非常相似，故有时也用猪蛔虫作代表动物。

1. 外形　人蛔虫体呈圆柱形，向两端渐细，全体乳白色，侧线明显。雌虫长 200～350mm，直径 5mm 左右；雄虫较短且细，长 150～310mm，尾端呈钩状（图 5-26）。虫体前端顶部为口，有 3 片唇，背唇 1 片，具 2 个双乳突（double papillae）；腹唇 2 片，各具 1 个双乳突和 1 个侧乳突（lateral papilla）（图 5-27）。口稍后处腹中线上有 1 个极小的排泄孔。肛门位于体后端腹侧的中线上。雌性生殖孔位于体前部约 1/3 处腹侧的中线上，很小；雄性生殖孔与肛门合并称泄殖孔，自孔中伸出一对交合刺（spicule），能自由伸缩。

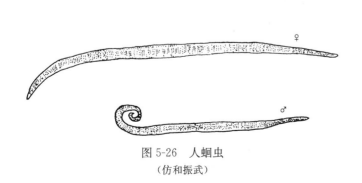

图 5-26　人蛔虫

（仿和振武）

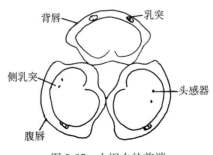

图 5-27　人蛔虫的前端

（仿 Thomton）

2. 内部构造

（1）体壁及原体腔：人蛔虫的体壁由角质膜、上皮和肌层构成皮肌囊。角质膜发达，有保护作用（图5-28）。上皮为合胞体（syncytium）构造，2条侧线发达，其内各有1条纵排泄管；背线及腹线明显，内有背神经和腹神经。纵肌不发达，为背腹线及侧线分成4条纵带，故皮肌囊不完整。肌肉细胞基部具肌原纤维，端部为原生部分，细胞核即位于此部（图5-29）。体壁内为广阔的原体腔，充满体腔液，消化管和生殖器官浸在体腔液内。

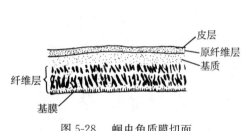

图 5-28　蛔虫角质膜切面
（仿 Glaut）

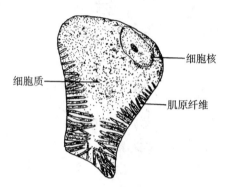

图 5-29　蛔虫的肌肉细胞
（仿 Chitwood）

（2）消化系统：消化管简单，为一直管（图5-23）。口腔不发达，口后为一肌肉性的管状咽，内腔呈三角形，外壁的辐射状肌肉发达，有吸吮功能。咽后是肠，肠壁由单层柱状上皮细胞构成，内缘有微绒毛（图5-30）。直肠短，以肛门开口于体外。雄虫的直肠实为泄殖腔，以泄殖孔开口。蛔虫无消化腺，它摄取的食物是寄主肠内已消化或半消化的物质，一般可以直接吸收。

（3）呼吸与排泄：蛔虫生活在含氧量较低的肠腔内，行厌氧呼吸。厌氧呼吸为寄生线虫的特点之一。蛔虫的排泄器官属管型，是由1个原肾细胞形成的"H"形管，伸向体后的2条纵排泄管位于侧线内。

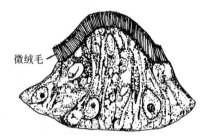

图 5-30　线虫的肠上皮
（仿 Chitwood）

（4）神经系统：蛔虫的神经系统简单，咽部有一围咽神经环，由此向前后各伸出6条神经（图5-31）。向后的神经中，以背神经和腹神经最发达，嵌在背线和腹线内（图5-32）。背侧神经和腹侧神

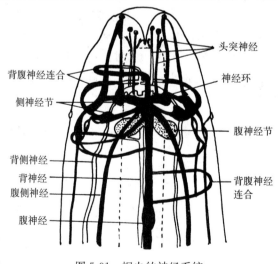

图 5-31　蛔虫的神经系统
（仿 Smyth）

经各 1 对，嵌在上皮内，各神经间有横神经连接。围咽神经环附近尚有一些神经节与之相连。各神经在尾端附近汇聚起来。蛔虫唇片上的唇乳突和雄虫泄殖孔前后的乳突都有感觉功能。

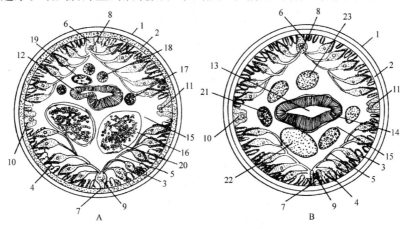

图 5-32　人蛔虫的横切面

A. 雌虫　B. 雄虫

1. 角质膜　2. 上皮　3. 纵肌层　4. 肌肉细胞核　5. 肌肉细胞原生质部分的突起　6. 背线　7. 腹线　8. 背神经　9. 腹神经　10. 侧线　11. 纵排泄管　12. 肠　13. 肠腔　14. 肠上皮的微绒毛　15. 原体腔　16. 子宫　17. 卵巢　18. 卵巢的合胞体中轴　19. 输卵管　20. 卵　21. 精巢　22. 储精囊　23. 输精管

（仿 Sherman）

　　（5）生殖系统：蛔虫的生殖系统发达，生殖力强，整体上看呈线状（图 5-33），盘曲于原体腔内。雌虫有 1 对细管状的卵巢、输卵管和子宫。卵巢和输卵管细，极长且前后盘曲，子宫较粗大，2 个子宫汇合成一短的阴道，以雌性生殖孔开口于体表。卵巢中央有一合胞体的中轴，卵原细胞呈辐射状排列。雄性为单个，也为细管状，由盘曲的精巢和输精管及较粗大的储精囊和射精管组成，射精管入直肠，以泄殖孔开口于体表（图 5-32、图 5-33）。在泄殖腔背侧形成 1 对交合刺囊，囊内各有 1 条交合刺（图 5-34）。交配时，2 条交合刺伸出，可撑开雌性生殖孔，将精子经阴道排入子宫中，精子与卵在子宫远端受精。受精卵充满子宫，有人估计有 2 000 万粒。一条雌虫每天产卵约 20 万粒，生殖力惊人。受精卵呈椭圆形，外被 1 个较厚的卵壳，壳面有一层凹凸不平的蛋白质膜，可保持水分，防止卵干燥。

　　3. 生活史　蛔虫为直接发育。受精卵产出后，在潮湿环境和适宜温度（20～24℃）下开始发育，卵裂属不典型的螺旋式，约经 2 周，卵内即发育成幼虫（Ⅰ龄），再过 1 周，幼虫蜕皮 1 次，发育成感染性虫卵（内含Ⅱ龄幼虫）。此种卵对外界不良环境的抵抗力很强，在土壤中可生活 4～5 年。感染性虫卵被人误食，在十二指肠内孵化，数小时幼虫（Ⅱ龄）即破壳外出，长为 200～300μm，直径为 10～15μm。Ⅱ龄幼虫穿肠壁进入血液或淋巴中，经门静脉或胸管入肝，到心脏，再到肺中。在肺泡内生长发育，经 2 次蜕皮变成Ⅳ龄幼虫，此时该幼虫可达 1～2mm，后沿气管至咽，再经食道、胃到达小肠，再蜕皮一次变为Ⅴ龄幼虫，逐渐发育为成虫。人自吞入虫卵至成虫再产卵止，需 60～75d。蛔虫的寿命

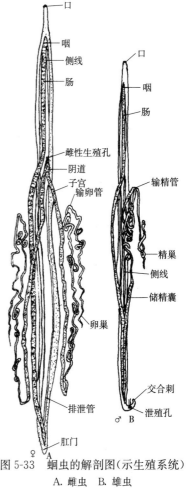

图 5-33　蛔虫的解剖图（示生殖系统）

A. 雌虫　B. 雄虫

（仿 Sherman）

约为1年。

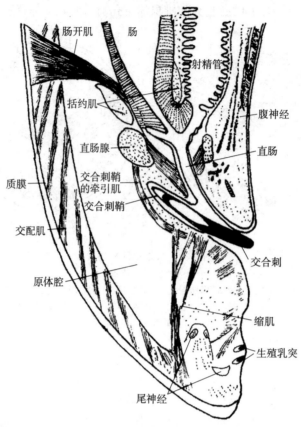

图 5-34　雄性蛔虫尾端纵切图（示射精管及交合刺与
直肠的关系）

（仿 Voltzenlogel）

三、线虫动物门分类

线虫目前鉴定的有 28 000 多种，一般根据尾感器的有无分为 2 纲。

1. 无尾感器纲（Aphasmida）　无尾感器；排泄器官退化或无，雄虫只有 1 根交合刺，多数营自由生活。

嘴刺目（Enoplida）：咽分前后 2 部分，前部狭，肌肉性；后部宽，为腺体；交合刺 1 根或付缺，如寄生种类人鞭虫和旋毛虫等。

2. 尾感器纲（Phasmida）　有尾感器；排泄器官为成对的纵管；雄虫具 1 对交合刺；大多数营寄生生活。主要包括 4 个目：

（1）小杆目（Rhabditida）：咽分 3 部分，多营自由生活，如小杆线虫。

（2）蛔虫目（Ascaridida）：咽呈长筒状，口周围有乳突，如人蛲虫、人蛔虫等。

（3）圆线虫目（Strongylida）：咽球形或筒状，口周围无乳突，如十二指肠钩虫、美洲板口钩虫、粪类圆线虫等。

（4）垫刃目（Tylenchida）：有口针，咽分 3 部分，体小，如小麦线虫。

四、几种重要线虫

1. 丝虫（filarial worm）　又称血丝虫，我国寄生于人体的有班氏丝虫（*Wuchereria bancrofti*）和马来丝虫（*Brugia malayi*），二者引起的临床表现相似。成虫乳白色，细长如丝，多寄生于人淋巴管内，如腋下、腹股沟等处，引起淋巴丝虫病。幼虫称为微丝蚴，寄生于人血液中，由蚊吸血传播。晚期的丝虫病可使腹股沟淋巴管破裂，常使一侧下肢或男性阴囊皮肤变硬变粗（大），引发"象皮肿"。

2. 十二指肠钩口线虫（*Ancylostoma duodenale*）　简称十二指肠钩虫，成虫寄生于人小肠，身体细小，长 1cm，乳白色。身体前端有口囊，其边缘和内部有角质齿，通常以口囊吸附于肠黏膜上，刺破寄主肠壁，吸食血液和组织液，常转换吸附部位，使肠壁广泛损伤，患者严重贫血、便血。幼虫称为丝状蚴，从皮肤较薄处钻入而感染人。因毒害神经系统，少数病人出现喜食生米、泥土、煤渣、破布等异常表现，称为"异嗜症"。

3. 毛首鞭形线虫（*Trichuris trichiura*）　又称人鞭虫，虫体后部粗，前部 3/5 细长如鞭，以此钻入肠壁内（图 5-35）。雌虫长 35～50mm，雄虫长 30～45mm，寄生在人的盲肠和阑尾。卵在外界发育成感染性卵，在人小肠内孵化出幼虫，最后到盲肠中发育为成虫，引起鞭虫病，可致肠壁组织充血、水肿或出血等慢性炎症。严重时，患者出现阵发性腹痛、腹泻、大便带血等症状，有的患者还可出现贫血和发育迟缓等全身反应。

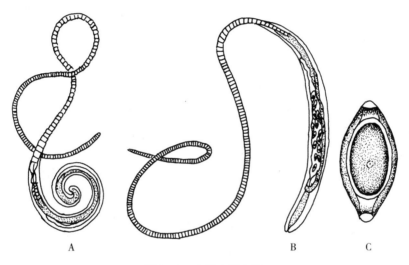

图 5-35　人鞭虫及虫卵
A. 雄虫　B. 雌虫　C. 鞭虫卵
（仿李朝品）

4. 旋毛虫（*Trichinella spiralis*）　成虫体小，向前端渐细（图 5-36）。雌虫长 3～4mm，雄虫长不到 2mm。人、猪、猫、犬、熊、狐、鼠为其寄主，成虫附着于肠壁。雌雄交配后胎生幼虫，长仅 100μm，经血液、淋巴分布到身体各部的横纹肌中继续发育生长。一般长为 1mm，卷曲，外面形成 1 个囊包，通常内含 1～2 条幼虫。经 6～7 个月后，囊包开始钙化，幼虫在体内生活可达数十年。

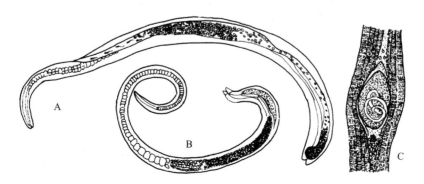

图 5-36　旋毛虫
A. 雌虫　B. 雄虫　C. 幼虫在寄主肌肉内
（A、B 仿 Faust；C 仿 Leuckart）

成熟囊包被寄主吞食而感染，引起旋毛虫病。病人感到肌肉疼痛，重者出现咀嚼、吞咽及发音困难。若幼虫侵及心脏及中枢神经系统，可引起心律失常、心包炎、抽搐和昏迷等严重症状。

5. 小杆线虫（*Rhabditis maupasi*）　本属所有种类体都极小，生活在土壤中，以腐败有机质为食，组成土壤和腐生性线虫种群（图 5-37）。某些种类可发育成雄性先成熟的雌雄同体，行自体受精。但一般的种类为雌雄异体，如小杆线虫。虫体前端为口，具 3 片唇，背唇 1 片，侧腹唇 2 片，肛门在体后端腹侧。雌虫后端长且尖，雄虫后端具盘形交合伞，雌性生殖孔在体中部腹侧中线上。

图 5-37　小杆线虫
A. 雌虫　B. 雄虫
（仿 Johnson）

6. 小麦线虫（*Anguina tritici*）　为寄生在小麦上的一种植物线虫，成虫体小，长仅 3～4mm，雌虫向腹侧弯曲盘绕，体较雄虫粗大（图 5-38）。寄生在小麦麦穗上，使麦粒形成虫瘿，一个虫瘿内有数千条小麦线虫的幼虫。虫瘿混在麦粒中播入土内，幼虫出来后又侵入麦苗，先在叶腋间聚集为害，使小麦发育不良，严重时不能抽穗或死亡。当小麦抽穗时，即侵入子房，迅速发育长大为成虫，即变成虫瘿，雌雄虫在内交配产卵，每一雌虫可产卵 2 000 个左右。卵在虫瘿内孵出幼虫，蜕皮 2 次，即进入休眠期。在干燥条件下，幼虫在瘿内可生活 10 年以上。有小麦线虫寄生的小麦，会严重减产。

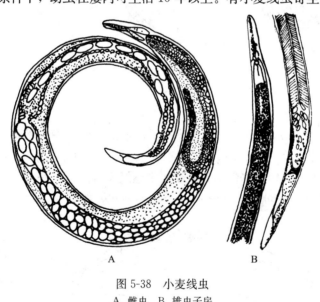

图 5-38　小麦线虫
A. 雌虫　B. 雄虫子房
（仿 Goodey）

第三节　环节动物门（Annelida）

环节动物具有相似的多个体节和真体腔；出现了闭管式循环系统和后肾管；具刚毛和疣足；神经组织进一步集中，形成索式神经系统。与自由生活的原腔动物相比，体型较大，运动能力和消化能力明显提高，对外界刺激反应灵敏。需要强调的是，出现分节现象和真体腔等 2 个重要特征，对动物身体结构和功能的复杂及完善有着深远的影响，大大增强了环节动物的适应能力，使其能够初步适应陆地生活，因此环节动物是高等无脊椎动物的开始。常见种类有沙蚕、蚯蚓和水蛭等，自由生活种类分布于海洋、潮湿的土壤和淡水中，蛭类有些分布到陆地上，营暂时性外寄生生活。

一、环节动物门特征

（一）分节现象（metamerism）

分节现象是指动物身体沿纵轴分成许多相似的部分，每个部分称为一个体节（metamere）或体部。环节动物属原始的同律分节（homonomus metamerism）。

1. 同律分节的概念 环节动物身体分为许多体节，多数体节在形态结构和功能上基本相似的现象，称为同律分节。环节动物从仅有的几个体节到数百个体节的种类均有，在体腔内，体节之间以隔膜（septum）相分隔，体表形成相应的节间沟（intersegmental furrow），为体节的分界。因体壁肌肉的作用而使各体节形状发生多种变化，是环节动物游泳、爬行和钻洞等多种活动的基础。

2. 同律分节在动物演化中的意义 同律分节的形式使许多内部器官如消化、循环、排泄、神经等也按体节重复排列，对促进动物体的新陈代谢，增强对环境的适应能力有重大意义；同律分节还可进化为异律分节（如节肢动物），即体节发生愈合和分化，最终使动物身体分化为头、胸、腹 3 个部分，集中不同的器官、系统，各部分分工更加精细，进一步适应陆地生活环境。比较前面的登陆的动物类群，分节现象的出现使环节动物体型变大而且运动更加灵活有力。因此，分节现象是高等无脊椎动物的重要标志，也是动物发展的基础，在系统演化中有重要意义。

（二）真体腔（true coelom）

1. 真体腔的概念 环节动物既有体壁中胚层又有脏壁中胚层，在体壁和消化管间的广阔空腔，内衬体腔膜由中胚层包围形成，并且有管道与外界相通，称真体腔或次生体腔（secondary coelom）（图 5-39）。真体腔的出现和中胚层进一步分化密切相关，在胚胎期 2 个中胚层带内逐渐充以液体，并分节裂开，形成每节 1 对体腔。体腔进一步发育，外侧附在外胚层里面，形成体壁肌肉和体腔膜，内侧附在肠壁外面，形成肠壁肌肉层和体腔膜。覆盖真体腔的体腔膜和隔膜均来源于中胚层。

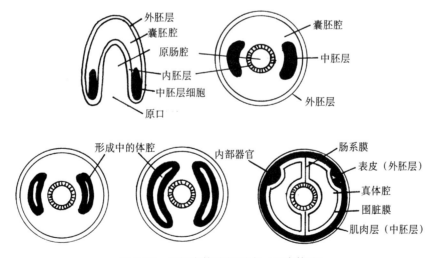

图 5-39 蚯蚓真体腔的形成（示真体腔）

（仿 Russell，Hunter）

2. 真体腔的出现在动物演化上的意义 真体腔出现后动物体壁肌肉层加厚，出现环肌层和纵肌层，使运动灵活而有效，增强了运动能力；消化管壁出现了肌肉层，使肠壁能够蠕动，在化学性消化的基础上，又增加了机械性消化的作用，从而大大提高了消化能力。同时，消化管与体壁为真体腔所隔开，促进了循环、排泄等器官的发生，使动物体的结构进一步复杂化，各种机能更趋完善。

3. 体腔室 环节动物的真体腔由体腔膜依各体节在节间形成双层的膜，把体腔分成许多小室，称为体腔室（coelomic compartment），各室彼此相通，并有消化道、神经等贯穿其中。体腔室内充满体腔液，能辅助物质运输，并与体节的伸缩有密切关系。环节动物的这种分节和体腔室的构造对抵抗创伤有好处。有时因体节缺失、损伤造成的创伤，因隔膜的保护而使机体功能仍接近正常。

（三）循环系统

环节动物具有较完善的循环系统，由纵血管和环血管及其分支血管组成，各血管间以微血管网相连，血液始终在血管内流动，并与体腔液完全分开，构成了闭管式循环系统（closed vascular system）。环节动物血浆含血红蛋白，能携带 O_2，呈红色，而血细胞无色。血液中携带营养物质和 O_2，以一定的方向和流速进入各器官，使其发挥作用。

环节动物循环系统的形成和真体腔的产生有密切关系：循环系统的血管为原体腔（囊胚腔）的遗迹。因为真体腔的不断扩大，必然使原来的原体腔逐渐缩小，结果在消化管上下等地方只留下小的腔隙，便是背、腹血管的内腔。

陆生环节动物通过湿润的富有毛细血管的体表与外界进行气体交换，海生的沙蚕则以富微血管的疣足进行呼吸。

（四）排泄系统

1. 后肾管结构　环节动物的排泄器官为按体节排列的肾管，每体节 1 对或多对，由原肾管演变而来，故称后肾管（metanephridium）（图 5-40）。典型的后肾管为一条迂回盘曲的管子，一端开口于前一体节的体腔，称肾口（nephrostome），具带纤毛的漏斗；另一端开口于本体节的体表，称肾孔（nephridiopore）。这样的肾管称为大肾管（meganephridium）。有些种类（寡毛类）的后肾管特化为小肾管（micronephridium），无肾口，肾孔开口于体壁；有的肾孔开口于消化管，称为消化肾管。

2. 作用机理　后肾管的主要机能是排出代谢废物。体腔液被非选择性地从肾口收集进入肾管，因肾管上密布微血管，故血液中的代谢废物和多余的水分也排入肾管，而体腔液中一些有用物质（如蛋白质、无机盐和水等）又被重吸收进入微血管，剩余的代谢废物由肾孔排出体外。

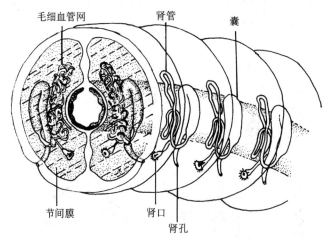

图 5-40　蚯蚓的后肾管

（仿 Keeton）

（五）索式神经系统

环节动物的神经系统与扁形动物、线虫动物最大不同在于神经细胞更为集中，它的神经中枢在每体节基本上都有 1 对神经节，称为神经索（nerve chain），形似锁链，称为索式神经系统（cable nervous system），又称链状神经系统（图 5-41）。具体来讲，咽部背侧由 1 对咽上神经节（suprapharyngeal ganglion）愈合为脑，并由围咽神经（circumpharyngeal connective）与 1 对咽下神经节（subpharyngeal ganglion）相连。自咽下神经节向后延伸出 2 条纵行的腹神经索（ventral nerve cord）纵贯全身，外包一层结缔组织，并在每体节都有 1 个膨大的神经节（ganglion）（实际上是由 1

对神经节紧贴形成），神经节又发出周围神经至体壁的感觉器和肌肉。

脑和咽下神经节可控制全身的运动和感觉，腹神经节发出神经至体壁和各器官，支配本体节的运动和感觉，因而环节动物每个体节的活动相对独立又相互协调，成为统一的整体。索式神经系统已具有简单的反射弧的传导途径，使动物反应迅速，动作协调。

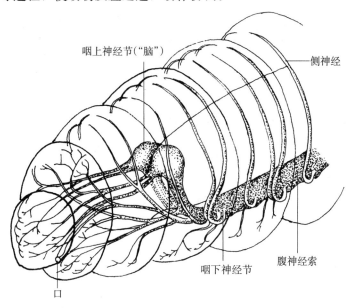

图 5-41　蚯蚓的神经系统前端观

（仿 Keeton）

（六）刚毛和疣足

刚毛（chaeta）和疣足（parapodium）为环节动物的运动器官（图 5-42）。寡毛类在体壁上长有刚毛，海产种类的多毛类具疣足。寡毛类上皮细胞内陷形成刚毛囊，其底部有一大的形成细胞，由它分泌形成刚毛，刚毛由肌肉牵引，可以发生伸缩，在蠕动前进时可帮助固定部分体节，方便后面体节向前收缩。附肢形式的疣足是体壁向外突出形成的扁平、片状突起，一般每体节 1 对，上有刚毛束，故名多毛类。疣足划动可使动物爬行和游泳，上面密布微血管网，可进行气体交换。

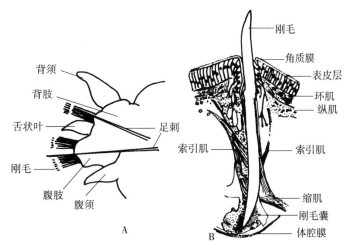

图 5-42　疣吻沙蚕的疣足（A）和正蚓属的刚毛囊切面（B）

（A 仿 Stephenson；B 仿吴宝铃）

（七）生殖

环节动物大都进行有性生殖，多毛类为雌雄异体，寡毛类和蛭类为雌雄同体。淡水、陆生种类为直接发育，海产种类则有一个担轮幼虫（trochophore）阶段，担轮幼虫形似陀螺而不分节，具有纤毛环，以此来浮游和摄食，有扩散的作用，最终经变态后转为成虫。

二、代表动物——环毛蚓

蚯蚓俗称地龙，又名曲蟮，多在土壤中穴居生活，以腐败有机物、植物茎叶碎片为食，连同泥土一起吞入；可疏松土壤，提高肥力，促进农业增产，被称为"土壤的肠"。世界上的寡毛类动物有6 000多种。国内最常见的蚯蚓为环毛蚓（*Pheretima*），全身除第1节和最末的尾节外，其余各节中部着生一圈刚毛，因而得名，环毛蚓属有500多种，国内有100多种，常见的体长多为20～30cm。

（一）外部形态

体细长，呈圆柱状，分100多节（图5-43）。头部不明显，由围口节（peristomium）及其前的口前叶（prostomium）组成。围口节为第1体节，口位于其腹侧口前叶下方。口前叶膨胀时，可伸缩蠕动，有掘土、摄食、触觉等功能。肛门位于体末端，呈直裂缝状。自第2体节始具刚毛，环绕体节排列。性成熟个体，第14～16体节愈合，无节间沟及刚毛，呈戒指状，上皮变为腺体细胞，色暗而更为肥厚，称为生殖带（clitellum）或环带。生殖带的第1节，即第14体节腹面中央，有一凹陷的小孔，为雌性生殖孔。第18节腹面两侧有1对乳突状的雄性生殖孔。受精囊孔（seminal receptacle opening）3对，位于第6～7、7～8、8～9体节腹侧的节间沟处。自第11～12体节节间沟开始，于背线处有背孔（dorsal pore）。体表有腺细胞，分泌黏液，与背孔排出的体腔液都有润滑作用，利于环毛蚓的呼吸和在土壤中钻行。

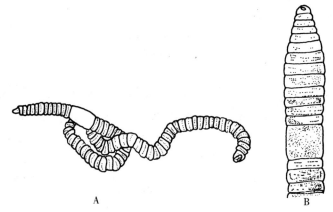

图5-43 环毛蚓的外形（A）及体前部分腹面观（B）

A. 环毛蚓的外形 B. 环毛蚓体前部分腹面观

（A仿和振武；B仿陈义）

（二）内部构造

1. 体壁和真体腔 蚯蚓的体壁由角质膜、上皮、环肌层、纵肌层和体腔膜等构成。角质膜（cuticle）由上皮细胞分泌形成，较坚韧，可防止机械磨损。上皮细胞间夹杂腺细胞，还有感觉细胞和感光细胞，它们与神经纤维相联系发挥作用（图5-44）。

肌肉属斜纹肌，占全身体积的40%左右，灵敏而有力。蚯蚓在土壤中钻行时（图5-45），一些体节的纵肌层收缩，环肌层舒张，此段体节变短变粗，着生于体壁的刚毛斜向后伸出，插入周围的土壤中，此时前一段体节环肌层收缩，纵肌层舒张，此段体节变长变细，刚毛缩回与周围土壤脱离接触，由后一段体节的刚毛支撑，推动身体向前运动。这样的肌肉收缩呈波浪状由前向后逐渐传递，引起蚯蚓的运动。

真体腔内充满体腔液，内脏器官浸泡在其中。当肌肉收缩时，体腔液给体表以压力，使身体变得很饱满，有一定的硬度和抗压能力。

体壁的壁体腔膜明显。肠壁的脏体腔膜退化，中肠的脏体腔膜特化为黄色细胞（chloragogen cell），作用不很清楚，可能有排泄作用。

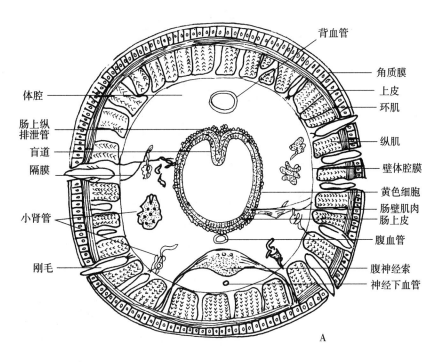

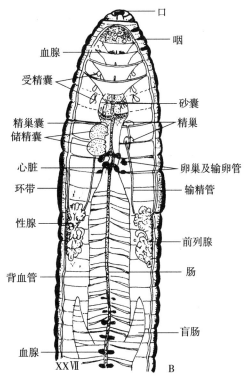

图 5-44　环毛蚓的内部构造

A. 环毛蚓横切面　B. 环毛蚓过体前端纵切面

（A 仿 Mitchell；B 仿陈义）

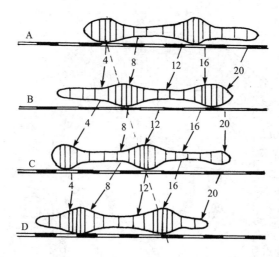

图 5-45　蚯蚓的运动图解（4、8、12、16、20 表示体节数）

（仿 Gray）

2. 消化系统　消化管纵行于体腔中央，穿过隔膜，管壁肌肉发达，增强了消化能力。可分为口、口腔、咽、食道、嗉囊、砂囊、胃、肠、肛门（图 5-44）。咽部肌肉发达，可辅助摄食。咽外有单细胞咽腺，可分泌黏液和蛋白酶，有湿润食物和初步消化作用。钙质腺有管通食道，其分泌物可中和土壤的酸度。嗉囊是储存食物的场所。嗉囊后为肌肉发达的砂囊（gizzard），内衬厚的角质膜，能磨碎食物。自口至砂囊属前肠，由外胚层内陷形成。砂囊后为富腺体的胃。胃后为肠，其背侧中央凹入成 1 条盲道（typhlosole），增大了消化吸收面积。消化与吸收过程主要在肠内进行。自第 26 体节始，肠两侧向前伸出 1 对锥状盲肠（caeca），能分泌多种酶，为重要的消化腺。胃和肠属中肠，来源于内胚层。后肠较短，占消化管末端的 20 多体节，无盲道，无消化机能，末端以肛门通体外。

3. 循环系统　循环系统为闭管式循环，由纵血管、环血管和微血管组成（图 5-46）。

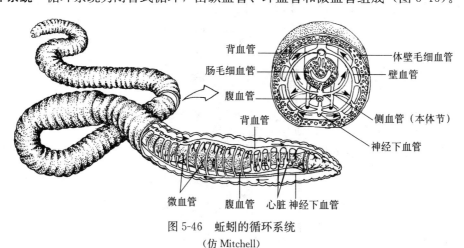

图 5-46　蚯蚓的循环系统

（仿 Mitchell）

纵血管包括位于消化管背面中央的背血管（dorsal vessel）和腹侧中央的腹血管（ventral vessel）。背血管较粗可搏动，血液自后向前流动。环血管又称心脏，有 4～5 对，在体前部，位置因种类不同而异。心脏连接背腹血管，可搏动，内有瓣膜，使血液只能由背侧向腹侧流动。另外，紧靠神经索下有神经下血管（subneural vessel）。壁血管（parietal vessel）连于神经下血管和背血管，除体前端部分体节外，一般每体节 1 对，收集体壁上的血液入背血管。在食道两侧各有一较短的食道侧血管（lateral oesophageal vessel）。蚯蚓的血管未分化出动脉和静脉，血浆中含血红蛋白，故显红色。

血循环途径为：背血管收集自第 14 体节后每体节 1 对背血管含养分的血液和 1 对壁血管含 O_2 的血液，自后向前流动。大部分血液经心脏入腹血管，一部分经背血管入体前部的食道侧血管至咽、食道等处。腹血管于每体节都有分支至体壁、肠、肾管等处。在体壁内进行气体交换后，含 O_2 多的血液少部分回到食道侧血管（第 14 体节前），大部分回到神经下血管，再经各体节的壁血管入肠，再经肠上方的背肠血管入背血管。

4. 呼吸与排泄 蚯蚓以体表进行气体交换。体表的黏液层可溶解空气中的 O_2，O_2 渗入角质膜及上皮，进入微血管，与血浆中的血红蛋白结合，输送到体内各部。环毛属蚯蚓无大肾管，具小肾管。肠外的黄色细胞可吸收代谢产物，后脱落在体腔液中，由肾管排出。

5. 神经系统 为典型的索式神经系统（图 5-41）。咽上神经节前侧发出的 8～10 对神经，分布到口前叶、口腔等处；咽下神经节前侧分出神经至前端几体节的体壁上；腹神经索每个神经节均发出 3 对神经，分布于体壁和各器官，以上为外围神经系统。由咽上神经节发出神经至消化管称为交感神经系统。感官不发达。口腔感受器有味觉和嗅觉功能。体表的感觉乳突有触觉功能。光感受器广布体表，可辨别光的强弱，使环毛蚓避强光趋弱光。

6. 生殖系统 雌雄同体，异体受精。生殖器官仅限于体前部 20 多体节内（图 5-47）。

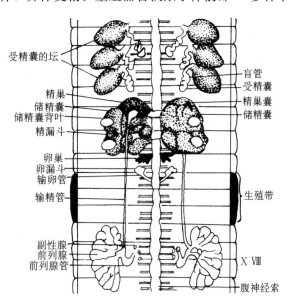

图 5-47 环毛蚓的生殖系统
（仿陈义）

（1）雌性生殖器官：具卵巢（ovary）1 对，细小呈颗粒状，位于 13 体节前隔膜后的体腔内。卵细胞成熟后落入体腔，由卵漏斗（oviduct funnel）收集，进入短的输卵管（oviduct），最后由雌性生殖孔排出。另有受精囊（seminal receptacle）3 对，位于第 7、8、9 体节内，开口于第 6～7、7～8、8～9 体节之间腹面两侧节间沟内。

（2）雄性生殖器官：包括 2 对含有精巢（testis）与精漏斗（sperm funnel）的精巢囊（seminal sac）、2 对储精囊（seminal vesicle）、2 对输精管和 1 对前列腺（prostate gland）。精细胞产出后先入储精囊发育为精子，再回到精巢囊，经精漏斗由输精管输出。

（3）生殖与发育：性成熟后交配时互相倒抱，生殖带分泌黏液，使腹面互相黏合（图 5-48）。此时，2 条蚯蚓的雄性生殖孔与对方的最后 1 对受精囊孔正对，精子从各自的雄性生殖孔排出，输入对方的受精囊内。交换精液后，2 条蚯蚓即分开。待卵成熟后，生殖带分泌黏稠的物质，于生殖带外形成黏液管，又称茧。成熟卵落入茧中，然后蚯蚓后移，以土壤摩擦力推动卵茧（cocoon）前移，当卵茧经过受精囊孔时，储存的精子从受精囊逸出，与卵相遇而受精。最终卵茧完全退出，两端封口，如绿豆大小，在湿润的土壤中发育，无幼虫期，经 2～3 周孵出小蚯蚓。

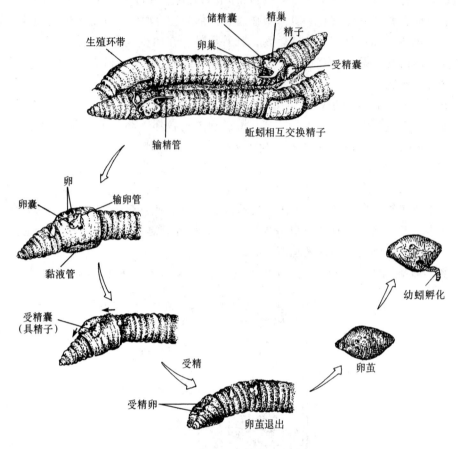

图 5-48 蚯蚓的交配和形成卵茧

（仿 Hickman）

三、环节动物门分类

环节动物约有 17 000 种，在海水、淡水及陆地均有分布。可分为 3 个纲：多毛纲、寡毛纲和蛭纲。

（一）多毛纲（Polychaeta）

多毛纲为环节动物中最大的类群，约有 11 000 种，海生，营底栖生活，穴居于泥沙或石缝中。有些捕食小型无脊椎动物，有些以腐烂有机物为食。

多毛纲动物具有明显的"头部"；感官发达；具疣足，上有成束的刚毛；雌雄异体，有担轮幼虫期。本纲动物常具各种鲜艳颜色，且大小差别很大，小的只有 1mm，大的可达 2～3m。

多毛纲的动物一般统称为沙蚕（nereis）。疣吻沙蚕身体扁而长，头部可分为口前叶和围口节两部分（图 5-49）。口前叶背侧有眼点 4 个，可感光，前缘中央有 1 对短的口前触手，其两侧各有一触角；围口节是第 1 体节，两侧各有 4 条细长的围口触手。口位于头的腹面，吻（proboscis）可翻出。吻前端有 1 对颚。围口节后为躯干部，每体节具疣足 1 对，疣足分背、腹两肢。每肢具一束刚毛和 1～2 根足刺，具有运动和支持疣足的作用（图 5-50）。疣足的

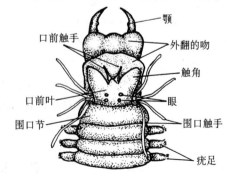

图 5-49 疣吻沙蚕（*Tylorrhynchus heterochaetus*）的头部

（仿 Mitchell）

背侧有背须，腹肢的腹侧有腹须，均有触觉和呼吸作用。疣足为游泳器官，也可进行气体交换，在其腹面基部还具有排泄孔。

沙蚕无固定生殖腺，雌雄异体。在生殖期，卵巢发育，几乎每体节都有。精巢则无固定位置，数目很多。无生殖导管，成熟的卵主要由体壁上的临时裂口排出体外。精子则由后肾管排出。在海水中精卵受精，受精卵经担轮幼虫发育为成虫。

有些种类沙蚕达性成熟时，在月明之夜，受月光刺激，大量游向海面，将精、卵排到海水中受精，这一习性称为群浮（swarming）。南太平洋小岛上的居民利用这一习性大量捕捞矶沙蚕，来获得美味的食物。

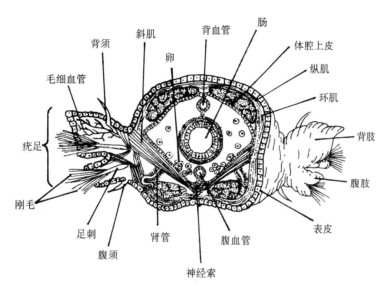

图 5-50 沙蚕横切面示意图（示疣足结构）

（仿 Mitchell）

（二）寡毛纲 (Oligochaeta)

寡毛纲有 6 000 多种，大多栖息于潮湿、富含有机质的中性土壤中，有少数淡水生或海栖。大小差异较大，小的不足 1cm，大者可达 2～2.5m。头部不明显，感官不发达；具刚毛，无疣足；有生殖带，雌雄同体，异体受精，无担轮幼虫期。

（三）蛭纲 (Hirudinea)

蛭纲有 500 多种，多数生活于淡水，少数生活于海水中，还有一部分栖息在陆地、森林或草丛中。一般称水蛭或蚂蟥，营暂时性外寄生生活。蛭类背腹扁平，体前端和后端各具一吸盘，有吸附功能，并可辅助运动。体节一般固定为 34 节，末 7 节愈合为后吸盘，故可见的只有 27 节。每体节又分为数环，在体节内无相应隔膜。头部不明显，常具眼点数对，无刚毛（图 5-51A）。

蛭类内部构造的最大特点为次生体腔多退化，由于肌肉、间质或葡萄状组织的扩大而使次生体腔缩小为一系列的腔隙（lacuna）。

蛭类除少数肉食性外，多数以吸食脊椎动物血液和无脊椎动物体液为生。其消化管分为口、口腔、咽、食道、嗉囊、胃、肠、直肠及肛门等（图 5-51B）。吸血性的蛭类，如医蛭、蚂蟥等，口腔内具 3 块颚片，上有密齿，可咬破寄主皮肤。咽部有发达的肌肉，有强大的吸吮能力，其周围又有单细胞唾液腺，能分泌蛭素（hirudin），是一种天然抗凝剂，能防止寄主血液凝固。嗉囊发达，占消化管长度的 1/2 以上，两侧有数对盲囊（医蛭 11 对，蚂蟥 5 对），可储存血液，保存数月不坏。

蛭类为雌雄同体，异体受精，有交配现象。雄性生殖器官有精巢数对至 10 余对（医蛭为 10 对），还有输精管、储精囊、射精管、阴茎等。阴茎可从雄性生殖孔（医蛭为第 10 体节）伸出。雌性生殖器官有卵巢 1 对，输卵管 1 对，阴道开口于雌性生殖孔（医蛭为第 11 体节）。生殖季节交配后，受精卵产出，进入生殖带分泌的卵茧内，直接发育。

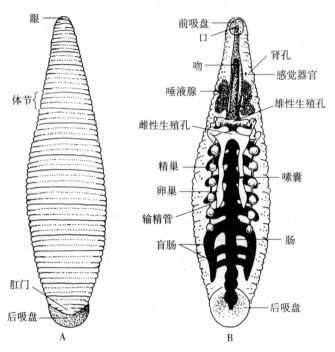

图 5-51 医蛭的外形及内部结构
（仿 Hickman）

四、环节动物经济意义

多毛类的许多种类是一些经济鱼类的天然饵料。为发展渔业，苏联曾将亚速海的一种沙蚕搬移到里海，在那里繁殖，后成为鲤鱼的重要食料。沙蚕的担轮幼虫为幼对虾的食物。日本沙蚕可溯流而上，在内湖繁殖，为鱼类养殖提供饵料。沙蚕又可制成沙蚕粉，是一种优良的动物蛋白饲料，也可供人类食用。一些多毛类，如龙介、螺旋虫等附着外物生活，危害藻类等人工养殖业、影响船只航行速度。才女虫能蚀透珍珠贝的壳，导致其死亡，对育珠业危害很大。

寡毛类中的陆蚓对土壤的形成和肥力增加有重要作用，它们以土壤中的植物残体及其他有机物为食，经消化道分解为蚓粪，形成土壤疏松的表层，增强其团粒结构，提高通气透水性能，提高氮、磷、钾含量，增加土壤微生物数量，使农业增产。蚯蚓又是一种优质的蛋白质饲料，蛋白质含量占其干重的 50%～65%，可作为家禽、家畜、鱼类的优良饲料。干制的参状环毛蚓体壁为一味中药，称为地龙，有解热、镇静、平喘、降压、利尿等功效。目前，各国都在兴建养殖蚯蚓的工厂，用以处理城市垃圾，制造有机肥料，保护环境，防止污染。另外，蚯蚓又有聚集土壤中某些重金属（如镉、铅、锌等）的能力，故可用于改良受重金属污染的土壤，可将蚯蚓接种投入矿山废弃地，让其富集有害元素，然后用化学方法将蚯蚓取出进行处理，以达到去除有毒物质（重金属）、改良土壤理化性质、增加土壤通气和保水能力的目的。蚯蚓也可以作为重金属污染环境的监测动物。

蛭类的吸血习性会导致伤口流血不止，以致化脓溃烂，对家畜和人类有一定危害，但蛭类的这一习性又可被加以利用来为人类服务。在整形外科中，利用医蛭吸血，可消除淤血，减少坏死发生；再植或移植的组织器官中，用医蛭吸血，可使血管通畅，提高手术成功率。蛭素为天然抗凝血剂，具有防止血栓的作用。在美国已有专门的水蛭养殖场，用来生产蛭素。蛭类的干燥体可入药，有破血通经、消积解散、消肿解毒之功效。

第四节　寄生生活及寄生虫病防治原则

一、寄生关系

1. 寄生　寄生生活是许多动物所采取的一种生活方式，也可以把它看作动物之间相互关系的一种类型。在这一生活关系中，包括寄生虫和寄主两个方面，寄生虫从寄主体上摄取或掠夺营养物质，以满足自身生长发育和繁殖后代的需要，同时又给寄主带来不同程度的病害，除夺取营养外，还有寄生虫分泌物和排泄物的化学作用、压迫组织和阻塞腔道的机械性作用及传播微生物等危害。寄主为寄生虫提供的则是居住场所和所需要的营养。从现在的某些寄生关系来看，寄生虫和寄主相互间的适应性表明它们之间的关系已经存在了相当长的时间。根据寄生虫所显示的对寄主生活不同程度的适应性来看，可以勾画出动物由自由生活到初期的寄生，直到对寄生完全适应的这一过程的大体轮廓。

2. 更换寄主的生物学意义　在寄生虫与寄主的关系中，有的比较简单，有的则比较复杂。有些寄生性蠕虫，发育过程中不须更换寄主，最初的发育阶段在外界环境中进行，如单殖吸虫和一些线虫。有些蠕虫需要更换寄主才能完成其生活史，如复殖吸虫。更换寄主一方面与寄主进化有关，最早的寄主应该是在系统发展中出现较早的类群，如软体动物，后来这些寄生虫的生活史扩展到出现较晚的脊椎动物体内，这样较早的寄主便成为寄生虫的中间寄主，后来的寄主成为终末寄主；另一方面是寄生虫对寄生生活方式的一种适应，因为寄生虫对其寄主来说，总是有害的，若是寄生虫在寄主体内繁殖过多，就可能使寄主迅速死亡，寄主的死亡对寄生虫也是不利的，因为它会失去生活场所。如果以更换寄主的方式，由一个寄主过渡到另一个寄主，如由终末寄主过渡到中间寄主，再由中间寄主过渡到另一终末寄主，使繁殖的后代能够分布到更多的寄主体内。这样，可以减轻对每个寄主的危害程度，同时也使寄生虫本身有更多的机会生存，但是寄生虫更换寄主时会大量死亡。在长期发展过程中，繁殖率高的、能产生大量的虫卵或进行大量的无性繁殖的种类就能生存下来。这种更换寄主及高繁殖率的现象对寄生虫的寄生生活来讲是一种很重要的适应，也是长期自然选择的结果。

二、寄生虫病防治原则

各种寄生虫病都严重地危害人类的健康、严重地危害畜牧业的发展及其产品的质量和数量，防治寄生虫病是关系到人畜健康和经济发展的大事，也是经济发展中须解决的重要课题。由于寄生虫病与外界环境的联系十分密切，这就大大增加了防治工作的复杂性。只有以流行病学的研究为基础，以寄生虫的生活史与生态学特征为依据，实施综合性防治措施，才能收到较好的成效。

1. 消灭感染源　驱虫是综合性防治的重要环节，通常采用药物杀灭或驱除它们。这种措施有 2 种意义：一是在寄主体内或体表杀灭或驱除寄生虫，从而使寄主得到康复；二是杀灭寄生虫就是减少了病原体向自然界的散布，也就是对健康者进行的防治。

2. 加强对环境卫生和食品卫生的监督及管理　环境是被寄生虫的卵、幼虫等污染的场所，也是寄主遭受感染的地方，搞好环境卫生是减少或预防寄生虫感染的重要环节。环境卫生有以下几方面内容：一是保持清洁的卫生环境，减少寄主与寄生虫卵或幼虫的接触机会；二是加强食品的检疫，阻断寄生虫的生活链，达到净化环境的目的；三是消灭寄生虫的中间寄主和传播媒介，创造不利于各种寄生虫隐匿和滋生的条件；四是建立健全各种法规和监督机制，进行必要的科普宣传，提高人们的防病意识。这样就能达到有效控制和消灭寄生虫病的目的。

▍本章小结▍

一般认为，扁形动物的祖先是浮浪幼虫，它们在适应爬行生活后，身体背腹扁平，演变为涡虫纲中的无肠类。动物界从扁形动物开始出现中胚层，中胚层的出现减轻了内外胚层的负担，引起了器官和系统的分化，使得动物的身体结构复杂化，身体机能更为完备，代表了动物进化中的一个新的阶段。

扁形动物中，自由生活的涡虫纲种类是最原始的类群，它们体型小，腹面密生纤毛，适合于游泳状的爬行。这种生活方式促使涡虫的神经系统和感觉器官比较发达，能迅速对外界刺激，特别是光线和食物起反应，捕捉食物和防御敌害的能力加强。吸虫纲是由涡虫纲动物适应寄生生活后演变来的，绦虫纲一般认为是起源于涡虫纲的单肠目。吸虫纲的种类还保持着一些自由生活的特征，如自由生活的幼虫有纤毛和眼点，成虫有明显的消化道等。绦虫纲则较明显地全面地适应着寄生生活。无消化道，幼体也全部营寄生生活等，吸虫纲和绦虫纲的种类在生活史中都有2～3个寄主，具有多个幼虫期且生殖系统结构复杂，生殖机能发达，这样可以减轻对每个寄主的危害程度，同时也使寄生虫本身有更多的生存机会。这种更换寄主及高繁殖率的现象对寄生虫的寄生生活来讲，是一种很重要的适应，也是长期自然选择的结果。吸虫纲和绦虫纲的种类，很多是人类和家畜的寄生虫，与我们的生活息息相关。

原腔动物的10个类群之间，外部形态差异很大，相互之间的亲缘关系也不甚清楚，它们的共同特征是具有假体腔。假体腔是动物进化中最早出现的一种体腔类型，线虫动物在演化上与涡虫纲有一定的亲缘关系，是原肠动物种类最多的一类。自由生活线虫分布广泛，种类和数目十分可观，还有很多种类未被人类发现。寄生线虫可寄生于动植物体内，对人类和家畜家禽健康造成危害，也可使农作物发生线虫病害，造成减产。

环节动物身体分节，出现了真体腔，这在动物演化上是很大的进步。它们的起源问题有2种不同学说。一种认为环节动物起源于扁体动物涡虫纲；另一种认为起源于似担轮幼虫式的假想祖先担轮动物（trochozoa）。因而环节动物起源问题尚未完全解决，一般人们倾向于前一种学说。环节动物既有自由游泳的，也有爬行的，还有不少穴居生活和寄生的种类。一般自由游泳的多毛类头部明显，有眼和触手等感官，身体构造分化较少，是环节动物中最原始的类群；寡毛类以穴居为主，头部和感官均不发达；蛭类具有口吸盘和后吸盘，是适应外寄生吸血生活的种类。寡毛类和蛭类亲缘关系较近，表现为均为雌雄同体、具有生殖带、有交配现象、产生卵茧等共同特征。在环节动物中，寡毛类的蚯蚓与人类关系最为密切，对人类来讲具有多方面的益处，值得我们关注和做深入的研究。

思考题

1. 扁形动物具有哪些形态特征？
2. 两侧对称的身体结构优势有哪些？
3. 中胚层的出现对于动物组织器官的分化起到哪些作用？
4. 扁形动物的排泄系统发生了哪些变化？有哪些功能？
5. 扁形动物的生殖系统发生了哪些变化？
6. 涡虫纲动物的外部形态和内部结构是什么？
7. 涡虫纲动物和吸虫纲动物的生殖特点是什么？
8. 吸虫纲复殖亚纲动物的分类特点是什么？生活史有哪些特点？
9. 绦虫纲动物与吸虫纲动物的主要区别是什么？
10. 单节绦虫亚纲动物与多节绦虫亚纲动物的分类特点是什么？
11. 线虫动物的外部形态和内部结构有哪些特征？
12. 与华支睾吸虫相比，人蛔虫的生活史有哪些不同？
13. 与扁形动物相比，线形动物的生殖系统发生了哪些变化？
14. 寄生虫更换寄主的生物学意义有哪些？
15. 寄生虫病的防治原则有哪些？

16. 什么是同律分节？身体分节现象在动物进化上有何意义？

17. 发达真体腔的出现有何生物学意义？

18. 描述后肾管的结构特点。它是如何排泄代谢物的？

19. 环节动物分为哪几个纲？如何区分？

20. 试述蚯蚓的身体构造对土壤生活的适应性。

21. 简述环毛蚓生殖系统的主要构造及其受精发育过程。

22. 试述环节动物与人类的关系。

第六章

软体动物门（Mollusca）

内容提要

　　本章介绍软体动物门的主要特征和分类，腹足纲、瓣鳃纲、头足纲等软体动物几个主要纲的主要特征和代表动物的外部形态、内部结构，软体动物与人类的关系密切。

第一节　软体动物门特征

　　软体动物身体柔软、不分节，身体分头、足、内脏团3部分，体被外套膜，常分泌有贝壳（图6-1）。软体动物多数有头，少数消失，但都具有足、内脏团和外套膜，其大小、形状和结构是多样化的，因而具有不同的摄食、运动和繁殖方式。总体上来说，软体动物向着缓慢移动或固着的生活方式发展。

　　软体动物种类多、分布广，为动物界的第二大类群，超过 13 万种。常见的如蜗牛（helix）、田螺（viviparus）、无齿蚌（anodonta）、牡蛎（ostrea）、乌贼（sepia）、章鱼（octopus）等，因多数软体动物具有保护性外骨骼——贝壳，故通常称为"贝类"。

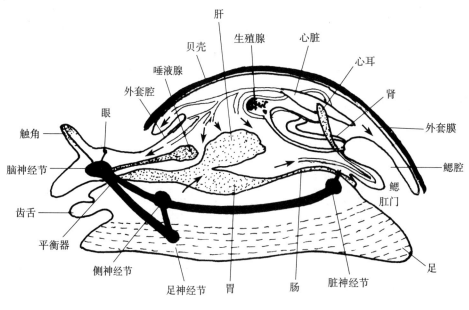

图 6-1　软体动物体制模式图
（仿华中师范学院等）

一、头、足与内脏团

　　1. 头　头位于动物的前端，具有口、眼、触角等器官。运动敏捷的种类，如乌贼、蜗牛和运动缓慢的田螺等头部发达。穴居或固着生活的种类，如蚌类、牡蛎等头部消失。

2. 足　足是位于软体动物身体基部的大的肌肉块，通常用于运动，但常因动物生活方式不同，形态各异。当软体动物体制进化时，足的多样性被软体类多样化运动摄食和繁殖方式所驱动，结果使软体类辐射为几个谱系，包括双壳类（蛤、贻贝）、腹足类（蛞蝓和蜗牛）、石鳖类和头足类（乌贼和章鱼）。比如蛤的足已经进化为挖掘性的附肢；河蚌的足呈斧状，适于在水底掘开泥沙；乌贼和章鱼的足改进为用于爬行、游泳和捕捉的触手，又称头足；某些营固着生活的种类，如牡蛎等在成体时，足已退化。

足是一种肌肉质的流体静力装置，蜗牛和石鳖身体基部有一个大的肌肉质的足，很像人的舌头。仅用一只足动物怎样运动？肌肉收缩波沿足的长度向前或者向后猛推使个体沿表面爬行。蜗牛黏液可显著增加足的伸缩，在蜗牛前行时起润滑作用。

3. 内脏团　内脏团（visceral mass）为内脏器官所在部分，常位于足的背侧，多数种类的内脏团左右对称，但腹足类由于扭曲成螺旋状，失去对称性。内脏团包含软体动物的主要内部器官和它外面的鳃。软体动物中足和内脏团的分开，能使两者多样化。在内脏团的前端，口有一个带状的摄食结构称为齿舌，其功能如同锉，软体动物在食物上移动齿舌，使许多尖锐的小齿磨碎食物并送入口腔，以此完成摄食。

在大多数软体动物中，因体壁肌肉退化，真体腔高度减少，原体腔形成血腔，血腔不同于真体腔，因为其中没有内衬中胚层形成的体腔膜。内脏器官在开放的循环系统中被血液或体腔液浸泡着，使得其在繁殖和排泄废物方面功能增强。

二、外套膜

外套膜（mantle）是从内脏团隆起的背侧皮肤褶向下延伸到体两侧的皮肤鞘，包在内脏团外面，用以保护柔软的部分。从切面观察，外套膜由内、外两层上皮和中间的结缔组织层及肌肉组成（图6-2），外套膜和内脏团之间的空隙称外套腔。外层上皮的分泌物能形成贝壳，内层上皮细胞具纤毛，纤毛摆动，形成水流，使水循环于外套腔内，借以完成摄食、呼吸、排泄和生殖等功能。

许多种类中外套膜分泌 $CaCO_3$ 形成贝壳。一些软体动物具有1个、2个或者8个贝壳；另外一些则没有贝壳。在寒武纪及后来捕食者数量增长时期，分泌保护性贝壳的能力是非常重要的。然而，由 $CaCO_3$ 形成的贝壳沉重，因而在保护和运动之间就存在权衡。具有厚壳的软体动物在水生环境中运动受到抑制，水的浮力有助于负载最大的和最敏捷的水生软体动物。运动敏捷的头足类，如乌贼和章鱼，贝壳高度减少并在体内或根本没有；陆生的软体动物具有薄的贝壳或者没有。

外套膜在许多方向也有改进，用于多种功能，而不只是分泌 $CaCO_3$ 形成贝壳。例如，头足类具有用肌肉衬里的外套膜，当体腔被充满水的外套膜包围及外套膜肌肉收缩时，水流由称为水管的一个管状结构喷射出去，水推进乌贼的运动方式称为喷气推进；双壳类，如蛤的外套膜改进后有两个水管以控制在其鳃上水流的进出。

像乌贼一样的模式软体动物是如何进化出新的体制和生活方式的呢？Mark Martimdale 及其同事通过找寻同源基因或同源异框基因（Hox genes）在组成乌贼体制中的作用，发现乌贼具有9个 Hox 基因，Hox 基因在建立动物的头尾轴中的重要性，与在其他两侧对称动物中发现的基因是同源的。虽然 Hox 基因通常组织成一种共线（collinear）的形式，但在乌贼中它们被共同增选了新的模式，这表明改变基因工具盒的调节机制可能导致新的身体结构，如软体动物的足被修改为肌肉触手冠，即乌贼的头足。

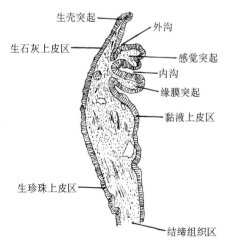

图 6-2　牡蛎外套膜缘纵切面
（仿华中师范学院等）

生壳突起
外沟
生石灰上皮区
感觉突起
内沟
缘膜突起
黏液上皮区
生珍珠上皮区
结缔组织区

三、贝　壳

大多数软体动物都有 1 个、2 个或多个贝壳（shell），形态及色彩花纹各异。贝壳由外套膜的分泌物（由大约 95％的 $CaCO_3$ 和 5％的有机物组成）形成，是软体动物的外骨骼，是分类的重要依据，典型的贝壳一般有 3 层（图 6-3）。

①角质层：外层是角质层（periostracum），由称为贝壳硬蛋白的有机物质（也称贝壳素）构成，起保护作用，避免受钻孔生物侵蚀，它由外套膜边缘的褶襞分泌且生长，只限于在贝壳的边缘长大但不增厚。②棱柱层：中间一层为棱柱层（prismatic layer），也称壳层。由 $CaCO_3$ 的角柱致密聚集组成，储藏在蛋白质基质中，并沉积为方解石（calcite），它是外套膜缘背面表皮细胞分泌形成的，它渐渐增大面积而不增加厚度。③珍珠层：最下面一层称为珍珠层（pearl layer），或称壳底，通常由叶状的霰石（aragonite）构成，靠近外套膜，它是外套膜背面的整个外表细胞分泌而成的，随着动物的生长而增加厚度，富有光泽，珍珠便是由珍珠层形成的（图 6-4），当寄生虫或一些沙粒进入外套膜和贝壳之间，被珍珠质覆盖时，则在外套膜和贝壳之间形成珍珠。

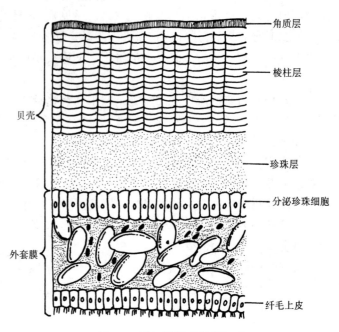

图 6-3　瓣鳃类贝壳的横切面
（仿华中师范学院等）

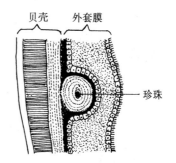

图 6-4　珍珠的形成
（仿 Hickman）

四、体腔与循环系统

软体动物的体壁不完整，真体腔极度退化，只有围心腔（pericardinal cavity）、生殖腺和排泄器官的内腔属此，各组织器官的间隙为初生体腔，内有血液流动，形成血窦（blood sinus）。

循环系统包括心脏、血管、血窦和血液。心脏由心室和心耳构成，位于内脏团背侧围心腔内，心室 1 个、壁厚、能搏动，血循环的动力靠此；心耳 1 个或成对，耳室之间有瓣膜，防止血液逆流。血管由动脉和静脉组成，软体动物循环为开管式循环，即血液自心室经动脉，进入身体各部分，后汇入血窦，由静脉回到心耳。有些种类则为闭管式循环。血液内含有变形虫状细胞。多数血浆中含血蓝蛋白，少数含血红蛋白来携带 O_2，故软体动物血液为淡蓝色或红色，失去 O_2 后血液为无色。

五、呼吸器官

水生种类用鳃呼吸。鳃为外套腔内面的上皮伸展形成，鳃的形态各异，陆地生活的种类均无鳃，其外套腔内部一定区域的微血管密集成网，形成肺，可直接摄取空气中的 O_2。

六、神经系统

软体动物的神经系统主要由神经节及联络神经组成。主要的神经节有 4 对，即脑神经节（cerebral ganglion）、足神经节（pedal ganglion）、侧神经节（pleural ganglion）和脏神经节（visceral ganglion）。脑神经节 1 对，位于食道背侧，它发出神经到头部或身体的前端，司感觉作用；足神经节 1 对，一般位于足的前部，它发出神经至足部，司足的运动和感觉；侧神经节发出神经至外套膜和鳃；脏神经节发出神经到消化管及其他内脏器官。通常每对神经节都有横的神经连接，各种神经节之间还有纵的神经互相联络。

此外，软体动物的表皮层内分布有许多专司感觉的神经末梢，尤其在外套膜的内面，分布腺体的区域对感觉特别灵敏。触手、眼、平衡囊和嗅检器等也是特殊的感觉器官。

七、生殖与发育

软体动物多数是雌雄异体，少数是雌雄同体，多数软体动物卵裂的方式是完全不均等卵裂，其螺旋形卵裂与扁形动物、环节动物均相似。个体发育中经过担轮幼虫（trochophora）和面盘幼虫（veliger larva）两期幼虫。担轮幼虫的形态与环节动物多毛类的幼虫近似，面盘幼虫发育早期背侧有外套的原基，且分泌外壳，腹侧有足的原基，口前纤毛环发育成缘膜（velum）或称面盘；也有的种类为直接发育；淡水蚌类有特殊的钩介幼虫（glochidium）（图 6-5）。

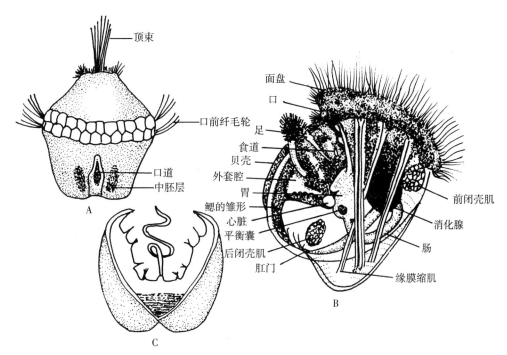

图 6-5　软体动物的各种幼虫
A. 担轮幼虫　B. 面盘幼虫　C. 钩介幼虫
（仿华中师范学院等）

八、软体动物门分类

根据现存种类的比较形态学和胚胎学研究，以及在寒武纪时期的化石研究发现：所有的软体动物都建筑在一个基本的模式结构上，这个模式就是人们设想的原软体动物，也就是软体动物的祖先模式，由原软体动物再发展进化成各个不同的纲。

现存软体动物分布广泛，根据它们的贝壳、足、鳃、神经及发生特点等特征分为 7 个纲，即无板纲（Aplacophora）、多板纲（Polyplacophora）、单板纲（Monoplacophora）、腹足纲（Gastropoda）、头足纲（Cephalopoda）、瓣鳃纲（Lamellibranchia）和掘足纲（Scaphopoda）。

第二节　腹足纲（Gastropoda）

腹足纲是软体动物中种类最多的一个类群，达 10 万种，生活范围遍及海洋、淡水和陆地，绝大多数自由生活，少数营寄生生活。

一、代表动物——中国圆田螺

中国圆田螺（*Cipangopaludina chinensis*）为常见的淡水大型螺类，分布于湖泊、河流、沼泽、水库、水田等多种淡水水域。

1. 外形　圆田螺个体较大，身体外面有一个完整的螺旋形贝壳，壳大、薄而坚固，分为螺旋部（spire）和体螺层（body whorl）两部分，前者是动物内脏团所在之处，后者是贝壳最后的一层，特别大，能容纳动物的头部和足部。螺旋部的顶端称为壳顶。各螺层间的界限即为缝合线（suture）。许多与缝合线相重叠的平行线为生长线。圆田螺在受到骚扰或为适应干燥的环境，头和足会很快地完全缩入壳内，足部背面有 1 个褐色卵圆形的角质薄片移至壳口，将壳口封闭，这就是厣（operculum）。

圆田螺的软体部分是头、足和内脏团 3 部分，头和足可自壳口伸出，内脏团留在壳内。头部发达，前端有一圆形突起称吻，吻腹侧为口，其基部两侧有一对很长的触角，能稍做伸缩性的活动。头后身体腹面为宽阔的叶状足，肉质，前缘较平直，后端较狭，足背侧为内脏团（图 6-6）。

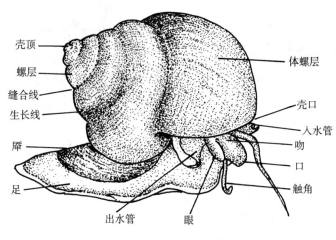

图 6-6　中国圆田螺的外形

（仿华中师范学院等）

2. 内部构造

（1）消化系统：消化道可分为口、咽、食道、胃、肠和肛门。口位于吻前端腹面，内为膨大的咽，口腔内具齿舌（radula）。咽后连接细的食道，壁上有褶皱和许多长有纤毛的细胞。食道向后伸展到围心腔下面从腹面与膨大的胃部相连接，咽与食道之间有两条唾液腺管从咽的背面左右两侧通入咽腔。胃周围为肝，是 1 个大型的带黄褐色的腺体，能分泌淀粉酶或蛋白酶。胃后为肠，肠扭转 180°，小肠很短，后面即直肠，肛门开口于外套腔肾孔的右侧。

（2）呼吸器官：圆田螺的呼吸器官主要为鳃，起源于胚胎时期的外胚层。当呼吸时，水由水管进入外套腔，经过鳃由出水管流出。鳃仅 1 个，着生在外套腔的左侧，在鳃轴的一侧着生一排三角形的鳃叶，呈梳齿状，故称栉鳃。此外，外套腔密布血管，对呼吸也有一定的作用。

（3）循环系统：由心脏、血管和血窦组成。心脏位于胃和肾之间的薄膜状围心腔内，由 1 个心室和 1 个心耳组成。心室壁厚，心耳壁薄。出鳃静脉连于心耳，心室分出主动脉，后分两支，一支为头动脉，分布于头、外套膜和足等处；另一支为脏动脉，分支到体后部内脏器官。血液回心耳有 2 个途径，一个为经肾入鳃回到心耳；另一个为直接入鳃回心耳，完成排泄和呼吸作用。

（4）排泄系统：由肾和输尿管组成。肾 1 个，略呈三角形，位于围心腔之前，直肠左侧，肾右侧为 1 条壁薄细长的输尿管与肠平行向前，有 1 行纤毛孔与肾相通，末端以肾孔开口于肛门左侧稍后处，位于出水管的内侧，这样可使排泄物随水排出体外。

（5）神经系统：由神经节和神经连索构成。主要有 4 对神经节，脑神经节 1 对，较大，二者有神经相连，位于咽背侧；侧神经节 1 对，位脑神经节之后，较小，左右不对称，由脑侧神经连索与脑神经节相连，以侧足神经连索与足神经节相连；足神经节 1 对，长带状，位于足的跖面中央处，两神经节有神经相连，由脑足神经连索连于脑神经节；脏神经 1 对，形小，位于食管末端，彼此有神经相连。侧神经节间的神经连索上下左右交叉形成"8"字形。圆田螺的内部结构（背面观）见图 6-7。

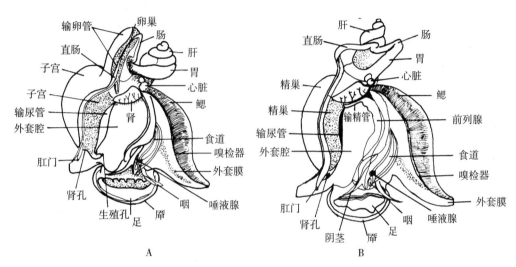

图 6-7　圆田螺的内部结构（背面观）
A. 雌性　B. 雄性
（仿华中师范学院等）

（6）生殖系统：雌雄异体。一般雌螺较雄螺大，雄性生殖器官由精巢、输精管和前列腺组成。精巢位于外套腔的右侧，较大，呈黄棕色弯月状，由许多小管组成，内有精子和各个发育阶段的雄性生殖细胞。雌性生殖器官有卵巢、输卵管和子宫，卵巢长形，比精巢小，插入直肠的上半部与输卵管相平行。雄性圆田螺的右触角特化成交接器，雄性生殖孔位于触角末端，是腹足类中所特有的。田螺为体内受精，受精卵在子宫内发育生长，生下即为幼螺，卵胎生。

二、腹足纲的扭转现象

腹足类在进化上一个极重要的现象是扭转现象，即绝大多数的腹足类身体要逆时针扭转 180°。扭转的结果是头部和足部是两侧对称，内脏团失去对称，为螺旋形（图 6-8）。在某些种类中扭转实质上可在几小时甚至几分钟内发生。必须指出的是，腹足类身体的扭转与其贝壳的螺旋没有直接关系，两者是独立的过程。腹足类身体为什么发生扭转，目前尚无定论。古生物学研究在距今约 5.5 亿年（寒武纪）的腹足类身体是左右对称的。现有腹足类个体发育中的担轮幼虫期身体是左右对称的，面盘幼虫后期才发生扭转，身体失去对称性。此证据说明，腹足类祖先的身体是左右对称的。

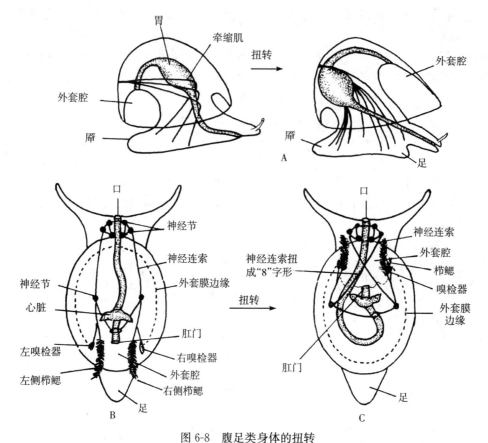

图 6-8　腹足类身体的扭转

A. 原始前鳃腹足类自由生活幼虫的扭转　B. 表示假设的远古似腹足类软体动物未扭转的状态

C. 表示远古似腹足类软体动物随扭转发生后内部构造的重新排列

（仿 Pechenik）

三、腹足纲主要特征

1. 外形　腹足类多数营活动性生活，头部发达，具口、眼和触角。足发达，叶状，位于腹侧，故名腹足类。腹足类贝壳在软体动物中是最特殊的，呈螺旋状，多数种类右旋，少数左旋。壳可分为两部分，含卷曲内脏器官的螺旋部和壳的最后一层，容纳头和足的体螺层。螺旋部一般由许多螺层构成，有的种类退化（鲍和宝贝等）。壳顶端称壳顶，为动物最早形成的一层，各螺层间的界限为缝合线，深浅不一。体螺层的开口称壳口（aperture），壳口内侧为内唇，外侧为外唇（图 6-9）。

2. 内部构造　消化系统特点为口腔内常具齿舌和颚片，消化腺有唾液腺，是一种黏液腺，无消化作用。肝发达，为重要的消化腺。呼吸器官，水生种类为鳃，一般呈栉状，1 个；陆生种类以肺呼吸。循环系统具 1 个心室，1 个或 2 个心耳。神经系统由脑神经节、足神经节、侧神经节和脏神经节 4 对神经节组成。生殖为雌雄异体或同体，有担轮幼虫和面盘幼虫。

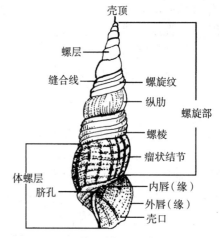

图 6-9　腹足类的贝壳各部名称

（仿刘月英）

四、腹足纲分类

本纲有 10 万余种，可分 3 个亚纲。

1. 前鳃亚纲（Prosobranchia）　通常有外壳，一般具厣，头部 1 对触角，左右侧神经连索交叉成"8"字形，故也称为扭神经纲。大多数种类海产，如鲍、宝贝、红螺和玉螺等（图 6-10）。

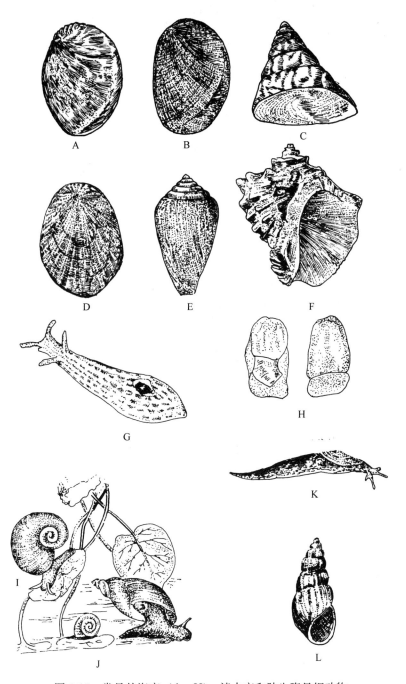

图 6-10　常见的海产（A～H）、淡水产和陆生腹足纲动物
A. 皱纹盘鲍　B. 杂色鲍　C. 大马蹄螺　D. 史氏笠贝　E. 宝贝　F. 红螺
G. 海兔　H. 泥螺　I. 隔扁螺　J. 椎实螺　K. 大蛞蝓　L. 钉螺
（仿华中师范学院等）

鲍由于其形状似人的耳朵，也称它"海耳"（sea ear），是名贵的海产珍品，味道鲜美，营养丰富，被誉为海洋"软黄金"，经济价值很高，现已进行人工养殖。

2. 后鳃亚纲（Opisthobranchia） 贝壳发达，有的为内壳（被鳃类），有的壳退化（无腔类），有的无壳（裸鳃类）。侧神经连索不左右交叉成"8"字形，如泥螺、海兔、壳蛞蝓、海牛等（图6-10）。

泥螺（*Bullacta exarata*）世界上仅1种，又名泥蛳。广泛分布于中国南北沿海。栖息于内湾潮间带泥沙滩上，营匍匐生活，爬行时用头盘和足掘起泥沙与自身分泌的黏液混合，覆盖于身体表面，形似一堆泥沙，起拟态保护作用。杂食性。雌雄同体，异体受精。可盐渍或酒渍，味尤佳，肉可入药。

3. 肺螺亚纲（Pulmonata） 鳃退化，以肺呼吸，多栖息于陆地或水中，大部分具螺旋形的壳，侧脏神经连索一般不交叉成"8"字形。如椎实螺，贝壳呈椭圆形且较薄，触角扁且呈三角形，内脏团和贝壳均为螺旋形，眼位于触角基部内侧，生活在淡水湖泊和池塘中，为羊肝片吸虫的中间寄主。此外，还有隔扁螺、蜗牛和蛞蝓等（图6-10）。

蛞蝓（*Agriolimax agrestis*）在中国南方某些地区称蜒蚰（不是蚰蜒），俗称鼻涕虫，与部分蜗牛组成有肺目。雌雄同体，外表看起来像没壳的蜗牛，体表湿润有黏液。蛞蝓以成体或幼体在作物根部湿土下越冬，5—7月在田间大量活动为害；怕光，因此均夜间活动；取食叶片成孔洞或食果实，是一种食性复杂和食量较大的有害动物。

第三节　瓣鳃纲（Lamellibranchia）

瓣鳃纲动物全部生活在水中，大部分海产，少数在淡水，极少数为寄生，约有2万种，分布很广，一般运动缓慢，有的潜居泥沙中，有的固着生活，也有的凿石或凿木而栖。也被称为双壳纲（Bivalvia）或斧足纲（Pelecypoda）。

一、代表动物——无齿蚌

1. 外形 无齿蚌（*Anodonta*）俗称河蚌，大多栖息在江河、湖泊或池塘水底泥沙中，营底栖生活，以足挖掘泥沙而使身体潜伏其中，只有身体的后部露在泥沙的外面（图6-11）。背角无齿蚌（*A. woodiana*）是我国分布最广的淡水蚌类之一。

无齿蚌的贝壳前缘稍钝，后端稍尖。背面绞合，腹缘分离。背面有一部分特别突出，即壳顶（umbo）。贝壳的表面有许多以壳顶为中心与腹缘平行，且类似同心圆状排列的生长线。两壳相互连接处，构成绞合部（hinge）。此外，有角质的带有弹性的韧带（ligament），连接两壳的背缘。韧带的作用与闭壳肌的作用恰巧相反，依靠弹簧式的结构使两壳张开。

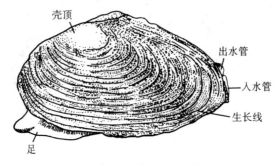

图6-11　背角无齿蚌的外形
（仿华中师范学院等）

2. 内部构造

（1）外套膜与肌肉：瓣鳃类的外套膜位于左右贝壳的内面，是左右两侧包被内脏团的两叶薄膜，外套膜在背方和中央部分通常相当薄，几乎成半透明，但向腹方和前后两缘则逐渐加厚。河蚌的外套膜边缘仅有一处愈合，位于背面，后部腹方形成出水孔（或称出水管）和入水孔（入水管），出水孔也是外套腔内粪便和废水的排出口。生活时水流不断在外套腔内流通，自入水孔流入从后方流向前方，在鳃面营呼吸作用，并把食料送到口中，水则流向后方，由出水孔排出。河蚌的肌肉在壳内面可见前闭壳肌（anterior adductor）及后闭壳肌（posterior adductor），为粗壮的柱状肌，连接左右壳，其收缩可使壳关闭。前缩足肌（anterior retractor）、后缩足肌（posterior retractor）及伸足肌（protractor）一端连于足，一端附着在壳内面，可使足缩入或伸出（图 6-12）。

　　（2）消化系统：消化系统包括口、唇片、食道、胃、肠、肛门及消化腺等部分（图 6-13）。口位于前闭壳肌下，为一横缝。口的两侧各有 1 对三角形唇片，密生纤毛，有感觉和摄食功能，口后为短而宽的食道，下连膨大的胃，胃周围有 1 对肝，胃后为肠，盘曲于内脏团中，后入围心腔，直肠穿过心室，肛门开口于后闭壳肌上方，出水管附近。

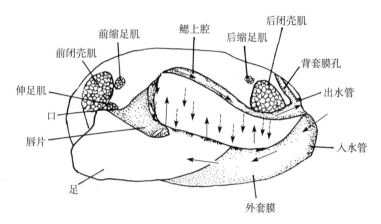

图 6-12　除去左壳和套膜的无齿蚌
（仿 Parker）

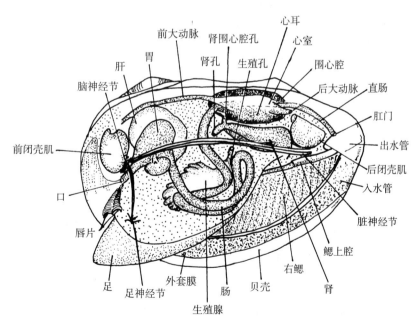

图 6-13　无齿蚌的内部结构
（仿华中师范学院等）

　　（3）呼吸器官：在外套腔内蚌体两侧各具两片状的瓣鳃（图 6-14）。外瓣鳃短，内瓣鳃长，每个瓣鳃由内、外二鳃小瓣构成，其前后缘愈合成 U 形，背缘为鳃上腔。许多纵行排列的鳃丝构成鳃小瓣。表面有纤毛，各鳃丝间有横的丝间隔相连，上有小孔，称为鳃小孔。二鳃小瓣间有瓣间隔，将鳃小瓣间的鳃腔分隔成许多小管，称为鳃水管。丝间隔与瓣间隔内均有血管分布，鳃丝内也有血管及起支持作用的几丁质棍。

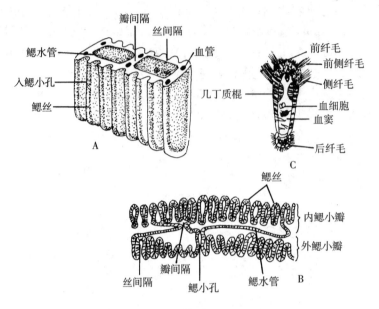

图 6-14　无齿蚌的呼吸系统

A. 瓣鳃的结构模式图　B. 瓣鳃的横切面　C. 鳃丝的结构

（A 仿 Parker，Haswell；B、C 仿 Peck）

（4）循环系统：由心脏、血管、血窦组成。心脏椭圆形，位于围心腔内，由一心室、两心耳组成，心室长圆形，心耳为左右两薄膜三角形。心室向前向后各伸出一条大动脉。向前伸的前大动脉沿肠的背侧前行，后大动脉沿直肠腹侧伸向后方，以后各分支成小动脉至套膜及身体各部，最后汇集于血窦（外套窦、足窦、中央窦等），入静脉，经肾静脉入肾，排出代谢废物，再经入鳃静脉入鳃，进行气体交换，经出鳃静脉回到心耳。部分血液由套膜静脉入心耳，即外套循环（图 6-15）。

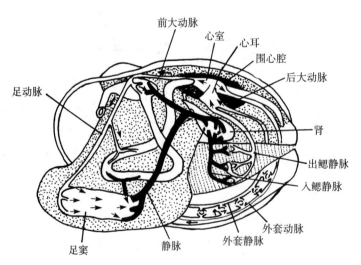

图 6-15　无齿蚌的血液循环

（仿 R. Buchsbaum）

（5）排泄系统：河蚌具 1 对肾，由后肾特化形成，又称鲍雅诺氏器（organ of Bojanus），还有一种排泄器为围心腔腺，也称凯伯尔氏器（Keber's organ）。

（6）神经系统：极不发达，只由 3 对神经节及连接它们的神经索组成，1 对位于食道两侧，为脑神经节，1 对为左右紧密连接的足神经节，还有 1 对位于后闭壳肌下方的内脏神经节。

（7）生殖系统：雌雄异体，但在外形上两者无大差异。生殖腺位于足的上方，为迂回肠管周围的葡萄状腺体，精巢呈乳白色，卵巢则呈淡黄色。

二、瓣鳃纲主要特征

体具外套膜及 2 片贝壳，也称双壳类。头部消失，也称无头类。足呈斧状，也称斧足类。贝壳 1 对，一般左右对称，壳的形态为分类的重要依据。口为上下两唇间的横缝，唇多为三角形，具纤毛，可摄食。鳃瓣在原始的种类为盾状，有的种类鳃瓣互相愈合，且退化。心脏为 1 个心室 2 个心耳构成，开管式循环。排泄器官为 1 对肾。有脑、足、脏 3 对神经节，感官不发达。多数雌雄异体，少数雌雄同体，个体发育中有担轮幼虫及面盘幼虫。

三、瓣鳃纲主要种类

一般根据动物的贝壳、铰合齿的形态、闭壳肌的发育程度和鳃的构造不同，将瓣鳃类分成裂齿目（Taxodonta）、异柱目（Anisomyaria）和真瓣鳃目（Eulamellibranchia）3 个目，常见种类有（图 6-16）：

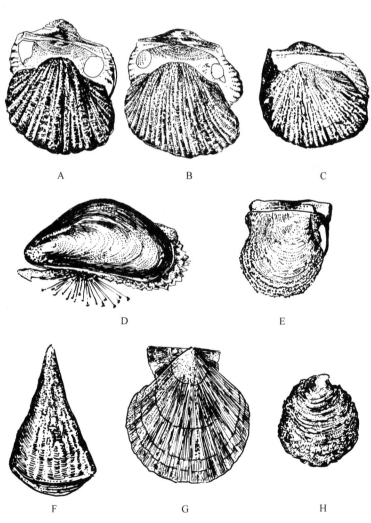

图 6-16　常见的瓣鳃纲动物

A. 泥蚶　B. 毛蚶　C. 魁蚶　D. 贻贝　E. 马氏珍珠贝

F. 羽状江珧　G. 栉孔扇贝　H. 近江牡蛎

（仿华中师范学院等）

1. 蚶（arca）　质坚厚、较膨胀，铰合部有一长列铰合齿，前后闭壳肌发达。生活在泥沙底质中，我国沿海都产，是鲜美的海味，主要是鲜食，血中含有血红素，相传为一种补血的妙品。常见的有泥蚶、毛蚶、魁蚶等。

2. 贻贝　壳薄，略呈三角形，其肉冻干制品称淡菜，味鲜美。贻贝为我国丰富的海产资源，现已进行人工养殖。

3. 马氏珍珠贝　为世界著名的生产珍珠的母贝。我国广东、海南有分布。

4. 江瑶　两壳同大，大型呈楔状，壳质脆，后闭壳肌巨大，其干制成品称为江瑶柱，为海味中的珍品。

5. 栉孔扇贝　壳呈扇状，其后闭壳肌干制品称干贝，为海味中的上品。

6. 牡蛎　两壳不等，左壳较大，常以此附着在其他物体上生活。牡蛎肉味鲜美，富含糖原及维生素，在烧煮过程中，其汤浓缩后即成蚝油，是调味佳品，具有极高的经济价值，畅销国内外。

第四节　头足纲（Cephalopoda）

头足纲全部海产，肉食性，体左右对称。分头、足、躯干3个部分，头部发达，足生于头部，特化成腕和漏斗，故称头足类。

一、代表动物——金乌贼

金乌贼（*Sepia esculenta*）俗称墨鱼，肉鲜美、富营养，生活在温暖的海洋中，游泳快速，是我国北部沿海最常见的一种乌贼，主要猎食大型浮游动物和中上层鱼类，本身为抹香鲸和海鸟的重要食饵，趋光性强。曾与大黄鱼、小黄鱼、带鱼一起并称为我国传统四大渔业之一，是重要的捕捞对象。但自20世纪80年代以来，由于过度捕捞和海洋环境的破坏等多种原因，其资源量明显衰退，产量急剧下降，目前金乌贼在许多海域已经绝迹。

1. 外形　乌贼的身体分头、足和躯干3部分（图6-17A）。头部短，顶端有口，口的周围具口膜，外围有10条腕，由其足特化而成，其中8条自基部向顶部渐细，整个腕上均具有吸盘，用以吸附他物和捕捉小动物，另2条细长，柄细长，末端呈舌状，称触腕，可缩入囊内。漏斗由上足部特化而成，是1根肌肉质管，已无足的形状，其最前端游离，露于外套膜之外，称为水管，是排泄物、生殖细胞、水流和墨汁的出口，也是主要的运动器官。漏斗内有半圆形的舌瓣，起防止海水倒灌体内的作用。躯干位于头之后，呈袋状，外被非常发达的肌肉套膜，内为内脏团，躯干两侧具鳍，游泳时起平衡作用。

2. 内部构造

（1）消化系统：乌贼的消化管呈 U 形。口位于前端，口内为肌肉性口腔，称口球，下接细长的食管，与胃的贲门相连，胃为长囊状，胃左侧为一盲囊，具有分泌消化酶的作用，胃幽门连肠，末端为直肠，肛门开口于外套腔，在食道两侧有两个黄色腺体为肝，肝有管通入胃中，能分泌胰蛋白酶等。在直肠的末端近肛门处有一导管，连一梨形小囊，即墨囊（inkosac）。从结构上看是直肠的盲囊，囊内腺体可分泌墨汁，经导管由肛门排出，使周围海水成墨色，借以隐藏避敌。

（2）呼吸与循环系统：乌贼的呼吸器官为鳃，1 对，呈羽状。位于外套膜腔前端两侧，鳃由鳃轴、鳃叶组成，许多鳃丝组成鳃叶，鳃叶上布满微血管，可进行气体交换。乌贼的循环系统基本是闭管式。心脏由 1 个心室和 2 个心耳组成，位于体后端腹侧中央的围心腔内。心室向前发出前大动脉，向后发出后大动脉，前者分支到头、套膜、消化管等处，后者分支到肾、直肠、生殖腺及套膜等器官。血液经微血管汇入主大静脉，经分成两支的肾静脉入肾，经肾静脉与体后的外套静脉，由入鳃静脉入鳃，再由出鳃静脉入左右心耳，返回心室（图6-17B）。

（3）排泄系统：肾 1 对，呈囊状，位于躯干部中央。左右 1 对肾孔，位于直肠前端腹面，开口于外套腔内。乌贼的排泄物不含尿酸，而是鸟嘌呤（guanin，$C_5H_5ON_5$）。

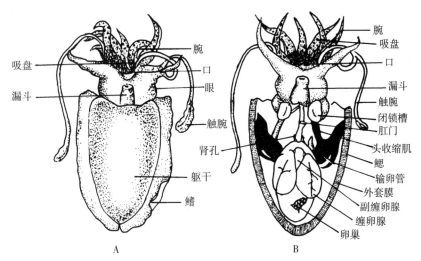

图 6-17　金乌贼的外形和内部构造

A. 腹面观　B. 内部构造（雌性）

（仿南京师范学院）

（4）神经系统：乌贼的中枢神经系统主要由食道周围的脑神经节、脏神经节和足神经节组成，外面有软骨质壳包围，周围神经系统由中枢神经发出的神经组成，重要的如视神经由脑发出；脏神经发出神经到漏斗、墨囊等器官；足神经发出神经到各腕上。

感觉器官主要有眼、平衡器和嗅觉窝。眼位于头部两侧，视觉发达，接近脊椎动物。

（5）生殖系统：乌贼为雌雄异体，外形上区别不明显，生殖为体外受精，直接发育。

二、头足纲主要种类

头足纲分类主要以鳃和腕的数目及形态特征为依据，主要种类如（图6-18）：

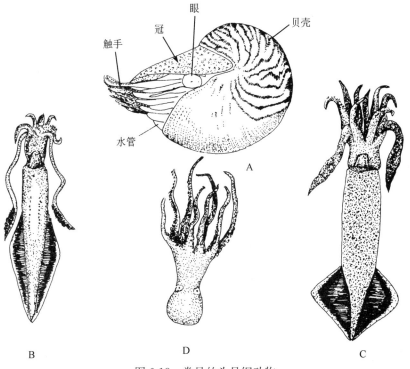

图 6-18　常见的头足纲动物

A. 鹦鹉螺　B. 中国枪乌贼　C. 太平洋斯氏柔鱼　D. 短蛸

（仿华中师范学院等）

1. 鹦鹉螺（*Nautilus pompilius*） 属四鳃亚纲鹦鹉螺目，贝壳大，背腹螺旋状如圆盘，壳面光滑，呈灰白或淡黄褐色，壳上具红褐色放射状斑纹，整个螺旋形外壳形似鹦鹉嘴，故此得名"鹦鹉螺"。具63～94只腕。常生活在数百米的深海中，营游泳和爬行生活，爬行时壳在上腕在下。在我国台湾省、海南省有分布。

2. 中国枪乌贼（*Loligo chinensis*） 属二鳃亚纲十腕目，体型较大，长为宽的6倍，腕的长度不同，盛产于我国台湾海峡以南地区，东南沿海集中于福建南部和广东整个沿海，其干制品"鱿鱼"是有名的海产品。

3. 柔鱼（*Ommastrephes bartrami*） 属二鳃亚纲十腕目，躯干部为圆筒状，鳍位于后部且短于体长的1/2，左右两鳍合并状如箭头，食用价值大，我国黄海南部有分布。

4. 章鱼（*Octopodidae*） 属二鳃亚纲八腕目，为章鱼科26属252种海洋软体动物的通称。为头足纲最大科。俗名八带鱼或蛸，腕4对，彼此相似，较体躯为长，无触腕，我国沿海均有分布。

第五节 其他纲的软体动物

软体动物除上述3个纲的种类外，还有以下4纲：

一、单板纲（Monoplacophora）

绝大多数为化石种类，已绝灭了近4亿年。1952年，丹麦的研究者在太平洋3 570 m深海中第1次采集到活标本——新碟贝（*neopilina galathea*），这些标本被称为"活化石"，为研究软体动物的起源与演化提供了新的资料。

二、无板纲（Aplacophora）

本纲种类是软体动物中的原始类群，身体呈蠕虫状，无贝壳，体表被有石灰质细棘的角质外皮，有200余种，如新月贝、龙女簪等。

三、多板纲（Polyphacophora）

多板纲的种类全部在沿海的潮间带生活，常吸附在岩石或藻类上，身体呈椭圆形，背面内圈具8块覆瓦状排列的石灰质贝壳，外圈则是肌肉组织。多板纲包括各种石鳖，常可在退潮后的潮间带岩石上见到，可以食用，又称"海牛肉"。

四、掘足纲（Scaphopoda）

全部种类海产，身体如象牙状，具长圆锥形稍弯曲的管状贝壳，粗端为前端，细端为后端，分布于潮间带至4 000m深海，约有300种，如胶州湾角贝。

第六节 软体动物与人类关系

软体动物是动物界中第二大类群，分布广，与人类有密切关系。下面将软体动物与人类关系从有益和有害两方面概述。

一、有益方面

1. 食用 绝大多数的软体动物都可食用。人们熟知的珍贵种类如海产的鲍、红螺、玉螺、蚶、牡蛎、贻贝、江瑶、蛏、文蛤、乌贼、章鱼等，淡水产的田螺、河蚌及陆生的蜗牛等。这些软体动物含有丰富的蛋白质、无机盐及各种维生素，贝类的营养成分容易溶解在液汁中，易被人消化吸收。同时，贝类的加工制品是市场上耐久和畅销的产品，如淡菜、干贝、蚝油、墨鱼干等。

2. 医药用　不少软体动物可入药，特别是近年来从海洋生物中提取药物发展潜力很大。如我国已从珍珠粉中提取和配制了 16 种名贵的成药，如六神丸等，其注射液对病毒性肝炎具有显著疗效，一些软体动物的药用作用如表 6-1 所示：

表 6-1　主要药用的软体动物

种类	药用部位	主治病症
毛蚶	壳、肉	胃痛，吐酸，痰积等
贻贝	肉	眩晕，盗汗，高血压，阳痿，腰痛，吐血等
马氏珠母贝	珍珠、壳（珍珠母）	惊悸，癫痫，惊风，目生翳障，眩晕，耳鸣，疮疖，消炎止血等
近江牡蛎	壳、肉	壳用于眩晕，失眠，盗汗，胃及十二指肠溃疡等；肉用于烦热失眠，颈淋巴结结核等
文蛤	壳	慢性气管炎，淋巴结结核，胃及十二指肠溃疡等
杂色鲍	壳、肉	壳用于高血压，头晕，青盲内障等；肉用于月经不调，大便燥结等
金乌贼	内壳（海螵蛸）、肉、墨囊、缠卵腺	内壳用于胃及十二指肠溃疡，胃出血，血尿等；肉用于血虚闭经等；墨囊用于功能性子宫出血症；缠卵腺用于开胃利水

3. 工业和农业用　贝壳的主要成分是 $CaCO_3$，是制石灰很好的原料；有些贝类（夜光蝾螺）的壳粉可以混入油漆作喷漆的调和剂，极为珍贵；小型贝类可以作为农家肥和家禽饲料的添加剂。田螺、河蚬和螺蛳还是养殖淡水鱼的良好饵料。

4. 装饰和工艺用　软体动物的贝壳形状各异，色彩斑斓，具有很高的艺术与装饰价值，如宝贝、榧螺、芋螺、竖琴螺、日月贝、珍珠贝都是上乘的观赏品，特别是经过雕刻装饰的贝类，更可以与木雕、玉雕和牙雕等珍贵物品相媲美。

5. 贝类养殖　我国沿海的劳动人民对于贝类的养殖有悠久的历史，对牡蛎、蛏、蚶的养殖具有丰富的经验，特别是改革开放的几十年，在我国沿海地区贝类的养殖得到极大地发展，对各种经济价值高的贝类进行人工养殖并不断提高产量与质量。如马氏珍珠贝、栉孔扇贝、翡翠贻贝、盘大鲍等，特别是珍珠贝的养殖是我国劳动人民的一大创造。目前，我国已经成功地利用淡水河蚌和海产珍珠贝进行人工培植珍珠，销往国际市场，取得了巨大的经济效益。

二、有害方面

1. 有毒　现知有 85 种贝类人类食后会中毒或接触中毒。

2. 寄生虫的中间寄主　许多淡水腹足类是人和家畜寄生虫的中间寄主，如椎实螺、豆螺、扁卷螺、短沟螺、钉螺等。

3. 对养殖业和渔业的危害　许多肉食的螺类是贝类养殖的敌害，如玉螺、红螺能捕食大量的牡蛎和贻贝，特别是对它们的幼苗造成严重的损失；陆生的蜗牛、蛞蝓侵害果园、菜地；海洋中的船蛆、海笋等是专门穿凿木材或岩石穴居的种类，对海中的木船、木桩及海港的堤坝和木石建筑物危害较大。

4. 有的软体动物是危害严重的入侵物种　我国国家环境保护总局 2003 年公布了 16 种危害严重的外来物种，其中就包括褐云玛瑙螺（非洲大蜗牛）和福寿螺 2 种软体动物，是危害我国农作物、蔬菜和生态系统的有害生物。

▌本章小结▐

软体动物身体柔软、不分节，身体分头、足、内脏团 3 部分，体被外套膜，常分泌有贝壳，通常称为"贝类"。本章主要围绕上述软体动物身体结构，介绍了软体动物的外部形态、内部结构、分类特点等主要特征，以及腹足纲、瓣鳃纲、头足纲等几个主要纲及其代表种的特征、分布、经济价值。本章最后就有益和有害两方面，简要概述了软体动物与人类的关系，有益方面主要有：食用、医药用、工农业用、装饰与工艺用等；有害方面主要有：有毒、寄生虫的中间寄主、对养殖业和渔业的危害等。

思考题

1. 试述软体动物门的主要特征。
2. 软体动物与环节动物在演化上有何亲缘关系？根据是什么？
3. 软体动物分哪几纲？简述各纲的主要特征。
4. 分析软体动物种类多、分布广与形态结构和生活习性的关系。
5. 分析比较腹足类、瓣鳃类及头足类的主要结构特点与异同。
6. 软体动物有固着、穴居、爬行、游泳等不同生活方式，试述其身体结构对生活方式的适应。
7. 试述头足类对环境适应的结构特点。
8. 了解软体动物与人类的益害关系。

第七章

节肢动物门（Arthropoda）

内容提要

本章介绍了节肢动物门的主要特征及其门下分类5亚门16纲，重要亚门和纲的特征、分类、代表动物的形态结构、习性。通过对以上内容的学习，可以掌握节肢动物在自然界的地位和作用，理解节肢动物为何在地球上如此繁盛。最后专门介绍了节肢动物与农牧业的关系，旨在提高农林院校学生理论联系实际和将所学知识应用于实践的能力。在门的特征中对陆生种类的特征重点加以介绍，以说明节肢动物对陆地环境的成功适应，再对水生种类特征进行了简要介绍，方便对比学习。

第一节 节肢动物门特征

节肢动物是身体为异律分节，一般可分为头、胸、腹3部分，具几丁质外骨骼且附着肌肉、明显并有关节的附肢、混合体腔和开管式循环系统的动物。节肢动物起源于环节动物，是动物界种类最多的一门动物，有120多万种，占动物种数的85%左右，与人类的关系十分密切。本门动物不仅种类多，而且数量巨大，具有高度的适应能力，几乎占据了生物圈中海、陆、空所有生境。尤其是六足亚门昆虫纲、螯肢亚门蛛形纲和多足亚门的很多种类，完全适应了陆地生活环境，登陆取得了巨大的成功，演化为真正的陆栖无脊椎动物。

一、发达坚硬的几丁质外骨骼

节肢动物的体表被有比环节动物厚得多的表皮层，称为外骨骼（exoskeleton），由上皮分泌形成，由外到内分为上表皮、外表皮和内表皮3层，下方是单层的上皮细胞。①上表皮是极薄的脂蛋白，约占表皮厚度的3%，陆生种类往往覆盖有蜡质层用以防水渗入；②外表皮主要是几丁质（chitin）和蛋白质合成的糖蛋白，几丁质是外骨骼的主要成分，是一种含氮的多糖化合物，质地柔软并具弹性，蛋白质分子与醌交互连接在一起，使柔软的蛋白质转化为坚硬的骨蛋白（sclerotin），同时颜色变深，这一过程称为鞣化作用（sclerotization）；③内表皮相对较厚，主要由几丁质和少量蛋白质组成，未经鞣化，柔软而有弹性。醌是血液中的酪氨酸进入表皮，在多酚氧化酶的作用下氧化而来。

外骨骼由多个骨板拼接形成，总体质地较坚硬，但其厚度和硬度在全身并不是均质的。以昆虫为例，在昆虫头部和身体背面外骨骼较厚较硬，在昆虫身体腹面、腹部和关节处外骨骼则薄而柔软。有些甲壳类动物（虾、蟹）的外骨骼往往沉积有大量的钙盐，因而具有更坚硬的外壳。

外骨骼防止了化学的和机械的损伤，可以保护体内器官；内侧附着肌肉，能与肌肉协同完成各种运动；最重要的是有效地防止了体内水分蒸发。因而，外骨骼的出现使节肢动物能适应干燥的陆地环境。

坚硬的外骨骼像盔甲一样包围着节肢动物的身体，限制了其身体的生长，因而出现蜕皮现象（ecdysis）。蜕皮是节肢动物周期性地在内分泌激素的调控下，长出柔软而多皱的新外骨骼后，再蜕掉旧外骨骼，此时动物大量吸水或吸气，同时肌肉伸张而身体膨胀，新外骨骼随之扩张，这样身体进行生长。经过一段时间，新外骨骼增厚变硬，生长停止，属间歇性生长。昆虫一般蜕皮 4～7 次，在达到成虫期之后便不再蜕皮，体长一般小于 5cm。有些种类如甲壳纲的虾蟹可以终身蜕皮，有的一生蜕皮达 30 次以上，因而可以长得很大。

二、异律分节与身体的分部

节肢动物和环节动物一样身体完全分节，但节肢动物为异律分节（heteronomous metamerism），即体节发生分化，其机能和结构互不相同，而机能和结构相同的体节常组合在一起形成体部。

1. 异律分节使得节肢动物的体节由分散到集中，各体部具有不同器官，分工明确　最为繁盛的六足亚门动物，身体分为头、胸、腹 3 部分。头部用于摄食和感觉；胸部用于支持和运动；腹部用于代谢和生殖。各部互有联系，协调配合，增强了对环境的适应性。甲壳亚门和螯肢亚门的种类头部与胸部愈合而成头胸部，身体分为头胸部和腹部；多足亚门较为原始，仍有同律分节的痕迹，身体分为头部和躯干部，躯干部由多个相似体节组成。

2. 节肢动物的附肢也都分节，增强了运动能力　身体与附肢连接处形成了活动的关节，附肢的节与节之间也以关节相连，节肢动物由此得名。附肢内有发达的肌肉，连接着关节处相邻的骨板。分节的附肢主要集中在胸部，可进行前后、左右和上下的活动，大大地提高了附肢和躯体活动的灵活性。头部附肢特化为感觉、摄食器官，腹部附肢大多退化，末端有些成为辅助生殖活动的器官，进一步提高了其对陆地环境的适应能力。

环节动物的疣足只是体壁中空的突起，并未形成关节，与身体连接处也不是关节，运动能力不强。

三、高效的呼吸器官——气管系统

为陆生节肢动物普遍具有。气管系统（tracheal system）为体壁内陷形成管状，外端有气门（spiracle）与外界相通，内端的气管（tracheae）在节肢动物体内一再分支，形成微气管（tracheales），把 O_2 直接送到每一个细胞中去。气管在体内的分支程度十分惊人，经反复多次分支后最细的微气管直径不足 $1\mu m$，有的进入细胞内部，有的从细胞穿过，特别是在肌肉细胞内，大量的微气管缠绕着肌纤维来供氧。蛛形纲除具有气管外，还有书肺（book-lung）来进行呼吸，O_2 自书肺进入血液。气管和书肺均为形状复杂的内陷形式，既保证了呼吸的效率，又有效地防止了体内水分的蒸发，是对干燥陆地环境的适应。

多数陆生节肢动物血液循环系统不发达，只是运送一些营养物质，要靠气管系统来获氧。此外，绝大多数动物种类循环与呼吸紧密联系，由血液来运输 O_2 和 CO_2。

水生种类为鳃或书鳃，鳃和气管都是体壁衍生形成的，鳃为体壁外突形成，气管为体壁内陷形成，表面积惊人，都是尽量扩大与载氧介质的接触面积，提高气体交换效率。值得一提的是，内陷的气管在呼吸时可有效地防止体内水分蒸发，是对干燥陆地环境的适应。大多数节肢动物只含有血清蛋白而无血红蛋白，所以血液不呈红色，而是蓝色、淡黄色或青色等不同颜色。

四、混合体腔与开管式循环系统

节肢动物胚胎发育早期，真体腔的体腔囊因囊壁大部分解体与原体腔连通成为混合体腔（mixocoel），主要位于消化管与体壁之间。混合体腔又常分为若干充满血液的腔室，又称血腔（haemocoel）或血窦（blood sinus）。残余的真体腔见于生殖器和排泄器的内腔。

开管式循环系统（open vascular system）与环节动物、脊椎动物的闭管式循环有很大不同，主要由具多对心孔的管状心脏和由心脏发出的一条较短的动脉构成，一般血管不发达而血窦发达。心孔收集周围血液进入心脏，自后向前经由动脉流出，进入身体各部的血窦和组织间隙中，总体先进入头部血窦，再进入围脏窦获取营养后又经心孔流入心脏。直接浸润在血液中的肠道所吸收的养料可透过肠壁进入围脏窦，再随血液到全身，陆生种类除蛛形纲外血液只输送养料、代谢物质和激素，而不输送 O_2。节肢动物附肢易失去，体壁易开缝，由于开管式循环血压低且血液流速慢，因而失血很少，不会威胁到生命，仍能存活，这是对复杂陆地环境的适应。

五、适应陆生的排泄器官——马氏管

陆生节肢动物的排泄器官称作马氏管（billiary vessels），是从中肠与后肠之间发出的多数细管，浸润在血液中，能吸收其中的尿酸和无机盐，使之进入后肠，与粪便一起从肛门排出。在直肠往往有 6 个加厚的直肠垫，将粪尿中的水分回收入血液，最大程度保存水分不被散失，这也是对干燥陆地生活的适应。

节肢动物的另一种排泄器官多为水生种类具有，是由后肾管演化而来的腺体结构，收集血液中的代谢废物，经管道体表排出，如虾的触角腺（又称绿腺）开口于第二触角的基部，蛛形纲的基节腺也是这种结构。

六、强有力的横纹肌

扁形动物、线虫动物、环节动物都具斜纹肌。节肢动物出现的横纹肌，肌原纤维多，伸缩力强，形成肌肉束，与脊椎动物相似。肌肉两端着生于外骨骼上。按体节成对排列，相互颉颃，进一步增强了运动能力。

七、独特的消化系统

运动能力增强后，能量需求增加，提高了动物对营养的要求，导致消化系统发达。

节肢动物头部的一部分附肢，往往变成口外的咀嚼器和帮助抱持食物的构造，如蛛形纲的螯肢和须肢。昆虫纲最为复杂，咀嚼器和头的一部分构造合称为口器（mouthparts）。口器有多种，可摄取多种食物。另外，节肢动物前肠和后肠壁上出现几丁质外骨骼，并在前肠形成齿和刚毛等构造，用来研磨和过滤食物，增强了消化能力。

八、发达的神经系统与灵敏的感官

节肢动物神经系统类型和环节动物一样，也是索式神经系统，但功能更强大。由于节肢动物异律分节的缘故，常有一些前后相邻的神经节因此愈合成一个较大的神经节或神经团，使得神经系统传导刺激、整合信息和指令运动的机能更强，更利于陆栖生活。

陆地上的环境因子变化幅度远较水中大，且影响动物生存的环境因子多样化。因此，节肢动物的感官相当复杂，用来感知陆上多样和多变的环境因子，以便迅速做出反应，如单眼、复眼和触毛、嗅毛等。

九、生活史多有变态发育现象

节肢动物的昆虫纲种类多有变态发育现象，幼虫与成虫身体结构明显不同，生存环境和食物种类也不同，结果就减少了种内竞争，使其更加适应环境，利于种群发展。

十、生殖与发育方式多样化

节肢动物一般雌雄异体，陆生种类为体内受精，水生种类为体外受精或体内受精。有多种生殖方式，如卵生、卵胎生、孤雌生殖、幼体生殖等。个体发育有直接发育和变态发育。

综上所述，这些结构特征及其相应的功能，使节肢动物具备了适应陆地及空中生活的能力，成为无脊椎动物中真正适应了陆地生活的类群，在地球上最为繁盛，分布最广，种类最多，数量惊人。

第二节　节肢动物门分类

节肢动物门门下分类复杂，根据节肢动物体节的组合、附肢以及呼吸器官等特征的不同，现在分为 5 亚门 16 纲，根据农林院校需求，简介如下：

一、三叶虫亚门（Trilobitomorpha）

三叶虫类是节肢动物中最原始的种类，2 亿年前都已灭绝。从已发现的 4 000 余种三叶虫化石中，我们知道它们均生活在古代的浅海里，从寒武纪到奥陶纪都很兴盛。体分头部、胸部和尾部，背壳被 2 条纵沟分为 3 叶而得名。仅有 1 纲，即三叶虫纲（Trilobita）。

二、甲壳亚门（Crustacea）

甲壳类头胸部具背甲，触角 2 对，1 对上颚，2 对下颚，腹部分节；附肢双肢型，形态变化大，适应多种功能。已知 65 000 种以上。我们熟悉的有水蚤、剑水蚤、丰年虫、对虾、螯虾、龙虾、蟹等。小型甲壳动物无论在淡水里还是在海洋里，个体往往都大量出现，聚集成群，成为浮游生物的重要组成部分，位于食物链底层，因其作用类似于陆地上的昆虫，故被称为"海洋中的昆虫"。包括 6 个纲，桨足纲（Remipedia）、头虾纲（Cephalocarida）、鳃足纲（Branchiopoda）、介形纲（Ostracoda）、颚足纲（Maxillopoda）和软甲纲（Malacostraca）。

最主要的是软甲纲，为甲壳亚门中最高等的、形态结构最复杂的一纲。包含 3 个亚纲，4 个总目。其中，拥有大量为人所熟知的经济物种和观赏虾蟹类，如龙虾、对虾、磷虾、梭子蟹、青蟹、招潮蟹等，人类居室内常见的有平甲虫和鼠妇。体分头胸部和腹部，通常头部 6 节，胸部 8 节，腹部 6 节及一尾节，除尾节外各节均有附肢，胸部前 3 对附肢常形成颚足。身体基本上保持虾形，或缩短为蟹形。

三、螯肢亚门（Chelicerata）

体分头胸部和腹部，通常不分节，6 对附肢，第 1 对为螯肢，第 2 对为须肢，余为步足。无触角和大颚。约 9 万种。

1. 肢口纲（Merostomata）　海生。头胸部附肢的基部包围在口的两旁，鳃呼吸。现存 4 种，我国有 3 种，代表为中国鲎（*Tachypleus tridentatus*），又称东方鲎，还有南方鲎和圆尾鲎。

2. 蛛形纲（Arachnida）　陆生。体分头胸部和腹部，头胸部有 6 对附肢，无触角，腹部附肢退化，书肺或气管呼吸。约 8 万种，如各种蜘蛛、蝎子和蜱螨类。

3. 海蛛纲（Pycnogonida）　状似蜘蛛而又海生，因而得名。以南北两极的寒冷海域最为常见，多在浅海区营底栖生活，肉食性，约 1 000 种。

四、多足亚门（Myriapoda）

陆生。头部明显，有 1 对触角，口器 2～3 对，躯干部体节同型，每节通常有 1 对附肢，以气管呼吸。约 13 000 种。多数喜欢潮湿温暖的环境，栖于石下、枯枝落叶间或土中，是"土壤动物"的重要组成。

1. 唇足纲（Chilopoda）　通称蜈蚣，每体节 1 对足，具毒爪，躯干体节数 15～193 节。已知约 2 800 种。如石蜈蚣（*Lithobius*）、花蚰蜒（*Thereuopoda tuberculata*）。

2. 倍足纲（Diplopoda）　通称马陆，身体前 3 体节无足，其余各体节成对愈合，因而每体节有 2 对足。已知约 1 万种。如马陆（*Julus* spp.）、带马陆（*Doratodesmidae*）等。

3. 少足纲（Pauropoda）　小型，长 0.5～2mm，体软，只有 11 节，9 对足。

4. 综合纲（Symphyla）　体形甚似蜈蚣，长 2～10mm，10～12 对足。已知约 160 种。如幺蚣。

五、六足亚门（Hexapoda）

陆生。体分头、胸、腹三部分，头部1对触角，3对口器，胸部有3对步足，通常有2对翅，腹部除生殖肢外，一般无足，以气管或体表呼吸。已描述的约100万种，几乎遍布地球的陆地和淡水水域，个体小，有些种类数量极多，如蚂蚁。

1. 内颚纲（Entognatha） 无翅，口器藏于头部一个可翻缩的囊里，上颚有1个关节与头部相连。包括原尾虫、弹尾虫和双尾虫等类群。

2. 昆虫纲（Insecta） 一般具翅，口器外露，上颚有2个关节与头部相连。如甲虫类、蝶蛾类、蜂类、蝗虫、蚊、蝇等。

第三节　螯肢亚门——肢口纲

肢口类全部为海产动物，用书鳃呼吸。生活于浅海海底，或爬行，或游泳，也可钻入泥沙内，以蠕虫及小软体动物为食，昼伏夜出。

我国常见的是中国鲎（图7-1），体分头胸部、腹部及剑尾三部分，头胸部马蹄形，背面隆起有2条纵脊，腹面凹陷，不分节而具附肢6对。单眼1对，位于背中央纵脊前端的两侧；复眼1对，分别位于背侧纵脊的外侧。头胸部附肢中螯肢短小，仅3节，其余附肢由6节组成。末节一般为钳状，但最后1对呈耙状，适于掘土。成熟雄体第2对附肢的末端呈弯钩状，用以抱住雌体。第3～6节附肢排在口的两侧，故又称颚肢。腹部背甲呈六角形，两侧有缺刻和短刺，腹面也有6对附肢。第1对左右愈合成板状，覆盖于其余各肢之上，生殖孔位于板的下方，称为生殖厣（genital operculum）。其余各对附肢皆为双肢型，外肢宽大，内肢细长。书鳃是由外肢后方体壁向外突出形成的，折叠成页，每一书鳃由150～200个小页组成，内有血管网，兼有游泳和呼吸的功能。肛门位于剑尾的前方腹面，剑尾锋利，是防卫器官。鲎在演化上形态变异不大，保持了原始性，故被称为活化石。

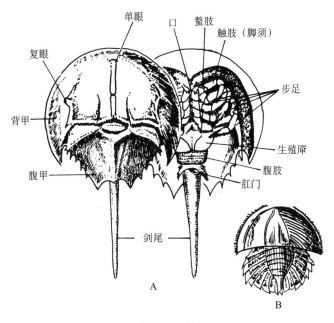

图7-1　鲎
A. 外形　B. 幼体
（仿华中师范学院等）

鲎卵生，雌鲎产卵后，雄鲎把精液洒在其上而受精，用沙覆盖受精卵。初孵幼虫体长仅7～8mm，腹部8节而只具4对附肢，身体纵分为中央及两侧3部分，与三叶虫的成虫极相似，故称三叶幼虫。这说明肢口纲与三叶虫纲亲缘关系十分密切。

鲎的血液含铜离子呈蓝色，演化出保护机制：鲎身体若受到伤害，血液中的变形细胞就会把细菌凝结，进而杀死它，这是鲎可以存在这么久的原因之一。由鲎血制成的"鲎试剂"，被用到了如脑膜炎、霍乱、鼠疫、百日咳等由革兰氏阴性细菌引起的疾病的临床诊断中，同时在药品检验、食品卫生、环境监测等方面都取得了重大的进展。另外，人类利用在研究鲎眼中发现的侧抑制原理，进行电视图像传输，从而提高图像清晰度。

肢口纲种类少，现存只 1 目，即剑尾目（Xiphosura），共有 4 种，分布区彼此隔离。中国鲎分布于福建、广东沿海。本纲中另有一个广鳍目（Eurypterida），已全部绝迹，寒武纪最旺盛，二叠纪消失，如板足鲎（Eurypterus）（图 7-2）。

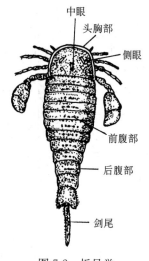

图 7-2　板足鲎
（仿华中师范学院等）

第四节　甲壳亚门

甲壳亚门动物常见的有虾、蟹、水蚤和藤壶等，绝大多数营水生生活，也有少数种类生活在潮湿的陆地上，部分种类营寄生生活。

一、甲壳亚门主要特征

本亚门动物主要栖息在海洋里，人们所熟悉的有对虾、龙虾、螃蟹（图 7-3B）等。少数是陆生的或半陆生的，也有一些营寄生生活的，常引起一些经济鱼类的病变。

1. 甲壳动物的外骨骼杂有石灰质，往往厚而坚实　外骨骼呈分节现象，小型种类变化较大，有的头、胸、腹 3 部分都明显，有的只分体前部和体后部，有的无头胸甲。对虾的形态是较高等的甲壳类的代表之一。在节肢动物门中，本纲与其余各纲相比，较为原始，主要表征之一是：体节数及与之相关的附肢对数较多，一般具有 2 对触角，3 对摄食用的附肢，且附肢是典型的双肢型，各节几乎均有 1 对附肢。小型种类的外骨骼薄而透明。

2. 甲壳动物的消化系统为 1 根直管，胃内具有胃磨　大型种类主要以环节动物等蠕虫、软体动物及水草为食，特点是胃内具有几丁质板齿构造的胃磨，粗大的食物虽经大小颚的初步咀嚼，但还难以消化，必须经过胃磨进一步碎化。此外，还具有刚毛状的突起，用以过滤食物，阻挡粗大的食物粒进入中肠。高等甲壳类的中肠常具有盲囊，能分泌消化酶及吸收营养，故又称肝或消化腺。而且消化腺进一步分支，扩大了中肠内的表面积，增强了消化和吸收的功能。小型种类吞食细菌、单细胞藻类和有机碎屑等，消化系统比较简单。

3. 循环系统为开管式，含血蓝蛋白或血红蛋白 2 种呼吸色素　软甲纲的大型种类具备完整的开管式循环。血液由血细胞和血浆 2 部分组成，前者可以吞噬侵入体内的异物，并能促使伤口血液凝固，后者含有血蓝蛋白或血红蛋白，用来运输 O_2。小型种类无循环系统或有心脏无血管。

4. 鳃形态多样化，是分类的重要依据　甲壳动物的一个特征性器官是鳃，因种类的不同形态各异。大型种类如对虾等完全靠鳃来完成呼吸。日本沼虾的鳃是叶鳃，克氏原螯虾的鳃是丝鳃。甲壳动物的最终代谢氮废物大部分是氨，只有少量的尿素和尿酸，因此称为排氨型代谢动物。除像对虾一样以绿腺或颚腺来排泄外，有些种类还可通过鳃把代谢产物扩散出去。因此，甲壳类的鳃兼有呼吸和排泄的机能。许多小型种类没有呼吸器官，以体表直接进行气体交换。

5. 具索式神经系统，脑可分泌激素控制蜕皮的发生　甲壳动物的神经系统与环节动物的相似，中枢神经包括咽上神经节（脑）、围食道神经及腹神经索。高等种类神经节明显愈合，脑内还有神经分泌细胞，该细胞分泌的激素控制幼虫及蛹的脱皮。

此外，感觉器官较发达，包括触毛、复眼及平衡囊等，一部分甲壳动物还另有单眼。平衡囊仅见于高等种类，虾类中特别发达。

6. 变态发育，具有多个幼虫期，成体仍可蜕皮生长　甲壳动物雌雄异体，一般为两性生殖。胚后发育要经过复杂的变态，一般有下列几个幼虫期：无节幼虫期（nauplius-stage）、腺介幼虫期（cypris-stage）、前溞状幼虫期（protozoaea-stage）、溞状幼虫期（zoaea-stage）、大眼幼虫期（megalopa-stage）、糠虾期（mysis-stage）。低等种类发育中经过上述1个或2个阶段即变成成虫。而高等种类往往要经过多个幼虫期，每次幼虫期开始时幼虫通过萌芽产生新的节和外肢，并不断蜕皮，且在成体阶段也要蜕皮。这一点与昆虫不同。甲壳动物的低等种类有世代交替的现象。

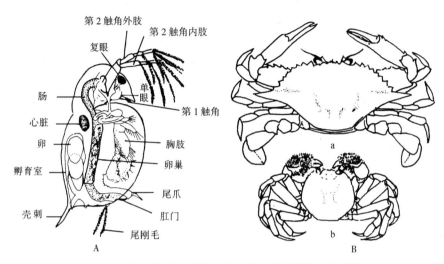

图 7-3　溞状溞的内部结构及我国2种重要的食用蟹类
A. 溞状溞的内部构造　B. 我国2种重要的食用蟹类　a. 三疣梭子蟹　b. 中华绒螯蟹
（A仿华中师范学院等；B中a仿魏崇德，b仿堵南山）

二、代表动物——对虾

对虾（*Penaeus orientalis*）学名为东方对虾，又称中国对虾，是具洄游习性的甲壳动物，主要分布于我国的黄海、渤海及长江口以北的海区，是我国的重要海产品之一，经济价值高，因过去常成对出售而得名对虾。洄游是水生动物受产卵、觅食或季节变化的影响，沿着一定路线有规律地往返迁移。对虾的洄游是由于产卵和季节变化的影响所致。

1. 外形特征　虾体长而侧扁，雄体较雌体短10～50mm，体分头胸部和腹部。头胸部外被坚硬的头胸甲，腹部一般具7个体节，各节外被片状外骨骼，节间有膜质关节，因此对虾的腹部能够伸屈自如（图7-4）。

对虾头胸甲前端有一剑状突起，称为额剑，是其攻防器官。复眼具有能活动的眼柄，位于额剑两侧。雌性的第3步足基部具生殖孔1对，雄性生殖孔则位于第5步足基部。

对虾每体节都具1对分节的附肢（尾节除外），共有附肢19对，头胸部13对，腹部6对。着生于虾体不同体节的附肢均为双肢型，

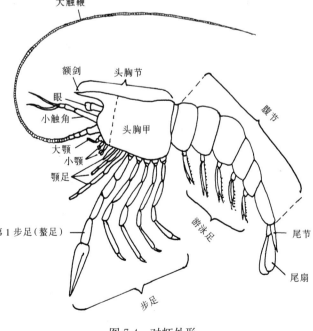

图 7-4　对虾外形
（仿 Hickman）

由于功能不同，具有不同的形态。着生于口附近的，外肢节发达，适宜于抱持、研磨食物；着生于胸部的，外肢节消失，内肢节发达，适宜于捕食和爬行，且多关节；着生于腹部的，内外肢节均发达，适宜于游泳。

2. 内部结构　各系统现分述如下（图 7-5）：

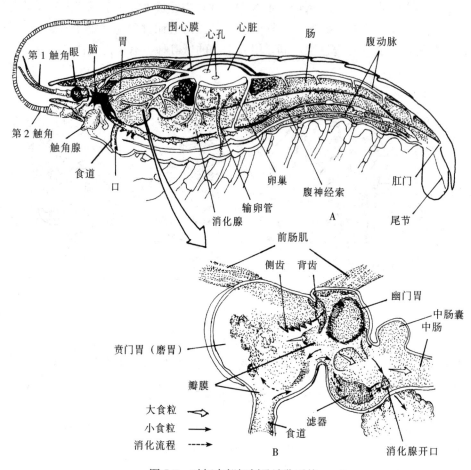

图 7-5　对虾内部解剖及消化系统
A. 对虾内部解剖　B. 对虾消化系统
（仿 Mitchell）

（1）消化系统：对虾的消化系统由前、中、后肠道组成。前、后肠具有几丁质的内膜，比较发达。中肠很短，无几丁质内膜。前肠包括口、食道及胃。口位于头胸部腹面，两大颚之间。食道短，其后为胃。胃大，分为两部分，即前部的贲门胃和后部的幽门胃，贲门胃内具齿状胃磨（gastric mill），能磨碎食物。幽门胃内布满刚毛，可过滤食物。中肠很短，具有盲囊，能分泌消化酶并能吸收营养，故称做肝胰或肝腺。肛门位于尾部腹面。对虾以海中的浮游生物为食。

（2）循环系统：对虾为开管式循环，心脏位于头胸部背部的围心窦内，发出 6 条动脉，将血液分送全身各部，血流速度慢，这是对于节肢动物的附肢易于折断或失去的一种保护性适应，可避免失血过多。血液无色，但在缺氧的水体中生活的种类血液中常有血红蛋白。

（3）呼吸系统：对虾的鳃位于头胸部两侧鳃盖下的鳃腔内，可进行气体交换。每个鳃上具有一个鳃轴及许多分支的鳃丝，借以增加气体交换的面积，并且在鳃丝内形成血管网。

（4）肌肉系统：对虾的肌肉形成许多肌肉束，分布于头胸部和腹部，尤以腹部肌肉最集中、最发达。肌肉分伸肌和屈肌 2 种，腹屈肌最发达，几乎占据整个腹部，强烈收缩时，尾扇便可将水推向前方，使虾体迅速后退。对虾的背伸肌并不发达，运动力弱，故虾体伸直运动常常较慢。对虾向前运动主要靠腹部附肢的运动来完成。

（5）神经系统：对虾的神经系统为链状。脑位于食道上方，分出神经至复眼、触角，并分出 1 对围食道神经与胸神经节相连，胸神经节之后连接 1 条腹神经索，腹神经索膨大为腹神经节，由此分出神经达身体各部。

对虾的视觉器官发达，有 1 对具柄的复眼，与昆虫的复眼相类似，每一复眼由许多六角形的小眼镶嵌而成。

对虾的小触角基部内还具平衡囊 1 对，囊壁为几丁质，囊内有砂粒（平衡石）及刚毛，砂粒位置的改变可触及一方的刚毛，从而产生相应的平衡动作。此外，小触角上还有许多感觉毛，具有嗅觉功能。

（6）排泄系统：对虾的排泄系统为 1 对触角腺，位于大触角的基部，并在此开口。每个触角腺由 1 个腺体和 1 个薄壁膀胱组成。腺体内的排泄物为近似尿酸的鸟氨酸，呈绿色，所以又称绿腺。

（7）生殖系统：对虾为雌雄异体。雄性生殖器官包括精巢和输精管，生殖孔开口于第 5 对步足的基部。雌性生殖器官包括卵巢、输卵管和受精囊，生殖孔位于第 3 对步足的基部。虾成熟时进行交配，受精卵黏着在雌虾的游泳足上，逐渐发育成幼虫。

3. 生殖和发育 对虾两性成熟期不同，相差较大，雄性当年成熟，雌性要到翌年 4—5 月成熟。在雌虾成熟之前，雄虾即与之交配，将精子输送到雌虾的受精囊中。雌虾成熟时将成熟的卵由生殖孔排出，受精囊中的精子逸出与卵受精。受精卵黏附在雌虾的游泳足上，经过 2～3 周孵出溞状幼体，经过约 9 次蜕皮成为仔虾，继续长大至秋季即为成虾。

对虾在我国主要分布在黄海、渤海及长江口以北的海区。随着水温等环境因子变化，对虾每年都要进行洄游。越冬时一般分散开，多不捕食，活动能力差。翌年 3—4 月间水温回升，则集群洄游进行产卵，又称生殖洄游或产卵洄游。产卵后，虾群分散，9—10 月间幼虾成为成虾，水温下降后，即进行集群越冬洄游。

对虾个体大，营养价值高，肉质鲜美，是我国的重要海产品之一。近年来，随着人工养殖对虾的成功和发展，经济效益也越来越好。

三、甲壳亚门重要类群

甲壳亚门种类较多，分类系统比较复杂，现将主要纲简述如下：

1. 鳃足纲（Branchiopoda） 本纲动物主要生活在淡水中，体小，胸肢扁平似叶，可作鱼、虾、蟹等的天然活饵料。如蚤状溞（*Daphnia pulex*），体长 1.40～3.36mm，呈扁卵圆形。头胸甲发达，形成蚌壳形的壳瓣，包被大部分身体，第 2 触角发达，是运动器官。蚤状溞分布广泛，在湖泊池沼中常形成优势种。还有卤虫（*Artemia*），体长约 1cm，生活于含盐量很高的水体中；鲎虫（*Apus*）体长 3～4cm，有宽大的背甲和细长的腹部，尾叉长而分节，常见于春季的稻田和水沟中。

2. 颚足纲（Maxillopoda） 本纲动物主要生活于海水中。颚足纲生物通常体形变化极大，体短，身体由头部、胸部和腹部 3 部分组成，头部 5 节，胸部 6 节，腹部 4 节，另外还有一尾节。腹部无附肢。

桡足类（Copepoda）无头胸甲，体明显分为肥大的前体部和瘦小的后体部，有附肢。常为海洋和淡水湖泊中常见浮游动物的重要成分。如中华哲水蚤（*Calanus sinicus*），体长 1～2mm，近邻剑水蚤（*Cyclops vicinus*），体长 1.20～1.8mm，在我国海域分布广泛。蔓足类（Cirripedia）全为海生，少数淡水产，躯体分节不明显，外面常被覆石灰质壳板的外套。第 1 触角细小，用于固着在基质上。第 2 触角完全退化。胸肢的内外肢都长而多节，卷曲如蔓，称为蔓足，用于摄食。全部海栖，成体营固着生活。在我国南北海区广泛分布，如藤壶（*Balanus*），附着在海边岩石上，密集成群，有石灰质的灰白色外壳，形状有点像马的牙齿，所以海边的人们常称它为"马牙"，也常附着在岩礁、浮标、木桩、码头、船底以及贝壳上，由于其特殊的形态结构、生活史和种群生态，已成为最主要的海洋污损生物之一。全球每年都耗费庞大的人力及资金用以清除藤壶，而防止藤壶附生的各种科技涂料也在研发当中。

3. 软甲纲（Malacostraca） 体型大而较高级的甲壳纲动物，体节明显，为 20～21 节。甲壳坚硬，头胸节发达。雌雄异体，生殖孔位于一定体节上。雌性生殖孔在第 3 对步足之间，雄性生殖孔在第 5 对步足的基部。主要海栖，也有在淡水中生活的。包括等足目、十足目、磷虾目等主要类群。

第五节　多足亚门——唇足纲

唇足纲动物通称蜈蚣，全部为陆栖，蠕虫形，视觉器官不发达，以气管呼吸，多为土壤动物，夜里活动，已知约 2 800 种，常见的有石蜈蚣（*Lithobius*）、花蚰蜒（*Thereuopoda tuberculata*）。身体扁平，分头和躯干 2 部分。头部具触角 1 对，是触觉和嗅觉器官。头部腹面有口器，具大颚 1 对、小颚 2 对，是摄食器，如巨蜈蚣（*Subspinips dehcani*）（图 7-6）。躯干部体节因种而异，蜈蚣常为 15～193 节，各节具附肢 1 对，第 1 躯干节的步足十分发达，形成唇足类特有的颚足，也称毒爪，内部具毒腺。蜈蚣的躯干部背面暗绿色，腹面黄褐色。身体两侧具有气门 9 对。肛门位于体后。蜈蚣具生殖孔 1 个，位于躯体末端倒数第 2 节腹面，雌雄异体。

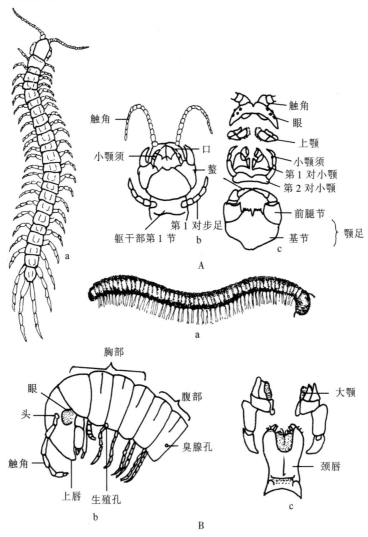

图 7-6　巨蜈蚣及马陆

A. 巨蜈蚣　a. 外形　b. 头部腹面观　c. 口器

B. 马陆　a. 外形　b. 头部和胸部　c. 口器

（仿华中师范学院等）

内部结构近似昆虫，皮肤腺较发达，蜈蚣的毒腺和马陆的臭腺都是皮肤腺。消化道简单，为一直管。中后肠交界处有马氏管，是排泄器官。以气管呼吸，为开管式循环。神经系统包括脑及一腹神经索，每体节均有神经节 1 对。

第六节 螯肢亚门——蛛形纲

一、蛛形纲主要特征

蛛形纲现存约有 80 000 种，是节肢动物门中仅次于昆虫纲的一大类群。本纲动物生活方式多样，种类繁多，蛛、蝎、蜱、螨均属此纲。绝大多数陆栖，以书肺或气管呼吸。

1. 体部 蜘蛛、蝎子体分头胸部和腹部，蜘蛛腹部完全愈合不分节，蜱螨类的头胸腹完全愈合。头胸部除螯肢和脚须外，还有 4 对步足。

2. 肉食性 通常捕食小型节肢动物。蜱螨类主要寄生在哺乳动物的体表或皮肤内。

3. 呼吸 呼吸器官包括书肺和气管。书肺是节肢动物门蛛形纲特有的呼吸器官。在蜘蛛腹部前方两侧，有一对或多对囊状结构，称气室，气室中有 15～20 个薄片，由体壁褶皱重叠而成，像书的书页，因而称"书肺"。当血液流过书肺时，与这里的空气进行气体交换，吸收 O_2，同时排出 CO_2，完成呼吸过程。气管气体交换机制与昆虫相同，与循环无关，可减少水分散失。

4. 排泄 排泄器官为基节腺和马氏管。基节腺与甲壳亚门的绿腺类似，马氏管与昆虫的类似。

5. 神经系统和感官 蛛形纲的索式神经系统颇为集中，许多动物胸部和腹部全部或大部分神经节前移与食道下神经节愈合，由此发出神经至全身。体表有许多由表皮生成的各类感觉毛，毛的基部与神经相连，能感觉细微的震动。脚须、口周围和步足表皮末端有许多中空的、端部有孔的毛，是化学感觉器，有嗅觉和味觉功能。视觉器官为多个单眼，能感光，能看到物体轮廓，通常视力很弱。

二、代表动物——大腹园蛛

大腹园蛛（*Aranea ventricosa*）是常见的蜘蛛之一，喜结网于庭院树木之间，屋角檐下，网捕小型昆虫为食。下面以大腹园蛛为主，说明蜘蛛的主要特征。

（一）外部形态

身体分头胸部和腹部两部分，往往以腹柄相连（图 7-7）。

1. 头胸部 头胸部由头部和胸部合成，背面有坚硬的背甲（carapace），其上常有 U 形颈沟（cervical groove），是头部和胸部的界缝（图 7-7）。头部前端有单眼（ocellus）4 对，其对数和排列方式因种而异，是分类的依据之一，无复眼。头部的腹壁为下唇，腹面有胸板（sternum），位于下唇的后方，多呈心形，也较坚硬。

头胸部有 6 对附肢，头部有 2 对附肢，第 1 对为螯肢，分螯基和螯爪两部分，呈半钳状。螯基内侧常有一沟，称螯肢沟或牙沟，当螯爪收回时，藏于此沟内。螯爪内有毒腺管穿过，开孔在爪近尖端处。口后是须肢，是蜘蛛的第 2 对附肢，足状，但只有 6 节（少 1 个后蹠节）。须肢由触须和颚叶组成，颚叶即须肢的基板，左右颚叶之间的中央部位是单片的下唇。成熟雄蛛须肢的跗节特化为交接器（copulatory organ），用以输送精液至雌体内。其余 4 对为步足（ambulatoria），着生于头胸部侧面的背甲和胸板之间。

2. 腹部 腹部与头胸部之间以腹柄相连，腹柄由腹部第 1 节变来。腹柄短而窄，因被腹部向前突出的部分所遮盖，一般从背面难以见到。腹部不分节（原始类型有 12 腹节），呈圆囊状（图 7-7）。背面中央有心斑（cardiac pattern）1 个，系体内心脏所在位置，另有成对的深色凹陷为肌斑，是腹内肌肉的附着点。腹面前方有 1 个横沟，生殖孔（genital pore）位于此沟正中央，称为生殖沟或胃外沟（epigastric furrow）。

雄蛛生殖孔仅是 1 个简单小孔，雌蛛则有 1 个几丁质骨片覆盖于雌孔的上方，称为外雌器（epigynum）或生殖厣。外雌器因种而异，是鉴别雌蛛种的主要依据之一。生殖沟的两侧各有 1 个书

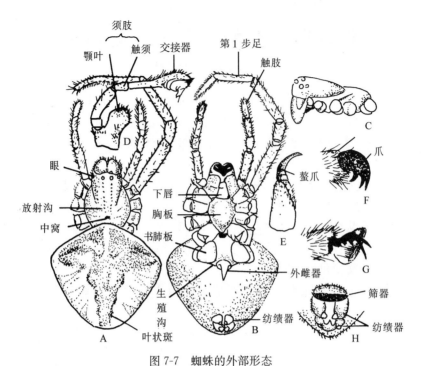

图 7-7　蜘蛛的外部形态

A. 园珠背面观　B. 园蛛腹面观　C. 园蛛头胸部侧面观（去步足）　D. 园蛛雄性触肢器

E. 园蛛螯肢　F. 园蛛跗爪　G. 二爪类蜘蛛跗爪及爪垫　H. 筛器类蜘蛛的筛器和纺绩器

（仿华中师范学院等）

肺孔（四肺类有 2 对孔），其前方有 1 个书肺板，又称生殖板（epigynum），还有气孔 1 个，位于生殖沟与肛门之间的腹中线后方，孔旁无板，易与书肺孔相区别。书肺孔及气门的数目，随种类不同而异。腹末端有前、中、后 3 对纺绩器（spinneret）。中纺绩器小，仅 1 节，前、后纺绩器粗大，圆锥形，具 2 节。纺绩器上有许多纺管，体内丝腺分泌的液汁经过纺管，遇空气凝结成蛛丝，用以结网、营巢、猎食、迁移、包卵或编织精液网等。有些蜘蛛在纺绩器的前方还有一个板状部，其上有许多纺孔，称为筛板（cribellum），这类蜘蛛称做筛器蛛类。肛门位于纺绩器后方的肛丘之上。

（二）内部构造

大腹园蛛内部构造较为复杂（图 7-8），分述如下：

1. 消化系统　消化道分前肠、中肠及后肠 3 部分。前肠包括口、咽、食道及吸胃。口的前面有一吻板，腹侧有下唇，还有颚叶，边缘都有毛，把食物滤入口腔。蜘蛛只吃液体，食物的坚硬部分要用消化酶先将其消化，然后再食用。吸胃呈囊状，有肌肉附着，可收缩或膨大，吸取汁液。吸胃之后为中肠，中肠包括中央的中肠管及两侧的盲囊，后者又各自分出 4 个盲囊，伸入 4 个步足的基部，用以储存液体食物。因此，蜘蛛有较强的耐饥能力。中肠管在腹部的中央略膨大，每侧有一多分支的消化腺体——肝，充满体腔的大部分。肝兼有吸收养分和消化食物的功能。中肠之后为后肠，很短，背方膨大为 1 个直肠囊，又称粪袋，粪便排泄前储于其中。

2. 排泄系统　蜘蛛的排泄器官有马氏管和基节腺 2 种，在园蛛的成体上，基节腺多退化，失去排泄功能。

3. 呼吸系统　蜘蛛以书肺或气管进行呼吸。许多蜘蛛（包括园蛛）既有书肺又有气管，但有的只有一种。书肺 1 对，常位于腹部腹面的前方两侧。书肺与气管一样由体壁内陷而成，为一囊状构造，囊的前壁向囊腔突出 15～20 片书页状的薄片，片内有血液流通。片与片之间有几丁质柱将其互相分隔，以利于气体流通。囊腔的后壁没有皱褶，形成一腔腺，称为气室（air chamber），与薄片间的空隙相互沟通，且以一横裂的书肺孔通于体外。在体腔内有一束肌肉连于气室的背壁，肌肉的伸缩可使气室扩张或收缩，从而使气体进出气室，有利于呼吸。园蛛的腹部后端还有气管 2 对，由气孔与体外相通，内有大量分支，使氧气直接通到组织中。

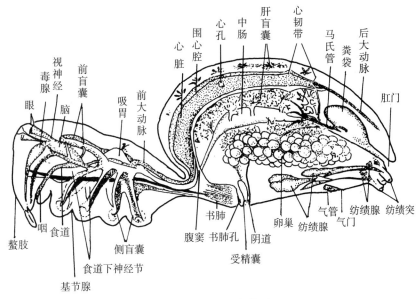

图 7-8　蜘蛛的内部构造
（仿 Hickman）

4. 循环系统　蜘蛛为开放式循环，心脏位于腹部前部背中线的体壁下方、消化道的上方，为一简单的血管，两侧有漏斗状的心孔，多为 3 对。心脏前端通出前大动脉，进入头胸部供血给各器官及附肢，有活瓣防血倒流。心脏后端通出后大动脉，每对心孔旁通出成对的侧动脉供血给腹部。血液流出血管后，经体腔汇集于背、腹两个血窦，流到腹部的前端，通过书肺交换气体，再经肺静脉流入围心窦，经心孔流回心脏。如此反复循环。

5. 神经系统和感官　蛛形纲的神经系统比较集中，腹神经链上的神经节都前移与食道下神经节愈合，并和脑十分靠近，二者都位于头胸部内，只有蝎目还保存腹部内神经链上的几对神经节。神经系统最大的部分是腹神经团，位于消化道和内胸板的下方，但有一较小部分（脑）位于消化道上方。脑发出神经到眼和螯肢。腹神经团通往身体各部，前 5 个神经原节通至触肢和 4 对步足，其余 7 个神经原节向后通出一根大神经，经腹柄通到腹部，分成两根，再分支遍布腹部。

蜘蛛的眼均为单眼，单眼的发达程度与蜘蛛生活方式有密切关系。一般像园蛛、球腹蛛、漏斗蛛等结网蜘蛛的视力很弱，仅能辨别物体的方位或大的光亮物体，而跳蛛、狼蛛、蟹蛛可以看到 8～33cm 远的运动物体。

蜘蛛步足和触肢上分布有听毛，有听觉、在网上定位、探测气流和保持肌肉紧张的功能。

6. 生殖系统　蜘蛛雌雄异体，雌大雄小。雌性生殖系统包括卵巢、输卵管、子宫、阴道和受精囊及其导管和腺体。卵巢位于消化道的下方，上有许多卵沟，故外形似一串葡萄。卵巢各通入一短的输卵管，两管汇合而成子宫，经阴道以生殖孔开口于生殖沟的正中。受精囊 1 对，位于阴道两侧，经各自的受精囊管，以受精孔与外界相通。受精囊孔接受雄蛛交配器的插入器输送来的精液，并暂时储于受精囊中，等到卵成熟，所储精子才进入子宫与卵相遇而受精。

雄性生殖系统包括精巢、输精管和储精囊。精巢 1 对，位于腹部前 1/3 处，向前有一输精管，左右输精管汇合成储精囊，最后以雄性生殖孔开口于两书肺孔之间。雄蛛没有直接与储精囊相连的交接器官，精液由生殖孔排于雄蛛临时纺织成的精网或小垫上，再将精液吸入脚须上的交配器中，然后开始追逐雌蛛进行交配。交配时，雄蛛将交配器中的栓子（embolus）插入雌体的受精囊中，注入精子。交配后雌蛛往往把雄蛛吃掉。

7. 丝腺及结网

（1）丝腺：蜘蛛体内有8种丝腺，大腹园蛛仅有5种（图7-9）。

①葡萄状腺（aciniform gland）：分为4簇，每簇约有100个腺体，通向中、后纺绩器产生捕带及卵囊中的丝。

②梨状腺（pyriform gland）：分为2簇，通向前纺绩器，每簇约有100个腺体，产生框丝、纵丝、拖丝和附着盘。

③壶状腺（ampullate gland）：腺体大而长，通向前、中纺绩器，共有4个，产生框丝、纵丝和拖丝。

④管状腺（cylindrical gland）：呈长圆筒状，仅见于雌蛛，一般为3对，1对通向中纺绩器，2对通向后纺绩器，产生卵囊的丝。

⑤集合腺（aggregate gland）：腺体分支或不规则分叶，共6个腺体，通向后纺绩器，形成黏丝及有弹性丝上的黏滴。

（2）网：结网蜘蛛结有不同的网，有的网仅用作隐蔽的处所，较进化的网则用以捕食。网的基本类型有：

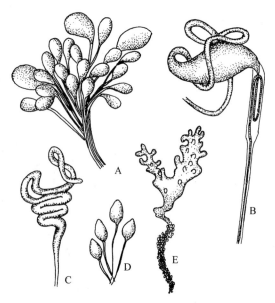

图7-9　大腹园蛛的5种丝腺
A. 葡萄状腺　B. 壶状腺　C. 管状腺
D. 梨状腺　E. 集合腺
（仿华中师范学院等）

①不规则网或乱网：网中的丝不规则地向各方延伸，如球腹蛛科和幽灵蛛。

②皿网：织成平面的或弧形的丝层，另有不规则的丝自丝层拉向不同方向，如皿网蛛科。

③漏斗网：主要部分是一个平网，一侧连接一漏斗形丝管，蜘蛛在管口，如受惊则迅速钻入管内隐蔽，另一端开口在灌丛深处或墙缝内，去捉它时可由此逃逸。如平网上有小虫，则可出来捕食。

④圆网：网呈圆形，自网中心向外有辐射丝，上面布有螺旋形的螺旋丝。如园蛛科和肖蛸科。圆网又分完全圆网、不完全圆网、扇蛛型圆网、无中枢圆网和有丝带圆网。

⑤三角网：呈三角形，如蜾蛛科的三角网蛛织的网，形状像完全圆网的一个三角形扇面，仅有4根辐射丝。

（三）生物学特性

蜘蛛为卵生动物，将卵产在卵袋内。卵袋产于石下、叶面上或网上，也有的携带于身体上。每只雌蜘蛛有卵袋1～15个，每个卵袋内的卵少的几个，多的达3 000个，多数几十个。蜘蛛的胚胎发育完全在卵袋内进行。同一卵袋内的卵约在同一时间内孵出。多数种类的蜘蛛出卵袋前蜕皮1次或2次。成熟前要经4～13次蜕皮，蜕皮次数少的个体小。蜘蛛的世代可多达1年6代，也有的1年1代，少数种类为数年1代。寿命一般为几个月到1～2年，少数长达20～30年。

三、蛛形纲分类

蛛形纲分为2个亚纲，即广腹亚纲和柄腹亚纲。广腹亚纲的动物头部和腹部直接相连，无腹柄，包括4个目：蝎目（Scorpionida）、拟蝎目（Pseudoscorpionida）、盲蛛目（Opiliones）和蜱螨目（Acarina）；柄腹亚纲的动物头胸部和腹部间由第1腹节演变而来的腹柄相连，有7目，主要的目有蜘蛛目（Araneae）、避日目（Solpugida）。现着重介绍以下3个重要目：

1. 蝎目　本纲中最原始的类型，原始特征表现在以下几个方面：

（1）腹部：腹部长而分节，腹部前7节宽，后5节窄，末端有1个由尾节演变而成的毒刺。

（2）书肺：多达4对，位于第3～6腹节，而本纲其余类群最多只有2对书肺，位于第2与第3

腹节。

（3）中枢神经系统：尚未高度集中，腹部的腹神经链上还保存7对游离的神经节。

此外，腹部第2节腹面具有1对栉状器官（pectines），有感觉功能；卵胎生，幼蝎从生殖孔出来，爬到母蝎体背面，聚在一起，第1次蜕皮后才分散独立生活；有互残习性。

蝎目动物分布于世界各地，以温带和热带为主，北纬50°以北少见。共6科，约600种，我国仅记录15种，最常见的为东亚钳蝎（*Buthus martensi*）（图7-10）。该种广泛分布于内蒙古、辽宁、河北、河南、山东、安徽、江苏与福建一带，性喜干燥，多栖息在石砾间，近地面的洞穴中以及墙隙内，昼伏夜出，是重要的中药材。捕捉昆虫、蜘蛛等，取食时用螯肢将猎物撕开，先吸取其体液，接着吐出消化液，将虫体组织溶化，然后再吮吸。蝎能较长期耐饥，甚至也能耐渴，长期不需水。

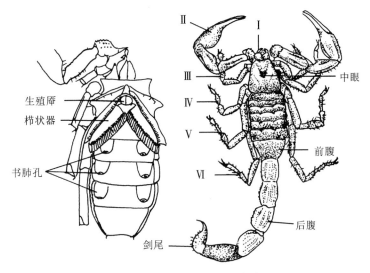

图7-10　钳蝎（Ⅰ～Ⅵ示附肢）
（仿华中师范学院等）

2. 蜱螨目　又称壁虱目。种类众多，是蛛形纲最大的一目，约4万种，体型变异极大。体小，长仅 0.1～10mm。头胸部与腹部愈合而不分节，由前方的颚体（gnathosoma）和其后的躯体（idiosoma）两部分构成。颚体着生有口器，似昆虫的头部，但脑和眼都不在颚体部分，故又称假头（capitulum）。颚体由1对螯肢和1对触肢组成。躯体为长卵圆形或近圆形，呈囊状。无书肺而仅有气管，或完全无呼吸器官，靠体表呼吸。腹神经链在腹部内的神经节全部愈合成1个神经团。心脏无心孔或有1～2对心孔；无动脉。一般无后肠和肛门。发育有变态，生活史包括卵、幼虫（3对步足）、若虫（4对步足）和成虫4个时期。生活类型有肉食性、植食性和寄生性。自由生活者多为陆栖，少数在淡水或半咸的水体生活。蜱螨目动物在医学和农业上有重要意义。分蜱亚目和螨亚目两大类。

（1）蜱亚目（Ixododea）：蜱类是吸血的节肢动物，它对人、畜造成严重危害。全世界已知种类约800种，我国已知有100种以上。蜱类分硬蜱和软蜱。蜱类的主要特征是：背面有盾板，口器着生在体前端，吸血后虫体雌雄大小悬殊，若虫期蜕皮一次者称为硬蜱。另一类称为软蜱，背板无盾板，口器着生于前端腹面，若虫一般经过1～4期。

常见的硬蜱为牛蜱（*Boophilus*）（图7-11），俗称牛虱子，不仅吸血，而且传播血孢子虫病，一般寄生在牛的腹股沟和垂肉部分。硬蜱的毒素注入寄主体内可引起肌肉麻痹瘫痪，还可传播森林脑炎、出血热等疾病。常见的软蜱，如波斯锐缘蜱（*Argas persicus*）（图7-11），又称鸡蜱，体呈长圆形，体缘有方形的小格，并排列成为链状环。栖息在禽舍、鸟巢及附近房舍、树木的缝隙内，略有群栖性。鸡蜱在华北和西北地区较为常见，主要寄生家鸡，其他家禽和野鸽、麻雀、燕子等鸟类也有寄生，还常侵袭人体。软蜱除叮咬吸血外，还可传播回归热和 Q 热病原体。

（2）螨亚目（Acarodea）：螨类通常身体柔软，足通常为 4 对，有的则不同程度地退化。营自由生活或寄生生活。全世界已知螨类 3 万种左右。它们与人类关系密切，是很多疾病的媒介和农作物的害虫，但也有少数捕食性种类，可用以控制其他螨类。常见的有叶螨、植绥螨、疥螨、恙螨、革螨和粉螨等。

叶螨类为植食性，许多为农业上的重要害虫，如棉叶螨（*Tetranychus telarius*）、朱砂叶螨（*T. cinnabarinus*）、山楂叶螨（*T. viennensis*）、麦岩螨（*Petrobia latens*）和苹果全爪螨（*Panonychus ulmi*）等。植绥螨为捕食性螨类，可用于防治害螨，已受到人们的广泛重视。疥螨寄生于人体皮肤，形成脓疱（疥疮），患者奇痒难忍。恙螨多寄生于人体腋窝、鼠蹊部，患处往往红肿痒痛，并引起附近淋巴结肿胀，还能传染恙虫病。病原体为恙虫立克次氏体，寄生在寄主血细胞里，令人恶寒，皮肤发疹，体温高达 40～41℃，头痛，往往在高热中死亡。

3. 蜘蛛目　头胸部和腹部之间以腹柄相连，头胸部不分节，腹部呈囊状，共 12 节，除第 1 节变成腹柄外，其余各节完全相互愈合。螯肢内有毒腺管通过，须肢不呈钳状，雌雄成体须肢形态不一，雄蛛须肢变成交接器官，用于受精。腹部第 4 节与第 5 节的附肢演变为纺绩器，用以抽丝结网。以书肺和气管呼吸，或仅以书肺呼吸。中枢神经系统高度集中，原有 17 对神经节，头胸部 5 对愈合成脑，腹部 12 对也愈合成 1 个大的神经团，二者靠近，均位于头胸部内。蜘蛛个体大小差异很大，小的不到 3mm，大的可达 60～110mm。

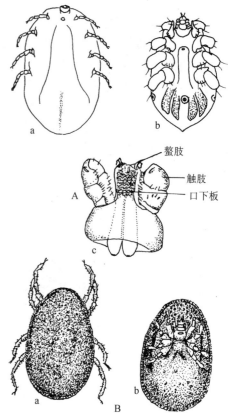

图 7-11　牛蜱和鸡蜱
A. 牛蜱的外形及颚体　a. 背面观
b. 腹面观　c. 颚体
B. 鸡蜱　a. 背面观　b. 腹面观
（仿华中师范学院等）

本目全世界已知近 4 万种，是蛛形纲第 2 大目，我国有 3 000 余种，共分为 3 个亚目：

（1）古蛛亚目（Archaeothelae）：腹部背面有分节的背片，螯爪上下活动。触肢基节无颚叶。具 8 个或 6 个纺绩器，后中纺器或退化成舌状体。8 眼集于一丘。步足 3 爪。书肺 2 对。洞穴蜘蛛。

（2）原蛛亚目（Protothelae）：腹部无分节的背片，螯爪上下活动，颚叶不发达（地蛛科除外），书肺 2 对，8 眼密集于一丘，纺绩器 2～6 个。洞穴蜘蛛。

（3）新蛛亚目（Metathelae）：腹部无分节背片。螯爪左右活动。触肢基节的颚叶发达。前对呼吸器官为书肺，后对为气管。绝大多数种类属本亚目，如球腹蛛科（Theridiidae）、微蛛科（Erigonidae）、园蛛科（Araneidae）、肖蛸科（Tetragnathidae）、漏斗蛛科（Agelenidae）、狼蛛科（Lycosidae）、跳蛛科（Salticidae）及管巢蛛科（Clubionidae）等。

第七节　六足亚门——昆虫纲

昆虫纲是节肢动物门乃至动物界中最大的一个纲，是一类具有气管的小型节肢动物，其主要特征是：体躯分成头、胸、腹 3 个明显体部；头部为感觉和摄食中心，具口器和 1 对触角，通常还有复眼及单眼；胸部是支持和运动中心，具 3 对足，一般还有 2 对翅；腹部是代谢和生殖中心，大多由 9～11 个体节组成，末端具外生殖器。

一、昆虫纲主要特征

昆虫纲已知种类 100 多万种，占动物界的 2/3。昆虫不仅种类多、数量大，而且形态特征和生物学特性也千差万别。

（一）外部形态

1. 头部　由 6 个体节愈合而成，外壁坚硬，形成头壳。头上生有触角、单眼和复眼等感觉器官和取食的口器，所以头部是昆虫的感觉和摄食中心。

（1）触角（antenna）：在昆虫中除少数种类外，都具有 1 对触角，是主要的感觉器官，在寻找食物和配偶中起嗅觉、触觉和听觉的作用。由柄节（scape）、梗节（pedicel）和鞭节（flagellum）3 部分组成（图 7-12），其中鞭节变化较大，一般由多小节组成。昆虫触角的形状、着生位置和分节数目变化很大，有许多类型（图 7-13）。因此，触角常作为分类的依据，如具有鳃片状触角的，几乎都是金龟甲类，凡是具芒状触角的都是蝇类。此外，触角着生的位置、分节多少、长短比例等常作为蚜虫、蜂类分类的依据。

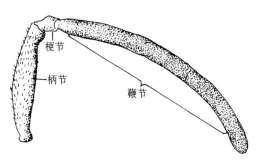

图 7-12　触角的基本结构
（仿周尧）

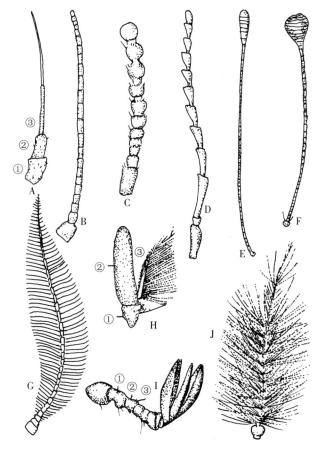

图 7-13　昆虫触角类型

A. 刚毛状（蝉、蜻蜓）　B. 丝状（蝗虫）　C. 念珠状（白蚁）　D. 锯齿状（芫菁）　E. 球杆状（蝴蝶）
F. 锤状（露尾虫）　G. 双栉齿状（多数蛾类雄虫）　H. 具芒状（苍蝇）　I. 鳃片状（金龟甲）　J. 环毛状（雄蚊）
①柄节　②梗节　③鞭节
（仿周尧）

（2）单眼（ocellus）和复眼（compound eye）：昆虫的单眼分为背单眼和侧单眼两类。背单眼一般为成虫和不完全变态类的若虫所具有的，着生于额区上端两复眼之间，一般为2～3个；侧单眼是完全变态类昆虫的幼虫所具有的，位于头部两侧，常为1～7对。背单眼的有无、数目多少及着生位置常作为半翅目和同翅目分科的依据。每个单眼由一角膜透镜和下面的许多视网膜细胞（retina cell）组成，周围有色素。单眼只能感知光的强弱，不能视物。

昆虫的成虫和不完全变态类的若虫都有1对复眼（图7-14），借此视物，少数低等昆虫的复眼退化或消失，复眼由许多小眼（ommatiolium）构成。小眼为六角形的角膜镜，角膜镜下连着圆锥形的晶体。角膜镜和晶体具有聚光和透光的能力，并连接着视神经。晶体下面连着具有感光作用的视觉柱以及视觉细胞。此外，在每个小眼的周围，都包围着暗色素细胞。这种色素细胞能把小眼之间的透光作用相互隔离起来，以免外来光线折射到其他小眼里去，保证外来光线只集中到受光小眼的视觉柱上。这样每一个小眼只接受物体的一个光点，

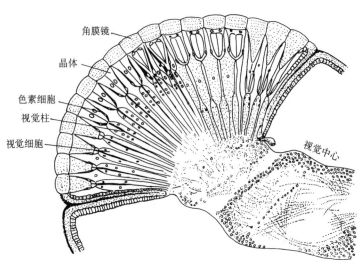

图 7-14 昆虫复眼纵切面模式图
（仿 Weber）

在眼内造成一个点的形象，许多小眼接受许多的点像，就拼成一个物体的整体形象，这样造成的影像称为镶嵌影像或点像。昆虫复眼没有调节焦距的能力，因而视力很差，为人眼的1/80～1/60，一般只能分辨近处的物体，但对运动的物体非常敏感。

（3）口器（mouthparts）：口器是昆虫的取食器官。昆虫的食性复杂，取食方式也不一样，因此形成了不同类型的口器。

①咀嚼式口器（chewing mouthparts）：东亚飞蝗的咀嚼式口器是最原始最基本的口器形式，适于取食固体食物（图7-15）。

②刺吸式口器（piercing-sucking mouthparts）：蚜虫、飞虱、蝽和蚊等是刺吸式口器（图7-16），适于刺吸液体食物。这种口器由咀嚼式口器演化而来，下唇变成管状的喙，上唇很小，盖在喙的基部，上、下颚特化成口针，平时藏在喙里，取食时伸出。昆虫从取食固体食物进化为吸食液汁，扩大了食物范围。一般情况下，植物不会因为失去部分汁液而死亡，因此可以确保其食源。

③虹吸式口器（siphoning mouthparts）：蝶、蛾类成虫为虹吸式口器（图7-17），适于吸食花蜜、果汁。这类口器具有由下颚演变成一根细长、能卷曲伸展的口喙，下唇片状，有1对分节的须，其他部分退化。

④舐吸式口器（sponging mouthparts）：蝇

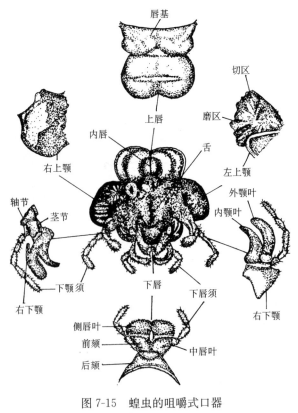

图 7-15 蝗虫的咀嚼式口器
（仿 Metcalf）

类成虫的口器是舐吸式口器（图 7-18），其特点是上、下颚完全退化，下唇变成粗短的喙。喙的背面有 1 个小槽，内藏 1 个扁平的舌，槽面由上唇覆盖，喙的端部膨大形成 1 对唇瓣。两唇瓣间有 1 个食物口，唇瓣上横列许多与食物口相通的小沟。取食时即由唇瓣舐吸物体表面的汁液，或吐出唾液湿润食物，然后进行舐吸。

　　⑤嚼吸式口器（chewing-lapping mouthparts）：蜜蜂的嚼吸式口器可用于嚼花粉、吸花蜜。

　　除此之外，还有蓟马类的锉吸式口器（rasping-sucking mouthparts）以及蝇类幼虫的刮吸式口器（scratching mouthparts）等类型。

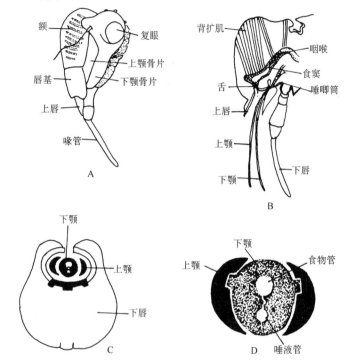

图 7-16　蝉的刺吸式口器

A. 蝉的头部侧面　B. 从头部正中纵切面　C. 喙的横断面　D. 口针横断面

（仿西北农林科技大学）

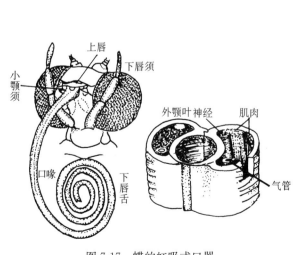

图 7-17　蝶的虹吸式口器

（仿 щванвцл）

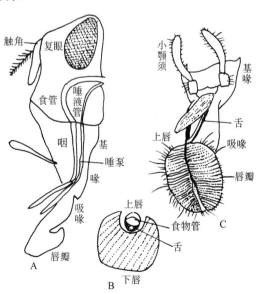

图 7-18　丽蝇的舐吸式口器

A. 纵切面　B. 吸喙横切面　C. 腹面观

（仿 Imms）

认识昆虫的口器类型有十分重要的作用，有助于我们：

①识别昆虫的种类：具有虹吸式口器的昆虫都为蝶、蛾类；舐吸式口器为双翅目蝇类所特有；咀嚼式和刺吸式口器的昆虫种类最多，常用于区分大的类别。

②了解害虫的危害特性：咀嚼式口器的昆虫常使植物受害部位残缺不全，如蝗虫、黏虫、草地螟等咬食叶片造成缺刻、破孔或将叶片咬成网状仅留叶脉，甚至吃成光秆；玉米螟、天牛、吉丁虫等将茎秆或树干钻出孔洞和隧道。刺吸式口器的昆虫危害植物后一般不造成破损，只在危害部位形成斑点、卷叶、虫瘿等，但因植物水分、养分的损失，使植物生长发育不良，造成严重损失。此外，某些刺吸式口器的昆虫还是植物、人、畜病毒病的传播者，造成的损失更大。

③选择合适的杀虫剂：防治咀嚼式口器的害虫，一般将农药和食物拌在一起诱使害虫吞下，引起害虫中毒而死。但胃毒剂对刺吸式口器的害虫则无效，因它是用口针刺入植物组织内吸取汁液，喷在植物表面的药剂，不能进入体内引起中毒。因此，必须使用内吸剂或触杀剂。内吸剂可进入植物并传至各组织，刺吸式口器的害虫吸入植物组织汁液后可中毒而死。触杀剂既能接触虫体透入体内杀死刺吸式口器的害虫，同时也能杀死咀嚼式口器的害虫。虹吸式口器的害虫取食暴露在植物表面或花中的液体，可将胃毒剂掺在液体食饵中，使其取食中毒而死。如利用糖醋诱杀液杀地老虎和黏虫成虫等。

2. 胸部（thorax）　是昆虫的第 2 个体部，由 3 节组成，分别为前胸（prothorax）、中胸（mesothorax）和后胸（metathorax）。各胸节外骨骼发达，均由背板（tergum）、腹板（sternum）及两个侧板（pleura）构成。胸部的骨板被某些沟缝划分成若干骨片，每块骨片各有其专门的名称，常用于昆虫种类的鉴定。

各节的侧下方均着生 1 对足（leg），依次称为前足、中足和后足。中胸和后胸的背部两侧，各着生 1 对翅（wing），分称前翅和后翅。足和翅是昆虫的运动器官，所以胸部是昆虫的运动中心。

胸足（thoracic leg）是行走器官，由基节（coxa）、转节（trochantex）、腿节（femur）、胫节（tibia）、跗节（tarsus）及前跗节（metatarsus）组成（图 7-19）。前跗节包括 2 个爪及 1 个中垫，用以把握和附着在其他物体上。

昆虫的足原是适于陆生的行走器官，但有些昆虫，由于生活环境和生活方式不同，因而在构造和功能上发生了相应变化，形成各种类型的足（图 7-20）。主要有以下几类：

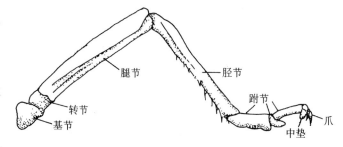

图 7-19　昆虫足的基本构造
（仿周尧）

（1）步行足（walking leg）：是最常见的足，比较细长，各节无显著变化，适于行走。如步行虫的足及蝗虫的前、中足。

（2）跳跃足（jumping leg）：腿节特别发达，胫节细长，末端有强大的距，适于跳跃。如蝗虫和蟋蟀的后足。

（3）捕捉足（grasping leg）：基节延长，腿节腹面有槽，胫节可以折嵌在腿节的槽内，形似折刀，用以捕捉猎物等。如螳螂和猎蝽的前足。

（4）开掘足（digging leg）：胫节宽扁，外缘具齿，状似耙子，适于掘土。如蝼蛄和金龟甲的前足。

（5）游泳足（swimming leg）：各节宽扁，胫节和跗节生有长缘毛，适于划水。如龙虱、松藻虫等水生昆虫的后足。

（6）抱握足（clasping leg）：跗节特别膨大，上面有吸盘状构造，用于交配时抱住雌虫。如龙虱雄虫的前足。

　　（7）携粉足（pollen-carrying leg）：胫节端部宽扁，外侧平滑而稍凹陷，边缘具长毛，形成携带花粉的花粉筐。同时，第1跗节也特别膨大，内侧具有多排横列刺毛，形成花粉梳，用以梳集花粉。如蜜蜂的后足。

　　胸足的类型可用于分类，还可以推断昆虫的栖息场所和生活习性，可供害虫防治和益虫利用方面的参考。

　　昆虫是无脊椎动物中唯一有翅的动物，翅的发生使昆虫在觅食、寻偶、扩大分布和避敌等方面的能力大大增强了，是昆虫成为最繁荣生物类群的主要原因之一。昆虫的翅是由胸部背板向两侧伸展而成的，其构造与体壁相似。在2层翅壁间分布着气管，由这些气管形成翅脉（vein），起支撑作用。翅脉在不同种类中分布形式不同，这种分布形式称为脉相或脉序（venation）。一般认为，不同的脉相是一个原始的脉相演化而来的，这一原始形式是根据现代各类昆虫与古代化石昆虫的脉相比较研究，以及昆虫在幼期翅脉的发育过程推论得出的，所以称为标准脉相，又称模式脉相或假想脉相（图7-21）。

　　昆虫翅的构造、质地及脉相是昆虫分类学上的重要依据。

　　（1）以后翅为主要飞行器官的昆虫：

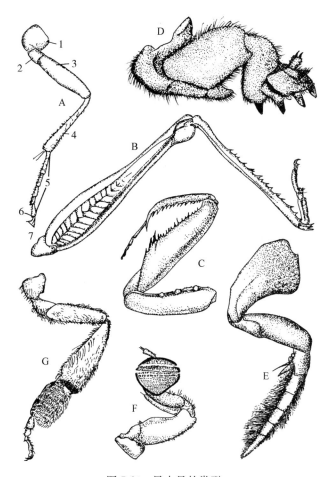

图7-20　昆虫足的类型
A. 步行足　B. 跳跃足　C. 捕捉足　D. 开掘足
E. 游泳足　F. 抱握足　G. 携粉足
1. 基节　2. 转节　3. 腿节　4. 胫节　5. 跗节　6. 中垫　7. 爪
（仿周尧）

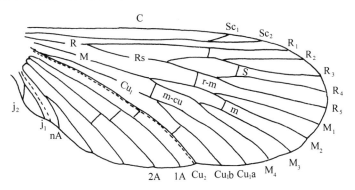

图7-21　昆虫翅的模式脉相
（仿Ross）

后翅较大，前翅则常硬化，起保护后翅的作用。如①蝗虫和蟋蟀类的前翅，加厚变硬如革质，覆盖于后翅上面，具翅脉，称为覆翅；②各种甲虫的前翅，骨化坚硬如角质，翅脉消失，称为鞘翅；③蝽的前翅，基半部为革质，端半部为膜质，称为半鞘翅。

　　（2）以前翅为主要飞行器官的昆虫：后翅较退化，后翅常以连锁器挂在前翅上，与前翅协同动作。如①蜂类的翅为膜质，称为膜翅；②蝶、蛾类膜质的翅上覆有鳞片，称为鳞翅；③蓟马翅的边缘具有长的缨状毛，称为缨翅；④双翅目昆虫（如蚊、蝇）的后翅退化成很小的棒状翅，称为平衡棒，飞行时有平衡身体的作用。

3. 腹部　包藏着各种脏器和生殖器官，腹末端还有外生殖器，所以腹部是昆虫代谢和生殖的中心。腹部的构造比头、胸部简单，一般由 10～11 个体节组成，一般无分节的附肢。雌性外生殖器由腹部 8～9 节的附肢演化而成，雄性外生殖器则由第 9 节的附肢变成。雌性外生殖器又称产卵器，在各类昆虫中变化很大。有些种类并无特别的产卵器，直接由腹部末端几节伸长成一线管来产卵，称为伪产卵管，如各种甲虫、蝶、蛾、蚊、蝇等。有些昆虫的产卵器已不再用来产卵，而特化成螫刺，用以自卫或麻醉猎物，如蜂类等。雄性外生殖器又称交配器，构造比较复杂，具有种的特异性，以保证自然界昆虫不能进行种间杂交，常用来鉴别种及近缘种。

（二）内部器官

1. 体壁　昆虫的体壁由底膜、皮细胞层、表皮层组成，其功能是构成昆虫的躯壳，着生肌肉，保护内脏，防止体内水分蒸发，以及微生物和其他有害物质的侵入。此外，体壁上有许多感觉器官，是昆虫接受刺激和产生反应的地方。

2. 消化系统　昆虫的消化系统由前肠、中肠和后肠组成，其基本构造和功能与东亚飞蝗的相似，但随食性及取食方式的不同，昆虫的消化系统也有一定的差异，如植食性昆虫的消化道较长，吸血性昆虫的消化道都比较短，吮吸昆虫的咽特别发达。

昆虫的消化和吸收作用都是在中肠中进行的，中肠能消化食物，主要依赖消化液中的各种酶的作用。酶在稳定的酸碱度条件下，才能正常工作，因此中肠的酸碱度比较稳定。不同种昆虫由于食料及消化机能不同，消化液的酸碱度也不同。一般蝶、蛾类幼虫偏碱性，pH 多为 8.5～9.9，如棉铃虫 pH 为 8.0，菜青虫 pH 为 9.7；甲虫、蝗虫等偏酸性，如蝗虫 pH 一般在 5.8～6.9，马铃薯甲虫等 pH 为 6～6.5。同时，昆虫肠液还具有很强的缓冲作用，并不因食物的酸碱度而改变肠液的酸碱度。微生物农药（如杀螟杆菌、青虫菌等）主要杀虫成分是一种有毒蛋白质，在碱性消化液中易被蛋白酶活化，从而破坏中肠，穿透肠壁，进入体腔，侵入神经，使昆虫中毒而死。显然，这类生物制剂对肠液偏碱性的蝶蛾类幼虫防效较好。胃毒杀虫剂是指经昆虫取食后在胃里吸收中毒而死亡的药剂。因此，在消化道中溶解度大小与药效密切相关，如酸性砷酸铅在碱性溶液中溶解度大，对蝶蛾类幼虫的毒性较高；反之，碱性砷酸钙易溶于酸性溶液，对蝗虫等防效较好。因此，了解昆虫消化液的酸碱度，对选择合适的药剂有一定意义。

3. 排泄系统　昆虫的排泄系统主要是马氏管，为着生于中、后肠交界处的细长盲管，其功能相当于高等动物的肾。马氏管更适于保持水分，而且游离的尿酸及其盐类几乎不溶于水，所以排泄时不需要伴随水分，有利于昆虫保留体内水分。

4. 呼吸系统　昆虫的呼吸作用主要靠空气的扩散和虫体呼吸通风的帮助，使空气由气门进入气管、支气管和微气管（图 7-22），最后达到各组织间和细胞内。扩散作用是依靠气管系统和体外氧及 CO_2 分压的不同进行的，因此空气中有毒成分很容易随空气进入体内，使其中毒而死，这就是使用熏蒸剂、烟雾剂防治害虫的原理。昆虫呼吸运动与气门开闭状况有密切的关系，而呼吸强度直接受环境条件所左右。在一定温度范围内，温度越高，呼吸强度越大，

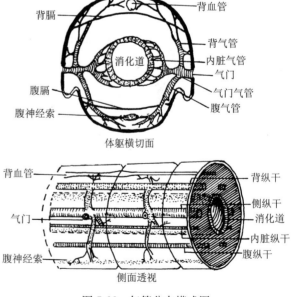

图 7-22　气管分布模式图
（仿 щвавнч）

气门开启频率越高，单位时间内进入虫体的药剂量也就越多。同时，温度也影响杀虫剂的蒸发量、扩散力、渗透力等，所以高温情况下进行熏蒸杀虫效果较好。

5. 循环系统　昆虫的循环系统是开管式循环系统。昆虫血液的主要功能是运输养料、激素、储存水分及吞噬免疫。血液也与昆虫的孵化、蜕皮、羽化及展翅等有关。昆虫血液中无红细胞和血小板，所以不能携带氧气，昆虫的供氧和排碳作用，主要由气管系统进行。

6. 神经系统和感觉器官　昆虫的一切生命活动，如取食、交尾、趋性、迁移等，都受神经系统的支配，昆虫经神经系统接受外界环境因素的刺激，协调统一内部器官的活动，也协调着昆虫生命活动。昆虫的中枢神经系统是典型的节肢动物神经系统，即由脑、咽下神经节和腹神经索构成。

昆虫对环境条件的反应，必须依靠感觉器接受外界的刺激，通过神经系统与反应器的联系才能做出适当的反应，形成各种习性和趋避活动。昆虫的感觉器主要包括以下几类：

（1）感触器：分布于身体表面和附肢上，大多呈毛状，少数呈鳞片状、刺状，内部连着感觉神经细胞，接受外界的机械刺激（如实体接触、空气的压力或震动、身体的张力等），传导到相应部位，产生行为反应。例如，许多甲虫受到震动即呈假死状态，利用此习性，我们可以通过震动枝干等方法捕捉它们。

（2）听觉器：主要为鼓膜听器，普遍存在于具有发音能力的昆虫如蟋蟀、螽虫斯、蝗虫、蛾类等上。昆虫的听觉器对于昆虫寻偶、生殖、迁飞及警卫等都有重要作用。蟋蟀能感受人耳听不到的低频声波；夜蛾能分辨出 30m 以外蝙蝠发出的超声波，从而避过蝙蝠的突然袭击。因此，我们可以模拟蝙蝠的声波来驱赶害虫，保护农田；模拟蝼蛄、蟋蟀等害虫的鸣声，引诱消灭这些害虫。

（3）视觉器：包括复眼和单眼。昆虫对光波的感应性较强，波长 250～700nm 的光波都能引起昆虫的反应。但各种昆虫对光波的选择性不同，所以植物不同的花色、叶色能引起昆虫不同的趋向反应，菜粉蝶喜欢在黄色及蓝色的花上采蜜，三化螟喜欢在深绿色稻叶上产卵，而黏虫则喜欢在枯黄的叶片或叶尖上产卵。昆虫的视觉与人眼不同，偏向于短波光，可利用黑光灯对某些害虫进行防治。

（4）感化器：感受化学物质刺激的感觉器官，与昆虫觅食、求偶、产卵、选择栖境及寻找寄主等密切相关。根据接受化学物质状态的不同分为两类：感应挥发性气态化学分子的称为嗅觉器；接触固态、液态化学分子而产生反应的称为味觉器。前者多由板形和锥形感受器组成，常位于触角上；后者主要是毛形和锥形感受器，多位于口器上。

昆虫的嗅觉和味觉非常灵敏，家蚕雄蛾对信息素——家蚕醇的反应浓度为 1×10^{-7} 分子/cm^3。一种夜蛾（*Mandaca sesta*）幼虫口器能辨别 11 种不同的化学味道。因此，我们可以利用昆虫的趋化性，设计糖醋诱集、性诱剂诱集等方法，来进行预测预报或诱杀害虫。

7. 分泌系统　昆虫的分泌系统包括内分泌系统和外分泌系统两大类。

（1）内分泌系统：分泌内激素（internal hormone）到体内，经循环系统分布到体内有关部位，用以调节和控制昆虫的生长、发育、变态、滞育、交配、生殖等生理代谢作用。昆虫的内分泌系统和神经系统一样，是体内一个重要的调节控制中心，但它的作用迟缓、持久，不似神经系统作用快速短暂，且受神经系统的支配。目前，已知的内激素有 10 种，最主要的有 3 种，即脑激素（brain hormone）、蜕皮激素（moulting hormone）和保幼激素（juvenile hormone）。脑激素由脑神经分泌细胞分泌，主要作用是激发前胸腺等分泌蜕皮激素和激发咽侧体分泌保幼激素。蜕皮激素的主要功能是激发蜕皮过程。保幼激素的主要功能是抑制"成虫器官芽"的生长和分化，使虫体保持幼期的形态和结构。在幼虫生长时期，在蜕皮激素与保幼激素的共同作用下，发生幼虫的生长蜕皮；当保幼激素含量下降到适度，而蜕皮激素正常分泌下，发生幼虫变蛹的变态蜕皮；当保幼激素完全消失，在蜕皮激素的单独作用下，发生蛹或若虫变成虫的变态蜕皮。

（2）外分泌系统：分泌外激素（external hormone）到体外，外激素现在又称为信息素（pheromones），经空气或其他媒介散布到同种或异种个体，起通信联络作用，引起一定的行为反应或生理效应。昆虫信息素分为作用于同种个体内的种内信息素和异种间的种间信息素两大类。

种内信息素包括：

①性信息素：多数由性成熟的雌虫分泌，以吸引雄虫交配。交配后的雌虫极少或不再分泌，多次交配的可多次分泌。少数种类（如蝶类和甲虫）的雄虫也能分泌性信息素引诱雌虫，并能激发雌虫接受交尾。蛾类性信息素的分泌腺常在第 8、9 腹节的节间膜背面；蝶类和甲虫等各位于翅上、后足或腹末。

②聚集信息素：多见于小蠹科。小蠹钻蛀树木时排出的粪便和木屑中含有此类激素，对雌雄虫均有吸引力。沙漠蝗蝻粪便中也有聚集信息素，使蝗群密度加大。

③报警信息素：常见于蚜虫中，受天敌侵袭的蚜虫可释放法尼烯类化合物，使附近蚜虫逃避或落地。

④疏散信息素：是昆虫对种群密度进行自我调节的信息物质。常见于蚜虫及鞘翅目、鳞翅目、双翅目昆虫中。大菜粉蝶（*Pieris brassicae*）产卵时在卵壳上有驱使同种雌虫不在附近产卵的信息素；樱桃实蝇（*Rhagolets cerasi*）在幼果上产卵时分泌驱使同种实蝇不在同一幼果上产卵的信息素。

⑤标迹信息素：见于白蚁、蚂蚁等社会性昆虫。工蚁找到食物源即沿途释放标迹信息素，使同种工蚁得以寻觅食物。蜜蜂工蜂也能分泌该类信息素，按一定距离滴于蜂巢与蜜源植物之间的叶上或小枝上，使其他工蜂也能随迹找到食物。

种间信息素包括：

①利己素：是对释放者有利、对接受者不利的信息素。昆虫释放的防御物质大都属于利己素。如蝽类臭腺排出的醛或酮化合物；隐翅虫从肛腺排出的氢醌、甲苯氢醌和过氧化氢混合物等。

②利他素：是对接受者有利而对释放者不利的信息素。任何昆虫都以代谢产物为其天敌提供寻找信息，同时一种昆虫的不同代谢物可为不同的天敌提供信息。如蚜虫粪便中的信息素为捕食性天敌（瓢虫、草蛉等）提供信息，血淋巴中的信息素则为寄生蜂提供产卵信息。植物次生性物质对植食性昆虫也具有同样的作用。

③互利素：常见于互利共生的物种间，如蜜源植物与传粉昆虫；取食木质纤维的昆虫与共生的微生物等。目前对这类信息素的研究还不多。

昆虫信息素在害虫综合防治中有着广泛的应用前景。性信息素已用于棉红铃虫（*Pectinophora gossypiella*）、梨小食心虫（*Grapholitha molesta*）等害虫的防治和预测预报。昆虫信息素与常规的化学农药不同，是通过影响或扰乱害虫的正常行为达到防治害虫的微量化学物质。例如，应用蚜虫的报警信息素可阻止蚜虫降落，在预防蚜虫传播非持久性病毒病的流行方面有很大的应用前途；喷施害虫释放的利他素可吸引天敌和提高寄生率；在樱桃实蝇产卵盛期喷施疏散信息素，一次就可使樱桃受害减少 85％。昆虫信息素不伤害天敌，不污染环境，不易产生抗性，具有良好的社会、经济和生态效益。

（三）昆虫的发育和行为

1. 发育和变态　昆虫的个体发育可以划分为 2 个阶段：第 1 个阶段在卵内进行至孵化为止，称为胚胎发育；第 2 个阶段是从卵孵化后开始到性成熟为止，称为胚后发育。

昆虫的卵是 1 个大细胞（图 7-23），最外面是卵壳，内为一薄层卵黄膜，包住原生质、卵黄和卵细胞核。卵的前端有 1 至数个小孔，是精子进入卵的通道，称为精孔或卵孔。各种昆虫卵的形状、大小、颜色、构造各不相同（图 7-24）。

昆虫的产卵方式和产卵场所也不同。有一粒一粒地散产，也有成块地产；有的卵块上还盖着毛、鳞片等保护物，或有特殊的卵囊、卵鞘。产卵场所一般在植物上，但也有的产在植物组织中和其

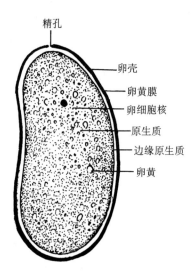

图 7-23　昆虫卵的构造模式图
（仿西北农林科技大学）

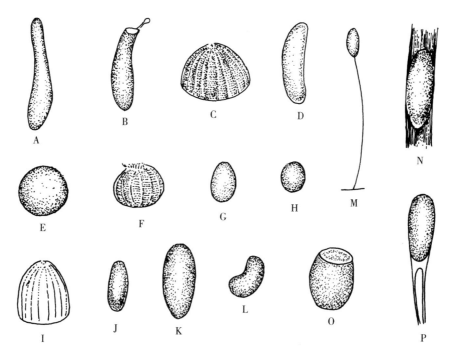

图 7-24 昆虫卵的类型

A. 长茄形 　B. 袋形 　C. 半球形 　D. 长卵形 　E. 球形 　F. 篓形

G. 椭圆形 　H. 椭圆形 　I. 馒头形 　J. 椭圆形 　K. 长椭圆形 　L. 肾形

M. 有柄形 　N. 被有绒毛的椭圆形卵块 　O. 桶形 　P. 双瓣形

（仿西北农林科技大学）

他动物体内，或产在地面、土层、水等场所的腐烂物内及粪便中。识别害虫的卵，摸清其产卵规律，在害虫防治上具有重要的意义。

两性生殖的昆虫，胚胎发育从卵受精后才开始。受精卵是昆虫个体发育的第一个虫态。除滞育卵（如越冬卵等）外，卵期就是胚胎发育期。昆虫的胚胎发育大致可分为 3 个连续的阶段：

（1）原足期：胚胎的头、胸部已经分节并且形成附肢，但腹部尚未分节也未形成附肢。

（2）多足期：胚胎的头、胸、腹部都已分节，并且第 1 腹节上也形成了附肢。

（3）寡足期：头、胸部保留附肢，但腹部的附肢退化消失。

昆虫胚后发育的主要特点是生长伴随着蜕皮和变态。昆虫从卵中孵出后，在生长发育过程中要经过一系列外部形态和内部器官的变化，才能转变为成虫，这种现象称为变态（metamorphosis）。最常见的有两类（图 7-25）：

（1）不完全变态：昆虫成虫的特征随着幼虫的生长发育逐步显现，成虫与幼虫形态上的分化不大，只是翅、性器官的发育程度等有些差别，一生只经过卵、幼虫、成虫 3 个阶段，其幼虫称为若虫。如蝗虫、蝼蛄、蚜虫、叶蝉、飞虱等（图 7-25A）。

（2）完全变态：昆虫幼虫与成虫形态和习性完全不同，一生要经过卵、幼虫、蛹、成虫 4 个阶段。多数昆虫属于此类，如金龟子、叶甲、蝶、蛾、蜂、蝇等（图 7-25B）。

2. 世代和生活年史　一个新个体（不论是卵或幼虫）从离开母体发育到性成熟产生后代为止的个体发育史称为一个世代（generation）。一种昆虫在一年内的发育史，即由当年的越冬虫态开始活动起，到翌年越冬结束止的发育经过，称为生活年史（简称生活史）。

各种昆虫世代的长短和一年内的世代数各不相同。有的昆虫一年只发生 1 代，如小麦吸浆虫（*Sitodiplosis mosellana*）和大地老虎（*Agrotis tokionis*）等。许多昆虫一年能发生 2 代或更多代，如三化螟（*Tryporyza incertulas*）随地区不同一年可发生 2～6 代，蚜虫类可达 20～30 代。还有些昆虫完成一代所需时间很长，通常需 2～3 年才完成一代，如金龟甲、金针虫等，最长达十几年，如

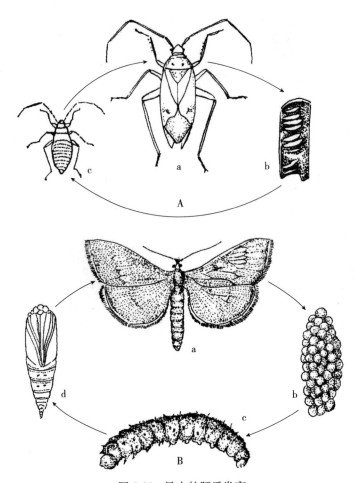

图 7-25 昆虫的胚后发育

A. 不完全变态 a. 成虫 b. 卵 c. 若虫 B. 完全变态 a. 成虫 b. 卵 c. 幼虫 d. 蛹

（仿西北农林科技大学）

十七年蝉（*Magicicada septemdecim*）。

3. 休眠和滞育 昆虫与其他节肢动物一样，在一年的生长发育过程中，常出现暂时停止发育的现象。根据产生和解除这种现象的条件不同，可分为休眠和滞育两类。

（1）休眠：休眠（dormancy）常常因不良的环境条件直接引起，不良环境消除时，就可恢复生长发育。不同的昆虫休眠的虫态不同，如蝗虫都为卵越冬休眠；有的则任何虫态都可以休眠，如小地老虎。

（2）滞育：滞育（diapause）也是环境条件引起的，但在昆虫系统发育中已成为一种遗传属性。在滞育阶段即使不良环境条件已经解除，昆虫也不会马上恢复生长发育，必须经过一定条件（主要是一定时期的低温）的刺激，才能打破滞育。凡有滞育特性的昆虫都有固定的滞育虫态。进入滞育的虫态，发育周期显著延长，呼吸强度下降，体内脂肪含量急增，含水量骤降。因此，昆虫进入滞育状态时，抗逆性显著增强，对低温、干旱、药剂等的抵抗力都增强。

滞育是光照、温度、食物综合作用的结果。其中，光周期的变化是主导因子，临界光周期（注：引起昆虫种群 50％左右的个体进入滞育的光照界限）的光照时间，是决定昆虫是否进入滞育阶段的转折点。不同种类昆虫或同一种类的不同地理种群，临界光周期不同。滞育的解除与温度关系最大，滞育活化温度均在 0℃以上，0～12℃可促使滞育解除。以上介绍的是引起和解除滞育的外因，外因必须通过内因才能起作用。内因就是激素。外因通过神经系统感受，调节内分泌系统分泌激素，控制昆虫进入滞育。

4. 昆虫的行为 昆虫的行为与其他动物一样，是生命活动中各种运动的综合表现，是神经系统接受外界环境中某些刺激信息后发生的一系列反射活动。昆虫的行为包括以下几类：

（1）趋性（taxis）：趋性是对某种刺激进行趋向或背向的有定向的活动。按照刺激的性质分，趋性分为许多种，主要有趋光性、趋化性、趋湿性等。一般夜出活动的蛾类、蝼蛄、金龟甲等有正趋光性；而白天活动的蝶类、蚜虫等有负趋光性。趋化性是对化学物质的刺激产生的行为反应，对昆虫取食、交配、产卵等活动具有意义。

（2）食性（feeding habit）：食性就是取食的习性。昆虫在长期演化过程中，形成了各自的特殊食性，食性的分化是昆虫得以繁荣的原因之一。按照食物的性质分，可分为植食性、肉食性、杂食性和腐食性。大多数昆虫为植食性，许多为重要的农业害虫。肉食性的昆虫中有许多为害虫天敌，如瓢虫、草蛉、寄生蜂等。按照取食范围分，又可分为单食性、寡食性和多食性。许多重要的农业害虫为多食性害虫，如黏虫、草地螟、飞蝗等。

（3）群集性和迁移性：群集性（aggregation）是指同种昆虫的大量个体聚集在一起的习性。许多昆虫有此习性，有的是暂时性群集，如蚜虫、介壳虫、黏虫等；有些昆虫个体群集后就不再分离，整个或几乎整个生命期都营群居生活，即永久性群集，并在体型、体色上发生变化，如飞蝗。伴随群集现象的是迁移现象，即迁移性（migration）。不论是暂时性或永久性群体，种群数量很大，食料往往不足，因此要迁移为害。例如，黏虫幼虫在吃光一块作物地后就会向邻近地块成群转移为害。此外，许多昆虫还具有远距离迁飞习性，如东亚飞蝗、小地老虎、黏虫等。了解这些昆虫的迁飞规律，对害虫的测报和防治具有重大意义。

二、代表动物——东亚飞蝗

东亚飞蝗（*Locusta migratoria manilensis*）是飞蝗科飞蝗属飞蝗的一个亚种，别名蚂蚱、蝗虫，是我国最主要的农业害虫之一，在历史上曾造成严重危害。主要分布在我国东部平原地区，主要危害禾本科和莎草科植物，嗜食玉米、小麦、粟、水稻、高粱、大麦等农作物，以及芦苇、荻草、狗尾草、稗草、狗牙草、蟋蟀草等杂草。飞蝗密度小时，为散居型；密度大了以后，个体间相互接触，可逐渐聚集成群居型。群居型飞蝗有远距离迁飞的习性，为迁飞性、杂食性大害虫。成虫、若虫咬食植物的叶片和茎，大发生时成群迁飞，把成片的农作物吃成光秆。中国史籍中的蝗灾，主要是东亚飞蝗。先后发生过 800 多次。

（一）外部形态

东亚飞蝗群居型呈黑褐色，散居型呈绿色至黄褐色。成虫体长 40～55mm，雌大雄小。体躯分为头、胸、腹 3 部分（图 7-26）。

1. 头部（head） 头部为飞蝗感觉和取食的中心，呈卵圆形，以膜质而能伸缩的颈与胸部相连接。头壳较坚硬，其上生有触角、复眼、单眼及口器，并且由于壳壁内陷而在表面留有缝与沟，将头壳划分为若干区域，头壳的正前方为额（frons），额下为唇基（clypeus），

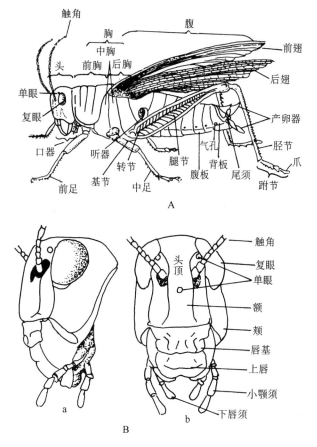

图 7-26 东亚飞蝗
A. 体躯侧面观 B. 头部外形图 a. 侧面观 b. 正面观
（仿华中师范学院等）

上方为头顶（vertex），两侧为颊（gena），后面为后头（occiput）。

（1）触角：丝状，位于复眼前方的两个触角窝上。触角上分布有感觉器，司触觉作用（图 7-13）。

（2）单眼和复眼：飞蝗的视觉器官为 3 个单眼和 1 对复眼，对于飞蝗的取食、觅偶、群集和避敌等都起着重要作用（图 7-26）。

（3）口器：为飞蝗的摄食器官，也称取食器（feeding apparatus），属于典型的咀嚼式口器，由 5 部分构成（图 7-15）。

①大唇（labrum）：是衔接在唇基前缘的 1 个双层薄片，外面坚硬，里面有柔软的内唇（epipharynx），能辨别食物的味道。

②小颚（mandible）：在上唇的下方，是 1 对坚硬带齿的块状物，具有切区和磨区，能切断磨碎食物。

③小颚（maxilla）：位于大颚之后，由 1 个关节与头壳相连，构造比较复杂，由轴节、茎节、外颚叶、内颚叶及小颚须构成，小颚须由 5 节构成，具有嗅觉和味觉作用。小颚主要用来协助大颚刮切和抱握食物。

④下唇（labium）：位于小颚的后方，其构造相当于 1 对小颚合并而成，并长有 1 对下唇须。主要作用是防止食物从后方外漏。

⑤舌（hypopharynx）：在口器的中央，是一个囊状突出物，其后侧有唾液腺的开口，能帮助吞咽食物。

2. 胸部　胸足（thoracic leg）是东亚飞蝗的行走器官，前、中足的腿、胫节细长，适于行走；后足腿节粗壮，内有发达的肌肉，适于跳跃。各胸足的跗节均为 3 节，底部具肉垫，前跗节包括 2 个爪及 1 个中垫，用以把握和附着在其他物体上。

翅（wing）是东亚飞蝗的飞行器官。前翅革质，称为覆翅；后翅膜质，称为膜翅。翅上有许多纵横交错的脉纹，称为翅脉。静止时，后翅常折叠于前翅之下。

3. 腹部（abdomen）　由 11 节组成，各节的背板及腹板发达，但侧板完全退化，仅留侧膜将背板、腹板相连。前后相邻的两腹节间，也有环状节间膜相连。由于腹节间和两侧均有柔软宽阔的膜质部分，所以使腹部具有很大的伸缩性，这对容纳脏器、进行气体交换、卵的发育和产卵活动非常有利（图 7-27）。东亚飞蝗第 1 腹节的背板略小，两侧可见其鼓膜听器。腹部 2～7 节的背腹板正常，第 8 节的腹板雌雄

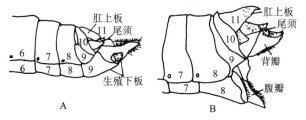

图 7-27　蝗虫的腹部末端

A. 雄虫　B. 雌虫

（仿华中师范学院等）

有所不同。雄虫无变化，雌虫的则变长，且末端形成一钩状的导卵器（egg guide），雌性生殖孔开口于其基部。雄性的第 9 节及第 10 节腹板相连，末端变尖，翘向背方，形成生殖下板。第 11 节背板呈三角形，位于肛门上方，故又称肛门板（epiproct）。两侧各有 1 个小尾须。腹部的末端，常有外生殖器。雌虫的外生殖器为产卵器，包括 1 对背瓣及 1 对腹瓣。雄虫的外生殖器为阴茎及 1 对钩状的抱握器，着生在生殖下板的背面，平时由腹板背面的表皮包着不外露。

（二）内部器官

1. 血腔　东亚飞蝗的体腔里充满血液，称为血腔，内部器官均浸在血液里。整个体腔又由上下两个肌纤维隔膜分成 3 个血窦，分别为围心窦（背血窦）、围脏窦和围神经窦（腹血窦）（图 7-28）。

2. 消化系统　东亚飞蝗的消化道是 1 条由口到肛门纵贯体腔中央的管道，分为前肠、中肠和后肠（图 7-29）。前肠由咽喉、食道、嗉囊和前胃组成，其主要功能是接收、输送和暂时储留食

物，并有部分消化作用。前肠之后为中肠，又称胃，是消化食物、吸收养料的主要器官。胃的前端有贲门瓣，后端有幽门瓣，可防止食物倒流。飞蝗中肠的前端肠壁向前方突出，形成胃盲囊，可增加中肠分泌和吸收面积。中肠之后是后肠，以马氏管着生处为界。后肠又可分为回肠、结肠和直肠，主要功能是回收食物残渣里面的水分，形成和排泄粪便。

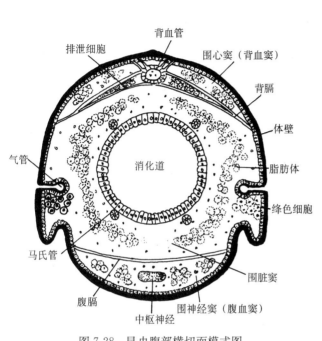

图 7-28 昆虫腹部横切面模式图
（仿周尧）

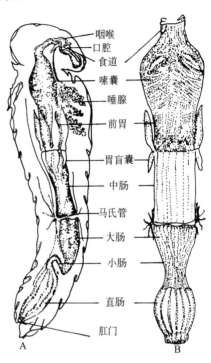

图 7-29 蝗虫的消化系统
A. 侧面 B. 正面
（仿虞玉佩）

唾液腺（salivary gland）是与消化作用有密切关系的 1 对腺体，位于头内并延伸到中胸或腹腔内，开口于舌后壁基部，可分泌唾液，有润湿食物和帮助吞咽、消化的功能。

3. 呼吸系统 东亚飞蝗的呼吸系统是由体壁内陷形成的气管系统，由气门、气管和微气管组成（图 7-22）。气门位于身体两侧。东亚飞蝗胸部有 2 对气门，腹部有 8 对。各气门有启闭装置，闭合时可防止水分蒸发及外物侵入。气管是体壁内陷形成的弹性管状构造。在飞蝗的身体两侧有 2 条纵行的气管主干，有横气管相连，并由主干分出许多分支，越分越细，最后分成许多微气管，分布到各组织的细胞间，能把氧气直接送到身体的各部分。此外，气管的局部可膨大成气囊，在头部和胸部最显著，气囊的张缩可增大通气量。

4. 循环系统 东亚飞蝗的循环系统为开管式循环系统，仅在背中线下有一条前端开口、后端封闭的背血管，所以其血液除了有一段经由背血管运行外，其余均在血腔及各组织中流动。背血管分为大动脉和心脏两部分，大动脉位于胸部，心脏位于腹部。心脏由 8 个膨大的心室组成，每个心室的两侧又有成对的心门与血腔相通，血液通过心门进入心脏。心脏是主要的搏动器官，由于心脏有节奏的收缩，使血液由后向前流动。血液由血浆和血细胞组成，因无血红蛋白，常无色或呈绿色（图 7-30）。

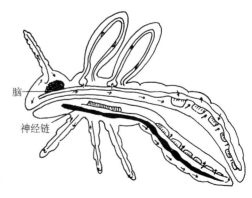

图 7-30 昆虫血液循环示意图
（仿 Wigglesworth）

5. 排泄系统 东亚飞蝗的排泄器官为马氏管，着生于中肠与后肠的交界处，是许多细长而弯曲的盲管，游离于体腔内，其功能犹如高等动物的肾。马氏管从血液中吸收代谢所产生的废物，把它送入直肠，经重新吸收水分后，由肛门排出体外（图 7-28）。

6. 神经系统　东亚飞蝗的神经系统包括中枢神经系统、周围神经系统和交感神经系统。中枢神经系统包括脑、咽下神经节和纵贯于腹血窦中的腹神经索，脑由前脑、中脑和后脑组成。前脑有 2 个大的视叶，通向复眼和单眼，为视觉中心。中脑为 2 个膨大的中脑叶，是控制触角的神经中心。后脑位于中脑后部，分为左右 2 叶，不发达，后脑的下方两侧生出 2 条围咽神经索与位于咽喉下方的咽下神经节联结，咽下神经节的神经通至口器的大颚、小颚和下唇。腹神经索有 11 个神经节，胸部 3 个，腹部 8 个，每个神经节间有纵行腹神经索相连，并有腹神经节分出周围神经通到足、翅和尾须等处，控制昆虫的活动（图 7-31）。

7. 生殖系统

（1）雄性生殖系统：由 1 对睾丸（又称精巢）及其相连的输精管、储精囊、射精管、交配器及附腺组成。每个睾丸包含许多睾丸小管（又称精巢小管），精子在其中发育生成。精子成熟后通过输精管进入储精囊，储精囊具有暂时储存精子的作用。生殖附腺能分泌腺液，昆虫交配时，利于精子的排出和活动（图 7-32）。

（2）雌性生殖系统：由 1 对卵巢及其相连的输卵管、受精囊、生殖腔和附腺等组成。每个卵巢由若干卵巢小管组成，是产生卵子的地方。卵巢小管的基部集中开口于侧输卵管，2 条侧输卵管又总汇于中输卵管，开口于生殖孔，生殖孔还连接生殖腔。生殖腔的背面连接一受精囊，可接受和储存精液（图 7-33）。

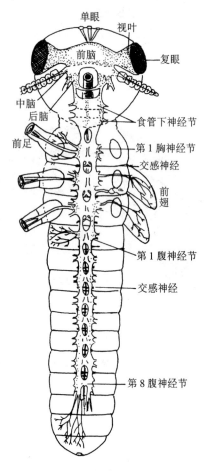

图 7-31　蝗虫神经系统模式图
（仿 щванвцл）

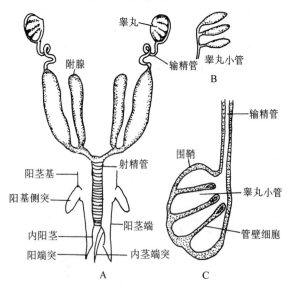

图 7-32　昆虫雄性生殖器官结构
A. 雄性生殖器官　B. 输精小管　C. 睾丸纵切面
（仿 H. Weber）

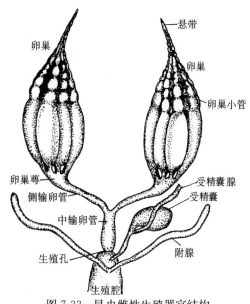

图 7-33　昆虫雌性生殖器官结构
（仿 R. E. Snodgrass）

三、昆虫纲分类

昆虫的分类系统随着分类知识的发展和积累有了很多变化，同时由于人们对主要类群在演化上的亲缘关系的不同看法，而提出了不同的系统。一般根据翅的有无、变态类型、口器构造、触角和附肢的形状及特征等，将昆虫纲分为30余个目。现仅将主要目简介如下：

1. 直翅目（Orthoptera）　体中型至大型，口器为标准咀嚼式口器，触角多为线状；前翅狭长，皮革质，后翅膜质；后足发达，善跳跃，常有发音器和听器，不完全变态，约2万种，分3个亚目。蝗亚目多生活在草丛中，雄虫常能以后足刮擦前翅发声，如东亚飞蝗、棉蝗和蚱蜢；螽亚目多栖息于草丛、矮树、灌木丛中，雄虫常以两前翅摩擦发声，北方称为"蝈蝈"，如螽蟖、蟋蟀和纺织娘等；蝼蛄亚目多地下穴居，为地下害虫，如蝼蛄。绝大多数为植食性，少数捕食其他昆虫或小动物（图7-34）。

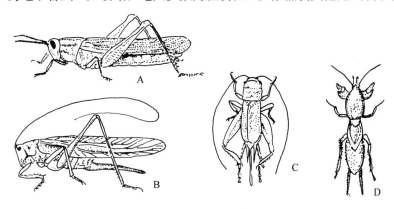

图 7-34　直翅目的代表
A. 蝗虫　B. 螽蟖　C. 蟋蟀　D. 蝼蛄
（仿华中师范学院等）

2. 半翅目（Hemiptera）　小型至大型，体略扁平。口器为刺吸式，触角为线状；前胸背板发达，中胸小盾片发达；前翅为半鞘翅，端部膜质；不完全变态，约82 000种。多为植食性，刺吸植物的汁液；少数肉食性，捕食其他小虫；还有少数水生种类捕食鱼苗或其他小水生动物。此外，极少数生活于室内，吮吸人血，传播疾病，如臭虫。许多种类是农业上的重要种类，如粟小缘蝽（*Corzus hyalinus*）、斑须蝽（*Dolycoris baccarum*）等；还有许多是重要的天敌昆虫，如姬蝽、猎蝽等（图7-35）。

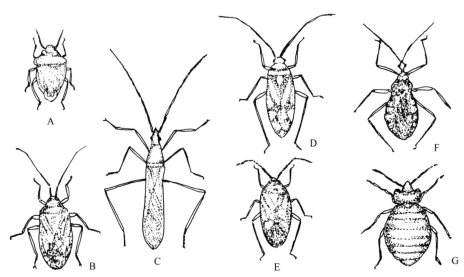

图 7-35　半翅目的代表
A. 豆二星蝽　B. 梨蝽　C. 稻蛛缘蝽　D. 三点盲蝽　E. 缘盲蝽　F. 猎蝽　G. 臭虫
（仿武汉大学）

3. 同翅目（Homoptera）　体小型至大型。口器为刺吸式，触角鬃状或线状；前翅质地均匀，膜质或革质；多数种类有蜡腺；完全变态，约45 000种。全部为植食性。绝大多数为农业害虫，如稻褐飞虱（*Nilaparvata lugens*）、温室白粉虱（*Trialeurodes vaporariorum*）、棉蚜（*Aphis gossypii*）等；还有少数种类分泌重要的工业原料，如紫胶虫（*Laccifer lacca*）、白蜡虫（*Ericerus pela*）等（图7-36）。与半翅目亲缘关系近，也有学者将其纳入半翅目，称之为同翅亚目。

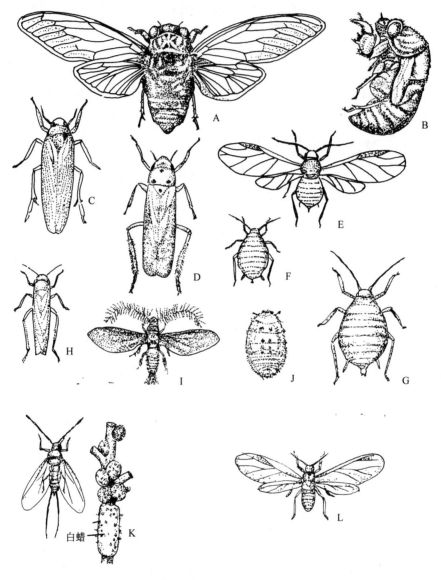

图7-36　同翅目的代表

A. 蚱蟟　B. 蚱蟟的幼虫　C. 飞虱　D. 黑尾叶蝉

E～G. 蚜虫（E. 有翅型　F. 小型无翅　G. 大型无翅）

H. 棉叶蝉　I、J. 吹棉介壳虫（I. 雄　J. 雌）　K. 五倍子蚜　L. 白蜡虫

（仿武汉大学）

4. 虱目（Anoplura）　俗称虱子，体小而扁平，无翅，头部向前突出，触角3～5节，复眼退化或消失，无单眼。口器为刺吸式，足粗短，适于攀缘寄生毛发。不完全变态，约5 000种。外寄生于哺乳动物和人体上，吸食寄主血液并传播疾病，如人体虱（图7-37）。

5. 缨翅目（Thysanoptera）　体微小。口器为锉吸式；触角线状。翅狭长，边缘有长而整齐的缨毛，故称缨翅目。不完全变态，约4 500种。多数为植食性，农业上重要的种类，如麦蓟马（*Haplothrips tritici*）、中华蓟马（*H. chinensis*）、烟蓟马（*Thrips tabaci*）等（图7-38）。

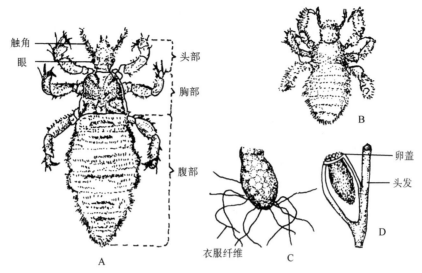

图 7-37　体虱各期形态
A. 成虫　B. 若虫　C. 体虱卵　D. 头虱卵
（仿华中师范学院等）

6. 脉翅目（Neuroptera）　体小型至大型，体纤弱，呈绿色、褐色。口器为咀嚼式。前胸短小，前后翅大小形状相似，膜质，脉纹多呈网状，边缘多分叉。完全变态，约 5 000 种。幼虫有 3 对发达的胸足，行动活泼。口器发达。成幼虫均为捕食性，为害虫的重要天敌，如大草蛉（*Chrysopa septempunctata*）、叶色草蛉（*C. phyllochroma*）等（图 7-39）。

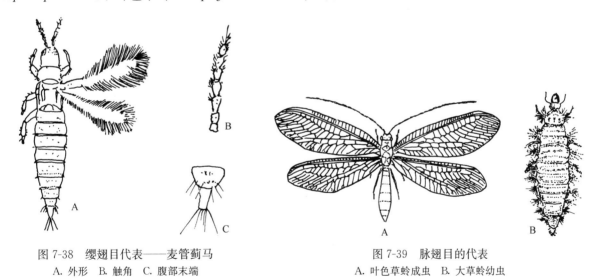

图 7-38　缨翅目代表——麦管蓟马
A. 外形　B. 触角　C. 腹部末端
（仿华中师范学院等）

图 7-39　脉翅目的代表
A. 叶色草蛉成虫　B. 大草蛉幼虫
（仿华中师范学院等）

7. 鳞翅目（Lepidoptera）　体小型至大型，体、翅密被鳞片。口器为虹吸式。完全变态，约 165 000 种。幼虫多足型，毛虫式。成虫和幼虫食性不同。成虫一般不危害植物，以花蜜为食，可帮助植物授粉。幼虫绝大多数为植食性，许多种类为著名的农业害虫，如菜白蝶（*Pieris rapae*）、黏虫（*Mythimna separata*）、棉铃虫（*Holiothis armigera*）、小地老虎（*Agrotis ypysilon*）等。著名的产丝昆虫——家蚕（*Bombyx mori*）也属于此目（图 7-40）。

8. 鞘翅目（Coleoptera）　体小型至大型，皮肤坚硬。口器为咀嚼式。前翅为鞘翅；后翅膜质，折叠于前翅下。完全变态，约 370 000 种。幼虫体狭长；头部发达，坚硬；口器为咀嚼式。食性复杂，多为植食性，如叶甲、金针虫、蛴螬、象甲等。一些捕食性种类为害虫的重要天敌，如澳洲瓢虫

图 7-40　鳞翅目的代表

A. 菜白蝶　B. 天蛾　C. 蛱蝶　D. 黏虫　E. 天蚕蛾　F. 凤蝶　G. 棉铃虫　H. 二化螟

（仿华中师范学院等）

（*Rodolia cardinalis*）、七星瓢虫（*Coccimella septempunctata*）等（图 7-41）。

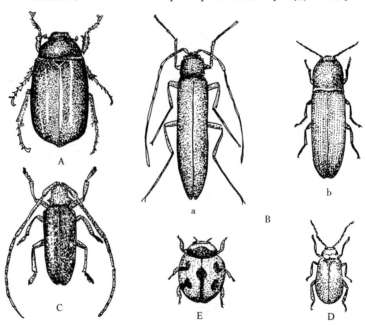

图 7-41　鞘翅目的代表

A. 金龟子　B. 沟叩头虫　a. 雄　b. 雌　C. 星天牛　D. 黄守瓜　E. 澳洲瓢虫

（仿武汉大学）

9. 膜翅目（Hymenoptera）　体微小型至大型。口器为咀嚼式，但蜜蜂为嚼吸式。翅膜质，前翅大于后翅，以翅钩相连。腹部第 1 节常并入腹部，第 2 节多细小呈腰状。完全变态，约 198 000 种。除少数种类，如叶蜂、树蜂为植食性外，大部分为寄生性和捕食性，是许多有害昆虫的天敌，如赤眼蜂、金小蜂、茧蜂等；还有著名的产蜜昆虫蜜蜂（图 7-42）。

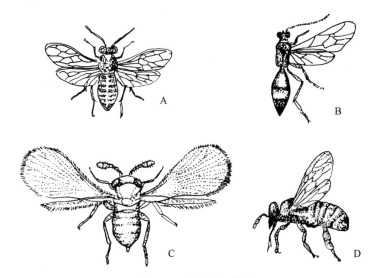

图 7-42　膜翅目的代表
A. 麦叶蜂　B. 姬蜂　C. 赤眼蜂　D. 蜜蜂
（仿武汉大学）

10. 双翅目（Diptera）　体小型至中型。口器为刺吸式或舐吸式；触角有丝状（蚊类）、念珠状（瘿蚊）或芒状（蝇类）。翅 1 对，膜质。完全变态，约 120 000 种。幼虫多为蛆式，无足，前端小，后端大，口器退化成口钩。食性多种多样，有植食性的，如潜叶蝇、杆蝇、水蝇、种蝇等；有捕食性的，如食虫虻、蚜蝇等；还有腐食性或粪食性的；更多的种类则是人畜害虫，如蚊、蝇、蚋、虻、蠓等（图 7-43）。

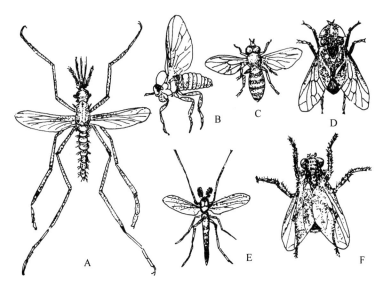

图 7-43　双翅目的代表
A. 蚊　B. 蚋　C. 食蚜蝇　D. 虻　E. 摇蚊　F. 家蝇
（仿华中师范学院等）

第八节　节肢动物与农牧业关系

节肢动物是动物界中最大的一个门，种类多，分布广。节肢动物不仅种类多，同种的个体数量也十分惊人，如一个蚂蚁群体可多达 50 万个个体。曾有人估计，整个蚂蚁的数量就可能超过其他所有昆虫的总数。节肢动物的分布之广，也是其他动物无法相比的，几乎遍及地球的各个角落。节肢动物至少已在地球上存在了 5.2 亿年，而人类才出现了不过 100 余万年。因此，早在人类出现以前，节肢动物就与其生存的环境建立了悠久的历史关系。人类的出现意味着对大自然的改造和利用，节肢动物是大自然的一个组成部分，而且种类繁多，分布极广，个体数量庞大，因而与人类发生了密切的关系。以下从节肢动物对人类有害和有益两个方面出发，仅就其与农牧业的关系做一简要介绍。

一、节肢动物有害方面及其控制

在农业上，人类栽培的植物无一不受昆虫、螨类等节肢动物的危害。危害农作物的节肢动物种类非常多，每种农作物都有许多种节肢动物危害。从播种到收获，从储藏到运输，都会遭受节肢动物的危害。已知危害农作物的昆虫有 1 万多种，重要的约 3 000 种。其中，水稻害虫 300 多种，棉花害虫 750 多种，玉米害虫 350 余种，果树害虫 1 000 种以上，仓库害虫 300 多种，如稻飞虱、黏虫、东亚飞蝗等，均是农、牧、林业的重要害虫，给人类带来了巨大的经济损失。据估计，我国农作物因病虫害使粮食造成的损失为 5%～10%，棉花为 20%左右；果树、蔬菜因虫害造成的损失尤为严重，一般均在 15%～20%，局部地区更严重，品质下降造成的损失则是无法统计的；储粮害虫给粮食造成的损失一般达 5%～10%。昆虫、螨类等节肢动物对树木或森林的危害也是相当严重的，如马尾松毛虫（*Dendrolimus punctatus*）每年都有其将成片松林吃光的报告；光肩星天牛（*Anoplophora glabripennis*）几乎使西北、华北地区的杨树损失殆尽；小蠹甲的危害常引起菌类寄生，其损失比小蠹甲造成的损失更大。白蚁在南方对建筑物、桥梁、枕木、家具等的危害也相当严重。另外，不少节肢动物除直接危害植物外，还传播植物病害，在已知的 249 种植物病毒中，仅蚜虫能传播的就占 159 种，飞虱、叶蝉能传播水稻、玉米、小麦的病毒病。这些害虫传播病害给农业生产带来的损失，远比虫害本身要大得多，因此消灭媒介昆虫已成为防治许多植物病害的主要措施。

节肢动物对畜牧业的影响也是巨大的。牧草和饲料作物是畜牧业生产的物质基础，建设和保护草原、种植牧草和饲料作物是发展畜牧业的首要任务。我国拥有天然草原约 60 亿亩*，是一类极为重要的可更新的自然资源。然而，草原上昆虫等节肢动物的种类和数量也非常多，其中许多种类对草原植被造成严重的危害。例如，仅内蒙古草原就有蝗虫 95 种，每年受灾面积约达 1 000 万亩，需常年进行大面积化学防治。西部干旱地区，叶甲、伪步甲等对牧草或固沙植物的危害也相当严重。另外，昆虫等节肢动物对牲畜的直接危害也是相当严重的，有的是体外寄生的吸血害虫，如蚊、跳蚤、虱子、牛虻等；有的是内寄生虫，如寄生在马胃肠中的马胃蝇（*Gastrophilus*）幼虫，而寄生在牛背部皮下的牛皮蝇（*Hypderma*）幼虫，能将牛皮穿孔，造成很大的经济损失。许多牲畜的病害都是由昆虫、螨类等节肢动物传带的，如马的脑炎（病毒）等。

人类同有害节肢动物的斗争从来就没有停止过。早期人类主要采取农业措施或生物措施来防治农业害虫。如我国早在公元 304 年在广东就有利用黄猄蚁防治柑橘害虫的记载；公元 528—529 年开始运用调节播种期、收获期，选用抗虫品种防治害虫。第二次世界大战后，DDT 和六六粉等有机合成农药的大量合成和使用，使害虫防治工作发生了很大变化，进入了以有机合成农药防治害虫的时期。但好景不长，由于长期单纯大量使用其防治害虫，导致害虫抗药性增强，防治效果下降；大量杀伤害虫天敌引起害虫再猖獗和次要害虫数量上升；农药残留造成环境污染。因此，在害虫防治过程中，应

---

　　* 亩为非法定计量单位。1 亩≈667m²。——编者注

从整体出发，充分发挥自然界中天敌等的自然控制作用，以农业防治为基础，合理采取化学防治、生物防治、物理防治等措施，达到经济、安全、有效地控制昆虫等有害节肢动物的目的。

二、节肢动物有益方面及其利用

以上介绍了节肢动物的有害方面，但节肢动物对农牧业生产做出的贡献也是巨大的。许多种类的节肢动物可以为显花植物授粉，如蜂类、蛾类、蝶类及一些蝇类等昆虫。据统计，85%的显花植物是由昆虫授粉的。在果树中，苹果有70%以上靠蜜蜂授粉，许多大田作物（如棉花、向日葵、荞麦、胡麻）和园艺作物，都可以利用蜜蜂授粉来提高产量。因此，昆虫等节肢动物在这方面对人类的贡献是巨大的。据美国1957年统计，该国因昆虫授粉所得的收益，每年达45亿多美元，比该年因害虫造成的损失（35亿多美元）多10亿多美元。昆虫中28%是捕食性的，2.4%是寄生性的，而蛛形纲的蜘蛛均为捕食性的，其食物大多为昆虫或其他节肢动物，它们对昆虫等有害节肢动物具有一定的控制作用。保护和利用天敌受到人们的广泛重视，利用害虫的天敌进行害虫防治成为害虫防治的一项重要措施。前面提到，每种作物常常都有百种或数百种害虫危害，但造成较大损失的种类很少，绝大多数处于受抑制状态，这在很大程度上归功于捕食性和寄生性天敌昆虫，如螨类、蜘蛛等节肢动物。

在节肢动物昆虫纲中，腐食性昆虫占昆虫总数的17.3%，它们以生物的尸体为食，有的将尸体掩埋在土中，对加速微生物的分解，促进物质及能量循环有很大作用。草原上的腐食性昆虫（如蜣螂）对清洁草原、促进牧草生长具有重要作用。它们能清理牛、羊等的粪便，加速其分解，供牧草生长所需。如澳大利亚曾从国外引进一种蜣螂，用于清除牧场上的牛、羊粪便。

人类在农牧业生产上利用有益节肢动物已有悠久的历史。如前述，我国早在公元304年就利用黄掠蚁防治南方柑橘害虫，至今广东、福建的橘园仍在应用；美国1888年引进澳洲瓢虫防治吹绵蚧获得成功。利用害虫的天敌控制害虫具有经济、有效、持久的优点。我国已建成赤眼蜂人工寄生卵半机械化生产线，用于防治玉米螟、松毛虫和棉铃虫等鳞翅目害虫，放蜂治虫面积5年累计达1 300hm²。目前，利用天敌防治害虫主要通过以下3种途径：天敌的保护、天敌的大量繁殖释放和天敌的引移。近年来，温室、塑料大棚等保护地的面积日趋扩大，但由于这些小环境通风较差，缺少传粉昆虫，影响作物的正常授粉，从而影响了作物产量。在保护地中释放蜜蜂等传粉昆虫是提高作物授粉率、提高作物产量的有效措施。目前，这方面的研究和应用工作已受到人们的重视，且在生产上已有成功的实例。

综上所述，节肢动物与农牧业有密切关系，只有对节肢动物的分类学、生态学、生理学、生物学等进行深入的研究，才能更好地利用或控制节肢动物，促进农牧业生产的发展。

▍本 章 小 结▍

本章主要介绍了节肢动物门的主要特征及其门下分类5亚门16纲，重要纲的特征、分类代表动物的形态结构、习性。甲壳亚门主要介绍了软甲纲代表动物对虾；多足亚门主要介绍了唇足纲；螯肢亚门主要介绍了蛛形纲代表动物大腹园蛛及与人类关系密切的3个目的动物；六足亚门主要介绍了昆虫纲中与农牧业关系密切的9个目的昆虫及专门寄生生活的虱目。通过对本章的学习，主要应该掌握节肢动物门总的形态特征和分类，以及各亚门和主要纲的特征、代表动物，进而掌握节肢动物在自然界的地位和作用。了解节肢动物与农牧业的关系，充分认识节肢动物对农牧业的有益和有害方面，进一步提高理论联系实际和将所学知识应用于实践的能力，为后续相关专业课程的学习奠定良好的基础。

📑 思考题

1. 名词解释

洄游　不完全变态　完全变态　几丁质外骨骼　异律分节　混合体腔　马氏管　气管系统

2. 节肢动物的主要特征有哪些？

3. 节肢动物主要包括哪几个纲？代表动物分别有哪些？

4. 如何区别蜘蛛与昆虫？

5. 昆虫咀嚼式口器由哪几部分构成？各有何功能？

6. 昆虫的消化道由哪几部分构成？各部分的功能是什么？

7. 昆虫的呼吸系统有何特点？

8. 昆虫的感觉器主要包括哪几种类型？

9. 昆虫主要有哪3种内激素？有何功能？

10. 昆虫的信息素有哪几种？有何功能？

11. 什么是昆虫的变态？有哪几种主要变态类型？

12. 昆虫的休眠与滞育有何区别？

13. 列表比较昆虫纲主要目的特征。

14. 节肢动物与人类有何关系？

第八章

无脊椎动物若干小动物门简介

内容提要

　　无脊椎动物包括30多个动物门，本章对一些种类较少但在动物演化上又很重要的小动物门进行了集中介绍。包括第一节扁盘动物门、第二节栉水母动物门、第三节轮虫动物门、第四节腹毛动物门、第五节纽形动物门、第六节棘头动物门、第七节蛭虫动物门、第八节星虫动物门、第九节须腕动物门、第十节有爪动物门、第十一节触手冠动物——苔藓动物门、腕足动物门和帚虫动物门、第十二节毛颚动物门。

第一节　扁盘动物门（Placozoa）

　　扁盘动物目前只有丝盘虫1种（或可能为2种），海生，于1971年被建立为一个动物门，是已知的最简单的多细胞动物之一（图8-1）。其形状、大小、运动方式与变形虫很相似，但经研究，它是多细胞动物，因此又称多细胞变形虫。

　　扁平动物呈扁平薄片状，直径一般为2～3mm。体形经常改变，边缘不规则。无体腔及消化腔，无神经协调系统。整个虫体由几千个细胞构成，排列成双层，虫体有恒定的背腹方向。背面的扁平细胞多数长有1根鞭毛。腹面有2种细胞：具鞭毛的柱状细胞和分散于其中的腺细胞。背腹细胞层之间为来源于腹细胞层的星状纤维细胞。

　　扁盘动物以微小的原生动物为食，腺细胞能分泌消化酶行部分体外消化。营养物质由腺细胞吸收。通常经分裂和出芽行无性生殖，也能进行有性生殖，但人们对其过程了解很少。

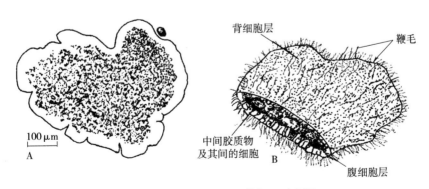

图8-1　丝盘虫背面及立体切面示意图

A. 丝盘虫背面观　B. 丝盘虫立体切面示意图

（A 仿 K. G. Grell；B 仿 Margulis）

第二节　栉水母动物门（Ctenophora）

栉水母动物种类不到 100 种，全部海生，能发光，营浮游生活，也有的能爬行。一般为瓜形、梨形、球形，也有扁平带状的。

与腔肠动物有许多相同点，曾被列入腔肠动物中：均为辐射对称体制；具分支的消化循环腔；具内、外胚层及中胶层。但有特殊结构，如侧腕水母（图 8-2）：①具 8 行用作运动的纵行栉板，由基部相连的纤毛构成；②触手上没有刺细胞，而具有黏细胞，分泌黏性物质来捕食；③反口面有一集中的感觉器官，司平衡，与 8 行栉板相连，结构复杂；④在胚胎发育中，产生不发达的中胚层，并发展为肌纤维。

栉水母有显著的再生能力。以浮游生物为食，同时它本身又是鱼类的饵料。一般认为，栉水母类为进化上的盲端支流，与腔肠动物接近，但较之略为高等。

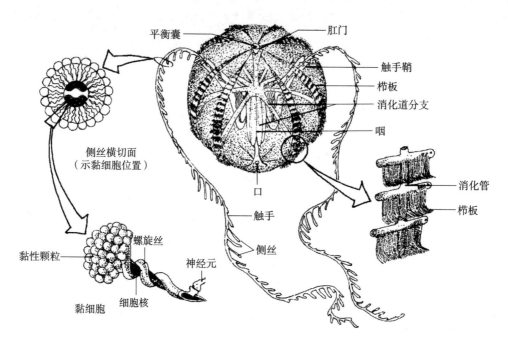

图 8-2　侧腕水母（Pleurobrachia）结构
（仿 Hickman）

第三节　轮虫动物门（Rotifera）

轮虫体微小，大小似原生动物，为淡水浮游动物的主要类群之一，大部分生活在淡水中，海洋中种类较少（约占 5%）。约 2 000 种，在原腔动物中，种类数仅次于线虫动物。

轮虫（图 8-3）身体为纵长形，可分头、躯干和尾 3 部分，尾部又称足，可附着于物体上或爬行。轮虫的头部具有 1~2 圈纤毛组成的纤毛冠（ciliated corona），纤毛冠上半部完全裂开，形成 2 个纤毛轮器，纤毛摆动，形似车轮，故名轮虫。轮虫身体被以角质膜，具原体腔，腔内充满体腔液，排泄器官为原肾管。轮虫的消化系统可分口、咽、胃、肠、肛门等，咽部有咀嚼囊（mastax）和咀嚼器（trophi）。雌雄异体，雄体交配后死亡而不常见。

当环境条件恶化时，有些轮虫停止活动，看上去就像是死了，称为隐生（cryptobiosis）。

第四节　腹毛动物门（Gastrotricha）

　　腹毛动物与轮虫大小相似，营海水或淡水生活，以细菌、矽藻和小原生动物为食，约500种。身体多为长圆筒形，体被角质膜，背面隆起，上有许多刚毛、鳞片或棘；腹面扁平，腹面和头部有若干行呈纵带或横带排列的纤毛，故名腹毛动物，此特征似扁形动物。腹毛动物的原体腔发达，消化道包括口、咽、肠、直肠和肛门等。淡水种类排泄系统为原肾管，海水种类则无排泄系统。腹毛动物海产种类为雌雄同体。淡水种类雄性精巢多退化，营孤雌生殖。常见种类有鼬虫（*Chaetonotus*）（图8-4）。

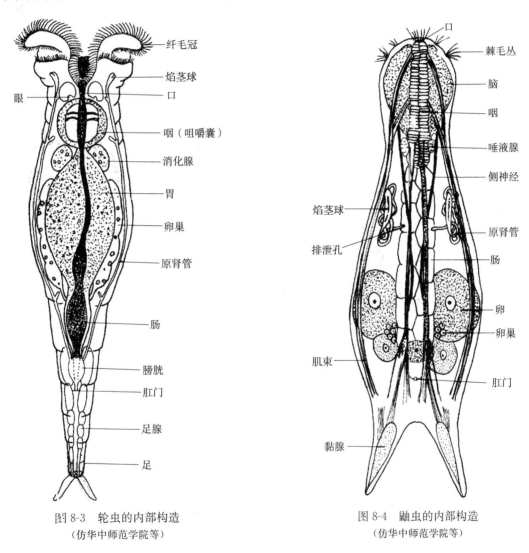

图 8-3　轮虫的内部构造
（仿华中师范学院等）

图 8-4　鼬虫的内部构造
（仿华中师范学院等）

第五节　纽形动物门（Nemertea）

　　纽形动物（图8-5）种类为500～600种，海生，极少数为淡水生及生活于土壤中。体形为带状、线状或圆柱状。小的仅数毫米，个别长的达30m。

　　本门动物与扁形动物有很多相似之处：都是两侧对称，三胚层无体腔；体壁与肠道间充满实质组织；原肾管式排泄系统；靠体表进行气体交换。

　　还有一些较扁形动物更完善的特点：具较完善的消化管，有口和肛门，使食物向1个方向流动，增强了消化能力；在肠道背部有1个能翻转的吻，可自由伸缩于吻腔，吻端有刺和毒腺用以捕捉食物及防御敌害；具有初级的闭管式循环系统；神经系统相当发达，比涡虫集中，有较大的脑。

纽形动物大多雌雄异体。再生能力强，在一定季节能自分为数段，每段可再生为一成虫。纽形动物在身体构造上与扁形动物相似，但它们出现了较完善的消化系统和简单的循环系统，要比扁形动物进步。因此，其分类地位应介于扁形动物和环节动物之间。

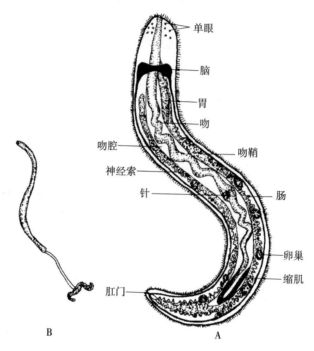

图 8-5　纽　虫

A. 纽虫的构造（♀）　B. 吻伸出取食状

（仿 Hickman）

第六节　棘头动物门（Acanthocephala）

棘头动物有 1 100 多种，全部为寄生种类，生活史有 2 个寄主，成虫寄生于脊椎动物的肠道内，幼虫寄生于节肢动物的甲壳类和昆虫体内。体呈长圆筒形或稍扁，大小差异很大，长 1～65cm。体前端有 1 个能伸缩的吻（proboscis），可缩入吻鞘内，上有很多倒钩，为附着器，可钩挂于寄主肠壁上，故称棘头虫（图 8-6）。体表具角质膜，上皮为合胞体，其内贯穿着复杂的腔隙系统（lacunar system），是储存营养之处。上皮内为由纵肌和环肌组成的肌

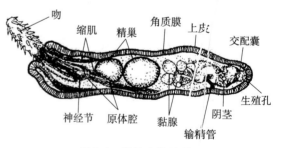

图 8-6　棘头虫的结构

（仿 Yamaguti）

层，而线虫动物仅具纵肌。具原体腔，无消化管，以体表吸收寄主肠内的营养物质。排泄器官为原肾管，与输精管或子宫相通，由生殖孔通体外。棘头虫雌雄异体，其生殖器官结构特异，受精卵被中间寄主昆虫、甲壳类等吞食，在其体内发育，当终末寄主吞食中间寄主时即被感染，在其肠内发育为成虫。

常见的如寄生在猪小肠内的猪巨吻棘头虫（图 8-7），是最大的一种棘头虫，雌虫长 65cm，雄虫长 15cm。可使猪食欲减退、消瘦、便血，以至死亡。中间寄主为金龟子的幼虫蛴螬。

棘头动物具吻，在合胞体的上皮层内有复杂的腔隙系统，无消化管及特异的生殖系统，这些特点与原腔动物、扁形动物不同，其演化地位难以确定。

第七节　螠虫动物门（Echiura）

螠虫动物全部海产，穴居于海底泥沙、石隙或珊瑚礁中，约有 200 种，呈蠕虫状，不分节（图 8-8）。体前端有吻，不能伸缩，可辅助摄食。吻后常具 1 对腹刚毛。肛门位于体末端，周围有 1～2 圈尾刚毛，有些种类无尾刚毛。螠虫次生体腔发达；肾管兼作生殖导管；腹神经索无神经节；具闭管式循环系统。发育过程中有一个似担轮幼虫的幼虫期，其体后端有分节现象。发育至成体时，分节现象消失，如叉螠（*Bonellia viridis*）。还有我国北部沿海常见的单环刺螠（*Urechis uniconctus*），又称海肠，为名贵的海鲜食品，有较高的经济价值。

螠虫动物与环节动物的多毛类有许多相似之处：如次生体腔发达，具刚毛，雌雄异体等。但螠虫动物成体不分节，而幼虫仍保留分节现象，其形态似多毛类的担轮幼虫，故螠虫可能是由原始的多毛类在演化过程中较早分出的一支。

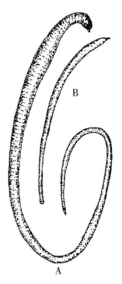

图 8-7　猪巨吻棘头虫
A. 雌虫　B. 雄虫
（仿 Hyman）

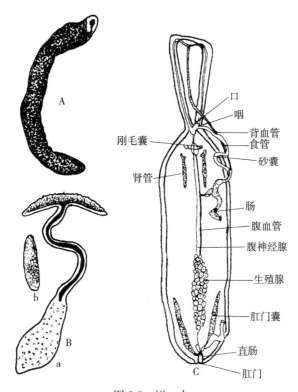

图 8-8　螠　虫
A. 单环刺螠　B. 叉螠　a. 雌　b. 雄　C. 螠虫的内部结构
（A 仿张玺；B 仿 Zenkevitch；C 仿 Delage，Herorard）

第八节　星虫动物门（Sipuncula）

星虫动物（图 8-9）全部海产，生活在海底泥沙中，有些可食用，约 300 种。体呈圆柱状，不分节。前端有 1 个吻，可伸缩，称翻吻（introvert）。吻前端为口，周缘有 1 圈触手，消化管呈 U 形，肛门位于体前端背侧；次生体腔发达，后肾管 1 对，兼有生殖导管功能；腹神经索无神经节；雌雄异体，个体发生中有 1 个似担轮幼虫的幼虫期，幼虫无分节现象。

常见种类如光裸星虫，又称海人参、沙虫，褐红色，长 20cm。体表光滑，体壁上纵肌束与横肌束交错排列，形成方格状花纹，又称方格星虫（Sipunculus）。肛门位于近体前端处背侧，横裂缝状。

星虫与螠虫一样，与环节动物的多毛类有较多相似之处。但星虫成体与幼体均不分节，无刚毛，U 形消化管，幼虫具后肾管等特点又不同于环节动物。因此，其演化地位较难确定。有人认为星虫动物是由原始多毛类退化的一支，与其演化关系较远。

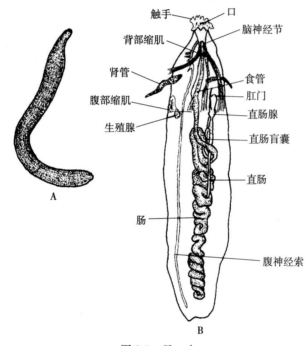

图 8-9　星　虫
A. 光裸星虫　B. 光裸星虫的内部结构
（A 仿张玺；B 仿 Selensky）

第九节　须腕动物门（Pogonophora）

须腕动物（图 8-10）在海底营管栖固着生活，体细长呈蠕虫状，栖于由其自身分泌的几丁质和蛋白质形成的细管中。管垂直插入海底软泥中，部分露于软泥外。虫体长 5～3m，直径 0.5～3cm。迄今报道至少 145 种。

身体为两侧对称，由头叶、腺体部、躯干部和固着器（也称后体部）四部分组成。头叶小，为三角形，从其上伸出须状触手。触手数目因种类不同而异，多为 1～200 条。腺体部之后是躯干部，二者之间有隔膜。在躯干部有不同形态的乳突，有些虫体具刚毛或纤毛，这些结构使虫体能在管内黏附，并支持虫体在管内上下运动。躯干部的分泌物能加厚虫管。固着器由 5～30 个具刚毛的体节组成，成为一种固着和挖掘泥沙的器官。成体无消化管、口和肛门，它如何取食曾引起种种推测，现已发现其体内有共生的化能自养细菌，能合成有机物，并利用氧化作用分解有机物释放能量。具闭管式循环系统，排泄器官与后肾管相似，位于头叶内。**雌雄异体，躯干部具生殖腺1对，幼虫时期具纤毛。**神经系统与上皮未分开，称为上皮神经系统，由前端1个神经环（或神经团）和1条无神经节的纵神经索构成。

多数学者认为须腕动物与环节动物较为接近，属于原口动物。现在一般将其单立为一门，也有学者将其列为环节动物门的1或2个纲。

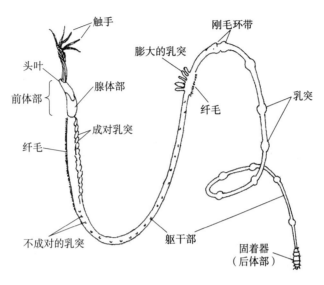

图 8-10　须腕动物外形
(仿 Jan A. Pechenik)

第十节　有爪动物门（Onychophora）

有爪动物是一种古老的类群，约有110种，分布于热带和亚热带地区，但间断存在于狭窄地区，故认为已濒于灭绝的边缘。喜潮湿，多生活于热带雨林中，栖息在树皮、岩石、叶片下或溪流两岸。我国西藏高原记录有盲栉蚕（*Typholoperipatus*）。现以栉蚕（*Peripatus*）为例，说明有爪动物的特点。

栉蚕（图 8-11、图 8-12）体呈圆筒形，身体不分节，仅表面有环纹，体壁似环节动物，具有角质膜，很像蠕虫。头部分界不明显，前端具有1对触角，有单眼而无复眼；腹面有口，内有1对爪状大颚，口的两侧有1对短圆锥状的口乳突（oral papilla），其顶端有黏液腺的开口，当其捕食或被敌害惊扰时，能射出黏状物并迅速变硬，用以缠绕猎物或侵犯者。躯干部没有明显的分化，体表柔软而且环纹，上有许多突起，顶端有1个角质小刺。附肢短而臃肿，共有14～43对，不分节，端部有2个爪，更像环节动物的疣足。在每对附肢的基部内侧有肾管的开口。体表密布许多气门，但无关闭结构，因此它们只能生活在潮湿的环境中。雌雄异体，多数为体内受精，多为卵胎生或胎生，卵在子宫内发育，依靠"胎盘"自母体获得营养。

有爪动物兼有多门动物的特征，因而对于研究动物的系统发展及地理分布方面有重要意义。栉蚕兼有环节动物、节肢动物的一些典型特征。例如，它的皮肤柔软而无骨片，具有皮肌囊，身体两侧有成对无关节的附肢，排泄器官按节分布，输卵管内具纤毛以及单眼的构造，这些特征与环节动物相似；而它的大颚由附肢变成，循环系统为开管式，心脏为管状而具心孔，混合体腔，用气管呼吸等，这些特征又与节肢动物很相近。因而，它与环节动物和节肢动物都有着密切的亲缘关系，所以其可能是由环节动物和节肢动物的共同祖先较早向陆地生活发展的一个过渡类型。

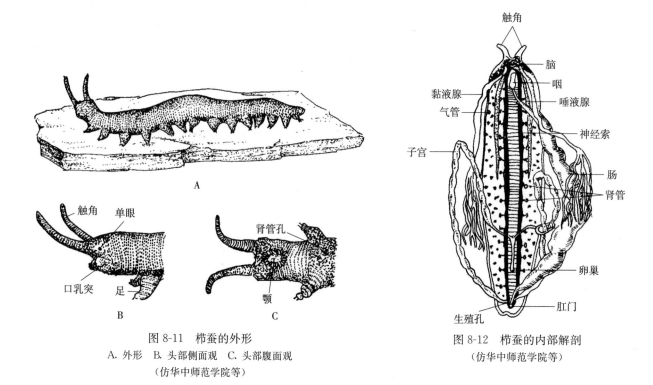

图 8-11　栉蚕的外形
A. 外形　B. 头部侧面观　C. 头部腹面观
（仿华中师范学院等）

图 8-12　栉蚕的内部解剖
（仿华中师范学院等）

第十一节　触手冠动物

苔藓动物、腕足动物和帚虫动物的共同特点是：体前端都有一圈环绕口形成的圆形或马蹄形的触手冠（lophophore），也称总担；都营固着生活，居于自身分泌的外壳里，身体柔软，头部不明显；神经、感觉以及运动等器官显著退化；既有原口动物的特征，又有后口动物的特征。因而，这 3 类动物很可能是从原口动物向后口动物过渡的中间类型的远祖发展而来，可认为是具有后口特征的原口动物。

一、苔藓动物门（Bryozoa）

苔藓动物常群集而固着生活，联结成片或毡状体，形似苔藓植物，因而得名。现存的苔藓动物5 000多种，绝大多数为海产，淡水种类仅有数十种。虫体甚小，个体（zooid，个员）不到 1mm，群体可达数厘米。身体不分节，每一个体以自身分泌的角质或钙质的管状虫室（zooecium）包裹（图 8-13）。个体头部不明显，顶端能翻出或缩进虫室的部分称为翻吻（introvert），其上有口，口的周围有很多具纤毛的触手——总担。消化道呈 U 形，口后依次为咽、食道、胃、肠和肛门，消化道内壁衬有纤毛，肛门开口在总担之外，因而本门动物又称为外肛动物门（Ectoprocta）。神经系统不发达，仅在口和肛门之间有一神经节，从它发出神经通到触手及身体其他部位。虫室的下部有一小室，称为卵室（ooecium），是受精卵孵化的地方。苔藓动物无呼吸、循环、排泄等系统。

一般为雌雄同体，生殖器官结构简单，每个

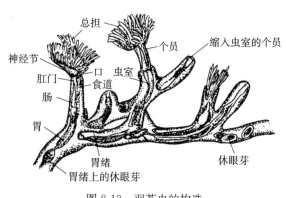

图 8-13　羽苔虫的构造
（仿 Parker，Haswell）

个员有 1 个卵巢和 1 个到多个精巢。苔藓动物的生殖有有性和无性 2 种。有性生殖时,性产物经过体腔和体腔管排出,或在体腔内发育,待母体死亡后再由虫室口逸出。无性生殖为出芽生殖,类似水螅。

海产苔藓动物可作为某些海洋鱼类的饵料,大量发生时可给养殖业带来很大的损失。草苔虫(*Bugula*)有时在海带上繁殖,影响海带生长;毡苔虫(*Tapetum*)喜欢生长在软体动物的壳上或贝类繁殖的苗床上,影响贝类的生长及幼苗的着床。

二、腕足动物门(Brachiopoda)

腕足动物具两片贝壳,故在外形上与软体动物的瓣鳃类很相似,但两者有很大的差别。腕足动物是背腹两片,而瓣鳃类则是左右两片。腕足动物以化石种类为主,超过 30 000 种,对地层的鉴定和石油开采有重要的参考价值。现存的约有 350 种,全部海产,单个固着生活于浅海中,少数可生活在深海中。

腕足动物的贝壳长为 12～70mm,壳片大小不等,背壳小,腹壳大,两壳片由闭壳肌相连。有时从腹壳后端伸出一条富有肌肉的圆柱形肉质柄(pedicle),并固着在其他物体上。虫体的主要部分位于两壳间的后端。背腹面前端的皮肤突出,形成两片外套膜,紧贴于背腹两壳内,并以许多微细的乳突穿入瓣壳之内。两片外套膜围成一外套腔,整个外套腔被隔膜分成前后两部分,后面部分又称内脏团,前面部分内有螺旋状的总担,是呼吸和摄食器官。通过总担上触手纤毛的摆动,产生水流以利于腕足动物呼吸和摄食。口位于总担基部,其后依次为食道、胃和肠,肛门有或无。如有,则消化道为 U 形。体腔发达,内有体腔液和内部器官,由肠系膜支持。循环系统为开管式,有心脏及血管。排泄系统为 1～2 对后肾管。神经系统不发达,为 1 个神经环。无特殊感觉器官。雌雄异体,有 2 对生殖腺,1 对在背侧,1 对在腹侧。肾管兼作生殖管。发育有变态,幼虫似担轮幼虫,自由游泳一段时间后,下沉到水底,固着后发育为成体。不行无性生殖。

我国沿海常见的有酸浆贝(*Terebratella coreanica*)(图 8-14)和海豆芽(*Lingula anatina*)。

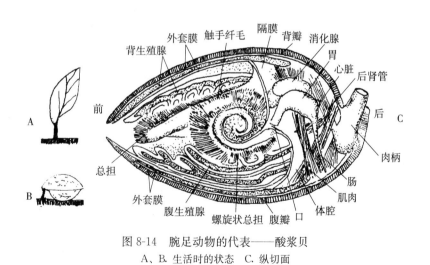

图 8-14　腕足动物的代表——酸浆贝
A、B. 生活时的状态　C. 纵切面
(仿 Storer)

三、帚虫动物门(Phoronida)

帚虫动物已知仅 20 多种,营固着生活,全部浅海产。身体细长,呈蠕虫形,长从几毫米至 300mm 不等,前端有总担,后端稍膨大,生活在由其自身分泌的几丁质管中(图 8-15)。单个生活或若干虫管相互黏合而群栖。口位于总担上两行触手之间,呈横裂状,内侧有口上突。消化系统呈 U 形,食物经过口后的食道、胃和肠,肛门开口于前端总担的外侧。循环系统为闭管式,无心脏,有背血管和腹血管。背血管位于食道和小肠之间，有分支血管到各触手，血液向前流至触手，交换气体通过血管丛（haemal pleocus）进入位于食道左侧的腹血管，并将血液送至身体后端。排泄系统为1对后肾管，肾管开口于肛门两侧。神经系统简单，口后有1个神经环，由此发出神经至触手和体壁。

帚虫动物大多数为雌雄同体。受精可在体腔内或在体外海水中进行。卵巢和精巢分别位于腹血管的背侧和腹侧。发育过程中有类似担轮幼虫的辐轮幼虫，能自由游泳达数周之久，后迅速变态，沉入海底，分泌虫管，发育为成体。帚虫再生能力强，可自割（autotomize）触手冠，2～3d后，又长出其失去部分，成为2个虫体。

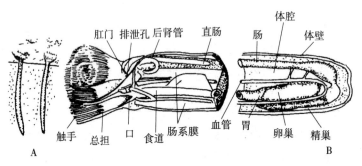

图 8-15　帚虫的结构
A. 自然状态　B. 内部结构
（仿 Storer）

第十二节　毛颚动物门（Chaetognatha）

毛颚动物属于后口动物。体形似箭，所以又称箭虫，较小，体长大多小于40mm。身体略呈透明状，海产，仅60多种，但数量极大，是海中浮游动物的重要组成部分，肉食；运动迅速，可跳跃，分布广。

毛颚动物体分头、躯干、尾3部分（图8-16），各部分在体内以隔膜分开，体腔分为3部分，头部体腔一室，躯干部体腔纵分为1对，尾部体腔有的种类1室，有的种类2室或多室。头部膨大，头背面具眼1对，腹面有纵裂的口，口两侧有能动的几丁质刚毛若干对，帮助摄食。躯干部有侧鳍1～2对。尾部具一呈三角形的尾鳍。

无排泄系统及循环系统。营养物质靠体腔液运输。与其他无脊椎动物完全不同之处在于其具有复层上皮。主要神经为围食道神经环，其背部为脑，由脑发出神经至头区各处，脑侧发出两神经节与躯干部的腹神经节相连，再由它发出神经到身体各部。

雌雄同体，雌性生殖孔开口于躯干末端，雄性无生殖孔，精子由体壁破裂而释出，多为异体受精。受精在体内进行，卵裂为全裂，直接发育，无幼虫期。

据新的研究成果，毛颚动物属原口动物中较特殊的一类，不是特别典型的原口动物，因而将其纳入原口动物的姊妹群。

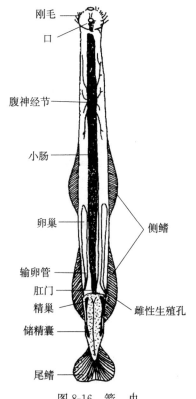

图 8-16　箭　虫
（仿 Hickman）

▎本 章 小 结▎

本章集中介绍了14个无脊椎的动物门，它们大都生活于海洋，身体大小和种类数差别很大，与其他动物类群演化关系有些尚不明确。有的人们很难见到——如扁盘动物；有的种类较多，有一定经济价值——如星虫动物、螠虫动物、毛颚动物；有的为寄生生活——如棘头动物；有的在研究动物演化上有重要作用——如轮虫动物、触手冠动物。

扁盘动物构造简单，可能是最原始的后生动物；栉水母动物身体构造与腔肠动物相似但有不同，它们具有带纤毛的栉板，可游动，无刺细胞；轮虫动物属原腔动物，大小似原生动物，为淡水浮游动物的主要类群，头部纤毛冠上有纤毛轮器，故名轮虫；腹毛动物与轮虫大小相似，腹面和头部有纤毛，故名腹毛动物，此特征似扁形动物，但还有原腔动物的特征；纽形动物多为海生，与扁形动物有很多相似之处，但它们出现了较完善的消化系统和简单的循环系统，要比扁形动物进步，因此其分类地位应介于扁形动物和环节动物之间；棘头动物全部为寄生种类，生活史有2个寄主，成虫寄生于脊椎动物的肠道内，棘头动物虽具有合胞体、原体腔等构造，但有些特点与原腔动物、扁形动物不同，故其演化地位难以确定；螠虫动物全部海产，与环节动物有许多相似之处，但成体不分节，而幼虫仍保留分节现象，其形态似多毛类的担轮幼虫，故螠虫可能是由原始的多毛类在演化过程中较早分出的一支；星虫动物同样与环节动物的多毛类有较多相似之处，但星虫成体与幼体均不分节，无刚毛等特点又不同于环节动物，其演化地位较难确定；须腕动物在海底营管栖固着生活，体细长呈蠕虫状，多数学者认为须腕动物与环节动物较为接近，属于原口动物，现在一般将其单立为一门；有爪动物的代表是栉蚕，喜潮湿，多生活于热带雨林中，它与环节动物和节肢动物都有着密切的亲缘关系，在研究动物的系统发展及地理分布方面有重要意义；触手冠动物包括苔藓动物门、腕足动物门和帚虫动物门，其共同特点是体前端都有一圈环绕口形成的圆形或马蹄形的触手冠（也称总担）、都营固着生活、居于自身分泌的外壳里，这3类动物很可能是从原口动物向后口动物过渡的中间类型的远祖发展而来，可认为是具有后口特征的原口动物；毛颚动物体形似箭，又称箭虫，海产，仅60多种，但数量极大，是海中浮游动物的重要组成部分。

📋 思考题

1. 为什么扁盘动物可能是最原始的后生动物？
2. 栉水母动物有哪些特征不同于腔肠动物？
3. 在光镜下，如何从水中的众多微小生物中分辨出轮虫？
4. 纽形动物较扁形动物有哪些进步特征？
5. 查阅资料，说明猪巨吻棘头虫的危害。
6. 查阅资料，了解轮虫动物、腹毛动物、星虫动物、螠虫动物、须腕动物、有爪动物、毛颚动物的基本特征和经济价值。
7. 触手冠动物包括哪几个类群？有何共同特征？
8. 查阅资料，说明触手冠动物演化地位如何。

第九章

从无脊索动物到脊索动物的过渡类群

内容提要

　　本章主要介绍无脊索动物与脊索动物的过渡类群，包括棘皮动物和半索动物两类动物，通过对这两类动物主要特征、代表动物和分类的学习，可以使学生掌握由无脊索动物向脊索动物进化过程中的中间类群的基本特征，加深对动物进化关键环节的理解。

第一节　棘皮动物门（Echinodermata）

　　棘皮动物和半索动物在动物演化上属无脊索动物的后口动物。这 2 类动物的口与原口动物的口起源于原口有很大不同，它们在胚胎发育中的原口形成了肛门，而与原口相对的一端形成口，称为后口，以这种方式形成口和肛门的动物，称为后口动物，脊索动物是后口动物。棘皮动物和半索动物也是后口动物，棘皮动物还具有来源于中胚层的内骨骼，并且以体腔囊法形成中胚层和体腔，以上特征均与脊索动物相同，因而在动物演化中被视为是从无脊索动物到脊索动物的过渡类群。

一、棘皮动物门特征

　　棘皮（echinoderms），字面意思是具刺的皮肤，因许多物种皮肤具有棘突（spikes）或刺（spines）而得名，棘皮动物门形态多样化，全部为海生生活。

　　就物种数量和栖息地占据范围来看，棘皮动物是仅次于脊椎动物的后口动物谱系。目前生物学家已经命名了大约 7 000 种棘皮动物。棘皮动物数量也很丰富。在一些深水环境中本门动物占到有机体数量的 95％。这些动物有以下几个共性：

　　1. 五辐射对称的体制　所有的后口动物均被认为是两侧对称的，因为它们是从两侧对称的祖先进化而来的。棘皮动物幼虫也是两侧对称的（图 9-1A），但在棘皮动物进化的早期出现了一个显著的事件：在成体中五面辐射对称出现（图 9-1B），称为五辐射对称（pentaradial symmetry）。

　　辐射对称的动物没有头部，成体的棘皮动物在所有水平方向上平等运动。因此，它们与环境的相互作用趋于在所有方向上。一旦在某个水平方向上活动，则与环境的作用就在此方向上。

　　2. 具有内骨骼　棘皮动物身体第二个值得注意的特征是它的内骨骼（endoskeleton）：一种坚硬结构，位于身体一层薄上皮组织的内部，为棘皮动物提供保护和支持。当个体发育时，细胞在皮下分泌 $CaCO_3$ 的骨板。骨板可以独立存在，并导致了弹性结构或者融合为刚性的结构，这取决于物种。如果骨板不融合，则它们由特殊的组织连接，使骨板在坚硬或具弹性之间可逆——这取决于外界条件。

　　3. 水管系统　在棘皮动物进化中出现了独特的形态特征：一系列分支的充满液体的管和腔称为水管系统（water vascular system）。在一些组群中，水管的一端开口于体壁通外界。这样海水能流出和流进这个系统。在内部，通过衬在管内和腔内的纤毛摆动使水流动。

　　图 9-2A 展示了水管系统的一个特别重要的部分，称为管足（tube feet）。管足是加长的充满液体

的附肢，每个由像气球一样的壶腹（ampulla）组成，在身体的里面，像管子一样的足柄突出于体外（图 9-2B），水管系统形成一种特化的流体静力骨骼来操控管足。

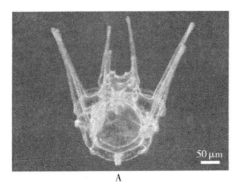

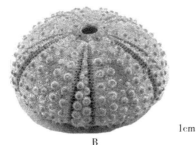

图 9-1　棘皮动物成体和幼体的对称性差异

A. 两侧对称的海胆幼虫（棘皮动物的幼虫是两侧对称的）　B. 海胆成体的内骨骼辐射对称（成体的棘皮动物是辐射对称的）

（仿 Scott Freeman）

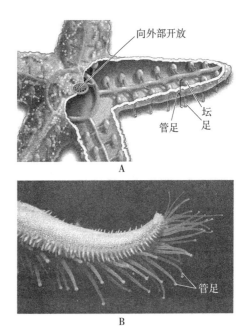

图 9-2　棘皮动物有水管系统和管足

A. 水管系统是一系列由管和室辐射在整个身体内形成的复杂的流体静力骨骼（棘皮动物有水管系统）　B. 管足辅助运动，因为它们可以从身体延伸并吸附和释放基底（管足从身体底部伸出来）

（仿 Scott Freeman）

当管足以协同方式沿棘皮的基部收缩和伸展时，它们交替吸附和释放基底或者食物，从而能运动和摄食。管足增加暴露于小环境中的软组织表面积，有助于呼吸。

成体辐射对称、CaCO$_3$ 内骨骼以及水管系统全部是同源性状，这 3 个性状可以确定棘皮动物是单系组群。

4. 以管足摄食　棘皮动物通过大量摄取藻类或者其他动物、悬浮物或者沉积物而生活。在大多数情形下，棘皮动物的管足（tube feet）在获取食物中起到了关键作用。如许多海星捕食双壳类，但蛤和贻贝能通过收缩关闭两片贝壳的肌肉对海星的攻击做出反应。海星通过在其每一片贝壳上紧紧吸附的管足，使劲拉拽，将捕获的贝壳分开几毫米（图 9-3A），一旦有缝隙出现，海星从其身体内吐出贲门胃，进入开口的贝壳内，接触到内脏团，然后海星的胃分泌消化酶，并开始吸收由酶分解而释放的营养，最终将贝壳遗弃。

管足也用于滤食（图 9-3B），在大多数情况下，管足伸展到水中。当食物碎屑碰到管足，管足轻拂（弹）食物靠近纤毛，纤毛将碎屑扫进棘皮动物的口。

在食碎屑者（泥食者）中管足分泌黏液包裹食物，并将浸满黏液的食物在基底上滚成球，将其投入口内。

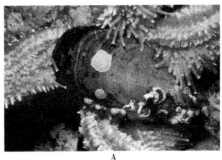

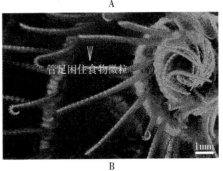

图 9-3　棘皮动物在使用管足觅食

A. 管足使海星抓牢它们的猎物　B. 管足使海羽星（海百合纲的动物）获取悬浮的食物

（仿 Scott Freeman）

棘皮动物有 7 000 余种，全部生活在海洋中，没有头部、体部等构造，身体为辐射对称，且大多数为五辐射对称（pentamerous radial symmetry），但它们的幼体是两侧对称的，因而辐射对称的特征是幼体变态发育后次生形成的，这种现象在动物界是唯一的。我们推测棘皮动物的祖先是行动活泼的两侧对称的动物，辐射对称是它们后来适应固着生活或不大活动的生活方式次生形成的。所谓五辐射对称，就是沿着身体的中轴，整个身体由 5 个相似的部分（或是 5 的倍数）构成，如星形、球形、圆形、树状分支等。

棘皮动物的整个体表都覆盖着纤毛上皮，其下是中胚层形成的内骨骼，内骨骼有的形成骨片，相互排列成一定形式（海星类）；有的愈合成一完整的壳（海胆类）；有的极微小（海参类）。内骨骼常突出体表形成棘或刺，显得皮肤粗糙，所以称棘皮动物。

棘皮动物体腔发达，属次生体腔，一部分特化形成棘皮动物特有的结构——水管系统（water vascular system）和管足（tube foot），并有开口与外界相通，海水可以进入其中循环。棘皮动物的神经和感官不发达，故一般运动迟缓。雌雄异体，个体发育要经过变态。

二、代表动物——海盘车

海盘车（*Asterias rollestoni*）分布在世界各海区，我国北方沿海常见，也称海星，属海星纲。颜色鲜艳，反口面具紫红色花纹。生活在礁岩间或海底，运动迟缓，肉食性，喜食瓣鳃类，是人工养殖双壳类（如牡蛎等）的敌害。再生力强。

（一）外形特征

海盘车外形似五角形，体略扁平，由位于中央的体盘和 5 条放射状的腕组成，体盘与腕界限不明显。活动时口面向下，反口面向上。海盘车借助腕的拱曲和管足上的吸盘的吸附而运动。

1. 口面　平坦，色淡黄，体盘中央为口。各腕腹面中央有 1 条步带沟（ambulacral groove），自口伸向腕端部，内有具吸盘的管足。

2. 反口面　稍隆起，正中有 1 个极小的肛门，其附近有一多孔的圆形小板，称筛板（madreporite），为海水进入的孔道。海盘车纤毛状的上皮被有一层薄的角质膜，体表具有许多内骨骼外突形成的棘（papilla），显得较粗糙（图 9-4）。棘间有皮鳃（papula），为体壁的泡状外突，兼有呼吸和排泄功能。

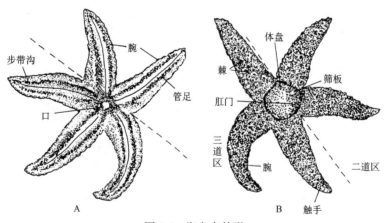

图 9-4　海盘车外形
A. 口面　B. 反口面
（仿 Storer 等）

（二）内部结构

1. 骨骼　海盘车的骨骼由骨片组成，按一定方式排列，骨骼间以结缔组织与肌肉相连接，且其间有活动的关节，所以腕可上下灵活运动。

2. 体腔　海盘车的体腔发达，伸至腕的顶端，内有体腔液，包围着消化系统及生殖系统。体腔液内具有吞噬作用的变形细胞，可收集代谢产物，自皮鳃排出体外。同时，体腔液还有输送营养物质到全身各组织中的作用。

3. 消化系统　消化系统从口面通向反口面，直而且短，包括口、食道、贲门胃、幽门胃、肠以及肛门。贲门胃大而多皱褶，幽门胃小。口周围有柔软的围口膜，上有肌肉，可调节口的开闭，口能张大吞食较大的动物。肉食性，捕食双壳类时，以腕抱住双壳，管足吸在壳上，将 2 壳拉开，此时贲门胃由口向外翻出包裹住食物，分泌消化液先行局部消化，后将食物吞入胃内缩回体内、食物残渣遗弃体外。消化主要在幽门胃中进行，并经幽门盲囊将营养物质输送至身体各部（图 9-5）。

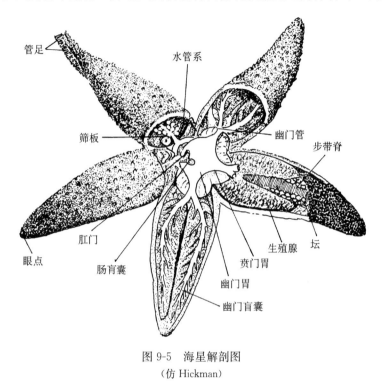

图 9-5　海星解剖图
（仿 Hickman）

4. 水管系统　水管系统是棘皮动物的特有器官，由体腔的一部分演变而成。在口的周围有环管，由环管向每条腕辐射出 1 条辐管，在辐管上向其两侧分出成对的小管称为侧管，与能伸缩的坛（ampulla）及它下方的管足相通。坛收缩时，将水压入管足，管足伸出，末端压力增大，吸盘吸附到底物上，再通过腕的弯曲拉动身体移动。水管系统的主要功能就是给管足提供液压，使它伸长吸附他物，使身体运动或捕捉食物（图 9-6）。

5. 血系统及围血系统　海盘车的血系统由微小的管道和血窦组成，位于围血系统中。围血系统由生殖窦（genital）和环窦（ringsinus）2 部分组成。生殖窦位于反口面体盘的体壁下，是一个五边形管。环窦位于口周围的环管之下，是一个圆形管。生殖窦和环窦通过轴窦（axial sinus）连接来完成血液循环。由于所有血管均位于这 3 个血窦中，因此称作围血系统（pecihaemal system）。血液无色，内有 2 种变形细胞。

6. 神经系统　无中枢神经系统和神经节，较为分散。神经系统包括围口神经环及在各腕步带沟背壁上的神经索，属表皮神经系统，仍未与上皮分开。

7. 生殖与发育　海盘车雌雄异体，外形难以区别，共有 5 对生殖腺，每腕内基部 1 对，精巢为白色，卵巢为黄色。生殖孔 5 对，分别开口于反口面腕基部，极小。卵在海水中受精。卵裂为典型的均等卵裂，囊胚内陷形成原肠胚，以体腔囊法形成体腔，后发育成体腔、轴窦、围血系统及水管系统。胚胎腹面的外胚层细胞向内陷入，最后与延长的原肠相通而成 1 个开口，此口即为将来的口。在胚胎发育中的原口，此时发育变为肛口。此时，消化管已形成，且体表出现纤毛，可在水中游泳。继续发育，幼体产生腕，为羽腕幼虫（bipinnaria larva）。后沉入水底，营固着生活，进入变态期，经变态发育后成为辐射状的小海星。海盘车再生能力很强，腕、体盘受损或整个腕断落，均能再生。

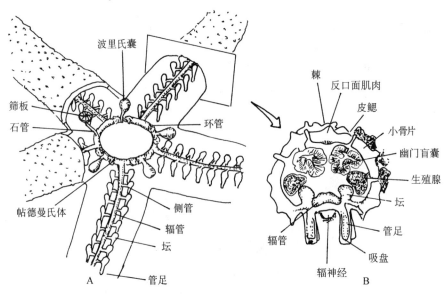

图 9-6　水管系统示意图

A. 水管系统　B. 腕横切

（仿 Hickman）

三、棘皮动物门分类

棘皮动物全部海栖，十分古老，从约 5.7 亿年前的早寒武纪出现，化石种类约有 2 万种，现存棘皮动物 7 000 余种，分属 2 亚门 5 纲，其特征如下：

（一）有柄亚门（Pelmatozoa）

幼体终生具柄，营固着生活，骨骼发达。

海百合纲（Crinoidea）：本纲动物多生活在深海中，底栖，营固着生活，形状如植物，体呈杯状，有 5 腕，但从基部分支，似有多腕。腕形似触手，羽状分支。腕中步带沟内生触手，可捕食。管足无吸盘。本纲一类终生具柄，称海百合类（stalked crinoids），有 100 多种；另一类成体无柄，称海羊齿类（comatulids），可附着他物也可自由游泳（图 9-7），有 600 多种。

（二）游移亚门（Eleutherzoa）

本亚门动物无柄，自由生活，骨骼发达，但海参骨骼不发达，主要神经系统在口面。

1. 海星纲（Asteroidea）　本纲动物体扁平，大多为五辐射对称，腕数为 5 条或 5 的倍数。体盘与腕分界不明显。腕能自由伸缩弯曲，腹侧具步带沟，沟内伸出管足。生活时口面向下。体表有皮鳃、棘刺，如海盘车等。约 1 600 种。

2. 海胆纲（Echinoidea）　本纲动物五腕向反口面翻卷，且相互愈合，无外伸的腕，故体呈球形、盘形或心形。内骨骼相互愈合成一"壳"。

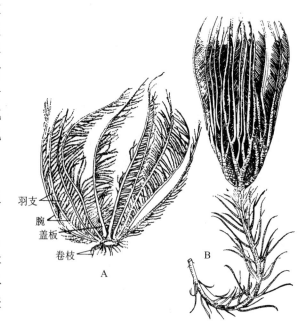

图 9-7　海羊齿及海百合

A. 海羊齿　B. 海百合

（A 仿 Sherman；B 仿 Carpenter）

体表上的棘刺极长，有肌肉和关节与骨板突起相连，活动自如。口位于口面，内有齿及构造复杂的咀嚼器，可切碎食物。有 900 多种，常见的有中华釜海胆（*Faorina chinensis*）等（图 9-8）。

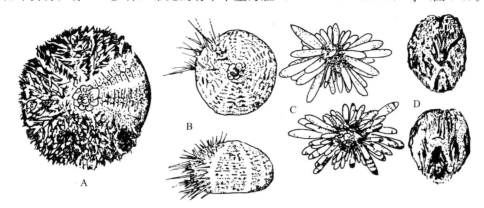

图 9-8　海胆纲常见动物种类
A. 马粪海胆　B. 细雕刻肋海胆　C. 石笔海胆　D. 心形海胆
（仿张凤瀛等）

3. 蛇尾纲（Ophiuroidea）　本纲动物约 2 000 种，是棘皮动物最大的一个类群。体扁平，呈星状，体盘小，腕细长，可弯曲。体盘与腕界限明显。腕无步带沟，管足不具吸盘，退化。靠腕的蛇形伸屈而前进，故称蛇尾。消化管退化，具口无肛门，食物残渣由口吐出。雌雄异体。如刺蛇尾（*Ophiothrix fragilis*）等（图 9-9）。

4. 海参纲（Holothuroidea）　体呈蠕虫状，长筒形，两侧对称。口在前端，周围有触手。肛门在后端。海参无腕，内骨骼退化为许多极微小的小骨片（为分类重要依据），埋于体壁组织中，肌肉发达，消化管呈长管状，末端有 1 个膨大的排泄腔，由此分出一对树状结构的呼吸器官，称呼吸树（respiratory tree），是海参特有的呼吸器官。居维尔氏器（cuvierian organ）为海参泄殖腔内的呼吸树附着点附近突出于体腔内的多条细管，司排泄。海参受到刺激时居维尔氏器、呼吸树则反转而经肛门向外界射出，富含黏液，抵抗或缠绕敌害，可认为是一种防御器官。海参一般在海底匍匐，以有机碎片、藻类及原生动物为食。个体发育经 2 个幼虫期变态成幼参。海参类是极富营养价值的海产品之一，蛋白质含量高，味道鲜美。现已对某些种类进行人工养殖，产量有了很大的提高。全世界有 1 000 多种，我国140 种。我国华北沿海习见种类有刺参（*Stichopus japonicus*）和梅花参（*Thelenota ananas*）（图 9-10）。

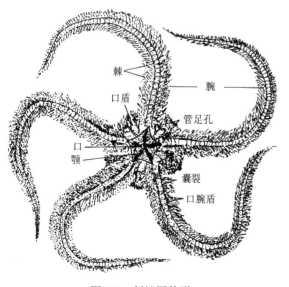

棘
腕
口盾
管足孔
口颚
囊裂
口腕盾

图 9-9　刺蛇尾外形
（仿 Hickman）

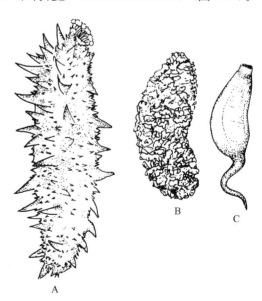

A
B
C

图 9-10　海参纲习见种类
A. 刺参　B. 梅花参　C. 海棒槌
（仿张凤瀛等）

四、棘皮动物经济意义

棘皮动物多对人类有益，少数有害。部分海参类可直接供食用，蛋白质含量高，营养丰富。如我国沿海的刺参、梅花参等为常见的滋补品。海胆卵可直接供食用或加工后食用。此外，海参和蛇尾也是某些鱼类的天然食料。目前，海参在我国已可进行人工繁殖和饲养。

海胆喜食藻类，海星喜食贝类，因此海胆对藻类（如海带）养殖有危害，海盘车对贝类（如牡蛎）养殖有害。筐蛇尾大量捕食珊瑚虫，为珊瑚虫的天敌。

第二节 半索动物门（Hemichordata）

半索动物为具有口索，体呈蠕虫状，在海边钻泥沙生活的一类动物，又称隐索动物（Adelochorda）。全部海产，多分布于热带和温带沿海，栖息于潮间带的浅海沙滩、泥地或岩石间，体长 2～250cm，营单独自由生活或集群固着生活。包括肠鳃纲（Enteropneusta）和羽鳃纲（Pterobranchia）两个纲。全世界有 90 余种，大多数属于肠鳃纲，常见代表动物为柱头虫。本门动物因具有口索，对于研究脊索动物起源极具学术价值。

一、半索动物门特征

半索动物具有背神经索，最前端变为内部有空腔的管状神经索，一般认为这是背神经管的雏形；消化管的前端有鳃裂，为呼吸器官；口腔背面向前伸出 1 条短盲管，称为口索（stomochord），为半索动物特有。

二、代表动物——柱头虫

柱头虫（Balanoglossus）属肠鳃纲，在本门动物中分布最广，体呈蠕虫状，成体最长可超过 500 mm，栖于浅海泥沙中，生活方式类似蚯蚓。体两侧对称，腹背明显，全身由吻（proboscis）、领（collar）、躯干（trunk）3 部分组成。吻位于最前端，稍后是环状的领，其后是最长的躯干部。肛门位于躯干部末端。吻和领都有发达的肌肉，且吻能缩入领内。吻、领和躯干中都有空腔，柱头虫靠吻腔和领腔的充水及排水，使吻和领发生伸缩，当吻腔充水时，吻变得强直而有力，有类似柱头的作用，能在泥沙中掘穴并进行躯体运动。柱头虫因此而得名（图 9-11）。

躯干部前端的背侧，有许多对外鳃裂和咽部的 U 形内鳃裂相通。口位于吻基部，领最前端的腹面，水和含有机质的泥沙在虫体向前运动时，从口入消化管。水流从鳃裂排出时进行气体交换。消化系统无胃和肠的分化，自咽部后方只有一细长的肠管，直达身体末端的肛门。

循环系统属原始的开管式，主要由背血管、腹血管和血窦组成。血液循环与蚯蚓相似，背血管的血液向前流动，腹血管的血液向后流动。口索前端的一个称为血管球（glomerulus）的构造，是柱头虫的排泄器官。

神经系统主要包括 2 条纵向的紧连表皮的神经索，分别为沿背中线的背神经索和沿腹中线的腹神经索。背、腹神经索在领部相连成环，背神经索伸入领中的部分出现空腔，形成雏形的背神经管。

柱头虫雌雄异体，生殖腺外形大体相同，均为小型囊状物，成对排列在躯干部背面两侧，均有小孔开口于体表，性成熟时精子或卵子由小孔排出体外到水中受精。胚胎发育要经过变态，幼体形态结构与棘皮动物的海参幼体非常相似，说明两门之间有一定的亲缘关系。

三、半索动物地位探讨

半索动物在动物界所处的位置，迄今仍有争议。一种观点认为，半索动物应列入高等的脊索动物

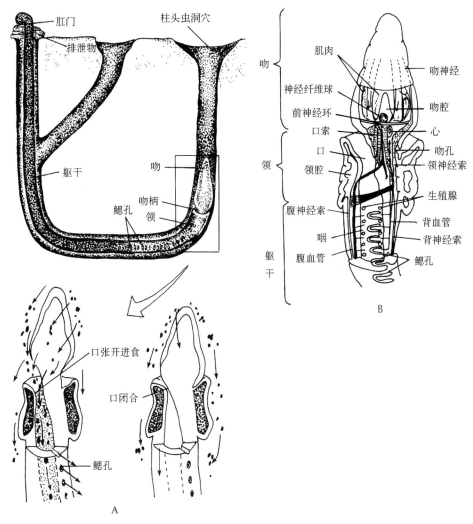

图 9-11　柱头虫外形及解剖图
A. 在洞穴内　B. 内部解剖
（仿 Mitchell）

门，因为它们的主要特征基本符合脊索动物的特征，口索相当于脊索，且半索动物也有咽鳃裂；另一种观点认为，将口索看成与脊索类似的构造欠说服力。据一些研究报道，口索很可能是一种内分泌器官；再者，半索动物还具有一些非脊索动物的结构，如腹神经索、开管式循环等。因此，将其作为无脊椎动物的一个独立的门。目前看来，后一种观点可能是正确的。有文献表明，半索动物与棘皮动物的亲缘关系更近，它们可能由一类共同的原始祖先分支进化而来。

本章小结

　　本章内容主要讲述了从无脊索动物到脊索动物的过渡类群，包括棘皮动物与半索动物两类动物，较为详细地介绍了两类动物的基本特征和代表种，并且就两类动物在动物界的地位和亲缘关系进行了讨论。棘皮动物以海星为代表种，从外部形态到内部结构以及棘皮动物的特有器官——水管系统进行了详细介绍，并对棘皮动物的分类和经济意义进行了介绍；半索动物以柱头虫为代表，对其形态特征和在动物界的地位进行了简要介绍，有助于学生理解从无脊索到脊索动物进化的历程。

思考题

1. 名词解释

   五辐射对称　水管系统　管足

2. 从无脊索动物到脊索动物的过渡类群包括哪几类动物？

3. 棘皮动物的主要特征是什么？

4. 棘皮动物门如何分类？

5. 查阅资料，就半索动物与棘皮动物在动物演化上的地位谈谈你的认识。

第十章

脊索动物门（Chordata）

内容提要

脊索动物是动物界最高等的动物。与无脊索动物相比，其主要具有 4 大特征：脊索、背神经管、咽鳃裂和肌肉质肛后尾。脊索动物门包括：尾索动物亚门、头索动物亚门和脊椎动物亚门 3 个类群。其中，脊椎动物亚门又是脊索动物门动物中最高等的动物类群，可分为 6 个纲。由于除脊椎动物以外的原索动物（包括头索和尾索动物）种数很少，因此往往以脊椎动物来代表脊索动物。

第一节　脊索动物门概述

一、脊索动物门特征

脊索动物门是动物界最高等的一门，其形态结构复杂，生活方式多样，且差异较大，对生活环境的适应性强，与人类关系最为密切。对整个脊索动物门来说，无一例外地在其个体发育的某一时期或在整个生活史中，都具有脊索、背神经管、咽鳃裂和肌肉质肛后尾 4 大特征（图 10-1）。

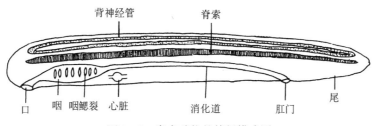

图 10-1　脊索动物的特征模式图

（仿丁汉波）

1. 脊索（notochord）　脊索是起支持体轴作用的一条棒状结构，位于背部，介于消化道和神经管之间。在胚胎发育过程中，由原肠背侧的一部分细胞组成，细胞内富有液泡。脊索外围常见有两层结缔组织性质的脊索鞘（notochordal sheath）。低等脊索动物的脊索终生存在或仅见于幼体时期，高等脊索动物的脊索只在胚胎期出现，成长时即被分节的骨质脊柱（vertebral column）所代替。具体过程是脊索分泌的蛋白质，可帮助引导沿身体长轴分布的分节的组织块形成，这些组织块随后分化为脊椎、肋骨以及骨骼肌、体壁和四肢，因而脊索在胚胎发育时不是简单地消失，而是发挥着重要作用。

脊索或脊柱属内骨骼，具有生物活性。无脊索动物无此结构，通常仅在体表被有由上皮分泌的角质膜、贝壳或几丁质外骨骼。

2. 背神经管（dorsal tubular nerve cord）　背神经管位于身体的背中线脊索（或脊柱）的上方，呈管状，是脊索动物神经系统的中枢部分。背神经管由外胚层下陷卷曲形成，在高等种类中分化为脑和脊髓两部分。高等无脊索动物神经系统的中枢部分多为 1 条腹神经索，位于消化管的腹面，如环节动物和节肢动物。

3. 咽鳃裂（pharyngeal gill slits）　咽鳃裂位于低等脊索动物消化管前端咽部两侧，为左右成对排列、数目不等的裂孔，直接或间接与外界相通。咽鳃裂是一种呼吸器官，在低等类群中终生存在，在高等类群则只见于某些幼体（如蝌蚪）和胚胎时期，随后完全消失。

4. 肌肉质肛后尾（post-anal tail） 脊索动物肛门后方往往有肌肉质的尾，存在于生活史的某一阶段或终生存在；而无脊椎动物的肛门往往直接开口在躯体最末端，因此将脊索动物的尾称为肛后尾。脊椎动物尾内有脊柱的末端——尾椎骨。肛后尾是圆口类和鱼类主要的运动器官并有舵的作用，是有尾两栖类、爬行类和哺乳类运动时主要的平衡器官，无尾两栖类（蛙蟾）仅在幼体时有尾，鸟类最后几枚尾椎骨向前愈合为尾综骨以使重心前移至胸部并着生尾羽，人类的尾仅在胚胎期出现，后又消失。

除以上 4 个重要特征外，脊索动物还有一些其他特征，如脊索动物的心脏及主动脉位于消化道的腹面，循环系统为闭管式；无脊索动物的心脏及主动脉在消化道的背面，循环系统大多为开管式。

此外，脊索动物也具有某些高等无脊索动物的一些性状，如三胚层、后口、真体腔、两侧对称、身体的某些器官分节等。这些共同点表明脊索动物是由无脊索动物进化而来的。

二、脊索出现在动物演化上的意义

脊索和脊柱的出现是动物演化上的重大事件，使动物体的支持、保护和运动的功能获得"质"的飞跃，从而使脊椎动物成为在动物界中占统治地位的一个类群。

1. 构成支持躯体的中轴 脊索是体重的受力者，使内脏器官得到有力的支持和保护，使肌肉获得坚强的支点，在运动时不致由于肌肉的收缩而使躯体缩短或变形，因而有可能向"大型化"发展。

2. 有利于定向活动 脊索的中轴支撑作用也使动物体更有效地完成定向运动，对于主动捕食及逃避敌害都更为准确、迅捷。脊椎动物头骨的形成、颌的出现，都是在此基础上进一步发展完善的。

3. 有利于保护中枢神经 前后脊椎骨连接形成的骨质椎管容纳了脊髓，并且头部的颅骨包围了脑，具有直接的保护作用，有利于在陆地上剧烈活动。

第二节 脊索动物门分类

现存脊索动物有 4 万余种，分别属于 3 个亚门，尾索动物亚门和头索动物亚门是脊索动物中最低等的类群，总称为原索动物（Protochordata）；脊椎动物亚门是最高等的类群。简述如下：

一、尾索动物亚门（Urochordata）

脊索和背神经管仅存在于幼体，成体包围在被囊中，咽鳃裂终生存在，成体尾消失。主要包括以下 3 个纲：

1. 尾海鞘纲（Appendiculariae） 形体小，状如蝌蚪，营自由生活，鳃裂只有 1 对。

2. 海鞘纲（Ascidiacea） 成体无尾，被囊厚，营固着生活，多鳃裂。

3. 樽海鞘纲（Thaliacea） 体呈樽状，被囊上有环状肌肉带。

二、头索动物亚门（Cephalochordata）

脊索和神经管纵贯全身，咽鳃裂和肛后尾明显，终生保留了脊索动物的 4 大特征。仅头索纲（Cephalochorda）一个类群，头索纲体呈鱼形，多鳃裂，头部不明显，故称无头类。

三、脊椎动物亚门（Vertebrata）

脊索只在胚胎期出现，随即被脊柱所代替。包括 6 个纲：

1. 圆口纲（Cyclostomata） 无颌，鳗形，无成对附肢，单鼻孔，脊索及雏形的脊椎骨并存，又名无颌类，是最原始的脊椎动物。

2. 鱼纲（Pisces） 皮肤被鳞，出现上、下颌，鳃呼吸，有成对附肢（胸鳍和腹鳍）。

3. 两栖纲（Amphibia）　皮肤裸露，幼体用鳃呼吸，成体用肺呼吸且以五趾型四肢运动。

4. 爬行纲（Reptilia）　皮肤干燥，外被角质鳞片或骨板，心脏为二心房、一心室或近于二心室，产羊膜卵。

5. 鸟纲（Aves）　体被羽毛，前肢特化为翼，恒温，卵生。

6. 哺乳纲（Mammalia）　身体被毛，运动快速，恒温，胎生，哺乳。

为表述方便，脊索动物划分类群时的几个常见名词简述如下，以便理解：

无头类（Acrania）：指脊索动物中脑和感觉器官没有分化出来，还没有明显头部的原始脊索动物。包括头索动物和尾索动物。

有头类（Cranatha）：脑和各种感觉器官在前端集中，形成明显的头部，即脊椎动物。

无颌类（Agnatha）：没有上下颌的脊椎动物，现存的类群只有圆口纲。

颌口类（Gnathostomata）：有上、下颌的脊椎动物，包括鱼纲、两栖纲、爬行纲、鸟纲和哺乳纲。又称有颌类。

无羊膜类（Anamniota）：在胚胎发育中不具备羊膜的脊椎动物，在水中繁殖，包括圆口纲、鱼纲和两栖纲。

羊膜类（Amniota）：在胚胎发育中具有羊膜的脊椎动物，在陆地繁殖，包括爬行纲、鸟纲和哺乳纲。

第三节　尾索动物亚门

一、尾索动物亚门特征

尾索动物是全部海栖、多营固着生活，具有被囊的动物（tunicate）。多数种类只在幼体时有尾，且仅在尾部具有脊索和神经管，幼体经变态发育成成体后，尾消失，以前端固着。由于体外包有一种胶质或近似植物纤维素成分的被囊，因而又称被囊动物。见于世界各地，大约 2 000 种。常见种类有海鞘（*Ascidia*）、柄海鞘（*Styela clava*）等。

二、代表动物——海鞘

1. 外形　海鞘（*Ascidia*）是最常见的尾索动物，成体聚集在一起营固着生活，外形像一把茶壶，1～40mm。壶口处为入水管孔（incurrent siphon），壶嘴处为出水管孔（excurrent siphon）。壶底是身体的基部，起固着作用。身体表面被一层粗糙坚实的被囊，借以保护并维持一定形状。壶嘴一方为背方，相对面为腹面（图 10-2）。受惊扰时多个个体体壁骤然收缩，体内的水从 2 个孔喷射而出，可惊走敌害，在我国山东沿海称为"海奶子"。

2. 消化系统　包括口、咽、食管、胃、肠和肛门等部分。口位于入水管孔的底部，四周有缘膜及触手，可阻止大的颗粒进入。口下为宽大的咽，咽壁有许多鳃裂通向围鳃腔。咽腔的背、腹侧中央各有一纵沟状结构，位于壁内侧，称咽上沟（epipharyngeal groove）和内柱（endostyle），咽上沟又称背板（dorsal lamina），沟内有腺细胞和纤毛细胞。背板和内柱在咽前端以围咽沟（peripharyngeal groove）相连。内柱的腺细胞分泌黏液，可以将进入的微小食物黏成食物团。由于内柱纤毛摆动，将食物团向前推，经围咽沟，沿背板进入食道，再入胃

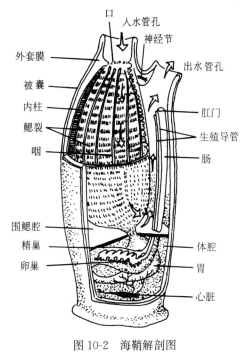

图 10-2　海鞘解剖图

（仿 Mitchell）

肠进行消化吸收。残渣由肛门排至围鳃腔，随水流从出水管孔排出。呼吸在水经过鳃裂时进行。

3. 其他系统 ①循环系统为开管式循环。②神经系统退化，只在入水管孔和出水管孔之间有一个神经节发出一些神经到各器官。③无专门的感觉器官，仅在触手、外套膜、入水管孔和出水管孔等处有分散的感觉细胞。④体壁有肌肉，但极不发达。⑤海鞘一般雌雄同体，但由于卵和精子不同时成熟，所以避免了自体受精，为异体受精。营有性生殖，也有无性出芽生殖，甚至有的种类还有世代交替现象。

4. 逆行变态 在海鞘成体上，除鳃裂外，看不出脊索动物的其他特征。所以在相当长的时间内被认为是一种软体动物，直到 1866 年俄罗斯学者柯瓦列夫斯基对这种动物的胚胎发育过程进行了研究，才把它确定为脊索动物。海鞘的发育要经过变态（metamorphosis），幼体外形像蝌蚪，长 1～5mm，尾部发达，内有脊索及神经管。幼体经几小时的短期游泳生活后，用身体前端吸附在他物上，尾部逐渐萎缩以致消失，失去了脊索，神经管退化，咽鳃裂则十分发达，营固着生活。海鞘经过变态，失去了一些重要的构造，形体变得更为简单的现象，称为逆行变态（retrogressive metamorphosis）。

三、尾索动物演化

尾索动物是最低等的脊索动物，与高等脊索动物存在着演化上的亲缘关系，两者可能都是从类似海鞘幼虫型营自由生活的共同祖先，即原始无头类演化而来。这类原始无头类将幼体时期的尾和自由游泳的生活方式保留到成体，生活史中营固着生活的阶段也消失了，并通过幼态滞留及幼体性成熟途径发展为头索动物和脊椎动物。尾索动物是在进化过程中适应特殊生活方式的一个退化分支，除保留滤食的咽及营呼吸作用的咽鳃裂外，大多数种类已在变态中失去所有的进步特征，并向固着生活的方向发展。

第四节　头索动物亚门

头索动物是一类终生具有发达脊索、背神经管、咽鳃裂和肌肉质肛后尾特征的鱼形脊索动物，30余种，分布广，遍及热带和温带的浅海海域。

一、头索动物亚门特征

（1）小型鱼形海栖动物。

（2）终生具有脊索动物的 4 大特征。即脊索、背神经管、咽鳃裂和肛后尾。

（3）属无头类。身体明显分节，没有分化明显的头、脑和感觉器官，所以也属于无头类。

（4）脊索纵贯全身。前端超过神经管至最前端，所以称为头索动物。

二、代表动物——白氏文昌鱼

1. 外部形态 盛产于我国厦门、青岛等地的白氏文昌鱼（*Branchiostoma belcheri*）可作为头索动物的代表。体呈梭形而左右侧扁，半透明，长约 50mm，身体两端尖，故称双尖鱼（amphioxus）。生活在浅海沙滩，不善游泳，常隐藏于细沙里，而仅露出其前端。有时侧卧于浅水滩上，受惊吓立即钻入沙里。以海栖硅藻、微细浮游生物为食。

文昌鱼只有奇鳍而无偶鳍，沿背中线全长有一条低矮的背鳍，围绕尾部成较宽的尾鳍，在尾鳍腹前方还有臀前鳍。臀前鳍再向前则由身体腹面两侧的皮肤下垂形成的褶状物相连，这些褶状物称为腹褶（metapleural fold），腹褶与臀前鳍交界处有 1 个腹孔（atripore），可排出水和生殖细胞。在尾鳍腹面左侧有肛门。文昌鱼的鳍和腹褶都很不发达，起不到游泳的作用。文昌鱼因钻泥沙的习性而具有口笠（oral hood）和角质触须（cirri），身体最前端腹面有 1 个漏斗状的口笠，在周边有多数触须朝向中央，能有效地过滤砂粒（图 10-3）。

2. 内部构造　内部构造具有原始脊索动物的特点（图 10-3），与脊椎动物区别较大。

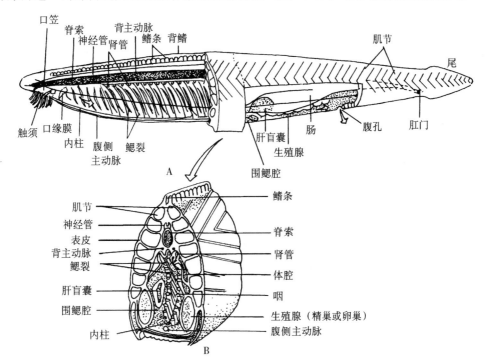

图 10-3　文昌鱼内部结构图
A. 侧面观　B. 横切面示意图
（仿 Mitchell）

（1）皮肤：皮肤由单层细胞的表皮和薄的胶冻状的真皮所构成。表皮外有由分泌物形成的角质膜。

（2）肌肉：皮肤下的肌肉分节明显。肌节（myomere）呈＜形，自前至后做纵行排列。肌节间有结缔组织构成的肌隔（myocomma）与之相连，身体两侧的肌节交错排列，有利于文昌鱼在水中游泳和钻沙时身体沿水平方向做快速弯曲运动。

（3）脊索：无内骨骼，脊索纵贯身体，起到体轴的作用。脊索背方为神经管。

（4）呼吸与消化：口笠包围的空腔为前庭（vestibule），底部为口，口周围有环形的薄膜，称缘膜（velum），周围环生缘膜触手（velar tentacle）。前庭底部有许多由纤毛上皮构成的指状突起，称为轮器（wheel organ）。缘膜触手和轮器都可驱使水流携带食物入口，并过滤泥沙。咽腔是文昌鱼完成呼吸作用的部位。水流进入口和咽时，借纤毛上皮细胞的纤毛运动，通过鳃裂，并与血管内的血液进行气体交换，水进入围鳃腔经腹孔排出体外。文昌鱼的皮肤也有从水中摄取 O_2 的能力。

文昌鱼靠咽部纤毛的摆动，使带有食物颗粒的水流经口入咽，食物被滤在咽内，水最终由腹孔排出。咽部作为呼吸和收集食物的器官，极发达，约占体长的 1/2。咽腔内的构造与海鞘相似，也有内柱、咽上沟和围咽沟等构造，食物入肠的过程也相似。肠为一直管，向右侧伸出一个指状突起，称为肝盲囊（hepatic diverticulum），能分泌消化液，与脊椎动物的肝为同源器官。食团可进入肝盲囊营细胞内消化，食物在肝盲囊后的肠进行消化吸收后，残渣由肛门排出体外。肠内有回结环（ileo-colon ring），可以剧烈搅动食团，使其消化更彻底。肛门位于身体稍左侧的位置。

（5）血液循环：文昌鱼的循环系统属于闭管式，血管有真正的管壁，血液完全在血管内流动。这与尾索动物完全不同，与脊椎动物基本相同。无心脏，具有能有节律搏动的腹大动脉，推动血液进行循环。血液无色。

（6）排泄器官：排泄器官包含一组肾管（nephridium），有 90～100 对，位于咽壁背方的两侧，其结构与非脊索动物的原肾很近似。肾管收集废物，排入围鳃腔中随水流排出体外。

（7）生殖器官：雌雄异体，从外形上不能分辨性别。沿体壁两侧下部按体节排列26对生殖腺，突入围鳃腔内。生殖细胞成熟后，随水流从腹孔排到体外，在水中受精。

（8）神经系统：文昌鱼的神经系统主要为中枢神经的神经管，位于脊索的背面，其背面并未完全愈合，尚留有一裂隙，称为背裂（dorsal fissure）。神经管分化程度很低，仅前端略显膨大，称为脑泡。神经管发出神经分布到各肌节。背神经为感觉与运动神经，腹神经为运动神经，这与脊椎动物相似。

（9）感觉器官：其感觉器官不发达，很原始。这与其活动较少的生活方式有关。视觉器官主要是分布在神经管两侧的一系列黑色小点，称为脑眼（ocelli），是光线感受器，用于白天躲避光线。触觉器官主要是分布于全身皮肤中和在口笠触须上的感觉细胞。

综上所述，文昌鱼的结构和胚胎发育一方面显示了脊索动物的主要特征，如脊索、背神经管、鳃裂和肛后尾等；另一方面又区别于脊椎动物，具一些原始特征，如神经管未完全愈合、不具脊椎骨、没有形成脑弯曲、无成对的附肢、没有心脏和集中的肾等。所以文昌鱼是介于无脊椎动物和脊椎动物之间的过渡类型，为动物学的基础理论研究提供了宝贵的材料。

第五节　脊椎动物亚门

一、脊椎动物亚门特征

脊椎动物是脊索动物门中数量最多、结构最复杂、进化地位最高的一大类群，也是动物界中最进步的类群。原索动物大都营固着生活或活动较少，动物体的形态结构和生活机能都处于较低级水平，而脊椎动物则沿着积极主动的生活方式进化，发展出来更为高级的结构和机能。主要具有以下特征：

1. 出现了明显头部　主要为摄食器和脑在前端集中而形成了头部，又称有头类。神经管的前端分化成五脑（已分出端脑、间脑、中脑、小脑和延脑5部分），后端分化成脊髓，大大加强了动物个体对外界刺激的感应能力。

2. 具有来源于中胚层的内骨骼，中轴为脊柱　多数种类脊索只见于发育的早期，后为脊柱（vertebral column）所代替，脊柱由多个脊椎骨（vertebra）连接组成。成为支撑身体的中轴骨骼，并保护着脊髓。脊柱进化的趋势，一方面增加坚固性；另一方面增加灵活性，且分化出颈椎、胸椎、腰椎、荐椎、尾椎5个部分，以配合身体各部的特殊运动，并和其他骨骼部分共同构成骨骼系统支持身体和保护体内的器官。

3. 具适应水生和陆生的多样化的呼吸器官——鳃和肺　水生种类（圆口类和鱼类）用鳃呼吸，陆生种类只在胚胎期间或幼体出现鳃裂，成体则用肺呼吸。

4. 出现上下颌和牙齿　除圆口类之外，都具备了上、下颌（upper and lower jaws）。颌的作用在于支持口部，并在颌骨上长出牙齿，加强动物主动摄食和消化的能力。以下颌上举使口闭合的方式为脊椎动物所特有。

5. 具有与肺呼吸相适应的完全双循环　血液循环为闭管式，出现了心脏，促进血液循环，有利于生理机能的提高。在高等的种类（鸟类和哺乳类）中，心脏中多氧血与缺氧血已完全分开，加上躯体结构的全面进化，所以能保持旺盛的代谢活动，演化出恒温动物（又称温血动物）。

6. 出现肾　许多肾单位集中形成复杂的肾，代替了简单分节排列的肾管，提高了排泄系统的机能。

7. 具适应陆生的五趾型四肢　除圆口类之外，都以2对成对的附肢作为运动器官。即水生种类的胸鳍（pectoral fin）和腹鳍（pelvic fin），到陆生种类演化为五趾型四肢（pentadactyle limb），在陆地上支持体重并完成运动。

8. 生殖方式实现了从水到陆的进化　为雌雄异体，行有性生殖，生殖方式为卵生、卵胎生、胎生；陆生种类出现羊膜卵，从而可以在陆地繁殖，扩展了生存空间。

9. 具肌肉质肛后尾　脊椎动物的尾是由脊柱的尾椎延伸形成的，位置在肛门的后方，称为肛后尾。

二、脊椎动物亚门类群划分

脊椎动物亚门现存的动物种类分为 6 个纲，有 4 万多种，外部形态与生活方式千差万别，根据 4 种不同的分类原则，可将 6 个纲的脊椎动物分为 8 个类群（表 10-1）。

表 10-1　脊椎动物类群划分表

纲　别	依据颌的有无	依据附肢不同	依据胚膜的有无	依据血温的情况
圆口纲	无颌类	鱼形类	无羊膜类	变温（冷血）动物
鱼　纲	有颌类 （颌口类）			
两栖纲				
爬行纲		四足类	羊膜类	恒温（温血）动物
鸟　纲				
哺乳纲				

三、脊椎动物进化

脊椎动物的进化可分为 3 个大阶段，总体表现为水中进化，由水生到陆生进化，进一步适应多变而复杂的陆地环境的进化。

1. 水中进化　由原始有头类向 2 个方向发展，一支进化为无颌类，代表最早的脊椎动物；另一支进化为有颌的脊椎动物，即鱼类的祖先。原始有头类一般指棘皮动物或半索动物的祖先，见本教材前面章节。

2. 从水生到陆生的进化　即两栖类和爬行类的进化。两栖类由鱼类演化而来，并由两栖类演化为爬行类。两栖类初步适应陆地环境，至爬行类完全适应，演化为真正的陆栖脊椎动物。

3. 进一步适应多变而复杂的陆地环境的进化　由爬行类进化出 2 支高等脊椎动物，即兽类和鸟类的出现及其进化。兽类起源于具有古两栖类特征的原始爬行类，出现较早；鸟类起源于较成熟的爬行类，一般认为起源于恐龙，因而现代鸟类与现代爬行类躯体结构很相似，但出现较晚。

┃ 本章小结 ┃

脊索动物是动物界最高等的动物。与无脊索动物相比，其主要具有 4 大特征（区别）：脊索、背神经管、咽鳃裂和肌肉质肛后尾。脊索动物门包括：尾索动物亚门、头索动物亚门和脊椎动物亚门 3 个类群，脊椎动物亚门是脊索动物门中数量最多、结构最复杂、进化地位最高的一大类群，也是动物界中最进步的类群，包括 6 个纲，分别是圆口纲、鱼纲、两栖纲、爬行纲、鸟纲和哺乳纲。

脊椎动物主要特征表现为：①出现了明显的头部；②具有来源于中胚层的内骨骼，以脊柱为中轴；③具适应水生和陆生的多样化的呼吸器官；④出现上下颌和牙齿；⑤具有闭管式的循环系统并逐步完善适应陆地生活；⑥用肾代替了肾管，提高了排泄系统的机能；⑦具适应陆生的五趾型四肢；⑧生殖方式实现了由水到陆的进化；⑨具有肌肉质肛后尾。

脊椎动物的进化中有几个进步性的大事件，如出现上下颌、五趾型四肢、羊膜和恒定体温，根据以上 4 个进步事件，可将脊椎动物分为无颌类和有颌类，鱼形类和四足类，无羊膜类和羊膜类，变温（冷血）动物和恒温（温血）动物等 8 个类群。脊椎动物的进化可分为 3 个大阶段，总体表现为水中进化，由水生到陆生进化，进一步适应多变而复杂的陆地环境的进化。

思考题

1. 名词解释

无头类 有头类 无颌类 颌口类 无羊膜类 羊膜类 脊索 背神经管 咽鳃裂

2. 脊索动物的主要特征是什么?

3. 脊索动物包括哪几类?

4. 脊索的出现在动物演化上有什么意义?

5. 为什么说脊椎动物是动物界最高等的类群?

第十一章

低等脊椎动物特征

内容提要

圆口纲和鱼纲动物是脊椎动物 6 个纲动物中较低等的类群，具有适应水生生活的特征。本章从外形特征到躯体结构对 2 个纲的动物进行了介绍，并对鱼纲动物的分类和经济意义进行了概述，以便学生掌握适应水生的低等脊椎动物的特征。

在脊椎动物 6 个纲的类群中，圆口纲和鱼纲的种类从身体结构及生理功能上与其他纲的脊椎动物相比较属较低等的类群，终生生活于水中，以鳃作为呼吸器官，以鳍作为运动器官，皮肤裸露或具鳞，富含黏液腺，在水中完成生殖过程。现分别叙述如下。

第一节　圆口纲（Cyclostomata）

圆口纲在脊索动物的分类中又称为无颌类，迄今尚未找到圆口纲动物的化石，现代生存的只有七鳃鳗目和盲鳗目 2 个目的种类，约有 70 种。

一、外形与习性

体呈鳗形，分头、躯干和尾三部分。体长小的不足 20mm，大的 1m 左右，头背中央有 1 个短管状的单鼻孔（nostril），故称为单鼻类。头部腹面有 1 个杯形的口漏斗（buccal funnel），是一种吸盘式构造，用以吸附在寄主体表。无胸鳍和腹鳍，具有 1～2 个背鳍，尾侧扁，具尾鳍，皮肤柔软，表面光滑无鳞，富有黏液，肛门位于尾的基部（图 11-1）。

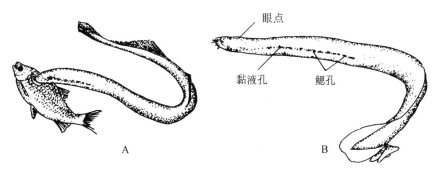

图 11-1　圆口纲动物

A. 七鳃鳗　B. 盲鳗

（仿 Moyle）

圆口纲种类营寄生或外寄生生活，其寄主多为大型鱼类及海龟类。七鳃鳗主要用前端的口漏斗吸附于寄主体表，用角质齿锉破皮肤吸血食肉；盲鳗则由鱼鳃部钻入寄主体内，吃尽其内脏，常给渔业造成危害。

二、圆口动物原始性

圆口类没有上、下颌，故不能主动捕食，没有成对附肢（即胸鳍和腹鳍），终生保留脊索，由脊索鞘包围，起支持身体的作用。脑颅不完整，除左右耳囊之间有 1 块联耳软骨外，均覆有纤维组织膜，这种状态大致相当于高等脊椎动物颅骨在胚胎发育的早期阶段。脑的各部分排列在同一平面上，没有形成脑曲，中脑的二叠体没有形成，小脑与延脑没有分开，内耳平衡器只有 1 个或 2 个半规管。

幼鳗与成体相差很大，称为沙隐虫（Ammocoete），体长 10～15mm，身体构造和生活习性与文昌鱼有很多相似之处，显示了圆口类与原索动物之间存在亲缘关系。

圆口纲动物没有发现化石，约 5.1 亿年前的甲胄鱼类化石与现存圆口类动物有相似的特征，如无上下颌、无脊椎骨、早期种类无成对附肢、单一鼻孔和具数对鳃孔等相似特征，甲胄鱼类化石被发现于寒武纪晚期或早期奥陶纪、志留纪和泥盆纪的地层中，是生活于淡水中的底栖鱼类，繁盛了约 1.5 亿年，最终在泥盆纪灭绝。

三、圆口纲特征

圆口动物是最原始的脊椎动物，具有如下特征：

1. 没有上、下颌　具吸盘状的口，腹位。七鳃鳗的口位于口漏斗的底部，盲鳗无口漏斗。

2. 鼻孔单个　位于头部背面。

3. 鳍　只有奇鳍，没有偶鳍。

4. 鳃的位置　鳃位于咽部两侧的鳃囊中。

5. 生殖腺　生殖腺单个，无生殖导管。

6. 终生保留着脊索，且具雏形的脊椎骨　长在脊索背侧面的 2 对软骨弧片被认为是脊椎骨的雏形。

第二节　鱼纲（Pisces）

鱼纲是脊椎动物中种类最多的一个类群，目前已知种类达 26 000 余种，超过脊椎动物其他各纲种类的总和，我国约有 3 000 种。鱼纲的种类生活在海水和淡水中，它们用鳃呼吸，具有上、下颌，都有成对附肢，有发达的尾部，比圆口类进步，但鱼类的许多结构还比较简单，是有颌类中最低等的一类。

一、鱼纲特征

鱼儿离不开水，鱼类都是生活在水环境中的，生活在海洋里的鱼类占其总数的 58.2%，淡水鱼类占 41.2%。地球表面积约 71% 是海洋，陆地的水域面积是其面积的 0.5%，由此可看出鱼类生活环境很广阔。鱼类最大的个体为鲸鲨（Rhincodon typus），其长度可达 20m，重量超过 5t；最小的鱼类是邦达克虎鱼（Pendaka pagmaeae），成鱼体长仅 12mm。鱼类生活的水温变化也较大，既有栖息于 52℃ 山间温泉的花鳉（Cyprinodon macularius），又有北极地区的墨鱼（Dallia pectoralis），可在零下数十摄氏度生存。各种形态结构和生活方式的鱼类有着共同的特征：

1. 体形多数呈纺锤形　身体表面通常被有骨质的鳞片，富含黏液，从而增强了保护皮肤和减少游泳时阻力的功能。

2. 鱼类具一套完整的内骨骼系统　头骨与脊柱直接愈合，不能活动，有利于在水中游泳生活，头骨中出现了上、下颌，从而与其他脊椎动物（两栖类、爬行类、鸟类和哺乳类）共同组成颌口类（Gnathostomata）。

颌器的出现在动物演化上有重要意义：①有颌器后，动物可以主动咬捕食物，很多种类颌骨上生有真正的牙齿，大大强化了脊椎动物的捕食功能；②脊椎动物登陆后，颌器逐步发展和特化，可取食多种食物；③颌器是防御工具，还是动物进行营巢、钻洞、求偶、育雏等多种活动的工具。因而颌器的出现是脊椎动物进化过程中里程碑式的大事件。

3. 用鳃呼吸　鳃必须完全浸润在水中，通过鳃表皮上的毛细血管将水中溶解的O_2扩散到血管内，同时将血管内的CO_2扩散到水中，从而进行气体交换。鱼类的鳃着生于鳃弓上，来源于外胚层。

4. 具有成对附肢，即胸鳍和腹鳍　成对附肢的出现如同颌器的出现一样，在脊椎动物的进化过程中是一大事件。成对附肢的出现，大大提高了脊椎动物的活动能力，使其能够积极主动地改变生活的环境，不断扩大分布区。同时，为陆生脊椎动物的五趾型附肢的出现奠定了基础。

5. 血液循环为单循环　心脏主要由1个心房和1个心室所组成，只有体循环而无肺循环。

6. 形成了有明显分化的五部脑　脑的5个部分已不完全排列在一个平面上，中脑部分出现弯曲。

鱼纲在脊椎动物的进化序列中，由于出现了上、下颌和成对附肢，从而获得了积极主动的捕食与生活方式，较圆口类有明显的进步。同时，鱼类又是脊椎动物中全部水生生活的种类，其身体结构及生活方式使其对水环境产生了多方面的适应。按照骨骼性质的不同，可将鱼类分为软骨鱼类（Chondrichthyes）和硬骨鱼类（Osteichthyes）两大类群。

二、鱼类躯体结构与适应

（一）外形

鱼类由于生活条件和方式不同，形成了不同的体形。一般根据鱼类的体轴（图 11-2）长短比例将鱼类分为以下5种类型：

1. 纺锤形（梭形）　鱼类最常见的一种体形，头尾轴最长，背腹轴较短，左右轴最短，体形如梭，如鲨鱼、鲤、鲢等，游动速度较快。

2. 侧扁形　背腹轴相对长，头尾轴短，左右轴则更短，鱼体呈侧扁的菱形，如鲳、月鱼、马面鲀等。

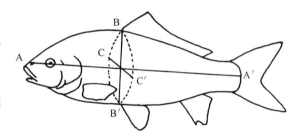

图 11-2　鱼类的体轴
AA′. 头尾轴　BB′. 背腹轴　CC′. 左右轴
（仿华中师范学院等）

3. 平扁形　背腹轴最短，左右轴较长，但比头尾轴短，这种体形的鱼类多数营底栖生活，如鳐、鲇、魟等。

4. 棍棒形（鳗鲡形）　头尾轴特别长，背腹轴和左右轴较短小且相差不大。鱼体头尾尖细而躯干部如一条细长的圆柱，也称蛇形，如鳗鲡、带鱼、黄鳝、泥鳅等。

5. 球形（河豚形）　这种鱼的体形近似球形，只是尾部稍微突出，如河豚、刺豚等。

鱼类的体形虽然形形色色，但其外形上可明显地分为3部分，即头、躯干和尾（图 11-3），没有

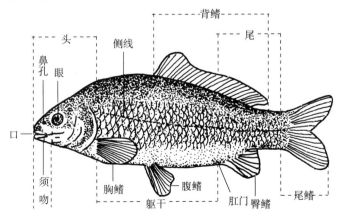

图 11-3　鲤的外形
（仿华中师范学院等）

颈部和五趾型四肢是鱼类与其他陆生脊椎动物外形的主要区别之一。头与躯干的界限是鳃盖的后缘（或最后 1 对鳃裂），躯干和尾的界限是肛门或泄殖孔。

（二）鱼鳍

鱼类的附肢为鳍（fin），分布在躯干和尾部，是鱼游泳和维持平衡的器官。软骨鱼的鳍，外面都覆盖有皮肤，内面有角质鳍条支持；硬骨鱼的鳍由骨质鳍条支持，鳍条间以薄的鳍膜相连。鳍条包括棘（spine）和软鳍条（soft ray）两类。软鳍条又可分为分节而末端分支的鳍条和分节而末端不分支的鳍条。棘和软鳍条的数目因种而异，是鱼分类的依据之一。

鱼鳍分奇鳍（unparied fin）和偶鳍（pariedfih）两大类。前者包括背鳍（dorsal fin）、臀鳍（anal fin）和尾鳍（caudal fin）；后者包括胸鳍（pectoral fin）和腹鳍（pelvic fin）。背鳍和臀鳍如船的龙骨，能保持鱼体在水中平衡，防止鱼体左右倾斜和摇摆，同时还可帮助其游泳。

1. 尾鳍　尾鳍的作用是平衡、推进和转向。根据鱼类的尾鳍外形和尾椎骨末端的位置，一般将尾部分为 3 种主要类型（图 11-4）。

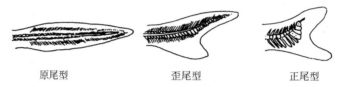

原尾型　　　　　　歪尾型　　　　　　正尾型

图 11-4　鱼类尾的 3 种主要类型
（仿华中师范学院等）

（1）原尾型：尾椎的末端平直伸展至尾的末端，尾鳍的上、下叶大致相等，是一种原始类型，见于鱼的胚胎期和仔鱼期。

（2）歪尾型：尾椎末端伸入尾鳍的上叶内，下叶小略突出，这种尾型内外均不对称，如鲨鱼、鲟等。

（3）正尾型：尾鳍上、下叶对称，为高等鱼类的尾形。

2. 胸鳍　胸鳍相当于陆生脊椎动物的前肢，着生在胸部。胸鳍的基本功能是运动、平衡和掌握运动方向。

3. 腹鳍　腹鳍相当于陆生脊椎动物的后肢，腹鳍着生的位置因鱼种类不同而不同，其作用是协助背鳍、臀鳍维持鱼体的平衡，并有辅助鱼体升降和拐弯功能。

4. 鳍式　鳍的组成和鳍条数目的记载称鳍式，在鱼分类学上使用最为普遍。一般记载方式是取用各鳍的拉丁名首字母代表鳍的类别，如"D"代表背鳍，"A"代表臀鳍，"P"代表胸鳍，"V"代表腹鳍，"C"代表尾鳍。大写的罗马字母代表棘（硬条）的数目，阿拉伯数字代表软条的数目，棘或软条的数目范围以"—"表示，棘与软条相连时用"—"表示，分离时以"；"隔开。例如：

鲤：D. Ⅲ—Ⅳ—17—22；A. Ⅲ—5—6；P. Ⅰ—15—16；V. Ⅱ—8—9

以上鳍式表明：鲤 1 个背鳍，3～4 根硬棘和 17～22 根软条；臀鳍 3 根硬棘和 5～6 根软条；胸鳍 1 根硬棘和 15～16 根软条；腹鳍 2 根硬棘和 8～9 根软条。

（三）皮肤和鳞片

1. 皮肤　皮肤分表皮与真皮 2 层，表皮甚薄，由数层细胞构成，角质层被覆表面。表皮中有黏液腺，常分泌黏液以润滑身体，表皮与真皮间或在真皮中有许多鳞片。

2. 鳞片　鳞片是鱼类皮肤的衍生物，分为 3 种（图 11-5）：

（1）盾鳞（placoid scale）：是一种构造原始的鳞片，见于软骨鱼，十分微小，是由真皮和表皮联合形成的，由菱形的骨质基板和中央隆起的圆锥形的棘构成。盾鳞的特殊排列方式，有助于提高游泳速度，人类利用此原理仿制的鲨皮泳衣曾在奥运会游泳比赛上大放异彩，但现在已经禁用。

（2）硬鳞（ganoid scale）：为斜方形骨板，由真皮衍生，为原始硬骨鱼具有，表面有一层充分钙化的物质，称作硬鳞质或闪光质，如鲈和鲟。

（3）骨鳞（bony scale）：是鱼鳞中最常见的一种，为真皮层的产物，见于高等硬骨鱼，依其游离缘的形状，又分为圆鳞（cycloid scale）和栉鳞（ctenoid scale）2 种，二者的表面均有同心圆的环纹，称为年轮（又称生长线），可依此推测鱼的年龄（图 11-6）。年轮间的距离，春夏食物丰富，水温高，鱼生长快，距离宽，颜色浅；秋冬季生长慢，距离窄，颜色深，一宽一窄代表 1 个年生活周期。

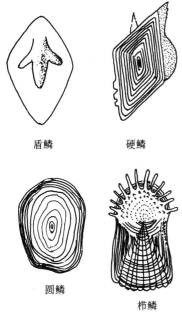

图 11-5　鱼鳞的外形
（仿华中师范学院等）

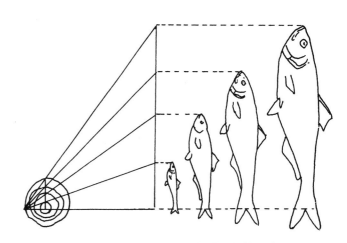

图 11-6　鱼类的生长速度与鳞片年轮的关系
（仿丁汉波）

一般在鱼体两侧都有 1 条或数条带小孔的鳞片，称为侧线鳞。侧线鳞有规律地排列成 1 条线纹就称侧线（lateral line）。它从许多单独的小窝演变成为 1 条管状的构造，是鱼类的一种感觉器。不同种类的鱼侧线鳞的数目不同，在鱼分类时常用鳞式表示，即侧线鳞的数目（有侧线孔的鳞）可表示为：

$$\frac{\text{侧线上鳞的数目（背鳍基至侧线上鳞列数）}}{\text{侧线下鳞的数目（侧线至臀鳍基的鳞列数）}}$$

例如，鲤的鳞式为：

$$33-39\ (\text{侧线鳞})\ \frac{5-6\ (\text{侧线上鳞})}{5-6\ (\text{侧线下鳞})}$$

也可简写为 $33-39\ \dfrac{5-6}{5-6}$。

（四）骨骼系统

鱼类的骨骼分软骨和硬骨两类。软骨鱼类终生保持着软骨。硬骨鱼类的骨骼主要为硬骨，按其形成方式可分为软骨化骨和膜骨 2 种。软骨化骨就是在软骨的原基上骨化形成的硬骨，如脊椎骨、耳骨、枕骨等。膜骨则是由真皮和结缔组织直接骨化而成的硬骨，如额骨、顶骨、鳃盖骨等。

鱼类的骨骼包括中轴骨骼（axial skeleton）和附肢骨骼（appendicular skeleton）两大部分。前者主要包括头骨、脊柱和肋骨，后者包括带骨和鳍骨（图 11-7）。

1. 头骨　分为脑颅（neurocranium）和咽颅（splanchnocranium）两部分。脑颅包藏着脑和视、听、嗅等感觉器官；咽颅合包消化管前端。鱼类具有完整的脑颅，软骨鱼的脑颅由 1 块箱状的软骨盒构成；硬骨鱼的则由许多骨片构成，现存硬骨鱼一般为 130 块左右（图 11-8）。一般硬骨鱼的头骨主要包括下列骨片：

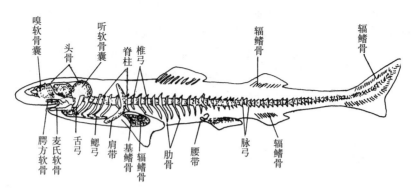

图 11-7 鲨鱼的骨骼
（仿华中师范学院等）

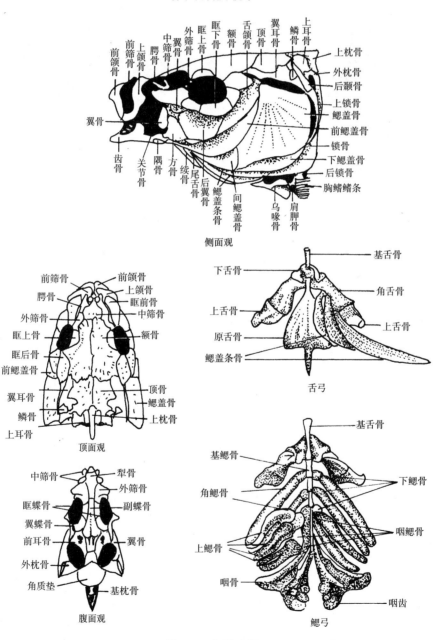

侧面观

顶面观

腹面观

舌弓

鳃弓

图 11-8 鲤的头骨
（仿华中师范学院等）

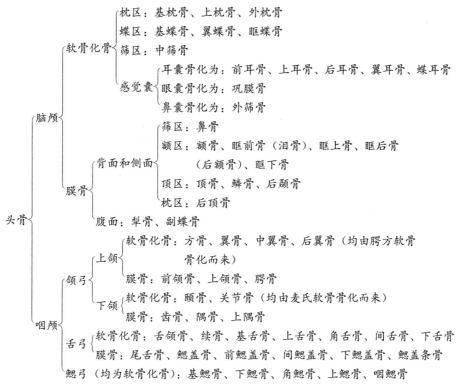

　　鱼类的咽颅则由 7 对 > 形的咽弓（visceral arch）所组成，> 的尖端呈铰链状连接，在背面则游离。自鱼类开始，脊椎动物出现了上、下颌，咽弓从此分化，第 1 对增大成颌弓，其背段称腭方软骨，腹段称麦氏软骨，共同组成软骨鱼的上、下颌，第 2 对为舌弓；第 3~7 对咽弓为鳃弓（第 1~5 对），支持鳃，使鳃裂彼此分开。

　　2. 脊柱　由脊椎骨彼此连接组成，位于身体背部中央以取代脊索。鱼类的脊柱分化程度低，仅分躯干椎（trunk vertebrate）和尾椎（caudal vertebrate）。鱼类的脊椎骨一般由椎体、椎弓（髓弓）、椎棘（髓棘）、脉弓和脉棘构成。椎体是脊椎骨的主要部分，鱼类的椎体前后两面都向内凹入，称为两凹椎体（amphicoelouscentrulm），椎体间的空隙以及贯通椎体中央的小管还有残存的脊索。躯干椎椎体两侧伸出短小的横突，横突与肋骨相关联，故易与尾椎区别（图 11-9）。前后椎弓相连形成椎

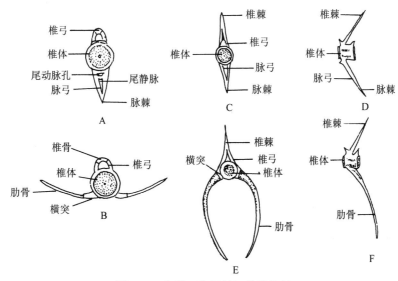

图 11-9　鱼类（灰星鲨）的脊椎骨

A. 尾椎（正面）　　B. 躯干椎（正面）鲤的脊椎骨　　C、D. 尾椎　　E、F. 躯干椎

（仿华中师范学院等）

管，容纳脊髓，起保护作用。

3. 奇鳍骨　是由插入肌肉中的支鳍骨（辐鳍骨）支持着鳍条，支鳍骨在硬骨鱼中常被称为鳍担骨。

4. 带骨和偶鳍骨　悬挂胸鳍的带骨为肩带，由伸向背面的肩胛骨、腹面的乌喙骨及匙骨（锁骨）、上匙骨（上锁骨）、后匙骨（后锁骨）等组成，并通过上匙骨牢固地关联在头骨上。软骨鱼的肩带位于咽颅的后方，呈半环形，不与头骨或脊柱关联，只包括肩胛部和乌喙部2部分。肩带外侧有1个与胸鳍连接的关节面，称肩臼。

连接腹鳍的带骨为腰带，构造非常简单，位于泄殖孔前方，为呈"一"字形的坐耻杆，或由1对无名骨构成三角形骨板（图11-10）。

除硬骨鱼的肩带直接与头骨相连外，鱼类的带骨均游离而隐藏在肌肉内，故附肢骨骼与脊柱没有直接的联系。

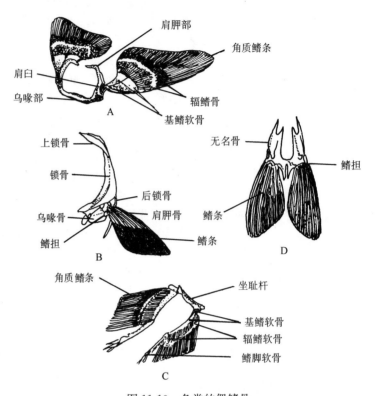

图 11-10　鱼类的偶鳍骨
A. 鲨鱼的胸鳍　B. 鲤的胸鳍　C. 鲨鱼（雄性）的腹鳍　D. 鲤的腹鳍
（仿华中师范学院等）

（五）肌肉系统

鱼类肌肉简单，分化程度不高。头部肌肉有眼肌和鳃节肌，其作用分别是使眼球转动和上下颌开关。鳃盖活动完成摄食和呼吸动作。全身最发达的肌肉是躯体两侧的轴肌，由多数排列的圆锥状肌节和肌隔相互套叠而成。其排列方式利于主要依靠躯干和尾部左右屈伸产生运动。轴肌分为背面的轴上肌和腹面的轴下肌。

有些鱼类的肌肉特化为发电器官，如电鳐、电鳗、电鲇等都是发电较强的鱼类。发电器官的功能单位为一些柱状的极板，是由肌肉细胞特化形成的电细胞，称为电板。每个电板的表面分布有神经末梢，一面为负电极，另一面则为正电极，当神经冲动启动发电器官，电流从正极流到负极，产生电压。电鳗可发电高达 600V，电鳐可发电 300～500V，它们均能产生超过 5kW 的电力。

（六）消化系统

鱼类的消化系统由消化管和消化腺 2 个部分组成（图 11-11）。

1. 消化管　包括口腔、咽、食道、胃、肠和肛门等。鱼类的口位于上、下颌之间。口的位置与食性有关，以浮游生物为食的鱼类为上位口；以底栖生物或岩石上的藻类为食的鱼类为下位口或半下位口；以漂浮在水中的生物或其他有机物为食的鱼类则多为端位口（图 11-12）。鱼类的口腔和咽并无明显的界限，统称为口咽腔，内有齿、舌、鳃耙等器官。鱼类的齿有颌齿（jaw teeth）、犁齿（vomerine teeth）、腭齿（palatine teeth）、舌齿（tongue teeth）和咽齿（pharyngeal teeth）等。鳃耙是阻拦食物随水流出鳃裂的滤食结构，顶端尚有少量的味蕾，也具有味觉器官的作用。鳃耙的数目、形状和疏密状况均与鱼的食性有关。肉食性鱼类的鳃耙粗短而疏；杂食或草食性鱼类的鳃耙数目较多；而吃浮游生物的鱼类，鳃耙细长而稠密。

口腔之后为短的食道，连于胃的贲门部，食道短而环肌发达，壁厚，因布有味蕾，故对摄入的食

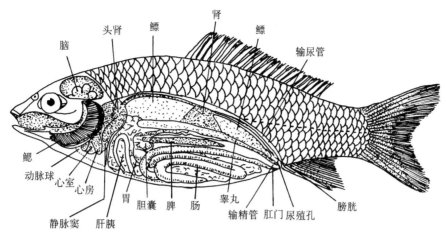

图 11-11　鲤的内脏

（仿丁汉波）

物有选择和吐弃功能。胃是消化管最膨大的部分，前后以贲门和幽门分别与食管及肠相通。胃的机械运动是蠕动，可使食物同胃液充分混合（胃内壁具有胃腺，可分泌胃液，其中包含 HCl、NaCl 及黏蛋白、消化酶等）。

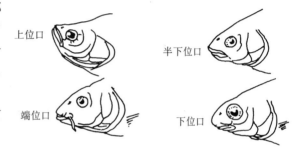

图 11-12　鲤科鱼类几种口部不同位置

（仿华中师范学院等）

　　鱼类的肠管分化不明显，其长度因鱼种、食性及生长特性不同而不同。一般草食鱼肠均长，肉食鱼肠最短。

　　2. 消化腺　主要是肝和胰。肝是鱼类最大的消化腺，除制造胆汁外，还能把消化吸收的物质合成为糖原、脂肪和蛋白质。此外，对中间代谢、解毒作用、维生素及免疫物质的生成，都有重要作用。胰分泌的胰液中含有胰蛋白酶、胰脂肪酶及淀粉酶，胰的消化酶需要在碱性环境中起作用。

　　（七）呼吸系统

　　1. 鳃　鱼类的呼吸器官主要是鳃。鱼类的鳃在成鱼期均为内鳃（internal gill），来源于外胚层，这是鱼类的特征之一。

　　鳃主要由鳃弓、鳃隔、鳃耙和鳃瓣等几部分组成。鳃弓主要起支持作用，它的内侧缘着生鳃耙，进鳃和出鳃血管都从鳃弓上通过。鳃弓外侧缘的中央延伸的隔壁为鳃隔，鳃隔的前后面由表皮突起形成鳃丝，无数鳃丝紧密排列成栉状的鳃瓣。每 1 条鳃丝都有入鳃动脉和出鳃动脉。鳃丝上还有无数小突起，称鳃小叶，为气体交换的场所。鳃小叶上满布毛细血管，表层为单层上皮细胞，血液最后流入窦状隙内，结缔组织形成窦状隙的壁起支持作用，因此血液与水之间仅隔 2～3 层细胞，鲜活的鱼鳃呈鲜红色，就是这个缘故。鱼鳃的这种结构，大大增大了它和水接触的面积（图 11-13）。

　　鱼类一般有 5 对鳃弓。软骨鱼类鳃隔非常发达，末端延伸与皮肤相连并弯向后方，故鳃裂各自分别开口于头的两侧或腹面。硬骨鱼类的鳃隔退化，鳃瓣末端游离，由外侧的鳃盖保护，鳃盖的后缘延伸有柔软的鳃盖膜，能将鳃孔紧紧封住。

　　鱼类的呼吸运动主要靠鳃盖的运动来完成。呼吸时，口腔、咽及鳃盖同时开张，而食管关闭。当鳃盖撑开时，附于鳃盖边缘上的鳃盖膜因受体外水的压力靠近了体壁，因而鳃腔形成了真空，于是水流入口，再经咽进入鳃腔。当流经鳃裂时，在鳃瓣上进行气体交换。最后鳃盖下降，水便由鳃腔挤出。

　　2. 鳔　绝大多数鱼有鳔（gas bladder），鱼鳔是位于肠管背面的囊状器官。鳔是鱼体调节身体比重的器官，它的主要功能是使鱼体悬浮在限定的水层中，以减少鳍的运动而降低能量消耗。鱼类实现升降运动的主要器官则是鳍和体侧肌。

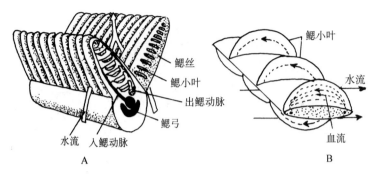

图 11-13　硬骨鱼类鳃的结构和功能
A. 鳃丝的放大　B. 水流和血流的关系
（仿华中师范学院等）

（八）循环系统

鱼类的循环系统包括心脏、液体（血液和淋巴液）和管道（血管及淋巴管）。

1. 心脏　位于鳃弓后下方的围心腔内，心脏小，只占体重的 0.2%，由静脉窦、1 个心房和 1 个心室等组成（图 11-14）。心室的前方有一稍微膨大的动脉圆锥（conus arteriosus，是软骨鱼类心脏的一部分，能有节律搏动）或动脉球（bulbus arteriosus，是硬骨鱼类腹大动脉基部扩大而成的，不属于心脏的一部分，也无搏动能力）。静脉窦与心房之间有窦耳瓣，心房和心室之间有耳室瓣，心室与动脉球的交接处（即动脉圆锥所在地）有半月瓣（semilunar valve），所有这些瓣膜均有提高血压和

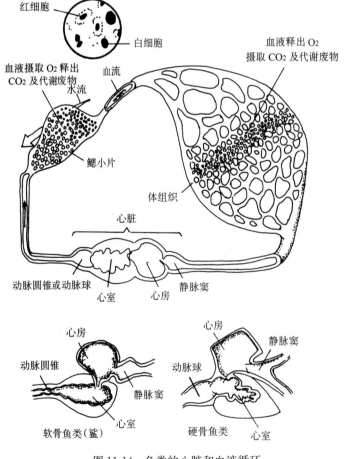

图 11-14　鱼类的心脏和血液循环
（仿 Moyle）

防止血流逆流的功能。鱼类的心率一般为 18～20 次/min。鱼体内的血量少，仅为体重的 1.5%～3.0%，最多不超过 5%。

2. 血液循环　鱼类为单循环（single circulation），是指鱼类只有体循环而无肺循环的血液循环方式，血液循环全身一周，只经过心脏一次。即从心脏压出的血液，经鳃区交换气体后，由出鳃动脉汇合成的背大动脉将多氧血运送至鱼体各部的器官组织中去，供给 O_2 和各种营养物质。离开器官组织的缺氧血，又带着代谢废物或营养物质循着从小到大的静脉管道回流，最终汇流至心脏内，然后再开始新的一轮血液循环（图 11-15）。

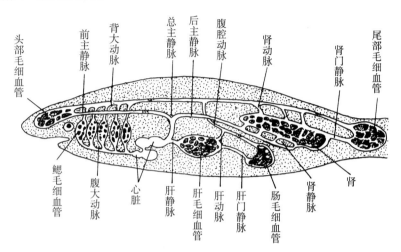

图 11-15　鱼类血管系统主要部分模式图
（仿华中师范学院等）

3. 淋巴液和脾　组织液来自毛细血管中的血液，是血管中的血液与血管外组织细胞之间物质交换的媒介。鱼类淋巴液的主要机能是协助静脉系统带走多余的细胞间液，清除代谢废物和促进受伤组织的再生等。脾位于肠系膜上，是淋巴系统中的一个重要器官，是造血、过滤血液和清除衰老红细胞的场所。

（九）排泄系统

鱼类的排泄主要是通过肾和鳃完成的。鱼类的肾为一对狭长扁平的结构，紧贴于腹腔背壁，肾由许多肾小体（renal）和肾小管（renal tuble）构成，肾小体包括肾小球（renal glomerulus）和肾小囊（renal capsule）两部分。肾小球是背大动脉分支在肾小管的肾口旁形成的一个毛细血管团；肾小管的前端凹入，由两层扁平上皮细胞构成杯状的肾小球囊，将肾小球包入其内。肾小球囊的囊壁分内、外两层，二层之间有一狭小腔隙，称为肾囊腔，与肾小管的管腔相通。半渗透性的肾小球囊从毛细血管的血液内滤泌的尿液，经肾小管后段的吸水作用，曲折盘行汇集到总的输尿管。尿在肾中的生成过程是连续不断的，生成后经输尿管流入膀胱（urinary bladder）暂时储存起来，积聚到一定量时，再经泌尿孔一次性排出体外。

淡水鱼类和海水鱼类体液的含盐浓度几乎一样（约为 0.7%），但淡水和海水的盐分浓度相差很大（前者为 0.3% 以下，后者高达 3%），这样由于渗透压的差别，淡水鱼就有吸水的倾向，而海水鱼就有脱水的倾向，鱼类主要依靠肾的结构和机能以及鳃上一些特殊细胞进行补偿和调整。

（十）神经系统

鱼类的神经系统由 3 个部分组成，即中枢神经系统、外周神经系统和植物性神经系统。

1. 中枢神经系统（central nervous system）　由脑和脊髓组成。

脑由 5 个部分组成（图 11-16），即端脑、间脑、中脑、小脑和延脑，结构简单，体积比其他脊椎动物小得多。

端脑（telencephalon）在前端由嗅脑（rhinecephalon）和大脑（cerebrum）组成。嗅脑又包括嗅球和细长的嗅茎（囊），往后与大脑相连，大脑中央由纵沟将其隔成左右大脑半球（cerebral

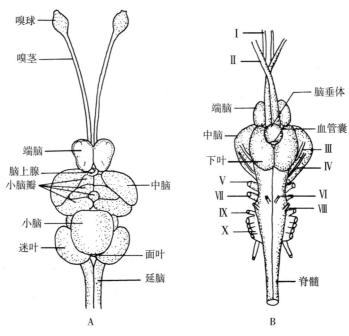

图 11-16　鲤的脑
A. 背面观　B. 腹面观
（仿秉志）

hemisphere），半球内各有一侧脑室。大脑背壁薄，无神经组织，主要是嗅神经组成的古脑皮（paleopallium）即嗅脑。腹面有纹状体（corpus striatum），为运动调节的高级中枢。

间脑（diencephalon）位于大脑后方，内部有第三脑室，背面有松果体（pineal body），为内分泌腺体。近年研究表明，它们似乎与"生物钟"的节律有关。间脑的腹面延伸为脑漏斗，其顶端附有脑垂体（hypophysis），其前方为视交叉。间脑有重要的综合和交换作用，尤其与视觉和嗅觉的关系密切。

中脑（mesencephalon）位于间脑上方，为 1 对椭圆形球囊，也称视叶（optic lobe），是所有脊椎动物的视觉中心。脑内有中脑腔，为连接第三、第四脑室的通道。

小脑（cerebellum）位于中脑后方，是身体活动的主要协调中枢，具有维持鱼体平衡、掌握活动的协调和节制肌肉张力等作用；另外，小脑还是鱼类听觉和侧线感觉的共同中枢。

延脑（medulla oblongata）位于脑的最后部，是多种生理机能和感觉中枢。

脊髓是一条扁圆形的柱状管，紧接延脑之后而终止于最后一个脊椎，乳白色，分支明显，每节都发出传出和传入神经，并分支与交感神经系统相联系。脊髓为低级反射中枢，掌管各种不经脑的反射运动，且居于脊神经、交感神经与脑之间，起两者间的传导和联络作用。

2. 外周神经系统（peripheral nervous system）　由中枢神经系统发出的脑神经和脊神经组成，其作用是通过外周神经将皮肤、肌肉、内脏器官所来的感觉冲动传递到中枢神经或由中枢向这些部位传导运动冲动。

脑神经（cranial nerves）由脑部发出，鱼类共 10 对，依次是嗅神经（Ⅰ）、视神经（Ⅱ）、动眼神经（Ⅲ）、滑车神经（Ⅳ）、三叉神经（Ⅴ）、外展神经（Ⅵ）、颜面神经（Ⅶ）、听神经（Ⅷ）、舌咽神经（Ⅸ）、迷走神经（Ⅹ）。Ⅰ专司嗅觉；Ⅱ专司视觉；Ⅲ与Ⅳ和Ⅵ共同支配眼球的活动；Ⅳ支配眼球活动；Ⅴ既支配着颌的动作，又接受来自吻部、唇部、鼻部及颌部的感觉刺激；Ⅵ支配眼球的外直肌；Ⅶ支配头部和舌弓的肌肉运动，并接受来自皮肤、触须、舌部和咽鳃等处的感觉刺激；Ⅷ司听觉和平衡感觉；Ⅸ分布到口盖部、咽部、鳃裂的壁上及头部侧线系统；Ⅹ支配咽喉部和内脏器官的活动，并感受咽部的味觉、躯干部的皮肤感觉及侧线感觉等。

脊神经是由脊髓两侧发出的神经，每一个脊椎骨都有 1 对脊神经由椎间孔穿出。脊神经由背根和腹根愈合而成。背根内含感觉神经纤维，来自感觉器官或背神经节，通入脊髓，故也称感觉根；腹根则包含运动神经纤维，自脊髓内部发出，通到身体各部分，故称运动根。鱼类和其他各纲脊椎动物感觉根及运动根在椎弓之外结合在一起而为混合神经，然后复分为 3 支。背支主要分布于各体节的皮肤，为感觉神经，有的分布于肌肉，为运动神经；腹支主要分布于肌肉，为运动神经，也有分布于皮肤的，为感觉神经；脏支则到达交感神经节，与交感神经系统联通。

3. 植物性神经系统（vegetative nervous system）　是专门支配和调节内脏平滑肌、心脏肌、内分泌腺、血管扩张和收缩等活动的神经，与内脏器官的生理活动、新陈代谢有着密切的关系。植物性神经也由中枢神经系统的脑或脊髓发出，但并不直接到达所支配的器官，而是先通过具白色髓鞘的节前纤维，到达一个交感神经节，然后再由灰暗色无髓鞘的节后纤维分布到各器官。植物性神经系统可分为交感神经系统和副交感神经系统，其神经纤维同时分布到各种内脏器官，产生颉颃作用。器官在 2 种对立作用的制约下，才能维持其平衡和正常的生理功能。鱼类的植物性神经系统尚处于初级阶段，还不及高等脊椎动物那样发达和完善。

（十一）感觉器官

1. 侧线系统（lateral line system）　是鱼类特有的感觉器官，呈管状或沟状，埋于头骨内和体侧的皮肤下面，侧线管以一系列侧线孔穿过头骨及鳞片，连接与外界相通的侧线，可感知水流变化和低频振动。侧线管内充满黏液，感觉器就浸埋在黏液里。感觉器一般由一群感觉细胞和一些支持细胞组成，称为神经丘。感觉细胞具有感觉毛和分泌机能，其分泌物在整个感觉器的外部凝结成胶质顶，感觉神经末梢分布于感觉细胞之间。当水流轻击鱼体时，水压通过侧线孔，影响到管内的黏液，并使感觉器内的感觉毛摆动，从而刺激感觉细胞兴奋，再通过神经将外来刺激传导到神经中枢（图 11-17）。

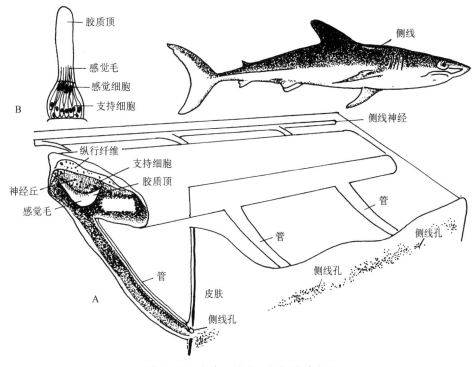

图 11-17　鱼类（鲨鱼）的侧线感觉器
A. 躯干横切面，示侧线　B. 一个神经丘的结构
（仿 Ron，Tayler）

2. 视觉器官（visual organ）　鱼类眼的基本结构与其他脊椎动物相同，由光学部分和感觉部分构成。前者包括晶状体和角膜，后者包括视网膜。鱼类适应水生生活，其眼的特点是角膜扁平，晶状体成球形，大多数鱼类没有眼睑和泪腺。

3. 内耳（inner ear）　鱼类的听觉器官是内耳，主要功能是平衡感觉，一般无听觉作用。

4. 外鼻孔 是 1 对下陷的盲囊,不通口腔,无内鼻孔,衬有嗅上皮,仅有嗅觉作用。

(十二) 生殖系统

鱼类的生殖系统由生殖腺(gonad)和生殖导管(reproductive duct)两大部分组成。硬骨鱼一般为体外受精。软骨鱼行体内受精,如鲨鱼,雄性常有特殊的外生殖器。鱼类的生殖腺(性腺)一般成对,左右对称排列,雌性鱼类的卵巢平时呈扁平的带状,生殖季节发育很快,可占体腔的大部分,颜色常呈青灰、黄、粉红等色泽。雄鱼的睾丸一般为白色的线形器官,生殖期显著增大,俗称鱼白。

三、鱼纲分类

现存鱼类 26 000 余种,我国已知鱼类约 3 000 种,分为软骨鱼类和硬骨鱼类 2 个类群。

(一) 软骨鱼类

全为海产,骨为软骨,体被盾鳞,鳃间隔发达,鳃孔 5～7 对,体内受精。全世界约存有 800 种,我国 190 多种,包括 2 个亚纲。

1. 板鳃亚纲(Elasmobranchii) 体呈梭形或盘形,鳃孔 5～7 对,各自开口于体外而无鳃盖。如哈那鲨、纹虎鲨、鳐等。

2. 全头亚纲(Holocephali) 体表光滑或偶有盾鳞,鳃腔外被 1 个膜质鳃盖,后缘具 1 个总鳃孔。如银鲛,俗称海兔子。

(二) 硬骨鱼类

骨骼大多数由硬骨组成,体被骨鳞或硬鳞,鳃间隔退化,鳃腔外有骨质鳃盖骨,头的后缘每侧有 1 个外鳃孔,营体外受精。

1. 内鼻孔亚纲(Choanichthyes) 本亚纲鱼类口腔具内鼻孔,有原鳍型的偶鳍,即偶鳍有发达的肉质基部,鳍内有分节的基鳍骨支持,外被鳞片,呈肉叶状或鞭状,故又称肉鳍亚纲(Sarcopterygii)。本亚纲又分 2 个总目:总鳍总目(Crossopterygiomorpha)和肺鱼总目(Dipneustomorpha),前者是一类出现在泥盆纪的古鱼。如 1938 年 12 月 22 日在非洲东南沿海捕获到的矛尾鱼(*Latimeria chalumnae*),为珍贵的动物活化石(图 11-18)。肺鱼总目的种类也是一类较原始的鱼类,与总鳍鱼类的亲缘关系最近,其特殊的鳔无论从发生、构造还是呼吸机能上都与陆生脊椎动物的肺十分相似。

2. 辐鳍亚纲(Actinopterygii) 本亚纲鱼类的鳍由真皮性的辐射状鳍条支持,体被硬鳞、圆鳞或栉鳞,是现存鱼类种最多的类群,占 90% 以上,共包括 9 总目 36 目,我国有 8 总目 26 目,下面只简述 2 个总目。

(1)鲱形总目(Clupeomorpha):腹鳍腹位,鳍条一般不少于 6 枚,胸鳍基部位置低,接近腹缘,鳍无

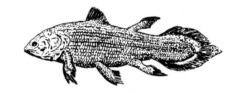

矛尾鱼

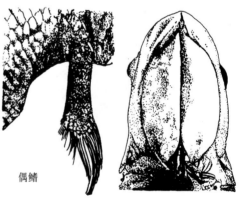

偶鳍

喉板

图 11-18 矛尾鱼及其偶鳍和喉板
(仿 Schmidt)

棘。如鲱形目的鲱是我国黄海的重要经济鱼类;鲑、鳟、鲑形目的大麻哈鱼、银鱼科的大银鱼(图 11-19),1988—1992 年在内蒙古和北京地区移养成功,以及狗鱼科的东北狗鱼等。

(2)鲤形总目(Cyprinomorpha):是比较低等的硬骨鱼类,具韦伯氏器,包括许多重要的经济鱼类和养殖鱼种,全世界 5 000 种,分鲤形目和鲇形目,其中鲤科是鱼类中最多的一类,有 2 000 余种。本科鱼类是我国淡水天然捕捞以及池塘和大水面养殖的重要对象,有经济价值的不少于 400 种,产量是我国渔业产量的 1/3。如四大家养鱼:青鱼、草鱼、鲢、鳙(图 11-20)。

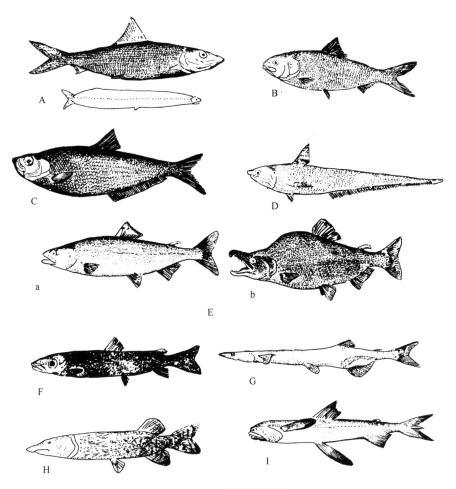

图 11-19　鲱形总目代表
A. 北梭鱼及其幼鱼　B. 鲥　C. 鳓　D. 鲚
E. 大麻哈鱼　a. 非繁殖期　b. 繁殖期　F. 哲罗鱼　G. 大银鱼　H. 狗鱼　I. 龙头鱼
（仿杨安峰）

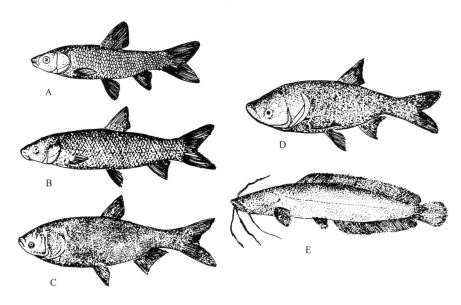

图 11-20　鲤形总目代表
A. 青鱼　B. 草鱼　C. 鲢　D. 鳙　D. 胡子鲇
（仿杨安峰）

四、鱼类经济意义

我国的海洋鱼类资源十分丰富，约有 2 200 种，占全国鱼种的 3/4。其中，带鱼、小黄鱼、大黄鱼、墨鱼（其实是乌贼）称为四大海鱼，总产量为全国海洋水产品的 1/4。我国的淡水渔业资源也十分丰富，有淡水鱼种 800 种左右，具有经济价值的就有 250 多种，养殖对象已有青鱼、草鱼、鲢、鳙、鲤、鲥、鲫、鳊、鲂、鲴、鳗、黄鳝等 20 多种。1991 年，我国的渔业产量创下 1 354 万 t 的新纪录，居世界各国之首。我国海岸线长，四大海区（渤海、黄海、东海和南海）海岸线长约 11 000 km，连同沿海的 5 000 余个岛屿在内，海岸线总长约 23 000 km，成为很好的渔场。国内著名的渔场有渤海、大沙、舟山、粤东和北海湾。其中，池塘养鱼就占 446 万 t，是 40 年前年产量的 30 倍。我国人均年消费鱼量也由 1979 年的 4.8kg 提高到 11kg。

鱼肉味道鲜美，是高蛋白、低脂肪、高能量、易消化的优质食品，营养丰富，蛋白质含量 16%～25%，明显高于牛奶、鸡蛋，与鸡肉、牛肉、羊肉和猪肉等（19.3%～20.3%）不相上下。鱼肉中还有人类必需和容易吸收的脂肪、钙、磷、铁、赖氨酸、硫胺素、核黄素、烟酸、抗坏血酸和多种维生素。

┃本章小结┃

圆口纲动物是脊椎动物中结构最低等的动物，营寄生或外寄生生活。鱼纲动物在水中是自由生活的种类。圆口纲和鱼纲均具有适应水生生活的形态、结构特征。鱼类常见体形为纺锤形；具奇鳍和偶鳍；体表通常具鳞，富含黏液腺；脊柱仅分化为躯干椎和尾椎 2 种；躯干部和尾部肌肉分节；鳃为主要呼吸器官；具有上、下颌；心脏为一心房一心室，单循环；肾为中肾；大多具有侧线；雌雄异体。我国已知鱼类 3 000 余种，分为软骨鱼类和硬骨鱼类 2 个类群。我国的海洋鱼类资源十分丰富，有 2 200 种左右，占全国鱼种的 3/4。其中，带鱼、小黄鱼、大黄鱼、墨鱼称为四大海鱼，总产量为全国海洋水产品的 1/4。我国的淡水渔业资源也十分丰富，有淡水鱼种 800 种左右，具有经济价值的就有 250 多种，养殖对象已有青鱼、草鱼、鲢、鳙、鲤、鲥、鲫、鳊、鲂、鲴、鳗、黄鳝等 20 多种。

思考题

1. 为什么说圆口纲是最原始的脊椎动物？
2. 鱼纲有哪些主要特征？
3. 举例说明鱼类的体形有哪几类？
4. 鱼类鳞片有哪几种？如何根据鳞片估算鱼类年龄？
5. 鱼类的脊柱有何特点？
6. 鱼类的消化系统对食性不同有哪些适应的特征？
7. 简述鱼类的心脏和血循方式。
8. 从生殖方面来讲，硬骨鱼和软骨鱼有哪些区别？
9. 鱼类的侧线系统的功能是什么？对鱼类的水生生活有何意义？

第十二章

脊椎动物从水生到陆生的适应

内容提要

　　动物的进化经历了由低等到高等，由水生到陆生的过程，本章通过两栖纲和爬行纲动物的描述，从外形特征到躯体结构阐明脊椎动物由水生到陆生的进化过程以及获得适应陆生生活的能力。本章还对两栖类和爬行类的分类及经济意义进行了概述，以使学生对这两类动物有更加全面的了解。

　　在脊椎动物的进化过程中，从完全水生到完全陆生，无论是身体结构还是生理功能都发生了一系列重大的变化与适应进化。脊椎动物 6 个纲的类群，从鱼纲到爬行纲，通过两栖纲的初步适应，最终由完全水生生活过渡到爬行纲的完全陆生生活，从而为脊椎动物的全面进化与发展奠定了基础。

第一节　两栖纲（Amphibia）

　　早在距今 3.5 亿年前的古生代泥盆纪，某些具有"肺"的古总鳍鱼曾尝试登陆，并获得初步成功。两栖类很可能就是在那时由古总鳍鱼演化而来。现存两栖动物都是从侏罗纪以后才出现的，它们的身体结构及器官机能方面，既保留着原始的水栖特征，又获得了一系列适应陆地生活的进步特征，居于两者的中间地位。

一、脊椎动物从水生过渡到陆生面临的矛盾

　　水环境和陆地环境是 2 种截然不同的生活环境，从水生转变到陆生，两栖类面临着重重矛盾。水生脊椎动物的呼吸器官是鳃，它所吸收的是溶解在水中的 O_2，上陆后载 O_2 的介质发生改变，必须有新的器官去呼吸空气中的 O_2；水的密度是空气密度的 1 000 倍，水中脊椎动物在水中悬浮，身体的运动在水体的浮力下由尾鳍和胸鳍、腹鳍等附肢完成，上陆后空气的浮力较水中小得多，两栖类必须首先支撑起身体离开地面才能在陆上运动；陆地上的湿度变化很大，在陆地上生活还要面对干燥陆地上身体水分蒸发的矛盾；陆地环境复杂，机械性刺激增多，陆地上的温度存在着剧烈的周期性变化，声、光等在空气中的传播规律与在水中的也不同，因此两栖类还要面临适应陆地上多变的环境，最终解决陆地上繁殖的矛盾。所以说脊椎动物从水生过渡到陆生确实困难重重。综合来看，脊椎动物登陆面临 6 大矛盾：①在陆上支持体重并完成运动；②呼吸空气中的 O_2；③适应复杂陆地生活的感官和完善的神经系统；④防止体内水分的蒸发；⑤维持体内生理生化活动必需的温度条件；⑥保证种族在陆地上的繁衍。

　　其中第 4 个、第 5 个、第 6 个 3 个矛盾两栖类没有解决，第 1 个、第 2 个、第 3 个矛盾初步解决，因此我们说两栖类在躯体结构和生理功能上获得了初步适应陆生生活的能力，但还没有完全适应陆地生活，在躯体构造上还很不完善。

二、陆生脊椎动物的五趾型附肢

　　两栖类首先解决了在陆地上运动的矛盾，出现了五趾型附肢，并在躯体结构和生理功能上都获得了初步适应陆生生活的能力。五趾型附肢这种以肌肉附着于内骨骼的结构十分独特，相较于无脊椎动物的外骨骼，五趾型附肢具有更强的支撑力和更大的柔韧性、灵活性。五趾型附肢包括前、后 2 对附肢。一个典型的前肢包括上臂（brachium）、前臂（antibrachium）、腕（wrist）、掌（palm）和指（digits）等 5 个部分，与之相应的前肢骨为肱骨（humerus）、桡骨（radius）和尺骨（ulna）、腕骨（carpus）、掌骨（metacarpus）、指骨（phalanx）；后肢包括股（thigh）、胫（shank）、跗（tarsus）、跖（蹠）（metatarsus）和趾（digits）等 5 个部分，分别由股骨（femur）、胫骨（tibia）和腓骨（fibual）、跗骨（tarsus）、跖骨（蹠骨）（metatarsal）、趾骨（phalanx）组成（图 12-1）。

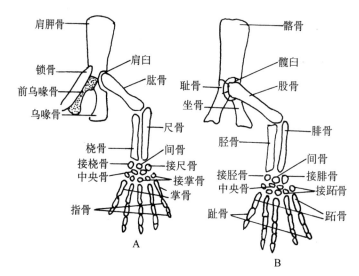

图 12-1　陆栖脊椎动物五趾型附肢构造模式图

A. 前肢　B. 后肢

（仿华中师范学院等）

　　五趾型附肢的出现是脊椎动物演化史上的又一重大变革，为陆生脊椎动物普遍具有，解决了在陆地支撑身体并完成运动的矛盾。

三、两栖纲特征

　　1. 出现肺呼吸　以肺作为呼吸器官，从空气中获氧，但肺的结构简单，获氧量少，还需以裸露的皮肤作为辅助呼吸器官。

　　2. 血循方式为不完全双循环　心脏由 2 个心房和 1 个心室构成，心室中为混合血，虽然具有体循环和肺循环，但还是不完全的双循环。

　　3. 出现了五趾型附肢　在陆生脊椎动物中保留下来。

　　4. 脊柱分化更为完善，具颈椎、躯干椎、荐椎和尾椎　颈椎和荐椎的出现是陆生四足动物的共同特征，两栖类头骨能动，腰带通过荐椎与脊柱联系，使后肢具有较大的支持力。

　　5. 两栖类脑的进步性变化　大脑分为 2 个半球，顶部开始出现零散的神经细胞。

　　6. 耳　除具内耳外，出现了中耳，是真正的传音结构。

　　7. 繁殖　多数种类卵生，体外受精，少数种类卵胎生。

　　8. 生活史包括 2 个显著的适应水、陆不同环境的阶段　幼体生活在水中，经过变态后发育成能在陆地上生活的成体。

四、两栖类躯体结构

（一）体形

两栖类的体形因栖息环境和生活方式不同而异，一般可分为蠕虫状（蚓螈型）、鱼状（鲵螈型）和蛙状（蛙蟾型）。从总体上看，身体可分为头、躯干、尾和四肢 4 个部分，颈部不明显。

1. 无足目的种类为蠕虫状　外形似蚯蚓，一般由头和躯干 2 部分组成，眼和四肢退化，尾短或无尾，营隐蔽的穴居生活，为最原始的两栖类，如蚓螈和鱼螈。

2. 有尾目的种类为鱼状　四肢短小，尾甚发达，终生水栖或繁殖期营水生生活，如蝾螈和鲵类。

3. 无尾目的种类为蛙状　体短，四肢强健，成体无尾，是适于陆栖爬行和跳跃生活的特化分支，也是两栖类中最高等和种类最多的类群，如蛙类和蟾蜍。

（二）皮肤及其衍生物

皮肤最显著的特征是裸露和富有腺体，并具有辅助呼吸的功能。皮肤由表皮和真皮组成，角质层不发达。皮肤衍生物中皮肤腺发达，主要是黏液腺（mucous gland）和毒腺（poison gland），毒腺由黏液腺特化形成；衍生物还有各种色素细胞。

1. 黏液腺　可借真皮层内的肌纤维收缩，从皮肤开口的腺孔中流出其分泌物，使体表经常保持湿润黏滑和对空气、水的可透性。真皮中分布有丰富的血管与淋巴管和大量的黏液腺，使皮肤适于气体交换而成为重要的辅助呼吸器官。皮肤结构和黏液腺对于减少体内水分散失及利用皮肤进行呼吸都具有重要作用，也是两栖类通过蒸发冷却用以调节体温的一种途径。

2. 毒腺　能分泌白色、紫红色（盘舌蟾）、褐色（墨西哥蝾螈）或黄色（花背蟾蜍）乳状液的毒浆，内含蟾毒素、华蟾毒精等多种有毒成分，对食肉动物的舌和口腔黏膜有强烈的涩味刺激，因而是一种防御的适应。

3. 色素细胞　在表皮和真皮中成层分布，不同色素细胞的互相配置，是构成各种两栖类动物体色和色纹的基础。色素细胞还可引起体色改变，使两栖类形成与环境浑然一体的保护色，如雨蛙和树蛙即是两栖类具保护色及迅速改变体色的典型代表。

（三）骨骼系统

上陆活动的两栖类的骨骼与鱼类相比较发生了巨大变化，比鱼类获得了更大的坚韧性、活动性和对身体及四肢的支持作用（图 12-2）。

1. 头骨　头骨宽而扁，脑颅属于平颅型，脑腔狭小，无眶间隔，骨化程度不高，骨块数目也很少，鱼类中的许多骨块（如眼眶周围的膜性硬骨）已经消失或仍为软骨，颅骨通过方骨与下颌连接。枕骨具有 1 对枕髁。

2. 脊柱　两栖类的脊柱分化为颈椎（cervical vertebra）、躯干椎、荐椎（scaral vertebra）和尾椎四部分。颈椎仅 1 枚，且无横突和前关节突，略成环状，称为寰椎（atlas），它以前面的关节窝与枕髁形成关节，使头部稍能活动。荐椎也仅 1 枚，具有长的横突与腰带的髂骨（ilium）相连接，还很原始，表现出对陆生生活的初步适应。

3. 带骨和肢骨　两栖类的肩带不附着于头骨，腰带借荐椎与脊柱连接，这是四足动物与鱼类的重要区别。肩带不直接与头骨连接，不但增进了头部的活动性，并且极大地扩展了前肢的活动范围。蛙蟾类的肩带由肩胛骨（scapula）、乌喙骨（coracoid）、上乌喙骨（epicoracoid）和锁骨（clavicle）等构成，并在胸部正中首次出现了胸骨（sternum），但与躯干椎的横突或肋骨互不连接，未形成胸廓。腰带由髂骨、坐骨（ischium）和耻骨（pubis）构成骨盆。腰带将脊柱与后肢相连，使身体重量转移到后肢。组成肩带和腰带的诸骨交汇处，分别形成肩臼（glenoid fossa）和髋臼（acetabulum），与前、后肢形成关节。

无尾两栖类因两侧肩带的上乌喙骨结合情况不同分为 2 种类型，左右上乌喙骨在腹中线位置相互平行地愈合在一起，称固胸型肩带，如青蛙的肩带类型。左右上乌喙骨在腹中线上不相连而彼此重叠，肩带可通过上乌喙骨在腹面左右交错活动，称弧胸型肩带。

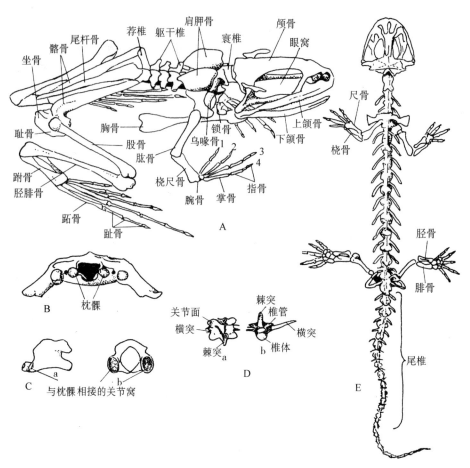

图 12-2　两栖类的骨骼系统
A. 蛙　B. 蛙头骨后面观　C. 寰椎　a. 侧面观　b. 前面观　D. 躯干椎　a. 背面观　b. 前面观　E. 蝾螈
(仿 Halliday)

　　由于适应不同的生活环境和运动方式，无足类的四肢均已消失，有尾类和无尾类的肢骨有愈合现象，前肢的桡骨和尺骨愈合为桡尺骨（radioulna），后肢的胫骨和腓骨愈合为胫腓骨（astragalus），无尾类尾椎愈合为 1 枚尾杆骨（urostyle），这些骨骼愈合现象有利于两栖类陆地跳跃生活。

　　鱼类的舌颌骨演化为两栖类的听骨——耳柱骨（columella）。

（四）肌肉系统

　　两栖类由水生变为陆生生活，身体和四肢的运动从单一游泳变得更加复杂，出现了屈背、扩胸、爬行及跳跃等不同形式的活动，因此与这些运动有关的肌节发生了愈合、移位和交错等现象，从而形成许多形状与功能各异的肌肉。主要是四肢肌肉发达，并且由复杂的各部肌肉构成，躯干肌肉更加特化，整个肌肉系统的分节现象已经消失（图 12-3）。

（五）消化系统

　　两栖类的消化道包括口、口咽腔、食道、胃、小肠、大肠和泄殖腔，以单一的泄殖孔通体外，消化腺包括肝和胰（图 12-4）。

　　两栖类的口腔结构比较复杂，除有牙齿和舌外，还有内鼻孔、耳咽管孔、喉门和食道等开口，分别与外界、中耳、呼吸道和消化道相通。青蛙在上颌边缘有排细齿，称上颌齿；另外在口腔顶壁犁骨上也有两簇细齿，称犁骨齿。两栖类的牙齿并无咀嚼机能，只有防止食物滑脱的作用。蛙的舌软厚而多肉，以前端固着于口腔底部，后端即舌尖，游离，有叉状切迹（蟾蜍不分叉），朝向咽部，能够自口腔翻出，黏住昆虫后，再回到口内（图 12-5）。舌的表面上有黏液腺和乳头状小突起。

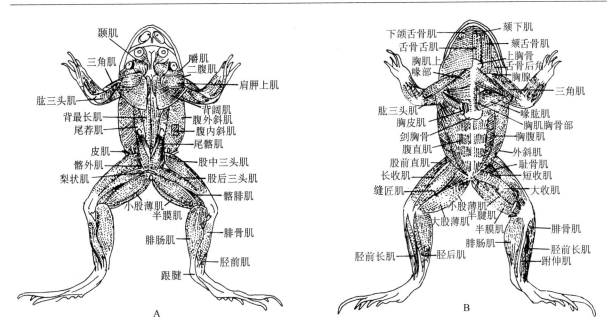

图 12-3　蛙的肌肉系统

A. 蛙的肌肉系统（背面观）　B. 蛙的肌肉系统（腹面观）

（仿王志清）

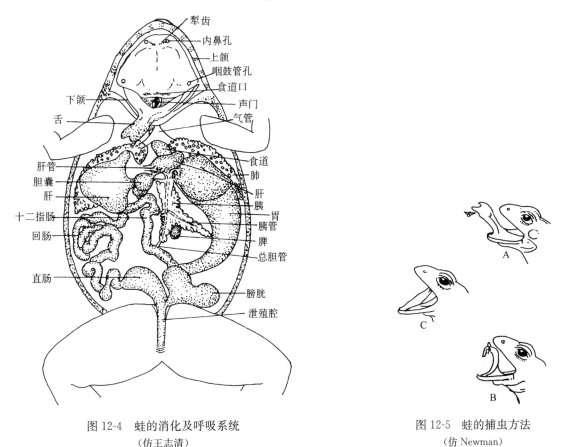

图 12-4　蛙的消化及呼吸系统

（仿王志清）

图 12-5　蛙的捕虫方法

（仿 Newman）

（六）呼吸系统

1. 呼吸器官　两栖类幼体用鳃呼吸，其血液循环与鱼类几乎完全相同，变态登陆后用肺呼吸。呼吸系统包括鼻、口腔、喉气管室和肺等（图 12-4）。绝大多数两栖类成体均用肺呼吸。肺位于心脏和肝的背侧，为 1 对中空半透明和富有弹性的薄囊状结构，肺内被网状隔膜分隔成许多小室，称肺泡

（alveolus），以此增大肺与空气的接触面积，肺泡壁密布着肺动脉和肺静脉的微血管，使气体交换在肺内得以顺利进行。

两栖类肺的结构比较简单，肺的摄氧不足须皮肤辅助呼吸，皮肤薄而湿润，而且在皮下分布着由肺皮动脉分出的皮动脉及肌皮静脉，通过这些皮下血管进行气体交换所得到的氧气，大约相当于肺获氧量的 2/5。

2. 呼吸方式　由于两栖类无肋骨和胸廓，故肺呼吸是采取吞咽式呼吸（图 12-6A、B、D）。首先张开鼻孔、降下口底以便将空气吸入口腔；然后外鼻孔的瓣膜关闭，同时口底上升，将空气从喉门压迫入肺内（类似我们吞咽食物）。进行完气体交换后，靠肺壁的弹性回缩，将空气呼出。

另一呼吸方式是鼻瓣张开和不断颤动口底和喉部，使气体出入口腔，但不入肺囊，仅在口腔进行气体交换（图 12-6C）。

两栖类有喉，但仅一部分无尾类有声带。喉部有 1 对杓状软骨（arytenoid cartilage）和 1 个环状软骨（crinoid）包成 1 个喉腔。声带是喉腔内的 1 对上皮膜，在空气急速出入时能振动发声。无尾类能发声的雄性还有声囊，可以伸缩起共鸣作用，雄性通过鸣叫来吸引雌性。无尾类是首先以喉发声的脊椎动物。

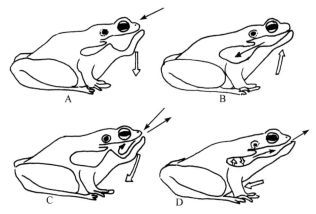

图 12-6　蛙的呼吸动作

A. 口底往下，鼻瓣开，空气从鼻瓣入口腔　B. 口底往上，鼻瓣关闭，把口腔空气压迫入肺
C. 由于口底轻微运动，口腔内空气不断流通　D. 通过体壁压缩和肺的收缩，呼出肺内空气

（仿 Hickman）

（七）循环系统

两栖类循环系统由鱼类的单循环发展为包括肺循环和体循环的双循环，但与其他陆生脊椎动物相比，两栖类的双循环是不完善的，在其不完善的双循环和体动脉中含有混合血液，是两栖类循环最显著的特征。循环系统包括血液循环系统和淋巴系统。

1. 血液循环系统　两栖类心脏由 2 个心房、1 个心室和 1 个静脉窦与 1 个动脉圆锥 4 部分组成。心室呈三角形，壁厚，内有肌质的柱状纵褶，心房位于心室之前，壁薄而色深，内腔被新发生的房间隔分成左、右心房。静脉窦是 1 个三角形的薄壁囊，位于心脏的前端背面，是 2 条前大静脉（precava）和 1 条后大静脉（postcava）内的血液流回心脏之前的汇合处。动脉圆锥自心室腹面的右侧发出，动脉圆锥的前段为腹大动脉，是动脉系统的起点，由此导出 3 对动脉弓，即颈动脉弓（carotid arch）、体动脉弓（systemic artery arch）和肺皮动脉弓（pulmo-cutaneousarch）（图 12-7）。

右心房以窦房孔与静脉窦相通，孔的前后各有 1 个瓣膜，心房收缩可引起 2 个瓣膜同时关闭，以防血液发生逆流，左心房的背壁有一孔与肺静脉（pulmonary vein）相通，在肺经气体交换后的多氧血即由此孔进入左心房。左、右两心房分别以房室孔与心室相通，孔的周围有房室瓣（或称三尖瓣），用于阻止血液的倒流。

蛙类血液循环路线可以简要地概括如下：

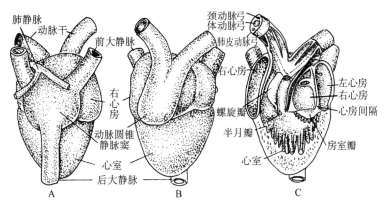

图 12-7 蛙的心脏
A. 背面观 B. 腹面观 C. 冠切面
（仿 Storer）

（1）体循环：血液从心室流入动脉圆锥，通过腹侧主动脉及第 1、第 2 对动脉弓至身体各部器官。身体后部的血液（静脉血）由 1 对肾门静脉通至肾，然后再由肾静脉汇入后腔静脉。内脏的血液收集到肝门静脉，通至肝，再由肝静脉汇入后腔静脉。身体前部的静脉血收集到前腔静脉。前腔静脉和后腔静脉通至静脉窦，再入心脏的右心房，称为体循环。

（2）肺循环：血液从腹侧主动脉分出的第 3 对动脉弓流入肺，再由肺静脉流入心脏的左心房，称为肺循环。

（3）血循方式：蛙类和爬行类的心室没有完全分隔成两室，在心室中为多氧血和缺氧血的混合血，肺循环和体循环没有完全分开，称为不完全的双循环（图 12-8）。

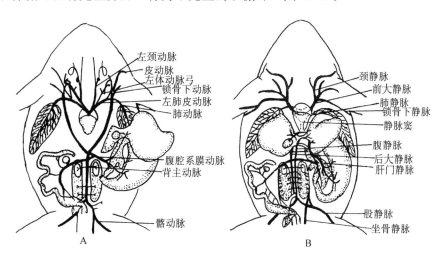

图 12-8 蛙的循环系统（腹面观）
A. 蛙的动脉系统 B. 蛙的静脉系统
（仿王志清）

2. 淋巴系统 从两栖类开始出现比较完整的淋巴系统，包括淋巴管、淋巴腔和淋巴心（lymph heart）等结构。淋巴管几乎遍布皮下，并扩展为淋巴腔隙，不具淋巴结，2 对淋巴心搏动以推动淋巴液回心脏。两栖类的淋巴系统与防止皮肤干燥和进行皮肤呼吸有关。

（八）排泄系统

两栖类的排泄器官主要是肾，大量尿液都是在肾内滤出。此外，还有皮肤和肺等。左右肾的外缘各连接 1 条输尿管，即中肾管，分别通入泄殖腔的背面。雄体肾的前部缩小并失去泌尿功能，由一些肾小管与精巢伸出的输精细管相连通，并借道输尿管运送精子，因此兼有输尿管和输精管的用途，称为输精尿管。雌体的肾及输尿管只有泌尿输尿作用，与生殖系统无任何关系。蛙蟾类泄殖腔腹面有膀胱（urinary bladder）的构造，是暂时储存尿液的器官。膀胱与输尿管并不直接相通，肾滤泌产生的尿液经输尿管先导入泄殖腔并倒流到膀胱里。当膀胱充满尿液后，由于膀胱受压收缩，以及伴随着泄殖孔的张开，才将尿液排出体外（图 12-9）。

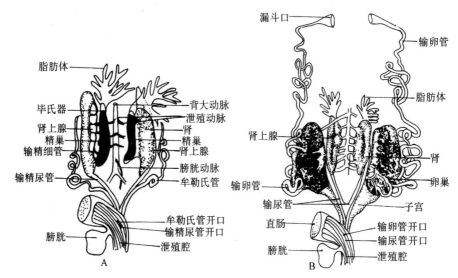

图 12-9　蟾蜍的泄殖系统
A. 雄蟾　B. 雌蟾
（仿黄正一）

（九）神经系统和感觉器官

两栖类的神经系统与鱼类比较接近，登陆后获得一定进步。

1. 脑　脑由 5 部分组成，仍在同一个平面上，但大脑体积比鱼类增大，大脑完全分成 2 个半球，顶部出现了零星的神经细胞，称为原脑皮（archipallium），机能与嗅觉有关（图 12-10）。

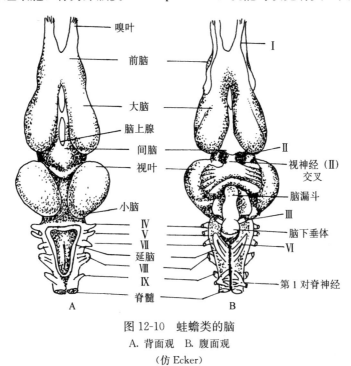

图 12-10　蛙蟾类的脑
A. 背面观　B. 腹面观
（仿 Ecker）

2. 视觉器官　两栖类的眼演化形成了防止干燥和保护眼的结构。如蛙的眼具眼睑、瞬膜和泪腺，以保护眼球；角膜圆凸，晶状体小而扁圆，以适应在空气中视物远近。蛙类视觉器官已具有陆生脊椎动物视觉的特征，适合于观察远距离或近距离的空中物体。牵引肌收缩使晶体向前，以调节焦距。这与高等脊椎动物通过调节晶体的形状以改变焦距的方法不同。

3. 听觉器官 首次出现了鼓膜和中耳，鼓膜位于体表，下面为中耳，具 1 枚耳柱骨，这是传导声波的部分。内耳除具平衡感觉外，还具有了感受声波并传递至脑的功能。

（十）生殖系统和生活史

雄性具 1 对精巢，有的呈卵圆形（蛙），有的呈长柱形（蟾），有的呈分叶状（蝾螈）。精液通过输精细管与肾前部的肾小管连通，然后借道输尿管入泄殖腔而排出体外，故名输精尿管。雌体有 1 对囊状结构的卵巢，囊内常含有许多圆形的卵，卵巢和卵的大小、颜色随季节及发育状况的不同而不同，蛙蟾类生殖腺的前方都有 1 对黄色的指状脂肪体，是供给生殖腺发育所需的营养结构（图 12-9）。

绝大多数的两栖类繁殖期都在春夏之际。中国林蛙于冰雪初融的 3 月开始抱对，抱对现象是蛙蟾类在产卵前必不可缺的繁殖行为。抱对可持续 6～8h，甚至长达 1d 或数天之久（图 12-11）。

现有两栖类多数种类卵生，体外受精，少数种类卵胎生。受精卵在水中发育，幼体经过变态发育为成体。如蛙类的受精卵先在水中孵化成蝌蚪，蝌蚪必须经过变态才能成为幼蛙。蝌蚪的变态一般都发生在自由生活 3 个月之后，变态期间蝌蚪体内、外出现的一系列变化，实际上是各种器官由适应水生转变为适应陆生的改造过程。最显著的外形变化是成对附肢的出现，两颌的角质喙及角质唇齿连同表皮一起脱落，蛙蟾类尾部的萎缩消失等（图 12-11）。

两栖类由于调温机制不完善，体温会随环境温度的变化而改变，当低温或夏季炎热时，大都进入冬眠或夏眠状态。

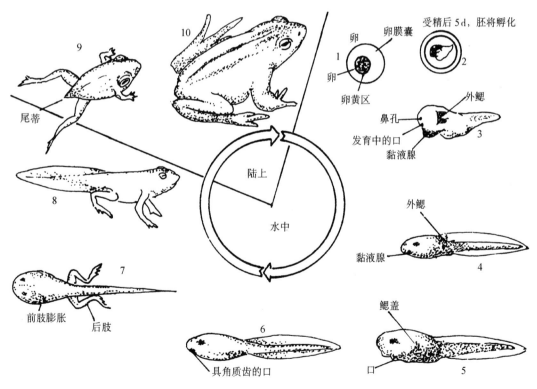

图 12-11 两栖类的胚胎发育和生活史
（仿黄正一，Halliday）

五、两栖纲分类

现存两栖纲动物约有 5 500 种，分为 3 目 34 科。我国产两栖纲动物 468 种（国内物种数据引自中国科学院昆明动物研究所数据），分属 3 目，代表着穴居、水生和陆生跳跃 3 种特化方向。

（一）无足目（Apoda）

又称蚓螈目（Caeciliformes）或裸蛇目（Gymnophiona），本目是两栖类中最低等的类群，营钻土穴居生活，全身裸露，体有皮肤褶皱形成的数百条覆瓦状环褶，身体细长，形似蚯蚓，四肢及带骨均退化，无尾或尾极短。体内受精，常卵生，但也有卵胎生。国内1种，即鱼螈（*Ichthyophis glutinosus*），于1974年在云南和1983年、1985年在广西发现。

（二）有尾目（Caudata）

又称蝾螈目（Salamandriformes），本目动物形似蜥蜴，四肢细弱，少数种类仅有前肢（鳗螈）。终生有发达的尾，皮肤光滑无鳞，上下颌均有细齿，有犁骨齿，椎体两凹椎，高等种类为后凹型。水栖或生活于湿地。本目有9科约500种，我国约有80种。代表的科、种如下（图12-12）：

1. 大鲵科（Cryptobranchidae） 又称隐鳃鲵科，全长50～200cm，是现存两栖纲动物中体型最大类群。口大、眼大，无眼睑，背部光滑，散有小疣粒，犁骨齿呈长弧形排列，靠近颌缘并与上颌齿平行，椎体双凹型。代表动物中国大鲵（*Andrias davidianus*）是仅产于我国的珍稀动物，民间俗称娃娃鱼，也是古老的两栖动物，是现存两栖类中个体最大的动物，最大个体可逾100kg，体长近2m。因体大肉鲜，又是一种名贵药用动物，常是各地滥捕的猎物对象，目前已处于濒危状态，已开展人工养殖。

2. 小鲵科（Hynobiidae） 体型较小，全长不超过300mm，躯干多成圆柱状，皮肤光滑，体侧有肋沟，犁骨齿成U形或排列成左右两短列，有眼睑，代表种如北极小鲵（*Hynobius keyserlingii*），主要分布于东北和内蒙古。

3. 蝾螈科（Salamandridae） 全长小于230mm，头和躯干略扁平，皮肤光滑或有裸疣，四肢较发达，具眼睑。成体用肺或皮肤呼吸，犁骨齿排列成"八"字形，椎体后凹型，体内受精。本科为有尾目中主要的一科，种类多。我国有18种。常见种类为南方的东方蝾螈（*Cynops orientalis*）及肥螈（*Pachytriton brevipes*）。

图 12-12　蝾螈目各科代表动物
A. 北极小鲵　B. 新疆北鲵　C. 山溪鲵　D. 细痣疣螈　E. 肥螈　F. 东方蝾螈
G. 泥螈　H. 洞螈　I. 两栖螈　J. 鳗螈　K. 多褶无肺螈
（仿赵肯堂）

（三）无尾目（Anura）

又称蛙形目（Raniformes），本目是两栖纲中结构最高等、种类最多和分布最广的类群。成体无尾、四肢发达，适于跳跃和游泳；皮肤裸露，富有皮肤腺；眼大，眼睑和瞬膜发达，下颌无齿，犁骨齿两簇或无犁骨齿；椎体前凹或后凹型，具尾杆骨；雄性具声囊，通常为体外受精，幼体以鳃呼吸，变态明显，成体水陆两栖生活。本目有 20 科 4 800 种，我国有 387 种，代表的科、种有（图 12-13）：

图 12-13　蛙形目各科代表动物
A. 东方铃蟾　B. 宽头大角蟾　C. 黑眶蟾蜍（左）；大蟾蜍（右）
D. 日本雨蛙　E. 中国林蛙　F. 虎纹蛙　G. 棘胸蛙　H. 高山蛙
I. 海蛙　J. 湖蛙　K. 绿臭蛙　L. 斑腿树蛙　M. 北方狭口蛙　N. 饰纹姬蛙
（仿叶晶媛，董谦）

1. 蟾蜍科（Bufonidae）　躯体粗短，背部皮肤极其粗糙，有耳后腺；上颌无齿，也无犁骨齿，肩带弧胸型，本科共有 13 属约 335 种，我国有 19 种。我国广泛分布的大蟾蜍（*Bufo bufo*），俗称"癞蛤蟆"，陆栖性强，白天多栖于石下、土穴、草内，夜晚外出捕食昆虫，为消灭害虫的能手，耳后腺和皮肤腺的白色分泌物可制成中药"蟾酥"。常见的有中华大蟾蜍（*Bufo gargarizans*）和黑眶蟾蜍（*B. melanostictus*）等。

2. 蛙科（Ranidae）　躯体一般较长，个体大小和色泽很不一致；前肢显著短小，后肢很发达，上颌均具齿，一般具犁骨齿，舌后端分叉或不分叉，能自由迅速地伸出，无肋骨，肩带固胸型，本科 40 属 613 种，我国有 118 种。

我国南北各省常见种类有黑斑蛙（*Rana nigromaculata*）、泽蛙（*R. limnocharis*）、中国林蛙（*R. temporaria*）等。中国林蛙在我国分布广，平时多栖息于阴湿的山坡树丛中，冬季群集河水深处的淤泥或石块下冬眠。东北地区产的又称哈士蟆，秋季捕获雌蛙，取其输卵管干制，就成为中药"哈士蟆油"。牛蛙（*R. catesbeiana*）体型特大，体重可达 0.5 kg 以上，雄蛙鸣声低沉如牛吼，产于北美洲，为世界上著名的食用蛙，目前已在国内各地区引入进行人工养殖。

还有盘舌蟾科（Discoglossidae）的东方铃蟾（*Bombina orientalis*）、雨蛙科（Hylidae）的中国雨

蛙（*Hyla chinensis*）、树蛙科（Rhacophoridae）的斑腿树蛙（*Rhacophorus leucomystax*）、姬蛙科（Microhylidae）的北方狭口蛙（*Kaloula borealis*）和锄足蟾科（Pelobatidae）的角蟾类等。

六、两栖类经济意义

两栖类动物与人类具有密切关系。绝大多数蛙蟾类生活于农田、耕地、森林和草地，捕食的对象中，常以严重危害作物的蝗虫、蚱蜢、黏虫、稻螟、松毛虫、甲虫、蝽象等所占的比例较高。据统计，平均每只黑斑蛙一天内捕昆虫 70 多只，一只泽蛙捕虫 50～270 只，两者全年的食虫数都超过万只，而一只大蟾蜍的灭虫量在 3 个月中就能达到这个数目。值得一提的是，两栖纲动物捕食的昆虫，常是许多食虫鸟类白天无法啄食到的害虫或不食的毒蛾等，因而是害虫的重要天敌之一。近年来，在害虫的综合防治中，生物防治显现出越来越明显的作用，福建省莆田县从 1974 年起在农田中开展了养蛙治虫工作，在每亩稻田中放蛙 60 只，便可大量捕食稻虫和螟虫，使防治枯心苗的效果达到 90.1%，比每亩稻田施农药的除虫效果 88.06% 更好。

可作药用的两栖类也很多。蟾蜍的毒液加工后制成我国传统的名贵药材——蟾酥，蟾酥是六神丸、喉症丸、疹药等数十种中药的主要原料，可以治疗疮、疔等外科疾病，并具有解毒、强心的功能。驰名中外的"安宫牛黄丸"和新生产的"蟾力苏"都是急救用的强心特效药。东北产的中国林蛙，其干制的输卵管（哈士蟆油）为著名的滋补强壮剂。蟾蜍和青蛙还是教学和科研的常用实验材料。

第二节　爬行纲（Reptilia）

两栖类对陆生生活的适应是初步的，因此两栖纲的种类多营两栖生活。在脊椎动物中由于两栖类独特的形态结构和生活机能，其种类和分布范围都受到了限制，两栖类对陆生生活的适应最终没能解决 3 个主要矛盾：防止体内水分的蒸发；保持体温；在陆上繁殖。在脊椎动物的进化过程中，在古生代石炭纪末期终于进化出一支古爬行类类群，它们解决了陆上繁殖的矛盾，是真正适应于陆生生活的变温脊椎动物，在身体结构和生理机能方面均适应了陆生生活的要求，并由此进化发展为鸟类和哺乳类。

一、爬行纲特征

1. 皮肤干燥，被有角质鳞片　皮肤缺少腺体，角质化程度高，是爬行类皮肤最大的特点。来源于皮肤的角质鳞片构成完整的鳞被，起到防止体内水分蒸发的作用。

2. 出现胸廓和肋间肌　爬行动物结束了皮肤辅助呼吸的局面，出现由胸椎、肋骨和胸骨组成的胸廓和肋间肌，完全用肺摄氧，从而发展出真正的胸腹式呼吸。

3. 血液循环仍属不完全双循环　心脏由 2 个心房、1 个心室组成，心室中出现了不完全的分隔，血液循环虽仍属不完全双循环，但多氧血与缺氧血较两栖类混合程度降低。

4. 五趾型附肢及带骨进一步发达和完善　指（趾）端具角质的爪，适于在陆地上爬行。

5. 脊柱分区明显，增强了头和躯体的运动能力　脊柱除加固外，分化更加完备，颈椎有寰椎、枢椎和普通颈椎的分化，躯椎有胸椎和腰椎的分化，荐椎数目加多。另外，爬行动物骨骼比较坚硬，骨化程度较高，硬骨的比重较大。

6. 体内受精，产羊膜卵　与鸟类、哺乳类成为脊椎动物中的羊膜动物，解决了陆上繁殖的重大问题。

二、羊膜卵结构及其在动物演化上的意义

爬行类和鸟类均为卵生羊膜类，产大型的羊膜卵（图 12-14）。卵外被有革质或石灰质的卵壳，

十分坚韧，上有气孔，起防止内容物流散、水分蒸发、机械损伤和气体交换的作用；卵内储备丰富的卵黄，保证胚胎在发育中有足够的营养。胚胎发育早期，形成 3 种重要胚膜，即胚体周围形成包被的羊膜（amnion）、绒毛膜（chorion），以及由胚胎消化道后端伸出的尿囊（allantois）。

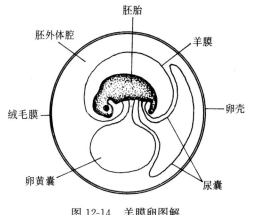

图 12-14　羊膜卵图解
（仿华中师范学院等）

胚胎在发育期间，发生羊膜、绒毛膜和尿囊膜等一系列胚膜是羊膜动物共有的特征，也是保证羊膜动物能在陆地上完成发育的重要适应。羊膜卵的胚胎发育到原肠期后，在胚体周围发生向上隆起的环状皱褶——羊膜绒毛膜褶，不断生长的环状皱褶由四周逐渐往中间聚拢，彼此愈合打通后成为围绕着整个胚胎的 2 层膜，即内层的羊膜和外层的绒毛膜，绒毛膜紧贴于卵壳内面，两者之间有一个宽大的胚外体腔（exocoelom）。羊膜内腔即羊膜腔，羊膜将胚胎包围在封闭的羊膜腔内，腔内充满羊水，胚胎得以在液体环境中发育，防止了干燥。胚胎在形成羊膜和绒毛膜的同时，还自消化道后部发生一个充当呼吸和排泄的器官，称为尿囊。尿囊外壁与绒毛膜紧贴，形成绒毛尿囊（chorio-allantois），其上富有血管，胚胎可以通过多孔的卵壳（卵膜）与外界进行气体交换。尿囊内的腔则储积胚胎新陈代谢所产生的废物（图 12-15）。

在脊椎动物从水生到陆生的漫长进化过程中，由两栖类产无羊膜卵到爬行类产羊膜卵是一个极其重要的飞跃。羊膜卵的结构及其发育特点，使羊膜动物彻底摆脱了它们在个体发育初期对水的依赖，使脊椎动物能在陆上繁殖，并在陆地上广泛分布。

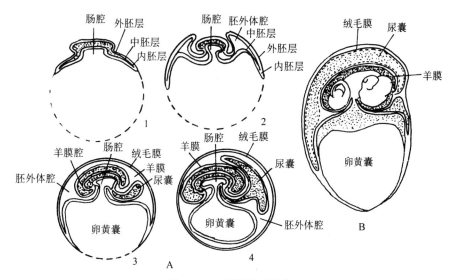

图 12-15　羊膜卵的发育
A. 羊膜动物胚膜发生各阶段　B. 发育中的蜥蜴
（仿 HayMOB）

三、爬行类躯体结构

（一）外形

爬行动物体表被有角质鳞片，外形差异显著，身体明显地分为头、颈、躯干和尾 4 个部分。四肢强健有力，前后肢均为 5 指（趾），末端具爪，善于攀爬、疾驰和挖掘活动。基本形态为蜥蜴型，特化形态有蛇型和龟鳖型，分别适于地栖、树栖、水栖和穴居等不同生活。

（二）皮肤

爬行类皮肤的特点是干燥和缺乏腺体，皮肤的角质层增厚，由表皮细胞角质化形成角质鳞片（图 12-16），可有效地防止体内水分蒸发。龟类具由表皮形成的角质盾片和来源于真皮的骨板；鳖类只有真皮骨板，外被皮肤；鳄类在背部具角质鳞和其下的真皮骨板。爬行类指（趾）端均具爪，爪由表皮角质层演变而来。蜥蜴和蛇的角质层随着生长而定期更换，即蜕皮。快速生长的蛇类两个月就蜕皮 1 次。龟鳖和鳄的各个鳞板依同心圆式生长，没有蜕皮现象。

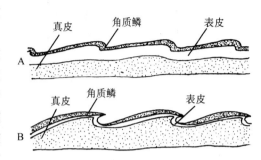

图 12-16　爬行类皮肤切面（示 2 种角质鳞）
A. 蜥蜴（似膜状）　B. 蛇类（似覆瓦状）
（仿华中师范学院等）

爬行类的真皮比较薄，其内富有色素细胞，可在外界光和温度等的作用下，通过神经和内分泌的调节改变体色，如避役（*Chamaeleon vulgaris*）能因外界刺激很快地改变体色，故有变色龙之称。

（三）骨骼系统

爬行类骨骼骨化程度高，软骨保留较少，骨骼各部发育良好，区分明显。

1. 头骨　同两栖类相比，爬行类脑腔扩大，说明上陆后脑量增大，头骨几乎全为硬骨，颅骨高而隆起，属高颅型。头骨具单一枕髁，与第 1 枚颈椎寰椎相连。出现了羊膜动物共有的次生硬腭（palatum durum）（图 12-17）。次生硬腭的出现使内鼻孔后移，出现明显的鼻腔，解决了吞咽食物与呼吸的矛盾。

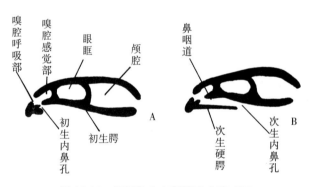

图 12-17　爬行类次生硬腭形成模式图
A. 两栖类的初生腭　B. 爬行类的次生腭
（仿华中师范学院等）

头骨两侧眼眶后面的 1 个或 2 个孔洞，称为颞窝（temporal fossa，又称颞孔），颞窝是爬行类头骨最重要的特点，它是爬行类分类的最重要的依据。颞窝的出现与咬肌（颞肌）的发达有密切关系，咬肌收缩时，其肌腹可从颞孔伸出，提高了爬行动物的咬合力。根据颞窝的有无和颞窝的位置，爬行类可分为 3 大类：

（1）无颞窝类：最原始的爬行类，如杯龙类。

（2）合颞窝类：头骨每侧只有 1 个颞窝，如古代兽齿类。

（3）双颞窝类：头骨每侧有 2 个颞窝，大多数古代爬行类和现存的多数爬行类属于此类型。

2. 脊椎　脊椎分化为颈椎、胸椎、腰椎、荐椎和尾椎。但爬行类颈椎数目多，除寰椎外，第 2 枚颈椎特化为枢椎，使爬行类头部的活动大大增强，荐椎数目也增多，与其腰带牢固连接在一起，大大加强了后肢负重的能力。颈椎、胸椎和腰椎两侧都附生发达的肋骨，每根肋骨一般由背段的硬骨和腹段的软骨组成，除龟鳖和蛇类外爬行动物前面一部分胸椎、肋骨与腹中线的胸骨连接成胸廓（throrax）。爬行类是脊椎动物中首次出现胸廓的，胸廓为羊膜动物所特有，是与保护内脏器官和加强呼吸作用的机能密切相关的。

3. 附肢骨骼 现存爬行类的附肢骨骼的结构一般都相当简单，骨化良好。附肢为典型的五趾型，指（趾）端具角质爪。肩带的软骨性硬骨，有典型的肩胛骨、乌喙骨和前乌喙骨；膜性硬骨通常有锁骨和"十"字形的上胸骨（又称锁间骨）。腰带与两栖类相似，包括髂骨、耻骨和坐骨。髂骨和荐椎相连，左右耻骨和坐骨在腹中线联合，形成闭锁式骨盆，成为支持后肢的坚强支架（图 12-18）。

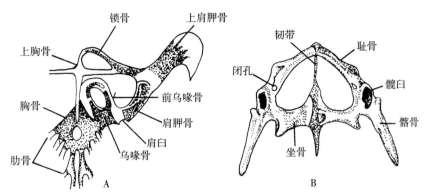

图 12-18 蜥蜴的肩带和腰带
A. 蜥蜴的肩带 B. 蜥蜴的腰带
（仿华中师范学院等）

（四）肌肉

爬行类的肌肉比两栖动物进一步复杂化，由于五趾型四肢的发达，颈部的发达及脊柱的加强，躯干肌更趋复杂化，特别是发展了陆栖动物所特有的肋间肌和皮肤肌。

始于颞部及上颌后部、止于下颌的颞肌和咬肌，是爬行类的闭口肌，由于颞孔的出现使爬行动物颌器的咬切力及碾压力大为增强。

（五）消化系统

爬行类的消化系统，主要体现在口腔中齿、舌和口腺等结构进一步复杂化，爬行类的牙齿着生在上下颌缘，也有生于腭骨和翼骨上的，经常脱落更换。龟与鳖不具牙齿，而代以角质鞘。牙齿依着生位置的不同分为 3 种类型：端生齿，着生在颌骨的顶面，如蛇；侧生齿，着生在颌骨的边缘内侧，如蜥蜴；槽生齿，着生在颌骨的齿槽内，如鳄。其中以槽生齿最为牢固，哺乳类的牙齿也属此种类型。

毒蛇在其上颌的牙齿中，一般有 2 个牙齿变形成为具有沟或管的毒牙（fang），称为沟牙或管牙。毒牙的基部通过导管与毒腺相连，咬噬时引毒液进入伤口。毒牙后面常有后备齿，当前面的毒牙失掉时，后备齿就递补上去。闭口时，毒齿向后倒卧；咬噬时，由特殊的肌肉收缩，拉之竖立。

口腔底部有发达的肉质舌，有些种类（如避役）舌极发达，捕虫时迅速伸出，长度为体长 1/2 以上。口腔腺发达，其分泌物用以湿润食物，辅助黏捕昆虫。在爬行类消化道中开始出现盲肠，植食性的陆生龟类盲肠十分发达。

（六）呼吸系统

爬行类结束了皮肤呼吸，开始了真正的肺呼吸，肺的结构和功能均进一步复杂和完善。肺形似囊状，肺的内壁有更复杂的小隔壁，内腔变得很狭小而近似海绵状，气体交换面积加大。爬行类除保留两栖类的吞咽式呼吸外，由于有了胸廓，因而靠肋间肌和腹壁肌的活动发展了胸腹式呼吸。其呼吸道有了明显的气管和支气管的分化，支气管是从爬行类开始出现的。

（七）循环系统

爬行动物的循环仍属不完全的双循环，但比两栖类有较大改进，心脏内的动脉血和静脉血的混合程度已大为降低，因而循环效率较两栖类高。

心脏包括 2 个心房、1 个心室和退化的静脉窦。动脉圆锥已退化不见，爬行类除心房具完全的分隔外，心室也出现了不完全的室间隔（图 12-19）。室间隔由心室腹壁向前长出，但不完全，心室的左右两部分之间仍有相通的地方，心室和血管内的多氧血与缺氧血是相混合的。

血液循环：爬行类的动脉弓在两栖类的基础上进一步发展，相当于原始状态的动脉圆锥和腹大动脉被裂为 3 条由心室发出的独立血管——动脉弓。从动脉弓的演化来看，这一步非常重要，因为这 3 条由心脏发出的动脉弓对血液的分配已接近于高等羊膜动物。从含有静脉血的心室右部发出肺动脉弓，它很快分成左、右肺动脉分别进入左、右肺；从含有动脉血的心室左部发出 1 条右体动脉弓，它在心脏的出口处分为颈动脉和锁骨下动脉，再绕过心脏的右边转向体后；从含混合血的心脏中部发出 1 条左体动脉弓，它绕过心脏的左边向后而与右体动脉弓汇合形成背大动脉。当心脏收缩时，来自静脉窦经右心房至右侧心室的静脉血，经右侧的肺动脉弓流入肺内；来自肺静脉回心的动脉血，经左心房至左侧心室，再经右体动脉弓输送，并首先进入颈动脉，分别供应头部和前肢，然后沿背大动脉后行；心室中部的混合血进入左体动脉弓后行流入背大动脉（图 12-20）。

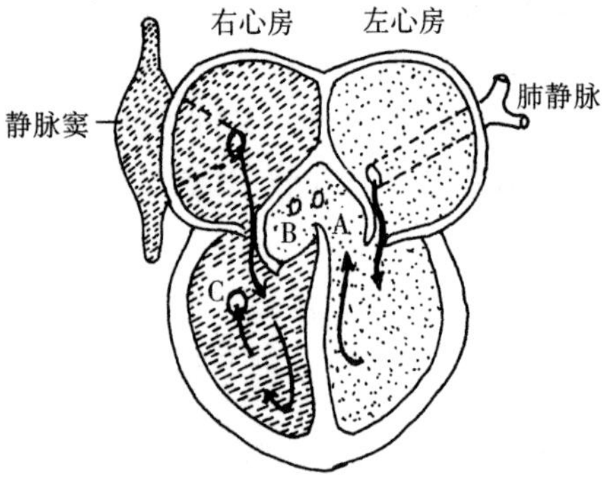

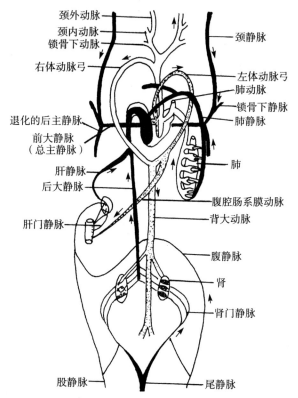

图 12-19　龟的心脏示血液循环
A、B. 左右体动脉弓的入口　C. 肺动脉弓的入口
（仿杨安峰）

（八）排泄系统

与一般羊膜动物一样，爬行类胚胎经历了前肾（pronephros）和中肾（mesonephros）阶段，成体的肾属于后肾（metanephros），位于腹腔的后半部，一般局限在腰区。它们的体积通常不大，表面多是分叶的。肾的形状和排列因动物的体形不同而异，如蛇的肾很长，呈明显的分叶，1 对肾不是排列在左右两侧，而是一前一后。输尿管末端开口于泄殖腔。

（九）神经系统

爬行动物脑的各部已经不完全排列在同一平面

图 12-20　爬行类循环系统模式图
（仿华中师范学院等）

上。延脑发达发展出颈曲，大脑半球体积明显增大；大脑顶皮开始出现锥体细胞（pyramidal cell）并聚集成神经细胞层，构成新脑皮（neopalliam），即大脑皮层。

爬行类的感觉器与两栖类相比有较大进步。爬行类的鼻腔内首次出现了鼻甲骨（conchae），其上覆有嗅上皮，分布着嗅神经和嗅觉细胞，是真正的嗅觉区。

爬行动物视觉器官有活动性的上下眼睑、瞬膜和真正的泪腺，具睫状肌，以改变晶状体凸度来调节焦距，可以观察远近的不同的物体，这有利于动物在陆地环境中的生活。蛇眼表面盖有一层透明膜，有保护眼球的作用。爬行动物的听觉器官具有内耳、中耳及短的外耳。中耳有鼓膜、听小骨（镫骨）和欧氏管。内耳的耳蜗较长，椭圆窗下出现覆盖着薄膜的正圆窗。这使耳蜗内的内淋巴液的流动有了回旋余地，能更好地将鼓膜传来的声波通过镫骨传入膜迷路。爬行类和鸟类鼓膜下陷而出现了锥形的外耳道，这对于保护鼓膜是有利的。

（十）生殖系统

爬行动物营体内受精，绝大多数雄性均有交配器——阴茎，雌性输卵管不同区域有了功能分化，绝大多数爬行动物以卵生方式繁殖，产卵于环境之中，主要依靠阳光的热量，有时还有植物腐败发酵产生的热量进行孵化。有些古北界高纬度高海拔地区的蛇和蜥蜴，以及海蛇类营卵胎生（ovoviviparity），受精卵在输卵管内发育成幼体产出。少数种类还出现了介于卵生和卵胎生之间的一种过渡类型，称为亚卵胎生，即受精卵在母体的输卵管内已初步发育，胚胎进入器官形成阶段后产卵。

四、爬行纲分类

根据 2018 年的爬行类数据库（Reptile Database，http://www.reptile-database.org）统计，世界爬行动物有 10 711 种（截至 2018 年 2 月 28 日，一般的教科书记录有 7 200 多种），中国共有爬行类物种 514 种。爬行类分目和主要科及代表种分述如下：

（一）喙头目（Rhynchocephalia）

本目是爬行动物中古老的类群之一，仅见于新西兰柯克海峡的一些小海岛上，只有 1 种楔齿蜥（*Sphenodon punctatum*，又称喙头蜥）（图 12-21）。具有一系列古爬行类特征，有"活化石"之称，数量很少，已濒临绝灭。体长 50～76cm，体形似蜥蜴，头前端呈鸟喙状，椎体双凹型，具脊索，牙齿为端生齿，头骨具完整的双颞窝，方骨固着在颅骨上，不能活动。雄性无交配器，不具中耳腔和鼓膜。

图 12-21　楔齿蜥
（仿杨安峰）

（二）龟鳖目（Chelonia）

本目是爬行类中特化的类群。身体明显地分为头、颈、躯干、尾和四肢。躯干被包含在坚固的骨质硬壳内，硬壳由背甲和腹甲组成，外覆角质板或厚的软皮。无胸骨；躯干部的椎骨和肋骨与背甲的骨板愈合。上下颌无齿，卵生，卵外被有石灰质或革质的卵壳，分布于温带和热带地区。陆栖或水栖，每年产卵 2～3 次，一次产卵量从几十枚到 200 枚以上不等，寿命长，有的种类（巨龟和海龟）寿命可达 150～250 年。我国约 40 种。

1. 平胸龟科（Platysternidae）　俗称大头龟或鹰嘴龟。尾长约与腹甲长相等，头、四肢及尾不能缩入龟壳内。只有 1 种，即平胸龟（*Platysternon megacephalum*）。

2. 龟科（Testudinidae）　是本目中最大的一科。背甲与腹甲直接相连，颈部、尾部和四肢均可缩入甲中，附肢粗壮，爪钝而强，指、趾间有蹼或无蹼，常见种类为乌龟（*Chinemys reevesii*），又名金龟（图 12-22），体型不大，头顶前面平滑，后面呈细颗粒状，背甲上具 3 条纵向的棱嵴，生活于河流、池塘或稻田中，杂食性，是我国最常见的龟类。

3. 海龟科（Cheloniidae）　背甲扁平，略呈心脏形，背腹甲之间借韧带相连。头、颈和四肢不能缩入壳内，四肢桨状。生活于暖水性海洋，以鱼、乌贼等头足纲、虾等甲壳类动物、水母和海藻为食，我国产 4 种，以玳瑁（*Eretmochelys imbricata*）和海龟（*Chelonia mydas*）为代表。

海龟体长 1m，重 300～400kg，上颌前端不成钩曲，下颌边缘有锯齿状缺刻，前肢长而后肢较短（图 12-23）。

图 12-22　乌　龟
（仿丁汉波）

4. 棱皮龟科（Dermochelyidae）　棱皮龟科是现存最大的龟类，背甲最大，长度可超过 2m，重可达 800kg。背甲由几百枚多边形的小骨板镶嵌而成，外覆革质皮肤。背甲上有 7 条纵棱，全部纵棱在体后汇合成 1 个尖形的末端，四肢桨状，无爪，可持久而迅速地在海洋中游泳。只有 1 种，即棱皮龟（*Dermochelys coriacea*）（图 12-24）。生活于热带海洋，见于我国东海及南海，十分珍稀。棱皮龟的视力不好，因此它们常常把海面漂浮的塑料袋或其他人类制造的白色垃圾当作水母吃掉，进而造成肠道阻塞，结果导致死亡。

图 12-23　海　龟
（仿丁汉波）

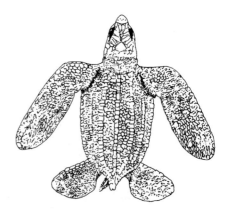

图 12-24　棱皮龟
（仿丁汉波）

5. 鳖科（Trionychidae）　中小型淡水龟类，背腹甲骨质，背甲边缘为厚实的结缔组织，俗称裙边。吻端尖出成可动的吻突，四肢不能缩入壳内。指、趾间的蹼大，内侧 3 指（趾）具爪，约有 20 种，我国 4～5 种。

中华鳖（*Pelodiscus sinensis*）（图 12-25）俗称甲鱼或团鱼。生活于河流湖泊中，取食各种水生动物，咽部具有适于在水中交换气体的辅助呼吸器官，因此可在水底潜伏长达 10 余小时。遍布全国各地。

（三）蜥蜴目（Lacertiformes）

蜥蜴目是爬行类中种类最多的一个类群，现有种类约 3 800 种，我国有 150 余种。中小型爬行动物，躯体各部区分明显，有发达的颈部，尾部细长，体被角质鳞，四肢发达，5 指（趾）末端有爪，左右下颌以骨缝相连（图 12-26）。

图 12-25　中华鳖
（仿丁汉波）

1. 蜥蜴科（Lacertidae）　躯体一般细长，尾细长而易断，也易再生。腹鳞方形，较大，纵横成行排列。常见种类如草蜥（*Takydromus septentrionalis*）和丽斑麻蜥（*Eremias argus*）。

2. 壁虎科（Gekkonidae）　体被粒鳞，眼大，无活动性眼睑，瞳孔竖立，有攀缘能力，指（趾）端带有扩大成吸盘状的指垫。我国常见种类如无蹼壁虎（*Gekko swinhonis*）和多疣壁虎（*G. japonicus*）。

3. 石龙子科（Scincidae）　全身被覆瓦状圆鳞，角质鳞下具有真皮性骨板，尾粗圆，有自残能力，卵生或卵胎生，如中国石龙子（蓝尾石龙子）（*Eumeces chinensis*），我国南方常见。

（四）蛇目（Serpentiformes）

本目是一支特化的爬行动物，与蜥蜴的亲缘关系密切。体呈圆筒形，四肢退化，不具带骨及胸骨，颈部明显，眼睑不能动，左右下颌骨前端以韧带相连，方骨可以活动，故蛇口能张大到 130°。全世界约 3 200 种，我国约 200 多种，其中毒蛇约 50 种。

1. 蟒蛇科（Boidae）　本科是现存最大的无毒蛇目种类，最大体长可达 10m 以上。身体背部的鳞片小而光滑，腹面鳞片大而宽，瞳孔竖立，上下颌全具齿，具后肢的残余。地栖或树栖，尾的缠绕性很强，善于攀缘在树上，主要以鸟类和哺乳类等恒温动物为食，甚至能吞食体重达 20～

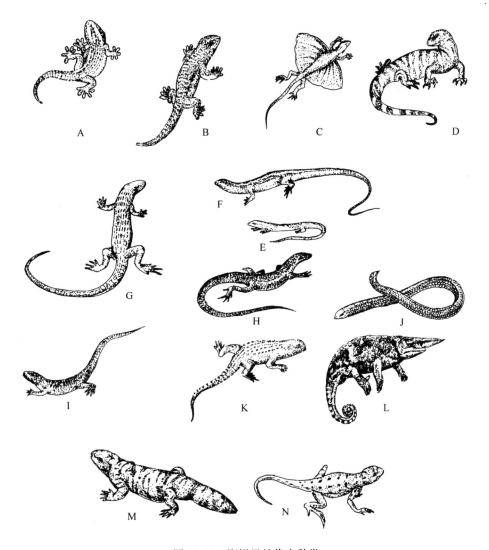

图 12-26　蜥蜴目的代表种类

A. 多疣壁虎　B. 大壁虎　C. 斑飞蜥　D. 巨蜥　E. 滑蜥　F. 中国石龙子　G. 胎生蜥蜴
H. 丽斑麻蜥　I. 北草蜥　J. 蛇蜥　K. 鳄蜥　L. 三角避役　M. 短尾毒蜥　N. 草原沙蜥
（仿刘凌云）

30kg 的麂、鹿和山羊。分布于东西半球的热带和亚热带地区。我国的代表种如蟒（*Python molurus*）（图 12-27）。

2. 游蛇科（Colubridae）　本科为蛇类中最大的一科，其种类占现存生活蛇类的 2/3；陆栖、树栖、水栖；无退化的后肢痕迹，背鳞小，上、下颌具齿；卵生或卵胎生，分布于全球，我国产 140 多种，常见如黄脊游蛇（*Coluber spinalis*）和赤链蛇（*Dinodon rufozonatum*）等。

3. 眼镜蛇科（Elapidae）　上、下颌均具齿，沟牙短，头椭圆形，有毒，毒液多为神经毒。全世界的毒蛇种类有 1/2 以上属此科，180 余种，我国产 9 种，如眼镜蛇（*Naja naja*）、银环蛇（*Bungarus multicinctus*）体表具黑色和白色相间的环纹，金环蛇（*B. fasciatus*）体表具黑色和黄色的环纹（图 12-28）。

4. 蝰科（Viperidae）　上颌骨宽短，居直立位置，前面具 1 对大型弯曲的管牙及若干后备毒牙，全是毒蛇，毒液为血循毒，如蝮蛇（*Agkistrodon halys*）头略呈三角形，颈部明显，有颊窝（图 12-

图 12-27　蟒　蛇
（仿杨安峰）

29)，还有五步蛇（尖吻蝮）（*A. acutus*）、烙铁头（*Trimeresurus Jerdonii*）等。分为蝰亚科和蝮亚科。

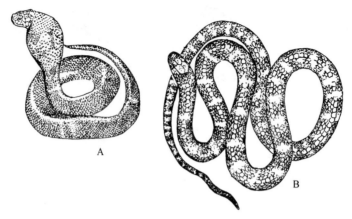

图 12-28　眼镜蛇和银环蛇
A. 眼镜蛇　B. 银环蛇
（仿丁汉波）

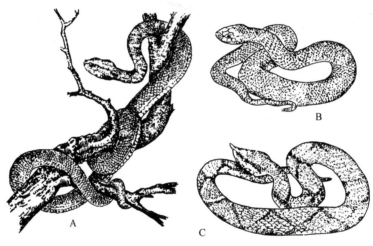

图 12-29　蝰科蛇类
A. 竹叶青　B. 蝮蛇　C. 五步蛇
（仿丁汉波）

（五）鳄目（Crocodiliformes）

　　本目是现代爬行类中结构最高等的类群。身体分为明显的头、颈、躯干、尾及四肢 5 个部分。具有 2 个完全隔开的心室，头骨有发达的次生腭，内鼻孔后移使鼻腔和口腔完全分开。两颌具槽生齿，这是爬行类中的特殊结构。具有将胸腔和腹腔分隔开的膈，腹壁内有游离的腹膜。体被大型坚甲，水生，为卵生。约有 20 种。我国仅有扬子鳄（*Alligator sinensis*）（图 12-30），且是特产动物，又名鼍，分布于长江中下游地区，属珍稀濒危动物，为我国一级重点保护野生动物。扬子鳄保护和发展工程是著名的七大濒危野生动物保护工程之一，目前成功解决了扬子鳄的驯养和繁育等技术难题且放归野外试验取得了重大突破。

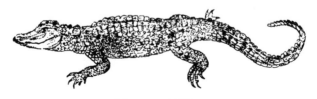

图 12-30　扬子鳄
（仿华中师范学院等）

五、爬行类经济意义

1. 爬行类的有益方面　许多爬行动物在自然生态系统中处于次级消费者的地位。蜥蜴和蛇类可大量摄食昆虫和鼠类。一方面对减少农业害虫的危害起作用；另一方面在生态系统的食物和能量流转中起重要作用。在医药方面蛇肉、蛇胆、蛇蜕、蛇毒、蛤蚧（即大壁虎）、龟甲、鳖甲都可入药。毒蛇分泌的毒液有重要的医疗价值。关于蛇毒的研究目前已发展成为生物科学研究中一个兴旺的分支学科，其研究涉及医学、生物学和分子生物学，有重要的理论和实践意义。我国的蛇毒研究，在20世纪50—60年代以总结民间传统蛇药，试制抗蛇毒血清为主；至20世纪70年代进行蛇毒生化和蛇毒综合利用研究；近年来，用纯化眼镜蛇的蛇毒神经毒素制成镇痛药物，对于减轻晚期转移癌痛、三叉神经和坐骨神经痛、风湿性关节痛、脊髓痨危象、带状疱疹等病人的剧痛都有明显的效果。用蛇毒酶治疗癌症也收到了一定疗效。蝰蛇蛇毒有较强的凝血性，对于机体缺乏凝血的血友病患者，可用于其出血性疾病的局部止血。我国学者从蝮蛇蛇毒中提取的抗栓酶，在临床已用于脑血栓、血栓闭塞性脉管炎、冠心病的治疗。

在工艺用品方面，蛇皮的皮质轻薄，富有韧性，花纹美观，不但可以制作皮革、皮带、皮鞋、提包、钱袋等工艺品，蟒皮还是弦乐乐器不可缺少的原料。玳瑁、海龟的鳞板可制成高级的工艺品。近年来，随着仿生学的发展，人们把对动物的定向和导航的研究应用到改善航空和航海仪器方面。蝮亚科蛇类的颊窝是一个极为灵敏的热测位器，对它的研究已经应用到红外探测仪上。海龟的精确导航机制是仿生学的研究课题之一。

2. 爬行类的有害方面　爬行类对人类造成的危害主要是毒蛇对人畜的伤害。全世界有近600种毒蛇，我国有50种左右，其中剧毒种类10种，如蝮蛇、五步蛇、金环蛇、银环蛇和眼镜蛇等。毒蛇的头形和体形多种多样，但一般在野外对于头部呈三角形、颈部显著、躯体较粗短、尾部骤然变细的种类应提高警惕。

蛇毒是一种复杂的蛋白质，进入体内后能随循环而逐步扩散，引起中毒。蛇毒一般分神经毒和血循毒两类，前者引起肌肉无力，神志昏迷，最后导致呼吸肌麻痹而死。眼镜蛇科的蛇类以神经毒为主。血循毒则引起伤口剧痛、水肿，渐至皮下出现紫斑，最后导致心脏衰竭而死。蝮亚科的蛇类均以血循毒为主。

▌本章小结▐

在脊椎动物的进化过程中，由水生到陆生是一个巨大的飞跃，陆上的生活条件远比水里要多样化，这使动物有了向更高级和更多方面发展的可能性。两栖类是脊椎动物中首先登上陆地生活的类群，是由水生到陆生的过渡类群。

现存的两栖类，从身体结构和生理功能上都发生了一系列重大的变化与适应进化。包括成体肺呼吸，呼吸方式为吞咽式；具典型的五趾型四肢；脊柱分化出颈椎和荐椎；心房出现一定的分隔，血液循环为不完全的双循环；皮肤裸露富于腺体，具辅助呼吸功能；大脑完全分成两个半球，视觉和听觉的形成有利于它们的陆生生活等。但它们仍不能脱离水环境生活，大多数两栖类都必须返回到水里产卵，它们的幼体类似于鱼类，经过变态才能发育为成体。

现存两栖类分为无足目、有尾目和无尾目3大类。无足目是两栖类中最低等的类群，外形似蚯蚓，四肢及带骨均退化，无尾或尾极短。有尾目四肢细弱，终生有发达的尾。无尾目是两栖纲中结构最高等、种类最多和分布最广的类群。四肢发达适于跳跃运动。成体肺呼吸但需皮肤辅助呼吸，大脑所有区域都比鱼类发育完善，一些无尾目动物能分泌有毒的刺激物，雄性具声囊。通常为体外受精，受精卵孵化成蝌蚪再经过变态发育成成体。

爬行类是古生代石炭纪末期由古两栖类进化而来的，它们是真正适应于陆生生活的变温脊椎动物。在躯体结构上进一步适应陆地生活，如皮肤干燥，体被角质鳞或骨板，具有胸廓和真正的肺循环，指（趾）端具爪，颈椎和荐椎数目增多，心室出现不完全的分隔等。

爬行类最重要的特征是在繁殖方面脱离了水的束缚，雄性具有交配器官，产生羊膜卵，卵外包被有坚韧的外壳卵膜可防止水分蒸发和机械损伤，卵内储备丰富的卵黄可为胚胎发育提供营养，羊膜卵的出现使得胚胎能在陆地的干燥环境下发育。此外，爬行类通过体内受精和更完善的循环、呼吸、排泄和神经系统，成为真正的陆生动物。

爬行动物共分为 5 大类，即喙头目、龟鳖目、蜥蜴目、蛇目和鳄目。喙头目是爬行动物中最古老的类群之一，还保留有脊索等原始特点。龟鳖目是现存爬行类中特化的类群，躯干被包含在坚固的骨质硬壳内，无胸骨、肋骨，卵生，寿命长。蜥蜴目是爬行类中种类最多的一个类群，躯体各部区分明显，有发达的颈部，四肢发达，尾部细长，部分种类的尾断后可再生。蛇目是一支特化的爬行动物，体呈圆筒形，四肢退化，带骨和胸骨退化，方骨可以活动，能吞食较大的猎物，很多种类有毒。鳄目是现代爬行类中结构最高等的类群。具有 2 个完全隔开的心室，头骨有发达的次生腭，两颌具槽生齿，具有将胸腔和腹腔分隔开的膈。

思考题

1. 脊椎动物由水生过渡到陆生所面临的主要矛盾是什么？
2. 从水生生活过渡到陆生生活，两栖类的外形特点发生了哪些适应性变化？
3. 比较两栖类和爬行类的皮肤及骨骼系统，说明从水生过渡到陆生过程中皮肤和骨骼系统结构及功能的进化趋势。
4. 以蛙为例，说明两栖类血液循环系统的结构和功能。
5. 比较两栖类 3 个目的特点，并列举出代表动物。
6. 爬行类有哪些主要特征？
7. 阐述羊膜卵的结构特点及在脊椎动物演化史上的意义。
8. 列举 5 种首次出现在爬行动物的身体构造，说明它们各自的生物学意义。
9. 爬行类分为哪几个目？简述各目的主要特点及代表动物。
10. 试说明两栖类和爬行类的经济意义。

第十三章

鸟纲（Aves）

内容提要

　　本章介绍了鸟类进步特征、恒温的概念以及恒温在脊椎动物进化史上的意义；通过对鸟类躯体结构的描述，说明了鸟类适应飞行生活的特征；在分类方面，简要介绍古鸟亚纲始祖鸟的特征，重点介绍今鸟亚纲现存鸟类的 6 个生态类群、分类，并对我国鸟类保护现状做了简要地介绍，附录了我国鸟类的特有种。

第一节　鸟类的进步性

一、鸟类进步特征

　　鸟类是体被羽毛，有翼、恒温和卵生的高等脊椎动物。因鸟纲和爬行纲亲缘关系很近，国外有不少学者认为鸟类是会飞翔的恐龙，因此将鸟类纳入爬行纲，作为其中一个类群。

　　鸟类在以下几个方面体现了其高等进步性：

　　1. 具有高而恒定的体温（为 37.0～44.6℃）　减少了对环境的依赖性。

　　2. 具有迅速飞翔的能力　能主动迁徙来适应多变的环境。

　　3. 具有发达的神经系统和感官，以及与此相联系的各种复杂行为　能更好地协调体内外环境的统一。

　　4. 具有较完善的繁殖方式和行为（营巢、孵卵和育雏）　保证了后代有较高的成活率。

二、恒温及其意义

　　动物界中的所有类群，只有鸟类和哺乳类是恒温动物（homothermal animal）。动物获得了恒温这种生理机制，是动物界在历史演化过程中一个极为进步的重要事件。恒温的获得使动物体从新陈代谢、生态适应、遗传变异及其躯体各器官系统的全面进化、协调完善都达到了一个空前的进步水平。

　　所谓恒温就是动物体具有较高而稳定的新陈代谢水平和调节产热、散热的能力，从而使体温保持在相对恒定的、稍高于环境温度的水平。

　　鸟类和哺乳类获得了恒温的机制，从而具备以下几个方面的进步性：

　　1. 恒温促使新陈代谢水平的极大提高　高而恒定的体温对体内各种酶的活动起到了极大的促进作用，使得体内参加各种生理生化反应的千余种酶所进行的催化反应达到了最大的化学协调。据测定，恒温动物的基础代谢率至少是变温动物的 6 倍。

　　2. 恒温动物肌肉细胞的舒缩速度快　在高温下神经和肌肉细胞对于刺激的反应迅速而持久，大大提高了恒温动物的快速运动能力，对于捕食、避敌都起到积极的作用。

　　3. 恒温减少了环境对动物的制约　恒温动物扩大了生活和分布的范围，特别是能够在温度很低的严寒地区生活。同时，也获得了在夜间积极活动的能力。这也正是现存鸟类和哺乳类为地球上分布最广的脊椎动物的原因之一。

　　4. 恒温机制是恒温动物躯体全面进化的产物　恒温是动物体新陈代谢中的一种产热和散热过程

的动态平衡，这与它们具有高度发达的神经系统密切相关，丘脑下部有体温调节中枢，通过神经和内分泌的活动来完成协调。

产热的生物化学机制是：脊椎动物的甲状腺素（thyroxine）作用于肌肉、肝和肾，激活了与细胞膜相结合的 ATP（三磷酸腺苷）酶，使 ATP 分解而释放出热量。鸟兽均有保温的结构，即羽毛和毛，散热有多种途径，常见的如鸟类支起羽毛散热，飞行时通过气囊散热，哺乳动物通过汗腺散热。

第二节　鸟类躯体结构及其对飞行生活的适应
一、外　形

鸟类的躯体分为头、颈、躯干、翅和腿 5 个部分（图 13-1）。现代鸟类的口内无齿，嘴特化为喙（bill），是啄食器官，其形状由于生活环境和食性不同而各种各样（图 13-2），是鸟类分类的重要依据之一。鸟类的眼大而圆，着生在头的两侧，具眼睑及活动的瞬膜，有保护眼球的作用。颈部细长，活动灵活，身体呈纺锤形，具流线型的外廓，有利于飞行。尾部短小，末端着生扇状的尾羽（tail feather），飞行时起平衡作用。鸟类的四肢属五趾型，但前肢变为翼（wing），具飞羽（remiges），扇动空气，获得升力和推力；后肢的足通常 4 趾（第 5 趾退化），趾端具角质爪，多数足 3 趾向前，1 趾（拇趾）向后，但鸟类足也有不同类型，有的具蹼，这也是鸟类分类的主要依据之一（图 13-3）。

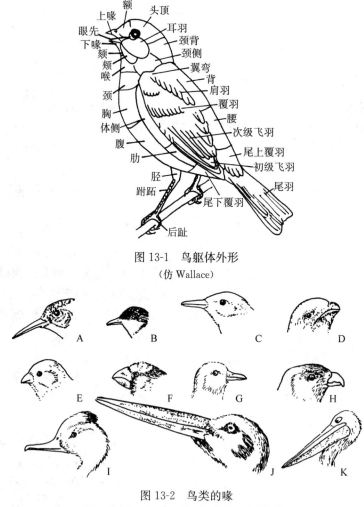

图 13-1　鸟躯体外形
（仿 Wallace）

图 13-2　鸟类的喙
A. 旋木雀　B. 鸭　C. 鹆　D. 雨燕　E. 鸫
F. 锡嘴雀　G. 斑鸠　H. 隼　I. 秋沙鸭　J. 鹤　K. 鹈鹕
（仿华中师范学院等）

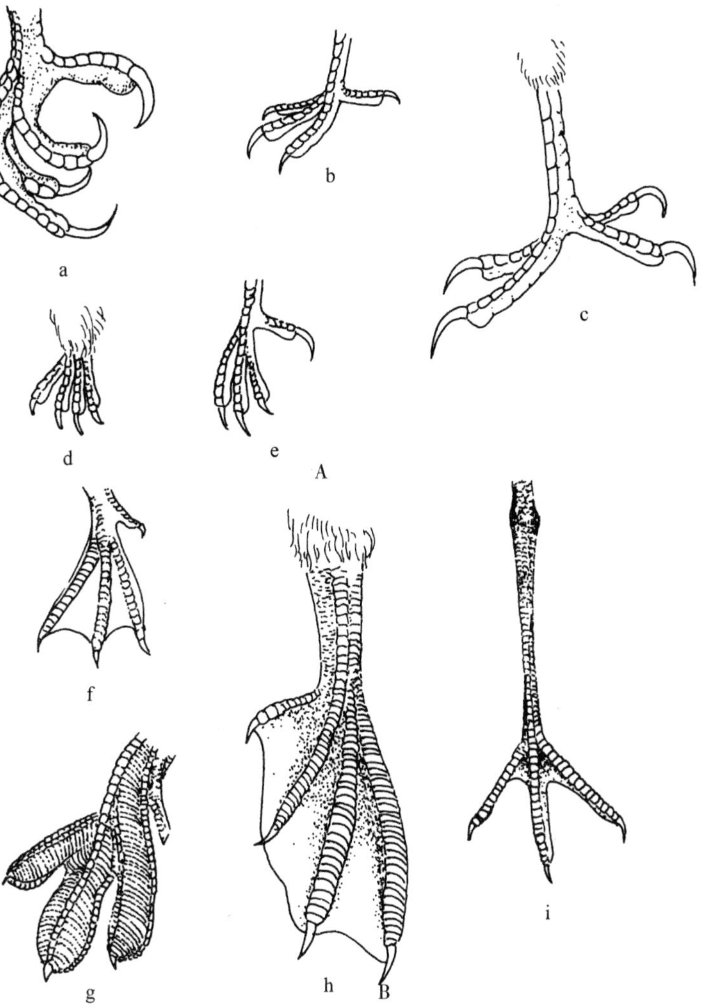

图 13-3　鸟类的足

A. 足型　a、b. 不等趾型（鹰、麻雀）　c. 对趾型（啄木鸟）　d. 前趾型（雨燕）　e. 并趾型（翠鸟）

B. 蹼型　f. 凹蹼足（燕鸥）　g. 瓣蹼足（䴙䴘）　h. 全蹼足（鹈鹕）　i. 半蹼足（鹬）

（仿邢莲莲）

二、皮肤系统

鸟类皮肤总的特点是薄、松、软、干。由于有羽覆盖体表，使皮肤不与空气直接接触，故表皮角质层较薄。胫、跗跖部和脚上皮肤的表皮加厚，形成角质鳞覆盖。薄而松软的皮肤，便于羽毛的活动，也便于飞翔时肌肉的收缩；缺乏皮肤腺，只有尾脂腺（oil gland 或 uropygial gland），能分泌油脂以润泽和保护羽毛，并可防水。

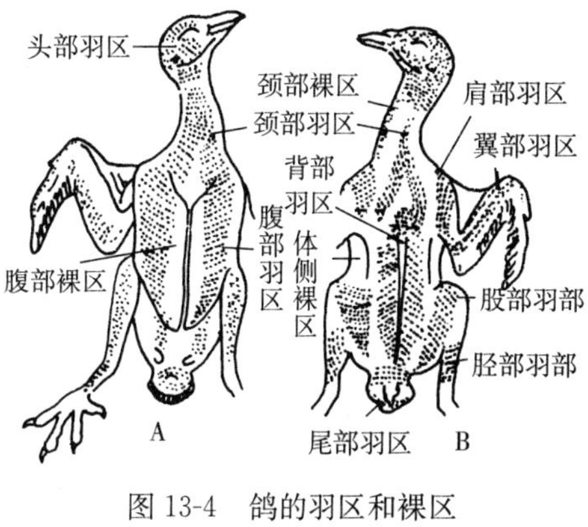

图 13-4　鸽的羽区和裸区

A. 腹面观　B. 背面观

（仿薛德焴）

鸟类的皮肤有由表皮所衍生的角质物，如羽毛、角质喙、爪和鳞片等。羽毛着生在体表的一定区域内，这些地方称为羽区（pteryla），不着生羽毛的地方称为裸区（apteria）（图 13-4）。腹部裸区还与孵卵有密切关系，雌鸟在孵卵期间，腹部羽毛大量脱落，该处体温高，利于卵的孵化，称为孵卵斑（brood patch），根据这个特点可判断在野外所采集的鸟类是否已进入繁殖期。羽毛的主要功能是：①保持体温，形成隔热层；②构成飞翔器官的一部分，如飞羽和尾羽；③使外廓更呈流线型，减少阻力；④保护皮肤不受损伤；⑤形成保护色。

鸟类羽毛根据结构和功能不同可分为 3 类（图 13-5）：

1. 正羽（cortour feather）　正羽又称翩羽，为覆盖体表的羽毛，着生在翅膀及尾部的正羽强大，分别称飞羽和尾羽，它们的数量和形状是鸟分类的依据之一。正羽由羽轴（scape 或 shaft）和羽片（vane 或 web）构成。羽轴下段不具羽片的部分称为羽根，羽根深插入皮肤中。

羽片由许多细长的羽枝所构成。羽枝两侧又密生有成排的羽小枝。羽小枝上着生钩突或节结，使相邻的羽小枝互相钩结起来，构成坚实而具弹性的羽片，以扇动空气和保护身体（图 13-5A、B）。由外力分离开的羽小枝，可借鸟喙的啄梳而再行钩结。鸟类经常啄取尾脂腺所分泌的油脂，于啄梳羽片时加以涂抹，使羽片保持完好的结构和功能。

2. 绒羽（down feather 或 plumula）　绒羽又称冉羽，着生于正羽之下，无羽干；羽根短，羽枝柔软，丛生于羽根的末端；羽小枝细长，不具钩，因此整个绒羽蓬松，形似棉绒，保温力强。鸟类（特别是水禽）冬季绒羽丰厚（图 13-5D）。

3. 纤羽（hairlike feather）　纤羽又称毛状羽，外形如毛发，杂生在正羽与绒羽之中，拔掉正羽与绒羽之后可见到（图 13-5C）。纤羽的基本功能为触觉。鸟类的嘴缘及眼周大多具须（bristle），为一种变形特殊的羽毛纤羽，有触觉功能。

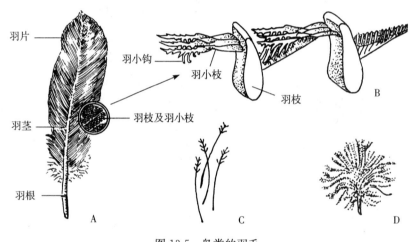

图 13-5　鸟类的羽毛
A、B. 正羽　C. 纤羽　D. 绒羽
（仿刘凌云）

鸟类的羽毛要定期更换，称换羽（molt）。一般一年 2 次，有冬羽（winter plumage）和夏羽（summer plumage，或婚羽 nuptial）之分，又称非繁殖羽和繁殖羽，前者为繁殖结束后所换的新羽；后者为冬季及早春所换的新羽。飞羽和尾羽的更换大多是对称并逐渐更替的，这样就不会影响飞翔能力。雁鸭类的飞羽则为一次性全部脱落，此时失去飞翔能力，隐蔽于人迹罕见的湖泊草丛中。研究鸟类的迁徙，常在此时张网捕捉，进行大规模的环志工作。对于繁殖期及换羽期的雁鸭类，应严禁滥捕和捡拾鸟卵。

三、骨骼系统

在脊椎动物中，鸟类为唯一真正飞翔的类群。由于适应飞行生活，鸟类的骨骼系统产生了一系列显著的特化，主要表现在：骨骼轻而坚固，骨内充满气体，骨块多有愈合，肢骨和带骨变形较大（图 13-6）。

1. 脊柱及胸骨　脊柱由颈椎、胸椎、腰椎、荐椎和尾椎组成。颈椎数目变化较大，8（小型鸟类）～25 枚（天鹅）。颈椎之间的关节呈马鞍形，称异凹型椎骨，使椎骨间运动十分灵活。此外，鸟类的第 1 枚颈椎呈环状，称为寰椎；第 2 枚颈椎称为枢椎。寰椎与头骨一起在枢椎上转动，大大扩大了头部的活动范围。鸟类头部转动范围可达 180°，猫头鹰甚至可转 270°。颈椎具有这种特殊的灵活性，是与前肢变为翼和脊柱的其余部分大多愈合或不能活动密切相关的。

胸椎 5~6 枚，借硬骨质的肋骨与胸骨联结，构成牢固的胸廓。鸟类的肋骨不具软骨，而且借钩状突彼此相关联，这与飞翔生活有密切联系。

胸骨是飞翔肌肉（胸肌）的附着点，飞翔时体重由翼来负担，因而坚强的胸部对于保证胸肌的剧烈运动和完成呼吸十分必要。鸟类胸骨宽而扁，中线处有高耸的龙骨突（keel），以增大胸肌的附着面。不善飞翔的鸟类（如鸵鸟）胸骨扁平。

由少数胸椎、腰椎、荐椎以及一部分尾椎愈合而成的愈合荐骨（综荐骨）（synsacrum）是鸟类特有的结构。它又与宽大的骨盆（髂骨、坐骨与耻骨）相愈合，使鸟类在地面步行时获得支持体重的坚实支架。鸟类尾骨退化，最后几枚尾骨愈合成一块尾综骨（pygostyle），以支撑扇形的尾羽。鸟类脊椎骨骼的愈合以及尾骨退化，就使躯体重心集中在中央，有助于在飞行中保持平衡。

2. 头骨　鸟类的脑颅和眼窝都很大，脑颅的骨片薄而松（内有蜂窝状孔隙及气腔），成鸟的头骨各骨片相愈合（图 13-7）。现存鸟类无牙齿，被认为是减轻体重的适应。

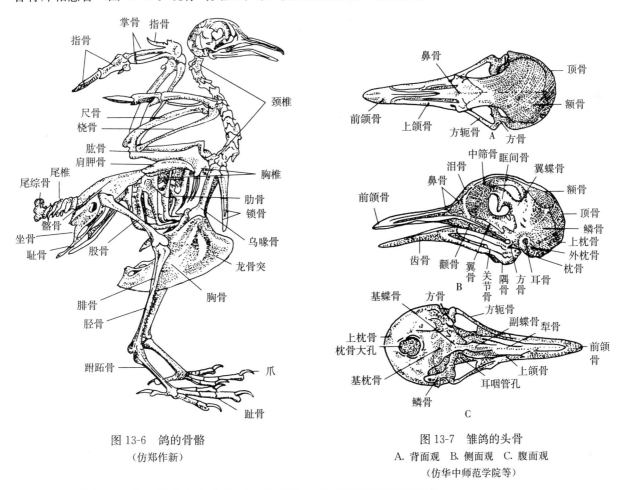

图 13-6　鸽的骨骼
（仿郑作新）

图 13-7　雏鸽的头骨
A. 背面观　B. 侧面观　C. 腹面观
（仿华中师范学院等）

3. 附肢骨骼　附肢骨骼有愈合和减少的现象，是对飞翔生活的适应。

肩带由肩胛骨、乌喙骨和锁骨 3 对骨组成。3 块骨连接处形成肩臼，与前肢的肱骨形成关节。乌喙骨强大，下端与胸骨相连，左右锁骨下端联合成鸟类所特有的叉骨，呈 V 形，其好处是避免了鸟类在飞翔时左右肩带的碰撞。

前肢特化为翼，主要是手部的骨节愈合或消失，使翼内骨节连成一个整体（图 13-8），前肢的关节只能做一个方向的活动，即在翼的平面上展开或折合，有利于翼的挥动，对飞翔具有重大意义。

鸟类的腰带由髂骨、坐骨和耻骨 3 对骨组成。每侧的腰带各骨愈合成宽大的无名骨，内侧与愈合荐骨愈合，外侧与后肢股骨相关节。左右无名骨在腹面中央不愈合，形成鸟类特有的开放式骨盆，这样的结构使鸟类体内支架更为牢固且与产大型硬壳卵有密切关系。

鸟类的后肢骨也有较大变化，腓骨退化为刺状；跗骨分为 2 个部分，上部与胫骨愈合为 1 根胫跗骨（tibiotarsus），下部与跖骨愈合为 1 根跗跖骨（tarsometatarsus）。这种简化为单一的骨块关节和这 2 块骨延长，使鸟类起飞和降落时具有弹性。大多数鸟类均具 4 趾，拇趾向后，编号为第 1 趾，其他 3 趾由内向外进行编号，分别是第 2、3、4 趾，这样的构造适于栖止或握枝。

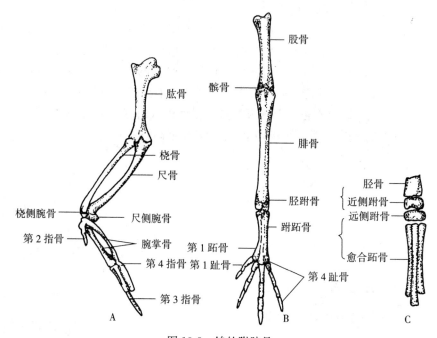

图 13-8 鸽的附肢骨
A. 左前肢骨骼   B. 左后肢骨骼   C. 未出壳雏鸽左后肢骨骼的一部分
（仿华中师范学院等）

四、肌肉系统

鸟类由于其独特的飞翔、栖息、地面行走生活，其肌肉也产生了一系列适应，表现在胸部和颈部肌肉发达，而背部退化。主要的肌肉集中在身体的中部腹侧，可保持身体重心的稳定，维持飞翔时的平衡。特别是使翼下降的胸大肌和上举的胸小肌（锁骨下肌）最发达，占其体重的 $1/5 \sim 1/3$，二者分别附着在胸骨和肱骨的不同部位，相应地收缩和伸展，两翼便上下挥动。

后肢的肌肉主要集中在股骨及胫跗骨的上部，仅以肌腱连到足趾上。其中，贯趾屈肌起自胫跗部，以腱从趾的腹面直伸至趾端。当鸟栖息于树枝时，由于体重的压迫和腿部的弯曲，导致屈肌的腱拉紧，使足趾牢固地握住树枝，睡觉时也不会掉下来。

鸟类具有独特的鸣肌（鸣管肌肉），可使鸣管变形而发出各种声音。鸣肌在雀形目鸟类中最为发达。

五、消化系统

鸟类的消化系统包括消化道和消化腺 2 个部分。前者由喙、口腔、咽、食道、嗉囊、胃（腺胃、肌胃）、小肠（十二指肠、空肠、回肠）、盲肠、直肠和泄殖腔组成，后者包括肝和胰（图 13-9）。喙是鸟类特有的器官，形状各异。鸟类食道长，并有较大的扩张能力。鸡、鸽等食谷物和食鱼的鸟类，在食道中部有明显的膨大部分，称嗉囊（crop），为临时储存和软化食物的地方，在食谷物、食鱼鸟类中发达，在食虫、食肉鸟类中不发达。食道的下部接胃，鸟类的胃分为腺胃和肌胃两部分。腺胃（又称前胃）是一个纺锤形的结构，壁较厚，含有丰富的腺体，能分泌大量的消化液，其中含有分解蛋白质的胃蛋白酶和盐酸。肌胃又称砂囊（gizzard）。鸡、鸽的肌胃都很发达，有很厚的肌肉壁，肌胃蠕动，利用吞入的沙砾来磨碎食物。肌胃黏膜上皮有大量管状腺，它的分泌物和上皮细胞碎屑在黏膜表面形成了一层黄色的类角质膜（即中药鸡内金），并进行周期性更换。肌胃的发达程度随食性的不同而有很大差别，肉食性鸟类的肌胃不发达；食浆果的鸟类，几乎没有肌胃。

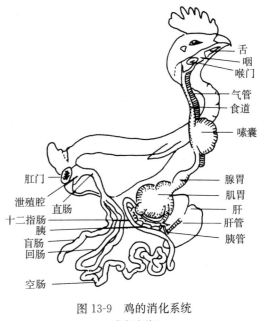

图 13-9 鸡的消化系统
（仿杨安峰）

鸡的小肠较长，为体长的 4～6 倍，分为十二指肠、空肠、回肠 3 个部分，折叠成 U 形弯曲，胰位于十二指肠襻的肠系膜上。小肠是化学性消化和吸收营养物质的主要部位，在小肠和大肠交界处有 1 对盲肠。

鸟类的消化腺很发达。肝大，分成 2 叶，左叶发出 1 条肝管直通十二指肠，右叶局部膨大成 1 个胆囊，发出胆管通入十二指肠。胰分背叶、腹叶和脾叶 3 个部分，有 3 条胰管直接通入十二指肠末端。

鸟类的消化功能很强，消化过程十分迅速，食量大，进食频繁而不耐饥；直肠短，不储存粪便，甚至飞行时随时排出以减轻体重，这与鸟类维持高的代谢水平以及在飞翔中能量消耗大有关。

六、呼吸系统

鸟类适应飞行生活，O_2 消耗量加大，呼吸系统无论从结构还是从呼吸功能上都出现特化。呼吸器官结构上表现在具有发达的气囊（air sac）系统与肺气管相连通，而呼吸过程和功能上表现在鸟类出现了特有的双重呼吸（dual respiration）。所谓双重呼吸是指鸟类除具有肺呼吸外，还有气囊协助呼吸，飞行时在呼气、吸气过程中都可从肺内获得 O_2（图 13-10）。试验表明，飞行中的鸟，O_2 消耗

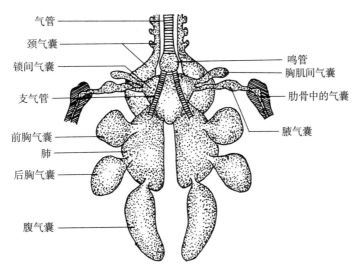

图 13-10 鸽呼吸系统模式图（示气囊）
（仿 Wallace）

量是静止时的 21 倍。

鸟类的肺较小，是 1 对无弹性的实心海绵状体，主要由大量的细毛支气管（三级支气管）组成。鸟类的气管下端分为左右支气管，进入肺的腹内侧即膨大成一前庭，向前即为中支气管（初级支气管）直达肺的远心段。中支气管又分出 4 种次级支气管。彼此由细小的毛细支气管联系，最后形成 1 个完整的气管网。气体交换就是在毛细支气管壁与毛细血管之间进行的。气囊就是中支气管和次级支气管伸出肺外末端膨大的膜质囊，主要的气囊共有 9 个，分布于内脏器官间，气囊充满气体时可以减小身体比重，减小内脏器官摩擦、完成辅助呼吸及调节体温。

鸟类在静止时，呼吸作用是靠肋骨的升降、胸廓的扩大和缩小方式来完成的。但在飞翔时，由于胸肌处在紧张状态，不能采取上述的呼吸方式，只能依靠气囊才能完成强烈的呼吸作用，满足飞翔时高能量的消耗。当翼上升时，气囊扩大，由于内外气压不平衡，空气迅速进入肺和气囊。除部分空气在肺毛细支气管内进行气体交换外，还有一部分空气沿中支气管进入后气囊，这部分空气由于未经肺内的毛细支气管，所以是富有 O_2 的。当翼下降时，气囊受到挤压而收缩，把原来储存的空气压出，再度经过肺而排出体外。气体第 2 次经过肺时，再次进行 1 次气体交换。所以无论是吸气还是呼气，肺前后 2 次进行气体交换，这种现象称为"双重呼吸"。更详细地描述见本教材第十六章第四节。

七、循环系统

鸟类循环系统反映了较高的代谢水平，主要表现在心脏成为完全分隔的四室，开始了完全双循环，心脏具有相对比例大、血压高、心率快等特点，与长时间飞行生活的高耗能相适应。

1. 心脏　相对大小占脊椎动物中的首位，重量为体重的 0.4%～1.5%，分为完全的四室即二心房、二心室。静脉窦已消失，与右心房合并，多氧血和缺氧血不在心脏内混合，右心房和右心室内完全是缺氧血。房室之间有瓣膜，防止血液倒流，左房室处有两片瓣膜称二尖瓣，右房室之间的瓣膜是一片肌肉瓣（哺乳类为三尖瓣）。在左心室发出的主动脉口和由右心室发出的肺动脉口处，都有 3 片口朝上的瓣膜，称半月瓣。当心室收缩时，心室中的血液推开半月瓣进入主动脉和肺动脉中；相反，当心室舒张时，半月瓣即关闭主动脉口和肺动脉口，使血液不会再倒流到心室（图 13-11）。

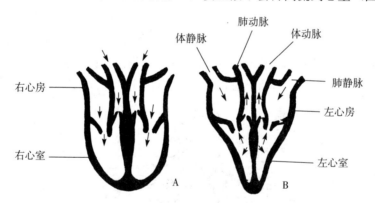

图 13-11　鸟类心脏模式图（示心脏内的血流途径）

A. 心室舒张　B. 心室收缩

（仿武汉大学）

2. 动脉系统　成年鸟类具有由左心室分出的右体动脉弓。它在离开心脏后分出 1 对大的无名动脉。从无名动脉再分出颈总动脉、锁下动脉及胸动脉（至胸肌）。主动脉弓转向背部，成背主动脉，分出腹腔动脉（至砂囊、脾、肝、十二指肠、胰、小肠）、前肠系膜动脉（至小肠）、肾腰动脉（至肾前叶、股肌、生殖腺）、肾股动脉（至肾中叶及后叶、腿部）、腰动脉（至腰部）、后肠系膜动脉（至大肠，即盲肠和直肠）、外髂动脉（主干进入后肢形成股动脉、臀动脉）、内髂动脉（至泄殖腔及后肢后侧内方，左支至输卵管）及 1 条尾动脉。肺动脉自右心室发出，分左右 2 支至肺部（图 13-12）。

3. 静脉系统　包括前腔静脉、后腔静脉、肝门静脉以及肾门静脉。前腔静脉由胸静脉、锁下静脉及颈静脉汇合而成。后腔静脉由肝静脉与总髂静脉汇合而成。总髂静脉由股静脉、肾静脉、肾门静脉、臀静脉、髂内静脉以及尾静脉汇合而成。尾静脉由尾肠系膜静脉与肝门静脉相接。这些静脉是鸟类特有的。与爬行类相比，鸟类静脉系统的明显改变为：

（1）静脉窦已完全缩入右心房。

（2）肾门静脉趋于退化，自尾部回流的静脉血液只有少数入肾，多数经后腔静脉回心脏。

（3）腹静脉由尾肠系膜静脉所代替。左右肺静脉汇合后入左心室（图 13-13）。

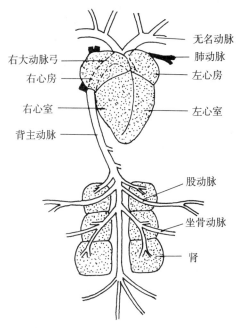

图 13-12　鸽的动脉系统模式图（腹面观）
（仿丁汉波）

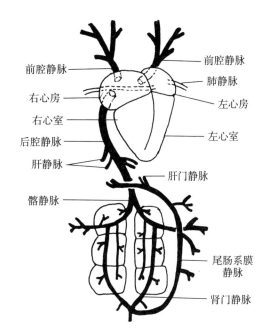

图 13-13　鸽的静脉系统模式图（腹面观）
（仿丁汉波）

4. 血液循环　鸟类的循环为完全双循环，即从左心房来的多氧血流入左心室，由左心室沿主动脉弓及其分支流向身体各器官，再经静脉回到右心房，称为体循环。少氧血从右心房进入右心室，并沿肺动脉流入肺部，再经肺静脉回到左心房，称为肺循环。

八、神经系统与感觉器官

鸟类的神经系统较爬行类更为进步，主要表现在：大脑的纹状体高度发达是鸟类的"智慧"中枢，小脑很发达，视叶发达，嗅叶退化。

1. 脑　脑的屈曲表现得很明显。大脑与爬行类相似，大部分由其底部纹状体形成，顶部脑壁甚薄无脑回。嗅叶退化，间脑小，脑上腺不发达，脑垂体很明显。小脑上部与大脑半球相接，其后部掩盖了延脑的大部分。小脑由于飞翔的需要而发达起来，为运动协调和平衡中枢，上有特殊横沟，两侧突出称小脑卷。中脑由比较发达的视叶构成，由于小脑和大脑的发达视叶移向两侧，嗅觉器官不发达，故嗅叶很小。脑神经 12 对（图 13-14、图 13-15）。

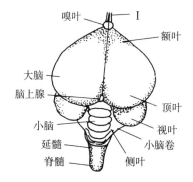

图 13-14　鸽的脑（背面观）
（仿薛德焴）

2. 感觉器官　鸟类的感觉器官、视觉器官最发达，听觉和平衡器官较发达，嗅觉器官最不发达。

（1）视觉器官：鸟类的眼睛（图 13-16）在比例上比其他脊椎动物的眼睛都要大。两眼位于头部两侧，且眼球在眼窝内缺少活动性，故当鸟视物时，须靠颈部的活动转头，用一侧的眼来注视。鸟眼的瞬膜很发达，可以从眼角处拉

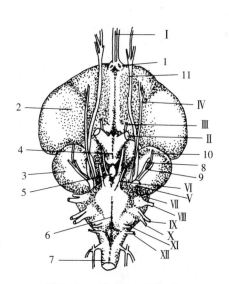

图 13-15　鸽的脑（腹面观）

1. 嗅叶　2. 大脑　3. 视叶　4. 视交叉　5. 脑垂体　6. 延脑

7. 脊髓　8. 三叉神经的下颌神经　9. 上颌神经的眼神经

10. 后眼眶神经　11. 三叉神经的眼神经　Ⅰ～Ⅻ. 脑神经

（仿丁汉波）

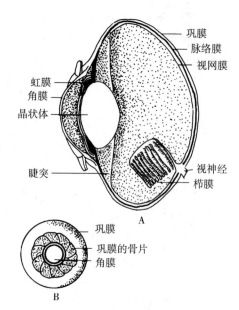

图 13-16　鸽的眼

A. 纵切面　B. 巩膜骨板

（仿丁汉波）

开覆盖眼球，起着湿润和洁净角膜的作用，在飞翔时，瞬膜覆盖眼球，用以保护角膜。

鸟类眼球具特殊的巩膜骨板，即前壁内着生有一圈覆瓦状排列的环形骨片，构成眼球壁的坚强支架，使其在飞行时不致因强大气流压力而使眼球变形。

鸟眼具有双重调节的功能，即眼球的前巩膜角膜肌能改变角膜的屈光度；后巩膜角膜肌能改变晶体的屈光度，因而它不仅能改变晶体的形状，而且还能改变角膜的屈光度，变焦能力极强，视觉敏锐，一般超过哺乳动物。

（2）听觉器官：由内耳和中耳构成，外耳道已很长，但无外耳壳，内耳比较发达，耳蜗管也稍弯曲，但不像哺乳类一样成螺旋状。

（3）嗅觉器官：不发达，这与鸟类的生活方式有关，因为在迅速飞翔时，嗅觉器官不能起什么作用，而视觉器官则具有重要意义。某些食腐鸟类，如秃鹫可闻到腐尸散发的味道。

九、排泄系统

鸟类的排泄系统与爬行类很相似，胚胎时期为中肾，成体由后肾代替，行使泌尿的机能。鸟类的肾特别大，在比例上甚至比哺乳类的还要大，占体重的 2% 以上，这与其旺盛的新陈代谢相关。鸟的 1 对肾（图 13-17）紧贴在综荐骨背侧的深窝内。从表面观，每个肾分为前、中、后 3 叶，为暗紫色（在幼禽为淡红色）的长形扁平体，质软而脆，易破碎。纵剖肾，在断面上可以区分出表层颜色深红的皮质部和深层颜色较淡的髓质部。鸟类皮质部的厚度大大超过髓质部，肾小球的数目很多，在相同的单位面积，鸟类肾小球的数目是哺乳动物的 2 倍，但体积较小。肾小体的血管较哺乳动物简单，多数肾小管也较简单，一般只有近曲小管、远曲小管，只有极少数的肾小管有和哺乳动物一样的髓袢。

鸟类无膀胱，尿以尿酸为主，尿呈白色浓糊状，随粪随时排出，而不另外排尿。

十、生殖系统

鸟类的雄性生殖系统由睾丸（精巢）、附睾、输精管构成（图 13-17）。睾丸 1 对，呈卵圆形，以睾丸系膜悬挂于同侧肾前叶的腹侧。睾丸的大小因年龄和性活动的周期变化而有很大差别。在性活动季节，成年公鸡睾丸的体积比平时大 300 倍。附睾是一条弯曲的长管，位于睾丸内侧中央部分。在性活动的季节，附睾显著肥大。输精管沿输尿管的外侧向后走行（输精管多弯曲，输尿管平直），在通入泄殖腔前膨大成储精囊，末端呈乳头状开口于泄殖腔。

大多数鸟类的雌性生殖器官仅包括左侧的卵巢和输卵管（图 13-18）。右侧的卵巢和输卵管在早期胚胎发育过程中虽然也曾经形成，但在发育过程中退化了。这可能是和鸟类产生大型硬壳卵有关。未成熟的雌鸟的卵巢很小，呈扁平叶状，紧贴在左肾前叶上；成熟的卵巢的卵细胞突出于卵巢表面，因而使卵巢呈结节状。

鸟类的生殖行为极为复杂，包括占区、求偶炫耀、筑巢、产卵、孵化和育雏等行为。繁殖期的鸟类有一系列抚育、保护后代的本能活动。

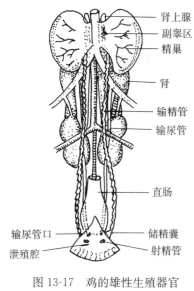

图 13-17　鸡的雄性生殖器官
（仿杨安峰）

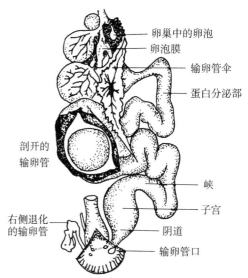

图 13-18　鸡的雌性生殖器官
（仿杨安峰）

第三节　鸟类生态类群

按照系统分类的方法，直接学习鸟类的分目，可以说是比较复杂的，对于初学者来讲困难较大。从生态类群的角度入手学习来初步了解鸟分类特征，可以说是一种简便而有效的入门方法，为学习鸟分类打下一定基础。会飞的鸟类根据生活方式及生态特征分为 6 个主要生态类群，即游禽（水禽）、涉禽、猛禽、攀禽、陆禽和鸣禽，主要特征分述如下：

1. 游禽（水禽）　脚趾间具蹼，尾脂腺发达，善于游泳和潜水，嘴形或扁或尖，适于在水中滤食或啄鱼；不善于在陆地上行走，但飞翔迅速，多生活在水上。代表有䴙䴘目、潜鸟目、鹱形目、鹈形目和雁形目的种类。

2. 涉禽　外形具有"三长"（嘴长、颈长、腿长）特征，胫的下部裸出，适于涉水生活，可以在水边及较深水处活动，捕食蠕虫、昆虫、鱼、虾、蛙、贝类等小动物及取食植物。趾间的蹼膜往往退化，多不会游水。代表有鹤形目和鹳形目的种类及鸻形目的大部分种类。

3. 猛禽　嘴、爪呈锐利的钩状，视觉发达，飞翔能力强，性凶猛、嗜肉食，捕食空中或地下活的猎物。羽色较暗淡，以灰色、褐色、黑色、棕色为主要体色。代表有隼形目和鸮形目的种类。

4. 攀禽　多在树干（也有石壁和土壁）等处攀缘生活，捕食其中的昆虫及其幼虫，也食嫩枝叶、果实、种子，多筑巢于树上。足趾发生多种变化，呈对趾型的有鹃形目、鴷形目和鹦形目；呈并趾型的有戴胜目、佛法僧目；呈前趾型的有雨燕目。

5. 陆禽　栖息、隐蔽于灌草丛中，后肢强壮，善于钻行奔走；嘴坚硬，适于啄食，多在地面活动觅食；脚强而有力，适于挖土。鸡形目种类不善飞行，一般雌雄羽色有明显的差别，雄鸟羽色更为华丽。鸽形目多善飞。

6. 鸣禽 中小型，为鸣叫器官（鸣肌和鸣管）发达的鸟类，善于鸣啭，体态轻捷，活泼灵巧。足趾3前1后，后趾与中趾等长。跗跖后缘的鳞片愈合为一块完整的鳞板。鸣禽是数量最多的一类，占世界鸟类数的3/5。多数善于营巢，捕食农林牧的害虫。只有一个雀形目，但种类最多，有5 000多种。如百灵鸟、画眉、家燕、麻雀、喜鹊、乌鸦等。

当你在野外看到一只鸟时，不一定能叫出它的名字，也难以说出它确切的分类地位（目、科、属），但你只要借助上述知识就可以确定它们所属的生态类群，很快就能判断出它们的生活方式及习性。

第四节　鸟纲分类

鸟纲分为两个亚纲，即古鸟亚纲（Archaeornithes）和今鸟亚纲（Neornithes）。根据化石材料的研究和推测，在过去1.4亿年中，地球上曾有50万种鸟类，在漫长的斗转星移中，绝大部分鸟类逐渐灭绝，现在减少为9 800多种。

古鸟亚纲的种类全为化石，是生活在距今1.45亿年前的晚侏罗纪种类。始祖鸟（*Archaeopteryx lithographica*）为代表，目前报道发现10例，均产于德国的巴伐利亚省索伦霍芬附近的印板石灰岩内，始祖鸟如鸽子般大小，具有爬行类进化到鸟类的过渡形态。它与鸟类相似的特征是：①具羽毛；②有翼；③骨盆为"开放式"；④后趾具4趾，3前1后。它又具有类似爬行类的特征：①具槽生齿；②双凹型椎体；③有18～21枚分离的尾椎骨；④前肢具3枚分离的掌骨，指端具爪；⑤腰带各骨未愈合；⑥胸骨无龙骨突；⑦肋骨无钩状突（图13-19）。

图13-19　始祖鸟化石
（仿郝天和）

1991年，印度学者报道了在北美地区晚三叠纪地层中发现的鸟类化石，定名为原鸟（*Protoavis*），它具有一些比始祖鸟还原始的、更似恐龙的特征，但羽毛并没有保留下来。

我国20世纪80年代以来陆续发现了大量早白垩纪鸟类化石，引起世界瞩目。其中的中国鸟（*Sinornis santensis*）产于辽宁省辽阳市，是世界上已知最早会飞的鸟；甘肃鸟（*Gansus yumenensis*）产于甘肃玉门，是海岸和水鸟的原始类群；华夏鸟（*Cathayornis yandica*）也在辽阳出土，是除了始祖鸟及原鸟以外的最原始的鸟类化石。

《中国辽西中生代鸟类》（侯连海，2002）中介绍：辽西中生代鸟类化石的大量发现及其研究，不但推动了世界古鸟类学的发展，而且使我国逐渐成为研究鸟类起源和早期演化的重要基地。至目前为止，我国已经发现的孔子鸟等类群数量之多、种类之复杂都位居世界之首；早白垩世的华夏鸟类群的化石数量和种类之多也是世界同期之冠。

今鸟亚纲的分类系统主要参考郑光美先生主编的《鸟类学》（第二版，2012）。现存鸟类总计有3总目、33目、156科的共9 800余种。

一、平胸总目 （Ratitae）

为现存体型最大的鸟类（最大者体重可达135kg，体高2.5m）。适于奔走生活，具有一系列原始特征：翼退化，胸骨不具龙骨突起，不具尾综骨及尾脂腺，羽毛均匀分布（无羽区及裸区之分），羽枝不具羽小钩（因而不形成羽片），足趾2～3趾，分布于南半球（非洲、美洲，以及大洋洲南部）。

非洲鸵鸟（*Struthio camelus*）为此总目代表，还有美洲鸵鸟（也称鶆䴈）（*Rhea americana*）及澳洲鸵鸟（也称鸸鹋）（*Dromaius novaechollandiae*）。此外，在新西兰还有几维鸟（*Apteryx* oweni）（图 13-20）。非洲鸵鸟适应于沙漠荒原中生活，一般成小群（40～50 只）活动，奔跑迅速，跑时以翅扇动相助，一步可达 8m，速度达 60km/h，食植物、浆果、种子及小动物。雌雄异色，雄鸟背翅色黑，鸵鸟在繁殖期为一雄多雌，雌鸟把蛋产在一个公共的穴内，每穴可容 10～30 枚，卵乳白色，重约 1 300g，孵卵期为 6 周。

图 13-20　平胸总目的代表种
A. 非洲鸵鸟　B. 鹤鸵　C. 美洲鸵鸟　D. 几维鸟
（仿 Newman）

二、企鹅总目（Impennes）

大型鸟类，潜水生活，具有一系列适应潜水生活的特征：前肢鳍状，具鳞片状羽毛，均匀分布于体表；尾短；腿短而移至身体后方，趾间具蹼，在陆上行走时近于直立，左右摇摆；皮下脂肪发达，有利于在寒冷地区及水中保持体温。

包括 1 目 1 科 6 属 17 种。各个种的主要区别在于头部色型和个体大小。企鹅为唯一能深入南极内陆的脊椎动物，数量众多，约有数亿只，主要食物是磷虾、鱼和乌贼等，天敌为海豹，在南极的海洋及陆地生态系统的物质和能量循环上占有特殊地位。如王企鹅（*Aptenodytes forsteri*）（图 13-21）是此总目代表，分布于南极边缘地区，可以深入内陆数百千米处集成千百只大群繁殖，体长达 120cm，体重可达 40kg。

图 13-21　王企鹅
（仿杨安峰）

三、突胸总目（Carinatae）

现存鸟类绝大多数为本总目种类，分布遍及全球。突胸总目的共同特征为：翼发达，善飞翔，胸骨具龙骨突起，尾综骨由最后 4～6 枚尾椎骨愈合而成，骨内充气，正羽发达，构成羽片，体表有羽区、裸区之分。雄鸟大多不具交配器官。

我国所产突胸总目鸟类共计有 101 科 1 371 种。现就常见目及代表种简述如下：

（一）䴙䴘目（Podicipediformes）

水禽，趾具瓣蹼，体似鸭但扁平，具长而细的颈部，嘴细长，直而尖，几乎无尾。在水中建造浮巢。仅有䴙䴘科（Podicipedidae），全球有 22 种。

小䴙䴘（*Tachybaptus ruficollis*），不善飞翔，但巧于避敌，潜水性较强；遇险时常潜入水中，在水面呈葫芦状，野外易于识别，在水面飞翔时常溅起一系列浪花，杂食性，以水生动植物为食。常见种还有凤头䴙䴘（*Podiceps cristatus*），头上有 2 束长羽，颈上有翎领（为 1 个中断的黑环，十分显著）（图 13-22）。

图 13-22　䴙　䴘
（仿邢莲莲）

（二）鹈形目（Pelecaniformes）

为较大型的水鸟，嘴强直或呈圆锥状，常在下嘴有发育程度不同的皮肤囊，称为喉囊，眼先裸出，具全蹼，常在海岛及海岸上营巢繁殖。有的种类飞翔能力很强，如黑腹军舰鸟（*Fregata minor*），可随着军舰飞翔，随波浪起伏；有的种类生活在内湖，潜水性强，是捕鱼能手。红脚鲣鸟（*Sula sula*）是我国西沙群岛最主要的海鸟。内陆常见种类有：

1. 斑嘴鹈鹕（*Pelecanus philippensis*）　俗称"淘河""塘鹅"，体型较大，适于游泳和飞翔，不适陆地生活。嘴长而扁平，尖端很宽，呈粉红的肉色，上下嘴的边缘具有一排蓝黑色的斑点，下颌有大型喉囊，达嘴全长，嘴尖钩曲成嘴甲，鼻孔很小，翅很大，体重达 5kg 以上。尾羽 20～24 枚。主要食物是鱼类，食量较大，繁殖季节集群，在地面产卵（图 13-23A）。

2. 普通鸬鹚（*Phalacrocorax carbo*）　俗称鱼鹰，体羽黑色为主，嘴狭长而呈圆锥形，上嘴尖有钩，无锯齿状缺刻。鼻孔很小呈缝状，绝大多数看不见鼻孔；眼先和喉部裸露无羽；颈部长而细，鸣肌发达，鸣叫声很大；主要通过潜水捕鱼，到水面吞食，成群营巢于树上，在长江以南地区越冬（图 13-23B）。

图 13-23　斑嘴鹈鹕和普通鸬鹚
A. 斑嘴鹈鹕　B. 普通鸬鹚
（A 仿邢莲莲；B 仿华中师范学院等）

（三）鹳形目（Ciconiiformes）

为大型的涉禽类。具嘴长、颈长和腿长的特征，眼先裸出，胫下部裸出，3 趾向前，1 趾向后，前后趾位于同一平面。大多生活在沼泽地、水田及山边溪流附近的树林中，以鱼、蟹、蛙及田螺等贝类为食（图 13-24）。我国曾经最为珍稀的濒危鸟类朱鹮（*Nipponia nippon*，鹮科）属于此目。

1. 鹭科（Ardeidae）　嘴长而直，有时弯曲，中爪之内缘具栉缘，鹭科种类为湿地生态系统的重要指示物种，如苍鹭、池鹭、牛背鹭、小白鹭、夜鹭、黄斑苇鳽等。

苍鹭（*Ardea cinerea*），体羽大都苍灰色，腹面白色，中趾连爪短于跗跖长。觅食时有时站在水中一个地方等候食物长达数小时之久，故有"长脖老等"之称。此外，还有大白鹭（*A. alba*），全身白如雪，背上、肩间披有蓑羽，长超尾部，生殖期以后蓑羽脱去。

2. 鹳科（Ciconiidae）　大型水鸟，雌雄性外观相同，嘴钝而长，两侧无沟，先端变细而尖。后趾位置不较他趾位置高。

东方白鹳（*Ciconia boyciana*），体大，嘴和脚形均特长，嘴黑色而非红色，身白，两翅大都黑色；性宁静而机警，常结小群或孤独地漫游在开阔平原的池塘、沼泽的浅水里觅食，或呆立水边等待饵物；休息时，常仅以一脚站立，有时也见于林地及山间栖止在比较粗的树干上，这显然是与鹤不同的习性。

（四）雁形目（Anseriformes）

本目大部分种类是漂浮水面的水鸟。嘴大，上、下嘴宽而扁平，嘴端有嘴甲，上、下嘴缘有锯齿状缺刻。颈长。前 3 趾有蹼，后趾较前趾高而短。大多数种类的次级飞羽色彩艳丽，形成具有明显金属光泽的块状斑，被称作翼镜。雄性有交配器。

一般多栖居在各种不同的水域，有时也居于沿岸地区，大多数均善游泳，大多数为杂食，繁殖期主要吃动物性食物，平时多吃大量杂草种子、水生植物、藻类、水生昆虫、鱼类和贝类等。

我国只有鸭科（Anatidae），包括所有天鹅、鸭和雁，为重要猎禽。代表种有大天鹅、鸿雁、针尾鸭、绿头鸭、青头潜鸭和中华秋沙鸭。

常见种类如鸿雁（*Anser cygnoides*），体型较大，上体大都浅灰褐色，自头颈至后颈棕褐色，前颈近白色，远处看起来颈部黑白分明，下体近白，嘴黑，雄雁的上嘴基部有一疣状突；大天鹅（*Cygnus cygnus*）为大型水禽，遍体雪白，嘴基两侧有黄斑，在内蒙古及东北、新疆、青海、西藏等地区繁殖（图 13-25）。

图 13-24　鹳形目鸟类代表
A. 苍鹭　B. 白鹭　C. 池鹭　D. 白鹳
（仿华中师范学院等）

图 13-25　雁形目鸟类代表
A. 大雁　B. 鸿雁　C. 秋沙鸭　D. 天鹅　E. 绿头鸭　F. 鸳鸯
（仿华中师范学院等）

（五）隼形目（Falconiformes）

昼行性猛禽。嘴强大而粗壮，上嘴比下嘴长，并且上嘴向下弯曲呈钩状，嘴基部有突出的皮质称为蜡膜（作用并不清楚），鼻孔位于蜡膜上并裸露，不为羽毛所覆盖。翅强健有力，善于飞翔，脚强而有力，趾上有锐利弯曲的爪。许多种类雌鸟身体大于雄鸟。性凶猛，嗜肉食，有的捕食鼠类和兔，有的是蜂类和蝗虫的天敌，也有的捕食鱼类。多栖息于高山、田野，广布全球。

我国有鹰科、隼科和鹗科。鹗科仅1属1种，鹗（*Pandion haliaetus*）生活在海滨和内陆的大面积水域中，捕鱼为食。常见的为鹰科和隼科的种类，鹰科上嘴左右两侧无齿突或具双齿突；隼科上嘴左右两侧各具单个齿突，鼻孔圆形，自鼻孔向内可见一柱状骨棍。代表种类有：

1. 黑鸢（*Milvus migrans*）　俗称老鹰或鹰，体型较大，尾长而呈浅叉状。全身暗黑褐色，缀棕黄色，常在居民点附近翱翔，飞翔时翼下具较大白斑。分布很广，常在旷野、村镇等处活动，以啮齿类、鱼类、两栖类及昆虫等为食（图13-26A）。

2. 毛脚（*Buteo lagopus*）　别名雪花豹，为较大的猛禽。因丰厚的羽毛覆盖至脚趾而得名，是罕见的冬候鸟及候鸟。头颈部为白色，初级飞羽下面的覆羽黑褐色，飞行时在翼下形成一大型黑斑，尾圆而不分叉，白色，末端具较宽阔的褐色次端斑（图13-26B）。

3. 金雕（*Aquila chrysaetos*）　体羽一般栗褐色，后头至后颈羽毛尖长，呈柳叶状，羽基暗赤褐色，羽端金黄色，因而得名；翼下有一白斑，飞时尤其明显，下体黑褐色。体型较大，翅长超过600mm；覆腿羽几乎延伸至爪，近黑色，跗跖棕黄色，为国家一级保护鸟类（图13-26C）。性凶猛而力强，捕食雉类、鸽鸠、雁鸭、野兔，甚至幼年野猪、麝等。哈萨克人训练其狩猎、驱赶野狼和看护羊圈，蒙古族猎人更盛行驯养金雕来捕狼。

4. 秃鹫（*Aegypius monachus*）　头颈被绒羽，后颈完全裸出无羽，嘴巨大，体型巨大。体羽乌黑色，鼻孔圆形，翅长760～880mm，飞行时特别宽大。秃

图13-26　隼形目的代表种类
A. 黑鸢　B. 毛脚　C. 金雕　D. 秃鹫　E. 红脚隼　F. 白头鹞
（A、B仿邢莲莲；C、D、E、F仿凤凌飞）

鹫多单独生活于山林深处的荒野和山谷溪流的林缘地带，常翱翔在森林上空，寻觅濒死动物尸体（图13-26D）。

5. 白头鹞（*Circus aeruginosus*）　大小如鸢，脚细长，初级飞羽2～5枚，外翈（即羽瓣的外侧）具切刻，头及上背白色，具宽阔的黑褐色纵纹，尾羽银灰色；主要栖息在低山带的河、湖沿岸和沼泽地带。多在河湖沿岸和沼泽地附近低飞，飞翔时经常缓慢地鼓动两翅，做圈状飞行，以小型鼠类、鸟

类、爬行类、两栖类及昆虫为食（图 13-26F）。

6. 红脚隼（*Falco amurensis*） 别名青燕子，小型隼类，大小似家鸽，体羽多为暗灰色，翼下覆羽白色，尾下覆羽及覆腿羽。雄性红棕色，雌性淡棕黄色；翅长 220～250mm，为森林、森林草原种类，喜栖息于树林和开阔地带，主食啮齿类、蜥蜴及昆虫（图 13-26E）。

7. 矛隼（*Falco rusticolus*） 属于中型猛禽，羽色变化较大，白色型的体羽主要为白色，背部和翅膀上具褐色斑点。生活在北极苔原地带和寒温带，分布于北美、北欧、亚洲西部和北部，中国为稀有冬候鸟。在中国历史上，辽、金和清代时，被帝王用于狩猎，视为珍禽，称为"海东青"。

（六）鸡形目（Galliformes）

陆禽，体型大小一般与普通家鸡相似（国内大型个体体重可达 5kg，如绿孔雀）。嘴短而强健，上嘴微曲，稍长于下嘴，两翅短圆，雄鸟跗跖具距。雌雄异色，雄鸟更为华丽，有复杂的求偶炫耀行为。世界性分布，多为留鸟，有重大经济价值，有些已驯化为家禽（鹌鹑、鸡和火鸡）。

1. 花尾榛鸡（*Bonasa bonasia*） 俗称飞龙，小型松鸡类，体大如鸽。成鸟体羽灰褐色，背部具深褐色横斑，腹部杂以白色。为典型森林鸟类，栖息于林下植被繁茂、浆果丰富的各类林地中，活动区靠近水源和粗砂土壤裸露地段，食物有各种植物的绿色部分、种子和果实（图 13-27A）。

图 13-27 鸡形目的代表种类
A. 花尾榛鸡 B. 石鸡 C. 环颈雉（雄）
（A仿凤凌飞；B、C仿邢莲莲）

2. 石鸡（*Alectoris chukar*） 上背紫棕褐色，下背至尾上覆羽略呈灰橄榄色，围绕头侧和喉部有黑色项圈；胸灰，下体全部棕黄；两肋（从腋下到腰上的部分）各具 10 余条呈栗色的并列横斑（图 13-27B）。

3. 环颈雉（*Phasianus colchicus*） 别名野鸡、山鸡、雉鸡，雄鸟羽色艳丽，颈部有白色颈圈，尾羽长而具横斑；雌鸟的羽色暗淡，背面呈浅棕灰色，并杂以红棕色和黑褐色斑，颈部不具白环，尾羽也短；栖息于山区灌木丛及草丛中，翼短而不能久飞；营巢于草灌丛中的地面上；主食谷类及植物种子（图 13-27C）。

（七）鹤形目（Gruiformes）

涉禽，多数为大型鸟类，并有嘴、颈、脚"三长"特征；眼先裸出；后趾较高，与前3趾不在一个水平面上；嘴直而长，约等于或长于头长；两翅大而稍尖，圆形，初级飞羽11枚，尾羽12枚，尾短，尾上覆羽很长，三级飞羽特长，呈披针状，盖于尾上，所以表面看到的尾是三级飞羽。全世界仅15种。黑颈鹤为我国特产，丹顶鹤主要在我国东北繁殖，长江流域为白鹤的世界最大的越冬种群栖息地。

1. 鹤科（*Gruidae*） 体型较大，头顶少裸出，4趾皆存在，后趾小，位置稍高，为营地面生活的大型候鸟。嘴形直而稍扁，翅阔而强。11枚初级飞羽，次级飞羽较初级飞羽长。胫、跗跖和趾等均细长。

蓑羽鹤（*Anthropoides virgo*）（图 13-28A），别名灰鹤。体羽灰色，眼后各有一束白羽。脸部、喉、颈、上胸具黑色羽。是现存鹤类中体型最小的一种，翅长 425～530mm。下颈的羽毛长，呈披针状。蓑羽鹤生活在开阔的草原地带，阴山北侧的草原与农田的相连地带每年有大量蓑羽鹤集群，最喜食荞麦，以小群觅食，到傍晚在水边集大群过夜。

丹顶鹤（*Grus japonensis*）（图 13-28B），别名仙鹤。大型鸟类，全身大都白色，头顶皮肤裸露呈朱红色，次级飞羽、三级飞羽为黑色，颈侧也为黑色，主食水生植物的嫩芽、根茎及鱼类、昆虫等。

图 13-28 鹤科的代表种类
A. 蓑羽鹤 B. 丹顶鹤
（A仿邢莲莲；B仿凤凌飞）

2. 鸨科（*Otididae*） 嘴较短粗，约等于头的长度，体型较大，为飞翔鸟中最大者。初级飞羽11枚，第3、4枚最长，缺少第5枚次级飞羽，跗跖部露出，3趾很短，趾短而钝。栖于开阔草原和沙地，不营巢，仅在凹地上敷以枝草，产卵其上，以植物种子为食，也吃小动物。

大鸨（*Otis tarda*）（图 13-29A），别名地鵏、羊鵏（雄）、鸡鵏（雌）。体型较大，不善飞翔；体羽棕黑色，翅白色，雄性头蓝灰色，嘴具纤羽；脚强健善走，仅具3趾，爪短扁如指甲。雌性小于雄性，头颈不及雄性蓝，无纤羽。大鸨在内蒙古为夏候鸟，栖息于广阔的草原和荒漠草原地区。常见于略有起伏的草岗和岗间草滩较低湿的洼地，善于奔走，常迎风急跑才能起飞，飞行较缓慢，高度比较低，不鸣叫。大鸨以植物的芽及根为主要食物，也食鱼、蛙、昆虫等。

波斑鸨（*Chamydotis macqueeni*）（图 13-29B），为小型鸟类，上体沙黄色，布有褐色波形细纹，前额及口角附近若干羽干延伸为须状，颈两侧羽束延伸为粗毛状。为荒漠和半荒漠地区鸟类。

图 13-29　鸨科的代表种类
A. 大鸨　B. 波斑鸨
（仿凤凌飞）

3. 秧鸡科（*Rallidae*）　体型较小，似鸡，头小而短，嘴短而强；翅短而圆，并稍凹，尾羽软，跗跖部长，4 趾也长，有时具瓣蹼，后趾较其他趾高或在一个平面。如小田鸡（*Porzana pusilla*）（图 13-30），体小，体长 180mm 左右。上体羽呈橄榄褐色，杂以不规则的白色羽缘。胸蓝灰白，腹部淡栗色，具白色横斑。雌雄体色相似。

（八）鸻形目（鹬形目）（Charadriiformes）

大多是小型和中型鸟类，善飞，本目种类多与水有关，食物多为水边或水中昆虫，形态上有适应此种生活的构造。嘴大都较长，翅长而尖，三级飞羽特长。4 趾以中趾最长，后趾高于前 3 趾。脚具蹼或半蹼或基部具有膜或裂片。在新的分类系统中鸥形目取消，下属的科并入鸻形目。

图 13-30　小田鸡
（仿邢莲莲）

1. 鸻科（*Charadriidae*）　嘴短而直，强而有力，嘴基部较狭窄，尖端较宽，鼻孔细线状，翼短而尖，初级飞羽 11 枚，常 3 趾，缺少后趾，如有，也较小。如凤头麦鸡（*Vanellus vanellus*）（图 13-31A）头顶后部具反曲的长形黑色羽冠，上体羽辉绿色，体颏喉部和前颈黑色，上胸具黑色带斑，余部白色。生活于湖泊、河流、沼泽附近的草地上，在水域附近的农田也有分布。常成对或三五成群活动，主要以昆虫为食，也吃水草及杂草籽。金眶鸻（*Charadrius dubius*）（图 13-31B），体较小，翅长不及 125mm，眼睑四周金黄色甚著。额白色，后颈具一白色领环。上背和上胸具黑色环带。常活动于河滩、沼泽地、稻田边，边走边叫，常快速向前奔走一会儿，稍停一下，再向前急走。

2. 鹬科（*Scolopacidae*）　体型小或适中；体羽暗淡而富有条纹；嘴细长并坚固，大多数种类具柔软的革质，形状多样，先端稍膨大，鼻孔沟长，超过上嘴之半；颈也较长，翅和尾较短，脚细长，跗跖长而裸出，前缘被盾状鳞。如白腰草鹬（*Tringa ochropus*）（图 13-31C），上体橄榄褐，有古铜色光泽，体侧白，有黑褐横斑，下体白色，腿和趾蓝绿色。

3. 鸥科（*Laridae*）　中至大型涉禽，善游泳，喙强壮，侧扁，先端具钩；翅长而宽，尾短而圆；腿较短，前 3 趾间具蹼，后趾小而高。雌雄同色，体羽以灰、褐为主，腹多白色。在沿海和内陆水域活动，以鱼、虾等为主食。主要有黑尾鸥、红嘴鸥和银鸥。

图 13-31　鸻科和鹬科的代表种类
A. 凤头麦鸡　B. 金眶鸻　C. 白腰草鹬
（A、B仿邢莲莲；C仿傅桐生）

红嘴鸥（*Larus ridibundus*）（图 13-32），体型中等，头和颈部棕褐色，体羽淡灰色；嘴和脚红色（冬时转为橙黄色）；在草原、荒漠、半荒漠中的湖泊中常见；善游泳，但不能潜水，常结成几十只的小群于较平静的湖面上游荡觅食；食物有鱼、虾、蜘蛛、昆虫、蚯蚓、螺及小鼠等。

（九）沙鸡目（Pterocliformes）

陆禽，外形似鸽，但嘴基不具蜡膜，翅长而尖，中央尾羽特长，跗跖部被细羽，后趾退化或不存在，不能分泌"鸽乳"育雏。早成雏鸟。主要分布于沙漠地区，喜群居沙漠上。地面扒穴为巢，无巢材或垫以稀疏草茎。

繁殖羽

非繁殖羽

图 13-32　红嘴鸥
（仿邢莲莲）

毛腿沙鸡（*Syrrhaptes paradoxus*）（图 13-33A），体羽大多沙棕色，背部密杂黑色横斑，翅尖长，中央一对尾羽特别延长，脚短，仅具 3 趾，主要栖息于荒漠和半荒漠地区，为典型的荒漠鸟类，常结成几百只的大群飞翔，主要以草籽和嫩芽为食。

（十）鸽形目（Columbiformes）

小型或中型鸟类，陆禽；嘴短，基部大都较软，尖端稍弯曲，嘴基被膨隆的蜡膜，腿短健壮无蹼，后趾与前 3 趾在同一平面上。嗉囊发达，繁殖时能分泌"鸽乳"以育雏。代表种类原鸽为家鸽的远祖。此外，还有岩鸽、山斑鸠、珠颈斑鸠、灰斑鸠等常见种。

岩鸽（*Columba rupestris*）（图 13-33B），别名野鸽、山石鸽，体型和羽色极似家鸽，但在下背和近尾端处具有宽阔的白色横斑带，栖息于裸岩或悬崖顶。

灰斑鸠（*Streptopelia decaocto*），中等体型，体长 32cm，为鸠鸽科斑鸠属的鸟类，分布广，但种群数量稀少，不常见。全身灰褐色，翅膀上有蓝灰色斑块，尾羽尖端为白色，颈后有黑色颈环，环周边有白色羽毛围绕。嘴近黑色，脚和趾暗粉红色。中国主要分布于华北和西北地区，也见于长江中下游地区。

（十一）鹦形目（Psittaciformes）

典型的攀禽，对趾型足，适合抓握和攀爬。鹦鹉的喙短钝，具利钩，可以剥食硬壳果和衔枝攀缘。主要分布于热带森林中。羽色鲜艳，常被作为宠物饲养，为著名的观赏鸟，且善学人言。我国仅

图 13-33 沙鸡目和鸽形目的代表种类

A. 毛腿沙鸡 B. 岩鸽

（仿邢莲莲）

2 属 7 种。常见的有长尾鹦鹉、大紫绯胸鹦鹉、花头鹦鹉、红领绿鹦鹉、桃脸牡丹鹦鹉、虎皮鹦鹉、小葵花鹦鹉和橙冠风头鹦鹉等。

（十二）鹃形目（Cuculiformes）

攀禽；喙多纤细，先端微下弯，足呈对趾型（2、3 趾向前；1、4 趾向后）；尾长，翅尖长，善飞。一些种类具寄生性繁殖习性，对其他鸟的繁殖有害。

有些种类嗜食松毛虫，为森林益鸟。如大杜鹃（*Cuculus canorus*）（图 13-34），叫声如"布谷"，故又名布谷鸟，上体暗灰，腹部白色，密布 1～2mm 宽的狭形横斑，翅缘白，具褐色细横斑。此外，还有四声杜鹃（*C. micropterus*），叫声如同"割麦插秧"。

图 13-34 大杜鹃

（仿邢莲莲）

（十三）鸮形目（Strigiformes）

夜行性猛禽类；嘴坚强而具钩，嘴基具蜡膜，两眼大而向前，眼周有放射状细羽构成的"面盘"；其外趾能反转成对趾型。体羽柔软，飞行时无声，多以褐色为主。多为森林鸟类，以昆虫、鼠类和小鸟为主要食物，对控制鼠患有重要作用。鸱鸮科（Strigidae）的种类在头两侧具羽突，面形如猫，故称猫头鹰。

雕鸮（*Bubo bubo*）（图 13-35A），为鸮形目体型最大者。翅长达 450mm，耳羽发达，长达 50mm；体羽大都棕色，密布浅黑色横斑，颏白色；体重 5kg；栖息于山地、草原和林区。昼伏夜出，白天停息在悬崖峭壁或较大的树上，黄昏时开始觅食，常贴着地面飞行，以啮齿类及鸟类为食，食谱中甚至包括狐、豪猪、野猫和苍鹰、鸮、游隼等猛禽。

长耳鸮（*Asio otus*）（图 13-35B），体羽棕黄，杂以褐色斑纹，腹部纵纹有横分支，具长而显著的耳簇羽；嘴黑色，爪暗铅色；栖息于针叶林、阔叶林、针阔混交林及农田草原的人工林中，夜间活动，黄昏时开始觅食，清晨返回栖息地，主要食物是啮齿类。

短耳鸮（*A. flammeus*）（图 13-35C），体型略似长耳鸮，但耳簇羽不显著，腹部纹较细且无横纹。栖息于平原和沼泽地，除在夜间活动外，也能在白天活动；以鼠类、小鸟、蜥蜴和昆虫为食，也吃少量植物种子。

图 13-35　鸮形目的代表种类
A. 雕鸮　B. 长耳鸮　C. 短耳鸮
（仿邢莲莲）

（十四）夜鹰目（Caprimulgiformes）

夜行性攀禽；前趾基部并合，称为并趾型，中爪具栉状缘；羽片柔软，口宽阔，边缘具成排硬毛，称为口须。如普通夜鹰（*Caprimulgus indicus*）（图 13-36），通体几乎全为暗褐色斑杂状，喉具白斑，雄鸟尾上也具白斑，飞时尤为明显；常在夜间活动，黄昏时尤其活跃，不断在空中飞捕昆虫为食；飞时无声，白天大都蹲伏在多树山坡的草地或树枝上。

图 13-36　普通夜鹰
（仿郑作新）

（十五）雨燕目（Aorpodiformes）

小型攀禽，雨燕科种类后趾向前，称前趾型；嘴短扁而稍曲，基部阔无嘴须，翅尖而长，适于疾飞，腿短而弱，唾液腺发达。

白腰雨燕（*Apus pacificus*）（图 13-37），体形似家燕，但较大，体羽黑褐色；腰白，两翅长，飞时向后弯，呈镰刀状。此外，我国常见种类还有楼燕（北京雨燕）（*A. apus*），常集成大群于高空疾飞捕虫，4 趾向前。金丝燕（*Collocalia fuciphaga*），外形颇似家燕，繁殖期以唾液腺分泌物营巢，即著名的滋补品"燕窝"。

（十六）佛法僧目（Coraciiformes）

小型至大型攀禽；并趾型，即第 2、3 或 3、4 趾基部或全部愈合。喙形多样，适应多种生活方式。腿短，脚弱，翅短圆，大多在洞穴中筑巢。分布以温热带为多。

图 13-37　白腰雨燕
（仿邢莲莲）

普通翠鸟（*Alcedo atthis*）（图 13-38A），体小，嘴长，背面翠蓝，腹面棕色，平时以直挺的姿势栖于水边的树枝上，历久不动，易于识别。常见种类有蓝翡翠、三宝鸟，还有蜂虎和鱼狗。蜂虎和鱼狗分别对养蜂业和鱼苗有害。

（十七）戴胜目（Upupiformes）

中等攀禽。喙细长，侧扁而下弯；第 3、4 趾基部连并，尾长，呈楔形，在洞穴内筑巢。仅有 1 种，戴胜（*Upupa epops*）（图 13-38B），嘴长而下曲，头具长羽冠，体羽大部分为深棕色，两翅及尾黑白相间，跗跖短，一般单独栖息于开阔的园地和郊野间的树木上，以昆虫的幼虫和成虫为食，因育雏时巢穴内极臭，又称"臭姑姑"。

图 13-38　佛法僧目和戴胜目的代表种类
A. 普通翠鸟　B. 戴胜
（A 仿傅桐生；B 仿邢莲莲）

（十八）䴕形目（Piciformes）

攀禽；足为对趾型，即 2、3 趾向前，1、4 趾向后；喙粗壮，长直似凿状，舌为喙的 2 倍长，能远伸口外，钩取昆虫；尾羽尖而强硬。能取食树皮下昆虫，为其他鸟类所不及，被誉为"森林医生"。代表种类有大斑啄木鸟、大拟䴕、南美巨嘴鸟、黄腰响蜜䴕、蚁䴕、灰头绿啄木鸟、黑啄木鸟等。

大斑啄木鸟（*Picoides major*）（图 13-39），体羽主要为黑白色；黑色，具大型白斑，尾下覆羽红色，雄鸟头顶具红斑，活动于树林及果园中，食物为各种昆虫及其幼虫，还有部分蜘蛛等，冬季主要以野生植物种子为食，为著名的森林鸟类。

（十九）雀形目（Passeriformes）

鸣禽；占现存鸟类的绝大多数；鸣管及鸣肌复杂，善于鸣啭，足趾 3 前 1 后，后趾与中趾等长，称为离趾型；跗跖后部的鳞片愈合成一块完整的鳞板；多数善营巢，捕食农、林、牧害虫。雀形目为突胸总目的第一大目，雀形目的种类共计 100 科 5 000 余种。下面列举常见的科及其代表。

图 13-39　大斑啄木鸟
（仿邢莲莲）

1. 百灵科（Alaudidae）　跗跖后缘为圆形，被盾状鳞，此点可与雀形目其他科相区别；头常具羽冠，嘴圆锥状，但较雀嘴稍细而长，鼻孔上被悬羽掩盖，翅型稍尖长，后爪长而稍直。如小沙百灵（*Calandrella rufescens*）（图 13-40A），嘴短而薄，翅有 9 枚初级飞羽，第 1 枚最长达羽端，上体羽浅沙棕色，缀黑褐色羽干纹，最外侧 1 对尾羽几乎全白，外侧第 2 对尾羽外翈白色。常成十几只小群栖息活动于草地及沙地，喜鸣叫，主要以杂草种子为食。此外，常见种类有蒙古百灵（*Melanocorypha mongolica*）、凤头百灵（*Galerida cristata*）、云雀（*Alauda arvensis*）等。

2. 燕科（Hirundinidae）　体型较小，嘴型短，嘴基部阔，呈三角形，上嘴近先端有一小缺刻，鼻孔裸出，嘴须短而弱，翅狭长，初级飞羽 9 枚，尾形多少呈叉状；跗跖细弱，大多数种类不被羽，前缘具盾状鳞。如家燕（*Hirundo rustica*）（图 13-40B），上体蓝黑色，闪金属光泽，颏喉部及前胸栗红色；腹部淡棕色；尾长，深叉状，最外侧 1 对尾羽特别长；繁殖季节常成对活动于居民点及其附近的田野，捕食蚊虫和昆虫。代表种类还有灰沙燕、岩燕和金腰燕等。

图 13-40　雀形目的代表种类
A. 小沙百灵　B. 家燕　C. 白鹡鸰　D. 红尾伯劳　E. 喜鹊　F. 红嘴山鸦
G. 红点颏　H. 大苇莺　I. 红喉姬鹟　J. 白腰朱顶雀　K. 树麻雀
（仿邢莲莲）

3. 鹡鸰科（Motacillidae）　体型较小而纤细，嘴细长，上嘴先端微具缺刻，嘴须发达，鼻孔不被羽，翅尖长，初级飞羽 9 枚，最长的次级飞羽几乎达翼端，脚细长，后趾与后爪均较长，跗跖后缘呈棱状，光滑无鳞。如白鹡鸰（*Motacilla alba*）（图 13-40C），额、头顶前部、头侧、颏喉部白色，胸部具黑色横斑带，下体余部白色，上体大都黑色或灰色，最外侧两对尾羽白色，内翈基部具黑色羽缘；常活动在湖沼、河边、水渠旁等有水环境的附近，在离水不远的田野、果园、苗圃、林缘、草地也常能遇见；常成小群活动觅食，不甚畏人，多在地上走动觅食；停息时，尾常上下不住地摆动；飞行离地不高，多为波浪式姿势。代表种类还有山鹡鸰、树鹨等。

4. 伯劳科（Laniidae）　体型中等大小，嘴较大而强，上嘴先端呈钩状并具缺刻，鼻孔多少被垂羽所掩，翅大都短圆，自嘴基过眼至耳羽区有一宽的过眼纹，脚强而有力，以昆虫、蛙和蜥蜴等小动物为食。如红尾伯劳（*Lanius cristatus*）（图 13-40D），背部棕褐色，腹部棕白，眉纹白色，雄鸟头侧有一显著的黑色过眼纹。红尾伯劳分布较为广泛，栖息于平原、山地、丘陵中的乔木或灌丛上，多在树或灌木丛的顶部停落，一见地上有食物时，就迅疾飞下去捕取，然后再飞回原栖处或附近，主要以甲虫、蝼蛄、螳螂及鳞翅目幼虫为食。代表种类还有棕背伯劳。

5. 鸦科（Corvidae）　大型鸣禽；嘴、脚均粗壮，嘴与头的长度几乎相等，嘴缘光滑，鼻孔圆形，被羽所掩盖，初级飞羽 10 枚，第 1 枚的长度超过第 2 枚长度之半。如喜鹊（*Pica pica*）（图 13-40E），两肩部具大块白斑，腹部白色，其余体羽均黑色，尾羽较长呈凸状。喜鹊为城市和乡村常见鸟类，多成对活动，出没于山坡、树林、村庄、田园、苇地等，食性杂，主要觅食昆虫，并吃少量谷物；红嘴山鸦（*Pyrrhocorax pyrrhocorax*）（图 13-40F），通体纯黑，并有蓝色金属光泽，两翅和尾的表面闪绿色光泽，嘴和跗跖均为朱红色，爪黑色，多栖息于山地，春、夏季常成对活动，秋、冬季结成大群游荡，食性杂，属益害参半鸟类，其大量啄食害虫，对农牧业有益，但在春播期间，啄食种子，危害农作物。代表种类还有松鸦、星鸦、黑尾地鸦、秃鼻乌鸦、红嘴蓝鹊和灰喜鹊等。

6. 鹟科（Muscicapidae）　体小型，善在空中飞捕昆虫，嘴型宽扁似燕，嘴缘平滑，上喙正中有棱嵴，先端微有缺刻，鼻孔覆羽，腿较短，脚弱。羽色以灰、褐为主，雄鸟羽色多艳丽。如红喉姬鹟（*Ficedula parva*）（图 13-40I），上体灰褐色，雄鸟胸部灰褐色，颏喉部橙黄色，雌鸟灰棕白色或棕白色。此鸟在我国为旅鸟，每年 4 月初迁来，在树上鸣啭，叫声洪亮。代表种类还有白眉姬鹟、乌鹟和寿带等。

7. 鸫科（Turdidae）　中小型鸣禽，嘴型较短健，上嘴先端微具缺刻，鼻孔不被羽掩盖，翅短圆至长尖，跗跖长而强健，大多能在地面活动觅食。如红点颏（*Luscinia calliope*）（图 13-40G），上体橄榄褐色，雄鸟颏喉部红色，闪橙红色亮光，眉纹及颧纹白色，雌鸟颏部灰白色。该鸟在我国分布甚广，大量觅食害虫，同时也是有名的观赏鸟。代表种类还有北红尾鸲、漠鹏、蓝矶鸫、斑鸫、乌鸫等。

8. 莺科（Sylviidae）　体型多纤小，喙细尖，上嘴先端多有缺刻，翅短圆，腿细而短，羽色大多单纯，以灰、褐及橄榄绿为主，两性羽色一般相同。如大苇莺（*Acrocephalus arundinaceus*）（图 13-40H），上体橄榄褐色，下体乳黄色，第 1 枚初级飞羽不超过初级覆羽，以昆虫为主要食物，常分布于河、湖边的苇丛中，常大声鸣叫。代表种类还有灰林莺、戴菊和长尾缝叶莺等。

9. 画眉科（Timaliidae）　嘴强，嘴型或下曲或甚短厚，上嘴尖多有缺刻，鼻孔被羽或须毛掩盖；翼短圆，腿长，脚趾强健，善鸣唱及效鸣，多在灌丛基部及地面活动。代表种类还有画眉（*Garrulax canorus*）、棕颈钩嘴鹛、白颊噪鹛和红嘴相思鸟等。

10. 雀科（Fringillidae）　嘴短粗，呈圆锥形；嘴缘平滑，鼻孔被羽毛或皮膜所掩盖，初级飞羽 10 枚，但最外侧 1 枚极小或无，因而仅见 9 枚，尾羽 12 枚，中央尾羽不延长，腿、脚强健，适于树栖或地面觅食。如白腰朱顶雀（*Carduelis flammea*）（图 13-40J），头顶朱红色，背灰棕褐，具黑褐色纵纹，腰白沾粉红，胸玫瑰红，雌鸟头顶朱红色斑块较小而杂有暗灰色，腰灰白不沾粉红，肋部纵纹较多；栖息于山坡、丘陵和农田，喜在树上和灌木丛中活动，主要吃杂草种子，对农林牧无危害。

常见的还有树麻雀（*Passer montanus*）（图 13-40K），又称麻雀，头顶和后颈栗褐色，头侧和喉部具黑斑，背肩部杂以显著的黑色纵纹，腰橄榄褐沾棕，大覆羽和中覆羽的白色羽端在翅上形成二道横斑；栖息于树梢、房檐、农田等处，数量多，为优势种，喜结群活动，繁殖季节以昆虫育雏，但在农区麻雀取食稻谷，形成一定危害。代表种类还有褐翅雪雀。

第五节　我国的鸟类资源

我国是鸟类资源最丰富的国家，全世界现存鸟类有 156 科 9 800 多种，我国就有 101 科 1 371 种，分别占世界鸟类的 64.7%（科）和 14%（种），种类超过整个欧洲和北美洲，特别是我国的雉的野生种（各种野鸡）有 56 种，约占世界 60%，有雉类王国之称；全世界画眉科共计有 46 种，我国就有 34 种，占 74%。

鸟类就其在自然生态系统的作用而言，几乎全为益鸟，对人类生产活动造成危害的鸟类实属个别，益鸟中猎禽有鸭雁类（绿头鸭、秋沙鸭）、骨顶类（白骨顶、红骨顶）、鹭类（苍鹭）、鹬类（白腰杓鹬）、鸻类（金眶鸻）、鸡类（环颈雉、石鸡等）、鸠鸽类（岩鸽、斑鸠）、雀类等；猛禽类的鹰、鹫、雕、鹞、隼、鸮等；食虫类的雨燕、夜鹰、杜鹃、戴胜、啄木鸟、家燕、鹡鸰、伯劳、黄鹂、八哥、歌鸲、红尾鸲、斑鸫、画眉、苇莺、鹟鸟、山雀等。我国的珍贵禽类主要有黑颈鹤、丹顶鹤、白鹤、白枕鹤、白头鹤、灰鹤、白鹳、黑鹳、大天鹅、小天鹅、疣鼻天鹅、鸳鸯、朱鹮等。

我国的狩猎鸟类资源较为丰富，狩猎鸟类是指具有经济价值的食用或羽用种类，一般要求体型较大而肉质鲜嫩，主要是鸡形目、雁形目、鸽形目、鹬形目的种类。最普遍的数十种野鸡、野鸭，以中华鹧鸪、松鸡、花尾榛鸡、鹌鹑、灰胸竹鸡、斑鸠等为食用种类的上品。天鹅及鸿雁类，体型虽大，肉质却一般。

我国各地均有不少狩猎鸟类，每年猎捕的数量不少，如山东微山湖等湖区每年猎取的雁、鸭水禽，都曾达到 20 万～30 万 kg；江苏太湖、安徽巢湖、湖南洞庭湖等地也都是水禽的重要产区；沿海及江边每年也生产雁、鸭、鸻、鹬等各种水禽；广大山地丘陵区，又是各种雉鸡类的重要猎场。估计全国每年猎获的飞禽野味有几万吨。

鸟类的饰用和绒用价值也很高，鹅绒、鸭绒由于质轻而软、保暖性能好而深受人们的喜爱；鹭、鸭、雉、鹰、雕和鸮等的翼、羽翎、尾羽或羽皮是很好的装饰品和工艺品的原料。

我国观赏鸟类的种类也很多，如羽衣艳丽的红嘴相思鸟、黄鹂、绣眼、孔雀、阿苏儿；鸣声动听的画眉、百灵；能仿人语的鹦鹉、鹩哥；体态优美的丹顶鹤；体型娇秀、鸣声清脆的芙蓉鸟（金丝雀）等。我国的观赏鸟有百余种，不仅能满足本国人民需要，还远销国外。1976 年和 1979 年，曾出口百余万只活的观赏鸟，每年换汇百余万美元。外销数量较大的是红嘴相思鸟，每年出口 20 余万只；其次是画眉，每年出口 10 余万只；太平鸟、交嘴雀、绣眼鸟、八哥等的外销数量，都以万只计算。

鸟类的狩猎价值和观赏价值，仅仅是鸟类为我们做出贡献的小小一部分，鸟类给人类带来的利益是它们在维持大自然的生态平衡方面起着重要的作用，鸟类在保护森林和农业方面的意义极为重要。21 世纪已到来，人类面临的环境、人口、资源和生态问题会更加严重，因而作为人类最密切的地球伙伴，鸟类更应受到人类积极而严格的保护。

┃本章小结┃

在脊椎动物进化史上，鸟类是最早出现的恒温动物，鸟类具有迅速飞翔的能力，发达的神经系统和感觉器官，完善的繁殖方式和复杂的行为，减少了对环境的依赖性，增强了对复杂环境的适应能力，提高了后代的成活率。鸟类身体呈纺锤形，具有流线型的外廓，皮肤薄而松，体表覆盖羽毛，前肢变成两翼；骨内充满气体，骨骼轻而坚固，骨骼多有愈合；肌肉集中在身体的中部腹侧，具有发达的飞翔肌；消化系统具有发达的肌胃，食物消化能力强，直肠短，粪便随时排出体外；具有气囊，可进行双重呼吸；心脏左右心室已完全分开，具有完全的双循环；脑具有发达的纹状体、小脑和视叶，眼睛具有双重调节能力；鸟类无膀胱，生殖腺在繁殖期和非繁殖期具有显著的变化。因此，鸟类从外形特征到内部器官结构上全面适应飞行生活。

鸟纲分为古鸟亚纲和今鸟亚纲，古鸟亚纲鸟类既具有鸟类的特征。也具有爬行类的特征，是介于鸟类和爬行类之间的中间过渡类群。今鸟亚纲分平胸总目、企鹅总目和突胸总目。平胸总目是比较原始的现存鸟类，而企鹅总目由于适应水生和严寒而具有特化的特征。现存的鸟类主要属突胸总目，全球共计 33 目，9 800 多种。我国是鸟类资源最为丰富的国家，拥有鸟类 1 371 种，占世界鸟类的 14%，其中有一级保护鸟类 34 种，二级保护鸟类 63 种。因此，加强我国鸟类保护，对于保护全球物种多样性，维持生态平衡具有重要的意义。

思考题

1. 鸟类与爬行类相比有哪些进步的特征？
2. 恒温在动物进化史上有何重要意义？
3. 鸟类适应飞行生活的特征有哪些？
4. 为什么说始祖鸟是爬行类进化为鸟类过程中的过渡类型？
5. 在今鸟亚纲中，较原始的类群是哪一类？为什么？
6. 鸟类分为哪 6 个生态类群？每一类群包括哪些目？
7. 简述隼形目及各科的主要特征。
8. 鹤形目和鹳形目有何区别？
9. 隼形目和鸮形目有何区别？
10. 雀形目主要分哪些科？各科的主要特征是什么？

第十四章

哺乳纲（**Mammalia**）

内容提要

哺乳动物是全身被毛、运动快速、恒温、胎生和哺乳的高等脊椎动物。无论从躯体结构说，还是从生理功能说，哺乳动物均为动物界中最高等的类群。本章简述了哺乳动物的主要特征；阐明了胎生和哺乳的特点及进化意义；对哺乳动物的躯体结构特点做了简略描述；简述了哺乳纲各亚纲的分类特征和分布于我国14个目的特征，突出介绍了食肉目、奇蹄目和偶蹄目主要科及亚科的特征。

第一节　哺乳动物进步特征

哺乳动物（mammals）是全身被毛、运动快速、恒温、胎生和哺乳的高等脊椎动物，又称兽类。无论从躯体结构说，还是从生理功能说，哺乳动物均为动物界中最高等的类群，是地球上适应能力最强的动物类群。鸟类和哺乳类均为恒温动物，都是由远古爬行类进化而来的。但在系统进化历史上，哺乳类比鸟类出现得早，它是从具有若干类似古两栖类特征的原始爬行动物起源的。哺乳类的种类繁多，形态多样，分布广泛，几乎遍布地球上海洋、湖泊、河流、地面、地上、树上等各种各样的环境，形成了陆栖、穴居、飞翔和水栖等多种生态类群。就身体大小而言，人类发现的最大的哺乳动物蓝鲸，体长达33m，体重达150～300t，它的心脏就有700kg左右，最小的哺乳动物鼩鼱体重只有2g，但都具有比其他动物类群高等而进步的特征：①具有动物界中最发达的神经系统和感觉器官，大脑有发达的皮层，具有与行为、记忆、学习有关的高级机能，能够协调复杂的机能活动和适应多变的环境条件。②在动物界中首次出现口腔咀嚼消化，大大提高了对能量的摄取。③具有高而恒定的体温（25～37℃），减少了对环境的依赖性。④具有陆上快速运动的能力。哺乳动物在陆地上的运动速度是动物界中首屈一指的，特别是有蹄类，其陆上运动的速度可达60～80km/h。⑤在动物界中唯一具有胎生和哺乳的繁殖及育儿能力，极大地保证了后代的成活率。

在上述5方面的进步特征中，胎生和哺乳是哺乳类发展的最完善的繁育后代的方式，最大限度地摆脱了环境的束缚，因而在动物演化史上具有极其重要的意义。

第二节　胎生与哺乳

一、胎　　生

哺乳动物充分完善了在陆上的繁殖和育儿能力，保证了后代的成活率。这是由其具有胎生和哺乳能力决定的。绝大多数哺乳动物是胎生（vivipary）。所谓胎生是哺乳动物的胎儿借一种特殊的构造——胎盘（placenta）和母体联系并获得营养，在母体内完成胚胎发育过程——妊娠（gestation）而成为幼儿产出。同时，哺乳动物还具有一系列复杂的本能活动来保护哺乳中的幼兽。

胎盘是由胎儿的绒毛膜（chorion）和尿囊（allantois）与母体子宫壁的内膜结合起来形成的（图14-1）。胎儿发育中所需的养料是从母体的血液中获得的，但胎儿和母体的两套血液循环系统并不相通，胎盘是富有血管的海绵状构造，可分为两部分，即胎儿部分和母体部分。胎儿部分由绒毛膜的绒毛组成；

母体部分由子宫壁黏膜疏松的特殊部分组成，中间由一层极薄的（约 $2\mu m$）膜所隔开，营养物质和代谢废物通过膜的弥散作用来交换。其弥散过程有着高度的特异性，可以允许盐、糖、尿素、氨基酸、简单的脂肪以及某些维生素和激素通过，大蛋白分子、红血细胞以及其他细胞均不能透过。O_2 和 CO_2、H_2O 和电解质均能透过胎膜。这些物质的弥散是通过胚胎绒毛膜上的几千个指状突起（绒毛膜绒毛）像树根一样插入子宫内膜而完成的。绒毛极大地扩展了吸收接触的表面积，如人的胎儿，整个绒毛的吸收表面积约为皮肤面积的 50 倍。通过电镜研究发现，胎盘细胞有许多类型，以控制母体与胎儿之间的物质交换，它们同时具有胎儿暂时性的肺、肝、小肠和肾功能，并能产生激素。

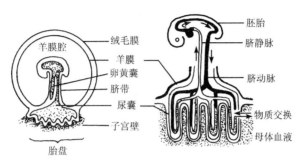

图 14-1　哺乳类胎盘结构模式图
（仿 Weisz 等）

　　哺乳类的胎盘有无蜕膜胎盘和蜕膜胎盘之分。前者胚胎的尿囊和绒毛膜与母体子宫内膜结合不紧密，胎儿出生时似手从手套脱出一样，不使子宫壁大出血。而后者的尿囊和绒毛膜与母体子宫内膜结为一体，因而胎儿产出时须将子宫壁内膜一起撕下产出，造成大量流血。蜕膜胎盘属于哺乳类的较高等类型，效能高，更利于胚胎发育。无蜕膜胎盘一般包括散布状胎盘（绒毛均匀分布在绒毛膜上，鲸、狐猴以及某些有蹄类属此）和叶状胎盘（绒毛汇集成一块块小叶丛，散布在绒毛膜上，大多数反刍动物属于此类）。蜕膜胎盘一般包括环状胎盘和盘状胎盘，环状胎盘绒毛呈环带状分布，食肉目种类、象、海豹等属于此类；盘状胎盘绒毛呈盘状分布，食虫目、翼手目、啮齿目和多数灵长目种类属于此类（图 14-2）。

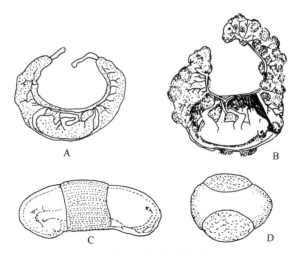

图 14-2　哺乳动物各种类型的胎盘
A. 散布状胎盘（猪）　B. 叶状胎盘（牛羊等反刍动物）　C. 环状胎盘（猫）　D. 盘状胎盘（猴）
（仿丁汉波）

二、哺　乳

　　哺乳类的幼仔产出后，母兽以乳腺分泌的乳汁哺育幼仔，称为哺乳（lactation）。乳汁营养丰富，含有水、蛋白质、脂肪、糖、无机盐、酶和多种维生素，还有一些抵御疾病的特殊抗体，因此对幼仔的生长发育极其有利。哺乳使后代在优越的营养条件下快速生长，加之哺乳类对幼仔有各种完善的保护行为，因而哺乳动物幼仔的成活率远比其他脊椎动物高，但与之相关的是哺乳类所产幼仔数目显著减少。

三、胎生与哺乳在动物演化上的意义

胎生、哺乳是动物与环境长期斗争的产物，是动物生殖进化的高级形式，在动物演化上具有重要意义：

1. 胎生方式提高了后代的成活率　胎生为哺乳类的生存和发展提供了广阔前景，它为发育的胚胎提供了保护、营养以及稳定的恒温发育条件，是保证酶活动和代谢活动正常进行的有利因素；使外界环境条件对胚胎发育的不利影响降到最低程度。

2. 哺乳使胎儿在产出后有良好的营养条件从而快速成长　乳汁营养丰富且易消化，加之哺乳类一系列对幼兽的保护行为，从而使哺乳类在生存斗争中成为一支最高等的动物类群。

3. 胎生、哺乳导致了亲代抚育（parental care）**机制的出现**　鸟类也有此现象，是鸟类孵卵和育雏的结果，这是属于趋同进化的例子。亲代抚育是在后代出生或孵出后，亲体持续饲喂和照料（抚育）幼体，有时长达几年。在这两个谱系中，母体生产的后代数量相对少，但个体大、质量高。这种完全的亲代抚育是哺乳动物和鸟类进化成功的主要原因。

第三节　哺乳动物躯体结构
一、外　　形

哺乳类外形最显著的特点是体外被毛。躯体结构与四肢的着生均适应于在陆地上快速运动。前肢的肘关节向后转，后肢的膝关节向前转，从而使四肢紧贴于躯体下方，大大提高了支撑力和跳跃力，有利于步行和奔跑，结束了低等陆栖动物以腹壁贴地，用尾巴作为运动辅助器官的局面。哺乳类的头、颈、躯干和尾等部分，在外形上颇为明显。尾为运动的平衡器官，大都趋于退化。适应于不同生活的哺乳类，在形态上有较大改变。水栖种类（如鲸）体呈鱼形，附肢退化呈桨状。飞翔种类（如蝙蝠）前肢特化，具有翼膜。穴居种类体躯粗短，前肢特化如铲状，适应掘土（如鼹鼠）。

二、皮肤系统

1. 皮肤　分表皮和真皮两层（图14-3），表皮外层的细胞角质化，称角质层，与真皮相接的一层为生发层，具增生能力，经常进行细胞分裂。真皮紧接表皮之下，厚而含有致密结缔组织。真皮部分可用于制革，真皮之下为疏松结缔组织，含有大量脂肪细胞。

2. 皮肤衍生物　皮肤衍生物包括：毛，皮肤腺，角质构造（爪、蹄、甲）和角。

（1）毛：哺乳动物的毛分针毛、绒毛和触毛三类。针毛长而粗，耐摩擦，有保暖作用（大多数毛皮兽）；触毛长而硬，多在嘴边，有触觉作用。食肉类嘴边的触毛长度、密度、颜色随种类不同而不同。哺乳动物的毛在每年春、秋季脱落更换，称为换毛。秋季换毛时夏毛脱落，长出长而密的冬毛；春

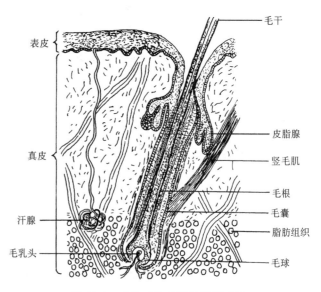

图14-3　哺乳动物皮肤构造模式图
（仿丁汉波）

季换毛时冬毛脱落，长出短而稀的夏毛（图 14-4）。多以此来确定狩猎时间。

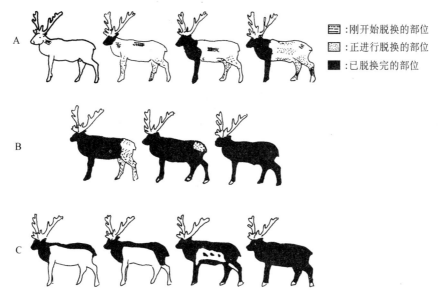

图 14-4　马鹿的换毛
A、B. 冬毛脱换　C. 夏毛脱换
（仿华中师范学院等）

（2）皮肤腺：哺乳动物的皮肤腺包括汗腺（sweat gland）、乳腺（mammary gland）、皮脂腺（sebaceous gland）、味腺（scent gland）。汗腺是哺乳类特有的，为多细胞的单管腺体，由表皮生发层分化形成，具有排泄和调节体温的作用；乳腺也为哺乳类特有，由汗腺演化而成，乳腺集中区为乳区，乳区上有乳头，哺乳动物的乳头分真乳头和假乳头 2 种，前者的分泌管直接开口于乳头上（灵长目、啮齿目等），后者的分泌管开口于乳管底部，再由乳管通出体外（牛、羊等）（图 14-5）；皮脂腺为葡萄囊状的多细胞，分泌皮脂以润滑皮肤和毛；味腺又名臭腺，是汗腺和皮脂腺的变形，能分泌具有特殊气味的分泌物，以标定领地、吸引异性或自卫。

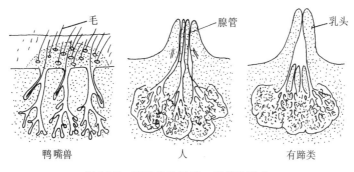

图 14-5　哺乳类的乳腺、腺管和乳头
（仿 Kent）

（3）角质结构（爪、蹄、甲）：均为兽类趾端表皮形成的角质结构，蹄、甲均为爪的变形（图 14-6）。

（4）角：角为若干哺乳动物特有的，它是头部表皮及真皮部分特化的产物，也是有蹄类的防卫利器。常见的有洞角——牛角、羊角，及实角——鹿角。洞角不分叉，终生不更换，为头骨的骨角外面套以表皮角质化形成的角质鞘构成。实角为分叉的骨质角，通常多为雄性发达，且每年脱换一次（图 14-7）。它由真皮骨化后，穿出皮肤而成。刚生出的鹿角外包着富有血管的皮肤，此期的鹿角称鹿茸，为贵重的中药。长颈鹿的角终生包被有皮毛，是另一种特殊结构的角。犀牛角则为毛的特化产物（图 14-7）。

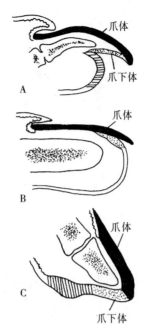

图 14-6 爪、甲和蹄构造的比较（指甲和蹄均为爪的变形）
A. 爪 B. 甲 C. 蹄
（仿 Kent）

图 14-7 哺乳类的角

A. 犀牛角及头骨（为没有骨质成分的角） B. 长颈鹿的角及头骨 C. 山羊的角及瞪羚头骨
D. 洞角的结构 E. 洞角的演化 F. 简单的鹿角 G. 复杂的鹿角 H. 鹿角的结构及发生
（仿刘凌云）

三、骨骼系统

哺乳动物骨骼系统包括中轴骨骼和附肢骨骼。

1. 中轴骨骼　中轴骨骼包括头骨、脊柱、胸骨及肋骨。

（1）头骨：包括额骨、顶骨、枕骨、蝶骨、筛骨、鳞骨、鼓骨等，合成颅腔；泪骨、颧骨、鼻骨、鼻甲骨、上颌骨、前颌骨、腭骨、翼骨、犁骨、下颌骨及舌骨构成眼眶、鼻腔和口腔（图 14-8）。

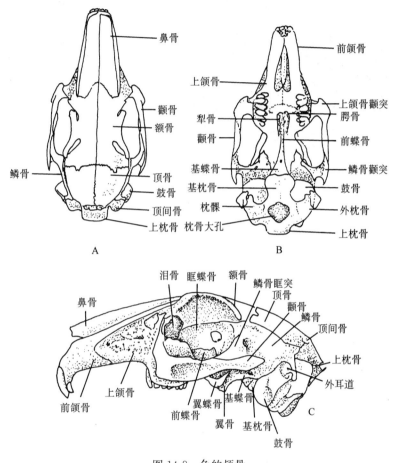

图 14-8　兔的颅骨
A. 背面观　B. 腹面观　C. 侧面观
（仿丁汉波）

（2）脊柱：脊柱分为颈椎、胸椎、腰椎、荐椎和尾椎 5 个部分。哺乳动物的椎体的关节面平坦，椎体之间有椎间盘（intervertebral disk）。椎间盘是有弹性的纤维软骨垫，可减缓震荡，使椎体之间具有一定的活动度，并能承受较大的重力（图 14-9）。

（3）胸骨和肋骨：胸骨位于胸部腹面中央，是一列骨片，最前 1 节为胸骨柄（manubrium），中间几节称胸骨体（body of sternum），最后 1 节称剑胸骨（xiphoid process）。哺乳类的肋骨有真肋、假肋和浮肋之分。真肋是前部肋骨，以肋软骨直接与胸骨相接；假肋不与胸骨直接相连；借助肋软骨与上 1 根肋骨相连；浮肋为肋软骨，其末端是游离的（图 14-9）。

2. 附肢骨骼　包括肩带、前肢骨骼和腰带、后肢骨骼。

（1）肩带：由肩胛骨、锁骨和乌喙骨组成。肩胛骨是前肢和肩部肌肉的附着点，乌喙骨已退化成肩胛骨上的 1 个突起，有些哺乳动物无锁骨，如奇蹄类和偶蹄类等。

（2）前肢骨骼：包括肱骨、桡骨、尺骨、腕骨、掌骨和指骨。

（3）腰带：左右腰带各由髂骨、坐骨和耻骨愈合成 1 块髋骨。左右髋骨的背侧与荐骨相连接，腹侧形成耻坐合缝或耻骨合缝。两侧的髋骨与荐骨和前部尾椎形成骨盆。

（4）后肢骨骼：包括股骨、胫骨、腓骨、跗骨、跖骨和趾骨。股骨下端前方有膝盖骨（髌骨）（patella）（图 14-9）。

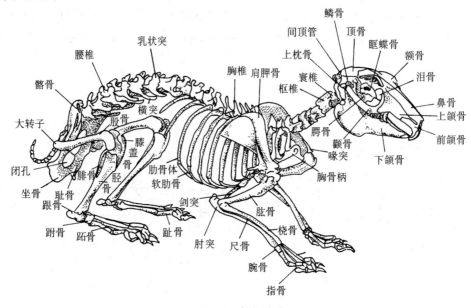

图 14-9　兔的骨骼
（仿华中师范学院等）

陆栖哺乳动物适应不同的生活方式，在足型上有跖行式、趾行式和蹄行式 3 种类型（图 14-10），其中以蹄行式与地表接触面积最小，是适应于快速奔跑的一种足型。

四、肌肉系统

哺乳类的肌肉系统基本上与爬行类相似，但功能和结构进一步复杂化，可分为心肌和平滑肌、骨骼肌。

1. 心肌和平滑肌　心肌存在于脊椎动物的心脏，接受植物性神经的调节。平滑肌分布在绝大多数的内脏器官中，在消化道、膀胱、子宫、血管等器官壁上更为丰富。平滑肌接受植物性神经系统的调节，常进行持续有节奏收缩。

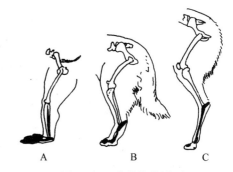

图 14-10　哺乳类的足型
A. 跖行式（狒狒）　B. 趾行式（狐）　C. 蹄行式（羊、驼）
（仿刘凌云）

2. 骨骼肌　骨骼肌在哺乳类肌肉中占比例最大，其重量占脊椎动物体重的 40％左右，它和骨骼系统一同构成运动装置，分布在四肢、体壁、横膈、舌、食道上段及眼周围等部位，受外周神经支配。

此外，与其他脊椎动物的肌肉相比，哺乳类的肌肉系统具有以下突出特点：

①具有特殊的膈肌：膈肌为哺乳类特有，膈肌起于胸廓后端的肋骨缘，止于中央腱，构成分隔胸腔与腹腔的膈。在神经系统的调节下发生运动而改变胸腔容积，是呼吸运动的重要组成部分。

②咀嚼肌强大：哺乳类出现了口腔消化，与之相适应，出现了强大的咀嚼肌。咀嚼肌由颞肌和嚼肌构成，分别起自颅侧和颧弓，止于下颌骨-齿骨。

③皮肌发达：哺乳类皮肤的结构和功能极度完善，皮肌发达是其表现之一。如人面部的"表情肌"，刺猬和穿山甲遇危险时蜷缩身体，都与皮肌的作用有关。

五、消化系统

哺乳动物消化系统包括消化道和消化腺。

1. 消化道　消化道分为口腔、咽、食道、胃、小肠、大肠和肛门等部分。

（1）口腔：哺乳动物出现了肌肉质的唇（lip）。食草类动物的唇特别发达，为吸乳、摄食及辅助咀嚼的主要器官。口腔内有牙齿和舌及唾液腺的导管通入。哺乳动物牙齿属异型齿（heterodont dentition），即牙齿分化为门齿（incisor，简写为 I）、犬齿（canine，简写为 C）、前臼齿（premolar，简写为 P）和臼齿（molar，简写为 M）。牙齿的主要作用是切断、撕裂、磨碎食物。牙齿分齿冠和齿根（图 14-11），上端为齿冠，其表面覆盖坚硬的釉质（珐琅质），下端为齿根，其外面覆盖一层齿骨质，齿的内部空腔称髓腔，内有齿髓组织，血管和神经通过根尖孔进入齿髓，腔外的厚壁为齿质。

大多数哺乳动物的牙齿为再出齿（diphyodont），即先有乳齿（temporary 或 milk tooth），再换成恒齿（permanent tooth）。乳齿比恒齿少，只有门齿、犬齿和前臼齿，这几种乳齿以后逐渐由恒齿替代。后臼齿在较晚的时候长出，不替换（图 14-12）。

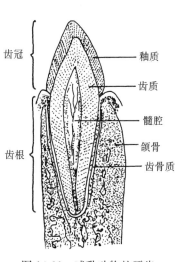

图 14-11　哺乳动物的牙齿
（仿丁汉波）

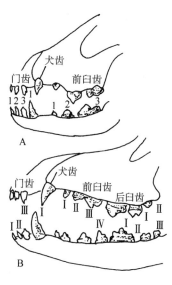

图 14-12　犬的乳齿和恒齿
A. 乳齿　B. 恒齿
（仿丁汉波）

因食性不同，哺乳类牙齿可分为食虫型（insectivorous）、食肉型（carnivorous）、食草型（herbivorous）和杂食型（omnivorous）（图 14-13）。

①食虫型：门齿尖锐，犬齿不发达，臼齿齿冠上有锐利的齿尖，多呈 W 形。

②食肉型：门齿较小，少变化，犬齿特别发达，臼齿常有尖锐的突起，上颌最后一个前臼齿和下颌的第 1 臼齿常特别增大，齿尖锋利，用以撕裂肉，称为裂齿（carnassialteeth）。

③食草型：犬齿不发达或缺少，这样就形成了门齿和前臼齿间的宽阔齿隙（diastema，或称犬齿虚位），臼齿扁平，齿尖延成半月形，称月型齿（lophodont），齿冠也高。

④杂食型：臼齿齿冠有丘形隆起，称为丘型齿（bunodont）。

不同生活习性的哺乳动物其牙齿的形状和数目均有很大变异。齿型和齿数在同一种类是稳定的，是用齿式（dental formula）来表示的。齿式是指用分式来表示哺乳类上下颌一侧牙齿的数目，它是哺乳类分类的重要依据。例如：

$$猪为 \frac{3 \cdot 1 \cdot 4 \cdot 3}{3 \cdot 1 \cdot 4 \cdot 3} = 44 \qquad 牛为 \frac{0 \cdot 0 \cdot 3 \cdot 3}{4 \cdot 0 \cdot 3 \cdot 3} = 32$$

$$仓鼠为 \frac{1 \cdot 0 \cdot 0 \cdot 3}{1 \cdot 0 \cdot 0 \cdot 3} = 16 \qquad 猴与人均为 \frac{2 \cdot 1 \cdot 2 \cdot 3}{2 \cdot 1 \cdot 2 \cdot 3} = 32$$

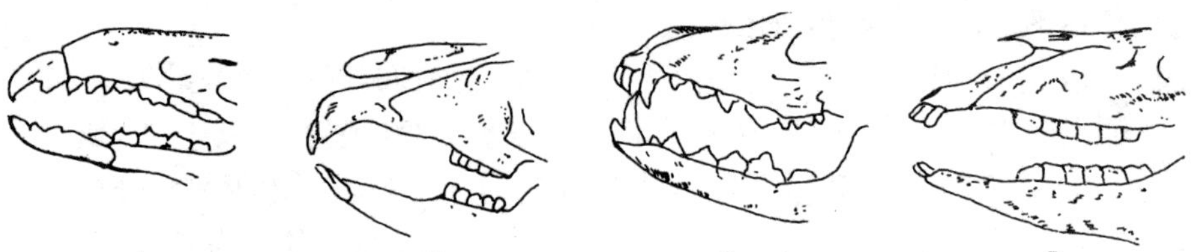

图 14-13　几种哺乳类的齿系

A. 食虫目（鼩鼱）　B. 兔形目（兔）　C. 食肉目（狐）　D. 奇蹄目（马）

（仿郝天和）

舌表面具有味蕾，是一种化学分析器。每个味蕾由若干味细胞组成，味细胞通过顶端的纤毛伸出味蕾小孔，感觉出溶解在水中的化学物质是什么味道。固体或气体物质，也要先溶解在唾液中，味蕾才能尝出味道。味细胞末端连接着进入神经。当味细胞兴奋时，冲动就沿着传入神经传入大脑的味觉中枢，产生味觉。基本味觉只有酸、甜、苦、咸 4 种，其余都是混合味觉，是基本味觉的不同组合。

（2）咽：咽前接口腔，后通食道与喉。哺乳动物由于形成了次生腭，内鼻孔开口到咽部，咽部即成为消化和呼吸道的交叉处（图 14-14）。哺乳动物适应于吞咽食物碎屑、防止食物进入气管，而在喉门外形成一个软骨的"喉门盖"，即会厌软骨（epiglottis）。当完成吞咽动作时，先由舌将食物后推至咽，食物刺激软腭而引起一系列的反射：软腭上升、咽后壁向前封闭咽与喉的通路，此时呼吸暂停，食物经咽部而进入食管。吞咽反射解决了咽交叉部位呼吸与吞咽的矛盾。

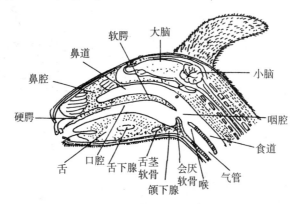

图 14-14　兔的头部矢切面（示口腔硬腭、软腭和咽部的各通道）

（仿丁汉波）

（3）食道和胃：食道是通到胃的肌肉管，食道壁的肌肉为平滑肌。胃是消化道的重要部分，其入口和出口分别称为贲门（cardia）和幽门（pylorus），都有括约肌，可控制食物的进出。

哺乳类的胃形态与食性相关，大多数哺乳类为单胃。食草动物中的反刍类（ruminant）则具有复杂的复胃（反刍胃）。反刍类的胃一般由 4 室组成，即瘤胃（rumen）、网胃（蜂巢胃）（reticulum）、瓣胃（omasum）和皱胃（真胃）（abomasum）。其中，前 3 个胃室为食道的变形，皱胃为胃本体，具有腺上皮，能分泌胃液。新生幼兽的胃液中凝乳酶特别活跃，能使乳汁在胃内凝结。从胃的贲门部开始，经网胃至瓣胃孔处，有一肌肉质的沟褶，称食道沟。食道沟在幼兽时期发达，借肌肉收缩可构成暂时的管（犹如自食道下端延续的管），使乳汁直接流入胃内。至成体食道沟退化。

反刍（rumination）的简要过程是：当混有大量唾液的纤维质食物（如干草）进入瘤胃以后，在微生物（细菌、纤毛虫和真菌）作用下发酵分解（有时也能进入网胃）。存于瘤胃和网胃内的粗糙食物上浮，刺激瘤胃前庭和食道沟，引起逆呕反射，将粗糙食物逆行经食道入口再行咀嚼。咀嚼后的细碎和比重较大的食物再经瘤胃与网胃的底部，最后到达皱胃。这种反刍过程可反复进行，直至食物充分分解为止（图 14-15）。

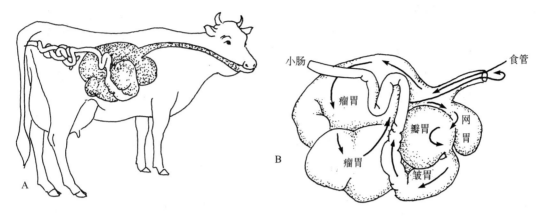

图 14-15　反刍动物的消化系统

A. 各个胃室在牛体中的正确位置　B. 食物在牛各胃室中的运行过程

（仿 Keeton）

（4）小肠和大肠：小肠是消化道中最长的部分，食物的消化和吸收过程主要在此完成。分解后的食物由肠壁吸收运到全身。小肠黏膜内有肠腺，可分泌小肠液。肝和胰所分泌的胆汁及胰液入小肠参加消化，小肠黏膜表面也有许多丝状突起，称绒毛（图 14-16），可扩大吸收面积，每根绒毛的表面具单层上皮，中间是结缔组织，其中含有毛细血管、毛细淋巴管、乳糜管、神经、平滑肌纤维等。

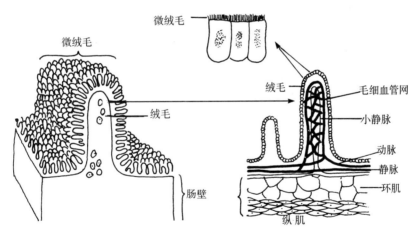

图 14-16　小肠内壁的结构

（仿 Bernstein）

2. 消化腺　消化腺包括唾液腺（salivary gland）、肝、胰以及胃腺和肠腺。

哺乳动物一般有 3 对唾液腺，即腮腺、颌下腺及舌下腺，都有导管开口于口腔。

肝是哺乳动物最大的腺体，位于横膈右面，分左右两叶，每一叶又分成几小叶。肝分泌胆汁经胆管流入十二指肠。肝除分泌胆汁外，还有其他非常重要的功能，包括储存糖原，调节血糖，使多余的氨基酸脱氨形成尿及其他化合物，将某些有毒物质转变为无毒物质，合成血浆蛋白质等。

胰通常位于胃及十二指肠之间，是人体内唯一的一个既是外分泌腺又是内分泌腺的腺体，是一个特殊的脏器。胰分泌胰高血糖素和胰岛素入血液，共同调节组织的糖类代谢；胰的外分泌液或胰液经胰管输入十二指肠，其中含有各种消化酶，起消化食物的作用。

六、呼吸系统

呼吸系统包括呼吸道和肺两部分，前者为气体进出肺的通路，后者是气体交换的部位。

1. 呼吸道 呼吸道由鼻腔、咽、喉和气管组成。鼻腔内具发达的鼻甲，其鼻腔壁上有黏膜，黏膜内富有血管和腺体，可使吸入的空气增加温度和湿度，并黏着空气中的尘埃及杂物，黏膜上有嗅觉细胞，因此鼻既是空气出入的通路，也是嗅觉器官。喉是气管前端的膨大部分，是空气的入口和发声器官，喉部的会厌软骨可防止食物和水误入气管。气管和支气管位于食道腹面，由一系列背面不衔接的软骨环支持，气管通入胸腔后经左右支气管分别入肺。

2. 肺 肺（图 14-17）位于胸腔内，外观呈海绵状，右肺通常比左肺大，由覆盖在外表面的胸膜脏层和肺实质两部分组成。肺实质包括 3 部分：导管部——支气管树、呼吸部——呼吸细支气管和肺泡、肺间质——肺泡间的结缔组织。

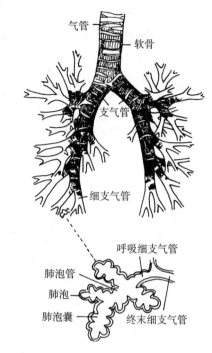

图 14-17　哺乳动物肺的构造
（仿华中师范学院等）

七、循环系统

哺乳类循环系统与鸟类基本一致，心脏为完全的 4 室，为完全的双循环，不同的是哺乳类具有左体动脉弓，血液中的红细胞无细胞核。

1. 心脏 心脏分左、右心房和左、右心室，左、右心室之间称室间隔，左、右心房之间称房间隔，房室之间有瓣膜，左房室之间为二尖瓣（bicuspid valve），右房室之间为三尖瓣（tricuspid valve）。体静脉回来的血入右心房，再流入右心室。肺动脉从右心室发出后分支进入肺，从肺静脉回来的多氧血注入左心房，流入左心室，再经体动脉通到全身（图 14-18）。

2. 血液 血液由血浆及血细胞两部分构成。血细胞有白细胞和红细胞 2 种，此外还有血小板。哺乳类的红细胞与其他各类脊椎动物不同，没有细胞核，内含血红蛋白，在肺中与 O_2 结合后成为氧合血红蛋白，经血液循环带到器官组织中，供给细胞 O_2。氧合血红蛋白脱氧

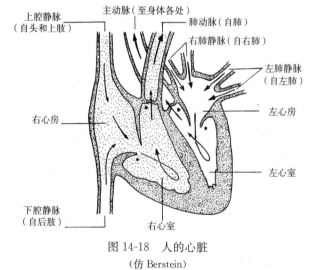

图 14-18　人的心脏
（仿 Berstein）

后，再与代谢产生的 CO_2 结合，经静脉流回心脏后，再输送到肺部进行气体交换。

3. 淋巴 哺乳类的淋巴系统很发达，包括淋巴管、淋巴结和脾等，其功能是辅助静脉将组织液运回血液和输送某些营养物质，同时还具有制造淋巴细胞和产生免疫的机能。

八、排泄系统

哺乳动物的排泄系统由肾（泌尿）、输尿管（导尿）、膀胱（储尿）和尿道（排尿途径）组成（图 14-19）。肾的主要功能是排泄代谢废物，参与水分和盐分调节以及酸碱平衡，以维持有机体内环境理

化性质的稳定。此外，哺乳类皮肤和肺也具有排泄功能。

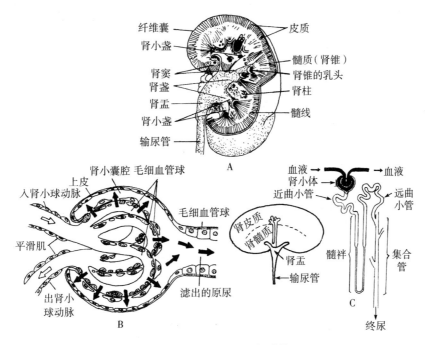

图 14-19　哺乳类的肾及肾单位
A. 肾纵切面　B. 肾小体　C. 肾及肾单位示意图（示肾单位的结构及其在肾中的位置）
（仿 Schmidt-Nielsen）

　　哺乳类肾呈豆形，位于腰部脊柱两侧，在断面上可以区分出皮质、髓质和肾盂 3 个部分。肾的功能单位为肾单位（nephron），由肾小体（renal corpuscle）和肾小管（tubule）组成。哺乳类肾单位数极多，人的肾单位可达 300 万个。肾小体位于肾皮质内，它包括毛细血管盘曲而成的肾小球（glomerulus）和包在其外的双层壁的肾小囊（Bowman capsule）。肾小体像一个血液的过滤器，使血液中除血细胞和分子较大的蛋白质外，其他物质（如水、葡萄糖、氯化钠、尿素、尿酸等）都能过滤到肾小囊腔内，形成原尿。肾小管分近曲小管、髓袢及远曲小管 3 个部分。尿液的浓缩主要是借肾小管对尿中水分及钠盐等的重吸收而实现的。

　　哺乳类的新陈代谢异常旺盛，高度的能量需求和食物中含有丰富的蛋白质，致使在代谢过程中所产生的尿量极大。要避免这些含氮废物迅速积累，就需要有大量的水将废物溶解并排出体外，而这又与陆栖生活所必需的"保水"形成尖锐矛盾。哺乳类具有的高度浓缩尿液的能力就是解决这一矛盾的重要适应，如人尿液的含氮废物的浓度可达 1 430mol/L；大象可达 2 900mol/L；分布于干旱地区的跳鼠高达 9 400mol/L。

九、神经系统与感觉器官

　　哺乳动物的神经系统高度发达，主要表现在大脑和小脑体积增大，大脑皮层加厚并出现沟回（sulcusgyrus），神经系统包括中枢神经系统和外周神经系统及植物性神经系统。听觉、嗅觉等感觉器官结构复杂功能完善。

（一）神经系统

1. 中枢神经系统　脑（图 14-20）分为 5 个部分，即大脑、间脑、中脑、后脑和延脑。大脑分为左右两个半球，表层为大脑皮层，有许多沟和回，增加表层面积，两半球之间有哺乳动物特有的胼胝体（corpus callosum）相连。间脑被大脑半球蔽盖，丘脑大，两侧壁加厚称作视丘。中脑体积甚小，顶部除纵沟外，还有横沟，构成四叠体。后脑上部有发达的小脑，褶皱非常多，其前腹面有突起称脑桥（pons varolii），它是小脑与大脑之间联络通路的中间站，为哺乳类所特有，越是大脑和小脑发达的种类，脑桥越发达。延脑在小脑腹方连接脊髓，它是哺乳动物主要的内脏活动中枢，节制呼吸、心跳、消化、循环、汗腺分泌及各种防御反射（如咳嗽、呕吐、泪分泌、眨眼等），又称活命中枢。

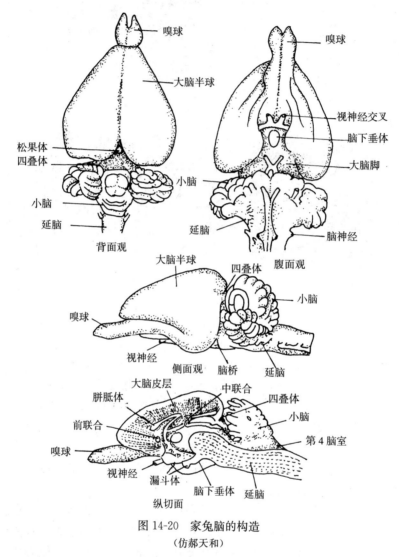

图 14-20　家兔脑的构造
（仿郝天和）

2. 外周神经系统　以人为例，人有脑神经 12 对，脊神经 31 对，其中颈部 8 对，胸部 12 对，腰部 5 对，荐部 6 对，均分布于全身各部，指挥完成各种生理功能。

3. 植物性神经系统　植物性神经系统包括交感神经系统（sympathetic system）和副交感神经系统（parasympathetic system），哺乳动物的植物性神经系统很发达，它管理平滑肌、心肌和分泌腺等部分的活动（图 14-21）。

（1）交感神经系统：其中枢部分位于胸、腰的脊髓内，其外围部分包括在脊柱两旁的交感神经链、腹腔神经节、肠系膜上神经节和肠系膜下神经节等，以及联络它们的许多交感神经纤维。

（2）副交感神经系统：副交感神经系统的中枢部分位于中脑、延脑和荐部脊髓。其外围部分的副交感神经纤维则混在第Ⅲ、Ⅶ、Ⅸ、Ⅹ脑神经及第 2、3、4 荐神经内。内脏各器官、血管和分泌腺等一般都接受交感神经和副交感神经的双重支配。交感神经和副交感神经对它们的调节作用，是相互颉颃而又协调的。它们处在矛盾的对立面，但又处于一个统一的有机体中。有机体内部得以维持正常的生理活动，正是基于这两类神经的作用不断地互相矛盾和不断地统一的过程。

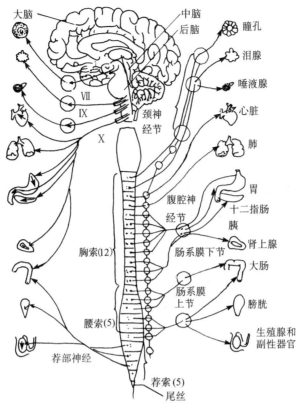

图 14-21　哺乳类的植物性神经系统（右，示交感神经；左，示副交感神经）

（仿 Turner）

（二）感觉器官

哺乳类的感觉器官十分发达，尤其是嗅觉和听觉高度灵敏。

1. 嗅觉　哺乳类嗅觉高度发达，这是因为哺乳类的鼻甲骨复杂和鼻腔扩大，鼻甲骨是盘卷复杂的薄骨片，其外覆有布满嗅神经的嗅黏膜，大大增加了嗅觉表面积，如兔的嗅神经细胞多达 10 亿个。水栖种类，如鲸和海牛的嗅觉器官则退化。

2. 视觉　哺乳类的视觉器官（眼球）的结构与低等陆栖种类相似，但哺乳类对光波感觉灵敏，对色觉感受力差，特别是夜间活动的哺乳动物。

3. 听觉　哺乳动物听觉敏锐，其结构复杂，内耳具有发达的耳蜗管（cochlea），中耳内具有 3 块彼此相关节的听骨——锤骨、砧骨和镫骨以及发达的外耳道和耳壳。耳壳可以转动，能够更有效地收集声波，从而刺激听觉的感受器（柯蒂瓦器），将神经冲动传入脑而产生听觉。

十、内分泌系统

哺乳动物的内分泌系统（endocrine system）极为发达，其内分泌腺（endocrine gland）是不具导管的腺体，所分泌的活性物质称为激素（hormone）。哺乳动物的内分泌腺包括脑垂体、甲状腺、甲状旁腺（副甲状腺）、肾上腺、胰岛、性腺、前列腺、松果体、胸腺等（图 14-22）。内分泌腺所分泌的激素对机体各器官的生长发育、机能活动和新陈代谢起着十分重要的调节作用（表 14-1）。

表 14-1　人主要内分泌腺及其功能

内分泌腺	功能
脑垂体	分泌激素种类多，调节生长、血压和水平衡等生理过程，并且能调节其他内分泌腺的活动。如分泌生长激素，直接作用于组织细胞，可以增加细胞的体积和数量，促进人体的生长

（续）

内分泌腺	功能
甲状腺	分泌甲状腺激素，促进人体的生长发育和新陈代谢，提高神经系统的兴奋性
胰腺	分泌胰岛素和胰高血糖素，在调节糖类、脂肪、蛋白质代谢，维持正常的血糖水平方面，都起着十分重要的作用
睾丸	分泌雄性激素，有促进精子生成，促进男性生殖器官发育并维持其正常活动，激发和维持男性第二性征等作用
卵巢	卵巢分泌雌性激素和孕激素。雌性激素能促进女性生殖器官、乳腺导管发育，激发并维持女性第二性征。孕激素能促进子宫内膜增厚和乳腺腺泡的发育

哺乳动物内分泌腺有以下特点：

1. 没有导管　它们所分泌的激素直接进入血液或淋巴液，通过血液循环运输到全身。

2. 内分泌腺都由一些排列成团、索或囊泡的腺细胞组成　其间分布着丰富的毛细血管或毛细淋巴管。

3. 内分泌腺体积小　但机能很重要，激素对动物体的代谢、生长发育、生殖等重要生理机能具有调节作用。正常情况下，各种激素的作用是相互平衡的，内分泌机能障碍将引起机能显著异常并引起各种疾病。

4. 反馈机制　血液中激素浓度的变化，又反过来对内分泌腺的代谢或功能（如激素的分泌）起调节作用，这种作用称反馈（feed-back），这是内分泌的自我调节形式。

5. 特异性　每一种激素都有它特有的生理作用，这就是激素的特异性。机体对激素有选择性，即某种激素可引起一器官的兴奋，而另一种激素则抑制它的活动。

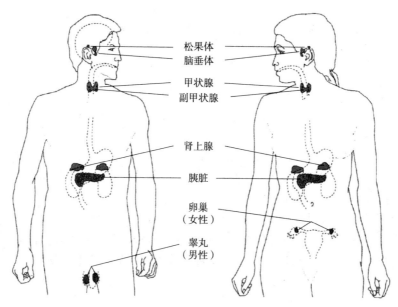

图 14-22　人体的内分泌腺

十一、生殖系统

哺乳动物的生殖系统构造达到相当复杂的程度。

1. 雄性生殖系统　雄性生殖系统包括生殖腺（精巢）、附睾、输精管、副性腺和交配器（图 14-23）。

雄性的生殖腺为 1 对睾丸，通常位于阴囊内。睾丸被结缔组织分隔为许多小叶，小叶内充满盘曲的精曲小管。精子由精曲小管的上皮产生，进入附睾后停留至达到生理上的成熟。输精管由附睾末端发出，穿过鼠蹊管进入腹腔，再进入盆腔。左、右输精管在膀胱背侧趋向中央，开口于尿道。副性腺有前列腺和尿道球腺。副性腺的分泌物进入尿道参加形成精液，这些分泌物能增强精子的活性。阴茎是交配器官，主要由海绵体构成，尿道贯行其中。

2. 雌性生殖系统　雌性有 1 对卵巢。卵巢表层为生殖上皮。卵巢内有生殖上皮产生的处于不同发育时期的卵泡（follicle）。卵泡由卵原细胞及其周围的卵泡细胞组成。卵泡成熟后破裂，排出卵及卵泡液。输卵管的一端扩大成喇叭口，另一端与子宫相通。子宫经阴道开口于阴道前庭。前庭腹壁有一小突起，称阴蒂，是雄性阴茎头的同源器官，前庭外围有阴唇（图 14-24）。

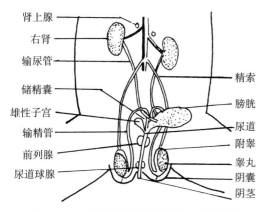

图 14-23　雄兔的泌尿生殖系统（腹面观）
（仿丁汉波）

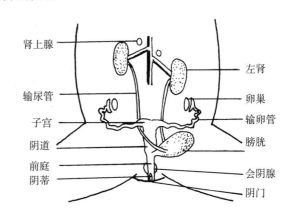

图 14-24　雌兔的泌尿生殖系统（腹面观）
（仿丁汉波）

3. 真兽亚纲子宫类型　真兽亚纲雌兽的 2 个阴道已愈合为 1 个，但其子宫愈合程度有所不同。根据其愈合程度可分为 4 种类型（图 14-25）：

（1）双子宫：具有 2 个子宫，各开口于 1 个阴道，如兔。

（2）双分子宫：有 2 个子宫，但其下端开始合并成为 1 个子宫，如牛、羊、马和猪等。

（3）双角子宫：2 个子宫愈合范围很大，只在子宫腔上端有一些分离，如犬、猫和鲸等。

（4）单子宫：2 个子宫完全愈合成为单一的子宫，如猿、猴和人。

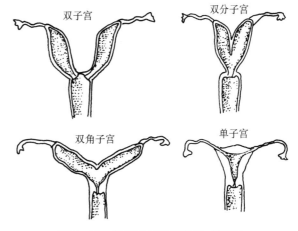

图 14-25　真兽亚纲子宫类型（剖面）
（仿丁汉波）

第四节　哺乳纲分类

按照《世界哺乳动物物种》（*Mammal Species of the World*）一书在 2005 年的资料，哺乳纲目前约有 5 676 种（2008 年版的 IUCN 红皮书为 5 488 种），我国有 673 种（蒋志刚，2015）。根据哺乳动物身体结构与功能不同分为 3 个亚纲。

一、原兽亚纲（Prototheria）

原兽亚纲是现存哺乳类中最原始的类群，具有一系列近似爬行类的特征，具有泄殖腔和泄殖孔，又称单孔类（Monotremata）。主要为卵生、产具壳的多黄卵，雌兽具孵卵行为，幼兽哺乳，孵出的幼仔舔食母兽腹部乳腺分泌的乳汁。体温基本恒定。代表动物为鸭嘴兽（*Ornithorhynchus anatinus*）和针鼹（*Tachyglossus aculeatus*）（图 14-26），分布于大洋洲及其附近岛屿上。

图 14-26　几种单孔类哺乳动物

A. 针鼹　B. 鸭嘴兽　C. 原针鼹

（仿杨安峰）

二、后兽亚纲（Metatheria）

后兽亚纲的种类是比较低等的哺乳动物类群，主要特征为：胎生，但尚不具真正的胎盘，胚胎借卵黄囊（而不是尿囊）与母体的子宫壁接触，因而幼仔发育不良（妊娠期 10～40d），需继续在雌兽腹部的育儿袋中长期发育，故称之为有袋类（Marsupialia）。

本亚纲种类较多，主要分布于澳大利亚及其附近的岛屿上，少数种类分布在南美洲和中美洲，代表动物为袋鼠和负鼠（*Didelphis dorsigera*）（图 14-27）。

图 14-27　有袋类的代表种类

A. 负鼠　B. 袋鼹　C. 大袋鼠　D. 树袋熊　E. 袋鼩　F. 袋鼹　H. 袋狼

（仿杨安峰）

三、真兽亚纲（Eutheria）

现存哺乳类中绝大多数（95%）种类属此亚纲，是最高等的哺乳动物，又称为有胎盘类（placentals），种类繁多且分布广泛。主要特征是具真正的胎盘（借尿囊与母体子宫壁接触），胎儿发育完善后再产出，大脑皮层发达，有胼胝体和异型齿等。现存种类有 18 目，我国有 14 目 600 余种

（刘凌云等，2009）。现就我国各目及其代表种类叙述如下：

（一）食虫目 (Insectivora)

食虫目是哺乳动物在种数上的第三大目；分布较广，全世界约 400 种，中国约 87 种；主要特征为：个体较小，吻部细尖，适于食虫，体被硬刺或绒毛，正中 1 对门齿最大（图 14-28）。

1. 猬科（Erinaceidae）　猬科包括体表具棘的刺猬类和体表无棘的鼩猬类。齿式 2～3/3，1/1，3～4/2，3/3＝36～44。

我国常见的种类如刺猬（*Erinaceus europaeus*），身体背面密生粗硬棘刺，耳较短。大耳猬则耳较长，突出于棘刺之外。捕食各种无脊椎动物和小型脊椎动物，也食根、果、瓜等植物性食物。

2. 鼩鼱科（Soricidae）　鼩鼱科为食虫目中分布最广、数量最多的科，除澳大利亚外，几乎世界各地都有分布，最小的个体只有 2g，是目前所知最小的哺乳动物。我国常见种类如鼩鼱（*Sorex araneus*），外形似鼠，但吻尖细，体被细密绒毛，尾细长。我国南方农田常有臭鼩，数量多似鼠，形成一定危害。

3. 鼹科（Talpidae）　鼹科体呈圆筒形，头尖，密被细密无向的绒毛，耳壳退化，前肢短壮，掌心向外侧翻转，具粗大的爪，适于挖掘，营地下穴居生活，食虫及其他小动物。如麝鼹（*Scaptochirus moschatus*）、缺齿鼹（*Mogera robusta*）。

图 14-28　食虫目的代表种类
A. 刺猬　B. 麝鼹　C. 臭鼩
（仿夏武平）

（二）树鼩目 (Scandentia)

树鼩目为小型树栖食虫的哺乳动物，形状与习性似松鼠，在结构上（如臼齿）似食虫目但又似灵长目的特征。如嗅叶较小，脑颅宽大，有完整的骨质眼眶，仅 1 科 16 种，我国 1 种，即分布于我国云南、广西及海南岛的树鼩（*Tupaia belangeri*）（图 14-29）。

图 14-29　树鼩目的代表种类
A. 笔尾树鼩　B. 树鼩
（仿盛和林）

（三）翼手目（Chiroptera）

翼手目为真兽亚纲中种数的第二大目，全世界已知有19科950种左右，中国约134种。主要特征为：前肢特化，具特别延长的指骨，由指骨末端到肱骨、体侧、后肢及尾间，着生有薄而柔韧的翼膜，借以飞翔，是唯一能真正飞翔的哺乳动物。头骨几乎全部愈合，具有高度发达的耳，夜行性，对于多数种类的飞行和捕食完全靠发出和回收超声波。多数种类为食虫齿，臼齿齿冠上有齿尖和齿脊，多呈W形，少数为食果齿，臼齿齿冠相对平坦。

可分为大蝙蝠亚目（Megachiroptera）和小蝙蝠亚目（Microchiroptera），前者如果蝠（*Rousettus leschenaulti*），主要分布于热带或亚热带，体型较大，主食果实或花蜜；后者如家蝠（*Pipistrellus abramus*），栖息于屋舍附近，体型较小，昼伏夜出，捕食飞虫，遍布全国（图14-30）。

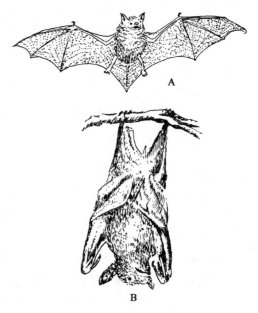

图14-30　翼手目的代表种类
A. 家蝠　B. 果蝠
（仿夏武平）

（四）灵长目（Primates）

灵长类主要在森林中营树栖生活，只有狒狒及人下到地面上生活，除少数种类外，拇指（趾）多能与他指（趾）相对，适于树栖攀缘握物，指（趾）端部多具指甲，大脑半球高度发达，眼眶朝向前方，眶间距窄。全世界560余种，我国约27种。

灵长目可分两个亚目，即原猴亚目（Prosimiae）（或称狐猴亚目）和猿亚目（Anthropoidae）（或称类人猿亚目）。原猴亚目为灵长类中的低等类群，具一些原始特征，与食虫目很接近，代表种类如懒猴（*Nycticebus coucang*）（图14-31）。猿亚目为灵长类中的高等类群，包括人，为哺乳动物中最高等的类

图14-31　灵长目的代表种类
A. 懒猴　B. 黑长臂猿　C. 猕猴　D. 黑猩猩　E. 大猩猩　F. 金丝猴
（A～D仿郑作新；E、F仿杨安峰）

群，颜面部似人，两眼向前，吻短，前肢大都长于后肢，各具五指（趾），末端皆具扁平指甲，大脑半球高度发达，代表种类如猕猴（*Macaca mulatta*）、金丝猴（*Rhinopithecus roxellanae*）、黑长臂猿（*Hylobates concolor*）以及产于非洲的黑猩猩（Pan troglodytes）和大猩猩（*Gorilla gorilla*）（图14-31）。

（五）鳞甲目（Pholidota）

体外覆有角质鳞甲，鳞片间杂有稀疏硬毛，不具齿，吻尖，舌发达，前爪极长，适应于挖掘蚁穴，舐食蚁类等昆虫；种类少，仅1科8种。我国有3种，南方所产穿山甲（*Manis pentadactyla*）为代表（图14-32），又称鲮鲤。其鳞片可入药，据《本草纲目》记载"鳞可治恶疱、疯疟、通经、利乳"。现已升级为国家一级重点保护野生动物。

图14-32　穿山甲
（仿杨安峰）

（六）兔形目（Lagomorpha）

中小型食草动物，与啮齿目亲缘关系最近，同称为啮齿类。上颌具2对门齿，前1对大，后1对小，隐于前1对之后，故也称为重齿类（Dupilicidenta），下颌一对门齿，无犬齿，上唇中部有纵裂，齿式2·0·3·2～3/1·0·2·3＝26～28。包括兔科、鼠兔科2科70多种。我国35种，北方广泛分布的鼠兔（*Ochotona* spp.）及蒙古兔（*Lepus tolai*）为代表（图14-33）。值得一提的是，我国哺乳动物中特有种比例最高的是兔形目，达43%，全球30种鼠兔科种类，有25种分布在我国，后者1/2/以上的种为中国特有种。

图14-33　兔形目的代表种类
A. 草兔及其耳　B. 高原鼠兔
（A仿盛和林；B仿甘肃农业大学）

（七）啮齿目（Rodentia）

本目是哺乳动物中种数的最大一目，全世界种类可达2 300余种，我国已知种类215种，多为地下生活的小型食草兽主要特征为上下颌各具1对锄状门齿，可终身生长，无犬齿，白齿咀嚼面上有齿突，繁殖力强，分布极广。

啮齿动物（兔形目和啮齿目）对环境、农业生产和社会影响巨大，它们是野生动物，还可能是重要的农业害兽、疾病传播者、种子的扩散者、家畜、实验动物、关键种、生态系统的驱动力，甚至是人类的食物来源。我国常见的科及代表种（图14-34）如下：

1. 松鼠科（Sciuridae）　有树栖、半树栖和地栖种类。这三类在外形和头骨特征上有区别，齿式 $\frac{1 \cdot 0 \cdot 2 \cdot 3}{1 \cdot 0 \cdot 1 \cdot 3}=22$。如松鼠（*Sciurus vulgaris*）、花鼠（*Tamias sibiricus*）、黄鼠（*Spermophilus dauricus*）。

2. 仓鼠科（Cricetidae）　为小型鼠类，无前白齿。齿式 $\frac{1 \cdot 0 \cdot 0 \cdot 3}{1 \cdot 0 \cdot 0 \cdot 3}=16$。白齿咀嚼面上有2列齿突，或左右交错呈三角形，或呈叠杯状，绝大多数种类是危害农、林、牧的主要害鼠。如黑线仓鼠（*Cricetulus barabensis*）、布氏田鼠（*Microtus brandti*）、长爪沙鼠（*Meriones unguiculatus*）和中华

图 14-34　啮齿目的代表种类

A. 松鼠　B. 花鼠　C. 达乌尔黄鼠　D. 黑线仓鼠　E. 布氏田鼠

F. 长爪沙鼠　G. 中华鼢鼠　H. 小家鼠　I. 三趾跳鼠　J. 五趾跳鼠

（A、B、H 仿马勇；C、D、E、F、I、J 仿宋恺；G 仿华中师范学院等）

鼢鼠（*Myospalax fontanieri*）等。

3. 鼠科（Muridae）　为小型鼠类。齿式 $\frac{1 \cdot 0 \cdot 0 \cdot 3}{1 \cdot 0 \cdot 0 \cdot 3}=16$。第 1、2 上臼齿咀嚼面上有 3 列齿突，尾上有鳞片。本科种类最多，分布极广，有些种类属世界性分布种类，如伴人种类小家鼠（*Mus musculus*）和褐家鼠（*Rattus norvegicus*），对人类生活形成严重危害。

4. 跳鼠科（Dipodidae）　为适应荒漠、沙漠和草原的种类。齿式 $\frac{1 \cdot 0 \cdot 1 \cdot 3}{1 \cdot 0 \cdot 0 \cdot 3}=18$。后肢长，是前肢的 3～5 倍，尾极长，末端有毛束，夜行性跳跃生活，后足第 1 趾和第 3 趾不发达或消失。如三趾跳鼠（*Dipus sagitta*）和五趾跳鼠（*Allactaga sibirica*）。

（八）鲸目（Cetacea）

本目是哺乳动物完全转变为水生的一支，体形似鱼，毛退化，皮下脂肪增厚；前肢鳍状，具"背鳍"及水平的叉状"尾鳍"；颈椎常愈合在一起，鼻孔位于头顶。包括须鲸亚目（Mysticeti）和齿鲸亚目（Odontoceti）两类，全世界约 98 种，我国 38 种。我国长江特产的珍稀动物白鱀豚（白鳍豚）（*Lipotes vexillifer*）（图 14-35）和长江江豚（*Neophocaena asiaorientalis*）是代表。此外，有海豚（*Delphinus delphis*）、抹香鲸（*Physeter catodon*）和逆戟鲸（虎鲸）（*Orcinus orca*）等。

图 14-35　白鱀豚
（仿杨安峰）

有学者认为鲸是由陆地有蹄的古兽演化来的，而且这两个目在很多地方是一致的，是共同区别于其他哺乳动物的，如从气管到右肺间又多出了一根支气管。故把鲸目和偶蹄目合为鲸偶蹄目（Cetartiodactyla）。

（九）海牛目（Sirenia）

本目是一些适应于海洋生活的动物，身体结构与鲸有相似之处，但从系统发生上看，两者亲缘关系来源不同，海牛更接近于有蹄类，故其趾上还保存着退化了的蹄；体呈鱼形，前肢变鳍形，后肢消失，皮厚无毛，皮下脂肪很厚。全世界 4 种，我国海域仅有儒艮（*Dugong dugon*）1 种，就是传说中的"美人鱼"原型（图 14-36）。

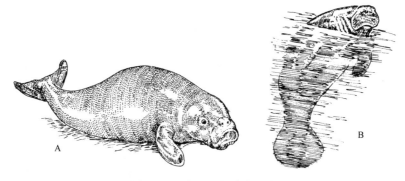

图 14-36　海牛目的代表种类
A. 儒艮　B. 海牛
（仿 Newman）

（十）鳍足目（Pinnipedia）

本目是适应水中生活的食肉动物。四肢特化为鳍状，五趾间有蹼。在陆上移动时其后鳍足能向前弯到躯干下面，跖面裸出。前肢较长，无爪、无毛、尾短。身体被覆稠密的绵毛。雄体大，雌体小。主食贝类、海蟹及小鱼等。我国的代表种为斑海豹（*Phoca vitulina*）。此外，还有国外分布的海狮、海象、海狗等（图 14-37）。全世界约 34 种，我国 5 种。牙齿与陆栖食肉兽相似，但犬齿、裂齿等分化不明显，现在哺乳动物分类已将鳍足目降为鳍足亚目，归入食肉目。

图 14-37　鳍足目的代表种类
A. 北海狮（左雄，右雌）　B. 海狗　C. 海象　D. 海豹
（A、C 仿 Newman；B、D 仿丁汉波）

（十一）长鼻目（Proboscidea）

本目为陆栖最大的食草哺乳动物。鼻与上唇伸长成圆筒状，能屈伸自如，除有嗅觉功能外还能用于探索和取食。四肢粗壮。上颌门齿突出称象牙，是攻击的武器。我国云南产的亚洲象（*Elephas maximus*）及非洲产的非洲象（*Loxodonta africana*）是代表（图 14-38）。

图 14-38　长鼻目的代表种类

A. 印度象　B. 非洲象

（仿 Newman）

（十二）食肉目（Carnivora）

绝大多数为肉食性兽类。牙齿发达，门齿小，犬齿强大而锐利，臼齿通常有锐利的齿峰，其中最后 1 个上颌前臼齿和下颌第 1 臼齿特别发达，上下嵌合适于撕裂，称为裂齿。四肢发达，行动敏捷。指（趾）端均具锐爪，有些种类爪能伸缩。趾行性或跖行性。毛厚密，多数为贵重的毛皮兽。现已知 8 科 89 属的 240 种，我国约 53 种。主要的科是犬科（Canidae）、熊科（Ursidae）、熊猫科（Ailuropodidae）、鼬科（Mustelidae）、猫科（Felidae）、浣熊科（Procyonidae）、灵猫科（Viverridae）、鬣狗科（Hyaenidae）。现就常见科及代表种介绍如下：

1. 犬科（Canidae）　体型中等，四肢细长，鼻面大，鼻腔大，嗅觉灵敏。前肢 5 趾或 4 趾，后肢常 4 趾，趾行性。爪钝而长，不能缩进，肉食性，犬齿发达，裂齿发达。

齿式绝大多数为 $\frac{3 \cdot 1 \cdot 4 \cdot 2}{3 \cdot 1 \cdot 4 \cdot 3}=42$。主要的属有：

（1）犬属（*Canis*）：体型较大，体重一般在 12kg 以上，最大的重达 70kg 左右，是一类四肢较高、奔跑快速的动物。如狼（*Canis lupus*）（图 14-39A），较家犬略大，口较阔，耳尖长而竖立，尾常垂于后腿间，从来不像犬那样将尾扬起，性凶残而多疑，常成群出来猎食。夜晚狼嚎，其声凄厉。

（2）狐属（*Vulpes*）：体型较小，体重一般不足 10kg，四肢相对短小，尾长，多毛而蓬松，显得更为粗大。如沙狐（*Vulpes corsac*）（图 14-39B），体长 50~60cm，尾长 25~30cm，毛蓬松，淡棕色到暗棕色。耳壳、背面、四肢外侧灰棕色。四肢内侧、鼻周和腹面白色或带淡黄色，尾端暗褐或黑色。生活在草原及半荒漠区，昼伏夜行活动，行动敏捷，主食鼠类、兔、昆虫及野果，夏季常食鸟类及其卵，主要分布于华北和东北一带。还有赤狐（*Vulpes vulpes*），背毛红棕色，耳背黑褐色，腹部淡黄色，尾尖白色。栖息在丘陵山地、森林、草原和城市近郊，住山洞或树洞内。以鼠类、野兔、山鸡为食。赤狐是珍贵的毛皮兽。著名的银狐是赤狐的一个变种。

（3）豺属（*Cuon*）：豺（*Cuon alpinus*）（图 14-39C），不同于犬科其他各属的特征是少 1 对下臼齿，只有 40 个牙齿。体形似狼而短小，头宽，额低，耳端圆钝，四肢短健，尾较粗，体毛红棕色，头、颈、肩背部色调较深，为棕褐色，腹面色淡，呈浅棕白色，四肢内侧浅灰色，四肢外侧及尾毛同背色，尾端黑棕色。豺是分布广泛的种类，有集群围猎的习性，性情凶残而贪食，以捕食活物为主，常以围攻方式猎捕大中型兽类，多为有蹄类动物，如白唇鹿、马鹿、水鹿、马麝、林麝、小鹿、羚牛、青羊、狍、野猪等，也是大熊猫的主要天敌。

（4）貉属（*Nyctereutes*）：仅貉（*Nyctereutes procyonoides*）一种（图 14-39D），或名狸，体形似狐，又似獾，躯体粗胖，四肢短，颜面部有明显倒"八"字形黑纹，两颊横生长毛，貉皮轻而暖，绒毛厚密。"貉绒"（即将针毛去掉仅留绒毛）是名贵的皮货。貉常栖居于靠近河谷、溪流、山林荒野地带和丛林中，通常成对穴居，昼伏夜行。北方的貉有半冬眠习性。貉是杂食性动物，捕食鱼、鸟、鼠、蛙、虾、蟹、昆虫、蚌、蚯蚓及野兔，也吃家畜的尸体。

图 14-39　犬科代表种类
A. 狼　B. 沙狐　C. 豺　D. 貉
（仿丁汉波）

2. 熊科（Ursidae）　是食肉目中体型最大的一类动物。熊是犬科进化道路上的一个分支，已偏离肉食的特性，多数种类已特化成杂食，它们仍保留着长的犬型鼻面部，但眼眶小，牙齿变化大，上下裂齿已失去切割机能，白齿明显增大，咬合面呈"皱纹状"，适于磨碾食物，前白齿发育不全或缺如，齿式一般为 3/3，1/1，4/4，2/3＝42。四肢，尤其是前肢特别粗强有力；前后肢各 5 趾，跖行性，爪长而不能收缩。耳小，尾极短，体重 40～700kg。

黑熊（*Ursus thibetanus*）（图 14-40A）。全身黑色，仅胸部有 V 形白条带，栖息于森林地区，能

图 14-40　熊科的代表种类
A. 黑熊　B. 棕熊
（仿凤凌飞）

上树，有冬眠习性，俗称"蹲仓"。10月后便进树洞入眠，翌年4月才出眠。熊的毛皮可制皮褥，熊胆可入药，熊掌自古以来被列为珍贵补品，黑熊在中国分布很广，为国家二级重点保护野生动物。棕熊（*Ursus arctos*）（图14-40B）俗称罴、马熊，体型较黑熊大，成体全身棕褐色。耳短而圆，后足5趾，尾甚短，隐于毛下。体型粗大强健，长约2m，重达200kg。棕熊在我国主要分布于吉林、黑龙江、内蒙古、甘肃、新疆、四川和西藏等地，为国家二级重点保护野生动物。

3. 熊猫科（Ailuropodidae）　本科仅1属1种，即我国特有的珍稀动物大熊猫。大熊猫（*Ailuropoda melanoleuca*）（图14-41），身体肥壮，尾短似熊，头骨宽短，颜面似猫。全身毛色大部分呈白色，唯眼圈、耳壳、肩部和四肢呈黑色。头骨颧弓宽大，咀嚼肌极发达，臼齿咀嚼面异常宽阔，无裂齿，这些特点皆与食竹的习性相关。其分布区仅限于我国四川省西部、北部山区以及甘肃省最南部，栖息于2 500～3 500m的高山原始竹林内，专食竹类的茎叶。食量大，成年兽一天可吃15～20kg嫩竹，是我国特产的国家一级重点保护野生动物。

图14-41　大熊猫

（仿杨安峰）

4. 鼬科（Mustelidae）　为中、小型食肉兽。体型细长，四肢短，尾较长，前后肢均有5趾，为跖行性或半跖行性。大多数在肛门附近有臭腺，能放出臭气，用以自卫。其生活方式多样，包括以下几个亚科：

（1）鼬亚科（Mustelinae）：鼬亚科的种类体型细长，四肢较短，雄大雌小。齿式为$\frac{3 \cdot 1 \cdot 3\sim4 \cdot 1}{3 \cdot 1 \cdot 3\sim4 \cdot 2}=34\sim38$。种类最多的属鼬属（*Mustela*）。如黄鼬（*Mustela sibirica*）（图14-42A），俗称"黄鼠狼""黄皮子"。身体细长，约30cm，尾长15～20cm，体柔软，骨骼有弹性，头似鼠，爪锐，尾毛蓬松。体毛为棕黄色，或金黄、杏黄、深黄、浅褐色等。栖息于森林、草原、半荒漠、山区、田间以及乱石堆处，以鼠、蛙、昆虫为食，也吃鸡、蛇等。分布极广，遍及全国各地。艾虎（*Mustela eversmanni*）（图14-42B）即艾鼬，体形似黄鼬，但个体稍小，一般栖息在开阔山地、草原、荒漠、草塘、江湖河畔及沼泽地带。此外，还有白鼬（*M. erminea*）、伶鼬（*M. nivalis*）、香鼬（*M. altaica*）、水貂（*M. vison*）等。

貂属（*Martes*）的石貂（*M. foina*）（图14-42C），也称岩貂、扫雪、狸狐，体型较粗壮，体长约45cm，吻鼻部尖，耳圆钝，喉部有V形白斑；体色单一，冬毛为灰褐色。石貂多栖息于干寒高原及山地，成对穴居，昼伏夜出，性凶残，多在黄昏寻食，主食鼠类和鸟类。紫貂（*M. zibellina*）（图14-42D），也称赤貂、黑貂。体细长，色单一，为黑褐色；喉毛斑不显，头部呈三角形，鼻唇部中央有明显纵沟；耳大直立略呈三角形，生活在气候寒冷的针叶林深处，住在地洞、石堆缝内或朽木的树洞里；属国家一级重点保护野生动物。目前人工繁殖和饲养的较多。

（2）獾亚科（Melinae）：这是一类体型肥大，皮下脂肪较厚，吻长，尾和四肢较短，耳短而圆的鼬类。本亚科两性大小相似，如狗獾（*Meles meles*）和猪獾（*Arctonyx collaris*）（图14-42E、F），大小相仿，重达10kg左右，绒毛稀少而多硬毛，穴居，杂食，以植物性食物为主，也吃昆虫、蠕虫及小脊椎动物。两者外形区别为猪獾尾长，鼻垫与上唇之间裸露，而狗獾此处被毛且尾部较短。

（3）水獭亚科（Lutrinae）：本亚科是一半水栖类群，如水獭（*Lutra lutra*）（图14-42G），身体细长，四肢粗短，趾间具蹼；头扁平，鼻小，眼小，耳壳退化；尾长大，适于游泳；毛短而密，有光泽，全身棕黑色；栖息于江湖岸边，筑巢靠近水边的树根下；昼伏夜出，以鱼类为食；为国家一级重点保护野生动物。

5. 猫科（Felidae）　猫科的种类无论体大小，外形十分相似，体重3～200kg，分布于全球；头圆，颜面部短，前肢5指，后肢4趾，趾端具锐利而弯曲的爪，爪能伸缩，以伏击方式猎捕其他动物，大多能攀缘上树；齿式3/3，1/1，3/2，1/1＝30；裂齿和犬齿发达。如虎（*Panthera tigris*）

图 14-42　鼬科的代表种类
A. 黄鼬　B. 艾虎　C. 石貂　D. 紫貂　E. 狗獾　F. 猪獾　G. 水獭
（A、E、F仿盛和林；B仿高本刚；C、D、G仿风凌飞）

（图 14-43A），毛色淡黄，有很多黑色横纹，前额有黑色横纹数道，略似"王"字，尾部约有 10 个黑环，是兽类中最凶猛者，故有兽王之称。我国东北虎分布于长白山、小兴安岭一带，目前野生数量已极低，属国家一级重点保护野生动物。豹（*Panthera pardus*）（图 14-43B），形状似虎，但体型略小；全身棕黄色，背部和体侧有环状黑斑（金钱豹）；栖息于山区森林中，筑巢于大山岩洞内；身体矫健，善于爬树，一般在夜间活动，以大型食草兽为食。此外，还有荒漠猫（*Felis bieti*）、野猫（*F. silvestris*）、兔狲（*F. manul*）、猞猁（*Lynx lynx*）等。

图 14-43　猫科的代表种类
A. 虎　B. 豹
（A仿丁汉波；B仿风凌飞）

（十三）奇蹄目（Perissodactyla）

本目为草原奔跑兽类，主要特征是四肢仅第 3 趾发达，其他各趾不发达或完全退化；后趾蹄奇数；胃单室，盲肠大；肝无胆囊。本目主要有马科（Equidae），体格匀称，四肢长，第 3 趾发达，具蹄；颈背中线具一列鬃毛，腿细而长，尾毛极长。全世界现存约 17 种，我国有 6 种，目前现存 3 种，即野马（*Equus przewalskii*）、蒙古野驴（*Equus hemionus*）（图 14-44）和藏野驴（*Equus kiang*），我国原来有犀牛分布，20 世纪 50 年代初大独角犀、爪哇犀和双角犀在中国区域灭绝。野马原产于蒙古高原及我国新疆等地。野驴分布在西北各省及内蒙古，为家驴的祖先。另外，还有分布于东南亚和南美洲的貘科及分布于非洲的犀牛科的种类。

图 14-44　蒙古野驴
（仿郑生武）

（十四）偶蹄目（Artiodactyla）

本目为哺乳类现代最重要的类群之一，包括现代大多数有蹄动物；第 3 趾和第 4 趾特别发达，趾端有蹄，第 2 趾和第 5 趾很小，第 1 趾退化。很多种类上门齿全部消失，而代之以角质垫；消化系统复杂，分 2 类，一类为不反刍类，胃为单室；另一类为反刍类，胃为 4 室。全世界现有约 171 种，我国 67 种。偶蹄目动物经济意义很大，有的种类为重要的家畜，如牛、羊、驯鹿、骆驼和牦牛等，有的种类为著名的药用动物，如麝和梅花鹿。

1. 不反刍亚目（Non-Ruminantia）　该亚目动物胃仅 1 室，不反刍，犬齿存在，无角。

猪科（Suidae）：猪科动物头长，吻长，吻末端在鼻孔处有圆的吻垫，用以拱土觅食；雄性上颌犬齿很发达，成为獠牙，向外方翘起，全身被毛粗硬；四肢较短，杂食性。如野猪（*Sus scrofa*）（图 14-45），体形似家猪，但吻部更突出；体重大的可达 200～250kg；毛色一般黑褐色；栖息于乔木林或灌木丛中。家猪由野猪驯化而来。

2. 反刍亚目（Ruminantia）　这是一类都有反刍现象的动物，胃分 3～4 室。

（1）骆驼科（Camelidae）：这是最原始的反刍类，只限于干旱和半干旱地区；体型较大，体重45～500kg；颈和四肢长，仅有外侧上门齿，且呈犬齿状，下门齿向前倾斜，保留上下犬齿，犬齿和颊齿与门齿之间有宽的间隙，胃分 3 室。如双峰驼（*Camelus bactrianus*）（图 14-46），体形似家养双峰驼，但驼峰较小，盘蹄较窄，耳也较小，前肢无胼胝体（又称钱眼），毛色沙黄褐棕色，我国青海、新疆、甘肃及内蒙古额济纳旗有分布，属国家一级重点保护野生动物。

图 14-45　野　猪
（仿夏武平等）

图 14-46　双峰驼
（仿凤凌飞）

（2）鹿科（Cervidae）：本科动物体型大小不一，体重 10～800kg；一般雄性有 1 对角，雌性无角；角为分叉的骨质实角，角每年脱换 1 次，刚长出的角尚未骨化，皮肤表面被有茸毛，其上血管丰富，称为鹿茸，其后外皮干枯而脱落，中间骨化成为骨质实角；鹿角的分叉随年龄增大而增多，直到发育完全为止，它是分类的依据之一。一些无角和角型小的种类，有大的马刀状上犬齿。本科可分麝亚科（Moschidae）、獐亚科（Hydropotinae）、麂亚科（Muntiainae）、鹿亚科（Cervinae）和美洲鹿亚科（Odocoileinae）。

①麝亚科（Moschidae）：本亚科动物体型较小，重约10kg，前肢短，后肢特长，站立时明显肩低臀高；齿式$\frac{0 \cdot 1 \cdot 3 \cdot 3}{3 \cdot 1 \cdot 3 \cdot 3} = 34$；第1下门齿间无间隙，雄性上犬齿獠牙状，两性均无角。如原麝（*Moschus moschiferus*）（图14-47A），属国家二级重点保护野生动物，体型较大，肩高50~60cm，全身暗褐色，背有大行黄斑点，下颌白色，颈下向后至肩有两条白纹，栖于混交林。此外，还有林麝（*M. berezovskii*）、马麝（*M. sifanicus*）、黑麝（*M. fuscus*）等，我国是麝香的主要输出国，其品质和产量均占世界第1位。

②鹿亚科（Cervinae）：鹿亚科动物体型较大，体重一般在50kg以上；鹿角分支在3叉以上。如梅花鹿（图14-47B），体重接近100kg，夏毛多鲜明白色斑点，角4叉，第2叉位置特高，栖于林间草地，成小群活动。此外，还有马鹿（*Cervus elaphus*），体重在250kg以上。白唇鹿（*C. albirostris*）为我国特产珍稀动物。

图14-47 鹿科的代表种类
A. 原麝 B. 梅花鹿 C. 狍
（A、B仿凤凌飞；C仿杨安峰）

③美洲鹿亚科（Odocoileinae）：有3种分布于我国：狍（*Capreolus capreolus*）（图14-47C）是北方常见的中型鹿类，体重15~30kg，角小有3叉，无眉叉，栖息于林木稀疏而多草的环境；驼鹿（*Alces alces*），又称麋，重达700kg，俗称"罕达犴"，角大，呈扁平铲形，上唇宽大，突出，分布于大兴安岭一带，多独居；驯鹿（*Rangifer tarandus*）重约100kg，在我国东北已半驯化，放牧饲养。

（3）长颈鹿科（Giraffidae）：具长颈，长腿。头顶具有2~3个不分叉并且包有毛皮的角，终身不脱落。脚具2蹄。只产于非洲。代表种为长颈鹿（*Giraffa camelopardalis*），栖息于森林草原地区，以树叶及嫩枝为食。

（4）牛科（Bovidae）：牛科也称洞角科，包括羚羊类、绵羊类、山羊类，形态多样，角为虚角（洞角），内有骨质（真皮形成）的角心，上颌无门齿和犬齿。

①牛亚科（Bovinae）：牛亚科为牛科中体型最大的一个类群，两性都有角。如分布于我国青藏高原的牦牛（*Bos mutus*）（图14-48A）是家牦牛的祖先。

②羚羊亚科（Antilopinae）：本亚科动物体型及四肢都相对细长，有些种类仅雄性有角，另一些种类两性有角，体重12~85kg。栖于草原、半荒漠和荒漠。如黄羊（*Procapra gutturosa*）（图14-48B），四肢细，蹄窄，尾短，栖于草原和半荒漠地区，20世纪五六十年代在内蒙古草原常有上百只大群，自20世纪60年代开始大量捕杀，导致数量锐减，属国家二级重点保护野生动物。此外，还有鹅喉羚（*Gazella subgutturosa*），俗称长尾黄羊，也属国家二级重点保护野生动物。

③羊亚科（Caprinae）：羊亚科一般两性都有角，但公羊角大，表面有许多环形横棱隆起，角尖向后弯曲或做螺旋状扭曲。如岩羊（*Pseudois nayaur*），体形似绵羊，但角特别粗大，颏下无须，全身青褐

色；盘羊（*Ovis ammon*）（图
14-48C），雄性体重 110～
120kg，头部特大。

　　家畜（livestock）是被人
类高度驯化的动物，主要是犬
科、猫科、兔科、猪科、骆驼
科、鹿科和牛科的种类，是人
类长期定向培育的社会产物，
具有独特的经济性状，能满足
人类的需求，已形成不同的品
种，同时其性状能够稳定地遗
传下来，一般用于食用、劳
役、毛皮和宠物等。广义上的
家畜还包括家禽（poultry），
如鸡、鸭、鹅等。畜牧业
（animal agriculture）或称动物

图 14-48　牛科的代表动物
A. 牦牛　B. 黄羊　C. 盘羊
（A仿郑生武；B仿凤凌飞；C仿盛和林）

农业，主要从事经济动物的饲养、繁殖和动物产品的生产、加工、流通等，与种植业并列为农业生产
的两大支柱，是人类与自然界进行物质交换的极重要环节。

第五节　我国兽类资源

　　我国兽类资源丰富，我国特产的哺乳类有大熊猫、川金丝猴、野牦牛、白鱀豚、白唇鹿等；主产
于我国的珍稀兽类，如梅花鹿、原麝、马麝、野驴、野马、双峰驼等；主要分布于我国及邻近国家的
珍稀兽类，如灵长目的猕猴、白眉长臂猿，食肉类的大灵猫、小灵猫、石貂、紫貂、云豹、雪豹，偶
蹄类的马鹿、驼鹿、盘羊、岩羊等，还有亚洲象、儒艮、海豹、河狸，多达 41 种。我国可利用的毛
皮动物资源达 150 多种，其中质量优良而价格高的种类有紫貂、石貂、水獭、藏狐等 12 种之多。我
国药用哺乳动物资源也较丰富，有 69 种哺乳动物可作药用，其中珍贵的药材如鹿茸、麝香、牛黄等；
从肉用资源来讲，几乎所有的哺乳类都可食用，但广泛食用的仅限于有蹄类及部分大中型食肉类和
野兔。

　　由于人类活动对环境的严重破坏和滥捕乱杀，我国兽类资源受到很大破坏，特别对于珍稀哺乳动
物，其遭受干扰和胁迫程度日趋严重，有些珍稀种类在不断灭绝。中国濒危哺乳动物有 95 种，占全
国物种数的 20%，高度濒危类群达 25 种，分别占全国种数的 4.1% 及濒危物种总数的 25%。其中，
灵长类有台湾猴、菲氏叶猴、白臀叶猴、白掌长臂猿、白颊长臂猿和白眉长臂猿等或者即将绝灭，或
者处于高度濒危状态。食肉类的高度濒危种有 7 种，即马来熊、大熊猫、紫貂、荒漠猫、云豹、虎和
雪豹；偶蹄类的双峰驼、野牛、赛加羚、矮岩羊、梅花鹿和海南坡鹿均处于高度濒危状态。此外，白
鱀豚已宣布野外灭绝，亚洲象、儒艮、野马均处于高度濒危状态。目前，国家及地方政府通过对动物
栖息地保护，建立自然保护区，对受胁迫物种采取保护和野生动物异地保护等措施，开展对野生动物
的保护（详见第十八章）。

｜本 章 小 结｜

　　绝大多数哺乳动物是胎生的（原兽亚纲的种类为卵生）。即哺乳动物的胎儿借一种特殊的构
造——胎盘和母体联系并获得营养，在母体内完成胚胎发育过程——妊娠而成为幼儿产出。哺乳类的

幼仔产出后，以母兽的乳汁哺育，乳汁含有水、蛋白质、脂肪、糖、无机盐、酶和多种维生素。哺乳使后代的发育成长在优越的营养条件下迅速完成，加之哺乳类对幼仔有各种完善的保护行为，因而哺乳动物幼仔的成活率远比其他脊椎动物高。

哺乳类外形最显著的特点是体外被毛。躯体结构与四肢的着生均适应于在陆地上快速运动。前肢的肘关节向后转，后肢的膝关节向前转，结束了低等陆栖动物以腹壁贴地，用尾巴作为运动辅助器官的局面；哺乳类的皮肤的结构和功能最完善，皮肤的衍生物包括毛、皮肤腺、角质结构（爪、蹄、甲）和角；脊柱分颈椎、胸椎、腰椎、荐椎和尾椎5个部分。椎体之间有椎间盘；肌肉具有以下突出的特点：具有特殊的膈肌，为哺乳类特有；咀嚼肌强大；皮肌发达。消化系统的突出特点是唇和牙齿发达，反刍动物的胃结构复杂。呼吸系统包括呼吸道和肺两部分，前者为气体进出肺的通路，后者是气体交换的部位。哺乳类循环系统与鸟类基本一致，心脏为完全的4室，为完全的双循环，不同的是哺乳类具有左体动脉弓，血液中的红细胞无细胞核。排泄系统由肾（泌尿）、输尿管（导尿）、膀胱（储尿）和尿道（排尿途径）组成，此外哺乳类皮肤和肺也具有排泄功能。神经系统包括中枢神经系统和外周神经系统及植物性神经系统。大脑分为左右两个半球，两半球之间有哺乳动物特有的胼胝体相连。外周神经系统（以人类为例）包括脑神经12对，脊神经31对，均分布于全身各部，指挥完成各种生理功能。植物性神经系统包括交感神经系统和副交感神经系统，它管理平滑肌、心肌和分泌腺等部分的活动。内分泌系统极为发达，所分泌的活性物质称为激素。生殖系统构造达到相当复杂的程度。

哺乳纲分原兽亚纲、后兽亚纲和真兽亚纲。分布于我国的哺乳动物均属于真兽亚纲的类群，啮齿目是哺乳动物中种类最多的一个目；食肉目多数为肉食性兽类，其中，犬科、熊科、熊猫科、鼬科、猫科、浣熊科、灵猫科、鬣狗科是本目的重要类群；奇蹄目是草原奔跑兽类，偶蹄目是重要的类群，其中鹿科和牛科的种类是我国家畜品种改良的重要资源库。我国兽类资源丰富，占世界种类的11.9%。我国特产的哺乳类有大熊猫、川金丝猴、白鱀豚、白唇鹿等；主产于我国的珍稀兽类，如梅花鹿、原麝、马麝、野驴、野马、双峰驼等；我国的毛皮动物资源多达150种，其中质量优良而价格高的种类有紫貂、石貂和水獭、藏狐等12种之多。有69种哺乳动物可作药用，其中珍贵的药材如鹿茸、麝香、牛黄等。

📒 思考题

1. 哺乳动物的主要特征是什么？

2. 何谓胎生和哺乳？在脊椎动物的进化上有什么意义？

3. 哺乳动物四肢的着生方式是如何适应陆上快速运动的？

4. 为什么说哺乳动物皮肤的结构和功能是最完善的？

5. 哺乳动物的皮肤腺有哪几种？具有什么功能？

6. 哺乳动物的脊柱与其他陆生脊椎动物有什么区别？

7. 哺乳动物消化系统突出的特点是什么？

8. 哺乳动物的呼吸系统由哪几部分构成？

9. 哺乳动物的循环系统与鸟类有何不同？

10. 胼胝体是哺乳动物的何种构造？

11. 哺乳动物的植物性神经系统包括哪些？有什么作用？

12. 何为家畜？何为畜牧业？

第十五章

原口动物与后口动物

内容提要

　　本章是对前面原口动物和后口动物各动物门内容的总结及深化，详细剖析了这些动物类群演化的进步事件和创新。共6节内容。第一节动物的关键特征及动物类群，明确了动物的特征，展示了动物界主要的29个动物门。第二节原口动物，介绍了原口动物的含义，原口动物类群多样化的关键事件，以及触手担轮动物和蜕皮动物。第三节原口动物关键创新，详细介绍了原口动物在身体构造进化中的7个重要特征。第四节后口动物，介绍了后口动物的含义；脊索动物具有4个特征，介绍了脊索动物的3个谱系。第五节最重要的后口动物——脊椎动物及其关键创新，概述了脊椎动物进化中的关键进步和系统发育过程，尤其对脊椎动物演化的进步事件和创新进行了深入探讨。第六节动物类群多样化，介绍了多样化的4个原因，进一步说明原口动物和后口动物对多样化的环境各显其能，在感觉器官、采食、运动、繁殖和生命周期等方面发生的多样化适应。

　　动物的分化（radiation）开始于5.5亿年前，在这一地质年代发生了"寒武纪生命大爆发"事件，此后多样化的动物突然出现在化石记录中，如贝壳、几丁质外骨骼、内骨骼、腿、头、尾、眼、触角，像颌一样的颚、分节的身体、肌肉和脑等构造，寒武纪生命大爆发是生命历史进化中最壮观的景象。

　　今天在我们的星球上存在800万～5 000万种动物，目前只有大约150万种被描述并命名。有些动物与寒武纪祖先惊人的相似，另一些却十分不同。这些物种大小范围从单细胞动物到具有很少细胞的海绵，再到具有千亿细胞组成分化明确的组织以及精巧的骨骼和高度发达的感觉器官和神经系统的蓝鲸。

第一节　动物的关键特征与动物类群

一、动物的关键特征

　　动物的祖先是单细胞的原生生物。图15-8总结了动物在生命树上的位置。在进化和系统发生上动物开始出现的类群是被称为后生鞭毛类的生物，沿着真菌和单细胞的原生生物方向进化的生物被称为领鞭毛虫类。原生动物祖先与今天的领鞭毛虫非常相似。

　　动物的谱系靠以下共同的关键特征来确定：

　　（1）绝大多数动物是多细胞生物。它们的细胞没有细胞壁，但是有大量的细胞间质，在细胞间质中存在专门的蛋白质，以保证细胞与细胞的连接和通信。

　　（2）所有动物是异养的。动物从其他有机体获得碳水化合物。大多数动物需要摄取食物而不是通过体表吸收食物。

　　（3）所有动物在其生命周期中或在某阶段靠其自己的能力运动。

　　（4）除原生动物、海绵动物外所有动物是由神经元向其他细胞传递电信号，并且通过肌肉细胞伸缩改变身体形状。

　　多细胞的真菌和动物都是多细胞异养者，它们在消化和吸收营养方面是相似的。然而动物是生命进化树上唯一的通常在消化食物之前要先摄食食物的多细胞异养者。因此，动物消化普遍发生在消化道内或腔室中，而真菌的消化则发生在身体外面。大多数动物的神经元相互连接形成神经系统。有些神经元连接肌肉细胞，肌肉细胞能够对来自神经元的电子信号进行反应而伸缩，从而使大型多细胞有机体进行有效运动。

多细胞、异养和有效运动的组合，最终出现摄食机器——动物，如地球上数量最多的捕食者、草食者及屑食者，它们实际上是诸如从深海、热带雨林到高山冰川地区的每个生态系统的主要消费者。

二、动物类群

动物界具有 30～36 门动物——确切的数量存在争议。表 15-1 列举了动物的 29 门。对于这样的多样化我们要探究其原因，首先要寻找主要动物谱系起源初始时期发生的关键事件，然后再分析发生在谱系内动物多样化的关键事件。

表 15-1 主要动物门及动物组群
[仿 Scott Freeman（稍改）]

组群和门	代表动物	物种数量（供参考）
非两侧对称组群		
海绵动物门	海绵	8 500
扁盘动物门	扁盘虫	1
栉水母动物门	栉水母	190
刺胞动物门	水母、珊瑚、海葵、水螅、海扇	11 500
无体腔动物组群	无体腔的蠕虫	350
原口动物（缺少典型的原口发育）		
毛颚动物门（有研究表明，毛颚动物是后口动物）	箭虫	120
原口动物：触手担轮动物		
轮虫动物门	轮虫	2 100
扁形动物门	扁虫（涡虫）	20 000
纽形动物门	纽虫	1 200
腹毛动物门	腹毛虫	400
棘头动物门	棘头虫	1 150
内肛动物门	内肛动物	170
颚口动物门	颚口动物	100
环节动物门	分节蠕虫（蚯蚓）	8 500
软体动物门	软体动物（蛤、蜗牛、章鱼）	16 800
帚虫动物门	帚虫	10
苔藓动物门	外肛虫、苔藓动物	5 700
腕足动物门	酸浆贝	550
原口动物：蜕皮动物		
线虫动物门	圆虫	25 000
动吻动物门	动吻动物	130
线形动物门	铁线虫	330
曳鳃动物门	曳鳃动物	16

（续）

组群和门	代表动物	物种数量（供参考）
有爪动物门	栉蚕	165
缓步动物门	水熊	1 045
节肢动物门	节肢动物（蜘蛛、昆虫、甲壳动物）	1 160 000
后口动物		
棘皮动物门	棘皮动物：海星、海胆、海参	7 000
异涡动物门	异涡虫	2
半索动物门	柱头虫	108
脊索动物门	脊索动物：被囊动物、文昌鱼、鲨鱼、硬骨鱼、两栖类、爬行类、鸟类、哺乳类	65 000

第二节　原口动物

原口动物和后口动物是两侧对称动物的 2 个分支。主要的原口动物（protostomes）如图 15-1 所示。有些原口动物被命名的种类很少，如曳鳃动物门（priapulid）只包含 16 个物种，但软体动物已命名了超过 13 万种，而节肢动物超过 120 万种，其中昆虫约有 100 万种，科学家估计节肢动物实际物种数量可能超过 1 000 万种。图 15-1 表明各动物门中命名物种的相对数量。注意非原口动物种类少，如脊椎动物、刺胞动物、棘皮动物和海绵动物等，原口动物占动物种类的绝大多数。

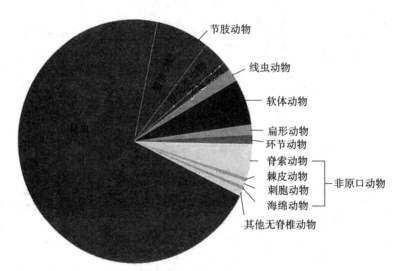

图 15-1　动物谱系相对多样性
（仿 Scott Freeman）

原口动物最多，我们所知的动物 70% 是昆虫，昆虫中数量最多的是甲虫。人类和其他脊椎动物属于后口动物（deuterostomes）中的脊索动物门。

某些原口动物不但物种多样而且个体数量极其丰富。例如，英格兰 1 hm^2 草地上约有 4 500 万只甲虫和多达 22 500 万亿只线虫。原口动物的多样性决定了其生态角色的重要性。原口动物作为一个组群，生活在世界上每一种水域和陆地环境中，它们可能是腐食者、草食者或者肉食者。如果生物学最基本的目的是了解地球上生命的多样性，那么原口动物——特别是软体动物和节肢动物则必须被重视。原口动物对于人类健康和福祉具有以下 4 个方面的意义：

①原口动物特别是贝类和昆虫是人们主要的直接食物资源。一些原口动物生产像蚕丝和珍珠这样

有经济价值的材料。一些昆虫危害作物而对农业生产具有巨大的副作用，而另一些昆虫则保护作物。

②人类也间接依赖原口动物，如农民依赖蚯蚓改良土壤，依赖蜜蜂等昆虫为农作物传粉。

③许多原口动物（如吸虫、绦虫和吸血昆虫）可引起和传播人类疾病。

④原口动物包括最重要的两类试验用模式动物：果蝇和线虫。

一、原口动物含义

两侧对称和三胚层动物有 2 个主要的组群：原口动物和后口动物。原口动物与后口动物的区别在于 2 个方面的发育特征不同：

一是原口动物在原肠形成期，胚胎中最初形成的孔——胚孔变为动物的口。在时间次序上原口动物先发育出口，而在后口动物中该孔发育成肛门，口后来发育。二是如果换成原口动物体腔（coelom）在发育中后来形成，它建立于中胚层细胞团（block）内部，而后口动物中胚层囊（pocket）从原肠断离（pinching off）。

系统发育学的研究长久以来支持这样的假说——即原口动物是单系群（组），意味着原口动物发育序列只出现一次，但在原口动物谱系中很难梳理发育序列的关系。原口动物自寒武纪生命大爆发以来，已经有 5 亿年的多样性进化史，在不同谱系中独立进化来的形态特征导致趋同进化；另一些起源于一个谱系内被认为是共同新特征的性状，却在一些组群中丢失。因此，形态学资料导致了许多系统发生关系的假说。

近年来，DNA 序列分析资料已经否定了许多早先基于形态学资料的关系假说，形成如图 15-2 中的系统发生树，在原口动物中有两个主要的亚群（组）：①触手担轮动物（Lophotrochozoan，又称冠

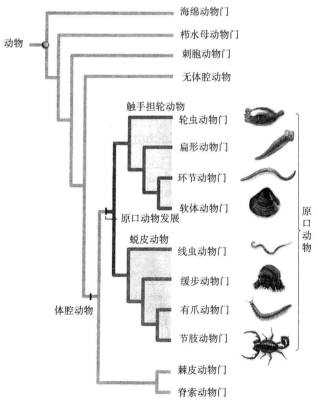

图 15-2　原口动物是一个由 2 个主要谱系构成的单系群

注：属于原口动物的门有 22 个，但是图中所示的 8 个主要门类约占已知物种的 99.5%。

（仿 Scott Freeman）

轮动物），包括触手冠动物和软体动物、环节动物等担轮动物；②蜕皮动物（Ecdysozoa），包括线虫动物和节肢动物等。

二、原口动物类群多样化的关键事件

我们调查了在原口动物的进化多样化方面的关键事件，回想所有动物谱系多样性进化的感觉、摄食、运动、繁殖和发育的分化方式。要知道原口动物的多样化是由水生到陆生的转化以及原口动物体制的模式设计所引发的。

1. 原口动物水生到陆生的转化　从中国澄江、加拿大布尔吉斯页岩（burgess shale）及其他地方得到的化石表明原口动物的谱系起源于海洋环境。今天，像陆地植物、真菌和原口动物完成了水生到陆生的转化，原口动物是世界上种类最丰富、数量最多的动物。从水生到陆生的转化是重要的，因为动物开拓了全新的环境，还有可用来开发的新的资源类型。基于此原因，生物学家认为在几个原口动物们多样化过程中，在陆地环境的生存能力是进化的关键。原口动物在陆地上的繁盛，有几种适应能力是必须具备的：气体交换；防止干燥；抵抗体重支撑起身体。

适应是个体在特殊环境增加适合度（成功繁殖）的一种特性。陆生动物大而湿润且暴露于空气中的身体表面，很容易与空气交换气体。但是交换气体的同时如何避免身体干燥成了较大的挑战。陆生原口动物以以下方式解决了这个问题：

（1）线虫、蚯蚓以及生活在潮湿土壤中的或其他湿润环境中的陆生原口动物通过身体表面交换气体，它们具有较大的表面积与体积的比率。从而提高了气体交换效率。

（2）陆生软体动物在其体内具有鳃（gill），类似的还有节肢动物中昆虫的气管（tracheae），呼吸的同时也减少水分丢失。

（3）昆虫进化了一种蜡质表层以减少身体表面的水分丢失，由气孔通呼吸途径，如果环境干燥气孔能够闭合。蜗牛具一层薄的 $CaCO_3$ 贝壳来保存水分。

（4）可防止干燥的卵不断进化使其顺利过渡到陆生生活，如昆虫卵有一层厚膜保持卵内的湿度。

与植物和真菌不同，许多陆生动物如面临所处区域干旱，会移动到潮湿的环境。陆地没有水中的浮力，陆地上的动物需要更有效的结构抵抗重力并运动。再者，如果动物身体在三维空间放大加倍（假设形状不改变），其重量增加 8 倍——如此大的动物感到重力的效应比小的动物大，这种压力机制已经限制了许多原口动物的大小，包括陆地上的昆虫。

2. 原口动物体制多样化由调节基因表达模式控制　形态和生理的多样化具有遗传基础。生物学家曾假定许多不同的遗传机制创建了不同类型的有机体，但这种假设是错的。其原因是：

（1）多细胞动物具有共同的基因工具盒（tool kit），其在发育过程中能建立动物体制。Hox 基因是一类专门调控生物形体的基因，一旦这些基因发生突变，就会使身体的一部分变形，因此 Hox 基因具有建立动物体制的功能。

（2）在发育过程中当遗传工具盒的这些基因在不同时间和地点表达，就能直接发育许多不同类型和数量的结构。

最终结果是动物体制的多样化不仅是随时间推移由新基因产生而形成的，而且特别是由调节基因的基因表达模式的改变而形成的。Sean Carroll 及其同事清楚地证明了这个原理，表明 Distall-less 基因在多样化谱系中（从环节动物和节肢动物到脊索动物中）不同类型的附肢的形成过程中起作用。

当在一个谱系中存在比较多样的有机体时，基于遗传上的模式化体制是明显的。这意味着一小部分要素能重新利用和重新排列以产生大量的多样结果。例如，调节基因改变了表达模式能解释蛇这样的动物在失去附肢的同时极度戏剧性的增加了脊椎骨的数量。因而，基因表达上的变化使得从具附肢的祖先到后来产生了极其不同的体制。

三、触手担轮动物

原口动物亚群触手担轮动物（Lophotrochozoan）的 13 个门包括触手冠动物、担轮动物（软体动物、环节动物和扁形动物）等。担轮动物被命名是因为拥有定义其谱系的 2 个性状：①幼虫的类型称为担轮幼虫，在许多动物门中是相同的；②胚胎卵裂方式为螺旋卵裂。

触手冠动物。触手冠动物除拥有以上 2 个性状外，如图 15-3A 表明，它拥有触手冠纤毛环（lophophore）也称担轮，是一种特殊的结构，在口周围环状分布，有摄食悬浮物的功能。触手冠纤毛环发现于苔藓动物门、腕足动物门和帚虫动物门，因而三者被称为触手冠动物（Lophophorate）。

担轮动物。触手担轮动物除去触手冠动物，其他可统称为担轮动物（Trochozoa），因为它们大多具有担轮幼虫（trochophore）。担轮幼虫是一类在海生软体动物、海生环节动物和触手担轮动物及其他几个门中相同的幼虫（larvae）类型。如图 15-3B 表明，担轮幼虫在其体中间围绕着纤毛环（ring of cilia）。这些纤毛用于游泳，在一些种类中，纤毛也可用于扫荡食物碎屑入口。触手冠纤毛环在空气中会粘连，无法完成运动和摄食，因此触手担轮动物在水环境中大发生，而没有在陆地获得大的发展，原口动物中的蜕皮动物则在陆地实现了大发展。

担轮幼虫与其他幼虫一样出现在经历间接发育的动物中——幼虫常常是辐射对称的，不同于成虫的两侧对称。幼虫和成虫生活在不同的环境中，而且摄食不同的食物。海洋动物从幼虫到成虫的变态过程，被认为是通过在浮游植物上漂浮或游泳扩散到新环境，在此过程中固着幼虫不断适应并缓慢变为成虫。

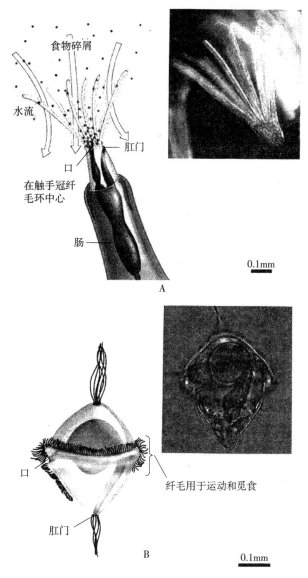

图 15-3 触手担轮类的特征

A. 成体的触手冠功能是在悬浮液中觅食 B. 正在游泳和觅食的担轮幼虫

注：这里是苔藓动物，显示了它的觅食结构——触手冠；触手担轮类的许多门具有称作担轮幼虫的幼虫类型。

（仿 Scott Freeman）

触手担轮动物的幼虫并非是独一无二的，最早已知的多细胞动物——海绵动物也有幼虫。然而近来的分析提出担轮幼虫在触手担轮动物进化中起源较早，之后进化为后来一些组群中的不同类型的幼虫。

触手担轮动物最大的类群是软体动物。软体动物（mollusk）的种类超过了 13 万种，仅次于蜕皮动物中的节肢动物。软体动物展示了触手担轮动物的生长和发育，个体发育中经过担轮幼虫、面盘幼虫（veliger larra）或钩介幼虫，但从成体看来，不像其他的触手担轮动物。软体动物具有明显的特征，它有特化的体制，有以下 3 个主要特征：足、内脏团和外套膜。软体动物具有模块化的设计，那就是所有的软体动物都具有足、内脏团和外套膜，其大小、形状和结构是多样化的，因而具有不同的摄食、运动和繁殖方式。触手担轮动物有如下特点：

1. 触手担轮动物卵裂类型为螺旋卵裂 螺旋卵裂是触手担轮动物单系组群的共同特征。在胚胎发育早期，当细胞以倾斜角度彼此分裂时，细胞的螺旋模式导致囊胚出现（图15-4）。而其他卵裂模式如辐射卵裂，每层的分裂球都较整齐地排在下一层的上面，并呈辐射状排列。虽然螺旋卵裂在触手担轮动物中已经高效保存，但在其他门中已经被修改或丢失。

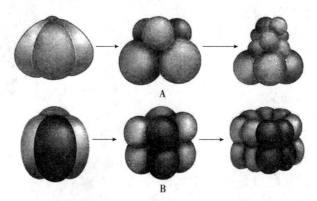

图 15-4　螺旋卵裂是触手担轮动物的共同特征
A. 螺旋卵裂是触手担轮类特有的　B. 辐射卵裂（用于对比）
注：这里比较了螺旋卵裂与辐射卵裂的早期细胞分裂模式，螺旋卵裂
模式在一些谱系中或进行了修改或已经丢失。
（仿 Scott Freeman）

当现代分子技术被应用到比较胚胎学研究时，发现螺旋卵裂影响成体的多样性。例如，在一些蜗牛中螺旋卵裂是顺时针方向的，而在另一些动物中是逆时针方向的，导致成体中分别具右旋层和左旋层，卵裂格局方向决定 Noolal 和 Pitx 基因盒的下行表达，最终建立了蜗牛的对称性。Noolal 和 Pitx 基因盒在脊椎动物的左右对称中也是重要的。

2. 管内套管的身体设计和流体静力骨骼 触手担轮动物像蠕虫一样具有长而薄的管状身体并缺乏附肢，其具有管内套管的设计。外管是皮肤（表皮），由外胚层分化而来；内管是消化道，由内胚层分化而来；中胚层分化来的肌肉和内脏器官（如生殖器官）位于两管之间。

许多触手担轮动物具有发育良好的体腔，这类体腔不但提供了器官之间液体循环的空间，而且具有运动所需流体静力骨骼的功能。

流体静力骨骼能使蠕虫蠕动、掘洞甚至游泳，不论分节与否，还是身体表面刚毛或其他结构的存在与否，蠕虫运动都要依靠体内的肌肉组织。然而就像螺旋卵裂和担轮幼虫一样，在几个谱系中体腔减少或缺乏，如体小而薄的扁虫，其寄生种类也完全缺乏体腔。

3. 具有多样化的摄食结构取食多种食物 像蠕虫一样的触手担轮动物包括了取食悬浮的、沉淀的、液体的和块状食物的捕食者。开发多样性的食物是可能的，部分是因为蠕虫具有多样的摄食器，可用于捕获和吞咽食物。

触手冠动物用的触手冠摄食结构（如帚虫），是口部特化的例子之一。环节动物门分节蠕虫是多样的组群，特别是海产的多毛类，它们有的住在洞穴内，伸出羽状触手进入水中摄食悬浮食物，有的在洞穴口伸出具有锋利小齿的吻猎杀猎物。

四、蜕皮动物

1. 蜕皮的含义 触手担轮动物持续生长和增大的生长方式是古老的生长方式。相反，蜕皮动物由清晰的共同特征定义：所有的蜕皮动物（ecdysozoan）通过蜕皮（molting）间歇生长，即脱掉外骨骼或者外表的覆被物。希腊词根 ecdysis 含义为"摆脱或逃逸"，其意思是恰当的。因为在蜕皮过程中个体脱掉其外皮，这种皮被称作外骨骼。一旦旧的外被物蜕去，虫体吸收液体导致身体膨胀，使已经形成的较大的外骨骼被撑开。经过持续的蜕皮，使得蜕皮动物生长和成熟，有时以这种方式经历剧烈的形态变化。

坚硬的身体覆被物能为虫体提供肌肉附着的有效结构及保护。蜕皮动物在蜕皮期也存在危险，因为暴露的柔软虫体更易遭到天敌捕食。当蟹等其他甲壳动物已经脱掉旧的外骨骼时，其新的外骨骼需要几小时才能硬化。在此期间，正在蜕皮的个体隐藏起来且不摄食、不运动。

蜕皮素在蜕皮周期的调节中起主要作用，但蜕皮素并不是蜕皮动物的专利。研究表明，蜕皮素这种类固醇激素在许多其他动物中发挥着多种功能。因此，蜕皮素在蜕皮动物中是合作选择的一种新功能。7 个蜕皮动物门中最突出的是节肢动物门。

2. 节肢动物　从化石记录的时间，以及物种多样性和个体丰富度可以看出，节肢动物（arthropod）是蜕皮动物中最重要的动物门。节肢动物出现化石记录超过 5.2 亿年，是在海洋和陆地环境中观察到的种类和数量最丰富的动物。迄今为止，节肢动物中已有超过 100 万种活的物种被描述，而且生物学家估计未来将会发现几百万种甚至上千万种的节肢动物物种。从物种多样性来看，节肢动物是蜕皮动物谱系中最成功的。

（1）节肢动物体制：除了两侧对称和其他原口动物的特征外，节肢动物由 3 个关键特征所定义。

①具分节的身体：身体由明显的体部组成，如蝗虫的头、胸和腹。

②外骨骼主要由几丁质组成：在甲壳动物中由 $CaCO_3$ 强化变硬。

③具关节化的附肢，能够加强身体的运动：附肢替代了基于肌肉收缩的流体静力骨骼，大多数节肢动物运动基于杠杆原理——腿或者翅的外骨骼用关节运动，此结构能够非常快速而精确地运动。

节肢动物的真体腔高度退化，像软体动物一样拥有由原体腔扩展而来的血腔。毛虫和其他节肢动物幼虫通过血腔内的流体静力骨骼进行运动。节肢动物关节化的附肢沿着分节的身体成对配置，这些附肢具有一系列功能：交换气体、感觉环境、摄食以及游泳、爬行、奔跑、跳跃或飞行。节肢动物附肢具有感觉刺激和完成复杂运动的能力。

（2）基因工具盒的不同表达导致节肢动物体节和附肢的多样化，是节肢动物成功的根本：节肢动物身体分节的模式化，为其带来了巨大的进化潜能，对基因工具盒在不同节肢动物发育过程中的研究，对了解节肢动物多样化过程具有巨大的贡献。这些研究表明，沿节肢动物身体纵轴方向特定工具盒基因表达的位置和时间点不同能导致体节、附肢出现新的形状和大小。

为了理解模式化的进化潜能，假设原始节肢动物具有许多相似体节，每一体节具有一对相同的附肢。这种体制的多余附肢能担负新的功能，如位于头端的附肢可能转化变为触角或者摄食器，却没有用于爬行。有些分节保持旧的功能，如蠕动，而另一些分节能共同支持新的功能。因而，在基因工具盒表达的各种形式中的遗传机遇能与由自然选择过程产生的生态机遇相结合，导致节肢动物体节和附肢的多样化（图 15-5）。

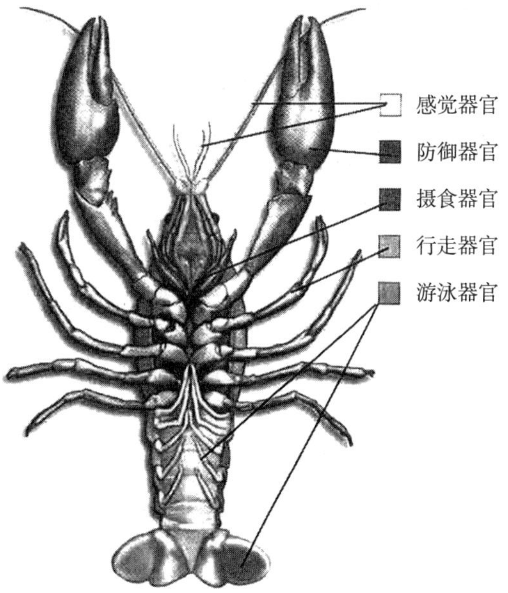

（3）节肢动物变态是为了有效摄食，也有利于高效繁殖：许多节肢动物经历了从幼虫到极其不同的成体形式的转变。这里把昆虫作为一种研

图 15-5　节肢动物有模式化的身体规划（小龙虾腹面观）

注：小龙虾（crayfish）腹面观图说明了节肢动物的体部和附肢如何为不同的功能进行特化，从前到后依次为感觉器官、防御器官、摄食器官、行走器官、游泳器官。

（仿 Scott Freeman）

究对象来考查节肢动物中变态的适应性意义。

①昆虫变态具有 2 种类型：在昆虫中，可由有没有蠕虫状或蛆状幼虫来定义明确的变态类型。

半变态也称不完全变态。昆虫的幼虫称为若虫，看起来像成虫的缩小版。图 15-6A 是蚜虫的若虫，几次蜕去外骨骼并且生长，逐步从无翅和未性成熟的若虫发育成性成熟的成体，其中有些能飞，但其整个生命期，生活在同样的环境中，以同样的方式吸取液体，摄食同样食物源。

全变态也称完全变态。昆虫具有明显的幼虫时期，以蚊子的生命周期为例（图 15-6B）。

a. 新孵化的蚊子幼虫（孑孓）生活在淡水中，它们悬浮摄食细菌、藻类和腐质。

b. 当幼虫充分长大时，个体停止摄食和运动并且以分泌物包裹外表，这时的个体就是蛹。蛹孵化后变为成体。

c. 成体飞行和摄食，雌性吸取哺乳动物的血液而雄性吸取花蜜。

②变态的适应意义：昆虫中完全变态的比不完全变态的多 10 倍。这种现象有 2 种假说来解释，这些假说并不相互排斥，两者可能都是正确的，只是研究对象不同而已。

a. 主导性假说基于摄食的有效性。因为绝大多数昆虫成虫是活动的，利用幼虫期作为扩散的解释是错误的。完全变态种类的幼虫和成虫以不同的方式摄食而且有的甚至在不同的生境中，它们并不存在相互竞争。

b. 另一个假说基于功能特化，幼虫和成虫分别在摄食和繁殖上特化。多数蛾类和蝴蝶的幼虫特化为摄食，而成虫特化为交配而很少摄食，因而幼虫大多是固着的，而成虫是活动的。特化导致摄食和繁殖上的高效性以及高度适应性，说明完全变态是先进的。

（4）昆虫翅的起源：为古老的身体部分增选新功能对于昆虫翅的起源尤为关键，而昆虫翅的起源是对生活史最非凡的适应之一。在今天的地球上具翅的昆虫比无翅昆虫存在更多的种类。根据化石记载资料，昆虫也是地球上有翅能飞行的第一类动物，那么翅是怎样进化出来的呢？

①独立起源假说：有些生物学家提出翅由胸部向外突出生长而形成，独立于腿。

②鳃增选假说：认为翅是从一种无翅祖先的腿分支上像鳃一样的突出物发展形成的，鳃从根本上增选出像翅一样的结构（图15-7）。昆虫具有不分支的附肢，但节肢动物如甲壳类有分支的附肢。

生物学家通过发育基因学的研究来解决翅起源的争论，他们探索了盐水虾（甲壳类的古老谱系）腿的发育。已知工具盒基因 nubbin 和 upterous 在昆虫翅的发育中是重要的。结果令人吃惊，nubbin 和 upterous 在甲壳类腿的像鳃一样的裂片中表达，其他地方则没有。该结果对于昆虫翅起源于远古甲壳类腿上的像鳃一样的分支提供了支持。

A

B

图 15-6　昆虫的蜕变可以是不完全变态或是完全变态
A. 蚜虫［不完全变态（不完全蜕变）］　1. 成虫　2. 幼虫
B. 蚊子［完全变态（完全蜕变）］　1. 幼虫　2. 蛹　3. 成体
（仿 Scott Freeman）

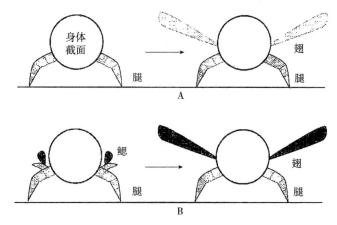

图 15-7　昆虫翅起源的假说

A. 独立起源假说　B. 鳃增选假说

(仿 Scott Freeman)

在一个谱系中从一种共选结构去形成另外一种结构也许需要成千年或上百万年的进化，但更显著的、剧烈的形状变化也发生在单个个体的生命历史中。

第三节　原口动物关键创新

原口动物进化过程中出现了什么关键创新？研究动物进化的生物学家研究了 3 类资料：

1. 化石　化石是重要的。因为它们提供了唯一直接证据表明远古动物像什么，它们什么时候存在以及它们生活在哪里。然而化石记录并非能代表所有动物。化石最有可能在数量丰富的、身体具有坚硬部分、生活的区域出现沉积物的动物群中出现。

2. 比较形态学　提供有关胚胎、幼虫或者成体形态的信息，这些信息对于动物群组和个体谱系的研究是非常重要的。在系统发生过程中这些资料能用于推测动物最初进化时出现的特征，以及哪些动物组群之间亲缘关系更接近。

3. 比较基因组学　提供有关基因的相对相似性或者不同有机体的全部基因组信息，这种相对新的资料源正为理解系统关系和进化历史发挥着显著作用。

有时这些有关动物进化的资料源支持原有的进化理论，有时却相反。Anna Marie Aguinoldo 等(1997)采用源于核糖体蛋白小亚单位的 RNA 编码基因的序列，估算了 14 门动物物种的系统发生，这一研究提出了与之前基于形态学数据且被接受多年的动物中间谱系不同的关系格局。

图 15-8 是基于 DNA 不同序列构建的主要动物门进化树，分支黑杠表明某些形态特征进化起源节点。该进化树是 1997 年的最新版本。基于许多基因和蛋白质序列的进一步研究，将一些主要的形态创新绘制在进化树中，可以在进化树的根部开始探求且向顶端寻进。在此过程中的关键创新有多细胞动物的起源、胚胎组织层的起源、两侧对称的起源、神经系统的起源、体腔的起源、原口动物和后口动物的起源、分节的起源，后文分别加以介绍。

一、多细胞动物起源

注意图 15-8 动物进化树的根部，此处单细胞的领鞭毛虫外组与最底部的动物分支相遇。①说明了动物是单源的组群，意味着所有动物起源于一个共同的祖先。化石、比较形态学和比较基因组学都一致认为所有动物具有一个单一起源。②说明了是海绵动物（多孔动物）门包括两个最基础的或者最古老的动物谱系。即多细胞动物似乎起源于一种像海绵一样的动物，这个假说被各种证据所支持。

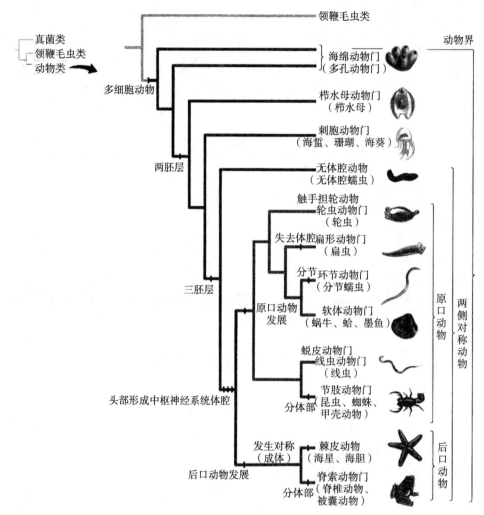

图 15-8　基于 DNA 序列数据的主要动物门进化树

注：基于 DNA 序列资料的主要动物门系统发育。此进化树是基于来自各种动物门中若干 DNA 序列的异同而构建的。分支黑杠表明某些形态特征何时起源。

(仿 Scott Freeman)

1. 化石证据　2016 年，由中国科学院南京地质古生物研究所牵头的一个课题组报告称，我国贵州"瓮安生物群"中发现了一枚原始海绵动物化石，命名为"贵州始杯海绵"，体积只有 2～3mm³。这枚米粒大小的化石显示，至少 6 亿年前地球上已出现原始多细胞动物，这是迄今全球发现最早且可信的原始多细胞动物实体化石。而早期多细胞有机体化石的缺失与海绵动物在系统发育上的位置是相一致的。

2. 形态证据　海绵动物与领鞭毛虫组群有几个关键特征相似：

（1）领鞭毛虫和海绵动物两者都是固着生活：意味着成体永久吸附在基底上。

（2）两者利用具有几乎一致形态的细胞摄食：如图 15-9 所示。鞭毛的摆动引起带有食屑的水流流向领鞭毛虫和海绵动物摄食细胞。海绵动物摄食细胞称为领细胞，在这些领细胞内，食物碎屑被捕捉和摄取。领鞭毛虫类有些形成群体，即个体的组群互相吸附在一起。由于海绵动物细胞在被分离后有繁殖的能力，有些生物学家一度认为海绵动物是单细胞原生动物的群体。但海绵动物包含许多特化的细胞类型，它们彼此依靠，其中有些细胞间质位于细胞层中。近年来研究已经表明有些海绵动物有真正的上皮，即一层紧紧连接的细胞，覆盖在动物的内表面或外表面。上皮是动物形式和功能的基础。

（3）水沟系：海绵动物在大小、形状以及组成上是多种多样的，它们具有坚硬刺状的由二氧化

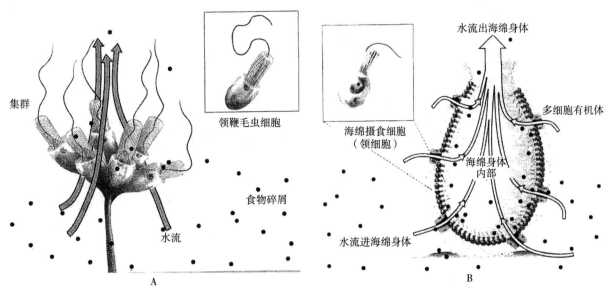

图 15-9　领鞭毛虫和海绵觅食细胞（领细胞）的结构及功能几乎是相同的

A. 领鞭毛虫是觅食悬浮食物者（领鞭毛虫是固着的原生生物，有些是集群的）　B. 一个固着的简单海绵的横切面，摆动的鞭毛引起带有食屑的水流流进海绵体内，食屑在那里被觅食细胞摄入（海绵是多细胞且固着的动物）

（仿 Scott Freeman）

硅（SiO_2）或碳酸钙（$CaCO_3$）组成且形态多样的骨针，其沿着胶原纤维分布，为细胞间质提供结构支持。尽管骨针多样化，但许多生物学家将海绵动物描述为单一系统发生组群，这是基于它的独特的体制——水沟系系统。

3. 分子学证据　比较基因组学支持海绵动物是多细胞动物的最基础组群这一假说。根据这些研究，海绵动物是并系的，这个假说用两条线（多细胞体和两胚层）表示在图 15-8 中，代表海绵动物。

海绵动物的并系对于研究动物起源很重要，因为它对于所有动物的共同祖先像海绵类的假说提供了支持。如果海绵动物是单源群的，那么它们的区别特征导致后来的进化。因而一系列重要的遗传创新发生在多细胞动物进化树的最根部。极其复杂的发育基因工具盒（kit tool）包含的基因发生突变，因此这些基因的连续复制和多样化是动物谱系分化的基础。

二、胚胎组织层起源

海绵动物拥有遗传基因工具盒（genetic kit tool），对于细胞和细胞粘连、细胞和间质粘连起到最基本的作用，而有些海绵动物甚至有发育不完全的上皮，然而海绵动物并没有复杂的组织，相似的细胞群形成紧密整合结构和功能单元。除海绵动物外，其他动物通常被分成 2 种主要的基于胚层数目的组群，即两胚层动物和三胚层动物。

胚胎组织层称为胚层（germ-layers）。在两胚层动物中这些胚层被称为外胚层（ectoderm）和内胚层（endoderm）（图 15-10）。大多数情况下，外层和内层由含有一些细胞的胶质连接，而在三胚层动物中，在内胚层和外胚层之间存在一层胚层称为中胚层。

动物中的胚层发育为明确的成体组织、器官和系统。在三胚层动物中：外胚层分化为皮肤和神经系统；内胚

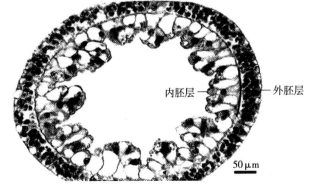

图 15-10　两胚层动物具有内胚层和外胚层构成的身体

注：这是水螅（刺胞动物）身体的管形部分横截面图。

（仿 Scott Freeman）

层分化为消化道的内衬细胞；中胚层分化为循环系统、肌肉和内部结构如骨骼及大多数器官。

一般来说，外胚层产生动物的外表而内胚层产生消化道。中胚层分化为它们之间的组织。同样的模式保持在两胚层动物中，但两胚层动物上皮肌肉组织的构造来源于外胚层，生殖组织主要来源于内胚层。

动物的两个组群被认为是两胚层动物（图 15-8）：栉水母动物和刺胞动物，它们包括侧腕水母、水母、珊瑚、水螅和海葵。近年来的资料提出，有些刺胞动物具有真正的中胚层，是三胚层动物，这使三胚层体制何时被确切进化出来的问题变得复杂。然而，就动物的系统发生来看，所选取的基本信息仍然是相同的，即刺胞动物和栉水母动物相对简单的两胚层体制起源于比海绵动物谱系更晚的祖先动物，但是在其他具有三胚层的主要动物组群出现之前。

中胚层的进化是重要的，因为它分化出最初复杂的肌肉组织用于运动。海绵动物缺少肌肉，而且通常是固着生活的。栉水母动物具有能改变身体形状的肌肉细胞，但幼虫和成虫采用纤毛游泳。刺胞动物的成体具有扩展和收缩身体的肌肉细胞，像海葵一样；水母能用喷射推进游泳。但以上这些运动与许多三胚层动物复杂的运动相比是简单的。

三、两侧对称起源

头部形成和身体两侧对称是动物体制的关键形态特征。栉水母动物、许多刺胞动物和一些海绵动物具有辐射对称——意味着它们至少有两个对称面，如通过水螅的中轴有许多对称面（图 15-11A），辐射对称在棘皮动物中是独立进化的，包括海星、海胆、海羽星等动物。相反，具有两侧对称的有机体，只有一个对称面，而且有趋于细长的身体，如环节动物的多毛类（图 15-11B）。

根据图 15-8 中动物系统发育分支的结构，辐射对称比两侧对称动物的演化要早。两侧对称在所有三胚层动物谱系中。那么两侧对称起源于进化树的什么地方？

初看，几乎所有的栉水母动物和刺胞动物均显示为辐射对称，但进一步检验发现，有些种类的内部形态出现两侧对称，特别是在海葵中（图 15-12）。同源性被定义为从一个共同祖先遗传，其遗传特征是相似的。研究发现，海葵中的两侧对称与三胚层动物的两侧对称是同源。

发育生物学家采用发育的调控基因作为工具来回答这个进化的问题。具有三胚层和两侧对称特征的动物称为两侧对称动物（bilaterians）。简单来说，两侧对称是由头尾轴形成和背腹轴形成而获得的。同源基因（Hox genes）在头尾

图 15-11　身体的对称（展示辐射对称和两侧对称的差异）
A. 水螅（口面俯视图，刺胞动物，辐射对称）
B. 多毛类蠕虫（环节动物，两侧对称）
（仿 Scott Freeman）

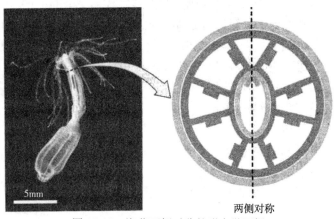

两侧对称

图 15-12　海葵两侧对称的形态学证据
注：一些珊瑚和海葵尽管外观是辐射对称的，但内部却是两侧对称的。星状海葵是一种在海洋柔软沉积物中掘洞的小海葵。
（仿 Scott Freeman）

轴发育中起到重要作用，而体节极性基因（Decapentaplegic genes，dpp）在背腹轴的发育中是重要的。如果在星状海葵（*Nematostella vectensis*）（生物学中一种日益重要的模式有机体）中的两侧对称是与两侧对称动物中的两侧对称同源的，那么海葵中的 Hox 基因和 dpp 基因与在两侧对称动物发现的是相似的。如果趋同进化已经发生，或者是 Hox 基因和 dpp 基因在星状海葵中将不会表达，或者它们的表达模式与两侧对称动物中的不相关。图 15-13 表示了研究的结果。在星状海葵的发育过程中，Hox 基因沿头尾轴被表达，dpp 基因沿着背腹轴非对称表达，而与在两侧对称动物中观察到基因表达模式是相似的。这个证据支持在海葵中的两侧对称与三胚层动物中的两侧对称是同源的假设，这也意味着决定两侧对称遗传基因工具盒是在刺胞动物和两侧对称动物谱系进化分开之前出现的。

研究

问题：海葵的两侧对称与两侧对称动物的两侧对称是否同源

假说：海葵与两侧对称的动物的两侧对称是同源的

零假说：海葵与两侧对称的动物的两侧对称是各自独立发生的

试验设置

1. 海葵胚胎的幼虫的 Hox 基因的产物揭示了表达位置

未来的嘴　　　　　　　　　　　　　　　　　　　幼虫+Hox染色

2. Hox 基因和 dpp 基因产物的重复

预测：Hox 基因和 dpp 基因在海葵中的表达模式与两侧对称动物相似。

零假设的预测：Hox 基因和 dpp 基因在海葵中的表达模式与两侧对称动物无关。

结果：基因表达的模式的示意性概述（纵剖面）

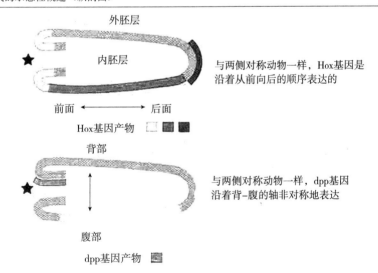

外胚层

内胚层

与两侧对称动物一样，Hox基因是沿着从前向后的顺序表达的

前面　←　→　后面

Hox基因产物

背部

与两侧对称动物一样，dpp基因沿着背–腹的轴非对称地表达

腹部

dpp基因产物

结论：海葵与两侧对称动物的两侧对称是同源的

图 15-13　两侧对称起源于刺胞动物和两侧对称动物的一个共同祖先的基因证据

（仿 Scott Freeman）

四、神经系统起源

超过 99％的现代动物是两侧对称的，这种体制是寒武纪生命大爆发期间导致两侧对称动物多样

化的关键创新。一种假说就是神经系统的进化和头部的进化是与两侧对称共同紧密联系和同时进行的，这些特点对两侧对称动物的辐射具有极其重要的作用。

两侧对称与中枢神经系统的出现相关。神经元、神经系统的功能以电子信号的形式传送和处理信息。各动物类群的神经系统形式如下：

（1）海绵动物一般身体无定形并缺乏神经系统。

（2）栉水母和刺胞动物神经细胞弥散排列称为神经网（图15-14A）。这些辐射对称的动物或者漂浮在水中或者固着在基底上。辐射对称的动物在任何方向上似乎更容易遇到猎物和新的环境。而这种弥散的神经网能有效地接收和送出信号。

（3）多数动物具有中枢神经系统（central nervous system，CNS）。在 CNS 中，有些神经元集聚为一个或更大的神经束或神经索延伸到整个身体内，其他的集聚为大的神经节（图15-14B）。生活于今天的大多数两侧对称的动物在其环境中运动。两侧对称动物趋于在头端碰到猎物和新的环境，慢慢的动物就发展为有许多神经元集中于前端，利用神经束沿着机体的纵向传送信息。

CNS 的进化与头部相一致：头部或者前端区域的进化集中了有觅食、感知环境和处理信息的结构。位于头部的负责处理信息的大神经块（团），被称为脑神经节或脑。

两侧对称的普遍性意义：由专门的头部区域指示机体其余部分驱动，可有效地发现和捕获食物。中胚层出现与两侧对称体制相结合能使动物快速、定向运动和捕猎，而使得此谱系的动物因进步的摄食和运动机制而具有潜在的多样化。

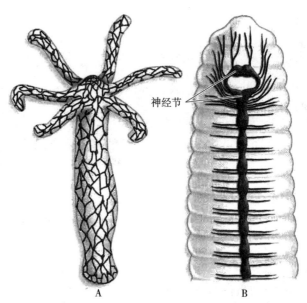

图 15-14　身体对称性和神经系统间的联系

A. 辐射对称动物，如水螅有一个神经网（弥散性神经元）

B. 两侧对称动物，如蚯蚓有中枢神经系统（聚集神经元）

（仿 Scott Freeman）

注意图 15-8 中的无体腔蠕虫生活在沙质中，是两侧对称、三胚层的、有神经网而不具 CNS——无头部区域。在这个进化树上无体腔分支的位置，说明 CNS 和头部形成对于两侧对称动物持续的进化是关键的。

五、体腔起源

对具三胚层、两侧对称、身体延长及具头部的动物机体来说，基本的形状是管内套管的。内部的管是个体的消化道，一端有口而另一端有肛门，外部的管形成神经系统和皮肤（图15-15），在二者之间中胚层形成肌肉和器官。

如果内管通过中胚层被固定在外管，管内套管的体制能引起潜在的生物机制和生理挑战。对这种生理上的限制，一种思路是在内管和外管之间形成称为体腔的充满液体的空腔，如同图15-15 蚯蚓中展示的一样，体腔提供了供 O_2 和营养循环的空间，这也能使内部的器官彼此独立发挥作用。

系统发生学证据提出体腔出现于原口和后口动物的祖先（图15-8）。具有体腔的两侧对称动物体腔被中胚层完全衬里，就是所说的真体腔动物（图15-16A）；没有体腔的两侧对称动物，像扁虫，称为无体腔动物（图15-16B）；那些保有体腔但其体腔部分缺乏中胚层衬里的两侧对称动物，像线虫，就是所说的假体腔动物（图15-16C）。

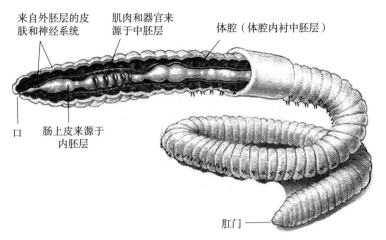

图 15-15　管内套管的身体规划在动物中是常见的

（仿 Scott Freeman）

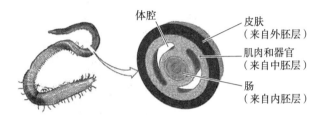

A.体腔动物有一个封闭的完全由中胚层衬里的体腔

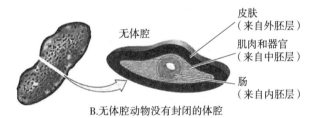

B.无体腔动物没有封闭的体腔

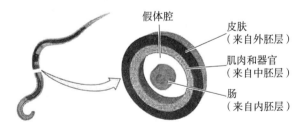

C.假体腔动物有一个封闭的部分由中胚层衬里的体腔

图 15-16　动物可能具有或不具有体腔

（仿 Scott Freeman）

　　体腔是动物进化过程中关键而重要的创新，部分是因为它是封闭的充满液体的，这就是流体静力骨骼。具有流体静力骨骼的柔软动物即使没有鳍和附肢也能有效运动。

　　例如，线虫的运动，因为体液在假体腔内以一定压力撑着体壁，使体壁绷紧——很像水撑开水球的壁（图 15-17）。这种绷紧状态在体腔内体液上产生压力，体壁上的肌肉收缩时，该力通过体液传递改变身体的形状进而使线虫能蠕动前行。

　　体壁中不同的肌肉协同收缩和松弛时，能使各种形状改变并形成运动，体腔的进化提高了两侧对称动物寻找食物时的运动能力。

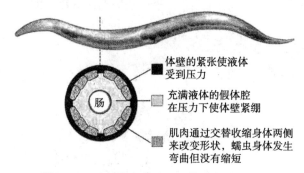

图 15-17　流体静力骨骼可以使线虫动物移动
（仿 Scott Freeman）

六、原口动物与后口动物起源

存在于寒武纪时期的共同祖先具有两侧对称、三胚层、中枢神经、头部和体腔等特征（图 15-8）。这个祖先引起动物谱系的显著辐射，尽管成体动物有令人惊奇的多样化，但在胚胎发育过程中的特点将其分为两个主要组群。

1. 原口动物　这类动物的口由胚孔发育而来，肛门后来发育，中胚层团（块，block）镂空（hollow out）形成体腔。

2. 后口动物　这类动物的肛门由胚孔发育而来，口后来发育，中胚层囊（pocket）断离（pinch off）形成体腔。

原口动物意思为口先形成，而后口动物意思为口后形成。为了理解原口动物和后口动物胚胎发育中的区别，回想一下在称为原肠期发育过程中 3 个胚层的形成，细胞从外面通过细胞分裂扩展到囊胚腔内部，这些细胞形成内胚层，创造了一个向外开口胚孔（图 15-18A）。在原口动物中，这个孔变成了口，在消化道的另一端，肛门后来形成。然而，在后口动物中，这个初期的孔变成肛门，口后来形成。

在体腔开始形成时，两个组群之间的发育同样产生差异。原口动物胚胎在消化道外面具有两团中胚层，如图 15-18B 左边所示。

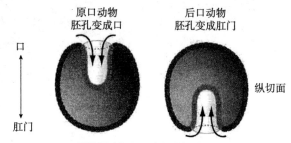

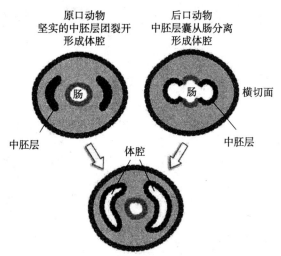

图 15-18　在原口动物和后口动物中早期发育事件的差异

注：原口动物和后口动物之间的差异表明：建立一个具有两侧对称和体腔的动物身体，其规划方式不止一种。
（仿 Scott Freeman）

体腔形成于两团中胚层细胞的内腔。相反，后口动物胚胎的中胚层细胞位于消化道（肠）的背面，如图 15-18B 右边所示，体腔形成于这些细胞层的膨胀。实质上原口动物和后口动物的发育模式代表 2 种获得同样结果的不同方式——这个结果是身体的构造为两侧对称，且包含以中胚层衬里的腔室。

在原口动物中出现两个组群：①触手冠担轮动物（Lophotrochozoa），包括软体动物、环节动物、扁虫和轮虫动物等。②蜕皮动物，包括节肢动物和线虫动物。触手冠担轮动物在条件良好时持续生长，蜕皮动物要通过脱换其外骨骼或体外覆盖物而扩展身体实现生长。

扁形动物的种类是原口动物，但缺乏体腔——意味着在扁虫的进化过程中失去了体腔。大部分真体腔失去的情况同样发生在软体动物、节肢动物中。

七、分节起源

分节定义为身体结构的重复排列。分节的脊椎骨是脊椎动物最重要的特征，脊索动物中一个单独谱系包括鱼类、两栖类、爬行类、鸟类和哺乳类。没有脊椎的动物被称为无脊椎动物（一个并系的组群），分节出现在环节动物和节肢动物中——它们数量巨大且是多样化谱系。近年来的证据表明，分节也出现在一些软体动物中。

在分子生物学研究成果出现之前，生物学家将环节动物和节肢动物一起合组为同一个进化分支。1997 年，Aguinaldo 综述动物的关系时推翻了这个观点，提出分节在这些组群中独立出现（图15-8）。

不同动物门的分节并非是趋同进化。应用 Finnerty 和 Martindale 在研究海葵两侧对称时采用的同样逻辑，调查在不同动物门中调节分节的基因是否是同源的。一项最新的研究发现，节肢动物中有一种相同基因调节分节现象的调节路径，被称为刺猬路径（hedgehog pathway），Hedgehog 是一种共价结合胆固醇的分泌性蛋白，在动物发育中起重要作用。果蝇的该基因突变导致幼虫体表出现许多刺突，形似刺猬而得名。它在环节动物中调节分节同样重要。

就动物多样化而言，具有分节身体的有机体进化获得了成功。一种主要的假说是分节能导致专门化。因为沿身体纵轴某些 kit tool 基因表达的小变化能导致体节和附肢的数量、形状和大小的改变，Hox 基因就是很好的例证。在某些水、陆环境中发生了有利于生命专门适应的变化，最终因自然选择而导致了动物的多样化。

总结动物系统发生的这种历程，需要注意的是，尽管生物学家确信有关动物相互关系的推测是正确的，但动物的系统发生仍处于不断地研究中，当更多的动物类群被取样时、更多的特征被分析、系统发生的分析方法进一步精细化时，生命进化树的结论会不断改进。

第四节　后口动物

一、后口动物含义

后口动物（deuterostomes）最初被分组到一起是因为相似的早期胚胎发育方式。在座头鲸、海胆或人类的消化道开始发育时，次序是从后端到前端——肛门最开始形成，然后口形成。体腔如果存在则由中胚层的体腔囊（肠体腔）发育形成。

近来许多基于分子生物学的系统发生证据已经确定了后口动物为单系，目前确定了 5 个门的后口动物：毛颚动物门、棘皮动物门、半索动物门、异涡动物门和脊索动物门（图 15-19）。

棘皮动物包括海星和海胆；半索动物在海洋的沙或泥中穴居，通过摄食沉积物或悬浮物生存；异涡虫包括 2 个蠕虫样物种，在 2006 年被确认为一个动物门；脊索动物包括具脊索的动物或脊椎动物。脊椎动物依次由盲鳗（hagfish）、七鳃鳗（lampreys）、鲨鱼（sharks）、鳐（rays）、硬骨鱼（bony fishes）、两栖类、爬行类、鸟类和哺乳类组成，脊椎动物是后口动物中的优势类群。没有脊椎的动物被合称为无脊椎动物，超过现有动物 95% 的动物种类是无脊椎动物。

后口动物拥有胚胎早期发育的共性，但它们的成体体制、摄食方法、运动模式以及繁殖策略是高度多样化的。

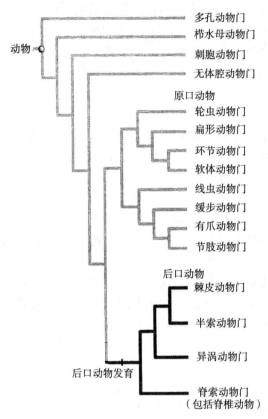

图 15-19　后口动物包括 5 个动物门（脊椎动物在脊索动物门中，此图缺少毛颚动物门）

（仿 Scott Freeman，稍改）

二、后口动物最大类群——脊索动物

所有的脊索动物（chordate）在其生命周期的某一个时期由存在的 4 个形态特征所定义：①开口于咽部称为咽鳃裂的构造；②沿身体纵轴分布的中空的背神经管；③具支持作用的棒状结构称为脊索，硬而有弹性且沿身体纵轴分布；④肌肉质的肛后尾，在肛门之后伸展。

中空的背神经管携带电子信号协同肌肉的运动，具棒状的脊索和肌肉质的尾，这些性状一起创建了"鱼雷体形"，即一种呈流线型的能迅速游泳的动物。化石证据揭示早在大约 5.5 亿年前的寒武纪动物辐射时期脊索动物就多样化了。

脊索动物具 3 个"亚门"，即由 3 个主要的谱系组成：头索动物、尾索动物和脊椎动物。下面在每个组群中检验 4 个脊索动物特征。

1. 头索动物　头索动物也称为矛形动物或者双尖鱼，它们是小型、运动、鱼雷形状的动物，靠滤食生活（图 15-20A）。成体头索动物生活在海洋底部生境，钻沙做洞，用其咽部的咽鳃裂滤食。

头索动物中空的背神经管与脊索平行，因为脊索是棒状，头索动物身体两侧肌肉收缩导致其像鱼一样运动。

2. 尾索动物　尾索动物也称为被囊动物（图 15-20B），咽鳃裂在成体和幼体均存留，此结构具有摄食和气体交换两方面的功能。

中空的神经管、脊索以及尾在幼体时存在，而在性成熟时逆行变态为成体，幼体如同头索动物，这些特征的结合能使动物游泳运动，幼虫游泳或漂浮在海水的上层水面，它们漂到食物较丰富的生境，由此幼虫在生命周期中的功能为扩散。

3. 脊椎动物　脊椎动物包括盲鳗、七鳃鳗、鲨鱼、鳐、硬骨鱼、两栖类、爬行类、鸟类和哺乳类。在脊椎动物中，中空的背神经管（包括脑和脊髓）——神经细胞束从脑到身体末端分布，从脊髓来的电子信号控制运动以及各器官的功能。

称为咽囊的结构和咽鳃裂是同源的而且存在于所有脊椎动物的胚胎中（图 15-20C）。在水生种类中咽囊向外开孔形成咽裂，进而发育成主要的气体交换器官鳃的一部分。然而陆生种类中咽囊形成与呼吸无关的衍生结构，并不发育为咽鳃裂。

所有的脊椎动物的脊索不再具有支持和运动的功能，这些作用由分节的脊椎所替代。相反，脊索有助于在早期的发育中组成身体的体制。脊索分泌蛋白，帮助引导体节——分节的组织块形成，这些组织沿身体长轴分布。尽管脊索本身消失了，但在体节中的细胞分化为脊椎、肋骨，以及骨骼肌、体壁和四肢，脊索就是以这种形式在脊椎动物性状发育中起作用的。

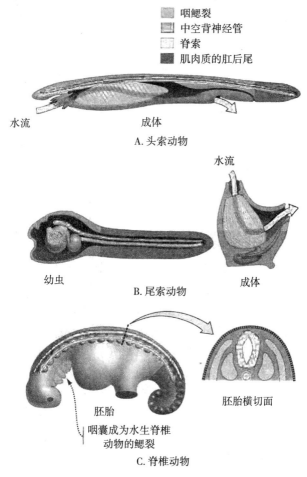

图 15-20　脊索动物的 3 个谱系由 4 个特征来区分
（仿 Scott Freeman）

第五节　最重要的后口动物——脊椎动物及其关键创新

一、脊椎动物含义

脊椎动物（vertebrate）因 2 个共有的新特点被分成为单系：

第一，以软骨或硬骨结构形成脊椎，沿身体背面分布。

第二，具有脑颅，它是硬骨、软骨或纤维质的囊腔，里面容纳了脑。

脊柱是重要的，因为它保护脊神经。脑颅是重要的，因为它保护脑和感觉器官。脊柱和脑颅共同保护中枢神经系统以及关键的感觉结构。

脊柱动物背部神经管最前端的突起发育为脑，这对于脊椎动物的生命方式是重要的，脊椎动物是活动的捕食者和草食者，它们感觉其周围环境的刺激并做出快速直接的反应运动。较复杂的脑使得动物得以与环境更有效地相互作用。

在早期的脊椎动物中，脑分为具有重要感觉功能的 3 个区：

1. 前脑（forebrain）　用于感觉味道的地方。

2. 中脑（midbrain）　与视觉相关。

3. 后脑（hindbrain）　负责平衡，在一些种类中，有听觉作用。

现存的所有脊椎动物都保留了这 3 个区，但每个区的结构和功能已经进化，如在有颌的脊椎动物，后脑扩大为小脑（cerebellum）和延脑（medulla oblongata），前脑的一部分也变为复杂的大的结构，称为大脑（cerebrum），特别是在鸟类和哺乳类中。这 3 部分脑在进化中由硬的脑颅保护，它包含脊椎动物进化中关键的创新。

二、脊椎动物进化概述

人类研究脊椎动物已经超过 300 年，是因为它们的体型大又很重要，也是因为人类也是脊椎动物。所有这些努力都是在全面探究脊椎动物是怎样多样化的。下面先分析一下化石记录的资料，阐明脊椎动物进化中的关键事件，然后推测出脊椎动物之间的系统发生关系。

脊椎动物化石发现于中国的澄江（cheng jiang）化石群，可追溯到寒武纪生命大爆发。脊椎动物化石海口鱼表明，这些最早的系谱成员生活于 5.4 亿年前的海洋中；它们具像鱼一样流线型的身体以及由软骨组成的脑颅。对海口鱼的研究揭示出它们一方面已经开始演化出原始脊椎骨和眼睛等重要头部感官；另一方面却仍保留着无头类的原始性器官，从而证实了它们属于地球上一类最原始的脊椎动物。既出现创新特征又继承祖先某些原始性状的镶嵌演化是生物界一种十分常见的现象。

软骨化的内骨骼是脊椎动物的一种基本特性，只在硬骨鱼和四足动物（tetrapod）的成体中骨骼由硬骨组成。骨头（硬骨）是一种由细胞和血管组成的组织，被容纳在主要由 $CaCO_3$ 组成的基质中，伴随有少量的蛋白纤维。在具有硬骨骨骼的种类中，生长的骨骼开始是软骨，在后来的发育中变成硬骨。

化石记录了发生在脊椎动物多样化的过程中的一系列关键进步（图 15-21），包括 5 个步骤，使得脊椎动物不断适应环境，向前发展。

1. 硬骨化的外骨骼（bony exoskeleton）　大约 4.8 亿年前，从奥陶纪（Ordorician）早期的脊椎动物化石发现了最初的硬骨，在硬骨最初发育时，没有出现在身体内部，相反在鳞片状骨板中形成外骨骼。头骨的大部分由这种真皮骨构成——人类头骨与奥陶纪鱼的"头甲"相似。生物学家推测这

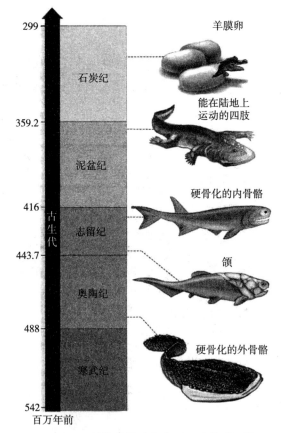

羊膜卵

能在陆地上运动的四肢

硬骨化的内骨骼

颌

硬骨化的外骨骼

图 15-21　早期脊椎动物化石记录的时间轴
（仿 Scott Freeman）

些动物用脊索帮助游泳，而且它们的呼吸和摄食是通过吞咽水流在其咽鳃裂中滤食而完成的。硬骨板有可能起免于被捕食的作用。

2. 颌（jaw） 最初具颌鱼类出现可追溯到约 4.4 亿年前的古生代志留纪（Silurian）早期。颌的进化具有显著的意义，促进了鱼类利用吸入摄食捕获猎物的能力，而且也能咬捕，意味着脊椎动物不再受限于悬浮物或沉积物摄食，而能像草食者或者捕食者那样完成生命活动。不久之后在化石记录中，具牙齿的颌骨出现了。具有颌和牙齿，使脊椎动物变得更有攻击性。颌在鱼类中的出现和特化，使得其广泛分布于海水和淡水环境中。

3. 硬骨化的内骨骼（bony exoskeleton） 从志留纪后期鱼类的一些谱系看，软骨化内骨骼开始由于骨质沉积而硬骨化。与进化早期的真皮骨不同，硬骨化的内骨骼能使鱼类进行快速游泳运动。

4. 能在陆地上运动的四肢（limbs） 脊椎动物进化中再一个重大事件是向陆地生活的转变，能在陆地上运动。最初有四肢和能在陆地上运动的动物可追溯到约 3.65 亿年前的奥陶纪后期，这些动物是最初的四足动物——具有 4 个附肢的动物。

5. 羊膜卵（amniotic egg） 四足动物出现约 2 000 万年后，最初的羊膜动物出现了，羊膜类包括脊椎动物的谱系中除鱼类、两栖类外所有的四足动物，羊膜动物被命名是因为共同衍征（synapomorphy）以及出现了羊膜卵。羊膜卵是一种具胚膜的卵，有提供食物、水分、储存废物以及与外界进行气体交换的功能，使得胚胎正常生长，很好地发育为幼体。

化石记录表明，脊椎动物通过一系列主要的进化步骤，约在 5.4 亿年前开始出现具有脊索和内骨骼的脊椎动物。最早的脊椎动物为具硬骨化的外骨骼的鱼类，后来出现具颌的鱼类，包括软骨鱼（鲨鱼和鳐）以及硬骨化的内骨骼的几个鱼类谱系。四足动物出现后，像蝾螈一样的两栖类开始生活于陆地，羊膜卵的进化铺设了羊膜动物多样化的道路——特别是爬行类及哺乳类和鸟类的演化始祖。从 DNA 序列分析得到的资料所估计的系统进化树与这些结论是相符的。

基于 DNA 及其他分子序列相互关系的分子系统发生的证据，构建了现存脊索动物特别是脊椎动物之间的系统进化树（图 15-22），其中谱系多样化的地方有标示线，它指向了脊索动物形态的创新。

与脊椎动物亲缘关系最接近的现存脊椎动物的外组是尾索动物。颌口类外组盲鳗（haglish）、七鳃鳗（camprey）与颌口类的关系被激烈争论。200 年前，盲鳗和七鳃鳗基于口器的形状被一起分组为圆口类（cyclostomata）。自 1970 年开始，形态学家开始进一步研究，将盲鳗和七鳃鳗放到两个独立的谱系，把七鳃鳗作为颌口类的姊妹组。但分子系统发生学并不支持这个观点，而偏向于圆口类分组。一种新的资料源分析——进化上保存的 microRNA 证据已经明确偏向于圆口类假说。

绝灭的盔甲鱼类的多样系谱并不包括在现存脊椎动物树中，它们要比盲鳗和七鳃鳗更接近有颌的脊椎动物，如要绘出它们，应出现在颌口类的外组。

"鱼"非单系组群，包括所有现存像鱼谱系，相反"鱼形的"（fishy）有机体是一系列独立的单系组群（图 15-22 中标有下划线的类群）。总括起来，生物学家将它的形成称为级（grade），它们是并系的连续谱系。

脊索动物系统发展史上最重要的是脊椎动物亚门内主要类群之间的关系。与两栖动物的关系更近的是哺乳类还是鸟类？哺乳类和爬行类是姊妹组，因而彼此之间相关，要比两栖类更接近。在单系组中出现的鸟类与爬行动物亲缘关系很近，因为它们是恐龙的后代。

下面的内容将更详细地探索脊椎动物包括在摄食、运动以及繁殖方面主要的创新，使我们进一步认识脊椎动物的多样化过程。

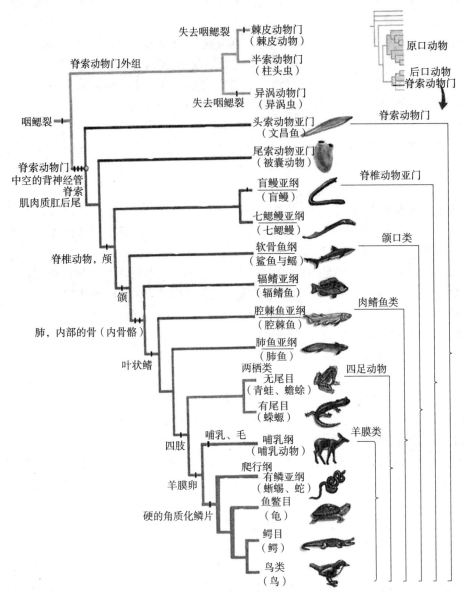

图 15-22 脊索动物系统发育

(仿 Scott Freeman)

三、脊椎动物关键创新

在脊椎动物中，最丰富的物种和生态多样化的谱系是辐鳍鱼类和四足动物。辐鳍鱼类占据的生境范围从永远黑暗的深水环境到每年干旱的浅水池塘。四足动物包括陆地环境中的大型草食者和捕食者。今天的辐鳍鱼类和四足动物有大约相同的物种数（图 15-23）。

在已经被描述的 63 000 种脊椎动物物种中，约有一半是辐鳍鱼，另一半是四足动物。

（一）脊椎动物的颌的出现

大多数远古脊椎动物具简单的没有颌的口器，在颌（jaw）进化之前，脊椎动物并不能通过咬捕获得食物。颌起源鳃弓假说提出：自然选择作用于决定鳃弓（gill archs）形态发育的调节基因，使得两鳃之间的区域产生弯曲。无颌的脊椎动物具有使它们的鳃弓硬化的软骨。突变和自然选择增加了最前端鳃弓的大小，而且稍微改变了它的方向和位置，产生了最初活动的颌（图 15-24）。有 4 个证据支持这种假说：

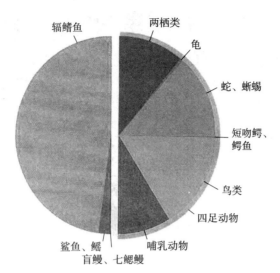

图 15-23　脊椎动物之间的相对物种丰富度
(仿 Scott Freeman)

①鳃弓和颌两者都由硬骨或软骨组织的扁平杆组成，它朝前铰合和弯曲。

②发育过程中同样的细胞群形成了控制颌或鳃弓运动的肌肉。

③颌和鳃弓两者源于胚胎中专门的细胞，称为神经嵴细胞（neural crest cell），这与多数脊椎动物的其他骨骼不同。

④关键发育调节基因的表达模式，包括 Hox 基因和 Dlx 基因，在颌和鳃弓中相似。

当颌出现后，发展出从吸食到咬食的摄食策略，其大小和形状上的改变能迅速多样化。颌发生了 2 种变化：

①在大多数辐鳍鱼中，颌是可伸缩的——意味着它能向前延伸去夹取或咬捕食物。

②辐鳍鱼类的几个种类丰富的谱系具有第 2 对特化的颌，称为咽颚（pharyngeal jaw），由变化的鳃弓构成，位于咽喉背面，能使食物特别有效地通过。

总体来说，颌的进化和多样化，导致辐鳍鱼类的辐射被极大地激发。然而四足动物却不同，虽然颌的结构在四足动物组群有一些变化，但激发它的内在多样化的适应却是运动和获得食物的能力，而不是咬捕和吞咽。

（二）四足动物的附肢（the tetrapod limb）

为了理解四足动物（tetrapod）如何从水生到陆生

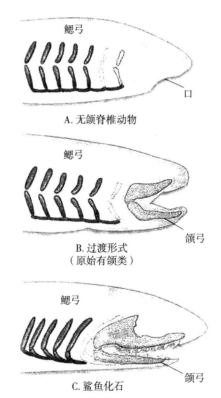

图 15-24　有关颌进化的鳃弓假说
A. 在无颌脊椎动物中鳃弓用来支撑鳃
B. 这种过渡形式在化石记录中已经被发现
C. 后出现的鲨鱼化石显示它有了更精细的颌骨
(仿 Scott Freeman)

转变，先考虑与其紧密相关的现存的肺鱼（lungfish）（图 15-25），大多数现存的肺鱼种类生活在浅水中，用鳃获得 O_2，它们具肺能呼吸空气。有些肺鱼也具有由硬骨支持的肉质鳍，并能沿着泥面或池塘底部前行较短距离，还有些种类能通过在泥中挖洞在干燥环境生存，因而肺鱼具有一系列的适应，能够在陆地存活较短时间。像肺鱼一样的动物进化为具有四肢并分布在陆地上的脊椎动物。

图 15-25　肺鱼有类似附肢一样的鳍

（仿 Scott Freeman）

　　化石记录为在今天的肺鱼附肢和最早生活于陆地的脊椎动物附肢之间提供了强有力的联系。图 15-26 表明包含的种类系统发生。注意在古生代泥盆纪（Devonian）时期同源进化的证据，化石记录证明，一系列种类的叶状鳍逐渐转变为能支持在陆地上前行的附肢。图 15-26 中表明每个鳍或附肢具有硬骨的基本结构，它们接近身体而其中的骨骼离开身体一段距离挨着排列。因为与肺鱼附肢结构相似，并因为其他动物组群没有这样排列的附肢骨骼，说明脊椎动物附肢来源于类似肺鱼的附肢。

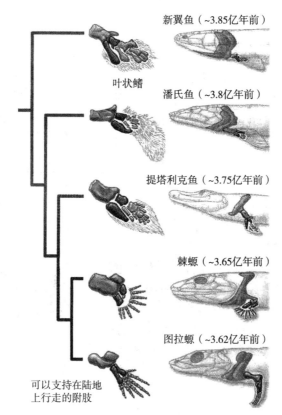

图 15-26　从鱼鳍向五指型附肢转变的证据

注：一系列物种的化石记录证据表明叶状鳍逐渐
转变为可以支持在陆地上行走的附肢。

（仿 Scott Freeman）

　　四足动物的附肢从鱼鳍进化的假说已经被分子遗传学证据支持：几种调节蛋白包含在软骨鱼鳍和辐鳍鱼的发育中，而且与哺乳动物附肢是同源的，由几种不同的 Hox 基因产生的蛋白质在胚胎发育时在鱼鳍和附肢的相同位置被发现。

这些附肢由同样的基因所调控，这一结果支持了四足附肢由鱼鳍进化而来这一假说。当四足附肢出现后，自然选择将其复杂化为多样的结构，使其用于奔跑、滑翔、爬行、挖洞、游泳和飞行。

（三）羊膜卵（amniotic egg）

四足动物完成了水生到陆生的转变，它们将在多种多样的陆地环境中生存而不只是运动，如保证其卵远离干燥。两栖类保证其卵免于干燥是将其胶质的卵产在水中。而爬行类、鸟类和产卵的哺乳动物产一种羊膜卵，具有保护性的外被能显著地防止干燥，产羊膜卵的种类把卵产于陆地环境。

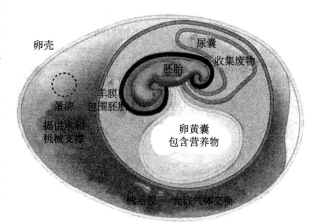

图 15-27 羊膜卵
（仿 Scott Freeman）

两栖类的卵由单一膜包被，而羊膜卵有 4 层膜，图 15-27 表明，羊膜卵的最外一层卵膜包裹着充足的水分，其中有丰富的蛋白称为蛋清（albumen）。母体提供卵黄，胚胎本身周围有 3 层膜，为发育的胚胎提供缓冲和营养、收集胚胎产生的废物。羊膜卵有 4 种被膜包围的囊（membrane-bound sacs）——羊膜腔、卵黄囊、尿囊和胚外体腔。膜的另两个好处是：

①提供机械支持：膜内液体（如羊水）的浮力为离开水环境的一种主要补偿。

②增加用于气体及其他物质交换的表面积：分子有效地扩散很重要，因为其允许雌体产大型的卵，孵出较大的幼体。

此外，羊膜卵被卵壳包围，蜥蜴和蛇的卵壳是革质的；海龟和鳄鱼的卵壳由 $CaCO_3$ 硬化；鸟类的卵壳 $CaCO_3$ 含量更高。蜥蜴、蛇、海龟、鳄鱼将其卵埋入潮湿的土壤中。而鸟卵更密不透水，被产在暴露在空气中的巢中。

（四）胎盘（placenta）

产卵的动物称为卵生（oviparous），而能产出幼体的种类称为胎生（viviparous）。在许多卵生动物中，雌体产的卵含有营养丰富的卵黄，然而在一些卵胎生种类中，母体将受精卵保留在其身体内，幼体发育依靠卵黄提供营养。

不过在某些鳄鱼、蜥蜴以及大多数哺乳动物中雌体产的卵具有少量卵黄，在受精发生后，受精卵在母体内，胚胎组织结合在子宫内或输卵管内形成胎盘，胎盘是羊膜和绒毛膜的结合物。胎盘中来源于羊膜和绒毛膜的组织功能是为胚胎提供气体、营养，并排出胚胎产生的废物。

胎盘是一种器官，其血管丰富而且易于 O_2 扩散，以及母体到发育的胚胎营养的扩散，也易于除去含氮废物以及来源于胚胎的 CO_2（图 15-28），胚胎的发育时期称为妊娠（gestation）。体内保留的胎盘具有几个优越性：①后代在更为稳定和适合的温度下发育；②后代受到保护；③母体携带后代免受回巢的劳累。

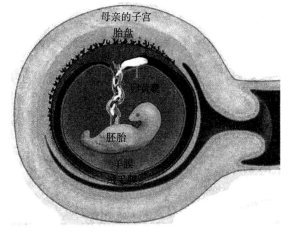

图 15-28 胎盘在体内滋养胎儿
注：图中的卵黄囊与图 15-27 羊膜卵中卵黄囊的大小不同。
（仿 Scott Freeman）

（五）亲代抚育机制

胎盘和胎生促使亲代抚育机制的出现，双亲的抚育行为提高了幼儿的存活能力。动物中亲代抚育（parental care）机制包括生育早期孵卵保持卵的温度，保证幼体温暖和干燥，为幼体提供食物以及保护幼体。在某些昆虫和蛙中，母体携带卵或者在其体内孵育卵。鱼类在发育过程中，亲体守护卵且用含氧丰富的水吹拂（fan）卵。

哺乳动物和鸟类，提供特别完全的亲代抚育。在这两个组群中，在幼体出生或孵出后，母体（鸟类中常常是父亲）持续饲喂和照料幼体，有时长达几年。哺乳动物通常分泌乳汁并用其哺乳出生后的幼儿。在这两个组群中，母体生产的后代数量相对少，但个体大、质量高。完全的亲代抚育被认为是哺乳动物和鸟类进化成功的主要原因。

（六）翅和飞翔

随着从水生到陆生的转变、羊膜卵的出现以及亲代抚育机制的建立，羊膜类获得了另一个大的转变——进入空气中。翅和飞翔（wings and flight）在 3 种四足动物的组群中独立进化：翼龙（pterosaurs）、蝙蝠和鸟类。其中，翼龙是已经灭绝的飞行爬行动物。

自 2 000 年以来，古生物学家已经发现一系列惊人的具羽毛的恐龙化石，揭示了飞行的进化，从会跳跃的或者树间滑翔的恐龙开始，鸟类已经进化到极其复杂的飞行机制。新发现的化石种类以及罕见的很好地保存了羽毛的标本揭示了有关鸟类、羽毛、飞行进化的关键问题。

1. 鸟类并非是翼龙而是恐龙进化来的　基于骨骼特征的证据，近来发现的所有这些化石物种清晰地表明鸟类是称为恐龙单系组群的一部分。

2. 羽毛的进化　早期化石支持一种羽毛进化的模式，从皮肤简单的突出物开始到今天的顶级复杂性和分支结构。虽然羽毛多样化，但在许多非鸟类恐龙中观察到的羽毛没有强壮到足以支持滑翔或飞行。近来在羽毛化石的色素分析中已经表明在某些恐龙中有引人注目的彩色羽毛，这种色彩可能用来求偶炫耀，吸引异性交配。

3. 鸟类是从地面飞起或从树上飞起　开始跳跃和滑翔或能短距离飞行的奔跑种类，其飞行的进化是如何进行的？或者适宜树栖的种类飞行进化，从一棵树到另一棵树用羽毛滑翔？这个问题仍然没有解决。观察到早期具羽毛的恐龙的腿上有"飞行"羽毛，为这一难题增加了一条令人费解的线索（图 15-29）。

当恐龙进化了羽毛且扇动空气后，化石记录表明它不断获得了一系列极大的适应性变化，越来越有效地用于扇翅飞行（图 15-30）。

图 15-29 中是被复原的赫氏近鸟（*Anchiornis huxleyi*，近鸟就是接近鸟类的意思），它是一种带羽毛的恐龙。结合近来的化石资料它的羽毛可能具有颜色。羽色在交配炫耀时很重要。与现代鸟类不同，许多有羽毛的恐龙腿上有大量的羽毛。

图 15-29　羽毛是由恐龙进化出来的
（仿 Scott Freeman）

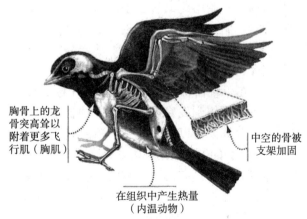

图 15-30　除羽毛之外，鸟类还具备若干适于飞行的特征
（仿 Scott Freeman）

4. 龙骨突起　大多数翼龙具有扁平的胸骨（sternum），但鸟类的胸骨有突起，称为龙骨突起（keel），它为飞行肌肉附着提供较大的表面积。

5. 特殊的骨骼系统　就鸟的身体来说，其非常轻，主要因为它们的骨块数极少以及较大的骨块是壁薄而中空的。

6. 恒温　鸟类能保持全年活动，因为它们是恒温动物（endotherm）——可通过其组织产热保持高的体温。

总之，颌的进化使四足动物具有了潜在的捕获及采集多样化食物的能力。它们能够用四肢（limbs）在陆地上有效地运动并找寻食物。羊膜卵和胎盘的出现进一步使得脊椎动物多样化，占据陆地的各种生态位，亲代抚育提高了它们幼体的存活率。最终，一些四足动物能抵抗重力起飞，使它们的领域扩大到空中。

第六节　动物类群多样化

在研究动物多样化（diversification）中最大的未知的秘密是：为什么寒武纪时期短时间内发生了几乎所有动物门水平的体制进化，而不是随时间推移逐渐改变，寒武纪之后出现了动物门内动物物种惊人的多样化，但最近的 5 亿年却没有主要的新谱系出现。

一、动物类群多样化原因

一种机制上的假说是基因调节网络负责控制动物新体制的起源。这些网络决定动物发育的模式并且建造（lay down）体制。许多科学家研究这些网络时已经观察到，一旦该网络被建立，就很难被改变，大量的"开关"和"插件"被加到网络上，在体制建立后提供了谱系内多样化的机制。

当对体制的起源进行不断研究时，生物学家理解在谱系内后来的多样化也是持续改进的，几个变量在动物的多样化中起到了作用。主要有以下 4 种变量：

1. 较高的 O_2 浓度　由于 O_2 浓度增加使有氧呼吸效率提高，使得大型动物进化成为可能。

2. 捕食进化　最早的动物是固着生活的，摄食有机质，当捕食者进化时，它们为应对其他动物的选择压力而出现贝壳、骨骼和快速移动，从而避免被捕捉，实现了多样化。

3. 生态位引起更多新生态位　当动物多样化后，其自身创造了新生态位，从而支持更多的生态多样化。

4. 新基因、新机体的出现　当动物遗传的基因工具盒（kit tool）进化后，Hox 基因的重复和多样化具有增加形态多样化的潜力。

对于动物的多样化所有这些变量的结合是重要的。结果是具有同样体制的动物在不同的生态位中被发现，在消化食物和繁殖上的策略变得多样化。相反，具有不同体制的动物，当其占据相似生态位时，独立的进化出相似的捕食和繁殖策略。

二、动物类群多样化过程

（一）感觉器官的多样化

在动物的进化中，具头部身体的进化是主要的突破。除口和脑，在头部还集中了感觉器官，来感知动物最先接触到的环境，是头部形成的关键作用。

有些感觉在动物中几乎是普遍的，共同的感觉包括：视觉、听觉、味觉（嗅觉）和触觉。某些感觉温度的能力也是普遍的。但如同动物的多样化一样，各种各样的特化的感觉能力也同样被进化。例如：

1. 磁场　许多鸟类、海龟、海蛞蝓及其他动物能探测到地球的磁场且利用其帮助导航。

2. 电场　一些水生的捕食者，如鲨鱼，对电场很敏感，能够检测到所经过的猎物肌肉中的生物电。

3. 大气压　有些鸟类能感觉到空气压力变化，这能帮助它们躲避风暴。

感觉能力上的变化是重要的，它允许不同种类的动物收集到各种环境信息，包括食物、捕食者和求偶对象的存在。

（二）采食的多样化

为给动物的采食进行分类，生物学家区分个体采食什么？怎样取食？在一个谱系中动物占据不同生态位时常常追寻不同的食物源和采用不同的采食策略。例如，海参和海星两者有同样的棘皮动物的体制，但它们具有不同的食物源和采食策略——海参在海底扫荡食物碎屑，而海星则撬开蛤和贻贝，然后吞食它们。相反的，不同谱系的动物当它们占据同样相应生态位时，常常追寻同样的食物源和采食策略。例如，穴居的海参和某些穴居多毛类蠕虫（分别是棘皮动物和环节动物）具有不同的体制，但利用相似的策略取食海底的碎屑。

1. 动物食性导致生态作用多样化　动物可分为食腐动物（detritivore）：采食死的有机物质；食草动物（herbivore）：采食植物、藻类；食肉动物（carnivore）：采食其他动物（图 15-31）；杂食动物（omnivore）：采食植物和动物。这些生态作用对于整个生态系统具有重要的含义。因为取食推动了食物网中的能量和营养流动。

生态角色	示例
食腐动物 以死去的有机物质为食 千足虫以腐烂树叶为食	
食草动物 以植物或藻类为食 熊猫食用大量竹子	
食肉动物 以动物为食 猫头鹰栖息着等待猎物	
杂食动物 以植物和动物为食　例如，人	

图 15-31　生态角色的多样化
（仿 Scott Freeman）

划分动物消费的生态影响的另一种方式是考虑动物对所消费有机体的影响。捕食者杀死且消费全部或大多数它们的猎物，捕食者通常比它们的猎物要大，而且利用口器和捕猎策略快速杀死猎物。

食草动物通常消费植物组织而没有杀死整个有机体。然而种子捕食者是例外，因为种子是胚胎，会形成植株。

寄生虫如同食草动物一样，常常从寄主身体某部位获取营养，但寄生虫通常比它们的受害者更小。体内寄生虫生活在寄主的体内且通常具有像蠕虫一样的身体，如扁形动物门的绦虫，它没有消化系统，头部只有小钩或吸盘固定在寄主的小肠壁上，直接以体壁从周围吸收营养。体外寄生虫生活在寄主的体外，如蚜虫和蜱，它们通常具有附肢或口器，附肢抓住寄主，而口器刺入寄主皮肤，吸取营养丰富的液体。

动物全部或者部分取食猎物，这些消费者能极大地影响被消费有机体的适合度（fitness）。因而动物是自然选择重要的媒介（agent）——影响所取食物种的进化。

2. 动物取食策略多样化　动物的摄食器官多种多样，而且其结构与觅食方法紧密相关，动物取食一般有 4 种取食策略（strategy），总结如图 15-32。

策略	示例
悬浮物采食者（滤食性动物） 滤食或捕捉水中漂浮或空中飘浮的聚集颗粒物为食 藤壶有专门的腿捕捉浮游生物	
沉积物采食者 摄取已经沉积在基质中或其表面的有机物 海参使用取食触手扫荡海底的碎屑	
液体采食者 吸吮或扫荡液体，像花蜜、植物汁液、血液或果汁 蝴蝶和飞蛾通过它们长而中空的喙吸食花蜜	
团块采食者 用嘴食用大块食物 狮子啃咬猎物尸体上的肉块	

图 15-32　取食策略的多样化
（仿 Scott Freeman）

（1）悬浮物采食者（suspension feeder）：也称为滤食者（filter feeder）。采用各种结构捕获悬浮的颗粒——通常是漂浮在水中的碎屑、浮游植物或小的有机质。因为漂浮在水中的颗粒比空气中多得多。觅食悬浮颗粒在水环境中特别普遍。许多悬浮物采食者，如海绵是固着生活的。

蛤和贻贝通过身体泵水，羽状鳃在水流中捕捉悬浮的食物，这个结构在气体交换中也有作用；须鲸通过吞咽海水，使水从口腔的角质须板之间滤出，并采食悬浮食物，捕捉像虾一样的浮游生物；藤壶用柔软的具关节的附肢捕食颗粒食物。

（2）沉积物采食者（deposit feeder）：许多种类在沉积物中消化有机质；它们的食物由土或泥中的细菌、古生菌、原生动物和真菌组成，这些碎屑沉积在沉积物表面。环节动物，如蚯蚓能吞咽土壤、树叶和土壤表面的其他有机碎屑。海底同样有丰富的沉积物存在。

悬浮物采食者的大小和形状多种多样，而且采用各种各样的捕捉或滤食系统。沉积物采食者则不同，它们外表上趋于相似，通常具有简单的口器，其身体形状是蠕虫状。悬浮物采食者和沉积物采食者在各种的谱系中发生。

（3）液体采食者（fluid feeder）：从用管状的喙吸食花蜜的蝴蝶和蛾到吸食血液的吸血蝠。液体采食者发现于各种的谱系中，它们常常具有口器，以此刺入种子、芽、茎、皮肤及其他结构吸取液体。

（4）团块采食者（mass feeder）：取食团块状食物，其口器结构与取食的食物块的形状相关。如狮子用剃刀一样的牙齿将肉块撕裂成小块以便吞咽；蜗牛具有齿舌，其是像锉一样的结构。蜗牛用齿舌抓拉植物组织和动物的肉入口。

（三）运动多样化

运动使动物具有一系列重要能力，如发现食物、发现配偶、逃避捕食以及扩散到新的环境。这些运动是高度多样化的行为，如挖洞穴、滑行、游泳、飞翔、爬行、步行和奔跑——几乎全部靠肌肉来驱动。

在许多动物门中，附肢是物种显著的特征。它们发育为外壁外突且趋于与头尾轴和背腹轴垂直。附肢具有各种形式，从像有爪动物的叶状附肢到节肢动物、脊椎动物具关节的附肢，到棘皮动物的管足以及软体动物的触手（图 15-33）。

以前生物学家假设关节化和非关节化动物附肢的主要类型不同源——即不是来源于共同祖先。因为动物附肢的结构是如此多样，至少某些附肢彼此独立的进化逻辑是合理的。这样生物学家预测是完全不同的基因控制着每种主要附肢的类型。然而近来的结果对这种观念提出了挑战，对此问题的试验包含一种最早在果蝇中被发现的 Distal-less（Dll）基因。在 Sean Carrol 实验室的生物学家开始检验 Dll 基因，认为其可能包含在附肢的开始状态中或者其他动物附肢形成中。该小组把荧光标记在 Dll 基因被表达的定位组织上。从环节动物、节肢动物、棘皮动物及其他动物门的胚胎引入荧光标记时，发现全部有 Dll 基因。更主要的是集中的 Dll 基因产物被发现于形成附肢的细胞中——甚至在有的像蠕虫状身体的动物门中，尽管它们具有极其简单的附肢（图 15-34）。其他试验也表明 Dll 基因会在脊椎动物附肢形成中表达。

肢体类型	示例
叶状附肢 栉蚕（柔软的蠕虫）使用叶状附肢爬行	
有关节的附肢 用于取食和移动及其他运动 节肢动物 （如这只蟹和脊椎动物都利用分节的附肢取食和运动）	

疣足

多毛类蠕虫使用长毛的疣足爬行和游泳

管足

棘皮动物，如这只海星利用管足爬行

触手（头足）

章鱼使用肌肉触手爬行和捕捉猎物

图 15-33 无脊椎动物附肢的多样化
（仿 Scott Freeman）

　　基于这些发现，生物学家总结所有动物附肢有一定程度的遗传同源性，而且全部来源于一个共同祖先的附肢。这个观点就是简单的附肢由两侧对称动物早期进化而来，之后通过自然选择进化产生今天的多样化附肢。

　　在多样性的生物中，Dll 基因产物被定位于胚胎的一定位置形成附肢。研究数据表明，各种附肢起源于共同祖先。

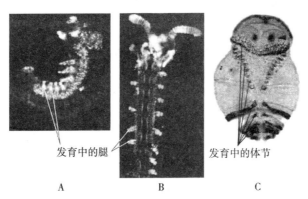

发育中的腿　　　　　　　　　　发育中的体节

A　　　　　　　B　　　　　　　C

图 15-34 基因证据表明所有动物的附肢都是同源的
A. 节肢动物　B. 栉蚕　C. 环节动物
（仿 Scott Freeman）

（四）繁殖（reproduction）多样化

　　有的动物其运动和捕食是高效率的，但如果不能生殖，负责有效运动和摄食的等位基因频率在种群内将不会增加。当具有某些等位基因的个体比其他个体产生更多存活后代时，由自然选择的进化就会发生。

　　看到动物的各种生活方式和栖息地后，对于其繁殖方式的极度多样化，我们就不会感到吃惊。这里的几个例子有助于阐明动物繁殖的多样化。

1. 繁殖形式多样化——无性或有性生殖 在轮虫动物门中，全部谱系类似复制一样的繁殖仅有无性生殖，通过有丝分裂产生二倍体的没有受精的卵发育为成体，这个过程称为孤雌生殖。甚至一些鱼类、蜥蜴以及蜗牛种类从没有被观察到经历过有性生殖。

然而，有机体通过减数分裂和精卵结合的生殖在动物中比无性生殖更普遍，而有些动物像珊瑚纲的动物能以任意一种方式繁殖，这取决于环境条件。无性生殖趋于比有性生殖更有效率，但有性生殖导致更大的遗传多样性，有利于在多变的或不利的环境中被自然选择。

2. 受精可以在环境中或在动物体内发生 当有性生殖出现时，受精也许是内部的，通常在雌性体内发生，或者在外部环境中发生。当体内受精发生时，通常是雄性精子借传送器官进入雌体。在某些动物种类中，雄性在囊袋中产生精子，然后雌体拾起（pick up）囊袋并送入自身体内；但在海马中，雌性将卵产入雄性体内，在其体内受精。在水生种类中，体外受精是极其普遍的。雌性将卵产于基底上或者将其产于开放的在水体中，雄性释放精子，精子游到卵附近或进入开放的水中。

3. 胚胎发育环境多样化 在体内受精中，受精卵和胚胎被留在雌体（母体）内发育，或者受精卵在母体外独立发育。具体有 3 种情况，如胎生，人类及大多数哺乳动物在体内给胚胎提供营养并产出幼仔；卵生，如鸡和蟋蟀产出受精卵，胚胎由卵黄提供营养；卵胎生，如孔雀鱼和乌梢蛇卵的早期发育在母体内，但发育的胚胎由卵黄提供营养，而不是像胎生种类一样由母体直接提供营养。之后，卵胎生的雌体产出发育完好的幼体。

大多数哺乳动物以及极少的海星、鹿茸蠕虫、鱼（包括鲨鱼）、两栖类及蜥蜴的种类是胎生的。某些蜗牛、昆虫、爬行类和鱼类是卵胎生的，但大多数动物是卵生的。

（五）生命周期的多样化

繁殖仅是动物多样化生命周期的一个组成部分。绝大多数有性生殖动物是二倍体主导的生命周期。因为单倍体状态的配子是相对短暂生活的且是单个细胞。但即使这种普遍模式也有有趣的例外，如蜜蜂群体中的单倍体雄性。

动物生命周期中最为壮观的创新是变态——从一个发育阶段到另一个发育阶段的神奇变化。有些动物的幼体，如斑马，出生时看起来就像成体的样子，被称作直接发育。然而其他动物，如多数昆虫和海胆，在其生命周期期间经历了剧烈的转变——变态，被称为间接发育（图 15-35）。在间接发育期间，胚胎发育产生幼虫，它看上去根本不同于成体，生活在不同的环境，而且摄食不同的食物。海

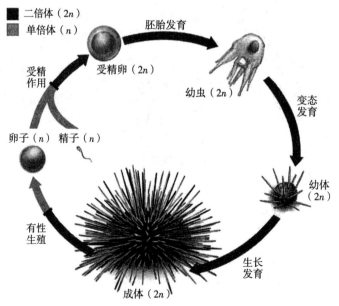

图 15-35 许多动物的生命周期包括变态发育

（仿 Scott Freeman）

胆的幼虫是两侧对称的浮游生物，悬浮摄食单细胞藻类，但其成体是辐射对称的，摄取的是岩石上的大型藻类（图 15-35）。

经过变态过程，幼虫转变为幼体，看上去像成体而且生活在同样的环境，并且吃同样的食物。但它们仍然没有性成熟，只有在生长和性成熟之后，幼体才变为成体，进入生命周期中的繁殖时期。

在海洋动物和昆虫以及两栖类中，变态是极其普遍的。可以说自然选择偏好于这样的间接路径到成虫期，在这里有 2 种解释：

1. 强调扩散　在海洋动物中，它们的成体是运动能力有限或者不运动的，如海绵、珊瑚虫、海葵、蛤以及海胆，其幼虫具有扩散的功能。它们很像许多陆地植物的种子——有一个允许个体扩散到新环境的生命时期。如大多数海胆的幼虫具有浮游觅食习性，这与底栖的成体无论形态还是生活方式均非常不同。

2. 强调捕食效率　因为幼虫和成体以不同的方式取食不同的食物，它们彼此不竞争而且采食不同的食物。例如，蝴蝶的毛虫型幼虫能享用有营养的叶片以获取生长需要的能量，而蝴蝶成体则享用花蜜以获取发现配偶和繁殖所需的能量。

生命周期的多样化不但出现在多样谱系的物种中间，而且出现在物种内，如能在无性和有性生殖或者直接发育和间接发育之间选择的有机体，这取决于环境条件。生命周期的多样化，像感觉器官、生态角色、捕食策略、附肢以及繁殖策略一样，代表了超过几百万年的进化过程的结果。

┃本章小结┃

5.5 亿年前寒武纪生命大爆发事件使多样化的动物突然出现在化石记录中，多数动物具有以下明显特征：多细胞生物；异养；靠其自己的能力运动；由神经元向肌肉细胞传递电信号而改变身体形状。在原肠形成期，胚胎中最初形成的孔——胚孔变为动物的口，在时间次序上原口动物先发育出口，而在后口动物中该孔发育成肛门，口后来发育。

几乎所有动物种类都是原口动物，非原口动物种类少，对于人类的健康和福祉有深远意义。原口动物中的两个主要的亚群（组）是触手担轮动物和蜕皮动物。在动物的多样化中主要有以下 4 种改变起到了关键作用：①较高的 O_2 浓度；②捕食进化；③生态位引起更多新生态位；④新基因，新机体的出现。原口动物在陆地上的繁荣，是因为其具备了在陆地交换气体、防止干燥、抵抗体重支撑起身体的能力。多细胞动物具有共同的基因工具盒，其在发育过程中能建立动物体制，当基因在不同时间和地点表达时，遗传工具盒（基因）能直接发育出极其不同的结构类型和数量，导致了原口动物的多样性。原口动物进化中的关键创新有：多细胞动物起源；胚胎组织层起源；两侧对称起源；神经系统起源；体腔起源；原口动物和后口动物起源；分节起源。

基于分子生物学的系统发生证据已经确定了后口动物为单系，并确定了 5 个门的后口动物：毛颚动物门、棘皮动物门、半索动物门、异涡动物门和脊索动物门。它们的成体体制、摄食方法、运动模式以及繁殖策略是高度多样化的。

脊索动物在其生命周期的某一个时期由存在的 4 个形态特征所定义：咽鳃裂；中空的背神经管；脊索；肌肉质的肛后尾。脊索动物由 3 个主要谱系组成：头索动物、尾索动物和脊椎动物。

脊椎动物因具有脊椎和脑颅被分成为单系，化石记录了发生在脊椎动物多样化的过程中的一系列关键进步，即出现了硬骨化的外骨骼；颌；硬骨化的内骨骼；四肢；羊膜卵。脊椎动物在进化中的关键创新有：颌的出现、四足附肢、羊膜卵、胎盘、亲代抚育、翅和飞翔。

在动物多样化过程中不断进步的特征有 5 个方面：感觉器官、采食、运动、繁殖和生命周期。共同的感觉包括视觉、听觉、味觉（嗅觉）和触觉，但有些动物能感觉大气压、电场和磁场的变化。动物的食性不同导致生态作用的多样化，这对于整个生态系统具有重要的含义，因为取食促进了食物网中的能量和营养流动；动物的运动是高度多样化的行为，如挖洞穴、滑行、游泳、飞翔、爬行、步行和奔跑，提供了发现食物、发现配偶、逃避捕食以及扩散到新的环境等重要功能，完成这些运动的附肢具有各种形式。动物的繁殖形式极其多样，包括：无性或有性生殖；受精可以在环境中或在动物体内发生；胚胎发育环境多样化，具体有胎生、卵胎生和卵生3种生殖形式。动物生命周期中最为壮观的创新是变态，在海洋动物和昆虫以及两栖类中，变态是极其普遍的，特别强调了幼虫的扩散能力和捕食效率。

思考题

1. 查阅资料，简述什么是寒武纪生命大爆发。

2. 简述动物区别于其他生命的特征。

3. 原口动物对人类来讲意义如何？

4. 原口动物与后口动物有何根本区别？

5. 原口动物的2个主要谱系是什么？有何区别？包括哪些类群？

6. 触手担轮动物是如何被定义的？

7. 什么是触手冠动物？什么是担轮幼虫？

8. 什么是蜕皮动物？

9. 节肢动物有哪些关键特征？

10. 昆虫的翅是如何起源的？

11. 简述昆虫的变态类型。

12. 昆虫变态有哪些适应性意义？

13. 所有动物是单一起源的还是多起源的？请说明原因。

14. 动物胚胎期的3个胚层分化趋势是什么？

15. 神经网和中枢神经各自有什么优势？

16. "管内套管"的体腔形式如何完成其运动？

17. 两侧对称的身体规划是单一来源的吗？请说明原因。

18. 查阅资料，说说Hox基因怎样影响动物的分节？

19. 后口动物包括哪些类群？它们的共同特征是什么？

20. 定义脊索动物的4个形态特征是什么？

21. 脊索动物的3个谱系是什么？有何区别？

22. 早期脊椎动物的脑分为哪3个功能区？后来又如何发展？

23. 脊椎动物多样化过程中有哪些关键的进步？

24. 简述脊椎动物进化中的关键创新及其作用。

25. 图示并简述羊膜卵的结构及其进步性。

26. 图示子宫内胎儿及胎盘，并说明胎盘的作用。

27. 什么是亲代抚育机制？

28. 查阅资料，简述鸟类是如何进化来的。

29. 查阅资料，简述鸟类飞行起源有哪些假说。

30. 在寒武纪，动物类群如何实现了多样化？

31. 动物按照食性如何划分？

32. 动物的取食策略有哪些？

33. 无脊椎动物的附肢有哪些类型？

34. 绝大多数动物有变态发育，为什么自然选择偏好于这样的间接路径到成虫（成体）？

第十六章

动物的结构与功能

内容提要

　　本章内容丰富，从多个方面阐述了动物的结构与功能的内在联系，可以说是对前面章节内容的总结和延伸。共分 8 节内容，从动物的结构、功能与适应，营养、消化与吸收，盐和水分平衡及氮排泄，气体交换与循环，运动与支持，神经系统与感觉，化学信号与免疫，繁殖与发育等 8 个方面对动物的结构与功能的关系加以阐述。读者可以在学习前面章节的同时参阅本章内容，以达到融会贯通、开拓视野的效果。

第一节　动物的结构、功能与适应

　　动物的适应性作为可遗传的性状，使得动物个体能够在一定的环境中存活和繁殖，缺乏适应性性状的个体对环境的适应性相对较差。动物的适应性是自然选择进化的结果，自然选择使得动物具有确定的等位基因，这样的个体能够繁殖更多的个体存活到具有繁殖能力的年龄，将自然选择的等位基因一代代传递下去。因此，也就形成了动物相对稳定的结构及其与之对应的生理功能，也有助于我们更好地理解动物的结构、功能与适应的机制。

一、权衡适合度的作用

　　适合度（fitness）是指某已知基因型的个体将其基因传递到其后代基因库中的相对能力，是衡量个体存活和生殖机会的尺度。适合度越大，存活和生殖机会越多。

　　适应性提高了适合度，这是产生可育后代的能力，但没有哪种适应性是"完美的"，相反适应由存在于种群中的等位基因限制，同时也受它们已经存在的性状限制——因为所有的适应均来源于已经存在的性状。

　　在适应上最重要的限制（constraint）也许是权衡（trade-offs）——性状之间不可避免的妥协（compromise，或称折中）。2017 年 7 月《美国国家科学院院刊》（*Proceedings of the National Academy of Sciences*）发表的一篇研究报告显示，Chavan 及同事表明当负鼠胚胎离开输卵管并附着在子宫内膜上时，暂时破坏了子宫内膜，导致一系列炎症基因被激活，即出现了应急免疫反应。对哺乳动物的研究也发现了胚胎植入子宫过程中的免疫反应信号。动物花费大量能量通过繁殖过程产生后代，同时增加了对炎症的免疫反应。动物有时没有足够的能量满足这两方面，此时就出现了权衡：动物可能在强化免疫功能的同时花费更多的能量去繁殖，或者反过来两方面的性状都产生负影响。试验表明，动物可以精确调控胚胎所产生炎症的免疫反应。

　　能量投入到繁殖竞争需求和免疫功能之间的妥协（折中），这种权衡在自然界中比较常见。如那些出汗凉快的荒漠动物受到了脱水的威胁，鹰嘴是极度适应于撕肉而不是为编织精美的巢而设计的。在研究动物结构和生理过程中，近年来对动物的适应性及其限制因子进行了较多的研究，同时适应性权衡也备受关注。生物学家除研究适应也研究限制和妥协（折中）。

二、适应与水土适应

生物学中的适应（adaptation）意即种群发生的遗传变异，这种变异是对环境产生的自然选择的反应，是一个长期的过程。而短期对环境波动可逆的反应即为水土适应（acclimatize），也称短期顺应。水土适应是一种生物个体对自然环境短期变化反应的表型的改变。例如，在我国西藏，动物通过制造更多的携氧色素、血红蛋白和更多携带血红蛋白的红细胞，使其身体适应高海拔。居住在西藏几代的人群通过遗传改变已经适应了这种环境，如当地西藏人中增加了血红蛋白持氧能力的等位基因。没有生活在高海拔的人群这种等位基因稀少或不存在。

水土适应是生物体自身适应能力，如浅色皮肤的人对太阳光的暴晒具有反应能力，自身能够做出改变，即皮肤变黑。有些个体容易晒黑，他们具有的等位基因允许对强烈的太阳光进行有效的适应，而有一些种类则不能。因此，水土适应的适应能力是一种对自然选择反应的遗传上的特征。

三、组织、器官和系统的结构与功能

如果动物的结构与功能是适应的，那么就有助于个体存活和产生可育的后代。研究表明，动物的结构的大小、形状或者组成与其功能紧密相关。

在厄瓜多尔的加拉帕戈斯（galapagos）岛上地雀（ground finch）喙大小和形状由于自然选择发生了很大变化，具有大锥形喙的个体能更好地咬开在干旱年份占优势的大型坚果，而具小锥形喙的个体能够取食在潮湿年份占优势的小型种子。图16-1表明：食物和喙结构具有很强的相关性也见于加拉帕戈斯的其他雀类中。具大锥形喙的种类吃大型种子，具小型锥形喙的种类吃小种子，具长得像钳形喙的种类从树干或其他表面取食昆虫。

结构与功能相关的机制表明：如果等位基因突变以某种方式改变一种结构的大小和形状，会使其功能更有效，那些具有这些等位基因的个体将会产生比其他个体更多的后代。结果随时间延续，在种群中等位基因频率将会增加。

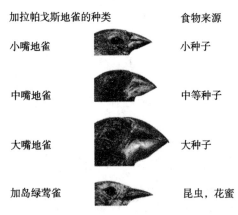

加拉帕戈斯地雀的种类	食物来源
小嘴地雀	小种子
中嘴地雀	中等种子
大嘴地雀	大种子
加岛绿莺雀	昆虫，花蜜

图16-1　动物器官的结构与功能相关
（仿 Scott Freeman）

1. 在分子和细胞水平上结构与功能的关系　结构与功能的相关性开始于分子水平。例如，通道蛋白（channel protein）是横跨质膜的亲水性通道，允许适当大小的离子顺浓度梯度通过，故又称离子通道。有些通道蛋白形成的通道通常处于开放状态，如钾泄漏通道（leak channels），允许 K^+ 不断外流。大多数通道蛋白的运输作用具有选择性，在细胞膜中有各种不同的通道蛋白，一种离子通道只允许一种离子通过，并且只有在特定刺激发生时才瞬时开放或瞬时关闭，时间只有几毫秒。生物膜对离子的通透性与多种生命活动过程密切相关，如感受器电位的发生、神经兴奋与传导、中枢神经系统的调控功能、心脏搏动、平滑肌蠕动、骨骼肌收缩和激素分泌等。

结构与功能之间相似的相关性出现在细胞水平。事实上，通过检验细胞内部结构预测细胞的特定功能已经可以实现。例如，制造和分泌激素或消化酶的细胞包含粗内质网（ER）和高尔基体；储存能量的细胞有大的脂肪滴；消化和消灭入侵细菌的细胞具有许多溶酶体。

细胞的形态往往与其功能相关。例如，负责运输物质进出机体的细胞通常具有极大的细胞膜表面积。因此，它们有足够的空间来容纳物质转运所需的成百上千的膜通道、泵结构等转运装置。

2. 组织是有特定功能的细胞群 动物是多细胞的，意味着它们的机体由具有不同特定功能的各种类型的细胞组成，结构与功能相似的细胞物理上相互连接形成组织。

大多数动物的胚胎组织包括外胚层、中胚层和内胚层。在个体发育时，胚胎组织会出现 4 种成体组织，即结缔组织、神经组织、肌肉组织和上皮组织。在每种组织中其结构与其功能紧密相关。

3. 器官和系统 具有相似功能的细胞组成组织，而组织组成特定的结构称器官。器官是服务于特定功能的结构，且由多种类型组织组成。如小肠，由肌肉组织、神经组织、结缔组织和上皮组织组成（图 16-2A）。系统由多种组织和器官组成，它们一起完成一个或多个功能。以消化系统为例，图 16-2B 表明了器官的结构怎样与其功能相关，以及系统的组成器官共同以整合的方式运作。

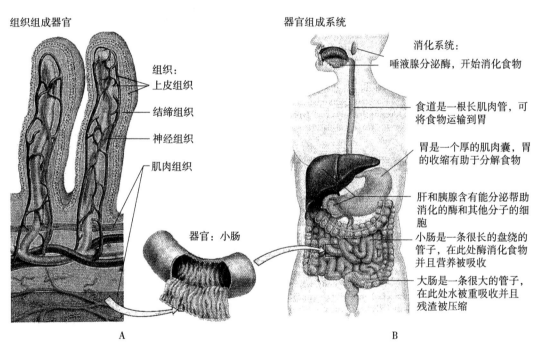

图 16-2 器官由组织组成，系统由器官组成

A. 人体的小肠是由 4 种主要组织类型组成的器官 B. 人体的消化系统分成不同的部分，
进行食物消化和营养吸收。唾液腺、肝、胰腺是向消化系统分泌特定的酶和化合物的器官
（仿 Scott Freeman）

因为动物的机体包含分子、细胞、组织、器官及系统，动物学家必须在多个层次（organization）的水平研究，以了解机体怎样运行。图 16-3 以人的神经系统为例阐明了这些层次的水平。因为机体每个组成部分的结构和功能与其他的组成部分整合，而且每个层次水平与其他组织层次水平整合，生物体内部的组织层次并不是相互独立的，它们之间联系密切。作为一个整体的有机体要大于部分之和。具体来讲，有机体要大于单个系统的集合，而且每个系统要大于单个体细胞或组织或器官集合。

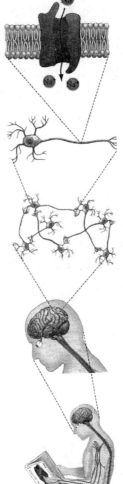

分子水平
神经元中的膜蛋白调节离子的流动

细胞水平
电信号沿着神经元轴突传递

组织水平
神经组织内信号在细胞和细胞
之间传递

器官水平
脑中的神经组织和结缔组织有
助于视觉、嗅觉、记忆和思考

系统水平
脑和神经在全身传递信号，调控
呼吸、消化、运动和其他功能

图 16-3　人的神经系统的多个层次
（仿 Scott Freeman）

四、动物机体大小对其生理的影响

动物是有生命的有机体，由分子、细胞、组织、器官及系统组成，它们对自然选择的反应随时间推移始终在进行着。

物理定律影响动物的结构和生理，如重力，限制大型动物能够持续有效地运动；生活介质产生的阻力也会影响动物的运动。由于水比空气密度大，动物在水中运动更困难，导致鱼和水生的哺乳动物具有比陆生动物更多的流线型身体。

物理定律明显影响身体大小，显然身体大小普遍影响动物如何发挥功能。大型动物比小型动物需要更多的食物，产生更多废物，繁殖更慢且趋于生命更长。相反，小型动物比大型动物受到更多冷冻和脱水的危害，因为它们失去热量和水分更快。相同物种的幼体和成体面对不同的挑战，直接原因是它们的身体大小不同。

身体大小是影响动物生活的重要因子，表面积与体积的相互关系影响着动物的结构和生理。

1. 表面积/体积关系　从微小的线虫到巨大的蓝鲸，动物的体重范围令人难以置信。身体大小造成的许多挑战基于这种表面积和体积之间的基础关系。

在动物中表面积是重要的，因为对许多动物来讲，O_2 和像葡萄糖这样的营养物质必须扩散进入动物的身体，而产生的像尿和 CO_2 一样的废物必须扩散出去。各种分子和离子的扩散率取决于可用于扩散的表面积大小；相反，其中被利用的营养比率及热和废物产物产量取决于动物的体积。

2. 小动物比大动物有更高的特定质量代谢率 表面积或体积如何影响动物的生理，对于哺乳动物一般测定其代谢率。代谢率是个体能量消费的总率。因为在哺乳动物中能量的消费和产生很大程度上取决于需氧呼吸代谢率，常常测量消费氧的量，它以每小时消费 O_2 的毫升数为单位。

由于大象体型巨大，其消费的氧量要比家鼠大得多，但在这些动物中在细胞和组织水平如何进行？

鼠和大象比较：为比较不同种类的代谢率，生物学家用代谢率除以总体重，并且使用特定质量代谢率（mass-specific metabolic rate）——以每克每小时消费氧的毫升数为单位 $[mLO_2/(g \cdot h)]$。这种特定质量代谢率给定了每克组织的氧消费率。

个体的代谢率随其活动程度剧烈变化，因此经常使用基础代谢率（basal matebolic rate，BMR）——动物在静止和空胃时在正常温度和湿度条件下消费氧的比率。图 16-4 描绘了每克或特定质量 BMR 作为平均体重的函数。注意图中 X 轴是对数，是为了方便比较非常大和非常小的种类（全部身体的质量用其对数值来做图，对比每克组织的代谢率）。

在每克基础上，小动物具有比大动物高的 BMR。大象有比小鼠更重的体重，但大象每克组织消费的能量比小鼠每克组织消费的能量少。

解释这种格局的主导性假说是基于表面积/体积代谢率的许多方面，包括氧消费、食物消化、养分输送到组织以及废物和多于热量的去除——均取决于通过交换的表面积大小。随有机体的体积增加，特定质量代谢率下降。

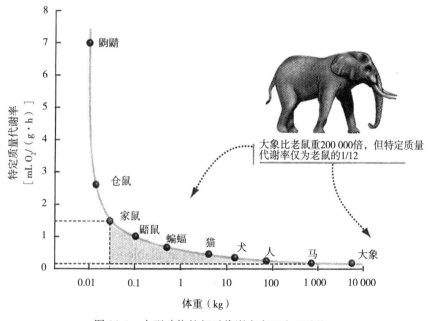

图 16-4　小型动物的相对代谢率高于大型动物
（仿 Scott Freeman）

第二节　营养、消化与吸收

蔬菜或糖果，这些食物都含有重要的营养（nutrient）。动物的营养是从食物和水分中获取的，使有机体保持健康。水是最基本的营养，且通常含有矿物质。动物营养分为 6 个主要类别，即碳水化合物、脂类、蛋白质、矿物质、维生素和水。这些基础物质是提供能量以及合成生命大分子的原材料。

一、碳水化合物、脂肪、矿物质与维生素的作用

动物利用植物性或动物性食物，来获得能量和构建大部分结构复杂的分子。动物还需要特殊的矿物质营养和称为维生素的有机分子，在饮食中缺乏会导致疾病。失去能量的细胞会在几分钟内死亡。提供能量的营养是碳水化合物、脂肪和蛋白质。这些分子被消化分解，其自由的亚单位用于在细胞呼吸过程中产生 ATP。源于营养的能量用卡*测度：1cal 是使 1g 水温度升高 1℃ 的能量。事实上，科学家通过完全燃烧在食物中储存的热量测度能量，食物中能量的含量以 1 000cal 为单位来表达。我们吃的食物中大约 60％ 的能量以热量释放，剩余的 40％ 被 ATP 储存，它在代谢反应过程中被持续利用，包括促使肌肉收缩的能量、生物膜的转运活动以及生物分子的合成。

人体在静止时平均粗略地燃烧 70cal/h，但这个值会受到几个因子的影响。如肌肉比脂肪燃烧更多的卡路里，肌肉性的个体即使是在静止时，消耗的卡路里比携带同样重量的脂肪的个体更多。

表 16-1 列出了动物所需的主要矿物质元素，大量需要的元素称为大量营养元素（macronutrients）；只是少量需要的元素（一般每年少于 100mg）称为微量营养元素（micronutrients）。

表 16-1　动物（人）所需的矿物质元素

(仿 David Sadava)

元素	人饮食的来源	存在形式和主要功能
大量营养元素		
钙（Ca）	乳制品、蛋、绿色蔬菜、全麦、豆类、坚果、肉	在骨头和牙齿中被发现，凝血、神经和肌肉行为、酶活性
氯（Cl）	食盐、肉、蛋、蔬菜、乳制品	水平衡、消化（如 HCl）、组织液中的主要负离子
镁（Mg）	绿色蔬菜、肉、全麦、坚果、牛奶、豆类	许多酶必备、在骨头和牙齿中被发现
磷（P）	乳制品、蛋、肉、全麦、豆类、坚果	存在于核酸、ATP 和磷脂中，骨骼形成，缓冲液，糖代谢
钾（K）	肉、全麦、水果、蔬菜	神经和肌肉行为，蛋白合成，细胞内主要正离子
钠（Na）	食盐、乳制品、肉、蛋	神经和肌肉活动，水平衡，组织液间主要正离子
硫（S）	肉、蛋、乳制品、坚果、豆类	存在于蛋白和辅酶，有害物质的解毒
微量营养元素		
铬（Cr）	肉、乳制品、全麦、豆类、酵母	葡萄糖代谢
钴（Co）	肉、自来水	存在于维生素 B12 中，红细胞形成
铜（Cu）	肝、肉、鱼、贝类、豆类、全麦、坚果	存在于许多氧化酶和电子携带者活动的场所，产生血红素、骨骼形成
氟（F）	大多来自饮用水	存在于骨骼和牙齿中，可预防龋齿和骨质疏松
碘（I）	鱼、贝类、加碘盐	存在于甲状腺素中
铁（Fe）	肝、肉、绿色蔬菜、蛋、全麦、豆类、坚果	存在于氧化酶活动场所、血红素和肌球蛋白中
锰（Mn）	肉、全麦、豆类、坚果、茶、咖啡	激活许多酶
钼（Mo）	肉、乳制品、全麦、绿色蔬菜、豆类	存在于一些酶中

---

*　卡为非法定计量单位。1cal＝4.186 8J。——编者注

（续）

元素	人饮食的来源	存在形式和主要功能
硒（Se）	肉、海鲜、全麦、蛋、牛奶、蒜	脂肪代谢
锌（Zn）	肝、鱼、贝类、甲壳类及其他许多食物	存在于一些酶和转录因子中，参与胰岛素生理作用

像必需氨基酸和脂肪酸一样，维生素是碳水化合物，动物需要其用于生长和代谢，但本身不能合成。与氨基酸和脂肪酸相比较它们只需很小的量，它们不作为身体结构和能量来源，绝大多数维生素的功能是作为辅酶或者辅酶的一部分。人类需要 13 种维生素（表16-2），分为两组，即水溶性维生素和脂溶性维生素。

表 16-2　人类饮食中的维生素

（仿 David Sadava）

维生素	来源	存在形式和主要功能	缺乏症状
水溶性维生素			
维生素 B_1	肝、豆类、全麦	细胞呼吸中的辅酶	脚气、食欲减退、疲劳
维生素 B_2	乳制品、肉、蛋、绿色蔬菜	FAD 中的辅酶	嘴角溃疡、眼睛发炎、皮肤病
烟酸	肉、禽、肝、酵母	NAD 和 NADP 中的辅酶	糙皮病、皮肤病、腹泻、精神障碍
维生素 B_6	肝、全麦、乳制品	氨基酸代谢中的辅酶	贫血、生长缓慢、皮肤问题、痉挛
泛酸	肝、蛋、酵母	存在于乙酰辅酶 A 中	肾问题、生殖问题
生物素	肝、酵母、肠道菌	存在于酶中	皮肤问题、脱发
维生素 B_{12}	肝、肉、乳制品、蛋	形成核酸、蛋白和红细胞	恶性贫血
叶酸	蔬菜、蛋、肝、全麦	在原血红素和核苷酸形成过程中的酶	贫血
维生素 C	柑橘类水果、土豆、番茄	形成结缔组织、抗氧剂	败血症、愈合缓慢、骨生长差
脂溶性维生素			
维生素 A	水果、蔬菜、肝、乳制品	存在于视觉色素中	夜盲
维生素 D	强化乳、鱼油、阳光	磷酸盐和钙的吸收	佝偻病
维生素 E	肉、乳制品、全麦	肌肉维持、抗氧化剂	贫血
维生素 K	肠道菌、肝	凝血	凝血问题

二、动物对食物的摄取与消化

异养有机体按其营养需求进行分类，主要有：①腐生生物（saprobe），又称分解者（decomposer），大多数为原生生物（动物）和真菌，从死的有机体中吸取营养；②食碎屑生物（detritivore），如蚯蚓和蟹，取食死的有机体；③捕食者（predator），取食活的有机体的动物。捕食者又分为：①食草动物（herbivore），取食植物；②食肉动物（carnivore），猎食动物；③杂食动物（omnivore），取食植物和动物；④滤食动物（filter feeders），如蛤和蓝鲸过滤水体中的小型有机体并取食它们；⑤食液动物（fluid feeder），包括蚊子、蚜虫、水蛭和蜂鸟。结构上的适应使动物能开发特定营养资源。

1. 食草动物的食物能量低而难以消化　大多数植物粗糙而难以分解，因为它们的能量低，食草动物需大量取食，因此食草动物花费大量时间采食。许多食草动物在采食上有惊人的适应，如大象的象鼻（一种具弹性能抓握的鼻子）或食果的巨嘴鸟巨大的喙的长度，能达到身体的一半。无脊椎动物中的许多口器类型，可以磨碎、锉烂、切断及撕碎植物性食物；脊椎动物中的食草动物因牙齿形状不同而可以撕裂、压碎和研磨植物性食物。

有些食草动物的消化过程十分特化，如树袋熊，它几乎全部取食桉树的叶子，这些叶子纤维化程度非常高，可用的能量和蛋白质低，而且有大量化学毒素。树袋熊有强壮的上、下颌撕碎这些叶子，有非常长的肠道发酵叶子碎屑，用其肝中的酶分解叶子中的毒素，以低代谢率补偿低能量摄食。

2. 食肉动物必须侦查、捕捉及杀死猎物　许多食肉动物的捕食行为是传奇的，如鹰、狼以及虎的捕食技巧。食肉动物进化出显著的速度、力量，大型的上、下颌，锋利的牙齿以及强壮的抓捕附肢，它们还进化了巧妙的侦查猎物的方法，如蝙蝠利用回声定位；蚺蛇的红外感受器，能感觉从捕食猎物的身体散出的红外辐射；鲨鱼探测其猎物在水中产生的电子磁场。

捕食者捕获猎物的行为不仅多样化而且高度特化，当捕食者捕获猎物时，这种行为适应性就显得非常重要。捕获和固定猎物有许多经典的例子，如许多蛇咬食固定猎物时的毒液；壁虎长而黏性的舌以及蜘蛛的网；某些水母有很长的触手，含有致命的毒素足以杀死 50 人，毒素是由刺细胞所具有的刺丝囊将毒液注入猎物体内。有些捕食者消化猎物也高度特化，如一种蜘蛛用消化酶喷射猎物昆虫，然后吸取液态的内容物，留下空的外骨骼。空的外骨骼在旧蜘蛛网上常见。

3. 哺乳动物具有独特的牙齿　所有哺乳动物牙齿一般具有相同的 3 层结构（图 16-5）。外面坚硬的物质称为釉质，主要由 $Ca_3(PO_4)_2$ 组成，牙齿覆盖着冠层。齿冠和齿根两者含有一层骨质物质——牙本质（dentine），其内部是髓腔，包含血管、神经以及产生牙本质的细胞。

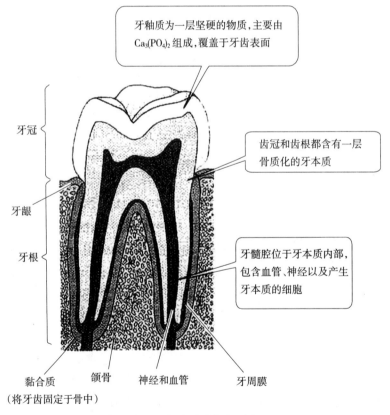

图 16-5　哺乳动物的牙齿
（仿 David Sadava）

哺乳动物的齿式（dentition）具有极大的同源性，但不同形状和结构的牙齿对不同食谱存在适应（图 16-6）。门齿用于切割、割断以及咬食物；犬齿用于刺、夹及撕食物；臼齿和前臼齿用于剪、碾碎及磨碎食物。同其他杂食动物一样，人类多样化的食谱反映出牙齿的多功能性。不同的哺乳动物由于取食不同的食物，牙齿产生了特化。

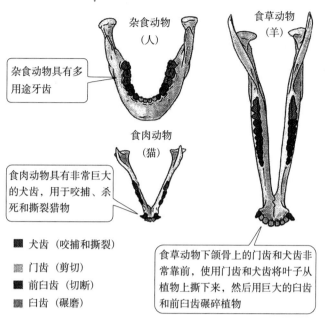

图 16-6　哺乳动物牙齿与食性相关（下颌骨牙齿俯视图）
（仿 David Sadava）

三、动物的消化腔

动物不断地从外部环境摄取食物进入体内，并分泌消化酶进入消化腔。酶将食物分解为营养分子，这些分子能被内衬在消化腔的细胞吸收。

1. 消化循环腔是最简单的消化腔　刺胞动物的消化循环腔通过一个单一的开孔与外界联系，如水母捕获猎物是用刺丝来刺，而且用触手将猎物塞进其消化循环腔，腔内的酶消化猎物，胃层的细胞通过胞吞作用摄取小的食物屑，胞吞产生食物泡由含有消化酶的溶酶体融合为消化泡。由细胞内消化，完全分解食物，营养被释放到胞质中。

2. 管道形的肠道在两端有开口，消化和吸收在肠内进行
大多数动物的肠道是管状的，以口摄食，食物通过长长的肠道被消化和吸收，消化后的废物通过肛门排出。肠道的不同部位特化出独特的功能（图 16-7），这些功能顺序匹配，使得营养能够以合适的顺序最大效率地被消化和吸收。在消化道的前端食物被粉碎，如许多脊椎动物的牙齿、蜗牛的齿舌及节肢动物的颚。在大多数鸟类中，肠道前端具肌肉质的砂囊（gizzard），食物最早在砂囊中被砂粒磨碎；某些动物，如蛇直接吞食整个猎物。胃和嗉囊是储存食物的器官，能够使动物摄食相对大量的食物然后逐步消化。在这些储存器官中，食物进一步碎化和混合，在脊椎动物中是消化的重要器官。

大多数无脊椎动物和所有脊椎动物都具有一个管状消化道，以口为开端，以肛门为末端。口用于摄食，肛门用于排

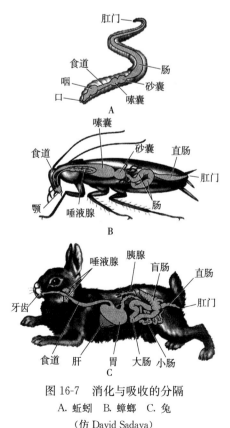

图 16-7　消化与吸收的分隔
A. 蚯蚓　B. 蟑螂　C. 兔
（仿 David Sadava）

泄废物。在口与肛门之间是专门用于消化与营养吸收的区域。这一区域的结构由于适应不同的食物条件而在不同物种间出现了明显区别。

食物移动到小肠中已经是非常小的微粒。多数消化作用发生在小肠中，营养、水分和离子被肠壁吸收，腺体分泌消化酶进入小肠，其他的酶由小肠壁的细胞产生，小肠后部的大肠再吸收水和离子以及储存不能消化的废物即粪便，这样在合适的时间和地点将其排到环境中，接近肛门的肌肉质的直肠帮助排便。

内共生的微生物在小肠中聚群，这些微生物从通过寄主肠的食物中获得营养的同时对寄主的消化过程有贡献。例如，水蛭属的种类，不产生消化寄主血液中蛋白质的酶，相反依靠微生物完成其消化，氨基酸随后被水蛭和微生物共同利用。

人类肠道中的微小有机体称为"忘记器"（forgotten organ），在消除有害微生物，甚至产生维生素（维生素 K 和生物素）中具有重要作用。这种"忘记器"也许不属于现有的任何生命形式，其数量巨大。据估计，人体含有 40 万～60 万亿个细胞。在肠道中约含有 10 倍人体细胞数量的这种非细胞有机体，它们至少有 500 种。

在许多动物中吸收营养的肠有更大的表面积（图 16-8A、B）。在脊椎动物中，小肠的壁有许多褶皱，在单个褶内生有大批微小像手指一样的突起，称为绒毛（villi）（图 16-8C）。衬在绒毛表面上的细胞有微型的突起，称微绒毛（microvilli）。这些微绒毛使得小肠产生了极大的吸收营养的表面积。

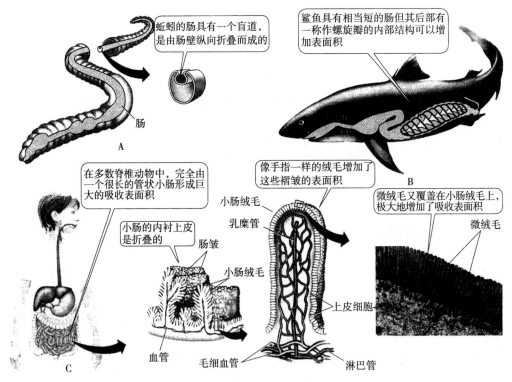

图 16-8　肠的表面积与营养吸收——肠表面积的最大化增强了动物吸收营养的能力

A. 蚯蚓　B. 鲨鱼　C. 人

（仿 David Sadava）

3. 消化酶分解复杂的食物分子　蛋白质、碳水化合物和脂肪大分子被产生在消化道的不同位置的水解酶分解为最简单的单体形式，许多酶被分泌进入消化道中，另外一些留在微绒毛膜上。这些酶通过水解，即添加 1 个水分子的反应切断大分子的化学键。按照消化酶水解的物质可将其分为：①蛋白质水解酶（proteases），打破蛋白质中相邻的氨基酸之间的化学键。②碳水化合物分解酶（carbohydases），水解碳水化合物。③肽酶（peptidase），分解肽。④脂肪酶，分解脂肪。⑤核酸酶，分解核酸。

有机体为什么没有被自己产生的水解生物大分子的酶消化呢？许多消化酶以不活动的形式产生，

即人们所知的酶原（zymogen），当被分泌到肠道中时，原酶一般被其他的酶激活。肠道内表面的细胞不被消化，因为它们被覆盖的黏液保护。

　　动物摄食后，食物被碎化移运到肠道被水解酶消化，消化过程释放的营养被动物摄取。脊椎动物中消化发生在胃肠系统，它包括从口到肛门的管状肠道以及几个在消化过程中起重要作用的产生分泌物的附属结构（图 16-9）。消化包括 3 个重要过程：食物通过肠道的运动，消化的持续步骤以及营养吸收。

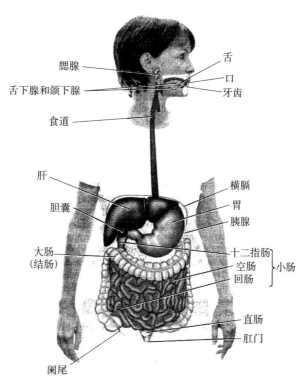

图 16-9　人类的消化系统
（仿 David Sadava）

脊椎动物肠道由同心组织层构成，它的整个长度都具有以同心层排列的相似构造（图 16-10）。

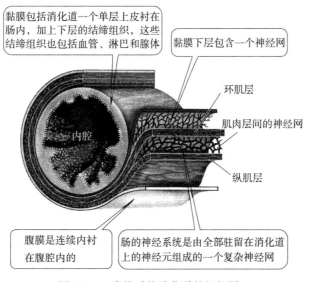

图 16-10　脊椎动物消化道的组织层
（仿 David Sadava）

长管状消化道的不同分隔部分用于消化食物、吸收营养、储存和排泄废物。辅助器官贡献了包含了酶和其他分子的分泌物。消化道的所有区段中，组织层的组织结构都相同，但不同区域的特化组织具有专门适应的功能。

第三节　盐和水分平衡及氮排泄

一、排泄系统使动物体内环境保持动态平衡

控制细胞外液的容积、溶质浓度对于海生无脊椎动物并非大问题，因为它们的细胞外液与海水非常相似，而且它们的氮废物能直接扩散到周围的海水中。对于海生脊椎动物以及所有淡水和陆生动物情况就有所不同，因为它们的细胞外液完全不同于外部环境，这些动物依靠排泄系统以保持其细胞外液（extracellular fluid，主要包括组织液、血浆和淋巴、脑脊液等）的容积、浓度和组成，还要排泄废物。

细胞外液的内环境很关键，因为在其中的溶质浓度决定浸入液体中那些细胞的水分平衡，并且细胞外液的组成影响所有机体细胞的生长和功能，如神经和肌肉的细胞质与细胞外液之间离子浓度梯度的重要性。

1. 水分通过渗透作用进入和离开细胞　细胞的容积取决于从细胞外液摄取水分还是失去水分，通过细胞膜的水分运动取决于溶质在细胞膜上的通透性和细胞膜内外的溶质浓度差异，这就是渗透的过程。如果细胞外液的溶质浓度比细胞质的小，则水分进入细胞，导致细胞膨胀或爆裂。如果细胞外液的溶质浓度比细胞质中大，则细胞失去水分而皱缩。因而，细胞外溶质浓度影响细胞容积和溶质浓度。一般用渗透压（osmolarity）来描述渗透作用。为了获得细胞水分平衡，动物必须在一个适度的范围内保持它们细胞外液的渗透压。此外，动物通过保留一些物质或减少它们（分泌）来保持适宜的溶质组成。为了适应这些需求，大多数动物具有排泄系统。

2. 排泄系统控制细胞外液的渗透压和化学组成　排泄系统控制细胞外液的渗透压和化学组成，是通过分泌超量的溶质（液）（如当我们摄食了大量的含盐食物时），并且保存有价值或短暂提供的溶质（如糖和氨基酸），排泄系统也减少蛋白代谢产生的有毒废物。排泄系统排出的液体称为尿。

对于各种各样的动物的排泄有3种基本过程是共同的：过滤、分泌和再吸收。细胞外液被过滤产生滤液，它不含有细胞或大分子，如蛋白。具有闭管式循环系统的动物中，血浆通常从毛细血管过滤到相关管中，系统的毛细血管和这些管壁是过滤器，过滤过程由血压驱动。当过滤物流到管中，它的组成和浓度通过分泌和再吸收过程调节，最终形成尿排出体外。

滤出液变为尿的过程包含水分进出管的运动。水分没有主动运输的机制，水分的运动是由于压力不同（过滤过程）或者是溶质浓度不同（渗透作用）而导致的。水分总是流向压力梯度低处或溶质浓度梯度高处。

动物可以是渗透随变者（osmoconformers）或者渗透调节者（osmoregulators），生活于海洋、淡水或陆地环境的动物要面对不同盐分和水分平衡的问题。在陆地环境中，盐分和水分可能稀缺并且通常必须由排泄系统保护。在淡水系统中，水分充足而盐分稀缺，淡水动物必须保存盐分而排出不断通过渗透作用侵入身体的水分。

与淡水相比，海水的渗透压高很多——超过1 700kPa（以0.70mol/kg的NaCl的浓度计算）。大多数海生无脊椎动物用海洋水分平衡它们的细胞外液，因此称为渗透随变者；其他海洋动物维持细胞外液渗透压比海水更低，因此称为渗透调节者，海洋脊椎动物除鲨鱼和鳐外都是渗透调节者。

3. 动物可以是离子随变生物或离子调节者　渗透随变者也可能是离子随变生物，允许离子组成，渗透压和它们的细胞外液与环境匹配。然而，大多数渗透随变者在某些程度上是离子调节者；它们采

用活动传送机制分泌离子和保持它们在理想浓度上的细胞外液离子。

陆生动物从食物中获得盐分，并且保留一些离子和分泌其他离子，以调节细胞外液的离子组成。例如，食草动物能保留 Na^+，因为它们取食的植物具有低浓度的 Na^+；取食海洋动物的鸟类，它们必须分泌所摄取食物中超量的 Na^+，它的鼻盐腺通过进入鼻腔的管道分泌浓缩的 NaCl 液体。鸟类，如企鹅和鸥只有鼻盐腺来泌盐，常常看到它们打喷嚏或抖动头部排出盐分微滴（图 16-11）。除了保持盐分和水分平衡外，动物必须减少细胞外液中代谢产生的废物，主要是氮，含有高氮的分子被代谢分解时，终极产物是有毒的。

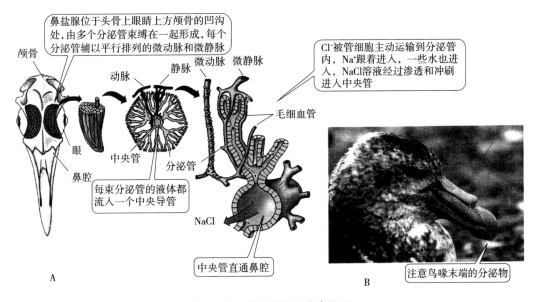

图 16-11　鼻盐腺排泄多余的盐

A. 海鸟的鼻盐腺可以排泄其消化食物中多余的盐　B. 巨鹱已从海上的觅食旅行中返回，它的鼻盐腺正在泌盐

（仿 David Sadava）

二、动物的氮排泄

碳水化合物、脂肪代谢的终极产物是 H_2O 和 CO_2，它们很容易被排出。然而蛋白质和核酸含有氮，它们的代谢产物除 H_2O 和 CO_2 外还有含氮废物。

1. 动物以多方式排泄氮　最普通的氮废物是氨（ammonia，NH_3）。氨毒性很强，动物不断排出以防止其积累，或者转化为尿素或尿酸以解毒（图 16-12）。

蛋白质和核酸的代谢产生含氮废物，许多水生动物，包括大多数鱼类，以氨的形式排泄氨废物，氨可以很好地扩散和溶解于水环境中。大多数陆生生物和部分水生动物排泄尿素及尿酸。

（1）氨：氨易溶在水中而且扩散迅速，这对于持续分泌氨的水生动物来说是相对简单的过程。这些动物通过鳃膜的扩散将氨不断地从血液排到水中。能排泄氨的动物是水生无脊椎动物和硬骨鱼类。

如果氨在细胞外液中积累，低浓度的氨就有毒性，并且对于陆生生物和那些不能持续排泄氨的水生动物的代谢造成危害，这些动物必须将氨转化为尿素和尿酸。

（2）尿素：排尿素动物，如哺乳动物、两栖动物和软骨鱼，排出的尿素是它们的主要含氮废物。尿素易溶于水，但它的排出会导致大量水分丢失使动物得病。哺乳动物已经进化了通过产生浓缩的尿素液体的排泄系统来保存水分。海洋种类保持其细胞液浓度，大多数通过保留高浓缩尿素和其他的含氮化合物来实现，如它们的体液中的三甲胺毒素渗透到海水中。

（3）尿酸：排泄含氮废物但能保存水分的动物一般排尿酸。事实上，爬行动物、鸟类和一些两栖

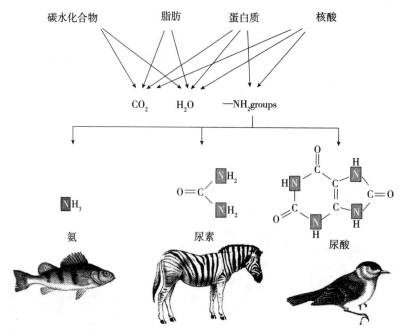

图 16-12　废物的代谢

（仿 David Sadava）

动物是排尿酸的。尿酸不溶于水，但在尿中形成胶粒悬浮物呈半固态被排泄（如鸟类粪便中的白色物质）。排尿酸动物在其排出含氮废物时只失去很少的水分。

2. 大多数动物产生其他的含氮废物　人类是排尿素的，但也形成尿酸。人类尿中的尿酸主要源于核酸和咖啡因的代谢。如果在细胞外液中尿酸浓度升得太高，尿酸晶体能够沉积或结块，从而引起痛风。因为溶解度随温度下降，尿酸结晶通常首先在骨端沉淀，特别是在大脚趾，大脚趾痛就是痛风的警示症状。

人类也能排泄氨，它是调节细胞外液 pH 的重要机制，被排泄的氨能缓冲尿而且使之能分泌更多氢离子。

生活在不同栖息地的种类在不同发育状态可以采用多种含氮排泄机制。例如，蛙和蟾蜍的幼体，通过它们的鳃膜排泄氨，但成体的蛙和蟾蜍一般排泄尿素，而有些生活在干旱环境的两栖动物成体排泄尿酸。该类动物展示了多种适应性，来处理在不同环境中盐分和水分平衡的挑战。然而，所有这些适应都是基于 2 种基本机制——即过滤和滤液在管道运行过程重吸收一些溶质并排泄废物。

三、无脊椎动物的排泄系统

淡水生和陆生无脊椎动物适应于用多种方式来维持盐分、水分平衡和排泄氮。我们将探讨 3 种无脊椎动物的排泄系统：原肾管、后肾管和马氏管。这些系统都产生缺少大分子的细胞间液的滤出物，之后改变这些液体的溶质组成（离子和小分子）以形成排泄产物。

1. 扁虫的原肾管排泄水分并保留盐分　许多扁虫，如涡虫（planaria）生活在淡水中，这些动物通过分布于全身的复杂的管网排泄水分，管的末端是焰细胞（图 16-13），焰细胞和管一起形成原肾管。细胞外液体通过过滤进入管中。纤毛的摆动引起管内的轻微负压，而动物的运动在细胞外液中产生正压，这种压差通过管细胞之间的细微空隙引起细胞外液被过滤，滤液流向动物的排泄孔，并且沿管通过时再重吸收特定离子和分子改变液体组成。因为更多的离子被重新吸收而不是被排泄，离开扁虫身体的尿中的离子浓度比细胞外液小，因而原肾管保留离子而排泄水分和废物。

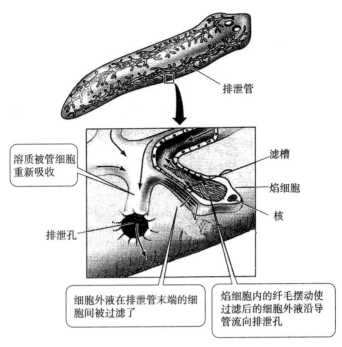

图 16-13　扁形动物的原肾管
(仿 David Sadava)

涡虫的原肾管由末端是焰细胞的排泄管构成。在焰细胞区域，体液在管细胞间被过滤。过滤液成分在沿导管流动时被调整。

2. 蚯蚓的后肾管使体腔液运行来完成排泄　环节动物，如蚯蚓通过肾管过滤血液和进行尿成分调整的方式是非常进步的。环节动物是分节的，在每个体节中都有充满液体的体腔被称为真体腔。环节动物具有闭管式循环系统，通过它的血液在压力下被泵送至全身。压力引起血液通过薄的可渗透过的毛细血管壁被过滤进入体腔，像氨这样的代谢废物直接从组织扩散到真体腔。这个体腔的液体会去哪儿？蚯蚓的每个体节都含有 1 对后肾管（图 16-14），体腔的液体通过具纤毛的肾口被扫荡进入后肾管，当体液通过管时管壁细胞主动地从其中吸收特定分子，同时主动将血液中其他分子排泄其中。通过肾孔离开动物的是一种含有含氮废物和其他溶质的稀释尿。

3. 昆虫的马氏管依靠细胞主动运输代谢废物　昆虫能用极少的水分丢失来排泄含氮废物，因而能生活在地球上最干旱的生境中。昆虫的排泄系统由马氏管（malpighian tubules）组成，单体昆虫具有从 2 个到多于 100 个盲端管，它们开口于中肠和后肠之间（图 16-15）。

昆虫具有开管式循环系统，因此不能用压差过滤液体进入马氏管，相反的是马氏管的细胞主动转送尿酸、K^+ 以及 Na^+ 从细胞外液到马氏管中。在马氏管中高度浓缩的溶质引起水渗透将管的内容物冲到消化道。后肠和直肠的上皮细胞从消化道的内容物中传送 K^+ 和 Na^+ 返回到细胞外液中。这种固定地方盐分转送产生渗透梯度使水分从直肠内容物中析出。当其浓缩度增加时，尿酸形成胶粒悬浮物，更多的水分被再吸收，在直肠中剩下的是与其他废物混合的尿酸，这种半固体物正是昆虫的排泄物。马氏管系统对于排泄含氮废物和某些盐分是一种高度有效的机制，最大程度保留了水分不被散失。

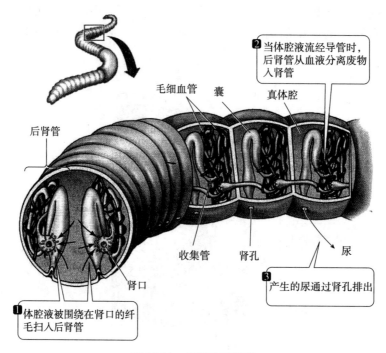

图 16-14　蚯蚓的后肾管

注：环节动物的后肾管是按体节排列的。左侧的横切面显示的是 1 对后肾管。右侧 3 个纵切图显示的是每个体节中 2 个后肾管中的 1 个。体腔液进入肾口，经导管流至肾孔。导管与毛细血管紧密缠绕，血液与导管液之间有活跃的物质交换活动。

（仿 David Sadava）

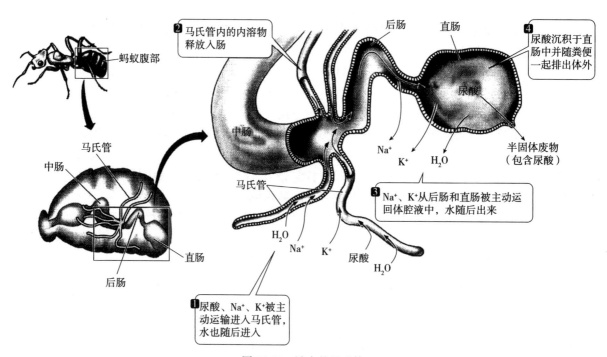

图 16-15　昆虫的马氏管

注：一端为盲端，壁薄的马氏管位于昆虫中肠与后肠的交界处，伸出并浸泡在含有血液的血窦中。马氏管可使动物在失水极少的情况下排泄废物。

（仿 David Sadava）

四、脊椎动物的盐分与水分平衡

脊椎动物主要的排泄器官是肾（kidney），肾的功能单位是肾单位（nephron），包括血管部分和肾管部分。血管部分由毛细血管开始，其高度可通透且过滤血液进入肾管部分。血管也携带物质到肾管排泄且带走管细胞吸收的物质。肾单位能过滤大容积（体积）的血液而且获得盐分和其他有用分子，如葡萄糖的再吸收，使得脊椎动物的肾很好地适应多余水分的排泄。

如果脊椎动物的祖先进化于淡水，像古生物学家提到的一样，脊椎动物的排泄系统会进化为排泄多余水分。那么脊椎动物是怎样适应了环境，达到水分必须被保留和盐分被排泄的目的呢？对于这个问题的回答，在脊椎动物组群中是不同的：即使在海洋鱼类中，硬骨鱼的排泄适应与软骨鱼是不同的。爬行类、鸟类和哺乳类具有保护水分的排泄系统，爬行类和鸟类通过排尿酸和产生含有少量水分的半固体排泄产物来保护水分；相反，哺乳动物是排氨的，排泄液体废物产物，但已经进化了产生高度浓缩尿的能力。

1. 海洋鱼类必须保留水分　海洋硬骨鱼类（bony fishes）渗透调节它们的细胞外液以维持它们 $1/3 \sim 1/2$ 的海水渗透压。它们唯一的水源是其周围的海水，这样它们必须保留水分并排泄多余液体。海洋硬骨鱼类不能产生比它的细胞外液浓度更高的尿，这样它们通过产生极小量的尿减少水分流失。相反，淡水鱼类产生大量的过滤的尿。

如果海洋硬骨鱼类不能排泄在其尿中的多余液体，那么它们怎样处理它们在摄食食物中的大量盐分？海水硬骨鱼不吸收来源于它们的消化道中的一些离子——特别像是 Mg^{2+} 或 SO_4^{2+} 的二价离子，摄取的盐分被主动地通过鳃膜排泄。如同前面提到的，硬骨鱼类能通过它们的鳃膜扩散含氮废物和氨。

软骨鱼（cartilaginous）是渗透随变者，但不是离子随变者（ionicconformers），它们以独特的方式升高体液的渗透压。不像硬骨鱼将含氮废物转化为尿素和三甲胺毒素，而且它们将这些化合物大量保留在其身体中。结果它们的体液具有接近于海水渗透压，这样它们不会由于渗透作用将身体水分散失到环境中，也许实际上是从环境中获得水分。这些种类已经适应在其体液中有高浓度的尿素，但对其他脊椎动物可能是有毒的。

2. 陆生两栖类和爬行类必须避免脱水　大多数两栖类生活于淡水中或其附近，并且冒着风险进入潮湿的环境。像淡水鱼一样，大多数两栖类产生大量过滤尿且保留盐分。不过有些两栖类已经适应了需要保存水分的生境。生活于干燥陆地环境的两栖类已经降低了皮肤对水的渗透性。有些分泌蜡质层覆盖在皮肤上以防止水分丢失。生活在澳大利亚干旱地区的几个种类的蛙洞穴深入地下，在很短的干旱周期，它们进入夏眠，处于一种非常低的代谢状态，这样水分利用很少。下雨时，蛙解除夏眠，摄食和繁殖。它们最有趣的适应是有一种巨大的尿袋（膀胱）：在进入夏眠之前，它们用稀释的尿充满尿袋，重量可达其体重的 $1/3$。这种稀释的尿有利于水分储存，在其夏眠过程中被逐步重吸收到血液中。

爬行类活动范围从水生转到极度热和干燥的生境中。事实上，蛇、蜥蜴和鸟是许多荒漠区系中最突出的成员。第一，爬行类是羊膜类，不需要淡水繁殖，因为它们采用体内受精而产有壳的卵防止水分蒸发；第二，它们具有干燥的上皮（皮肤）和角质鳞片防止水分蒸发；第三，它们排泄像尿酸一样的含氮半固体废物，水分失去很少。

3. 哺乳动物能产生高度浓缩的尿　哺乳动物占据多样的环境，其中许多种类存在特化的排泄系统来面对挑战，最大的挑战是那些水分相当有限的环境。哺乳动物具有各种各样的适应性去保护水分，但其中主要的是产生尿的能力，尿比它们的细胞外液更浓缩，它们之所以能浓缩尿是因为肾的适应性。为了理解这些适应性，必须学习脊椎动物肾单位的结构和功能。

4. 肾单位是脊椎动物肾的功能单位　脊椎动物尿形成包含 3 个主要过程（图 16-16）：

（1）过滤作用：每个肾单位有一个毛细血管的致密球，称肾小球（glomerulus）。肾小球对水离子和小分子是高度通透的，但对大分子不通透。血压驱动水和小分子运动压出肾小球毛细血管外。

（2）肾小管的再吸收：从肾小球来的滤液流入肾小管，肾小管中的细胞通过再吸收特定离子、营养和水分，将它们返回血液，后面留下被浓缩的过量离子和尿素等废物。

（3）肾小管的排泄作用：肾小管中的滤液被肾小管的细胞进一步改变，管细胞运输物质进入肾小管中，这些是身体需要排泄的物质。

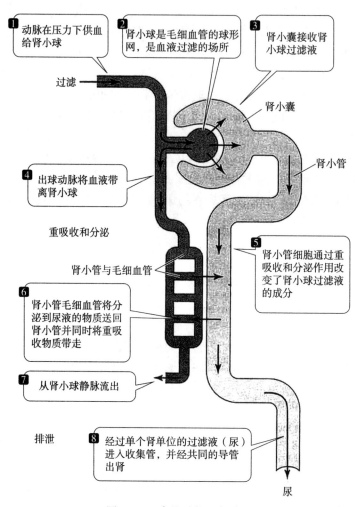

图 16-16　脊椎动物的肾单位

注：脊椎动物的肾单位由紧附于 2 个毛细血管床上的肾小管、肾小球和肾小管管周毛细血管网组成。

（仿 David Sadava）

第四节　气体交换与循环

一、气体交换

气体交换系统由气体交换表面和通气与灌流这些表面的结构组成。有机体必须交换的呼吸气体是 O_2 和 CO_2，细胞要从环境中获得 O_2，经细胞呼吸作用产生 ATP；CO_2 是细胞呼吸的终极产物，必须被移出机体外以防止有毒效应。

扩散是呼吸唯一的途径，通过在动物的体内液体和外面介质（空气或水）之间进行交换，呼吸过程没有主动传送机制而是通过生物膜呼吸气体。因为扩散是一种物理过程，了解影响扩散率的物理因子，有助于理解气体交换系统多种多样的适应。

扩散源于由浓度差驱动的分子随机运动。分子净运动结果是降低其浓度梯度。溶液的浓度是每单位体积溶液中溶质的数量。气体的浓度更复杂一些，因为在一个特定体积中气体分子的数量取决于压力；空气是比水更好的呼吸介质，水中 O_2 分子扩散缓慢。真核细胞在其线粒体中进行细胞呼吸，它位于细胞质中——也是水的介质。从气体交换表面到细胞，所有的呼吸表面必须被保护，免于干燥，通过液体薄膜使 O_2 扩散，甚至在呼吸空气的动物中也是如此。

在水中 O_2 的扩散率限制 O_2 分布。水中 O_2 的扩散很缓慢，以致即使具有低代谢率的动物细胞距离良好环境中的 O_2 资源只有几毫米。因此，许多无脊椎动物的大小和形状被限制，它们缺乏扩散 O_2 的内部系统。这些种类大多数非常小，但涡虫通过进化成扁平的形状，变得较大，具有大的外表面积（图 16-17A）。另一些如瓶海绵，围绕中央腔构建非常薄的身体体壁，水能通过它进入体内循环（图 16-17B）。更大更复杂的动物有了大的表面积来促进气体交换，如美西螈的外鳃，特化了呼吸系统的进化（图 16-17C）。

1. 对于水生动物高温产生的呼吸问题　利用水作为呼吸交换介质的动物，当环境温度升高时处于两难的困境。大多数水中呼吸的动物

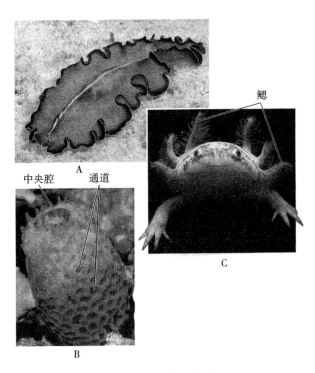

图 16-17　与介质保持接触

A. 涡虫，海栖扁形动物像树叶一样，体内细胞与海水的距离均小于 1mm　B. 瓶海绵，海绵动物具有许多通道的多孔体壁。这种体壁允许水流在外部与中央腔间流动，海绵动物体内细胞与海水的距离小于 1mm　C. 美西螈，具羽状外鳃的美西螈水生幼体为气体交换提供了很大的表面积。通过鳃的循环血液与呼吸介质紧密接触

（仿 David Sadava）

是变温动物，它们的身体温度与其周围水的温度相关。当水温升高时，变温动物的体温和代谢率升高，因而水中呼吸需要更多的 O_2。由于水变热，热水比温水保有更少溶解的 O_2。此外，如果动物做功去运动，它必须耗费更多能量去呼吸，因为当水温升高时，通过其气体交换表面的水含 O_2 越来越少（图 16-18）。当水温较高时，鱼类需要更多的 O_2，但热水比冷水携 O_2 更少。

2. CO_2 易通过扩散除去　呼吸气体交换是一个双向过程：CO_2 扩散出体外而 O_2 进入。通过交换表面的呼吸气体的方向和扩散率取决于气体的分压梯度。通过这些交换表面的 O_2 和 CO_2 的分压梯度十分不同。大气中 CO_2 的浓度极低，大约是 0.03%，因此呼吸空气的动物总是存在很大的 CO_2 浓度差，CO_2 很容易从身体扩散到环境中。O_2 的分压梯度随海拔增加而降低，驱动 CO_2 出身体的梯度变化不大。海平面和珠穆朗玛峰顶端两个地方的大气中的 CO_2 分压差接近零。

3. 气体交换表面有巨大的表面积　各种各样的结构上的适应加大了用于呼吸的身体表面积，在此处呼吸气体能扩散，水中呼吸的动物

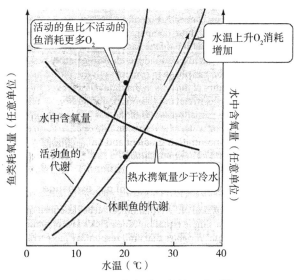

图 16-18　水中呼吸者的双重困境

（仿 David Sadava）

一般具有鳃，而空气中呼吸的动物具有气管或肺。外鳃高度分支，是身体的延伸折叠，在水中提供大的气体交换表面积（图 16-19A），见于两栖类幼体和许多昆虫幼虫。因为它们由薄而纤细的组织构成，外鳃将气体扩散经过的鳃丝长度最小化，然而外鳃很容易受到危害，而且是捕食者的佳肴。因此，在许多动物中保护鳃的体腔进化了，像内鳃见于大多数软体动物、水生节肢动物和所有鱼类中（图 16-19B）。

肺是与空气进行气体交换的内部腔室（图 16-19C），结构与鳃很不相同。肺具有很大的表面积，因为它们是高度分支的，而且它们有弹性，因而能在空气压力下膨胀，还可以排出气体。

昆虫具有一个由充满空气管的网构成的气体交换系统。气管（trachea）通过昆虫身体的全部组织（图 16-19D），这些气管的终端大量分支，以至于它们具有比昆虫身体的外部表面积还巨大的表面积。

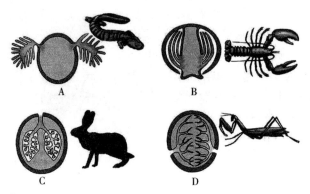

图 16-19　气体交换系统：对于呼吸气体的扩散具有较大的表面积是动物的共同特征

注：外鳃（A）和内鳃（B）是与水进行气体交换的适应，肺（C）和气管（D）是与空气进行气体交换的器官。

（仿 David Sadava）

4. 昆虫具有通过身体的空气管道　昆虫身体内的气管系统能不断分支延伸到所有组织来进行气体交换。因而，通过空气扩散的呼吸气体会到达每个细胞。昆虫的呼吸系统通往体外的开孔称为气门，位于其腹部表面，与外面环境相联系（图 16-20A、B）。气门开启允许气体交换，然后关闭，这样可以减少水分丢失。气体通过的管道称为气管，再分支为指状管道或微气管，最末端是微细的毛细气管，它实际上是气体交换表面（图 16-20C）。在昆虫的飞行肌肉和其他高度活动的组织中，每个线粒体与毛细气管紧挨着。

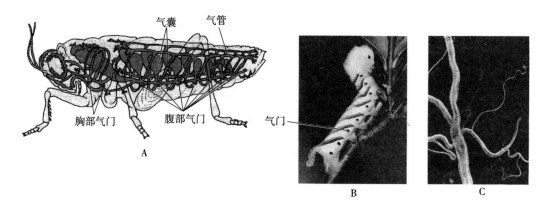

图 16-20　昆虫的气管气体交换系统

A. 昆虫通过气管系统进行呼吸气体扩散，气管通过气门与外界相连

B. 骷髅天蛾幼虫气门位于体侧

C. 扫描电镜下昆虫的气管反复分支为细小的毛细气管

（仿 David Sadava）

5. 鱼类鳃采用对流加强气体交换　鱼的内鳃由鳃弓支持，它位于口腔和鳃盖骨之间，正好在眼后的侧面（图 16-21A）。水流单向进入鱼的口腔，覆盖鳃从鳃盖骨下面流出去，因而鳃不断地被流进

来的水洗涤。这种稳定的单向的水流覆盖鳃，最大化了在外鳃表面的 P_{O_2}（氧气分压）。在鳃膜的内面，血管内的血液在循环通过时迅速吸收 O_2，使 P_{O_2} 最小化。

鳃具有为气体交换而设计的特别大的表面积，因为它们是如此高度地被划分。每个鳃由几百个像带状的鳃丝构成（图 16-21B），每个鳃丝的上下表面被一排均匀隔开的褶皱覆盖，褶皱实际上就是气体交换表面，称为鳃小叶。它们极其薄，因而在血液和水之间气体扩散路径被最小化。鳃小叶的表面由高度扁平的上皮细胞构成，这样水和鱼的红细胞被分隔，其距离为 1～2mm。

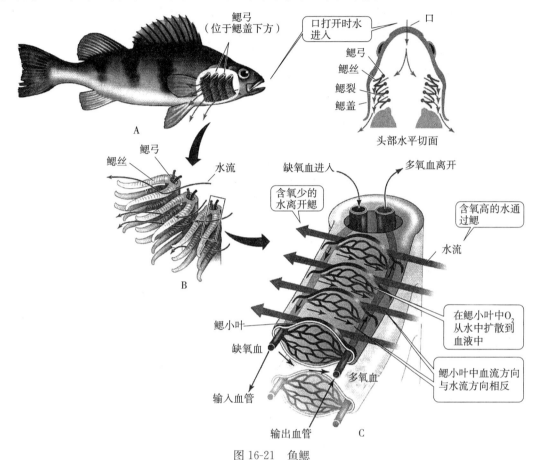

图 16-21　鱼鳃

A. 水流单向地通过鱼鳃　B. 鳃丝具有很大的表面积和薄的组织　C. 在鳃小叶中血流方向与水流方向相反

（仿 David Sadava）

血流单向地灌注流入鳃丝的内表面，如同水流覆盖鳃一样。传入的血管携带缺氧血到鳃，而传出的血管携带多氧血离开鳃（图 16-21C）。血流通过鳃丝，在方向上与覆盖鳃丝的水流相反，这种对流在水和血液之间优化了 P_{O_2} 梯度，完成的气体交换的效率比采用并行（平行）流动的系统更高（图 16-22）。

有些鱼类，包括鲨鱼、鲼和金枪鱼，它们游动时鳃的呼吸几乎与口腔的开启同步。然而大多数鱼类是借助于双泵水（two-pump）机制使水通透鳃，关闭和压缩口腔推进水流覆盖（over）鳃，鳃盖腔扩展形成负压，使鳃盖皮膜打开，再次拉动水覆盖鳃。

这些适应性包括了扩散最大化了表面积（A），最小化了路径长度（L），同时最大化了 P_{O_2} 的梯度，最终使鱼类高效摄取由水环境提供的 O_2。

6. 鸟类采用单向通气过程使气体交换效率最大化　鸟类持续长时间高水平活动的能力是很强的。例如，它们能长距离飞行，甚至在高海拔处活动，此处哺乳动物却不能生存。看到鸟类飞越喜马拉雅山脉是令人吃惊的，它们几乎没有 O_2 的补充而连续运动。鸟类最高的飞行记录是从与飞行在 11 278m 高度的客机碰撞事件得来的；人类在这个高度没有 O_2 的供给是不能存活的。然而鸟类的肺要比大小相似的哺乳类的肺小，而且在呼吸循环过程中鸟类肺的扩张和收缩的程度也要比哺乳类

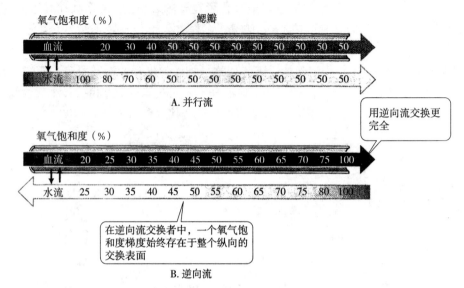

A. 并行流

用逆向流交换更完全

在逆向流交换者中，一个氧气饱和度梯度始终存在于整个纵向的交换表面

B. 逆向流

图 16-22　逆向交换效率更高

A. 在并行流动交换中，血和水中氧气饱和度在交换表面达到 50％时，达到平衡　B. 逆向流交换者
允许更完全地气体交换，因为水体中的氧气饱和度总是大于血液，因此维持了二者之间的氧气饱和度梯度
注：在并行和逆向气体交换模型中，数字代表在水和血液中氧气饱和度。

（仿 David Sadava）

小。再者，鸟类的胸廓在吸气和呼气过程中是受到压迫的。

鸟类肺的表面允许空气单向流入肺而不是像哺乳动物那样双向通过肺。因为哺乳类的肺在空气呼出时决不会完全排空，总是存在着没有与新鲜空气交换的肺体积。在呼出过程中在肺和呼吸道中保留气体的空间称为无效腔（dead space）。相反，鸟类肺有非常小的无效腔，而且进来的新鲜空气不与陈旧的空气相混合，用这种方式保持高 P_{O_2} 梯度。

除肺外，鸟类在其身体的几个地方还有气囊（air sac）（图 16-23A）。气囊相互彼此结合（联系），也与肺以及骨头中的一些无效腔联系。可以吸入空气，但它们不是气体交换表面。与呼吸空气的其他脊椎动物一样，空气进入和离开鸟类的气体交换系统通过气管〔trachea，俗知的是气管（windpipe），不应与昆虫呼吸空气的气管相混淆〕，它分支为更小的气管总称为支气管（bronchi）。

支气管分为管状的三级支气管（parabronchi），它们平行相互通过肺（图 16-23B），三级支气管外的分支是无数的薄的毛细支气管。空气流通过三级支气管扩散到毛细支气管中，它是气体交换的表面，它们的数量是如此之多以致提供了气体交换的巨大表面积。三级

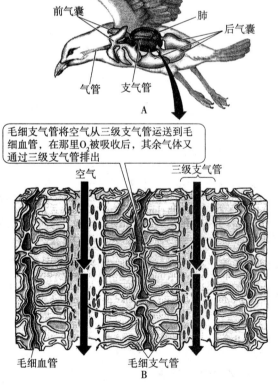

毛细支气管将空气从三级支气管运送到毛细血管，在那里 O_2 被吸收后，其余气体又通过三级支气管排出

图 16-23　鸟类的呼吸系统

A. 鸟类的气囊和肺，气囊和骨中的气室是鸟类的特征
B. 鸟肺组织的微观视图，气流通过鸟类肺单向进入三级支气管。
气体交换的场所是呼吸毛细支气管（air capillaries），
它是三级支气管的分支

（仿 David Sadava）

支气管合并成较大的支气管，出肺的空气经此支气管返回到气管。因而，鸟类气道的解剖结构允许空气单向流动并且持续不断地通过肺。

鸟类呼吸的谜题通过在鸟类气囊和气道不同地方放置小型 O_2 电子感应器而得到解决。鸟被暴露在专为呼吸的纯 O_2 中。这样做是专门追踪吸气过程。实验证明，在鸟类的气体交换系统中一个单个呼吸保留吸气和呼气 2 个循环，吸气扩展气囊，呼气压迫气囊，保持持续和单向的新鲜气流通过肺（图 16-24）。

鸟类气体交换系统类似于鱼类的鳃。气囊保持新鲜空气单向流动覆盖气体交换表面。因而，鸟类能为其气体交换表面供给持续的新鲜空气流，其中 P_{O_2} 接近于周围的空气。甚至在周围空气的 P_{O_2} 仅稍微高于血液，从而 O_2 扩散到血液中。

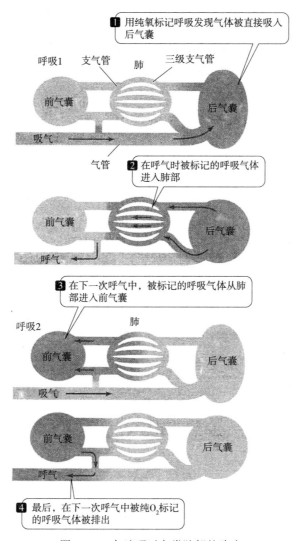

图 16-24　气流通过鸟类肺部的路途

注：鸟类吸入的空气以一个方向通过肺部，即从后气囊到前气囊，每次呼吸的空气保留在双重呼吸系统中。

（仿 David Sadava）

7. 人肺的工作原理　在人体中空气通过口腔或鼻道进入肺，它们在咽部结合到一起（图 16-25A）。

气管分支成 2 个支气管，每 1 支进入 1 个肺，支气管再分支产生像树一样的结构，反复分支为更小的气道扩展到肺的整个部分。在 4 次分支后，软骨支持消失，过渡到细支气管，在 16 次分支后，细支气管的直径小于 1mm，而且薄，薄壁气囊开始出现，称为肺泡（alveoli）。肺泡是气体交换的地方。在肺泡开始出现的地方，6 个以上的气道分支进入肺泡聚集群（图 16-25B）。因为气道仅控制空气出进肺泡，本身并不参与气体交换，它们的体积是无效腔。

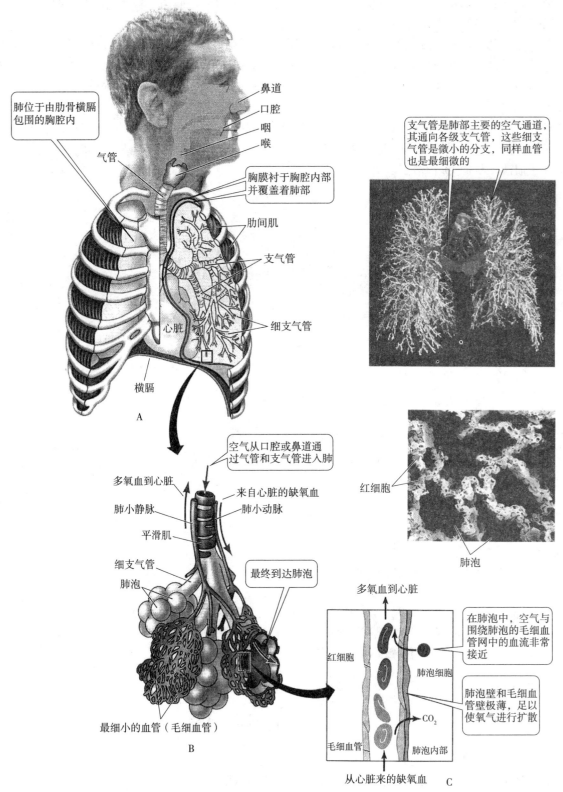

图 16-25　人类的呼吸系统

注：图示人类呼吸系统的层次，从呼吸道到微小肺泡。

（仿 David Sadava）

　　人的肺大约有 3 亿个肺泡，虽然每个肺泡非常小，但它们全部的呼吸气体扩散表面积达到 $70m^2$。每个肺泡均由非常薄的细胞层构成，肺泡之间和周围的毛细血管网的血管壁也由超薄的细胞层构成。

毛细血管挨着肺泡，极薄的组织分开它们（图 16-25C）。这样空气和血液之间的气体扩散路径小于 2mm。

二、循　环

1. 循环系统的作用　循环系统（circulatory system）由肌肉质的泵（心脏）、液体（血液）和一系列导管（血管）构成，通过该系统血液能被泵到身体各处，同时也把 O_2 和营养物质分配至全身。心脏、血液和血管合到一起就是大家熟知的心血管系统（cardiovascular system）。

2. 有些动物没有循环系统　单细胞动物直接与环境交换它们所需的一切，像这样的有机体绝大多数见于水中或非常潮湿的陆地环境。相似的，许多多细胞水生有机体身体小而单薄，它们的所有细胞足以很好地接触外部环境，这样的种类没有循环系统，因为营养、呼吸的气体能直接扩散到其身体细胞中，产生的废物能直接扩散到环境中。

有些较大的水生多细胞动物没有循环系统，它们有高度分支的中央腔，称为消化循环腔系统，可以携带外部环境物质进入身体。例如，海绵动物是全部细胞接触或非常接近围绕其身体的水，而且通过它的中央腔循环。没有循环系统的小型动物能保持高水平的代谢和活动，但没有循环系统的较大型动物，如海绵、水母和扁虫趋向于缓慢活动或不活动甚至固着生活。大型活动的动物需要循环系统。

3. 循环系统可能是开管的或闭管的　对大型的和活动性的动物来说，它们细胞的所有需求均由细胞外液支持，所有的营养、O_2、糖以及细胞代谢产生的废物都要进入体液。循环系统具有肌肉质的腔或心脏，它驱动身体内的细胞外液。在开管式循环系统中，细胞外液与循环系统中的液体成分一样——被称为血淋巴（hemolymph，是指无脊椎动物血腔内流动的血样液体）。这种液体离开循环系统的血管，在细胞和所通过的组织之间渗透，之后流回心脏或循环系统的血管中，再泵出。相反，闭管式循环系统中，在连续的血管系统中完全包含了循环液体（血液）。血细胞和大分子停留在系统中，但水分和低分子质量溶质可渗透到毛细血管外，它是高度通透的。

具有闭管式循环系统的动物，细胞外液涉及循环系统中的液体和其外面的液体两部分。循环系统中的液体是血浆，细胞周围的液体是间质液体，一个体重 70kg 的人具有总量约为 14L 的细胞外液。其中，血浆小于 1/4，约 3L。

循环系统控制血液在身体组织和器官中的分布，具有两个相互关联和互补的功能：通过获取营养和排出废物维持血液组成，并为机体组织提供营养和移除废物。

4. 开管式循环系统驱动细胞外液　开管式循环系统见于节肢动物、软体动物以及其他一些无脊椎动物组群。在这些系统中，肌肉质的泵（心脏）通过帮助驱动血淋巴，通过血管把它带到身体的不同部位。液体离开血管在返回心脏之前分散进入组织。图 16-26A 表明节肢动物的模式图，液体直接返回心脏的开孔（心孔），心孔有瓣膜，当心脏收缩时它允许血淋巴进入松弛的心脏，但防止其反向回流。软体动物（图 16-26B）开放血管从身体不同部位收集血淋巴并返回心脏。

5. 闭管式循环系统通过血管系统循环血液　在闭管式循环系统中，血管系统保持循环的血液与间质液体分开。血液被一个或多个肌肉质心脏泵出后进入血管系统，血液的某些组成成分绝不离开血管。闭管式循环系统是脊椎动物和某些无脊椎动物组群如环节动物的特征。

蚯蚓是闭管式循环系统的一个简单例子（图 16-26C）。大的腹血管携带血液从其前端到后端，较细的血管分支运输血液到更细的血管，最终供给每体节的组织。在最细的血管中，呼吸的气体、营养和代谢废物在血液和间质液体之间扩散。然后血液从这些血管流入较大的血管，再被带到大的背血管，它携带血液从身体的后端到前端，因而背血管和 5 对连接血管（环血管）是蚯蚓的心脏；它们的收缩保持血液循环。循环的方向由背血管至连接的环血管，血液循环方向由瓣膜决定。

与开管式循环系统相比，闭管式循环系统有以下几个优点：①液体通过血管流动比在细胞间质流动更迅速，因而运送营养和废物进出组织更快；②通过改变血管的直径，闭管系统控制血液流到组织和器官的量，与它们的需求匹配；③特化的细胞有助于运送激素和营养的大分子能被保存在血管中，且能在组织需要时被利用。

与开管式循环系统相比，闭管式循环系统能支持较高水平的代谢活动。不过可能要问，高度活动的昆虫用其开管式循环系统是如何获得高水平代谢的？理由就是昆虫不依靠其循环系统去呼吸交换气体，昆虫中呼吸交换气体是通过气管系统来完成的。

6. 脊椎动物循环系统的进化 脊椎动物具有闭管式循环系统和两个或多个室的心脏。当心室收缩时，喷射血液，血液流出心脏到达血管，此处压力较低。瓣膜（valve）阻止心脏在收缩和舒张之间节律活动时的血液回流。

探索不同脊椎动物类群循环系统的特点，会发现一个重要的进化现象：由于循环系统变得更复杂，流向气体交换器官的血液与流向身体其他部位的血液完全分开。

鱼类是系统发育上最古老的脊椎动物，血液从心脏泵出到鳃，然后到身体的组织，再返回心脏，其路径是单向循环。在鸟类和哺乳类中，血液从心脏泵出到肺，然后返回心脏，此过程是肺循环（pulmonary circulation）；同时血液从心脏到身体其他部位，再返回心脏，此过程是体循环（systemic circulation）。在其他脊椎动物中，会看到对于血液进入体循环和肺循环的各种适应性。

肺循环和体循环双方由称为动脉的血管开始，动脉携带血液离开心脏，伸出更小的血管称为微动脉（arterioles），它向毛细血管供给血液，毛细血管是极小的薄壁血管，有利于在血液和组织液之间交换物质。另一端连接毛细血管床的小血管称为微静脉，微静脉结合形成较大的血管称为静脉，它将血液送回心脏。

通过比较鱼类、肺鱼、两栖类、变温爬行类以及鸟类和哺乳类的循环系统能追寻脊椎动物循环系统的进化历史。

（1）鱼类具有两室心脏：鱼类的心脏具有 2 个室（图 16-27）。心房（atrium）接收来自身体的血液并泵到肌肉质的心室（ventricle），心室将血液泵到鳃，在此进行气体交换，离开鳃的血液进入背

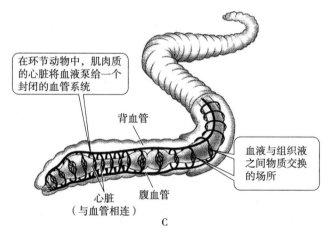

图 16-26 循环系统
A. 节肢动物 B. 软体动物 C. 环节动物

注：节肢动物如昆虫和软体动物如蚌具有开管式循环系统。血淋巴被管状心脏通过血管直接泵给身体不同区域，这些血管开口于血窦。环节动物如蚯蚓具有闭管式循环系统。血液中的细胞和大分子成分被封闭于血管系统中，血液被 1 个或多个肌肉质的心脏泵出后进入血管中。

（仿 David Sadava）

动脉，分支的动脉将血液分配到前端和后端较小的动脉及微动脉，送到身体的所有组织和器官，在组织中血液通过薄的毛细血管流动，在微静脉和静脉中被收集，最终返回到心脏的心房，这种血循方式称为单循环。

由于血液进入鳃瓣中许多细窄的空隙，它失去了由心室收缩给予的大部分压力。因此，离开鳃的血液是在低压状态下进入主动脉的，这限制了鱼类循环系统提供给组织的 O_2 和营养的最大能力，然而这种在动脉血压上的限制，看上去并没有阻碍许多快速游泳种类的活动，如金枪鱼和鲶。

脊椎动物循环系统从水中呼吸到空气中呼吸的转变具有重要意义，在南非肺鱼中能看到这个系统如何改变为最原始的肺。

肺鱼周期性地被暴露于低氧浓度的水中或处于其水环境干旱的状态中。解决这种矛盾的适应性就是消化道的外囊——鳔作为肺。肺包含许多薄壁血管，血液通过这些血管流动，就能从吞咽的空气中收集 O_2 进入血液（图 16-28A）。

在鱼类中，鳃排列在支持它的鳃弓上，血液进入鳃弓中的入鳃微动脉和离开出鳃微动脉。但在肺鱼中，一对后端的鳃动脉血管已经变为能使血液到肺的低阻力管道，而且出现一个新血管，能携带多氧血从肺返回心脏。此外，两个前端的鳃弓已经失去了鳃，并且它们的血管从心脏引出血液直接到背主动脉。但还有一些鳃弓保留了鳃，因而非洲肺鱼能呼吸空气或者水中的 O_2。

肺鱼的心脏具有部分分离的心房，能部分分开血液分别进入肺循环和体循环。左面接收从肺来的多氧血，而右面接收从其他组织来的缺氧血。这 2 种血流在其流经心室时大多数被分开，并由

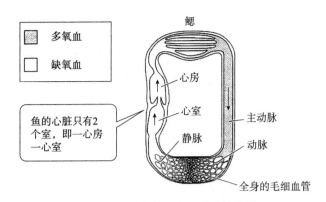

图 16-27　鱼类的两室心脏及单循环
（仿 David Sadava）

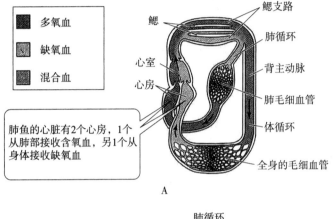

A

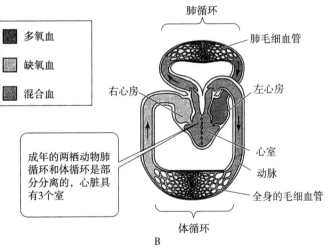

B

图 16-28　脊椎动物循环系统从水中呼吸到空气中呼吸的转变
A. 肺鱼，心脏有 2 个心房，1 个从肺部接收含氧血，另 1 个从身体接收缺氧血　B. 两栖类，心脏为 2 个心房、1 个心室，体循环和肺循环未完全分离。左心房接收从肺来的多氧血，右心房接收从身体来的缺氧血
（仿 David Sadava）

大的血管导到鳃弓，这样多氧血大多数进到前端的鳃动脉导入背主动脉，而缺氧血大多数进入其他具有功能鳃的鳃弓，也到供应于肺的鳃动脉中。

我们可以总结肺鱼的肺如何进化为协助鳃吸收补充 O_2 的工具。当水中有充分 O_2 时，肺鱼能依靠它的鳃吸收 O_2，但在 O_2 耗尽的水中，它能通过吞咽空气吸收 O_2。肺鱼血管系统的协调改变为高等

脊椎动物分开肺循环和体循环的进化建立了基础。

（2）两栖类具有三室的心脏：肺循环和体循环在成体两栖类中被部分分开（图 16-28B）。单个动脉将血液泵到肺和身体的其他部分（如皮肤）。2 个心房接收回到心脏的血液：一个接收从肺来的多氧血，而另一个接收从身体来的缺氧血。

由于 2 个心房导出血液到同一个心室，因而多氧血和缺氧血是混合的，这样血液进入组织只能携带大部分负载的 O_2。然而混合血是受到调节的，因为心室的解剖（结构）特征使得从右心房来的缺氧血直接流入肺循环，而从左心房来的多氧血流到主动脉。肺循环和体循环的部分分开有利于血液流向组织，以避免在气体交换器官中发生压力骤降，使得两栖类离开心脏到组织的血液，直接流到主动脉，然后到身体，比它首次流经肺时有更高的压力。

两栖类具有另一种对血液充氧的适应：它们能收集进入其皮肤小血管血流中的大量 O_2。

（3）爬行类的肺循环和体循环是受到精确控制的：爬行类包括海龟、蛇、蜥蜴、鳄鱼。鳄鱼具有 2 个心室完全分开的心血管系统（图 16-29C），出现了四室心脏，其他所有的爬行类具有三室心脏，因为它们的心室并没有完全分成左右两室。

考虑变温爬行类的行为、生态和生理学，它们许多是活动的、有力量的、快速运动的动物。但它们的活动进入爆发需要间歇性的较长的不活动期，在此过程中这些动物的代谢率比恒温动物鸟类和哺乳类休息时都低，不需要持续呼吸的爬行类代谢率的范围很大。有些爬行类种类擅长潜水，而且在水下可以待很长时间，而不用呼吸空气。

当这些动物不呼吸时，它们泵血通过其肺将会是能量的浪费。因而当其呼吸时，它们已经进化了运送血液到肺和身体其他部位的能力；但当它们不呼吸时，它们能绕过肺循环而将全部血泵到身体。爬行类是如何做到这些的呢？

首先看看具有三室心脏的变温爬行类——海龟、蛇和蜥蜴。这些种类的心室被隔膜部分分成左右两室。从肺来的多氧血主要进入心室左面的左动脉，从身体来的缺氧血主要进入心室右面的右动脉。这些种类具有 2 个主动脉，左动脉被放置以便接收从心室左面来的多氧血，而右主动脉被放置以便能接收心室右面或者靠近中央的混合血液。

当动物呼吸空气时，肺循环中的阻力要比体循环中的低，这样从心室右侧来的血液趋向流入肺动脉，而不是右主动脉。当动物不呼吸时，肺血管缩小（压缩），肺循环的阻力上升，从心室右面（侧）来的血液趋向流入右主动脉。结果从心室两侧来的血液流入体循环的 2 个主动脉。

鳄鱼像鸟类一样，具有 2 个完全分开的心室，但与鸟类不同，它们具有 2 个主动脉，每个心室有 1 个（图 16-29C）。2 个主动脉之间存在连接，这种连接能使其改变流向肺循环和体循环血液的比例。当鳄鱼呼吸时，肺循环中的阻力小，从收缩较强的左心室来的回压接近右心室和右主动脉之间的压力，迫使从右心室来的全部血液流入肺循环。当鳄鱼停止呼吸时，肺血管缩小，肺循环中的阻力上升，迫使从右心室来的血液流入右主动脉。

这种所有变温爬行类调节血液到肺循环和体循环的能力高度适应其间歇式呼吸生活方式。

（4）鸟类和哺乳动物具有完全分开的肺循环和体循环：鸟类和哺乳类的四室心脏已经完全分开了肺循环和体循环（图 16-29B）。分开的循环对于持续高代谢率活动的动物具有以下几方面优势（发展）：

①多氧血和缺氧血不混合：因此体循环总是接收氧含量高的血液。

②气体交换的效率被最大化：这是因为带有最低 O_2 含量和最高 CO_2 含量的血液被送到肺。

③分开的体循环和肺循环能在不同的压力下进行：鸟类和哺乳类具有很高的营养需求，因而它们具有高密度的各级分支血管，要求心脏产生高血压来驱动血液去灌注体循环上的全部血管。这些动物的肺循环接收的血流等于体循环的，但肺却具有很少的血管，因而鸟类和哺乳类的肺循环能巧妙地在较低压下发挥功能，四室的心脏使这些成为可能。

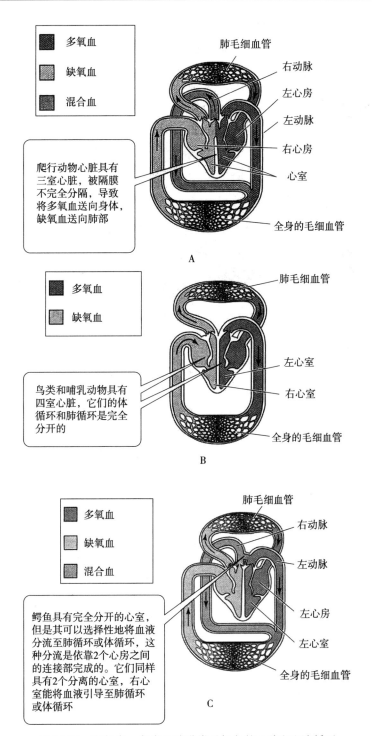

图 16-29　爬行类、鸟类和哺乳类及鳄鱼的心脏和血液循环
A. 爬行类　B. 鸟类和哺乳类　C. 鳄鱼
（仿 David Sadava）

第五节　运动与支持

几乎所有的动物都有肌肉和由其能收缩的细胞组成的组织，因而它们成为身体运动的部分，甚至是海绵动物和水母也有能收缩的细胞，而且更重要的是它们利用相同类型的蛋白质收缩，以基本同样的方式相互作用，就像人体的肌肉细胞。动物界中几乎全部的肌肉细胞收缩基本原理是相似的——说

明运动能力和产生运动的细胞结构是极其古老的。

一、骨骼肌运动原理

脊椎动物的肌肉有 3 种类型，即骨骼肌、心肌和平滑肌，它们的功能和控制机理是不同的。

脊椎动物的骨骼肌是具有高度组织性的重复结构，之所以这样称谓是因为它能使骨骼运动。通过显微镜观察时，几乎所有的骨骼肌都显现横纹，是随意或有意识地在神经系统控制之下，骨骼肌能产生收缩，其范围从迅速颤动（如眨眼睛）到强力持续绷紧。单体的骨骼肌由一系列巢式的像小的俄罗斯套娃一样的小部分构成（图 16-30）。

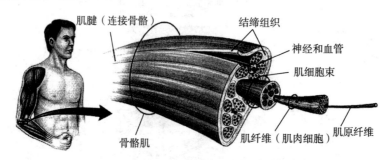

图 16-30　骨骼肌结构

注：骨骼肌被结缔组织鞘包住，结缔组织融合形成坚韧的、纤维状的肌腱，将肌肉末端与骨骼连接。肌肉细胞被称为肌纤维，在肌肉中被包裹为肌细胞束。单个的肌纤维和纤维束也被包裹在结缔组织中，每个肌纤维均被圆柱形亚单位所充满，这些亚单位被称为肌原纤维。

（仿 Gerald Audesirk）

1. 骨骼肌的结构和工作机制　骨骼肌被结缔组织鞘包裹，它合并形成坚韧的纤维状的肌腱（tendons），将肌肉末端固定在骨骼之上。在肌肉的外鞘内，单个肌肉细胞称为肌纤维（muscle fibers），集合成束（bundle）由结缔组织进一步覆盖，血管和神经通过肌束之间的空隙。每个单体的肌纤维也由其自身纤薄的结缔组织包围，这些复合的结缔组织覆盖物每一个与另一个结合，使得肌肉在收缩过程中免于爆裂。

在人体中肌纤维是最大的细胞，它们的直径为 $10\sim100\mu m$，有些肌纤维的长度扩展到整个肌肉。如此，某些肌肉细胞超过 30cm 长。

每个肌纤维含有许多平行的柱状结构称为肌原纤维（myofibrils）（图 16-31）。每个肌原纤维被特化的内质网包围，称为肌质网（sarcoplasmic reticulum）（SR），内质网由扁平的充满液体的膜包裹的室构成，含有高度浓缩的钙离子（图 16-31A）。从图 16-31 可以看到，SR 中的钙离子在肌肉收缩中起到了关键作用。包裹每个肌原纤维的质膜形成管状，称为 T 管，这个管以规则间隔深入细胞内。T 管缠绕肌原纤维，间隔排列紧紧地固定在 SR 上。反过来每个肌原纤维由重复的亚单元即肌（原纤维）节（sarcomers）构成，沿肌原纤维的长度成一行且两端对齐（图 16-31B），而且通过称为 Z 线的蛋白板相互连接，在每个肌节里布满精确排列的粗和细的蛋白丝，每个蛋白细肌丝被固定在一端的 Z 线上，在细肌丝之间悬的是粗肌丝。在每个肌原纤维内粗和细的肌丝规则排列使得骨骼肌内纤维呈条状显现。

肌纤维的丝主要由 2 种蛋白组成，即肌动蛋白（actin）和肌球蛋白（myosin），成束存在时分别被称为细肌丝（thin fiament）和粗肌丝（thick fiament），它们相互作用收缩肌肉纤维（图 16-31C），肌纤维也含有许多较小的其他蛋白，它们将纤维聚集在一起，且将细肌丝固定在 Z 线上，而且调节收缩。

单个的肌动蛋白几乎是球形的（图 16-31C）。细肌丝由 2 束肌动蛋白组成，相互缠绕就像 2 个珍珠项圈捆在一起，辅助蛋白称为肌钙蛋白和原肌球蛋白，它们位于肌动蛋白之上，调节收缩。

单个的肌球蛋白形状就像曲棍球杆——头部固定在长杆的角上（图 16-31C），不过不像曲棍球棒的刀口，肌球蛋白的头部附着在杆上，能前后运动。粗肌丝由一束肌球蛋白组成，束的中间是杆状头部突出。粗肌丝两端的头部方向相反。

肌纤维通过细肌丝和粗肌丝之间的相互作用而收缩：细肌丝和粗肌丝的分子构造使得它们相互抓牢（grip）和滑动（slide），利用称作肌丝滑动机制的过程缩短肌节并产生肌肉收缩（图16-32）。

每个球形肌动蛋白有一个点能结合肌球蛋白的头部，不过在松弛的肌肉细胞中，这些结构在肌动蛋白上的点由原肌球蛋白覆盖，防止肌动蛋白头部被附着。当肌肉收缩时，原肌球蛋白在一边运动，即在肌动蛋白未覆盖的结合点上，肌动蛋白头部结合到暴露的点上，短暂连接粗肌丝和细肌丝（图16-32①、②），然后肌动蛋白头部弯曲，拉伸细肌丝并且它们沿粗肌丝向着肌节的中间滑动微小的距离（图16-32③）。因为细肌丝被固定在肌节末端的Z线上，这种运动缩短肌节，当所有肌肉的肌节同时缩短，这样整个纤维收缩一点儿。然后肌动蛋白释放细肌丝，延伸，沿细肌丝进一步再固定（图16-32④）。

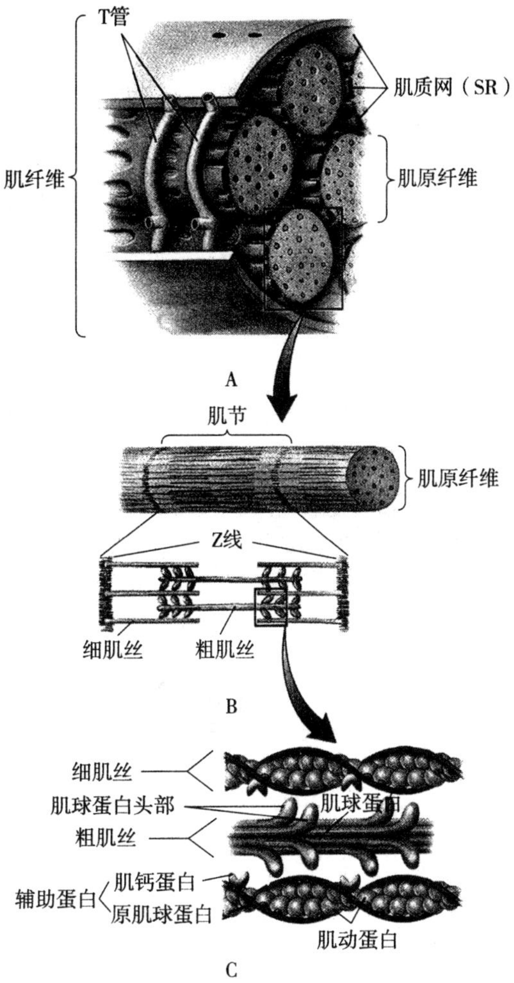

2. 肌肉收缩利用 ATP 能量　ATP为肌肉收缩提供能量，你也许认为能量会用于屈曲肌球蛋白的头部而且沿细肌丝拉伸，然而 ATP 的能量并不用于屈曲肌球蛋白的头部，但能使肌球蛋白延伸活动（图16-32④）。

图 16-31　一条骨骼肌纤维

A. 肌纤维横切面，每一个肌纤维被质膜包裹。质网管道被称为 T 管，延伸进入纤维，肌质网包裹着肌肉细胞内的每1条肌原纤维　B. 一个肌节，由一系列亚单位组成的每1条肌原纤维被称为肌节，它们的末端都由蛋白质连接，被称为 Z 线　C. 细肌丝和粗肌丝，每1个肌节内粗、细肌丝交替出现，细肌丝由肌动蛋白、肌钙蛋白和原肌球蛋白组成；粗肌丝由肌球蛋白组成

（仿 Gerald Audesirk）

ATP 在肌肉收缩中具有另一个关键作用，当 ATP 结合到肌球蛋白头部时，它引起头部释放肌动蛋白。当肌球蛋白已经屈曲和拉动细肌丝时，在头部能被伸展和再结合另一个位于沿细肌丝上稍远的肌动蛋白之前必须释放肌动蛋白。ATP 结合肌球蛋白头部首先引起头部释放肌动蛋白，然后 ATP 的能量用于伸展头部。

骨骼肌储存的 ATP 仅在几秒高强度运行后被用完。骨骼肌也储藏一种被称为磷酸肌酸的物质，它是一种储存能量的分子，能产生 ATP。然而在几秒内磷酸肌酸也用完。对于短暂高强度运行，肌肉细胞能用糖酵解产生稍多的 ATP，它不需要 O_2，但效率低。对于延时的和低强度运行，肌肉细胞采用细胞呼吸产生 ATP，它需要持续 O_2 的供应，O_2 由心血管系统释放到肌肉。

3. 神经系统控制骨骼肌的收缩　骨骼肌可在神经系统控制下任意伸缩。肌球蛋白头部循环运动引起骨骼肌肉纤维开始收缩，由原肌球蛋白运动离开肌动蛋白的结合部位，因此神经系统中的活动必须控制原肌球蛋白的位置，其原理如下：

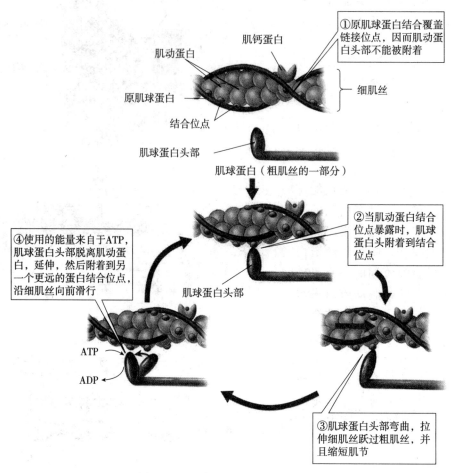

图 16-32　肌肉收缩的肌丝滑动机制
（仿 Gerald Audesirk）

肌肉纤维能引起动作电位（action potentials），很像神经元作用一样，肌肉纤维中动作电位引起一系列事件，使原肌球蛋白离开肌动蛋白结合位点，同时引起纤维收缩。神经系统的作用是激发肌肉纤维中的动作电位。

发动神经元在神经肌肉接点上使骨骼肌纤维兴奋。大多数发动神经的细胞体在脊髓中，它们的轴突在脊神经节外叶，在特化的突触上收缩肌肉纤维称为神经肌肉接点（neuromuscular junction）（图 16-33）。在神经肌肉接点中，发动神经元轴突中的动作电位导致释放神经递质乙酰胆碱到肌纤维上，乙酰胆碱在肌纤维中产生巨大的兴奋性突触后电位，激活了肌纤维中的动作电位（图 16-33①）。

肌纤维的质膜把 T 管送到包围每个肌原纤维的沿肌质网一边的纤维中时，肌纤维的动作电位向下移动到 SR 的 T 管（图 16-33②），在这里它将 Ca^{2+} 释放到有细肌丝和粗肌丝的细胞质中（图 16-33③）。Ca^{2+} 结合到辅助蛋白、肌钙蛋白，引起其改变形状并且拉动较大的辅助蛋白和肌钙蛋白，脱开肌动蛋白结合点（图 16-33④）。随着肌钙蛋白脱离，肌球蛋白头部能结合肌动蛋白（图 16-33⑤）。肌球蛋白的头部再固定屈曲扩展，并且再固定到肌动蛋白上，向每个肌节的中心拉动细肌丝。在肌肉纤维中的单个活动引起它的全部肌节同时缩短，使整个纤维稍微缩短。

什么使得肌纤维停止收缩呢？当肌纤维中的动作电位结束（几千分之几秒）时，SR 停止释放 Ca^{2+}，在 SR 膜中的活动转移蛋白将 Ca^{2+} 泵回到 SR 中。Ca^{2+} 离开（leaves）辅助蛋白，它滑回肌动蛋白的结合点上面。因此，肌球蛋白头部不再固定肌动蛋白，在百分之几秒内停止收缩。

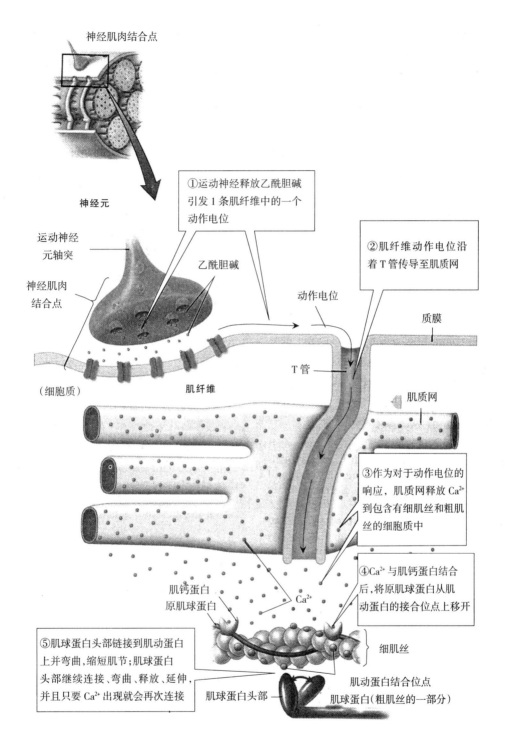

神经肌肉结合点

神经元

①运动神经释放乙酰胆碱引发1条肌纤维中的一个动作电位

②肌纤维动作电位沿着T管传导至肌质网

运动神经元轴突

神经肌肉结合点

乙酰胆碱

动作电位

质膜

（细胞质）

肌纤维

T管

肌质网

③作为对于动作电位的响应，肌质网释放 Ca^{2+} 到包含有细肌丝和粗肌丝的细胞质中

④Ca^{2+} 与肌钙蛋白结合后，将原肌球蛋白从肌动蛋白的接合位点上移开

肌钙蛋白
原肌球蛋白

Ca^{2+}

⑤肌球蛋白头部链接到肌动蛋白上并弯曲，缩短肌节；肌球蛋白头部继续连接、弯曲、释放、延伸，并且只要 Ca^{2+} 出现就会再次连接

细肌丝

肌动蛋白结合位点
肌球蛋白（粗肌丝的一部分）

肌球蛋白头部

图 16-33　运动神经元的活动刺激骨骼肌纤维的收缩
（仿 Gerald Audesirk）

二、心肌、平滑肌与骨骼肌的特点

所有的肌肉细胞都建立于同样的基础原理：肌动蛋白和肌球蛋白的丝相互固定和滑动，引起肌肉细胞收缩。然而，心肌、平滑肌与骨骼肌细胞结构和功能不同，3 种肌肉类型的特征描述见表 16-3。

表 16-3 动物的 3 种肌肉类型的特征
(仿 Gerald Audesirk)

特征	平滑肌	心肌	骨骼肌
肌肉外观	无横纹	有横纹	有横纹
肌肉细胞形状	梭形	有分支	梭形
细胞核的数量	1 个	1 个	多个
收缩速度	缓慢	中等	可慢可快
收缩刺激	自发的、拉伸、神经系统、激素	不受意识支配	神经系统
功能	通过控制中空器官和管使内容物移动	泵血	骨骼运动
自主控制	不能	不能	可以

1. 心肌使心脏有动力 心肌（cardiac muscle）只见于心脏中，像骨骼肌一样心肌是具横纹的，因为它的规则排列的肌节具有交替的粗肌丝和细肌丝。然而心肌的纤维是分束的，比大多数骨骼肌肉细胞小，而且在每个细胞内只含有单一细胞核。心肌纤维通过闰盘（intercalated disk）相互连接。在闰盘内细胞对细胞牢固固定，使心肌纤维保持坚固，防止收缩力拉脱它们。在人类整个生命中心肌必须收缩约 70 次/min，有些或更快。因而心脏需要大量的不间断的 ATP 供给。因此，心肌被扩展的血管网所包围，而且含有大量线粒体，它占了心肌重量的 30％～40％。

心肌纤维能自发收缩，不需要神经系统的指令，但收缩的力量和频率受神经系统及激素影响，在心脏的特化心肌纤维中的自然起搏点的自主收缩能力被特别发展。从起搏点来的动作电位通过缝隙连接迅速扩散到连接心肌纤维的闰盘中，这样整个心脏收缩如同一个协同单位。

2. 平滑肌运动速度缓慢且主观不能控制它的收缩 平滑肌（smooth muscle）围着血管而且多数为中空器官，包括子宫、膀胱和消化管道。平滑肌的细胞不像那些骨骼肌和心肌细胞具横纹，因为在平滑肌细胞中，细肌丝和粗肌丝是分散的。像心肌细胞一样，平滑肌细胞每个含有单个细胞核。平滑肌通过缝隙连接互相直接连接，使细胞同步收缩，每次收缩缓慢而持续。平滑肌能被拉伸、被激素以及自主神经系统来的信号刺激而收缩，或者由这些刺激的结合而收缩。平滑肌收缩一般不在主观意识控制之下。

三、骨骼类型与运动

尽管在身体形态和结构上有无数的差别，但几乎每个动物——无论是蚯蚓、蛤、马或者人本身都采用同样的基本机制运动：在称为骨骼的支持身体的结构上收缩肌肉发挥力量，引起身体改变形状。

骨骼上颉颃肌肉活动使动物运动。在动物界中，存在 3 种不同类型的骨骼：流体静力骨骼（hydrostatic skeleton）、外骨骼（exoskeleton）和内骨骼（endoskeliton），动物机体的协同运动由颉颃肌肉（antagonistic muscles，即一对具有相反活动的肌肉）在其骨骼上交替伸缩而产生。

1. 流体静力骨骼 蚯蚓、刺胞动物以及许多软体动物具有流体静力骨骼，它基本上是充满液体的囊或管（图 16-34A）。"流体静力"粗略意思是"用水站立"，这恰是流体静力骨骼支持其身体的原理。想象一下充满液体的一只球：球"站立"是因为它含有水，刺个孔的话它就会扁陷。球的体积是固定的，但通过挤压它可改变其形状。

具有流体静力骨骼的动物用其身体壁上的两列颉颃肌肉——环肌和纵肌，通过挤它的水性骨骼控制其身体整个形状变化。一个像蚯蚓一样的管状动物（图 16-34A），如果它收缩其纵肌，其身体会变得短而粗；如果它收缩环肌，起身体变得长而细。

2. 外骨骼 节肢动物的身体被坚硬的外骨骼包被（图 16-34B），外骨骼的运动出现在腿上的关节处、口器、触角、翅的基部及身体的分节处，在这些地方柔韧的组织连接了僵硬的外骨骼，颉颃肌肉固定在外骨骼的里面，通过关节的内面。屈肌（flexor）弯曲关节，伸肌（extensor）的收缩拉直关

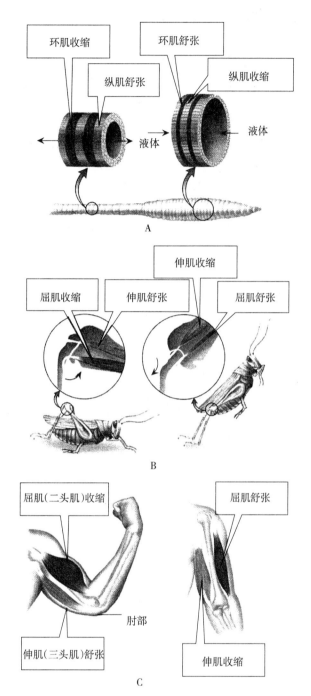

图 16-34 颉颃肌牵动流体静力骨骼、外骨骼和内骨骼

A. 流体静力骨骼填充了互相颉颃的纵肌和环肌所组成的体壁，在蚯蚓中可见，环肌的收缩使得肌肉细而长，而纵肌的收缩使得肌肉短而粗 B. 外骨骼，互相颉颃的屈肌和伸肌连接到外骨骼的内表面，在柔韧关节的内表面的相对面上，颉颃肌的交替收缩使关节弯曲、伸直 C. 内骨骼，颉颃屈肌和伸肌连接到了内骨骼关节外表面的相对面上

（仿 Gerald Audesirk）

节。颉颃肌交替收缩使关节做屈伸活动，使得动物能步行、飞行或取食。尽管外骨骼为运动身体的肌肉提供了一种有效的支持系统，但也带来了大的问题：它不能明显扩大使动物生长。因此，节肢动物必须周期性脱掉其外骨骼以便能实现生长。

3. 内骨骼 内骨骼发现于棘皮动物、脊椎动物的身体里面。在脊椎动物中，运动主要出现在关节上，此处两边的骨骼是坚硬的，但互相弹性固定。像二头肌（屈肌）和三头肌（伸肌）固定在关外部的反面（图 16-34C）。颌颅肌使关节屈伸活动，或者在一个方向或其他方向旋转它们。脊椎动物的骨骼具有多样的功能：

（1）骨骼提供了坚硬的框架：它支持身体和保护身体内部器官，脑和脊髓几乎完全被包裹在头骨和脊柱中，肋骨保护肺和心脏。腰带（pelvic girdle）支持和保护部分腹部器官。

（2）骨骼能运动：不同类型的脊椎动物已经进化的骨骼使其能爬行、步行、奔跑、跳跃、游泳、飞行或者是这些动作的各种合成。

（3）在哺乳动物中，中耳的听骨对听觉是必需的，这些骨块在鼓室和耳蜗之间传递声波。

（4）红骨髓产生红细胞、白细胞和血小板。

（5）骨骼存储钙和磷，当需要时吸收和释放这些矿物质。

第六节　神经系统与感觉

一、神经系统

（一）神经细胞的结构和功能

神经系统包含 2 个主要的细胞类型：常称为神经细胞的神经元（neuron）和神经胶质细胞（glia）。神经元是一种完成全部神经系统主要工作的细胞：它们接收、处理和传送信息而且控制身体运动。神经胶质细胞协助神经元的功能，主要是提供营养、调节浸泡神经元的间质液体的组成，并加速神经元内电子信号的运动。神经胶质细胞是非常重要的——没有它们神经系统将不能发挥功能。

1. 神经元的功能被局限在细胞的单独部分　神经元是一种高度特化的细胞，在脊椎动物和无脊椎动物中，一个典型的神经元包括 4 个主要结构：树突（dendrites）、细胞体（a cell body）、轴突（an axon）和突触末梢（synaptic terminal）（图 16-35）。

这 4 种结构完成神经元的 4 个主要功能：①接收从内外环境或其他神经元来的信息；②处理这些信息，常常与其他来源的信息一起产生电子信号；③与遇到的另一个细胞结合，传导电子信号，有时传导距离相当长；④传递信息到其他细胞，如其他的神经元或者肌肉细胞或腺体。

2. 树突对刺激反应　树突是从细胞体伸出的具分支的卷须，执行接受信息的功能（图 16-35②和⑦）。树突具有大的表面积来接收信号，这些信号来自环境或者神经元。感觉神经元的树突产生电子信号以对特定刺激起反应，这些刺激来自外部环境，如压力、气味或光，或来自内部环境，如体温或者血液 pH。脑和脊髓中神经元的树突通常对称为神经递质（neurotransmitters）的化学物质起反应，神经递质由其他神经元释放。表 16-4 列出了几种神经递质及其主要功能。

表 16-4　重要的神经递质

（仿 Gerald Audesirk）

神经递质	在神经系统中的位置	主要功能
乙酸胆碱	运动神经元-肌肉突触、自主神经系统、脑的许多区域	激活骨骼肌、激活副交感神经系统的靶器官
多巴胺	中脑	在感情、奖励和控制行为方面有重要作用
去甲肾上腺素	交感神经系统	激活交感神经系统的靶器官
血清素	中脑、脑桥、髓质	影响心情和睡眠
谷氨酸	脑的许多区域和脊髓	中枢神经系统（CNS）中主要的神经递质
甘氨酸	脊髓	脊髓中主要的抑制性神经递质
γ-氨基丁酸（GABA）	脑的许多区域和脊髓	大脑中主要的抑制性神经递质
内啡肽	脑的许多区域和脊髓	影响心情，降低疼痛感
一氧化氮	脑的许多区域	对形成记忆方面有重要作用

3. 细胞体处理（加工）来自树突的信号　电子信号向下传递到树突而汇聚在神经元的细胞体上，

它执行加工信息的功能（图 16-35③），细胞体叠加由树突接收的电子信号，这些信号有些是正的，有些是负的。如果它们的总和是正的，神经元会产生一种强烈的、快速电子信号，称为动作电位（action potential）（图 16-35④）。神经元细胞体也包含细胞器，如细胞核、线粒体、内质网、高尔基体，而且完成典型的细胞活动，如合成复杂分子和协调细胞代谢。

4. 轴突长距离传导动作电位　在一个典型的神经元中，一个细长的绳状结构由细胞体向外伸出，称为轴突。轴突从细胞体到轴突末梢传导动作电位（图 16-35⑤），在此与其他细胞结合（图 16-35①和⑥）。某些神经元的轴突从脊髓延伸到脚趾，距离几乎达 1m，使得这些神经元是肌体中最长的细胞。神经由轴突"捆扎"在一起，就像是电缆中的电线一样。在脊椎动物中，神经出现于脑和脊髓且扩展到全身。

5. 在突触联合中信号从一个细胞传送到另一个细胞　神经元与另一个神经元相联系的部位称为突触。一个典型的突触由 3 部分组成：①突触末梢，它在"发出"神经元的轴突末梢膨胀；②"接受"神经元（通常是树突）、肌肉细胞或腺体细胞；③分开两者的小间隙（图 16-35⑥）。大多数突触末梢包含神经递质，它被释放出来，以对到达末梢的动作电位做出反应。神经递质扩散通过间隙结合到接受神经元质膜上的受体，而且刺激这个细胞起反应。因此，突触联合是从第 1 个细胞输出转为第 2 个细胞输入。

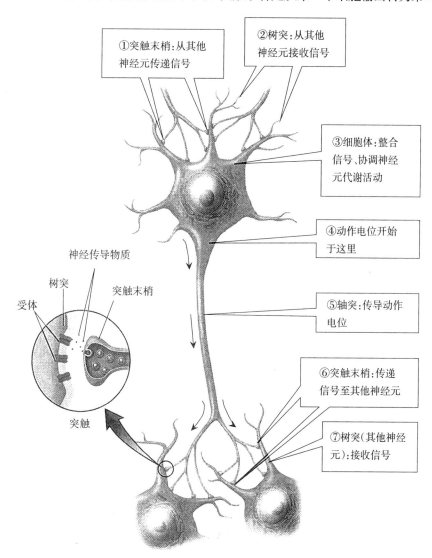

图 16-35　神经元的特殊部分及其功能

注：箭头表明动作电位由细胞体移动到轴突，再到轴突末梢。

（仿 Gerald Audesirk）

（二）神经元怎样产生和传送信息

一般来讲，信息以电子信号的形式被神经元传送，而且通过从 1 个神经元释放由第 2 个神经元接受的神经递质在神经元间传送。

1. 在单一神经元内信息以电子信号形式传送　一个未被刺激的不活动的神经元包含恒定电子压差或电位差。这个电压称为静息电位（resting potential），在细胞内总是负的，为 $-40 \sim -90 mV$。

如果神经元被刺激了，内部电压会变得更低或升高。如果电位达到充分高的负值，那么它就会达到临界（threshold）水平，而且触发动作电位。在动作电位过程中，神经元的电压快速升到大约 $+50 mV$，在细胞的负静息电位被储存前，动作电位持续仅几毫秒。轴突的质膜被特化，传导从神经元细胞体来的动作电位到轴突的突触末梢。金属电线中的电压，随传导距离的增加电压会变小，而动作电位从细胞体传导到轴突末梢电压不改变。

2. 髓鞘（myelin）加速动作电位传导　一般来讲，轴突越粗，动作电位传导越快。加速传导的更有效的方式是用脂肪性绝缘体髓鞘来覆盖轴突（图 16-36）。髓鞘由神经胶质细胞形成，包裹在轴突周围。每个髓鞘包被轴突 $0.2 \sim 2mm$，其间短的裸轴突称为节（nodes）。在没有髓鞘覆盖的轴突中，动作电位持续传导但相当慢，速度为 $1 \sim 2m/s$。相反，在髓鞘化的轴突中动作电位从一个节到一个节"跳跃"，动作电位传导速度为 $100m/s$。

3. 在突触联合中神经元采用化学通信与另一个细胞联系　动作电位被认为是沿轴突向下传递的一个信息包，一旦它到达突触末梢，这个信息必须被传递到另一个细胞，或是其他神经元或是肌肉细胞或腺体。在被称为电突触的地方，电子活动通过间隙结合连接细胞内部，能直接从神经元到神经元传递。虽然电突触出现在哺乳动物神经系统的许多地方，但神经元更频繁地利用化学信号与另外新神经元或肌肉细胞或腺体联系。

（三）神经系统怎样处理信息和控制行为

神经系统完成不可思议的精细计算、存储海量信息和指导复杂的行为。这些成就源于 3 个互相作用的特性：单个神经元的特化；神经元之间巨大但有序的连接网络；从神经系统输出到专门的实际执行神经系统指令行为的肌肉和腺体。

1. 大多数行为由 4 个要素组成的通路所控制

（1）感觉神经元：对从体内或体外传来的刺激起反应。

（2）中间神经元：接收从感觉神经元、激素、存储记忆神经元和许多其他信号。

（3）运动神经元：从感觉神经元或中间神经元接受指令并且驱动肌肉或腺体。

（4）效应器：通常为肌肉或腺体，由神经系统指导完成反应。

这 4 个要素在正确连接时，可完成神经系统需要的基本操作：①确定刺激类型（感觉神经元）；②确定和传达刺激信号的强度（感觉神经元和中间神经元）；③从许多来源中整合信息（中间神经元）；④指导适宜行为（中间神经元、运动神经元和效应器）。

2. 刺激的性质由专门的感觉神经元及其连接的脑的特定部位所编码　感觉神经元报告脑周围环境特性，包括体外的（如影像、声音或气味）和体内的（如体温、血液中的盐分和糖浓度）两方面。感觉神经元被特化以对特定刺激反应。例如，某些感觉神经元对接触反应，而不是对温度、光或者化学物反应；其他的感觉神经元对某些化学物反应而不是对接触、光反应。感觉积累的信息总是直接在感觉神经元内或中间神经元内转化为动作电位，如在眼的视网膜或内耳中。感觉信息以动作电位形式送到脑，但给定的所有动作电位基本上是同样的，那么脑如何能确定刺激是什么性质的呢？

神经系统编码刺激的性质——如接触或温度，通过这些编码感觉神经元对刺激起反应，这些神经元连接的轴突传递到脑的特定部分。例如，脑解读发生在视神经（它连接眼和脑）轴突上的动作电位，成为光感觉。你能区分热与冷，或者放糖咖啡中的苦味，是因为各种各样的刺激导致在由轴突连接脑的不同区域的感觉神经元产生动作电位。

3. 刺激强度被动作电位频次编码　因为所有的动作电位大体上有同样的大小和持续时间，1 个刺激（例如，1 个声音的音量）的性质或强度的信息不能被编码在一个单个的动作电位中。刺激强度以 2 种方式被编码：①强度能被在单个神经元中动作电位的频次转换成信号。刺激越强烈，神经元启动动作电位越快。②许多神经元可以对相同类型的刺激起反应，较强的刺激激发更多的神经元，较弱的刺激激发更少的神经元。因而，强度能同时被大量相似的神经元同时启动转换成信号。温柔的接触也许引起皮肤中单个接触受体非常缓慢地启动动作电位，而硬戳能引起几个接触受体启动，有些非常迅速。

4. 神经系统从许多来源中处理信息　脑不断地受到来自体内外感觉刺激的轰炸，脑必须评估这些输入，确定哪个是重要的，而且决策怎样反应。在许多情况下，多个感觉神经元聚集到脑中少量的中间神经元，某些中间神经元累加到突触后电位，这是感觉神经元活动和启动相应行动的结果。根据不同感觉输入的相对强度，这些中间神经元会产生动作电位，以刺激运动神经元产生相应的行为。

5. 神经系统向肌肉和腺体输出信号　脑、脊髓或者交感、副交感神经中的运动神经元刺激效应器产生行动，效应器通常是产生行为的肌肉和腺体。连通性和强度编码是同样的原理，像描述感觉输入那样也可用于脑对效应器的输出，哪个肌肉或腺体被启动是由它们与脑和脊髓的连接决定的。例如，不同的运动神经元驱动二头肌和面部肌肉。肌肉收缩强度是由与它有关连接的运动神经元的多少决定的，收缩的速度由运动神经元启动的动作电位的速度决定。

6. 行为受神经系统中的神经元网络控制　简单的行为，如反射可能由 2～3 个神经元（感觉神经元、运动神经元，也可能是它们之间的中间神经元）的活动所控制，并最终刺激单个肌肉细胞。在人类中，简单的反射，如熟知的膝跳反射或者（疼痛）收回反射，是由脊髓中神经元控制的。

更多复杂的行为是由相互连接的神经通路组织完成的，其中感觉输入的几种类型（还有回忆、激素和其他因素）聚集到一系列中间神经元。中间神经元整合这些多个来源的突触后电位并刺激运动神经元，它们直接作用于适合的肌肉和腺体并产生活动。成千甚至上百万个神经元几乎全在脑中，指挥我们需要完成的复杂活动，如弹钢琴。

（四）神经系统是如何起源的

所有的动物都具有 2 种基本类型的神经系统，一种是扩散型神经系统，如刺胞动物的神经系统；另一种是具有中枢的神经系统，见于更复杂的有机体。神经系统的结构与动物的体制和生活方式高度相关。

刺胞动物身体是辐射对称的。因为它们没有"前端"，不存在在某个固定方向上集中感觉。例如，水螅虫固着在池塘底部的岩石上，这样猎物和捕食者从任何方向来都一样。刺胞动物神经系统由一个神经元网络组成，常称为神经网，贯穿在动物的组织中（图 16-36A）。

大多数其他的动物是两侧对称的，具有确定的头部和尾部。因为头部通常首先碰到食物、危险和潜在的交配对象，它发展了非常集中的感觉器官。神经元到处聚集，称为神经节，但不是真正的脑。增大了的神经节进化整合由感觉器官收集的信息并指导相应的活动。经过进化，主要感觉器官位于头

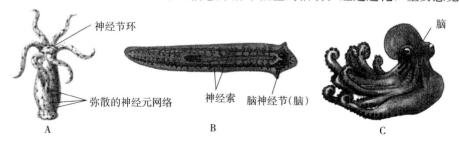

图 16-36　神经系统基本类型

A. 水螅，中枢神经系统组织弥散在水螅体部，触手基部含有少量集中的神经元，但没有脑，神经信号在全身的各个方向传递　B. 扁虫，拥有较为集中的神经系统，在头部有 1 对脑神经节 C. 章鱼，拥有一个大而复杂的脑部，通过大脑来学习的能力堪比某些哺乳动物

（仿 Gerald Audesirk）

部并且神经节集中成为脑，这种趋势在无脊椎动物中是非常明显的（图 16-36B、C），但在脊椎动物中达到顶峰，在脊椎动物中基本上所有神经细胞都位于脑和脊髓中。

二、动物感觉与感受器

（一）动物对环境的感知

1. 感觉和感受器类型　动物具有 5 种感觉（sense）——触觉（touch）、听觉（hearing）、视觉（vision）、嗅觉（smell）和味觉（taste）。这是动物用以感觉其外部环境刺激的关键感觉，然而动物也检测到许多其他外部刺激，如温度和重力方向。有些动物能探测到磁和电场，并且利用这种信息在昏暗的水中运动，进行迁移或寻找猎物。此外，动物需要评估其内部环境，包括像血液 pH、O_2 及糖浓度等状态，甚至包括体温、附肢的位置以及膀胱的充盈情况。探测内、外环境的刺激是感觉的功能。

所有的感觉认识从受体（receptor）开始：分子、细胞或者多细胞结构，当被刺激时能产生反应。每个细胞具有许多受体分子类型，如能与激素结合和在细胞内启动反应的膜蛋白。感受器（sensory receptor）是特化的细胞，一般是神经元，它们产生电子信号以对环境刺激产生反应——即把环境刺激转化为神经系统的语言。按照刺激种类以及对它们的反应，可将脊椎动物的感受器分为 5 个主要类型（表 16-5）。

表 16-5　脊椎动物感受器的主要类型

（仿 Gerald Audesirk）

感受器的分类	刺激	感觉细胞类型	位置
温度感受器	热、冷	游离神经末梢	皮肤、大脑
机械刺激感受器	振动、移动、振动、压、触、牵拉	毛细胞、游离神经末梢和附属结构包围的末梢、肌肉或关节上特殊的神经末梢	内耳、皮肤、肌肉、肌腱
光感受器	光	视杆细胞、视锥细胞	视网膜
化学感受器	嗅觉（空气中的分子）、味觉（水中的分子）	嗅觉感受器、味觉感受器	鼻腔、舌头和口腔
痛觉感受器	组织损伤释放的化学物质、极端炎热或寒冷、过度拉伸	游离神经末梢	全身分布

2. 感受器起换能器和放大器的作用　各类感受器都具有换能作用，即能把作用于它们的各种形式的刺激能量转变为相应传入神经纤维上的动作电位，传入中枢神经系统相应部位。眼睛的感光细胞接受光的刺激，耳内的毛细胞接受震动的刺激，舌头上的味觉细胞接受化学物质的刺激。每种感受器的作用相当于一种换能器，这种换能器对于某一种形式的能量刺激特别敏感，可以将环境中这类能量刺激转换为生物能——如感受器上膜电位的变化，当刺激强度加大，膜电位达到阈值时，就会在传入神经上引起一系列的神经冲动。这种敏感性最高的能量形式的刺激，就称为适宜刺激（adequate stimulus），其他不发生反应或敏感性很低的能量形式的刺激，称为不适宜刺激。

由于感受器对于适宜刺激非常敏感，可以感受到极微弱的能量，但经过换能后形成的神经冲动的功率放大了很多倍。因此，感受器除了换能作用外，还有放大的作用。例如，单个红光的光子只有 3×10^{-19} J 的辐射能，然而一个感光细胞受到单个光子刺激可引起的感受器电流约有 5×10^{-14} J 的电能，由此可见感光细胞的输入与输出之间的功率放大至少有 10 万倍。

3. 感觉的产生　每一类感受器都有一定的传入通路来传导感受器发出的神经冲动，这个传入通路一般都要在中枢神经系统的不同部位换几次神经元。除嗅觉传入通路外，其他感受器传入通路最后一次换神经元都是在丘脑，然后再由丘脑中各自特定神经核发出的神经纤维投射到大脑皮质特定的区域。每个特异性上行传入通路只传导一种特定的感觉，也只有在大脑的特定区域才能产生相应的感觉。试验证明，不同种类的感觉的引起，不但取决于刺激的性质和被刺激的感受器，也取决于传入冲动所到达的大脑皮层的终端部位。

4. 感觉的适应　刺激作用于人的感受器最初有清晰的感觉，但是当刺激持续作用时，感觉逐渐减弱，有时甚至消失，这个过程称为感觉的适应（adaptation）。试验也证明，当刺激仍继续作用于感受器时，传入神经纤维上的动作电位频率有所下降，这些都证明感受器具有适应现象。

（二）动物的各种感觉

1. 视觉

（1）无脊椎动物有 3 种不同的视觉器官：

①眼杯（optic cup）：为涡虫的光感受器，是动物界最简单的光感受器。眼杯位于涡虫的身体前端，由一团色素细胞排列成杯形，感光细胞的一端从杯口伸入杯中，其末端膨大。感光细胞膨大的末端中含有色素分子。这些色素分子能吸收光能产生动作电位，经感光细胞传送到涡虫的脑（图 16-37）。涡虫的眼杯不能成像，只能检测光的强度与方向，使涡虫能避开强光躲入暗处。

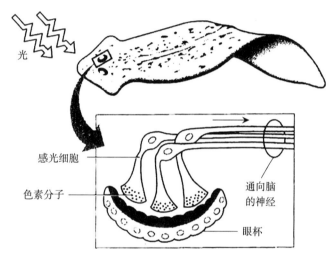

图 16-37　涡虫的眼杯
（仿 Campbell）

②复眼（compound eye）：为许多无脊椎动物（主要是昆虫、甲壳类）所具有。复眼一般是由几千个结构相同的小眼（ommatidium）构成的。每个小眼都有角膜、晶椎、色素细胞、视网膜细胞、视杆等结构，是一个独立的感光单位，可以感受光线的刺激，并从底部发出轴突将神经冲动传送到脑两侧的视叶。小眼四周由色素细胞包围（图 16-38）。这样每个小眼只能形成一个点像，众多小眼形成的点像拼合成一幅复合图像。家蝇的复眼约由 4 000 个小眼组成，蝶、蛾类的复眼约有 28 000 个小眼。

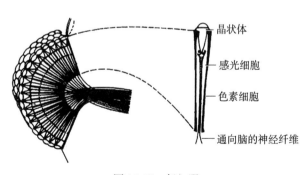

图 16-38　复　眼
（仿 Schmidt-Nielson）

蜜蜂、蝗虫等的各小眼之间被各色素细胞所隔离，每个小眼只能接受与它的长轴平行的直射光，这样的复眼所形成的像是镶嵌像；天蛾、萤等的小眼的深部并不完全隔离，斜向射入小眼的光线经过晶状体的折射可到达邻近的感光细胞，因而可形成重叠的，但不清晰的像，这些复眼所形成的像称为重叠像。

③单透镜眼：为脊椎动物和无脊椎动物的头足类所具有。图 16-39 为乌贼的眼，它的工作原理与

照相机相似。在这种眼的前端有瞳孔，光线从此射入，瞳孔后面还有虹膜可以调节瞳孔的大小，虹膜之后有一个透镜（晶状体）可以将光线聚焦在视网膜上，而视网膜上有感光细胞，如同照相机的感光胶片。单透镜眼可以产生清晰的、不间断的图像，而不是复眼所生成的复合图像。

（2）脊椎动物的眼是复杂的光学仪器：

①基本构造：以人眼为例，眼是人体最重要最复杂的感觉器官，人体所接收的外部信息大部分是通过眼接收的。

人眼接近球形，眼球壁分为 3 层，由巩膜、脉络膜和视网膜组成（图 16-40）。最外层为巩膜（sclera），中间层为脉络膜（choroid），最内层为视网膜（retina）。巩膜是由乳白色结缔组织所组成的，起保护眼的作用。巩膜前段部分是透明的，称为角膜（cornea），曲度比其他部分大，外面的光线由此射入眼球，在聚焦光线中起着最重要的作用。中间层脉络膜约占眼的后 2/3 的部分，由丰富的血管和棕黑色的结缔组织所组成，既可供给视网膜营养，又可吸收眼内的光线以防止光的散射。最内层的视网膜是感受光刺激的神经组织。在巩膜与角膜交界处有睫状体和虹膜（iris）。人眼的颜色取决于虹膜内的色素。

眼内容物包括房水、晶状体和玻璃体。这 3 部分加上外层中的角膜，就构成了眼的折射系统，并且对视网膜和眼球壁起支撑作用。晶状体与角膜之间充满了澄清的液体，称作房水（aqueous humor）。晶状体位于虹膜后面，玻璃体前面，借助悬韧带与睫状体相联系，是一种富有弹性的透明组织。晶状体与视网膜之间充满了透明的胶状物质，称作玻璃体（vitreous humor）。

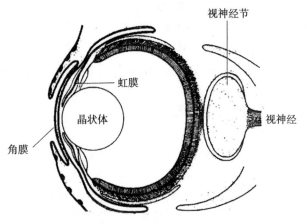

图 16-39　单透镜眼（乌贼）
（仿 Schmidt-Nielson）

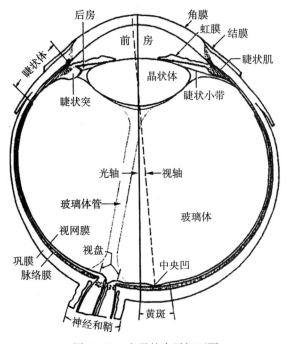

图 16-40　人眼的水平切面图
（仿 Walls）

②人眼区别颜色的原理：在人眼的视网膜中有 3 种视锥细胞，每一种视锥细胞含有一种感光色素，分别对蓝光、绿光和黄光最敏感。不同颜色的光刺激这 3 种感光细胞时引起的兴奋程度不同，传入大脑后产生相应的不同的色觉。

2. 听觉与平衡感受　外界声波通过介质传到外耳道，再传到鼓膜。鼓膜振动，通过听小骨放大之后传到内耳，刺激耳蜗内的听觉感受器纤毛细胞而产生神经冲动。神经冲动沿着听神经传到大脑皮层的听觉中枢，形成听觉。平衡感觉又称静觉，是脊椎动物内部感觉的一种。人体内平衡感受器是耳中的前庭器官，包括耳石和 3 个半规管，平衡感觉反映的是人体的姿势和地心引力的关系。凭着平衡感觉，人们就能分辨自己是直立，还是平卧，是在做加速运动、减速运动，还是在做直线运动、曲线运动。

（1）外耳和中耳的传音作用：听觉的外周感受器官是耳。人耳由外耳（outer ear）、中耳

（middle ear）和内耳（inner ear）组成（图 16-41）。人耳的适宜刺激是一定频率范围内（16～20 000 次/s）的声波振动。

声波从体外传入外耳道（auditory canal），使外耳道底端的鼓膜（eardrum）振动。鼓膜的振动又推动了中耳中 3 块听小骨：锤骨（hammer）、砧骨（anvil）和镫骨（stirrup）。最后，镫骨通过卵圆窗（oval window）将振动传送给内耳中的液体（图 16-42）。振动通过鼓膜听骨系统后可以增强外来的压力，首先因为 3 块听小骨构成一套杠杆装置，使得在镫骨处的力比在鼓膜处大；其次，鼓膜的有效振动面积大于镫骨的有效振动面积。总的压力的增益可达 17～21 倍。因此，声波的能量可以有效地传入内耳液中。

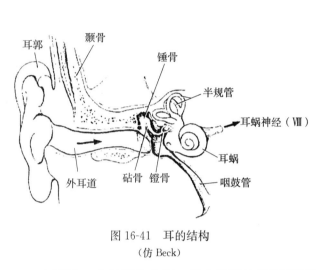

图 16-41　耳的结构

（仿 Beck）

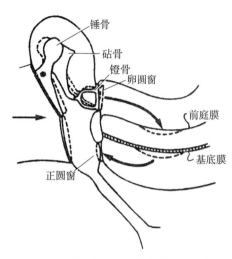

图 16-42　鼓膜振动经听小骨传递到耳蜗的图解

（仿 Ganong）

内耳是一个封闭的小室，其中的液体是不可压缩的。当镫骨向卵圆窗内移动时，正圆窗就要向外鼓出来，这样，声音的压力波才能穿过内耳液，使耳蜗结构发生位移。

中耳经咽鼓管通咽部，并由此与大气相通，使鼓膜两侧的压力相等。咽鼓管在鼻咽部的开口通常处于闭合状态，吞咽、打呵欠、打喷嚏时打开。在气压急剧变化时，如飞机起飞或降落时，中耳气压与大气压不相等，鼓膜振动受阻，听觉受影响。当鼓膜两侧压力差太大时，可引起鼓膜剧烈疼痛，及时主动吞咽可以打开咽鼓管，消除鼓膜两侧的压力差。

（2）声波在耳中转变为动作电位：耳蜗（cochlea）是内耳的听觉部分，藏在骨质螺旋形管道中。人的耳蜗形似蜗牛壳。耳蜗内由膜质管道（蜗管）分成两部分。①蜗管之上是前庭阶，蜗管之下是鼓阶。这两部分都充满外淋巴。蜗管类似直角三角形，斜边是前庭膜，底边为基底膜（basilar membrane），蜗管中充满内淋巴液（图 16-43）。基底膜在耳蜗底部狭窄，基底膜上有螺旋器（spiral organ）（图 16-44），其中有毛细胞（hair cell）。一端游离的胶冻状的覆膜盖在螺旋器之上，与毛细胞的纤毛接触。第Ⅷ脑神经的耳蜗支呈树状分支包围毛细胞的底部。

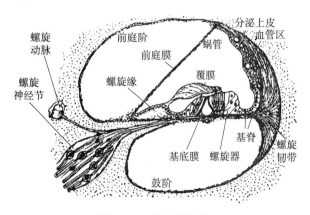

图 16-43　蜗管的结构

（仿 Ruch）

耳蜗如何感受声音呢？目前认为，当镫骨在卵圆窗振动时，使耳蜗发生振动，沿着蜗管引起一个行波，行波沿着基底膜由耳蜗底部向顶部传播，就像人在抖动一条绸带时，有行波沿着绸带向远端传播一样（图 16-44）。频率不同时，行波所能达到的部位和最大行波振幅出现的部位有所不同。高频率振动引起的基底膜振动只限于卵圆窗附近，不能传多远；频率越低的振动引起的行波传播越远，最大振幅出现的部位越靠近基底膜顶部。当基底膜振动时，由于基底膜和覆膜的支点位置不同，使螺旋器与覆膜之间发生相对位移，使毛细胞上的纤毛弯曲，引起毛细胞离子通透性改变，最终导致听神经上冲动的发放。基底膜最大位移处毛细胞受到的刺激最大，相连的听神经也会有更多的冲动发放。不同部位的听神经发放冲动会引起不同的音调感觉，耳蜗底部的发放感受高音调，中部的发放感受中音调，顶部的发放感受低音调。

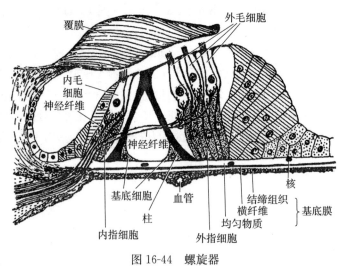

图 16-44　螺旋器
（仿 Ruch）

3. 味觉与嗅觉　味感受器细胞感受溶解的离子或分子的刺激，而嗅感受器细胞的表面有一层黏液，挥发的气体分子必须先溶于这层黏液再刺激嗅感受器细胞，所以 2 种感受器细胞之间没有本质的差别。

（1）味觉：是指食物在口腔内对味觉器官化学感受系统的刺激并产生的一种感觉。人的味感受器是味蕾（taste bud），大多数集中在舌乳头中，而乳头主要分布在舌的背面，特别是舌尖和舌的侧面。味蕾由味觉细胞和支持细胞组成，感觉神经末梢包围在味觉细胞的周围，可将味觉冲动传入中枢（图 16-45）。面神经的鼓索支支配舌前 2/3 的味蕾，而舌后 1/3 的味蕾由舌咽神经分支支配。

人最基本的味觉有甜、酸、苦、咸 4 种，我们平常尝到的各种味道，都是这 4 种味觉混合的结果。舌面的不同部位对这 4 种基本味觉刺激的感受性是不同的，舌尖对甜、舌边前部对咸、舌边后部对酸、舌根对苦最敏感。

（2）嗅觉：嗅觉和味觉会整合和互相作用。嗅觉是外激素通信实现的前提。嗅觉是一种远感。意思是说，它是通过长距离感受化学刺激的感觉。相比之下，味觉是一种近感。

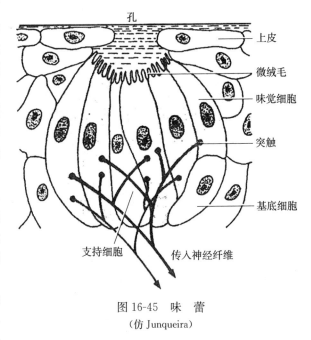

图 16-45　味　蕾
（仿 Junqueira）

人的嗅细胞存在于鼻腔中的上鼻道背侧的鼻黏膜中。平静呼吸时，进入鼻孔的空气很少达到嗅细胞所处的部位，急促的吸气可以使一部分空气进入这个隐蔽部位。因此，我们要分辨某种气味时，常常快吸一口气，使空气中的某些气味物质的分子到达上鼻道刺激嗅细胞。嗅细胞起着感受刺激和传导冲动的双重作用，是一种胞体为卵圆形的双极神经元（图 16-46），外端伸出 5～6 根嗅纤毛，内端变细成为无髓鞘神经纤维，穿过筛板到达大脑的嗅球。嗅纤毛是嗅细胞中感受气味分子刺激的部位。气味分子先被黏液吸收，然后扩散到纤毛处与膜受体结合，引起感受器电位。

人的嗅觉敏感性相当高，例如，可以察觉每升空气中仅有 0.000 01 mg 的人造麝香或 0.000 000 04 mg 的硫醇。但与其他哺乳动物比较，人和猿猴都属于嗅觉不发达的钝嗅觉类，而其他种类的哺乳动物属于嗅觉高度发达的敏嗅觉类。例如，犬的嗅觉敏感性就比人高得多。

4. 皮肤感觉

（1）触觉：触觉是接触、滑动、压觉等机械刺激的总称。多数动物的触觉感受器是遍布全身皮肤的，皮肤感受器（skin receptor）呈点状分布，每种触觉都有相应的感觉点。

如果用一根较硬的毛发轻触皮肤，可以发现触觉的点状分布。在有毛区域往往可以在毛根的旁边找到感受触觉的"点"。在毛根的周围有裸露的神经末梢围绕，由于杠杆的作用，触到毛发的力被放大了许多倍，增加了敏感性。在无毛区域的真皮中还有一种触觉小体，在皮下组织中有一种环层小体，这些也是触觉感受器（图 16-47）。在皮肤 2 个点同时给予机械刺激，如果 2 个点之间的距离足够大，会感受到 2 个独立的接触点，如果距离缩小到一定的程度，就会感到只是 1 个接触点。皮肤感觉能分辨出 2 个接触点的最小距离称为两点阈（two points threshold）。人体各部位触觉的两点阈有很大差别，背、大腿、上臂等部位的两点阈较大，60～70mm，而舌尖、指尖、嘴唇等部位最小，只有数毫米。

（2）温度觉：皮肤和舌的上表面上有 2 种温度感受器，有的在温度升高时发放频率增加（温感受器），有的在温度降低时发放频率增加（冷感受器）。这 2 种感受器都呈点状分布，冷感受器多于温感受器。在面部皮肤上冷感受器密度为 16～19 个/cm^2，而温感受器只有几个。这 2 种感受器的适宜刺激都是热量的变化，它们实际感受的是皮肤上热量丧失或获得的速率。

（3）痛觉：痛觉（pain sensation）不单是由一种刺激引起的，电、机械、过热和过冷、化学刺激等都可以引起痛觉。这些刺激的共性都是能使机体发生损伤。所以可以把痛觉称为伤害感受性（nociception），也就是对有害因素的敏感性。痛觉的功能是保护性的，几乎不产生适应，在有害刺激持续作用的时间内一直发生反应，直到刺激停止。痛刺激引起肌体产生一系列保护性反射，如肾上腺素分泌、血糖增加、血压上升及血液凝固加快等。一般认为痛感受器是表皮下的神经末梢。

痛觉末梢不止分布在皮肤上，实际上分布在全身很多组织中。除了皮肤痛以外，还有来自肌肉、肌腱、关节等处的深部痛和来自内脏的内脏痛。

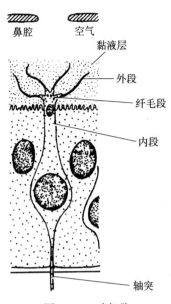

图 16-46　嗅细胞
（仿 Junqueira）

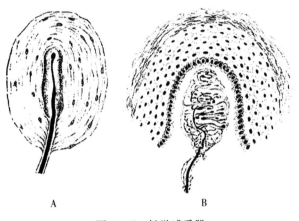

图 16-47　触觉感受器
A. 环层小体　B. 触觉小体
（仿 Junqueira）

第七节　化学信号与免疫

一、激素及其功能

在多细胞动物中，细胞通信需要信息和细胞与细胞的联系。大多数细胞间的通信借助结合于受体的化学信号，激素（hormones）就是由一定的细胞释放的化学信号，而且在一定范围内能影响其他细胞的活动。动物用于生长发育和发挥功能的信息有 4 个主要源头：基因、神经系统、内分泌系统和免疫系统，这些系统中的每一个信息均"翻译"成特化的化学信号及其受体的密码。不管哪个系统信息的传递都依靠接收信号的细胞以及这些细胞的反应及与其他细胞的相互作用。

内分泌通信是由内分泌腺体分泌激素开始的（图 16-48）。脊椎动物内分泌激素有 3 类，分别是：①肽激素，它是氨基酸的链；②氨基酸衍生激素，它是一个或几个被修饰的氨基酸的合成物；③由胆固醇酶合成的类固醇激素。这些激素与处于靶细胞表面或内部的受体结合。激素与受体结合之后，引起两个主要效应的一方面或两方面：①通常通过激活或限制酶刺激改变细胞的代谢作用；②影响基因转录，因而改变细胞合成的蛋白质类型和数量。

大多数肽激素和氨基酸衍生激素是水溶性的而不溶于脂，这些激素并不能通过细胞膜的磷脂双分子层扩散，因此肽激素和氨基酸衍生激素在靶细胞的表面结

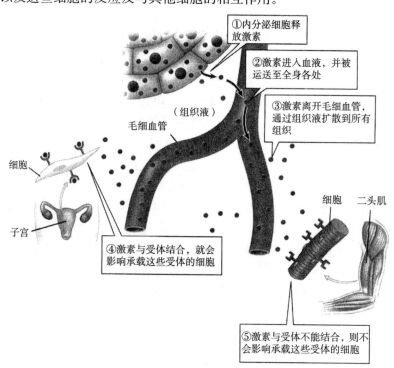

图 16-48　激素释放、运送和结合
（仿 Gerald Audesirk）

合受体（图 16-49①）。第一信使是细胞外信号，即激素，它与受体结合激活一种酶，一般在细胞内合成一种分子，称为第二信使（second messenger），第二信使是环磷酸腺苷（cyclic denosine monophosphate）（图 16-49②），常常激活特定的细胞内酶（图 16-49③），然后开始一种链状的生化反应（图 16-49④）。

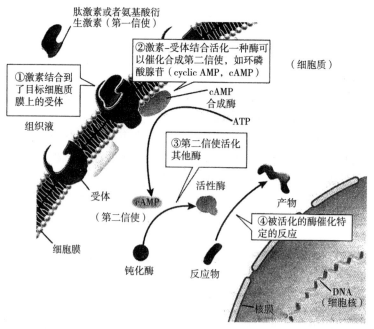

图 16-49　肽激素和氨基酸衍生激素在目标（靶）细胞上的反应
（仿 Gerald Audesirk）

肽激素和氨基酸衍生激素通常通过结合位于细胞膜上的受体来刺激靶细胞，从而使其合成第二信使分子引起一连串细胞内的生化反应。

1. 激素通信具有长久的进化历史　细胞内的化学信号对于多细胞动物的进化是关键的。某种原生生物的黏菌，采用一种化学信号（cAMP）协调单个细胞的集聚以形成一种多细胞的果状结构。多细胞的最原始动物——海绵没有神经系统，但它们具有细胞内的化学通信。同样，植物生长也是由多种多样的激素来调节的。

激素信号的进化揭示有趣的普遍性：信号分子本身被高度保护，在有机体广泛组群上有同样的激素，但它们的功能不同。当有机体已经进化到占据不同的环境和具有不同的生活方式时，激素-受体系统进化为不同的功能，如催乳素（prolactin）（图 16-50）。另一个重要的例子是激素控制节肢动物生命中的关键事件——蜕皮和变态。

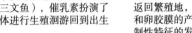

鱼类

对于淡水物种需要用其进行渗透压调节。对于从海水返回淡水产卵的物种（如三文鱼），催乳素扮演了促使其成体进行生殖洄游回到出生地的角色

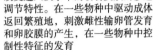

两栖动物

改变进入淡水中的动物皮肤的渗透调节特性。在一些物种中驱动成体返回繁殖地，刺激雌性输卵管发育和卵胶膜的产生，在一些物种中控制性特征的发育

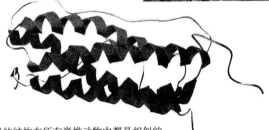

催乳素的结构在所有脊椎动物中都是相似的

鸟类

在一些物种中，刺激营巢、孵化和双亲抚育。刺激上消化道表皮细胞增殖和脱落，从而形成嗉囊乳抚育幼体

哺乳动物

刺激雌性乳腺生长和乳汁形成。在人类中，催乳素对获得性满足感以及雄性性交后的不应期发挥着作用

图 16-50　催乳素结构被保存下来，但功能却进化了

（仿 David Sadava）

催乳素可见于所有脊椎动物中，具有较长的进化史。在早期脊椎动物中，其可能的作用是调节水盐平衡。在一些物种中，催乳素保持了这一功能，同时还演化出控制许多生理过程的其他功能，这些生理过程多与繁殖有关。

2. 激素分为 3 种化学群　现在我们看到了激素在长期的生理和发育过程所扮演的角色的例子，在激素的结构具有多样性，按照其化学本质，绝大多数可以分为 3 类：

（1）多数激素是肽或蛋白质：这些激素是水溶性的（如胰岛素），因而它们很容易在血液中传递而不需要搬运分子。肽和蛋白激素在制造它们的细胞内被包成囊泡，通过胞吐作用被释放，它们的受体在细胞表面。

（2）类固醇激素（steroid hormones）：是由类固醇胆固醇合成的，是脂溶性的，很容易通过细胞膜，如睾酮。类固醇激素扩散到制造它们的细胞外面而且通常与血液中的搬运分子结合，它们的受体大多数在细胞内。

（3）胺类激素（amine hormones）：大多是酪氨酸合成的（如甲状腺素）。有些胺类激素是水溶性的而有些是脂溶性的，因此它们释放的模式不同。

二、免　疫

一般来说，免疫（immunity）是指动物身体对抗病原体，防止引起疾病的能力。动物本身有很多方式抵御病原体——能导致疾病的有害有机体和病毒。这些防御系统可明确区别自我（动物自身的分子）和异物（外来分子）。防御反应包括 3 个阶段：

①识别阶段：有机体必须能分辨自我和非我。

②激活阶段：识别导致细胞和分子动员起来与入侵者战斗。

③效应期：动员起来的细胞和分子消灭入侵者。

动物存在 2 种一般（普通）性的防御机制：

①非特定免疫（nonspecific immunity）或称为先天免疫（innate defenses）：提供防御病原体的第一道防线。它们的典型活动非常迅速，像皮肤的阻挡作用、使入侵者中毒的分子以及消化（分解）入侵者的吞噬细胞。这个系统识别广泛类型的有机体或分子，且能在几分钟或几小时内给出快速反应。大多数动物具有非特定性防御。

②特化免疫（specific immunity）：是适应性机制，主要针对特定的病原体。例如，一种特化防御系统能制造抗体蛋白，它能识别、结合并有助于破坏某些进入血液中的病毒。这些系统识别分子中原子的排列且通常形成缓慢而持续时间很长。特化防御系统在脊椎动物中被发现。

哺乳动物具有 2 种防御机制。在哺乳动物和其他脊椎动物中非特异性机制和特异性机制一起操控相应的防御系统。非特异防御是身体防御的第一道防线，因为特异防御常常需要几天甚至几周才能变得有效。

哺乳动物的防御系统分布于全身而且几乎与全部的其他组织器官相互作用。淋巴组织包括胸腺（thymus）、骨髓（bone marrow）、脾（spleen）以及淋巴结（lymph nodes），是防御系统的基本部分（图 16-51）。血液和淋巴是没有防御功能的复杂系统，同样在防御中有重要作用。

导管和血管网从人体组织中收集淋巴液并送往心脏，与血液混合后，再被泵到组织。其他的淋巴组织包括胸腺、脾和骨髓，对于人体的防御系统也都是必需的。

血液和淋巴是由有细胞悬浮其中的液体组成的：

①血浆是浅黄色的含有离子、小分子溶质和可溶性蛋白的液体。血浆中悬浮的是红细胞、白细胞及血小板。红细胞一般限定在闭合的循环系统中（心脏、动脉、毛细血管和静脉中），白细胞和血小板也存在于淋巴中。

②淋巴来自血液和其他组织在体内细胞间隙累积的液体，淋巴液从这些间隙缓慢流动到淋巴系统的管内，细微的淋巴毛细管将这些液体运送到较大的导管中，最终一起形成大的导管，即胸管，它加入心脏附近的大静脉中（左侧锁下静脉）。通过这种静脉系统，淋巴液最终再回到血液循环系统。

沿淋巴管的许多地方有小的圆形结构，称为淋巴结，包含称为淋巴细胞的白细胞，当淋巴液通过淋巴结时，淋巴细胞遇到外来异己细胞及进入身体的分子，进行识别后，免疫反应就会被启动。

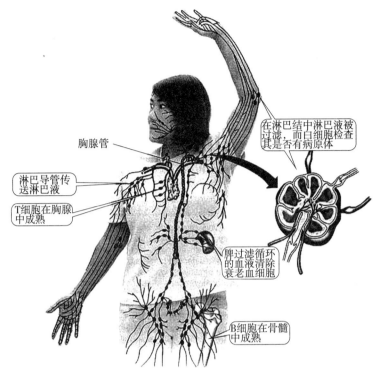

图 16-51　人类的淋巴系统
（仿 David Sadava）

③白细胞扮演许多防御角色：有 2 种主要的白细胞家族（leukocytes），即吞噬细胞（phagocytes）和淋巴细胞（lymphocytes）。淋巴细胞包括 B 细胞和 T 细胞，比吞噬细胞小，也不吞噬异物。每个家族包含具有特定功能的不同细胞类型。自然杀伤细胞和某些种类的吞噬细胞也被共同看作是粒细胞，因为它们含有大量的颗粒体，即含有防御蛋白的囊泡，防御蛋白和信号在这些细胞的相互作用和功能上起了根本作用。

为了理解适应免疫如何识别入侵物和启动反应，必须回答 3 个相关问题：淋巴细胞怎样识别外源细胞和分子？对于如此多的不同类型的细胞和分子，淋巴细胞能产生特定的反应吗？它们怎样避免弄错机体自身的细胞和分子？

1. 适应性免疫系统识别入侵的复杂分子　从免疫系统的观点看，人类和细菌完全不同。因为各自包含特定的、对方不具有的复杂分子。个人的免疫系统将地球上所有其他有机体与个人身体的细胞和分子分开，包括其他人，因为个人的一些复杂分子，特别是像个人的 MHC（主要组织相容性复合体）蛋白，对个人是唯一的（除非个人有一个双胞胎兄妹），而所有其他有机体的一些复杂大分子对其也是唯一的。这些复杂大分子通常为蛋白质、多糖或糖蛋白，被称为抗原（antigen），因为它们是"抗体生成"分子；即它们能够诱发免疫反应，包括抗体的产生。

抗原通常位于入侵微生物的表面。许多病毒的抗原掺入受感染的机体的质膜。病毒或细菌抗原同样"排列"在树突状细胞的和吞食它们的巨噬细胞的质膜上。其他的抗原像由细菌释放的毒素，可以被溶解在血原生质、淋巴和组织液中。淋巴细胞产生 2 种类型的蛋白——抗体和 T-细胞受体，它们识别、结合和帮助消灭外源细胞及分子。

抗体仅由 B 细胞和其后代制造。抗体是 Y 形蛋白，由两对肽链组成：一对同样的重链和一对同样的轻链（图 16-52），重链和轻链两者都由可变区和恒定区组成，前者在抗体中不同，后者在所有给定类型的抗体中一样。

抗体在适应性免疫反应中起两方面功能：①识别外来抗原和触发抵抗入侵物的反应；②帮助消灭入侵的细胞和结合抗原的分子。

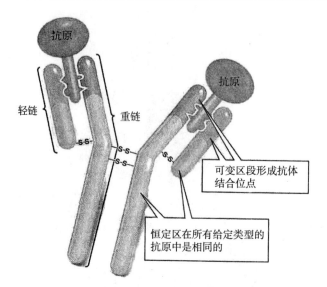

图 16-52　抗体的结构
（仿 Gerald Audesirk）

抗体是由 2 对肽链（轻链和重链各 1 对）构成的 Y 形蛋白。位于肽键上的恒定区构成 Y 形蛋白的主干，肽键上的可变区在 Y 形蛋白的每个臂末端，构成专门的结合位点。不同的抗体具有不同的可变区，形成专门的结合位点。

2. 适应性免疫系统能够识别数以百万计的不同抗原

在个人的生命中，个人的身体将会受到大量入侵物的挑战。同事可以打喷嚏，流行病毒会进入个人呼吸的空气中。食物中可能含有细菌和真菌，幸运的是适应性免疫系统能识别并对数以百万的潜在有害的抗原产生反应。它是怎样完成这样的诸多功能的呢？

B 细胞、T 细胞不能设计和建立抗体及适于特定入侵抗原的抗体和 T-细胞受体。相反，B 细胞和 T 细胞随机合成几百万的不同的抗体及 T 细胞受体。适应性免疫系统同时启动 2 种类型攻击来抵抗微生物入侵物：体液免疫（humoral immunity）和细胞介入免疫（cell-mediated immunity）（显然体液免疫和细胞介入免疫并不完全独立）。

（1）体液免疫：是由 B 细胞提供的，而且它们分泌抗体进入血流。在个人身体中数百万不同的 B 细胞的每一个在其表面结合（bind）本身唯一类型的抗体（图 16-53）。当微生物进入身体时，极少数 B 细胞上的抗体能结

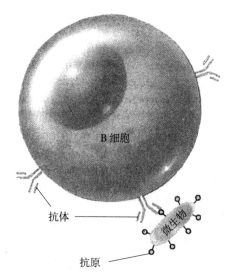

图 16-53　B 细胞表面的抗体与入侵微生物抗原结合（bind）
（仿 Gerald Audesirk）

合在入侵者的抗原上，抗原-抗体结合导致这些 B 细胞数量快速增加，该过程称为克隆选择（clonal selection），因为抗原"选择"，B 细胞会繁殖，导致子细胞克隆——这种细胞与被选择的 B 细胞在遗传上是一致的。

子细胞分为 2 种类型：记忆 B 细胞和浆细胞（plasma cells），记忆 B 细胞并不能释放抗体，但它们在将来对刺激它们产生的入侵物的免疫过程具有重要作用；浆细胞变大而用粗内质网包裹，它合成大量的抗体。这些抗体被释放到血液中。分泌的抗体结合相同的抗原结合点，它能在位于最初亲代 B 细胞的表面抗体上被发现。

克隆选择、激化的 B 细胞繁殖（增殖）、子细胞分化为浆细胞以及浆细胞分泌抗体全部要花费时间，这就是为什么人被感染后需要时间恢复。

（2）细胞介入免疫（cell-mediated immunity）：细胞介入免疫被一种被称为细胞毒性 T 细胞（cytotoxi T cell）的 T 细胞引发，它攻击感染机体的细胞和已经突变为癌性的细胞。虽然这个过程很复杂，但本质上它的工作是这样的：当一个细胞被病毒感染，一些病毒蛋白的片段被分解到被感染细胞的表面，而且"排列"在质膜的外面。细胞毒性 T 细胞，每一个能结合自身唯一的 T-细胞受体，在周围漂动，偶撞到（bumping into）排列的病毒抗原。当细胞毒性 T 细胞与合适的匹配 T-细胞受体结合到病毒抗原时，细胞毒性 T 细胞将蛋白喷到被感染细胞的表面。这些蛋白在被感染细胞的质膜上形成孔，由细胞毒性 T 细胞分泌的酶进入这个孔杀死被感染的细胞。如在病毒已经结束增殖前被感染细胞被杀死，那么没有新病毒产生，病毒感染就不会传播到其他细胞。

（3）辅助性 T 细胞（helper T cell）强化体液免疫和细胞免疫：B 细胞和细胞毒性 T 细胞自己不能与微生物入侵者战斗；它们需要辅助性 T 细胞协助。辅助性 T 细胞结合排列在树状细胞表面的抗原或者已经吞噬和消化了入侵微生物的巨噬细胞上。只要辅助性 T 细胞结合匹配 T-细胞受体，就能结合任何特化的抗原。当辅助性 T 细胞的受体结合抗原时，辅助性 T 细胞快速增殖，辅助性 T 细胞的子细胞区别和释放细胞因子，辅助性 T 细胞能刺激细胞分化，并区分 B 细胞和细胞毒性 T 细胞。事实上，B 细胞和细胞毒性 T 细胞对抵御疾病做出了显著贡献，只是它们要同时结合抗原和接受由辅助性 T 细胞产生的刺激。图 16-54 比较了体液免疫反应与细胞介入免疫反应，还表明了辅助性 T 细胞的作用。

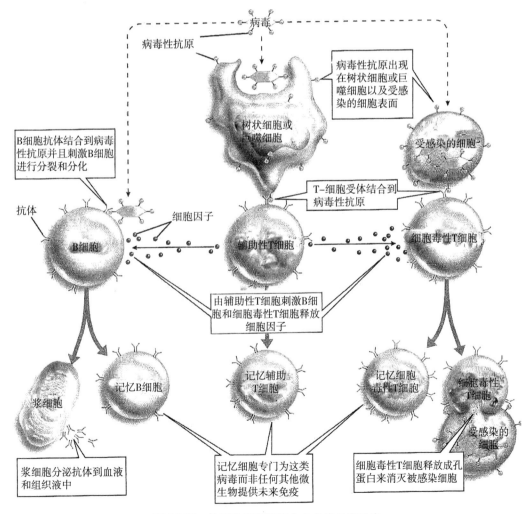

图 16-54　体液免疫和细胞介入免疫反应示意
（仿 Gerald Audesirk）

第八节　繁殖与发育

一、动物繁殖

动物的繁殖可分为有性繁殖和无性繁殖。在无性繁殖中，单个动物产生后代，通常通过动物身体的一些部分重复进行细胞有丝分裂来完成，因此后代一般与亲体一致。在有性繁殖中，由生殖腺产生单倍体，即精子和卵子，是通过细胞减数分裂形成的，来自两个亲体的精子和卵子融合产生双倍体的受精卵，称为合子（zygote），然后经历重复的细胞有丝分裂而产生后代。因为后代接收两个亲体的基因，所以后代一般与每方亲体不完全一致。

1. 在无性繁殖中，有机体不经交配而繁殖　无性繁殖不需要寻找配偶、求偶或争斗，不产生多余的配子。动物界中无性繁殖有以下几种：

（1）出芽产生一种似成体的小个体：许多海绵动物和刺胞动物，如珊瑚、海葵和水螅通过出芽完成生殖。芽体是成体的一种缩小版本（图16-55），当芽体生长到足够大时，其脱落成为独立的个体，最终生长为成体。

（2）通过分裂生殖然后再生产生新个体：许多动物能再生，再生长出身体失去的部分，再生是通过分裂生殖进行繁殖的一种方式。有些扁虫、珊瑚、水母、海蛇尾身体断裂为2个或多个片段，其中每个片段再生全部身体失掉的部分，从而完成生殖。

（3）孤雌生殖是卵未受精发育：有些动物种类通过孤雌生殖过程进行繁殖，就是卵没有受精而发育为后代。在一些种类中孤雌生殖产生的后代是单倍体，如雌性蜜蜂由未受精的单倍体卵发育而成，而蜜蜂的双倍体个体由受精卵发育而成。有些孤雌生殖的鱼类、两栖类和爬行类通过翻倍

图16-55　出芽生殖

注：一些刺胞动物像这种海葵，新芽从亲本的身体上萌发，当芽体充分发育后，就离开亲本独立生活。

（仿Gerald Audesirk）

卵中的染色体数量产生双倍体后代，此过程或在减数分裂前或在减数分裂后发生。在大多数种类中，雌性形成双倍体后代，事实上有些鱼和蜥蜴，如白尾沙蜥（美国和墨西哥西南部），全部由孤雌生殖产生雌体。甚至其他动物，如有些蚜虫或者是有性繁殖或者是孤雌生殖，这取决于环境条件，如年度、季节和可利用的食物。

2. 在有性繁殖中，有机体通过精子和卵子的结合而繁殖　有性繁殖为什么被进化出来没有一个确定的说法。通常的解释是遗传变异导致有性繁殖是有优势的，其产生的后代有能使其开辟新环境和使用新方法获取食物的新性状，并能逃避捕食和防御寄生虫。

在大多数动物中，个体是雄性或是雌性，它们产生特定的配子类型。雌性腺体称为卵巢，产生卵子，它是大的单倍体细胞，有营养储存，可以为胚胎提供营养，卵不具独立的活动能力。雄性腺体称为精巢，产生小的单倍体精子，它几乎没有细胞质，因而无营养储存，精子通过摆动尾部"游泳"遇到卵完成受精作用，精子和卵子结合产生合子。

有些动物，如蚯蚓和蜗牛单个个体能生产精子和卵子，像这样的个体称为雌雄同体。多数雌雄同体动物仍然有交配行为，由两个个体交换精子（图16-56）。但蜗牛相对不活动而且发现它们与同种个体相隔离，自体受精也许是它们繁殖的唯一方式。

对于那些两个性别分开和不能自体受精的雌雄同体动物要想成功繁殖，则需要来源于不同个体的精子和卵子相互结合受精。

（1）体外受精出现在亲体的体外：体外受精中，精子和卵子在亲体体外结合。精子和卵子通

图 16-56　雌雄同体的蚯蚓交换精子
(仿 Gerald Audesirk)

常被释放到水中，这个过程称为产卵（spawning），精子游向卵子。因为精子和卵子一般存活时间短，动物产卵必须与它们的繁殖行为同步，时间上（雄性和雌性同时将精子、卵子排出）和空间上（雄性和雌性同一地方）两方面同步。这样的同步可能通过环境暗示、化学信号、求偶行为或者这些因素的结合来实现。

多数产卵动物在一定程度上依靠环境暗示。白天长度的季节变化常常刺激需要繁殖的生理变化，在一年内某些时间被限制繁育。然而精子和卵子的实际释放必须更精确同步。例如，澳大利亚大堡礁的许多珊瑚通过月光的状态同步释放生殖细胞，以便雌性和雄性同时释放像暴风雪一样的精子和卵子进入水中（图 16-57）。

许多依靠交配行为的动物同步产出精卵。例如，多数鱼类具有求偶仪式（模式），确保它们在同样的地方和时间释放精子、卵子（图 16-58），蛙和蟾蜍在近池塘和湖边浅水中交配。雄性爬上雌体并且刺激其腹部（抱对，图 16-59），在雄性将精子释放时，这种刺激挤压出雌性的卵子，精、卵相遇而受精。

图 16-57　环境诱因可能导致同步大量
释放生殖细胞
注：在澳大利亚的大堡礁数千珊瑚同时释放
生殖细胞，这一现象与月相有关。
(仿 Gerald Audesirk)

图 16-58　求偶仪式与释放生殖细胞同步进行
注：暹罗斗鱼在产卵期间雌雄都会跳舞，这种舞蹈使双方同时释放精子和卵子，雄性会收集受精卵进入它们的口中，将其放到求偶台上方有泡沫的"巢"中，雄性负责守护这些受精卵，直到产生的幼鱼可以游泳而且可以保护自己。
(仿 Gerald Audesirk)

图 16-59　色彩灿烂的树蛙在交配
注：体型更小的雄性树蛙抱住雌蛙，刺激其腹部以使其产卵。在中美洲的雨林中尽管它们一生大部分时间在树的高处生活，但仍然回到水池中进行繁殖。
(仿 Gerald Audesirk)

（2）体内受精发生在雌性体内：在体内受精过程中，精子被释放到雌性湿润的生殖管道中，在此处雌性的卵子与精子受精。体内受精是对陆生生活最好的适应，因为如果环境干燥，精子会很快死亡，即使在水环境中，体内受精也许增加了成功的概率，因为精子和卵子被限定在一个小空间中而不是在大体积的水域中。

体内受精还需要通过交尾（copulation），这样雄性直接将精子存入雌性生殖管道中，在多种多样的体内受精类型中，有些种类的雄性，包括某些蝾螈、蝎子和蝗虫在一个称为精囊的容器内收集精子，雄性和雌性通常进行交配炫耀（mating display）之后被吸引在一起，雄性将其精囊插入雌性生殖管道，或者放到地面供雌性选择。一旦进入雌体，精囊就释放精子。

大多数动物中，精子和卵子存活时间均很短，因此从雌性卵巢释放的成熟卵子通常必须在同一时间出现在存放精子的雌性生殖管道。例如，多数哺乳动物采用求偶展示，以与排卵的雌体同步交配。许多种类的交尾只在雌性准备好交配的信号发出时进行，通常发生在与排卵相同的时间。在一些动物中，如兔子的交配活动刺激排卵，这样健康的精子和卵子几乎保证能遇到。

二、动物发育

1. 动物发育的原理 发育是多细胞有机体生长、增加组织性和复杂化的过程。发育通常被认为是由受精卵开始到性成熟成体结束。发育分为 3 个主要过程：①单细胞通过分裂数量增加；②它们的子细胞分化或者结构和功能特化，如形成神经或肌肉细胞；③随着分化细胞组群到达身体精确位置并变成有组织的多细胞结构，如脑或二头肌。

单个动物身体的所有细胞（除配子）遗传上彼此一致而且与受精卵一致，遗传上一致的细胞如何能分化为明显不同的结构呢？结论就是在动物生命过程中的特定时间使用动物身体不同部位的特定基因序列。

2. 直接发育和间接发育 雏鸡、幼犬和人类婴儿随着其生长而发育，然而在很多方面幼鸟和哺乳动物幼体是其成体的缩小版本，它们经历的过程称为直接发育。然而许多动物种类经历间接发育，其中新生幼体具有许多不同于成体的结构。

（1）在间接发育过程中，动物身体形态经历彻底的变化：间接发育出现在两栖类（如蛙和蟾蜍）以及大多数无脊椎动物中，在经历间接发育的动物中，雌性通常生产大量卵子，每一个包含少量的营养，称为卵黄。依靠卵黄营养发育的胚胎直到孵化为小的未性成熟的状态，称为幼虫（图 16-60）。因为亲体通常既不为后代提供食物也不提供防止被捕食的保护，多数个体在幼虫时期就死亡了。在取食几周或几年后，少数存活者经历身体形状的剧烈变化，即熟知的变态，然后变为性成熟的成体。

A   B

图 16-60 间接发育
A. 毛虫（幼体），图中食树叶的蓝色大闪蝶的毛虫，出现在有限的几种寄主植物上 B. 蝴蝶（成体），大多数成年蝴蝶的主要食物为花蜜，尽管蓝色大闪蝶也取食花蜜，但它更喜食发酵水果甚至腐烂尸体中的尸液
（仿 Gerald Audesirk）

多数幼虫不但看上去与成虫非常不同，而且它们在生态系统中也扮演了不同的角色。例如，大多数成体蝴蝶从花朵中啜饮花蜜，而其被称为蠋的幼虫吃叶子（图 16-60）。多数蟾蜍其生命的大多数时间生活在陆地，吃昆虫、蠕虫，它们的幼体——蝌蚪生活在水中，通常取食浮游生物。

（2）直接发育的动物幼体像缩小的成体：其他动物包括某些蜗牛和鱼以及所有哺乳动物、爬行类、鸟类经历直接发育，其新生的动物像成体（图 16-61），像一个缩小的动物成体，会生长得更大但其体形基本上没有改变。

对于成体大小相似的动物来说，直接发育种类的新生儿普遍比间接发育种类新孵化的幼体大。因此，在它们出生前需要更多的营养。为满足这种食物需求，直接发育动物进化出了 2 种策略。鸟类和大多数其他爬行类以及许多鱼类，生产包含大量卵黄的卵，在孵化前营养胚胎。哺乳动物、一些蛇及极少鱼类在其卵中有相对少的卵黄，胚胎主要在母体内获得营养。许多直接发育的动物，如鸟类和哺乳类，其幼体尽管在卵中或母体中充分发育，但幼体出生后还需要额外的照顾。由于在出生前、出生后这两方面的需要，导致鸟类和哺乳类产生相对较少的后代，然而亲体的照顾有助于使很高比例的后代存活到成体。

3. 动物发育过程　在所有动物中发育的多数机制是相似的，这里主要集中于脊椎动物的发育。用两栖类，如蛙、蝾螈的发育来描述。两栖类长久以来已经是发育生物学领域的模式动物，因为它们能在一年的任何时间进入繁育，它们产生数量巨大的卵和胚胎，而且胚胎在水中发育，而不是在其母体内发育，因而很容易能观察到它们。两栖类发育的许多方面可与其他脊椎动物的发育相比较。

（1）合子的卵裂是发育的开始：当卵受精后开始发育，合子经历一系列的有丝分裂，细胞完全分开，

A

B

C

图 16-61　直接发育

A. 雄性海马产仔，雌性海马将卵子释放在雄性的育儿袋中，与精子受精，受精卵在育儿袋中发育几周后，其育儿袋袋内的肌肉剧烈收缩喷射出多达 200 个幼体　B. 许多陆生或淡水蜗牛从特别小而卵黄丰富的卵中孵化　C. 哺乳动物的母体从幼体在体内时就开始培育它们，并在分娩后以乳汁来哺育后代

（仿 Gerald Audesirk）

称为卵裂（图 16-62A）；合子是一个很大的细胞，如蛙的合子体积要比成体蛙的平均细胞大几倍。卵裂过程中，在细胞分裂之间几乎无细胞生长，像这样卵裂的过程细胞质分裂成更小的细胞，其大小逐渐接近成体的细胞。在少数几次细胞分裂后，一种细胞分裂球——桑葚胚（图 16-62B）形成。随着卵裂持续，桑葚胚出现内腔，细胞逐渐在外面覆盖形成的中空结构称为囊胚（图 16-62C）。

不同种类的卵裂细节在各类动物中不相同，而且部分由卵黄数量决定，因为大量的卵黄会阻止细胞质分裂。在蛙卵中的卵黄多的部分，其中的细胞（图 16-62A 中卵的底部）比多数卵黄少的部分的细胞分裂慢（图 16-62B 中的顶部），这样囊胚在底部的细胞比顶部更大。具有极其多卵黄的卵，如鸡的卵不能在所有方向分裂开：因此，卵裂产生一种扁平细胞聚集在卵黄顶部，然而凹陷的囊胚还是会出现，但在鸟类中它像盘状而不像是球形。

（2）原肠胚形成三层组织层：在两栖类和其他许多动物中，在囊胚表面的细胞位置能预测它们最

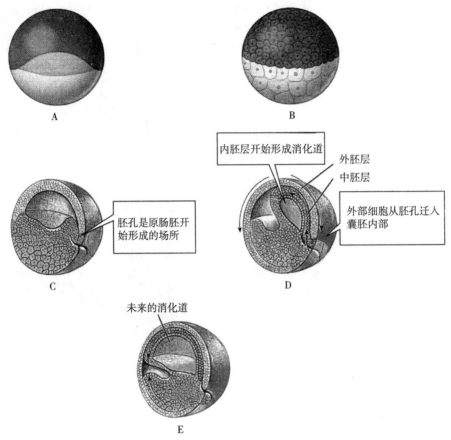

图 16-62　蛙的原肠胚

　　A. 青蛙的受精卵是一个巨大的细胞，它比一些物种的受精卵直径大，约有 1mm　B. 受精卵
分裂形成一个实心的球体——桑葚胚，桑葚胚的尺寸与受精卵相同，但是它的单个细胞要更小
C. 桑葚胚发育形成囊胚，青蛙的囊胚是一个由细胞构成的中空的在一端有卵黄的球体，其体积仍
然与受精卵相同，细胞的位置预示着其未来发育的命运　D. 在囊胚期，部分表面细胞转移进入囊
胚内部，形成内胚层，而保留在表面的细胞形成了外胚层，从而形成原肠胚的两个胚层（内胚层、
中胚层）　E. 结果形成了具 3 个胚层的胚胎，被称为原肠胚

（仿 Gerald Audesirk）

终在成体中发育的结局。大多数细胞位于囊胚的表面，但是动物身体将要形成的大部分结构是由囊胚
内部形成的。在发育的下一个时期，细胞会移到它们合适的位置，称为原肠胚。囊胚开始在胚的一面
形成一种微凹的结构，称为胚囊（图 16-62C），凹陷逐渐加大，越来越深入囊胚，而且形成腔，它最
终形成消化道（图 16-62D）。移动的细胞在胚胎中形成 3 层组织层，此时称为原肠胚（图 16-62E）。
通过胚囊移动到消化道上的细胞（最内层）称为内胚层，内胚层也形成肝、胰以及呼吸管道的衬膜；
保留在发育的原肠胚外面的细胞称为外胚层，这些细胞绝大多数形成表面结构，如皮肤、毛和指
（趾）甲，外胚层也形成神经系统；移到内外胚层之间的细胞形成第 3 层细胞（内、外胚层之间），称
为中胚层，中胚层形成的结构一般位于皮肤和消化道衬膜之间，包括肌肉、骨骼以及循环系统。

　　（3）器官形成期间的机体发育：机体器官从三胚层发育而来，器官发生有两个主要过程：

　　①一系列"主导"基因在特定的细胞中开启和关闭：每个主导基因控制包含在发育过程中的许多
单个基因的活动。

　　②器官发生剪除多余细胞：在发育中机体部分的塑造常常需要多余细胞的死亡。例如，两栖类、
爬行类和哺乳类经过的胚胎时期，其中它们具有尾和蹼状指（趾）。在人类中，这些时期出现在发育
的第 4 周至第 7 周期间，由于尾和蹼状指（趾）细胞死亡，尾消失而指（趾）彼此分开。

　　（4）爬行类和哺乳类的发育依靠胚外膜，而鱼类在水中生活和繁殖。虽然许多两栖类成体在陆上

生活，但它们也在水中产卵，因为沉在水中，胚胎不会脱水。此外，包围胚胎的水为其提供 O_2 和带走废物，包括 CO_2。

在没有进化出具壳的羊膜卵之前，完全适应陆生生活的脊椎动物是不可能出现的。这种创新首先出现在爬行类里直到今天的组群和其后代——鸟类和哺乳类。在羊膜卵的内部，这些动物的胚胎在其"自家池塘"内发育，甚至产在陆上的卵也是如此。羊膜卵包括 4 种胚外膜：绒毛膜、羊膜、尿囊和卵黄囊。在爬行类中绒毛膜衬在卵壳内面，允许在胚胎和空气之间交换 O_2 和 CO_2；羊膜在水环境中包围和紧挨胚胎；尿囊包围和隔离废物；卵黄囊包含卵黄。

在哺乳动物中（除了产卵的鸭嘴兽和针鼹）胚胎在母体内发育直到出生，4 个胚外膜一直存在，这些膜对发育来说是基本的结构（表 16-6）。

表 16-6　脊椎动物的胚膜

（仿 Gerald Audesirk）

胚膜	爬行类		哺乳类	
	结构	功能	结构	功能
绒毛膜	衬在卵壳内的膜	作为呼吸表面；调节胚胎和空气之间的气体及水分交换	使胎儿形成胎盘	在胎儿和母体之间提供气体、营养物质和废物交换的平台
羊膜	包围胚胎的囊	含羊水使胚胎悬浮其中	包围胚胎的囊	包含羊水使胚胎悬浮其中
尿囊	连接胚胎尿道的囊；与绒毛膜形成毛细血管丰富的绒毛尿囊	储存废物（特别是尿）；作为呼吸表面	由消化道产生的膜质囊；尺寸相对变小	可以储存代谢废物；促使脐带血管形成
卵黄囊	包围卵黄的膜	包含作为食物的卵黄；消化卵黄并将营养物质运送至胚胎	小的、膜质的、充满液体的囊	帮助从母体吸收营养；形成血细胞；促使脐带形成

4. 发育的调控机制　合子包含需要产生整个动物的所有基因，成体身体的每个细胞也包含这些基因。然而在任何特定的细胞中，有些基因是有用的或者是表达的，而另一些基因不同，可能是沉默的。在发育过程中由于基因表达的差异而出现细胞分化。

控制基因表达的方法有几种，其中一个重要的方法是：控制哪个基因被复制或转录成为信使 RNA（mRNA），信使 RNA 随后通过基因编码直接合成蛋白。每个细胞含有的一些蛋白被称为转录因子，它结合特定的基因并且使这些基因的转录打开或关闭。被转录的基因决定细胞的结构和功能。

通过分子生物学技术，发育生物学家已经发现了发育过程中的许多基因和蛋白，以及它们之间的相互作用。

（1）胚胎发育过程中卵中定位的分子和附近细胞控制基因表达：受精卵的子细胞如何能遗传不同的转录因子，转录不同基因并且变为在结构和功能上不同于另一些细胞？在动物胚胎中，单个基因的分化和整个结构的发育是由两个过程的一个或两个驱动的：①转录因子的活动和其他调节基因物质遗传于母体的卵中；②胚胎的细胞之间的化学通信。

（2）卵中的母体分子可以指引早期胚胎分化：实质上合子中的所有细胞质在受精之前已经存在于卵中；精子的贡献只是细胞核。在多数无脊椎动物和一些脊椎动物中，特定的蛋白分子在卵的细胞质中位于不同的地方，这些蛋白中的一些是调节某个基因开关的转录因子，有时候开启控制许多其他基因的主基因。

在最初的卵裂过程中，合子和它的子细胞在特定地点和特定方向分裂。由于这个原因，这些早期的胚胎细胞接受不同的母体转录因子。因此，不同的细胞转录不同的基因，开始分化为不同的细胞类型，而且在多数情形中，最终导致形成特定的成体结构。在有些卵中，母体分子的位置是如此强烈地控制发育，以至于卵能被按照主要结构"作图"，这些结构将由子细胞遗传细胞质的不同部分产生。例如，在图 16-63 中海鞘的接收一些细胞质的细胞将形成皮肤，接收另一些细胞质的细胞将形成神经系统。

哺乳动物的早期发育难以研究，因为卵子非常小，是蛙卵体积的1/1 000，而且生产的数量小（每次排卵1～10个）。现有证据提示，在哺乳动物卵裂过程中细胞形成方式并不完全一致。

（3）细胞间的化学通信调节大多数的胚胎发育：发育后期每个细胞的结局是由在一个被称为诱导的过程中细胞间化学相互作用决定的。在诱导过程中，一定的细胞释放化学信号使它改变其他细胞的发育，通常是邻近的细胞。对这些信使的反应使特定的基因群被选择地启动，包括以特定方式分化细胞。

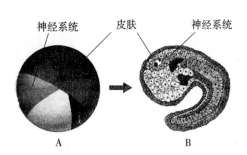

图16-63　海鞘受精卵的"命运地图"
A. 卵　B. 幼体

注：海鞘受精卵胞质中的基因调节物质控制其早期发育，卵裂时得到不同细胞质的细胞，注定了以后发育的"命运"。

（仿 Gerald Audesirk）

在两栖类胚胎中，自20世纪90年代早期就已经知道位于胚孔附近的细胞集聚，被称为组织原（organizer），决定邻近细胞将来成为内胚层或是外胚层细胞，甚至决定头和神经系统在哪形成。组织原完成这些是如何做到的？组织原的细胞释放与其他信使分子相互作用的蛋白以刺激遗传在邻近细胞中的主导基因表达，这些主导基因常常编码转录因子，这些因子改变许多其他基因的转录，其中的基因群（group of gene）被表达决定了细胞的结构和功能。当这些细胞分化时，它们依次释放能改变其他细胞结局的化学物质，在成体身体的组织和器官发育中这种级联效应达到极点。

（4）Hox基因调节身体全部体节的发育：Hox基因在像果蝇、蛙和人类一样的动物中发现了多种，虽然它们的功能在不同的动物中稍有不同，但Hox基因是调节其他许多基因转录的主导基因，它编码转录因子。每个Hox基因影响身体特化部分的发育。Hox基因也被发现于果蝇中，这里特定的突变引起部分身体的复制，再分化或者删去。例如，一个Hox基因突变引起额外体节的发育，导致具有1对额外的翅。

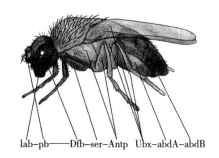

lab-pb——Dfb-ser-Antp Ubx-abdA-abdB

图16-64　Hox基因调控身体各段的发育

注：染色体上的Hox基因的序列对应其不同体段的发育，在果蝇上每一个有活性的Hox基因，在身体不同段发挥作用，图中这些基因（以英文缩写表示）按照从头到尾的顺序排列。

（仿 Gerald Audesirk）

Hox基因被按照从头到尾的次序安排在染色体上，而在身体的特定部位的细胞中被转录，例如，"头部"Hox基因在胚胎的头部被转录，"尾部"在尾上Hox基因被转录（图16-64）。

本章小结

1. 动物的结构、功能和适应　适应性具有产生变化后代的能力，但没有哪种适应性是"完美的"。相反，适应由存在于种群中的等位基因限制，同时也受它们已经存在的性状限制。在适应上最重要的限制也许是权衡，即性状之间不可避免的妥协（折中）。适应涉及种群中对环境产生的自然选择的反应，个体对自然环境中短期变化反应的表型的改变，这种适应称为水土适应。

动物结构的大小、形状或者组成与其功能紧密相关。在分子、细胞、组织、器官、系统水平上结构与功能之间具有相关关系。作为一个整体的有机体要大于部分之和。具体来讲，有机体要大于单个系统的集合，而且每个系统要大于单个体细胞或组织或器官集合。

动物机体大小对其生理有重要影响，动物机体大小与其特定质量代谢率呈负相关。

2. 营养、消化和吸收　动物的营养分为6个主要类别，即碳水化合物、脂类、蛋白质、矿物质、维生素和水，这些基础物质是提供能量以及合成生命大分子的原材料，如碳水化合物和脂肪提供了大多数能量。

　　动物摄取和消化食物有多种方式。异养有机体按其需求营养进行分类，腐生生物大多数为原生生物（动物）和真菌——从死的有机质中吸取营养，其他的如蚯蚓和蟹，取食死的有机物。取食活的有机体的动物是捕食者；食草动物取食植物，食肉动物（carnivore）猎食动物，杂食动物（omnivore）取食植物和动物；滤食动物（filter feeders），如蛤和蓝鲸过滤水体中的小型有机体并取食它们；食液动物（fluid feeder）包括蚊子、蚜虫、水蛭以及蜂鸟。

　　消化通常在消化腔内开始。多数消化作用发生在小肠中，营养、水分和离子被肠壁吸收，腺体分泌消化酶进入小肠，其他的酶由小肠壁的细胞产生，小肠后部的大肠再吸收水和离子以及储存不能消化的废物即粪便。

　　3. 盐和水分平衡及氮排泄　排泄系统保持了体内环境的动态平衡。动物以各种各样的形式排泄氮，主要是氨、尿素和尿酸。无脊椎动物排泄系统包括原肾管、后肾管和马氏管，有着不同的排泄机制；脊椎动物主要的排泄器官是肾，肾的功能单位是肾单位，肾单位能过滤大容积（体积）的血液而且获得盐分和其他有用分子，如葡萄糖的再吸收。

　　4. 气体交换与循环　气体交换系统由气体交换表面和通气与灌流这些表面的结构组成。有机体必须交换的呼吸气体是 O_2 和 CO_2，细胞要从环境中获得 O_2，以经细胞呼吸产生 ATP；CO_2 是细胞呼吸的终极产物，而且它必须被移出机体外以防止有毒效应。扩散是呼吸唯一的途径，是一种物理过程，扩散源于由浓度差驱动的分子随机运动。扁虫和海绵、鱼类、昆虫、鸟类、哺乳动物（人）分别具有不同的呼吸机制。

　　循环系统由肌肉质的泵（心脏）、液体（血液）和一系列导管（血管）构成，通过该系统血液能被泵到身体各处，同时也把 O_2 和营养物质分配至全身。可以分为开管式循环和闭管式循环。闭管式循环具有更多优点，能支持较高水平的代谢活动。脊椎动物因由水到陆，循环系统有很大的不同，鱼类为二室心脏，单循环；两栖类和爬行类为三室心脏，不完全双循环，但鳄鱼具有与鸟类相似的四室心脏；鸟类和哺乳类为四室心脏，实现了肺循环和体循环的完全分离。

　　5. 运动与支持　脊椎动物的肌肉有 3 种类型，即骨骼肌、心肌和平滑肌，它们的功能和控制机理是不同的。骨骼上颌颅肌肉活动使动物运动。在动物界中，存在 3 种不同类型的骨骼：流体静力骨骼、外骨骼和内骨骼，动物机体的协同运动由颌颅肌肉，即一对具有相反活动的肌肉在其骨骼上交替伸缩而产生。

　　6. 神经系统和感觉　神经系统包含 2 个主要的细胞类型：神经元和神经胶质细胞。神经元是一种完成全部神经系统主要工作的细胞：它们接收、处理和传送信息而且控制身体运动；神经胶质细胞协助神经元的功能，主要是提供营养神经元的间质液体以及加速神经元内电子信号的运动。

　　动物有 5 种感觉——触觉、听觉、视觉、嗅觉和味觉，感受器细胞起换能器和放大器的作用。每一类感受器都有一定的传入通路来传导感受器发出的神经冲动，这个传入通路一般都要在中枢神经系统的不同部位换几次神经元。每个特异性上行传入通路只传导一种特定的感觉，也只有在大脑的特定区域才能产生相应的感觉。

　　7. 化学信号与免疫　激素就是由一定的细胞释放的化学信号，而且在一定范围内能影响其他细胞的活动。内分泌通信是由内分泌腺体分泌激素开始的。脊椎动物内分泌激素有 3 类，分别是肽激素、氨基酸衍生激素、类固醇激素。这些激素与处于靶细胞表面或内部的受体结合。激素与受体结合之后，引起两个主要效应的一方面或两方面：①改变细胞的代谢作用；②改变细胞合成的蛋白质类型和数量。激素信号的进化揭示有趣的普遍性：信号分子本身被高度保护，在有机体广泛组群上同样的激素具有不同的功能，如催乳素。

　　免疫是指动物身体对抗病原体，防止引起疾病的能力。动物存在 2 种一般（普通）性的防御机制，非特定免疫或称为先天免疫和特化免疫。

　　8. 繁殖与发育　动物的繁殖可分为无性繁殖和有性繁殖。动物界中无性繁殖有出芽生殖、分裂生殖、孤雌生殖。有性繁殖后代遗传物质来自不同的亲体，可导致遗传变异，其优势是使后代有能使其开辟新环境和使用新方法获取食物的新性状，并能逃避捕食和防御寄生虫。

发育是多细胞有机体生长、增加组织性和复杂化的过程。发育通常被认为是由受精卵开始到性成熟成体结束，可以分为直接发育和间接发育。主要有3个过程：①单细胞通过分裂数量增加；②子细胞分化或者结构和功能特化；③分化细胞组群到达身体精确位置并变成有组织的多细胞结构。

思考题

1. 举例说明什么是水土适应。
2. 在组织、器官、系统和个体水平上，如何理解整体要大于部分之和？
3. 什么是特定质量代谢率？在各种动物中有何规律？
4. 异养的有机体按照营养方式如何划分？举例说明。
5. 图示并简述哺乳动物牙齿结构。
6. 哺乳动物按形状划分的各类牙齿功能如何？人的牙齿反映出什么信息？
7. 简述脊椎动物消化道的各部分及其作用。
8. 脊椎动物消化道有哪些同心组织层？
9. 什么是细胞外液？
10. 水分如何进、出细胞？
11. 排泄的基本过程是什么？以闭管式循环系统为例说明。
12. 什么是渗透随变者和渗透调节者？
13. 鸟类如何排盐？其过程如何？
14. 动物排泄氮有哪些形式？举例说明。
15. 人类痛风是如何引起的？
16. 无脊椎动物排泄系统有哪几类？
17. 扁虫如何排泄？
18. 蚯蚓如何排泄？
19. 昆虫如何排泄？
20. 简述脊椎动物肾单位的结构。
21. 简述脊椎动物尿形成的过程。
22. 气体交换是物理现象还是化学现象？为什么？
23. 为了呼吸，水生无脊椎动物身体有哪些特点？
24. 什么是水中呼吸者的双重困境？
25. 在水中和陆地上，动物如何保证其呼吸器官气体交换表面积？
26. 什么是鱼鳃的逆向交换？有什么好处？
27. 鸟类飞行时如何呼吸？简述主要过程。
28. 人肺的结构如何？
29. 什么是循环系统？
30. 循环系统有哪几类？区别是什么？
31. 简述闭管式循环的优点。
32. 脊椎动物循环系统如何进化？为什么？
33. 肌肉有哪些类型？各自特点是什么？
34. 简述骨骼肌的结构。
35. 动物的骨骼有哪几种？有哪些区别？

36. 神经系统包括哪 2 种细胞？其功能是什么？

37. 树突和轴突有何区别？

38. 神经通路的 4 个要素及其作用是什么？

39. 以水螅、扁虫和章鱼为例，说明神经系统是如何起源的。

40. 动物具有哪 5 种感觉？相应的脊椎动物感受器有哪些类型？

41. 感受器细胞具有什么作用？

42. 简述人眼的基本构造。人如何区分颜色？

43. 简述人耳的构造？简述人的听觉是如何产生的？

44. 人类如何感受各种味觉？

45. 人类如何感受嗅觉？

46. 什么是激素？脊椎动物的激素有哪几类？

47. 简述激素的释放、运送和结合过程。

48. 以催乳素为例，说明激素通信的进化。

49. 什么是免疫？动物免疫的防御机制有哪些？

50. 简述抗体的结构特点及其防御的原理。

51. 什么是体液免疫？

52. 什么是细胞介入免疫？

53. 什么是无性繁殖？动物的无性繁殖有哪几种？

54. 雌雄同体和雌雄异体的动物在受精时有什么区别？

55. 举例说明体外受精和体内受精的特点。

56. 简述动物发育的原理（过程）。

57. 举例说明直接发育和间接发育的区别。

58. 以蛙为例，说明其胚胎发育过程。

59. 胚胎的 3 个胚层分化出哪些成体组织和器官？

60. 动物的发育过程如何被调控？

第十七章

动物行为

内容提要

　　动物行为学是动物学十分重要的分支学科,主要研究动物的行为及其特征。动物的行为与其对环境的适应性、进化、生存、繁殖等密切相关。本章共分六节,主要介绍了动物行为含义、固定行为型、学习行为、领域行为和攻击行为、优势等级和利他行为以及繁殖行为。

　　动物行为（animal behavior）是伴随动物个体或种群整个生命过程的生物活动,动物行为学是对动物行为进行生物学研究的一门科学,自诞生以来一直受到众多科学家的广泛关注,并且产生大量观测和研究工作。动物行为学取得具有重要历史意义和标志性的学术成果是德国的动物学家弗里希（Karl von Frisch）、奥地利动物学家罗伦兹（Konrad Lorenz）和英国动物学家丁伯根（Nikolaas Tinbergen）,1973年因对幼雏辨识亲鸟动物行为模式的研究而同获诺贝尔"生理学或医学奖"。这是该奖第一次颁发给从事动物行为学研究的科学家。自此,动物行为学研究得到快速发展,在野外和室内研究、理论和实验分析等方面均取得了前所未有的进步,正在为解决许多生物学的科学难题做出不可替代的贡献。

第一节　动物行为含义

一、动物行为

　　动物行为学研究的动物行为包括宏观和微观两个层次,宏观上是指动物对内、外环境条件刺激所表现出的有利于自身生存和繁衍后代的可见动作或反应,微观上是指动物的细胞行为、基因行为和分子行为。宏观上的表现如动物的采食、捕食、繁殖、隐蔽,以及微小的动作变化如竖耳和立毛等;此外,一些不明显的动作变化和姿势,如发出声音、体色变化、静立不动和瞬目凝视等,同样属于宏观行为的范畴,这些起着传递信息的作用,并且可能影响自己随后的行为活动或其他动物的行为方式。例如,草原黄鼠（*Spermophilus dauricus*）常常在栖息地直立探视,一是向同伴宣示它的领域;二是确认周边环境的安全性。微观上的表现如昆虫释放出性信息素,吸引异性的到来;食肉目动物常常用尿液标记自己的领域等。动物的微观行为往往对宏观行为具有决定作用,而且具有种的特异性。

二、动物行为类型与生物学属性

　　1. 类型　动物行为多种多样,可以根据行为的诱导因素、行为的功能或行为的发生史将其分成若干类型。按行为的发生史,可分为固定行为型（stereotypic behavior）和学习行为（learning behavior）二大类。固定行为型是指具有固定动作模式的行为,其固定动作模式由遗传所决定。学习行为是指动物在整个生命活动过程中,由于经验而使某种行为发生适应性改变的过程。固定行为型也称先天行为或本能行为。

　　2. 生物学属性　动物行为具有生物学属性,也是一种生物学性状,即使是同类的不同种动物的行为也绝不会完全相似。例如，同样属于啮齿动物（rodentia）的五趾跳鼠（*Allactaga sibirica*）与小毛足鼠（*Phodopus roborovskii*）的取食行为完全不同，小毛足鼠通过脸部内侧的颊囊携带食物，而五趾跳鼠则没有颊囊，直接取食。但是，每种动物的同一种行为过程又各有不同的变化形式，如白鹭的觅食，或以诱饵捕鱼，或涉水捕鱼。与其他生物学性状一样，动物的行为特性受遗传和环境两方面影响，而且有其特定的生理学基础以及系统发生和个体发育的过程。例如，fosB 等位基因决定着雌性小鼠（*Mus musculus*）的育幼行为，如果利用分子生物学技术敲除（knock out）雌性小鼠的 fosB 等位基因，雌鼠则基本上不照顾幼仔（图 17-1）。如今，动物行为学多方面的深入研究已经形成了动物行为学多个不同的分支学科，如行为遗传学、行为生态学、行为生理学和分子行为学等。

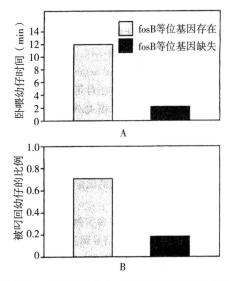

图 17-1　雌性小鼠的 fosB 等位基因与育幼行为
A. 卧巢保护和喂养幼仔　B. 将走失巢外的幼仔叼回巢内
（仿陈小麟）

三、刺激及其过滤机制

　　动物某种行为的发生取决于 2 个方面的刺激，动物机体的内部刺激和外部刺激。内部刺激是由动物体内的动机变化引起的，这类行为往往是可逆的。如饥饿可以刺激动物去捕食或采食，一旦食物得到满足就可以恢复到非饥饿状态；外部刺激来自环境，在自然环境中，存在着各种各样的外部刺激，动物每时每刻都会面对无限量的环境信息，如声音、颜色、形态、气味或动作等。但是，对于动物来说有用的信息只占少量，只有个别刺激能够引发动物产生特定的行为。这种能够引起动物产生某种行为反应的刺激就称为"信号刺激"（signal stimulus）。

　　动物在面对无限量的环境刺激中，最重要的是有选择地对外界刺激做出反应，这取决于对引起特定行为的信息的辨认机制，称为过滤机制（filter mechanism，或称选通机制），即诸多因素经过综合对比分析过程，最后只有个别因素发挥影响作用。动物的感觉器官和中枢神经系统具有刺激过滤（stimulus filtering）功能。感觉器官在"过滤"刺激方面起的作用，称为外周刺激过滤，中枢神经系统的"过滤"刺激作用则称为中枢刺激过滤。刺激的过滤除了要经过感觉器官和中枢神经系统两个"关卡"以外，刺激的传递过程也与动物的内部刺激有关。例如，在动物饱食以后，食物的刺激就不能成为信号刺激。动物对环境刺激的过滤，即是对大量信号刺激的选择，只有能够被感知或选择的外界刺激对动物才具有生物学意义。至今，我们对动物刺激"过滤机制"本质的了解很少，还不知道刺激过滤的确切位置，参与的器官、组织和细胞的作用及如何组织完成"过滤"，完成"过滤"的顺序和分子生物学机制等。该过程涉及神经系统的各个部分，也是感觉生理学（sensory physiology）研究的主要内容。

　　很多动物，甚至一些高级动物，在对某一信号刺激尚无任何经验时，也能对它表示出特有的反应。这种反应能够减少错误或避免造成误解，因此对动物的生存和生殖起着积极的作用。例如，许多鸣禽，当其雏鸟张口时，鲜红的口腔就是引发亲鸟喂食的信号刺激。杜鹃经常寄生性地在其他鸣禽巢中产卵，鸣禽照样会细心照料杜鹃的雏鸟，就是鸣禽对杜鹃雏鸟鲜红口腔信号刺激的反应。尽管杜鹃雏鸟的个体、形态与鸣禽自己的雏鸟有着明显的不同，但因为杜鹃雏鸟也同样能够张嘴露出鲜红口腔向亲鸟索食，而且由于杜鹃雏鸟个体较大，其张口也较大，鲜红口腔的信号刺激也就更强，这种比信号刺激更为有效的刺激称为超常刺激（supernormal stimulus），正是这种超常刺激使义亲（"养父母"）更为努力地饲喂杜鹃雏鸟。

第二节　固定行为型

固定行为型（fixed action pattern）是按一定时空顺序进行的肌肉收缩活动，表现为一定的运动形式并能达到某种生物学目的。

一、固定行为型特点

固定行为型，也称为定型行为，由特定的外部刺激引起，一旦发生就会进行到底，不需要继续给予外部刺激。具有以下 3 个方面的特点：

1. 遗传性　固定行为型是具有固定动作模式的行为。由于其固定动作模式由遗传所决定，因此同种动物的固定行为型，在不同个体之间的表现极为相似。而不同物种之间由于遗传的差异，其固定行为型则存在明显区别。因为固定行为型具有遗传性，所以可将其作为动物的鉴别特征。由于种内的每一个个体都具有，因此在心理学上也被称为物种的典型行为。

2. 内源性　固定行为型是与生俱来的行为，也称为先天行为（innate behavior）或动物的本能（instinct）。固定行为型的发育和形成不受环境刺激的影响，即使动物从未经受过特定的信号刺激，也能正常发育形成固定行为型能力，一旦外界有特定的信号刺激释放，就能诱使动物表现出完整的固定行为型。

3. 定向性和可预测性　复杂的固定行为型一般是连环发生的若干行为系列，往往具有一连串的引发机制，即一个信号刺激引起第 1 个反应，接着加上第 2 个信号刺激又引起第 2 个反应，如此不断循序渐进直至行为终止。因此，只要能够确定环境当中存在着什么信号刺激，就能预测会出现什么行为结果。

例如，三刺鱼（*Gasterosteus aculeatus*）雄性个体的性行为就是一种复杂的固定行为型，具有一连串的引发机制和行为系列。第一步是三刺鱼洄游到温暖的水域，这是由季节变暖及水温变化引起的。然后，雄鱼在温暖的水域中受到绿色植物的刺激，开始选择筑巢地点，接着利用植物筑巢，并保卫筑巢领域，不允许其他同类雄性个体侵入。之后，雄鱼腹部的红色加深，诱来雌鱼，两者开始对舞求偶，雄鱼把雌鱼引到巢中产卵，随后雄鱼也进入巢中排精，卵子受精后，雄鱼负责受精卵的保护工作。它用鳍扇动水流，供给受精卵充足的氧气，以促进受精卵正常发育（图17-2）。在雄鱼的一系列性行为链中，外部环境条件，

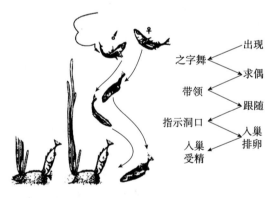

图 17-2　三刺鱼的性行为反应链
（仿陈小麟）

如水温、绿色植物、筑巢材料、雌鱼及其膨胀的腹部都是必要的刺激，而且行为的产生还与其体内性激素分泌的增加有关。

二、固定行为型表现

动物固定行为型模式一般表现为：

1. 固定动作模式　固定动作模式（fixed action pattern）又称为模式动作（modal action pattern），是指固定行为型中由遗传固定不变的且相对复杂的系列动作。固定动作模式的产生由特定的外部刺激所引起，但是一旦固定动作模式产生以后，外部刺激即使不存在，固定动作模式也能继续进行直至完成。外部刺激除了引发产生固定动作模式以外，其强度和速度还决定着固定动作模式的强度和速度。固定动作模式是先天的，是由遗传物质所决定的，相同物种的不同个体对同样的信号

刺激所产生的固定动作模式是固定不变的，而不同物种由于具有不同的遗传背景则对同样的信号刺激表现出不同的固定动作模式。因此，固定动作模式和其他动物分类学特征一样，可以作为动物物种的鉴别特征。

经典的固定动作模式实例是灰雁（*Anser anser*）孵蛋过程中的回收蛋行为（多数地面筑巢的鸟类均有此行为）。灰雁是一种在地面筑巢的鸟类，它们孵蛋时，如果看见离巢不远处有蛋，就会伸出颈部，用下喙接触到蛋，然后再伸长颈部，让喙正好位于蛋的外缘，接着收缩颈部将蛋拨回巢内。如果灰雁已开始回收蛋行为，而蛋被取走，灰雁头颈部的回收动作仍保留，即仍能继续完成回收蛋行为。不管是对正常蛋或是对人工模拟的大蛋，灰雁这种回收蛋行为的固定动作模式都是相同的（图17-3）。

固定动作模式在动物行为中具有重要意义。鸟类求偶舞蹈行为的固定动作模式，具有物种识别的作用，有利于避免自然界不同物种之间的杂交。灰雁的回收蛋行为有利于其蛋中胚胎的存活，其固定动作模式的遗传是动物进化过程中逐步积累形成的，具有重要的生物学意义。一些动物种类已经进化出利用其他物种的固定动作模式行为。如杜鹃的巢寄生（brood parasite），将卵产在其他鸣禽巢中，

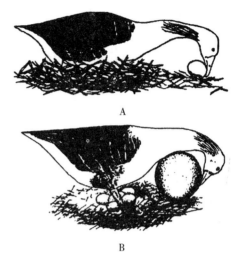

图 17-3 灰雁的回收蛋行为
A. 正常蛋 B. 大蛋模型
（仿陈小麟）

其他鸣禽照样会细心照料杜鹃雏鸟，就是鸣禽对杜鹃雏鸟鲜红口腔信号刺激的反应。尽管杜鹃雏鸟的个体、形态与鸣禽自己的雏鸟有着明显的不同，但因为杜鹃雏鸟也同样能够张嘴露出鲜红口腔向亲鸟索食。这就是通过模仿其他鸣禽雏鸟的信号刺激，使义亲产生具有固定动作模式的喂食行为。

2. 欲求行为和完成行为　固定行为型的复杂行为模式通常可以分成具有明显区别的 2 个阶段，即欲求行为（appetitive behavior）和完成行为（consummatory behavior）。欲求行为也称为寻找行为（searching behavior），是固定行为型的前导部分，能够导致完成行为的产生。完成行为则是构成固定行为型终止阶段的行为活动。

例如，野兔（*Lepus capensis*）饥饿时，体内的生理刺激就会引发其产生觅食行为（欲求行为），即寻找和获取食物，这种觅食行为所花的时间相对较长，一旦找到食物，觅食这种欲求行为结束，会导致完成行为的产生，即进食。当野兔吃饱以后，生理需要得到满足，整个摄食行为，包括觅食与进食终止，即欲求行为和完成行为全部结束。在整个摄食行为中，觅食行为能够受经验的影响而发生改变，如野兔这一次能够在这个地方寻觅到食物，则下一次觅食还会在这里；而进食的动作模式则不能通过学习发生变化，只要是同一物种，其进食的动作模式是相同的。

欲求行为与完成行为的区别可以从它们的功能差别来加以说明。欲求行为由内部刺激引发而产生，以完成行为的实现为目的。完成行为则是以动物的生理需要为目的，当需要没有得到满足时，行为将不会终止，欲求行为将再次发生，进入下一次行为循环。因此，欲求行为持续时间较长，而完成行为的持续时间相对较短。欲求行为和完成行为的动作成分也是不一样的，欲求行为包含学习行为成分和固定动作模式，而完成行为则只有固定动作模式。由于欲求行为序列中含有学习行为成分，因此欲求行为往往会因动物个体经验的影响而发生改变，并且会随着外界刺激的变化而表现多样化。也就是说，欲求行为可以通过学习而发生改变。这也是调教动物的基本原理之一。

三、固定行为型类型

根据固定行为型的特点通常又可以把固定行为型分成以下几种类型：

1. 非条件反射 反射（reflex）是指动物通过中枢神经系统对刺激所做出的定型的快速反应。在同样的条件下，同种动物对相同刺激所表现出的反应模式都是完全相同的。反射可分为非条件反射（unconditioned reflex）和条件反射（conditioned reflex）。非条件反射是动物在系统发育过程中所形成而遗传下来的先天性反射，是最简单的固定行为型，其神经联系是固定的，由大脑皮层以下的神经中枢（如脑干、脊髓）参与即可完成。条件反射是在非条件反射的基础上通过学习而逐渐形成的，其神经联系是暂时的，需要大脑皮层参与完成。条件反射提高了动物对环境的适应性，是动物生存的基本能力。大脑越发达的动物，建立的条件反射也就越复杂。例如，最著名的反射实验，俄国生理学家伊凡·彼德罗维奇·巴甫洛夫（Иван Петрович Павлов）于1901年利用犬进行了反射实验，犬的口腔受到食物刺激引起唾液分泌为非条件反射，这种反射活动是不需要学习就能够形成的反射；犬听到饲喂的铃声或光照等食物之外的刺激引起的分泌唾液属于条件反射，是通过后天学习而形成的。

2. 趋性 趋性（taxis）也是简单的固定行为型，是动物趋近或避开刺激源的一种定向反应。动物对于环境刺激，如光、温度、化学物质、地心引力等，有明显的趋近或避开的方向性反应。如果定向反应朝向刺激的来源，则称为正趋性（＋）；如果背离刺激来源，则称为负趋性（－）。例如，许多昆虫在夜晚趋向光源处，称为正趋光性；小型啮齿动物夜晚在野外活动一般背光而去，称为负趋光性。依照刺激源的不同还可以分为趋湿性、趋化性、趋暗性或趋地性等。

趋性的主要特点是整个身体的反应、是整个动物体的定向运动，即朝向或背离刺激源的运动，因此其运动方向取决于某一刺激的方向性或强度。趋性与向性（tropism）不同，向性是指不能移动的生物的定向生长反应，或者是其身体某一部分趋近（正向性）或避开（负向性）某一刺激源的反应。因此，一般在讨论植物定向生长时才涉及向性问题。趋性也不同于反射，反射不是整个身体的定向运动，如人类的膝跳反射、眨眼反射、缩手反射以及前文所述犬的食物反射等都是身体某一部分对某一刺激的定型反应。

3. 动机行为 能够导致动物产生动机行为的多种内在因素称为动机（motivation）。动机行为（motivation behavior）是指动物所表现出的能够满足机体的某种生理需要或达到某种目的的固定行为型。这一类特殊的先天行为主要由内部环境（内部刺激及内分泌等生理状态）所决定，外界刺激几乎不起作用。从表现上看，似乎动物内部有一个推动力推动着动机行为的发生，在愿望实现或目的达到之后，推动力即消失，行为也停止。因此，可逆性是动机行为的一个特性。如生活于北方农牧交错区的长爪沙鼠（*Meriones unguiculatus*）每到秋季就会集体出动进行储粮，以备越冬，当储粮能够满足其越冬需求后，行为终止，恢复到日常活动。

动机主要涉及生理和安全需求的多种内在因素。动机行为的发生主要取决于动机值的高低。动机值一般受内部刺激、激素水平、生物节律、成熟状况以及以往的经验等一系列因素的综合影响。例如，摄食行为的发生取决于饥饿这一生理需求，即使环境中没有食物，但由于饥饿的多种内在因素的影响，这一行为仍然要发生；相反，如果没有摄食的动机，不管食物多么丰富，动物也不进行摄食。动机有以下重要功能：①引导行为达到一定的目的；②激活作用可加强机体的机敏（alertness）和活力状态，改善机体的机能；③促使行为的启动并增强其持续性；④决定行为表现的先后顺序，使行为成为一个连贯的能够达到目的的行为序列。

4. 节律行为 节律行为（rhythm behavior）是指动物具有周期性变化的行为。地球上的每个地区都有温度、光照、降水、食物等环境条件的周期性变化。因此，动物在适应环境周期性变化的进化过程中，形成了生命活动的周期性变化现象——生物节律（biological rhythm）。目前，关于节律行为有两种学说。一种认为动物的节律行为是内在的，动物体内存在一个定时装置，即生物钟（biological clock），控制动物的节律行为；另一种认为动物的节律行为受环境因素的控制。也有学者认为动物的节律行为同时受内源因子和外源因子的控制。

根据节律行为的周期性，可将其分为年节律、月节律、日节律、潮汐节律等节律行为：

（1）年节律（circannual rhythm）：年节律行为的活动周期一般为 1 年，在季节相对明显的区域，主要体现在动物行为的季节变化方面，因此年节律也称为季节节律（seasonal rhythm）。在地球上的大部分地区，随着环境的季节性变化，动物就会相应地发生某些行为的变化。一些动物可以通过一年一度的迁徙、洄游或蛰眠（夏眠或冬眠）等行为，避开季节性不良环境带来的严重影响。大部分动物每年的生殖行为就是发生在环境转好、食物条件较为充足的季节中。例如，在荒漠环境中生活的子午沙鼠（*Meriones meridianus*），其体重、换毛、生殖器官发育、食物喜好、夜间活动性等都具有显著的季节变化。实验表明，即使将它们的幼仔进行人工养殖，这些生理和行为的季节变化依然存在，这说明其季节节律是内在的。

（2）月节律（monthly rhythm）：每个月从满月到满月的时间间隔为 29.5d，一些动物的行为活动规律与月周期有关，称为月节律行为。有些动物生命活动中的重要节点就发生在这一周期的特定时间。研究人员发现，旗尾更格卢鼠（*Dipodomys spectabilis*）秋季只在月黑时分出洞觅食；另外 2 个经典例子，一是生活在萨摩亚海洋区域的矶沙蚕（*Eunice viridis*）的生殖行为，只发生在 10 月和 11 月下弦月时；二是每年从 3—7 月的每个新月或者满月即潮汐最大的时候，美国加利福尼亚滑银汉鱼（*Leuresthes tenuis*）借着海浪的冲击，夜间游至海岸的沙滩上，雌鱼在泥沙中排卵，雄鱼则在周围同时排出精子让卵受精，随着潮水的退落，受精卵留在沙滩内孵化，半个月后仔鱼破卵而出，恰值下次大潮来临，冲走覆盖的沙子，仔鱼就被潮汐带回大海。

（3）日节律（daily rhythm）：日节律行为是指活动周期等于或接近 24h 的行为，也称为昼夜节律（circadian rhythm 或 day-night rhythm）。由于白天和夜晚在温度、光照、水分、食物等方面存在着差别，因此昼夜节律行为非常普遍。例如，有些动物在白天活动，称为昼行性（diurnal）动物。生活于农牧交错区的长爪沙鼠即是白天活动的啮齿动物；一些动物在夜晚活动，称为夜行性（nocturnal）动物。生活于荒漠区的子午沙鼠、三趾跳鼠（*Dipus sagitta*）即是只在夜晚活动的啮齿动物。还有一些动物，如五趾跳鼠（*Allactaga sibirica*）、蝙蝠在黄昏或黎明时刻活动，称为晨昏性（crepuscular）动物。某些昆虫的色素变化、羽化等，也都有昼夜节律性。正常人的体温、血压和基础代谢率的高低，脉搏和细胞分裂的快慢，以及血液成分和各种化学物质的合成也具有昼夜节律变化。

（4）潮汐节律（tidal rhythm）：是指活动周期与潮汐节律同步的行为。生活于潮间带的许多动物都具有与潮水涨落一致的活动周期。潮汐节律的周期为 12.4h 或 24.8h。每天高潮和低潮的时候大约延迟 50min。全日潮地区 1d 之内只有 1 次高潮和 1 次低潮。在半日潮的地区如厦门、青岛等地，潮水 1d 之内 2 涨 2 落。许多生活在近海的动物具有潮汐节律行为。招潮蟹（*Uca pugnax*）的活动和变色规律就是潮汐节律行为的典型例子。每天低潮时，招潮蟹从洞里爬出来进行觅食、求偶活动，当潮水上涨，它们又进入自己的洞穴中休息。其活动与潮水涨落同步。招潮蟹的体表颜色变化也十分特别，每到夜间，其体色变为黄白色，白天就变成深色，而且每天呈现最深颜色的时间一天比一天推迟 50min，正好与潮汐低潮的推迟相一致。实验研究表明，即使关闭在完全黑暗的房间内（没有昼夜、没有潮汐）达 35d 之久的招潮蟹，仍能保持其变色节律，而且该节律与其被捕地点的潮汐节律完全一致。

生物节律行为是近代生物学研究中的一个十分活跃的领域，也是动物生态学、生理学、生物化学等多学科交叉研究的热点。实验研究表明，许多动物即使离开自然环境，处于人工控制环境中（如恒光、恒温、恒压等条件下），仍能表现出相关的节律性行为，这说明在动物体内存在着决定生物节律的定时机制，即生物钟（biological clock）。人们一直推测生物钟的调节基础可能是细胞内或内分泌系统内的生物化学或生理学机制，它具有能够测定时间并且保持内源性活动节律的作用。2017 年 10月揭晓的诺贝尔"生理学或医学奖"，被 3 位美国科学家 Jeffrey C. Hall、Michael Rosbash 和 Michael W. Young 获得。获奖理由是"发现了调控昼夜节律的分子机制"，成功阐释了生物钟的内在运作机制，利用果蝇作为模式动物，分离出一种能够控制日常生物节律的基因 per。他们通过研究证明：用

per 基因编码出的一种蛋白质会在夜间不断累积，然后在白天又发生分解。因而，per 蛋白水平的变化以 24h 为周期，正好与昼夜节律保持同步。此外，他们还发现这种生物学过程中的其他相关蛋白成分，从而揭示细胞管理自我维持运行的机制。此发现解释了植物、动物和人类是如何适应自身的生物节律并与地球的转动保持同步。现在我们已经知道，包括人类在内的其他多细胞生命体的生物钟都是同样的运行机制。

在生物钟的作用过程中，外部环境条件只是作为一种外在的时间调节因素（zeitgeber），它能够在一定的程度上调节内部生物钟，从而使生物钟与环境变化周期同步。当人为地使外部环境条件的时间节律改变时，动物的行为节律就会不同步于外部真实世界的时间节律。例如，对于夜行性动物而言，人为地给予恒定的黑暗条件会使其昼夜节律的周期缩短（小于 24h），而恒定的光照条件则会使其昼夜节律的周期延长（大于 24h）。可见，离开外部世界的"时间线索"，内源性的昼夜节律就会偏离外部真实世界的 24h 昼夜周期。

对生物钟的研究还表明，生物钟让身体适应了每一天的各种变化：它负责调节身体各种重要机能，如行为举止、荷尔蒙水平、睡眠、体温以及新陈代谢。当外部环境与生物钟发生短暂冲突时，健康会受到影响，如当人类坐飞机跨越多个时区，便会出现时差倒不过来的情况。此外，如果生活方式与生物钟要求的节律产生慢性不协调，则会影响身体，导致各种疾病的出现。

5. 社会行为　社会行为（social behavior）是指同种动物的个体之间的相互关系，实质就是动物种群内部的相互联系、相互作用的行为。因此，社会行为也称为社群行为。大多数的社会行为属于固定行为型，适应性变异较少，不同物种的社会行为模式是不相同的。

社会行为包括通信行为、领域行为、优势等级、生殖行为、攻击行为、利他行为等多种类型。社会生物学（sociobiology）和心理生物学（psychobiology）是动物社会行为学研究领域最热门的 2 个分支学科。自 20 世纪 60 年代以来，关于动物社会行为的研究尤其注重野外自然条件下的研究工作，特别是对昆虫、鸟类、啮齿类和非人灵长类动物社会结构和生态关系的研究从个体到基因水平取得了长足进步。

在动物界中，种群内部个体之间发生社会关系非常普遍，只有少数栖息于水域底质的底栖或附着的无脊椎动物之间很少或不能遇见，生殖时雌雄个体只是分别将卵子和精子释放到水中。但是，尽管如此，雌雄个体释放卵子和精子的时间也是同步的，这种同时释放卵子和精子的现象也可看作一种社会关系。对于绝大多数的动物种类，从无脊椎动物到灵长类动物的各种动物分类单元中，动物的社会性都是独立进化的产物。越高等的动物类群，其社会行为也越复杂。但是，目前的研究结果显示，一些结构相对较为简单的无脊椎动物，其社会性比鸟类或哺乳动物更为复杂。如蜜蜂、蚂蚁、蝗虫等。动物社会关系的牢固性也与物种有关。在动物的生活史中，有些动物的社会关系是永久的，而有的则只在某一时期发生暂时的关系。

第三节　学习行为

一、学习行为含义

学习行为（learning behavior）是动物个体在已有生活经历和积累经验的基础上，使行为发生适应性改变的过程。学习需要借助感觉器官获得信息，并且将这些信息存储在记忆中，每当需要时就可以忆起。动物界从单细胞动物到脊椎动物都存在学习过程。固定行为型对一定的刺激产生固定动作模式的行为反应，其生物学意义在于保护动物能够对某一刺激做出及时的准确反应。这种固定动作模式的行为反应是经过进化选择和遗传固定的，具有适应性意义，能适应环境的各种压力。但是，固定行为型是对过去环境条件的适应，而环境条件在不断地变化着，固定行为型的某些行为组成经过学习而发生改变或补充，就能使行为更加完善，适应能力更强。因此，学习行为有利于动物个体行为适应不断改变着的环境，这就是学习行为的生物学意义。

　　学习有一定的敏感期。在动物的生命过程中，学习过程不会发生在任意阶段，一般处于发育早期的个体学习能力最强。与动物个体的寿命相比，这一时期相对比较短暂。因为在个体发育早期，幼体与种群中的成员（双亲、同胞、其他家庭成员或群体成员）的生活关系最为密切，这时候有最强的学习能力，就能较方便地学会以后生活所需要的知识和经验，从而有利于提高适应能力。

　　动物的学习能力取决于两方面的因素，即物种系统发育水平和生活的特定环境条件。系统发育水平越高，学习能力也就越强，这是因为它们的神经系统发育比较完善。动物的学习能力也是自然选择的产物，即使在同样系统发育水平上，如亲缘关系密切的不同物种甚至是同一物种的不同亚种，也存在着学习能力、学习机制和学习过程的差异。学习行为对于在特定环境中生活的动物来说，会影响到它们最根本的生存和繁殖，因此对于动物的生命活动至关重要。

二、学习行为类型

　　学习行为可以分为多种类型，物种的特定学习类型在一定程度上受到其所处环境和生活史的影响，但是不同的学习类型也可能最终被证明来自同一种神经学原理。比较常见的有以下几种：

　　1. 习惯化　动物学会对某些刺激不发生反应，因为这些刺激反复遇到而且无害，最终造成对刺激反应的削弱或消失，就称作习惯化（habituation）。习惯化是放弃某种原有的反应，而不是获得另外新的反应。这种学习行为的适应意义在于动物放弃了对自身生存没有作用、没有适应价值的反应，以减少能量和时间的不必要的浪费，而用于其他活动。例如，小鸟起初可以被田间的稻草人吓跑，这是躲避伤害的本能反应，但在经历几次后，发现这些刺激无关紧要，它们的反应便减弱并逐渐消失，甚至将稻草人作为落脚点；一些野外生活的啮齿动物被多次标志重捕后，对人的惧怕反应明显减弱，被从活捕笼中放出后投给食物会自得享用，对人的存在短期内不会做出反应。实际上，包括人类在内的多数脊椎动物对声音等环境刺激也存在着习惯化现象。

　　2. 经典条件反射　经典条件反射（classical conditioned reflex）也称巴甫洛夫条件反射（pavlovian conditioned reflex），是指一个刺激［称为中性刺激（neutral stimulus）］原本不能引起某一反应，经过一个"学习"过程，变为能够引起反应。这个"学习"过程，就是把中性刺激与另一个原来就能引起反应的带有奖赏或惩罚的刺激（非条件刺激）多次同时给予，使它们彼此建立起联系，中性刺激变成条件刺激（conditioned stimulus），以后在单独呈现条件刺激时，也能引发类似非条件反射的条件反射。巴甫洛夫的实验方法如下：每次给犬喂食物的同时给以铃声刺激（中性刺激），并立即给予食物奖赏；食物与铃声这样多次结合以后，当铃声一出现（条件刺激），就能够测定到犬的唾液分泌。这种由铃声引起的反射性唾液分泌就是条件反射，而食物引起的反射性唾液分泌为非条件反射，铃声可根据是否能引起反应而先后分别称为中性刺激或条件刺激，食物为非条件刺激。

　　经典条件反射这种学习行为的本质：是在非条件反射的基础上，通过学习而建立起一种新的条件反射。条件反射只是暂时性的神经联系，建立这种神经联系的基本条件是强化过程，如果多次只给条件刺激而不给予无条件刺激的强化，则条件反射的反应强度就会逐步减弱，最后将完全消失。

　　3. 操作条件反射　操作条件反射（operant conditioned reflex）又称为试错学习（trial-and-error learning），或称为工具性条件反射（instrumental conditioned reflex）。1937 年，美国心理学家斯金纳（Skinner B. F.）在实验的基础上提出这一概念。斯金纳设计了具有自动记录的箱子（称为斯金纳箱），箱内尽可能排除一切外部刺激，唯一的物体就是一个杠杆或键盘，动物在箱内可自由活动。把一只小鼠放入箱里，小鼠在箱里四处嗅探和触摸，当它无意中压到键盘，就会有一小粒食物落入箱中；经过几次偶然的机会，小鼠就会把压键盘与得到食物联系起来，以后为了得到食物，它就会自发地去压键盘。类似的实验例证还有：小白兔弹钢琴、鸭子水中套圈、鸽子打乒乓球、警犬钻火圈等。

　　动物自发、随机地做出各种行为反应（先天具有的非条件反射）与某种刺激形成特殊的条件反射并且被强化（给予报偿），其余的行为反应则由于没有得到强化而被放弃，这就称作操作条件反射（又称为Ⅱ型条件反射）。操作条件反射与经典条件反射（又称为Ⅰ型条件反射）虽然都有强化的共同点，但是操作条件反射是行为在先，刺激在后，行为得到强化的过程，行为是主动的；经典条件反射则是刺激在先，行为在后，对刺激的行为反应是既定而且被动的。操作条件反射在建立过程中，刺激和反应都必须先于报偿。操作条件反射在自然界中具有更重要的适应意义。操作条件反射是作用于环境而产生结果的行为，许多动物行为（如摄食、逃避敌害等）之所以发生变化，就是由于行为的后果所造成的，属于操作条件反射的范畴，因此操作条件反射是一种更具有代表性的学习行为。

4. 模仿 模仿（imitation）是一种重要的学习行为，是一个动物复制另一个动物的行为，从而获得新行为的学习过程。动物模仿的对象通常是同物种的个体，但有时也能模仿另一种动物的行为，包括鸣唱和动作模式等。动物通过视觉的动作观察或听觉的声音听取，在记忆的基础上将这些行为成分结合到自己相应的行为中，从而使自己的某一行为发生改变。模仿行为的发生频率受其产生的适应性效果所决定。

鹦鹉和鸣禽等鸟类的学唱就属于听觉模仿学习。研究发现，分布于内蒙古草原的蒙古百灵（*Melanocorypha mongolica*）美丽且善于模仿各种声音，其多达90%的声音是模仿其他动物的叫声（如马的嘶鸣、犬、猫、猪等动物的叫声）、器物发出的声响（如开门声、关门声、马头琴声等）。视觉模仿学习（或称为观察模仿学习）则涉及动物自己的运动方式可能与榜样之间存在着实质差别，已知这种较高层次的学习仅存在于一些哺乳类中，大多只见于灵长类，如幼小的黑猩猩（*Pan troglodytes*）看到年长者用沾水的树枝从洞穴中黏取白蚁，它也会以同样的动作模仿这种捕食行为。

5. 铭记学习 铭记（imprinting）的概念由行为学诺贝尔获奖者劳伦兹（Konrad Lorenz）全面研究并推广普及。铭记是指动物在生命早期牢记某种一起生活中的客观事物，该事物由此以后成为一种信号刺激的学习行为。这种学习行为只出现在出生后的较短时限内，称为敏感期或临界期（phase-sensitive or critical period），但铭记一经建立，就非常牢固，并能影响成长后的若干行为。

著名的铭记行为实例是子女铭记（filial imprinting），其中表现最明显的是一些早成性鸟类，在生命早期牢记亲体并跟随其左右。劳伦兹实验证明，人工孵化出的灰雁（*Anser anser*）雏鸟，在出壳后13～16h的敏感期内，会把它看到的任何活动物体（刺激）当作自己的亲体。如果只看到劳伦兹本人，则劳伦兹就被铭记成"亲体"，劳伦兹走到哪儿，灰雁雏鸟也跟到哪儿；当灰雁雏鸟受惊时，也会朝着劳伦兹跑来。劳伦兹还发现，灰雁雏鸟也能铭记非生命的移动物体；母羊产羔后1h内对羊羔的气味非常敏感，在此期间同任何羊羔只要有5min的接触，就足以使母羊将羊羔认作自己的孩子，如果没有这种接触，羊羔就会被拒绝喂奶。铭记学习是一种迅速建立起来并具有长期有效的一种学习行为，对于动物生存具有重要意义。铭记行为的迅速建立，有助于早成性动物在出生后的短时间内能够正确识别亲体并跟随，并且雄性个体还能够以雌亲为模板，在性成熟之后选择正确的配偶。

6. 推理学习 推理学习（insight learning）也称为悟性学习，是指动物通过理解如何达到目的的问题所在，第1次就能直接找出解决问题的办法。推理学习是学习行为的最高级形式，它比上述几种学习行为更为复杂，因此推理能力只有少数几种高等动物才具备。

灵长类的大部分种类一般都具有推理学习能力。在灵长类方面的许多研究都以黑猩猩作为实验对象，德国学者科勒（Wolfgang Kohler）对此做了大量工作。科勒用一些实验来评价动物解决问题的能力。例如，笼子里面的黑猩猩在用手拿不到高悬的食物时，会使用竹竿来获得食物；如果不给予竹竿而给予许多木箱，且食物悬得更高，黑猩猩则会通过叠加箱子来获得食物。推理学习的最简单的实验是所谓的动物绕道实验（detour experiment），即把食物放置在用铁网或玻璃围起的围栏外面，让里面的动物可望而不可即，这时动物如果直向行进反而不能拿到食物，必须先退离再绕道才能达到目的。对于这种简单的绕道问题，灵长类往往一次就能成功，犬、大鼠和其他食肉类要经过几次正错之间的尝试学习才能达到目的，有蹄类则很难成功，鸟类几乎完全不能解决。

近年来，随着分子生物学的飞速发展，科学家在揭示动物学习行为的遗传机制方面取得了一些重大进展。1999 年，以华裔美国科学家钱卓为首的普林斯顿大学研究组成功地获得了转 NR2B 基因的实验鼠（命名为"Doogie"），NR2B 是一种与调节大脑（海马）学习记忆相关的基因，Doogie 在反应速度、记忆时间、解决问题等 6 种标准学习测验中都优于正常鼠。这项研究为揭示学习行为神秘而未知的大脑基因调控机理开启了一扇天窗。多年来的研究发现，推理学习行为似乎由特定的"刺激-反应"关系构成，虽然科学家们一致同意在推理学习中过去的经验非常重要，但是对过去经验的作用仍然存在争议。2012 年，美国伊利诺伊大学的研究人员 Ash I. K. 等对推理学习的研究结果认为，动物对过去行为信息的记忆和理解是能够解决现实问题的关键。

第四节　领域行为与攻击行为
一、领域行为

动物在一段时间内，有选择地占领一定的空间范围，排斥其他同种个体的入侵。动物占领的这一空间称为领域（territory），动物保卫自己领域的行为就称为领域行为（territoriality）。

领域和巢区（home range）是两个不同的概念。home range 也可译成家域，是指动物栖息、觅食等活动的地方。通常巢区范围大于领域，巢区内动物之间不发生排斥。领域只是巢区中经过选择的严格排斥其他个体的那一部分空间，是某一个体或群体所专用的，不允许其他同种个体进入。巢区是动物生存所不可缺少的，而领域有时候则不存在。

许多动物都有领域行为，这些动物包括昆虫、甲壳类等无脊椎动物、鱼类、两栖类、爬行类、鸟类和哺乳类（包括人类）。对于椋鸟等一些鸟类，如果食物资源在环境当中均匀分布，其个体具有各自的觅食领域；当食物资源在环境当中具有不规则的时间或空间变化时，个体则没有觅食领域。在这种情况下，它们往往集群栖息和觅食，成员之间可以相互利用食物资源的信息，增加获取食物的机会（图 17-4）。

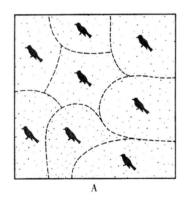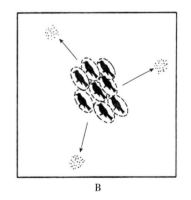

图 17-4　鸟类觅食领域的变化
A. 觅食领域　B. 觅食群体
（仿陈小麟）

领域的大小随物种不同而不同，藤壶的领域直径只有几毫米而已，草地啮齿动物的领域直径为几十米，而非洲水牛的领域直径则长达几千米，"一山不容二虎"即是对老虎领域的描述。对于同种个体来说，领域的大小也是可变的，具有伸缩性。当种群密度较低时，领域就较大，当食物等资源较丰富时，领域就较小。但是，当种群密度过高时，领域就不存在，因为这时候护卫领域的投入代价大于领域的利益获得。这也是动物对能量投入的一种权衡。

领域行为除了用攻击行为来对付入侵者以外，更多的情况是采用不同的"标记行为"来表明领域的所在位置，以防止其他个体的入侵。标记行为实际上也是动物的通信方式。动物的标记行为可以是视觉标记，如身体的姿势或运动、爪印或粪便等；或是声音标记，如猿、鸟和蛙的鸣叫声；或是嗅觉标记，如借助身体产生的粪、尿、唾液或特殊腺体所产生的气味物质。有时，不同的标记信号可以相互结合使用。例如，大部分鸟类都是以鸣声结合飞翔等行为来宣布自己的领土权；狮子主要是靠尿液的霉臭味来标记领域，但也结合边界巡逻来保卫自己的领域。犬科动物大多数以尿液和自身腺体分泌物的气味结合叫声来标记领域。

动物的领域行为虽然要付出一定的代价，如消耗时间和能量，但是所得的利益则更多。当资源有限时，能够保证占有足够的食物和栖息地等。在生殖季节，可以避免其他同种个体的干扰，有利于求偶、交配和育幼等，也有利于熟悉该地区，回避敌害或寻找食物，也能够减少个体或群体之间的冲突。因此，领域行为在动物进化过程中具有重要的生物学意义。

二、攻击行为

无论是营独立生活还是群体生活的动物，由于所需要的共同资源有限，如配偶、食物、栖息地等资源，动物个体之间就会发生相互竞争，产生敌对行动。这种动物为了获得某种有限的资源所表现出的限制另一个体行动自由的威胁、格斗等敌对行动就称为攻击行为（aggressive behavior）。雌性动物在育幼时，为了保护幼仔也会发生攻击行为。

攻击行为可以发生在同种个体之间，也可以发生在异种个体之间，前者为种内攻击行为，后者为种间攻击行为。种内攻击行为和种间攻击行为的目的是完全不同的。种内攻击行为只是为了限制而不是为了杀害对手。相反，种间攻击行为则往往是你死我活的格斗。许多动物种类都有锐利的武器，如牙、喙、爪和角等，在攻击行为中，具备这些武器的动物很少用这些武器来对付同种个体，但经常用于有效地对付异种个体。从行为学的观点出发，种内攻击行为更令人感兴趣，因为它是攻击行为的源泉及高度复杂的方式。因此，行为学中的攻击行为大多是指种内攻击行为。

攻击行为的生物学意义表现在：合理并充分利用资源，保障每个个体的存活。当种群密度增加时，由于资源短缺，攻击行为加剧，一些失败的个体就会扩散到其他新的栖息地，从而对种群的密度起着调节作用。攻击行为还有助于性选择，提高种群的遗传素质，因为只有得胜的强壮者才能得到配偶和领地。但是，攻击行为也有一些不利的影响，如格斗会损伤身体，暴露自己而容易被捕食，浪费时间和能量而减少或不能从事其他活动等。因此，在进化过程中，攻击行为的行为模式应当是扬长避短，既能保持优点又能克服缺点。

攻击行为的方式包括威胁、妥协、仪式化格斗、顺从和损伤性格斗。威胁（threat）是一种不采用暴力的攻击行为，实际上也是一种通信联系。威胁行为（threat behavior）可以表现为外部形态上的扩大变化（如犬的竖毛、立耳，蛤蟆的鼓气）、显示身上的攻击武器（如张嘴露齿）、气体释放、鸣声或体色变化的警告等，并且在威胁过程中逐渐增加威胁强度的表现（图 17-5）。威胁的结果可能是一方表现出妥协。与威胁相反，妥协行为（appeasement）表现为缩小身体、掩藏武器、收敛气味、鸣声或体色等刺激信号，并向后退缩。

但是威胁有时并不能出现对方妥协的结果，那么就会进一步发生仪式化格斗（ritualized fight），这种格斗不是为了损伤或杀害对手，而是为了增强信号的效率。由于这种格斗行为常有固定的行为序列，犹如遵循一定的"规则"，因此称为仪式化格斗。例如，随着繁殖季节的到来，雄性动物之间的攻击行为会明显增加。公羊之间由于求偶尔发生格斗时，双方同时低头向前猛冲，角相互撞击，发出巨响，撞击几次后，一方自感不支，自认败阵而表现出顺从（suppleness）行为，冲突到此为止，撞死的情况极少。响尾蛇发生仪式化格斗时，双方只是尽力把对手压倒在地上，而不是用毒牙伤害对手（图 17-6）。顺从（又称屈服）的行为方式与妥协相似，如斗败的犬表现为垂下尾巴，低头帖耳等。但是妥协行为是发生在格斗行为之前，而顺从行为是发生在格斗行为之后；妥协可以避免格斗行为的发生，顺从则避免格斗行为的继续进行或升级。

图 17-5　猕猴和绿鹭威胁行为的增级信号
A~C. 猕猴威胁信号的增级　D~F. 绿鹭威胁信号的增级
（仿陈小麟）

损伤性格斗行为，通常在种群密度过高的情况下发生。当外来陌生者加入某一群体时，或者是不同群体成员之间，所发生的格斗行为也可能是损伤性的，甚至会导致死亡，在这种情况下种内攻击行为类似于种间攻击行为。从上述攻击行为的各种行为方式可以看出，在攻击行为中，存在着一系列阻止格斗发生的机制，包括威胁、妥协和顺从等，真正的损伤性格斗发生的比例极少。这说明在进化过程中，种内攻击行为的确已经在防止严重损伤方面有了较好的适应，从而减少种内攻击行为所带来的不利影响，保证种族的生存和繁殖。相关研究表明，雄性之间的攻击行为受雄激素调节，攻击行为会随着雄激素水平的波动而变化。

攻击行为发生的结果，往往使群居动物个体间产生一定的等级关系，在一段时间内减少攻击行为的发生。

图 17-6　响尾蛇的仪式化格斗
（仿陈小麟）

第五节　优势等级与利他行为

一、优势等级

优势等级（dominance hierarchy）也称为社会优势顺序（等级序位），是指社会性动物群体中，不同个体之间各自具有一定的等级地位（序位）；高等级地位的优势个体能够控制低等级地位的从属个体，限制后者的一些行动，可以比从属个体优先获得资源，包括食物、栖息地和配偶等。优势等级是通过攻击行为或其他行为所形成的。攻击行为的胜利者占有优势等级，失败者则处于从属地位。优势等级关系最早是在家鸡群中发现的，称为啄食顺序（peck-order）。包括3种基本类型（图17-7）：独霸式（despotism），群体中只有一个个体处于优势等级，其余个体都是同样等级的从属个体；直线式（linear order），即甲支配乙、乙支配丙、丙支配丁；三角式或称为循环式（triangular 或 circular order），甲支配乙、乙支配丙、丙支配甲。

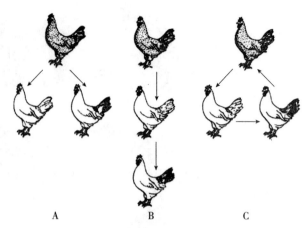

图 17-7　家鸡的优势等级类型
A. 独霸式　B. 直线式　C. 三角式
（仿陈小麟）

优势等级在哺乳动物中表现尤其明显，等级序位高的动物，往往在群体中优先享受食物、优先占有配偶、优先占有资源丰富的栖息地。不仅非人灵长类动物中的优势等级明显，啮齿动物中营群体生活的布氏田鼠的等级序位也非常明显。在繁殖季节，越冬雄鼠在社群内等级序位最高，其次是越冬雌鼠、当年成体雌鼠、当年成体雄鼠，亚成体鼠和幼鼠的社群地位最低。在繁殖末期，越冬雄鼠的地位明显下降，而当年成体雄鼠的等级序位逐渐上升。

在大多数社会性群体中，雌性个体和雄性个体的优势等级制度是分开的。通常，优势个体表现出具有利他行为的特点。优势等级关系一旦形成，在一段时间内，个体之间不再为争夺等级序位而相互攻击，因此减少了攻击行为的发生频率，有利于减少伤害的发生。高等级序位的优势个体具有一些明显特征来"标明"自己的地位，如鸡冠或鹿角的大小、羽毛鲜艳、体格强壮等。但是，随着优势个体和从属个体的年龄及体格的变化，当从属个体有可能战胜优势个体时，从属个体就会向优势个体发起攻击，试图争夺高等级序位，以获得更多的资源。优势等级结构不仅有利于减少相互攻击所造成的伤害，也有助于群体中成员通过分工协作来提高效率，而且还有利于提高种群的遗传素质。

二、利他行为

利他行为（altruism）是指对自己无益或有害，但是对群体中的其他个体有益的行为。利他行为表现在防御、生殖和分食等多个方面。例如，狒狒（*Papio ursinus*）群体在进食时，必定有一只优势雄性个体担任警戒，当捕食者或其他异群个体靠近时，警戒者就会及时发出警告并展开攻击性防御。许多灵长类社会性群体都具有类似的防御利他行为。蚂蚁、蜜蜂等社会性昆虫，一个群体中往往只有1只或少数几只可以生殖，非生殖个体因此表现出生殖利他行为。蚂蚁群中的工蚁、蜜蜂中的工蜂都有反哺行为（regurgitation），它们外出摄食归巢后，会吐出食物喂给同巢的其他个体（图17-8），属于分食利他行为。生活于草原地区的草原黄鼠每次出洞活动或觅食都要首先在洞口直立探望，

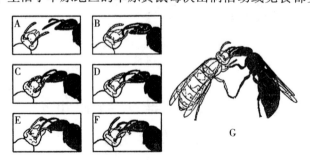

图 17-8　黄蜂（*Vespula germanica*）的反哺行为（黑色为求食者，无色为分食者）
A、B. 求食者用触角尖端轻触分食者的口器　C. 分食者将自己的触角合并
D、F. 求食者将触角上下抖动继续轻触分食者的口器　G. 分食者将食物吐给求食者
（仿陈小麟）

一旦发现存在危险，就会发出"吱吱……"的叫声。叫声不仅将危险信号传递给同类，而且传递给了周围的其他动物，也属于防御利他行为。

第六节　繁殖行为

繁殖行为（reproductive behavior）是指动物在繁殖期发生的与繁殖直接相关的动作过程和活动。如求偶、占区、交配和育幼等行为，是动物最基本的本能行为。繁殖行为不仅是个体生存和种群延续所必需的，而且决定着动物的生物学适合度（fitness）。适合度是指某一生物个体的基因型在后代中相对于其他基因型的贡献，具体表现为该生物个体所能够生产和成功育成后代的数量。生物个体留下的后代越多，其适合度就越大。随着世代的延续，高适合度个体所具有的遗传性状频率就会在种群中得到提高。如果动物只有摄食行为而没有繁殖行为，没有养殖后代，其适合度将等于零。具体包括：

一、性　行　为

异性动物之间，导致精子和卵子结合的一切行为都属于性行为（sexual behavior）。因此，性行为包括求偶、占区、配偶的形成和保持、交配。

交配前的性行为具有重要的作用。这些行为有助于动物之间的相互识别，包括种类、性别、生理状态的辨认等，而且通过交换信息，也能降低双方初遇时可能产生的攻击性倾向，从而促使双方相互配合。在动物的性行为中，求偶行为（courtship behavior）最为复杂多样。求偶行为是一种信息交流，也属于通信的范畴，化学通信、机械通信和辐射通信类型的各种行为表现都可发生在求偶行为过程中。因此，求偶行为既可能是香气诱人，又可能是娓娓动听，或可能是翩翩起舞。求偶行为主要有以下几个作用：

①吸引异性：这是求偶行为的最重要的功能，通常是雄性吸引雌性，与对方的性活动达到协调。这一过程包括两个方面：一是诱发对方做出相应的性反应；二是抑制对方的其他反应，如逃跑和攻击等。对鸟类而言，主要通过求偶炫耀（也称为求偶展示，courtship display）和鸣声吸引异性。哺乳动物的雄性则以强壮和威武以及在群体中的最高等级序位来吸引、占有异性。

②防止异种个体杂交：动物的求偶行为往往具有种的特异性，只能引起同种异性个体的反应，这种近缘物种识别尤其重要。如刺蜥属（*Sceloporus* sp.）的雄性靠有节律地摆动头部吸引异性，但不同种的雄刺蜥的摆头频率存在差异，雌性只对同种雄蜥的摆头求偶做出反应。

③选择最为理想的配偶：选择较为强壮和健康的异性作配偶，保证后代的有效存活和优良性状遗传。在狮群中，老雄狮被击败后，新的个体强壮和健康的雄狮会受到母狮们的青睐，进而能够繁殖后代。而在狼群中，只有等级序位高的雌狼才能参与交配，繁殖后代，其他等级序位低的雌狼，只能帮助抚育后代，不能参与繁殖。总之，求偶行为的生物学意义在于确保优良的基因有效地传递到下一代。

动物的性行为相当复杂，而且不同种类之间的性行为是完全不同的。尼罗鳄（*Crocodylus niloticus*）的性行为可以说明这种行为的复杂性。尼罗鳄的性行为发生在水中，雄鳄用它的口腔发声、鼻子吹水和吻部拍打水面等发出各种奇特的响声，吸引雌鳄到身边。双方慢慢地接近以后，雄鳄逐渐表现出各种求偶动作，包括绕圈、挤碰和交头结尾等；然后雄鳄用下颚的下侧摩擦雌鳄的头部，并通过腮腺释放的芳香味来刺激雌鳄；接着雄鳄和雌鳄相互柔和地摩擦下颚，两者在水中缓慢地并肩游动，最后发生交配行为。

二、育幼行为

育幼行为（parental care）是指亲体对生育地的选择、加工，以及对后代的一系列护理行为。哺乳类的育幼行为也称为母性行为（maternal behavior）。护理行为发生于后代生命过程中的任何阶段，如后代出生之前的鸟类筑巢、护卵、孵化以及哺乳类的产前做窝、妊娠期间的胎盘营养供给，后代出生之后的供给食物、御寒、清理污物以及防御敌害等。哺乳类产后舔净幼仔和哺乳也属于育幼行为。育幼行为广泛存在于变温动物（如无脊椎动物、鱼类、两栖类和爬行类）和恒温动物（鸟类和哺乳类）的许多种类。

鸟类和兽类的育幼行为不仅改善其后代的生存条件，而且也增加了后代的学习机会，因此能够提高后代的存活率，以保证其基因的成功传递。例如，鸣声、捕食和识别技巧等都是在育幼过程中学到的。灵长类的母子关系保持的最为长久，有利于增加后代的学习时间。研究表明，猕猴丧失母亲后，如果让它在生活条件一应俱全的隔离环境中独立生长，长大之后，由于缺乏学习而不具备完整的求生技能，甚至不能与其他个体相处而无法过群体生活。

前面提到的尼罗鳄在完成交配的 2 个月之后，雌鳄开始在河岸边寻找产卵的适宜场所。选定地点后，用后爪在地上挖出一个约 50cm 深的洞穴，产下大约 50 枚卵，再用后爪将沙土填满压实。从此时起的 3 个月孵化期内，雌鳄日夜护卫且很少离开洞穴，只有偶尔短距离地离开以调节洞穴温度。在这段时间里，雄鳄也经常守护在洞穴旁边，或外出捕食为雌鳄提供食物。护巢期间雌鳄凶恶无比，一遇有任何动物接近，立即发起猛烈攻击。3 个月以后，洞穴鳄卵里的小鳄发出叫声，雌鳄用爪小心地扒开硬土，让鳄卵露出。接着，雌鳄和雄鳄双亲张口逐一将鳄卵轻轻地衔在两颚间，用舌和上颚转动鳄卵帮助开裂卵壳，小鳄用力撞裂卵壳挣脱而出。当小鳄都出壳之后，雄鳄即带领它们，甚至用口衔着小鳄到事先选好的水域中去养育。另外一个典型例子是野生双峰驼（*Camelus bactrianus ferus*），其妊娠期一般为 13 个月，但是如果满 13 个月时恰逢环境条件不好，雌性野骆驼会推迟分娩数周，直到尽快找到较为理想的环境才进行分娩。可见，育幼行为不仅极尽温柔，而且令动物筋疲力尽，需要付出极大的时间及能量代价。

在育幼过程中，如果后代抚育由双亲共同承担，这样的家族就称为双亲家族，如晚成性的鸠鸽鸟类和一些鸣禽。如果只由母亲抚育，而父亲完全不管，则称为母系家族，如兽类。相反，如果后代只由父亲单独抚育，则称为父系家族，如海马和刺鱼等。

以上介绍的是动物行为学的一些基础理论和基本知识。动物行为学所涉及的行为还包括许多，如通信行为（听觉、视觉、嗅觉或化学、触觉）、觅食行为、防御行为、迁移（扩散）行为、栖息地选择、婚配制度、食物储藏等。动物行为学研究动物如何以行为适应环境，这种环境包括物种的种内环境和生态系统中的生物及非生物环境。动物生存环境的多样性决定了动物行为的多样性，通过本章的学习，可以初步了解和掌握动物怎样"动"、为什么"动"的基本理论和知识。

▌本 章 小 结▌

动物行为学是动物学十分重要的分支学科，目前获得了长足发展，进一步形成多个不同的分支学科，如行为遗传学、行为生态学、行为生理学和分子行为学等，为解决许多生物学的科学难题做出不可替代的贡献。

动物行为的含义包括宏观和微观 2 个层次，按行为的发生史，可分为固定行为型和学习行为二类；动物某种行为的发生取决于 2 个方面的刺激，即动物机体的内部刺激和外部刺激。

固定行为型由特定的外部刺激引起，一旦发生就会进行到底，不需要继续给予外部刺激，具有遗传性、内源性、定向性和可预测性的特点。一般表现为固定动作模式、欲求行为和完成行为。可分成几种类型，即非条件反射、趋性、动机行为、节律行为和社会行为。

学习行为是动物个体在已有生活经历和积累经验的基础上，使行为发生适应性改变的过程，一般处于发育早期的个体学习能力最强。动物的学习能力取决于两方面的因素，即物种系统发育水平和生活的特定环境条件。学习行为有以下几种类型：习惯化、经典条件反射、操作条件反射、模仿、铭记学习和推理学习。

　　领域行为是指动物保卫自己领域的行为，领域的大小因物种不同而不同。常见的具有领域行为的动物包括昆虫、甲壳类等无脊椎动物，鱼类，两栖类，爬行类，鸟类和哺乳类（包括人类）等。领域行为除了用攻击行为来对付入侵者以外，更多的情况是采用不同的"标记行为"来表明领域的所在位置，防止其他个体的入侵。攻击行为是指这种动物为了获得某种有限的资源所表现出的限制另一个体行动自由的威胁、格斗等敌对行动，其生物学意义在于合理并充分利用资源，保障每个个体的存活，攻击行为的方式包括威胁、妥协、仪式化格斗、顺从和损伤性格斗。

　　优势等级是指社会性动物群体中，不同个体之间各自具有一定的等级地位（序位），高等级地位的优势个体能够控制低等级地位的从属个体，限制后者的一些行动，在哺乳动物中表现尤其明显：等级序位高的动物，往往在群体中优先享受食物、优先占有配偶、优先占有资源丰富的栖息地。社会性动物群体中具有利他行为，是指对自己无益或有害，但是对群体中的其他个体有益的行为，表现在防御、生殖和分食等多个方面。

　　繁殖行为是指动物在繁殖期发生的与繁殖直接相关的动作过程和活动。如求偶、占区、交配和育幼等行为，是动物最基本的本能行为。具体包括性行为和育幼行为。

思考题

1. 什么是动物的行为？按行为的发生，可分哪两类？什么影响了动物行为的特性？
2. 什么是选通机制？
3. 什么是固定动作模式？
4. 定型行为分哪两部分？有什么特点？
5. 定型行为的特点是什么？
6. 定型行为可以分为哪几种类型？各有什么特点？
7. 什么是学习行为？有哪几种类型？
8. 攻击行为的生物学意义是什么？
9. 什么是优势等级？
10. 什么是领域行为？
11. 什么是利他行为？
12. 动物性行为中的求偶行为最复杂，其作用是什么？

第十八章

动物保护

内容提要

本章主要从 3 个方面重点介绍了我国脊椎动物保护现状和发展规划。首先是中国脊椎动物资源概况以及关键类群简介及其分布；其次是中国动物保护策略与方针；最后是中国自然保护区建设与发展的历程及主要保护动物的国家级自然保护区简介。

中国国土面积广大，地貌复杂，山区林立，江河湖泊众多，具有热带雨林、季雨林、常绿阔叶林、针阔混交林、针叶林、草甸、草原等多种植被类型，形成了多样的野生动物栖息环境，蕴藏着丰富的野生动物资源。

世界野生动物尤其是脊椎动物的生存状况并不乐观。近百年来，在人类干预下的物种灭绝比自然速度快了 1 000 倍。全世界每天有 75 个物种灭绝，每小时有 3 个物种灭绝。很多物种还没来得及被科学家描述和命名就已经从地球上消失了。英国生态学和水文学研究中心的杰里米·托马斯领导的一支科研团队在最近出版的《科学》杂志上发表的英国野生动物调查报告称，在过去 40 年中，英国本土的鸟类种类减少了 54%，本土的野生植物种类减少了 28%，而本土蝴蝶的种类更是惊人地减少了 71%，这表明一直被认为种类和数量众多，有很强恢复能力的昆虫也开始面临灭绝的命运。据生态环境部的统计资料显示，中国在 20 世纪就有 6 种大型兽类相继灭绝：普氏野马（1947 年野生灭绝）、高鼻羚羊（1920 年灭绝）、新疆虎（1916 年灭绝）、中国大独角犀（1920 年灭绝）、中国小独角犀（1922 年灭绝）、中国苏门犀（1916 年灭绝）。中国脊椎动物目前受威胁的有 433 种，灭绝或可能灭绝的有 10 种。

科学家们据此推断，地球正面临第 6 次生物大灭绝。从保护生物学的角度来说，自工业革命开始，地球就已经进入了第 6 次物种大灭绝时期。

因而弄清我国脊椎动物资源概况和关键类群及分布的关键地区，借鉴国外成功经验，制定相应的动物保护方针和政策，加快自然保护区的建设显得十分必要。

第一节　中国脊椎动物资源概况以及关键类群

中国是世界上野生动物种类最多的国家之一，有脊椎动物 6 000 多种，占世界种数的 10% 以上，我国的鱼类、鸟类和兽类资源十分丰富，已经记录的兽类 607 种（王应祥，2003），鸟类 1 332 种（郑光美，2005），爬行类 412 种（赵尔宓，2000），两栖类 295 种（赵尔宓，2000），鱼类 4 060 种（李明德，1997）。

鸟类是种类最多的陆生脊椎动物，国家一级重点保护野生动物有 42 种，二级有 189 种；兽类国家一级重点保护野生动物有 50 种，二级有 79 种。其中，大熊猫、朱鹮、金丝猴、扬子鳄等 667 种脊椎动物为中国的特有物种。目前，全国已建立自然保护区 2 000 多处，使 85% 以上的国家重点保护野生动物种群得到有效保护，230 多种野生动物已建立稳定的人工繁育种群，并对朱鹮、麋鹿、扬子鳄等 14 种野生动物成功实施放归。

一、资源概况

野生动物资源（wildlife resources）调查与监测是野生动物保护与管理（wildlife conservation and management）的基础，《中华人民共和国野生动物保护法》和《中华人民共和国陆生野生动物保护实施条例》对野生动物普查都有相关规定，如"野生动物普查每十年进行一次"等。

中国政府非常重视野生动物资源调查工作，为掌握我国野生动物资源本底状况，自 1995 年起，开展了 1949 年以来规模最大的陆生野生动物资源调查，调查对象为 252 个物种，分别包括两栖类 13 种，爬行类 26 种，鸟类 135 种，兽类 78 种，涉及国家一级重点保护野生动物 83 种，国家二级重点保护野生动物 70 种。调查的主要内容包括：各物种的数量、分布、栖息地状况，社会经济状况，驯养、利用与贸易状况，保护管理状况，研究状况以及影响资源变动的主要因子。历时近 10 年，投入了大量工作，基本掌握了我国野生动物驯养繁育状况、野生动物管理现状、绘制了野生动物分布图、建立了资源数据库。值得一提的是首次掌握了 191 个物种的基础数据，填补了资源数据方面的空白，另外对以前做过资源调查的 61 个物种首次掌握了种群动态。全国野生动物调查的资源概况分述如下：

（一）两栖类

调查了 3 目 4 科 13 种，其中棕黑疣螈和虎纹蛙为国家二级重点保护野生动物。调查表明，海蛙仅在海南的 3 个自然保护区中残存少量个体；版纳鱼螈约有 1 万条，仅分布在云南和广西；棕黑疣螈仅分布于云南，数量为 73 000 条，数量超过 10 000 只的仅有虎纹蛙、沼蛙、黑眶蟾蜍、中华大蟾蜍、黑斑蛙等 5 种，但也正在遭受环境污染和栖息地破坏的严重威胁。

（二）爬行类

调查了 4 目 9 科 26 种，其中四爪陆龟、扬子鳄、巨蜥、鳄蜥、蟒蛇为国家一级重点保护野生动物。伊江巨蜥仅存 100 条，扬子鳄、莽山烙铁头、鳄蜥仅有几百条，四爪陆龟仅分布于新疆，约 1 700 只；温泉蛇、圆鼻巨蜥、蟒蛇、细脆蛇蜥均不超过 10 万条。大部分蛇的种群数量只有几十万条或几百万条。

（三）鸟类

鸟类是本次调查涉及种类最多的类群，共调查 12 目 22 科 135 种，国家一级重点保护野生动物有 31 种，二级有 47 种。

1. 迁徙鸟类　在调查的 85 种迁徙鸟类中，雪雁、埃及雁、云石斑鸭、小绒鸭、丑鸭、长尾鸭、白背兀鹫、赤颈鸭等 8 种鸟类在冬季和夏季调查中未发现，另有 10 种鸟在冬季调查中未发现，有 9 种鸟在夏季调查中未发现。

冬季调查结果显示，红胸黑雁、黑雁等 7 种鸟冬季数量均不超过 100 只，冬季数量不超过 1 万只的有 28 种，占所调查迁徙鸟类的 32.9%。冬季调查超过 10 万只的仅有豆雁、赤膀鸭、赤麻鸭、绿翅鸭、绿头鸭、斑嘴鸭 6 种，占所调查迁徙鸟类的 7.1%。

夏季调查结果显示，玉带海雕、黑脸琵鹭、黑雁、斑脸海番鸭、斑头秋沙鸭均少于 100 只；数量为 100～1 000 只的迁徙鸟类有 13 种，大于 1 万只的有 24 种，占迁徙鸟类的 28.2%，种群数量大于 10 万只的只有红隼、斑嘴鸭、棕头鸥、雀鹰、骨顶鸡、普通鵟、绿头鸭、斑头雁、赤麻鸭等 9 种，占迁徙鸟类的 11.8%。

2. 非迁徙鸟类　在调查的 50 种非迁徙鸟类中，数量不超过 1 000 只的有 9 种，占 18%，其中白喉犀鸟仅有 4 只，海南鳽仅有 80 只左右，棕颈犀鸟、冠斑犀鸟、双角犀鸟共仅有 200 只；超过 10 万只的有 17 种，占 34%，主要是雀形目鸟类，如画眉、蒙古百灵、云雀等。

我国鸡形目鸟类丰富，已经记录到野生鸡类 2 科 63 种，本次调查 32 种。调查表明，数量不足 1 万只的 8 种，占 25%，尤其白尾梢虹雉仅 320 只，四川山鹧鸪和绿孔雀分别为 1 万只，海南山鹧鸪仅 1 200 只；绿尾虹雉、斑尾榛鸡、白额山鹧鸪、褐马鸡、白冠长尾雉、白颈长尾雉等 13 种数量为

1 万～10 万只，占 40.6%；血雉、白马鸡、中华鹧鸪等 9 种数量为 10 万～100 万只；只有灰胸竹鸡和环颈雉数量超过 100 万只，分别为 140 万只和 220 万只。

(四) 兽类

调查了兽类 7 目 20 科 78 种，其中国家一级重点保护野生动物有 47 种，二级有 21 种。

结果表明，白臀叶猴（仅分布于海南）仍未被发现。白掌长臂猿、豚鹿、鼷鹿、倭蜂猴 4 种兽类数量均不足 100 只，已极度濒危；普氏原羚、白颊长臂猿、貂熊、亚洲象等 16 种兽类数量均不足 1 000 只；种群数量超过 10 万只的兽类仅有 15 种，占 19.2%，主要有野猪、岩羊、狍、喜马拉雅旱獭、灰旱獭等食草兽类。

在调查的 20 种灵长类中，白臀叶猴、白掌长臂猿、倭蜂猴、白颊长臂猿、戴帽叶猴、白头叶猴、蜂猴、白眉长臂猿、黔金丝猴、菲氏叶猴、长尾叶猴、黑长臂猿等 12 种数量均不足 1 000 只，已经非常濒危；滇金丝猴和川金丝猴分别为 2 150 只和 12 000 只；只有猕猴数量达到 10 万只。

在调查的 17 种食肉目动物中，大熊猫、云豹、雪豹、金猫、小熊猫、貂熊、虎 7 种数量均不足 1 万只，大熊猫仅 1 596 只，尤其貂熊仅 180 只，东北虎、印支虎、孟加拉虎数量仅分别为 14 只、17 只、10 只左右。棕熊、黑熊、猞猁、紫貂、豺、狼 6 种数量为 15 000～35 000 只；数量超过 10 万只的仅有豹猫、沙狐、赤狐 3 种，分别是 23 万只、16 万只、15 万只。

(五) 单一种群野生动物

中国的单一种群野生动物面临绝迹的危险，极度濒危。白臀叶猴多年一直未曾发现。四爪陆龟、扬子鳄、莽山烙铁头、鳄蜥、朱鹮、黔金丝猴、海南长臂猿、坡鹿、普氏原羚、河狸等不仅数量少而且分布狭窄，一旦遭受自然灾害、疫情或其他威胁，将面临绝迹的危险。四爪陆龟仅分布于新疆伊犁河谷地带的霍城县，数量 1 700 只；野生扬子鳄在浙江仅见 2 条，在安徽估计仅存 400 条；莽山烙铁头仅分布于湖南宜章莽山，分布面积几十平方千米，数量仅 500 条；鳄蜥分布于广西大瑶山地区，现存数量仅 700 条；朱鹮经过 20 多年的努力，数量虽然持续增长，种群数量仍很少，分布范围仅限于陕西秦岭南部地区，有 1 500 多只；黔金丝猴目前仅见于梵净山自然保护区，数量约 700 只；海南长臂猿仅发现 4 群 21 只；坡鹿经过 20 多年抢救保护，数量恢复到 760 只，但仅分布于海南大田，其他地区均已绝迹；普氏原羚仅见于青海湖的环湖地区，栖息面积仅 1 700km^2，数量 130 只；河狸仅见于新疆的布尔根河及临近的青格里河段，数量 690 只。

二、中国脊椎动物资源利用

按照利用的目的来讲野生脊椎动物资源可以分为食用动物资源、药用动物资源、工业用动物资源、实验动物资源、观赏动物资源和害虫害兽的天敌动物资源等 6 大类。分述如下：

1. 食用动物资源　中国食用动物资源丰富，但要注意属于国家保护动物范围的不可随意猎杀，可分为下列 3 类：

(1) 水产的鱼类资源：鱼类是水产资源中数量最大的类群，中国大多数海、淡水鱼类种类多、性成熟早、繁殖力强、生长快、补充能力大、适应性广，奠定了中国渔业生产的物质基础。1990 年，中国水产品总产量 1 218 万 t，名列世界第 3 位。中国海洋鱼类有 1 700 多种，经济鱼类约 300 种，最常见而产量较高的经济鱼类有 60～70 种。中国内陆水域共有鱼类 800 多种，主要经济鱼类有 40～50 种。

以东海海区为例，共有鱼类 440 多种，是带鱼、大黄鱼、小黄鱼、乌贼（软体动物）4 大经济种类的最大产区，东海、黄海的浅海渔场是世界上较大的渔场之一，素有"天然鱼仓"之称。东海带鱼产量占中国带鱼总产量的 85% 左右，其他 3 种也均超过一半。此外，还有质量较高而单一品种数量较少的品种，如鲳、鳓、真鲷、海鳗等。捕捞产量占中国海洋捕捞产量的 51.8%。

(2) 飞禽：飞禽中的各种野鸭、雁、野生雉鸡类及斑鸠等，均为重要而广布全国的食用鸟类。如从江西鄱阳湖、江苏洪泽湖及山东微山湖猎取的雁、鸭等水禽，年产量曾达 250～300t。森林鸟类如鹧鸪、松鸡、榛鸡、鹌鹑、竹鸡和斑鸠等均为食用禽类中的上品。

（3）哺乳动物：哺乳动物中的有蹄类是最重要的肉用动物，20 世纪 70 年代末，每年猎取的黄麂达 65 万头，赤麂 14 万～15 万头，毛冠鹿 10 万头；河南的野兔最高数量达 298 万头；每年猎获的野猪、狍、原羚（包括黄羊）、水鹿、岩羊和盘羊等数量也很可观，估计全国每年可获野味 5 万多 t。此外，有 20 种左右的海兽，特别是鲸类，可提供大量蛋白质和多种维生素。

2. 药用动物资源　中国是使用动物药材最多的国家，初步统计入药的各种无脊椎动物提供的药材约有 170 种，如石决明（即几种鲍鱼的贝壳）、地龙（几种蚯蚓）、珍珠、医蛭、蝎等。药用鱼类有 90 余种，如几种海马和几种海龙。药用两栖类有蟾蜍（其耳后腺分泌的蟾酥）、中国林蛙（蛤蟆油，中国林蛙的干燥输卵管）。药用爬行类也有数十种，如龟、鳖、蛤蚧（大壁虎）、蕲蛇和银环蛇等。药用哺乳动物约有 70 种，如麝（分泌麝香）、鹿（鹿茸及鹿角）、水獭（水獭肝）、熊（熊胆）、穿山甲（甲片）等。中国麝香资源名列世界之首，20 世纪 50 年代年均产量曾达 1.78t。

3. 工业用动物资源　可分为下列 4 类。

（1）制裘及制革工业用动物：中国约有 120 种裘皮兽，是制裘工业的重要原料，珍贵的品种有紫貂、石貂、水獭和几种狐，但裘皮产量有限；毛皮质量较好、数量大而经济价值高的种类有黄鼬、豹猫、貉和鼬獾，年产量分别在 10 万～300 万张。用于皮革工业原料的动物，主要为 30 多种有蹄类的皮张，如著名的麂皮（包括赤麂、黄麂、黑麂及毛冠麂）年产近百万张；鲸皮和各种大、中型蛇皮也是良好的制革原料，鳄皮制品尤为名贵。

（2）香料工业动物：世界上香料工业的四大动物名香（麝香、灵猫香、龙涎香及河狸香）中国均有出产，其中龙涎香（抹香鲸肠内分泌物）和河狸香（即海狸香，为河狸所产）的产量甚少，麝香主要用于制药，而灵猫香（小灵猫和大灵猫的分泌物）已广泛用于香料工业的定香剂。

（3）鲸脂：中国有鲸类 14 种，如江豚、抹香鲸、座头鲸、长须鲸等。鲸脂中含有大量的甘油，可以用于合成炸药中的硝化甘油，可以制造蜡烛和油画颜料，而且还能用来制造肥皂和提炼在精密仪器上使用的高级润滑油。

（4）羽绒与装饰品：天鹅及野鸭绒质轻而软，保温性能好，可加工成绒衣、绒被。各种鹭、鸭、雉、鹰、雕、鸮等的翼、羽翎、尾羽或羽皮，均为市场欢迎的装饰品和工艺品原料。

4. 实验动物资源　随着科学的发展，原有的小鼠、大鼠、家兔和豚鼠已不能满足各专项实验的需要，因而对野生实验动物资源的开发利用日益受到重视。中国有灵长类 14 种，用于实验的主要是猕猴，被广泛用于避孕、免疫、内分泌、肿瘤和心血管方面的研究。近年来，发现树鼩是研究肿瘤的良好医学模型。黑线仓鼠可用于肿瘤和细胞学的研究，也是研究糖尿病的良好动物模型。长爪沙鼠可用于钩端螺旋体和慢性血吸虫病的研究。

5. 观赏动物资源　如鸟类中的各种鹤类、天鹅、红腹锦鸡、绿孔雀、绯胸鹦鹉、犀鸟及一些鹭类和相思鸟、画眉与黄鹂等种类；中国著名的文化鸟类——鹤类共计有 9 种，占世界鹤类的 60%，丹顶鹤、黑颈鹤和白鹤的数量均居世界之首；濒临灭绝的牛鹦在中国仅有少量残存种数。哺乳类中可供观赏的包括各种灵长类（猿与猴）、鹿类、熊类和虎、豹、云豹、大熊猫、小熊猫、象等。

6. 害虫害兽的天敌动物资源　这类资源十分广泛，包括食虫的各种青蛙和蟾蜍；食鼠的蛇类；食虫鸟类和鸮（猫头鹰类）；食虫蝙蝠和许多捕鼠的中、小型食肉兽，特别是黄鼬、艾虎、豹猫、小灵猫等。这些天敌动物在森林、草原和农田生态系统中起到不可估量的积极作用。

三、中国脊椎动物关键类群

本文所说的脊椎动物关键类群，一般指高度濒危、具有重大科学价值和重要经济意义的野生动物类群，但要注意三者的划分标准不是绝对的，如某些高度濒危物种本身具有重要科学价值或经济价值，如普氏原羚、虎和梅花鹿等。

高度濒危野生动物是指在分布区中处于有灭绝危险的野生动物，这些野生动物物种的种群已经减少到勉强可以繁殖后代的地步。如果不利于其生长和繁殖的因素继续存在或发生，便会很快灭绝。按照世界公认的标准，一个物种的数量少到以数百只计算时，即为濒危野生动物。

重大科学价值类群是指在生物系统学或在生物进化以及环境保护方面有重要意义的类群。如单型种、中国特有属种、孑遗种或残遗种、对环境有检测意义的指示种和富有代表性的类型。

重要经济意义类群多为中国重要的资源物种，其种群数量或许仍然很多，或者已经明显下降而有待我们加强管理与保护，待种群恢复到一定数量时仍可合理利用。本章前面已经列专题说明，因而在此仅列出物种名称。

现就兽类、鸟类、两栖类和爬行类、鱼类的关键类群分述如下。

1. 兽类的关键类群　中国濒危哺乳动物有 95 种，处于高度濒危的有 25 种。有重大科学价值的兽类除含食虫类个别物种外，主要物种为灵长类及有蹄类动物，共约 19 种。有重要经济意义的兽类除穿山甲外，其余均以食肉类和偶蹄类为主，共计 17 种。

（1）灵长目：高度濒危的有台湾猴、菲氏叶猴、白臀叶猴、白掌长臂猿、黑长臂猿、白颊长臂猿和白眉长臂猿。菲氏叶猴在云南再未发现，推测在云南南部红河地区可能还有少量残存；白臀叶猴原记载分布于海南，近一世纪再无发现。其他几种均分布于云南，黑长臂猿也见于海南。

所有灵长类都有重大科学价值，除已列入高度濒危类群的 7 种外，其余还有蜂猴、倭蜂猴、猕猴、豚尾猴、藏酋猴、短尾猴、熊猴、川金丝猴、滇金丝猴、黔金丝猴、怒江金丝猴、长尾叶猴、冠叶猴、黑叶猴。这几种金丝猴分布于中国的西南山区。灵长类是研究人类学、医学、生物学、行为学和心理学的重要动物，因而具有重大的科学价值。

（2）食肉目：高度濒危的有 7 种：马来熊、紫貂、大熊猫、荒漠猫、云豹、虎和雪豹。分述如下：

马来熊产于云南南部，是现存体型最小的熊，自然种群数量很少，1972 年在中国云南南部边境山地首次发现，据学者 1998 年估计，中国野生马来熊数量在 140 只左右，而 1997 年估计有 350～400 只。

紫貂是一种特产于亚洲北部的貂属动物，东北长白山的紫貂 1984 年调查发现 670 多只，在黑龙江伊春林区 20 世纪 70 年代每年收购毛皮 30 张，80 年代每年平均仅 10 张。中国农业科学院特产研究所 1957 年已经开展人工养殖，由于紫貂繁殖力不强，因而数量不多。

大熊猫是中国特有种，据 2015 年公布的第 4 次全国大熊猫野外种群调查结果，野生大熊猫仅有 1 864 只，其中 80％以上分布于四川境内，圈养大熊猫数量 357 只。

荒漠猫仅分布于中国西北地区和蒙古国，不畏气候的恶劣，在荒漠、山林边缘、高山灌丛和高山草甸等地带生活。数量不清楚，极难发现。

云豹分布于亚洲东南部，中国在秦岭以南，体色金黄色，并覆盖有大块的深色云状斑纹，因而得名。1998 年左右数量略有回升，估计中国保有资源量不过数千只；分布于分布区边缘的陕西秦岭和河南的云豹已濒临绝迹，有报道称台湾云豹已经灭绝。

东北虎估计残存 20 只，华南虎可能不足 10 只，云南的印支虎可能不到 50 只，原分布于华北和西北（新疆）的虎恐已灭绝。总之，中国野生虎的总数量已不足 100 只。

雪豹是一种重要的大型猫科食肉动物和旗舰种，由于其常在雪线附近和雪地间活动而得名，中国的天山等高海拔山地是雪豹的主要分布地，皮毛为灰白色，有黑色点斑和黑环，尾巴长而粗大，有"雪山之王"之称。Novell 和 Jackson 于 1992 年曾报道，中国分布共有 2 000～2 500 只。

有重要经济意义的多为毛皮兽，如石貂、水獭和小爪水獭的毛皮被视为裘皮之冠，其次还有黄鼬和豹猫等。大灵猫和小灵猫的腺体分泌物——灵猫香既可药用又是名贵的香料。

（3）鲸目：白鳍豚分布于中国长江中下游的干流及洞庭湖、鄱阳湖，为中国特有种，2002 年估计已不足 50 头，被誉为"水中的大熊猫"。2006 年，近 40 名科学家对宜昌到上海长江中下游的干流 1 700km 江段进行地毯式搜索，未发现一头白鳍豚，因此不少科学家怀疑白鳍豚已经灭绝。

根据民间零星的目击记录可以推断，长江里还有少量残存，然而仅凭这最后几只个体，已经无法延续种群，预计白鳍豚会在 10 年内彻底灭绝。2007 年 8 月 8 日，《皇家协会生物信笺》期刊内发表报告，正式公布白鳍豚功能性灭绝。日臻完善的克隆和转基因技术，或许是拯救白鳍豚的最后一丝希望。

（4）长鼻目：据考古发现，亚洲象 7 000 多年前还广泛分布于中国，目前仅见于云南南部的边境地区，分布范围非常狭窄，种群数量很有限，据 2004 年国家林业局公布的数据，全国亚洲象仅 180 头。

（5）海牛目：中国仅 1 种，即儒艮，俗称美人鱼，见于中国台湾、广东和广西沿海，为海生草食性兽类，多在距海岸 20m 左右的海草丛中出没。数量极为稀少，2004 年和 2005 年，中国海南师范学院和日本北海道大学、琉球大学的学者都试图在海南东部和西部海域寻找儒艮，却一无所获。

（6）奇蹄类：最濒危的首推普氏野马，原分布于中国新疆准格尔盆地北塔山及甘肃、内蒙古交界的马鬃山一带。野生种群现灭绝。20 世纪 80 年代末期以来，普氏野马从欧洲引回中国新疆、甘肃半散养，为野马重返大自然进行科学实验和研究。

有重大科研价值的有蒙古野驴和藏野驴，前者广布于中亚，系亚洲特产，国内见于新疆和内蒙古，估计不超过 2 000 头；后者分布于青藏高原，为中国特有种，约有 7 万头。野驴在研究马科动物进化方面有重要的科学意义。

（7）偶蹄目：包括现代有蹄类的大多数，无论从科学价值还是从经济价值来讲都占有十分重要的地位。

①我国高度濒危的偶蹄类：主要有双峰驼、野牛、赛加羚、喜马拉雅塔尔羊、矮岩羊、梅花鹿和海南坡鹿。分述如下：

作为一个独特的物种，双峰驼（通常称为野骆驼）已成为地球上比大熊猫更为珍稀的野生动物。据中外科学家们调查，当前全世界的双峰驼只剩下不到 1 000 只，而且仅存于中国新疆、甘肃及这两个省（区）与蒙古国交界地带的荒漠戈壁这极狭小的"孤岛"地区。据 1980—1981 年调查，在新疆罗布泊地区的阿其克谷底见到 70 只，平均密度仅为 0.05～0.06 只/km²，估计罗布泊残存 200 余只。2004 年，中国双峰驼种群估计有 600 只，蒙古国种群有 350 只，种群处于下降趋势。由于罗布泊北部嘎顺戈壁区域的野骆驼远离家骆驼，因此被认定是世界上仅存的纯基因野双峰驼种群，具有极高的科学研究和保护价值。2003 年 6 月，经中国国务院批准，罗布泊野骆驼自然保护区升级为国家级自然保护区。

野牛（即印度野牛，又称白肢野牛）为典型的热带种类，是世界上最大的牛科动物。国内仅见于云南南部和西南部。20 世纪 80 年代末期，仅西双版纳地区就有 700 头左右，推算云南省有 1 000 多头。2013 年 8 月，估计云南种群数量只有 150 头左右。保护云南白肢野牛迫在眉睫。

赛加羚又称高鼻羚羊，在国内原分布于新疆北部，由于羚羊角是名贵药材，长期遭到大量捕杀，中国的野生种群已经灭绝，现仅见于俄罗斯。已引种回国，在甘肃和新疆半散养，为恢复野外种群进行实验和研究。

喜马拉雅塔尔羊别名长毛羊、塔尔羊，主要栖息于海拔 3 000～4 000m 的喜马拉雅山南坡。1974 年，我国于西藏自治区波曲河谷的曲象地区首次发现了喜马拉雅塔尔羊。已被列为国家一级重点保护野生动物。肉的膻味较大，经济价值不大，所以偷猎现象要少于其他的羊类。但由于其活动范围小，数量少，仅剩有 500 只。

矮岩羊是中国特有种，仅分布在中国（四川省、西藏自治区、青海省、云南省）。栖息于海拔 2 400～4 600m 的干热河谷、高山栎林、杜鹃云杉林、亚高山灌丛云杉林和高山灌丛草甸。1998 年调查结果显示，总数 7 000 头左右。猎杀是该种致危的主要因素，当地猎民随意猎杀，将其坚韧的皮张制成毛皮褥，并将角煅烧后刮用其焦粉作药用。导致种群数量急剧降低，3 岁以上的雄性逐渐减少，8 岁以上的雄性个体极少。由于过度猎杀，种群很少有活到壮年和老年的个体。

梅花鹿遍布鲜明的白色梅花斑点，臀斑白色，故称"梅花鹿"。生活于森林边缘或山地草原地区，是亚洲东部的特产种类，也分布于俄罗斯东部、日本和朝鲜，曾广布中国各地，现仅残存于吉林、内蒙古中部、安徽南部、江西北部、浙江西部、四川、广西、海南等有限的几个区域内，我国台湾分布有一个特有亚种。历史上捕捉猎杀过度，野生梅花鹿数量极少，在我国已是高度濒危动物，总数量不到1 000只。

海南坡鹿喜食青草和嫩树枝叶，为食草性动物。栖息在丘陵草坡地带，分布于东南亚及中国的海南岛，为国家一级重点保护野生动物。外形与梅花鹿相似，但体型较小，花斑较少，背中线黑褐色，背脊两侧各有一列白色斑点。由于栖息环境的急剧破坏和人们的猎杀，海南坡鹿由成片分布逐渐缩小到两个点：一个是白沙的邦溪；另一个是东方的大田，总数也就是五六十只。

②有重大科学价值的偶蹄类：有野牦牛、普氏原羚、藏羚羊和羚牛。这些种类对研究牛科动物物种演化和生态适应性有重要意义。

野牦牛仅分布在青藏高原高海拔地区，是家牦牛的祖先。四肢强壮，身被长毛，胸腹部的毛几乎垂到地上，可遮风挡雨，舌头上有肉齿，叫声似猪，凶猛善战，发起攻击时首先会竖起尾巴示警，能将行驶中的吉普车顶翻。是典型的高寒动物，性极耐寒，为青藏高原特有牛种。据估计，到2012年底，中国野牦牛数量在3万～5万头。野牦牛具有耐苦、耐寒、耐饥、耐渴的特点，对高山草原环境条件有很强的适应性，所以很多野生有蹄类和家畜难以利用和到达的灌木林地、高山草场，野牦牛却能生存下来。与家牦牛配种后分娩的牛崽，生长发育快，抗病力强。

普氏原羚别名滩原羚、黄羊。在黄土高原形成之前那些较温暖的地质年代里，草原和森林交替分布时，羚羊是盛极一时的优势动物种类。当青藏高原开始隆升，黄土高原逐步形成时，环境变化使羚羊产生了种的分化，形成了青藏高原特有的羚羊类群——普氏原羚。普氏原羚全身黄褐色，臀斑白色。仅雄性有角，双角角尖相向钩曲。曾经广泛分布于内蒙古、宁夏、甘肃及青海。由于人类活动影响及栖息地环境恶化，该物种的数量下降，分布区范围锐减，而现在普氏原羚只分布于青海省，包括青海湖周围，以及天峻县和共和县。普氏原羚为中国特有种，在2003年的调查中，种群已经不见踪迹，是中国特有的哺乳动物中种群数量最少的，现存估计仅约150只。

藏羚羊体重45～60kg，雌性略小。头宽长，吻部粗壮，鼻部宽阔略隆起。雌性无角，雄性具黑色长角，细长似鞭，乌黑发亮，从头顶几乎垂直向上，仅光滑的角尖稍微有一点向内倾斜，长度一般为60cm左右，最长的纪录是72.4cm。栖息于海拔3 700～5 500m的高山草原、草甸和高寒荒漠地带，主要分布于中国以羌塘为中心的青藏高原地区（青海、西藏、新疆），少量见于拉达克地区，在2014年我国约有30万只。羊绒有重要经济价值，羊角有药用价值，均值得研究。

羚牛又称扭角羚，并不是牛，它属于牛科羊亚科，分类上近于寒带羚羊，是世界上公认的珍贵动物之一，雌雄均具短角。是典型的高寒种类，常栖息于2 500m以上的高山森林、草甸地带。由于产地不同，毛色由南向北逐渐变浅。分为4个亚种：高黎贡羚牛、不丹羚牛、四川羚牛、秦岭羚牛，中国均产，仅存数千头。分布于横断山、喜马拉雅山东段南麓及秦岭等地，被称为类似于山羊亚科动物的大型的牛，所以在系统生物学的研究上有重要价值。

③有重大经济价值的偶蹄类：当推鹿科的麝、马鹿、白唇鹿、水鹿及前述的梅花鹿。此外，牛科中的黄羊、岩羊和盘羊均是重要狩猎动物。

（8）食虫目：海南毛猬是中国海南特有种，1957年才被发现，生活于热带山林中，以金龟子等昆虫为食，对研究物种演化及海南地区动物区系特征有重要科学意义。

（9）鳞甲目：中华穿山甲分布在中国南部，其鳞甲可入药，肉被视为药膳中的珍品。

2. 鸟类的关键类群　全国濒危鸟类183种，高度濒危11种。有重大科学价值的鸭雁类有1种，其余以雉类、鹤类和沙鸡类为主，有29种。有重要经济意义的类群约有143种，其中肉用、绒羽用和观赏用的主要有鸭雁类和雉鸡类；从维持自然生态平衡，消灭害虫害鼠的角度看，主要有鹰隼类和鸮类。

（1）鹲形目：高度濒危的是白腹军舰鸟（*Fregata andrewsi*），为热带海洋鸟类，估计全世界的总数尚不足 1 600 对，中国仅偶见于广东沿海岛屿。飞翔极为迅捷和灵巧，取食主要在空中进行，捕食时，能贴在水面上飞行，追逐漂浮在水面上或飞出水面的鱼类。

（2）鹳形目：高度濒危的有岩鹭、彩鹳、黑鹳和朱鹮。前 2 种分布在中国南方，数量稀少；黑鹳分布于中国各地，新疆是主要分布区。朱鹮是世界罕见的珍稀鸟类，系东亚特有种，由于环境恶化等因素导致种群数量急剧下降，至 20 世纪 80 年代仅中国陕西省南部的汉中市洋县秦岭南麓有 7 只的野生种群，后经人工繁殖，种群数量已达到 2 000 多只（2014 年），其中野外种群数量突破 1 500 多只，朱鹮的分布地域已经从陕西南部扩大到河南、浙江等地。

另外，东方白鹳也趋于高度濒危，2009 年全世界有野生种群不到 3 000 只。

（3）鸡形目：高度濒危的主要有海南山鹧鸪、四川山鹧鸪和黄腹角雉。海南山鹧鸪是中国特产雉类，仅分布于海南省，见于海拔 900~1 200m 仅存的几片山地常绿林中，全球性易危种，极为罕见，野外总数不足 10 000 只。四川山鹧鸪是中国的特产鸟类，没有亚种分化，仅分布在四川中部的几个县境内，分布区狭窄、数量非常稀少，在数量最多的马边县还不足 1 000 只，在典型栖息地的密度也仅有 0.01 只/hm² 左右。黄腹角雉别名角鸡、吐绶鸟，黄色，也是中国特产鸟类，易受惊而不善逃跑，又称"呆鸡"，不易人工条件下饲养和繁殖，主要分布于浙江省，还有福建、广东和湖南等省。数量稀少。栖息环境狭窄，种群密度甚低，中国唯一的黄腹角雉保种基地和原产地人工繁殖基地为浙江省乌岩岭国家级自然保护区。北京师范大学自 20 世纪 80 年代以来，对其野外生态学进行了系统的研究，于 1986 年首次饲养繁殖成功，1995 年已培育出 3 代，种群数量 20 余只。

有重大科学价值的有松鸡科的斑尾榛鸡和雉科的雪鹑、雉鹑、藏雪鸡、高原山鹑、四川山鹧鸪、台湾山鹧鸪、灰胸竹鸡、血雉、绿尾虹雉、藏马鸡、褐马鸡、原鸡、黑长尾雉、红腹锦鸡等。除原鸡外，其余均是中国著名特产。原鸡是家鸡的野生祖先，对研究中国家鸡的起源和演化方面具有重要的学术意义。

有重要经济意义的有细嘴松鸡、黑琴鸡、雷鸟、花尾榛鸡、石鸡、中华鹧鸪、斑翅山鹑、鹌鹑和环颈雉（雉鸡），为猎用禽类，肉味鲜美，羽毛华丽，可制成标本观赏。

（4）鹤形目：最濒危的鹤形目鸟类为赤颈鹤，在中国仅发现于云南西部和南部。20 世纪六七十年代野外共见到 7~8 只，以后再未见到（钱燕文，1987）。

全世界鹤类有 15 种，中国有 9 种，均有很高的美学价值和观赏价值。除前述的赤颈鹤外，还有丹顶鹤、灰鹤、蓑羽鹤、白鹤、白枕鹤、白头鹤、黑颈鹤、沙丘鹤。其中，最为著名的是丹顶鹤；数量最多分布最广的是灰鹤；个体最大的是黑颈鹤；个体最小的是蓑羽鹤；最少见的是沙丘鹤；其余几种也比较少见。鹤类动物在中国属迁徙鸟类。除黑颈鹤与赤颈鹤生活在青藏、云贵高原外，其余鹤类均生活在北方，每年 10 月下旬迁至长江流域一带越冬，翌年 4 月春回大地再飞回北方。鹤类是湿地生境的指示动物，同时又是研究鸟类迁飞路线及其机制的理想鸟类。

（5）鹦形目：为典型的攀禽，主要分布在热带森林。中国有原生鹦鹉 7 种，其中数量最少的有花头鹦鹉和短尾鹦鹉，二者数量稀少，野外很难遇到，具体数量不详。

（6）雀形目：高度濒危的当推鹩哥，体型较大，常与八哥、椋鸟等合群在果树上觅食昆虫和果实。社群行为极强，而且能模仿其他鸟类鸣叫，甚至学会简单的人类语言，是说话能力最强的鸟类，也是中国著名的笼养鸟。由于过度捕捉和环境条件恶化，致使种群数量日趋减少，在曾有分布记载的广西南部，已未见有任何报道，或许已在广西境内绝迹。在云南也很少见，仅海南岛还有一定种群数量，但也不丰富，故应注意保护。

有科学价值的为鹛科，中国有 20 种，全部被列入《国家保护的有益的或者有重要经济、科学研究价值的陆生野生动物名录》。台湾鹛为中国台湾特有，黑鹛见于长江以南并分化有 9 个地理亚种，二者在系统演化的研究上是有科学价值的。

中国雀形目观赏鸟估计有百余种，均有一定经济价值。观赏鸟的选择，常以鸣声和羽色为主。以鸣声为特点的鸟有画眉、百灵、云雀、红点颏、鹊鸲等。以习舞为特点的鸟有百灵、云雀、绣眼鸟，这些鸟边唱边舞，姿态优美多变。以表演杂技为主的有黄雀、金翅、朱顶雀、蜡嘴等鸟。以争斗为主的鸟有棕头雅雀、画眉、鹊鸲等。以羽色夺魁的鸟有红嘴、蓝鹊、寿带鸟等。

（7）雁形目：统称鸭雁类，全国有 46 种。有重大科学价值的为中华秋沙鸭，两胁的羽毛上具有黑色鳞纹是这种秋沙鸭最醒目的特征，所以早先的名字为鳞胁秋沙鸭，是第三纪冰川期后残存下来的物种，距今已有 1 000 多万年，是中国特产稀有鸟类，属国家一级重点保护野生动物。数量极其稀少，中华秋沙鸭属于比扬子鳄还稀少的国际濒危动物。

经济价值较高的 14 种：鸿雁、豆雁、白额雁、灰雁、斑头雁、大天鹅、小天鹅、疣鼻天鹅、绿翅鸭、花脸鸭、绿头鸭、斑嘴鸭、青头潜鸭和鸳鸯。鸿雁、豆雁、白额雁和灰雁在中国北方繁殖，并在华中、华南地区越冬，均是肉用与羽绒用的资源水禽，有些家鹅品种是从鸿雁和灰雁驯养来的，因而又是重要的遗传资源；斑头雁在青藏高原的高山湖泊繁殖，越冬时见于西藏南部和四川、云南，易驯养，可培育为高原上的"家鹅"；绿翅鸭、花脸鸭和绿头鸭种群数量较大，可作为待猎动物。

（8）鸥形目：现有学者将其归入鸻形目。遗鸥见于内蒙古鄂尔多斯和甘肃，1931 年在内蒙古额济纳被发现，命名为遗鸥，意为"遗落之鸥"。随后几十年国际鸟类学界对遗鸥的身世众说纷纭，主要观点认为遗鸥是另一种在亚洲腹地繁殖的棕头鸥的一个色型，或是渔鸥与棕头鸥杂交的产物。1971 年，苏联鸟类学家 Auezov 在现哈萨克斯坦境内的阿拉湖（Alakol Lake）发现了遗鸥的一个小规模独立繁殖群。随后他对遗鸥与棕头鸥的生殖隔离进行了记录，终于遗鸥以独立的物种面对世人。

（9）沙鸡目：以前归入鸽形目沙鸡科，有科学价值的有 3 种——毛腿沙鸡、西藏毛腿沙鸡（青藏高原特有种）和黑腹沙鸡，在形态解剖学上既与鸡类有相似之处，又与鸽类有许多共同点，在研究陆禽的演化上有重要意义。

（10）隼形目和鸮形目：这 2 个目统称为猛禽，前者 56 种，后者 26 种，合计 82 种。猛禽位于食物链顶层，领域面积大，数量较少。这些猛禽，如鸮类等捕食大量害鼠，有的嗜食大量害虫，不仅维持了生态平衡，也给农、林、牧业生产带来了经济效益。另有些猛禽，如秃鹫嗜食动物尸体，起着自然界清道夫的作用；有的种类，如金雕驯化后可作为捕猎工具；大型猛禽又是动物园中备受青睐的展览动物。猛禽中较著名的主要有苍鹰、金雕、白肩雕、玉带海雕、虎头海雕、拟兀鹫、胡兀鹫、秃鹫，以及仓鸮、草鸮、栗鸮、林雕鸮、褐鱼鸮和短耳鸮等。

（11）鸻形目（鸻鹬类）：此类鸟在中国有 63 种，个体较大并被视为野味上等佳肴的资源鸟禽有小杓鹬、中杓鹬、白腰杓鹬、红腰杓鹬、黑尾塍鹬、针尾沙锥、大沙锥、扇尾沙锥和丘鹬等。

（12）鹃形目：中国杜鹃有 17 种，一般嗜食昆虫，特别是毛虫，故为益鸟。其中，褐翅鸦鹃和小鸦鹃为重要鸟类资源，前者俗称大毛鸡，分布在浙江至广东、云南等地，后者俗称小毛鸡，分布于福建、台湾及广东、广西一带，均为留鸟，肉有很大的骚腥味，并不好吃，但鸦鹃可浸酒，广东、广西的毛鸡酒非常有名，为妇科良药，对妇女月经不调，产后虚弱，面黄脚肿尤有特效，民间有"男饮蛤蚧酒，女饮毛鸡酒"的说法。

3. 两栖类、爬行类的关键类群

（1）高度濒危类群：主要有爬行类龟科的四爪陆龟、鼋，巨蜥科的巨蜥和蟒科的蟒，由于过度捕猎，使种群数量严重下降而处于濒危状态。

（2）重大科学价值类群：爬行动物中的鳄蜥，仅见于中国广西大瑶山，为中国特有种。

（3）重要经济意义类群：首推扬子鳄，体长 2m，产于江苏、浙江、安徽和江西局部地区，鳄肉被视为珍品，鳄皮为极高级的皮革原料，现在安徽省进行人工饲养，已大量繁殖。绿海龟见于华南沿海，肉供食用。具有重要经济意义的两栖类为大鲵，俗名娃娃鱼，为现存两栖类最大者，产于湖南、湖北、广东、广西、贵州和四川等地的山溪中，肉味鲜美，现已人工繁育成功，走向市场。

4. 鱼类的关键类群

（1）高度濒危类群：中国濒危鱼类约 97 种，高度濒危者 20 种。以下列出的高度濒危种，是根据渔业生产情况及历次科学考察而确定的。主要有台湾马苏麻哈鱼、虎嘉鱼、银白鱼、云南鲴、小银鲴、北方铜鱼、平鳍鳅蛇、金钱鲃、塔里木裂腹鱼、扁吻鱼、中鲤、翘嘴鲤、云南鲤、洱海大头鲤、大眼鲤、大鳍鱼、昆明鲇、中臀拟鲿和金氏鱼央等。

（2）重大科学价值类群：主要有白鲟、双孔鱼和胭脂鱼，白鲟为长江特产，胭脂鱼分布于长江及闽江，现在数量稀少。

（3）重要经济意义类群：一般来说，鱼类绝大部分都具有一定的经济价值。这里所述的类群是指经济价值很高或价值较高并有一定的捕捞量者（具产业意义）。中华鲟、施氏鲟、鳇、鲥、大黄鱼、蓝点马鲛和带鱼均是中国重要的鱼类资源。2种鲟具有很高的科研、药用和观赏价值，其鳔俗称鱼肚，富有上等胶质，卵可制成鱼子酱，被视为上品。鳇和鲥为名贵食用鱼类。其余几种也是优质经济鱼类，其中带鱼我国产量甚大。其他名贵食用鱼类还有松江鲈、银鲳、鳜（又名桂花鱼）。总的来看，以上经济鱼类均由于捕捞压力过大、资源开发过度而导致总产量下降，甚至有的处于濒危状态，如中华鲟。

第二节　中国动物保护策略与方针

野生动物保护是立体的、多角度、多方位的综合性、系统性很强的工作，我国进行动物保护的主要策略与方针也是多方面的，主要的策略和方针有：

一、管理体制

根据我国《野生动物保护法》《陆生野生动物保护实施条例》及《水生野生动物保护实施条例》的规定，国务院林业和草原、渔业行政主管部门分别主管全国陆生、水生野生动物管理工作。我国野生动物实行分部门分级管理的管理体制。国家林业和草原局是全国陆生野生动物的行政主管部门。

二、法制建设

我国政府经过近50年的努力，基本形成了比较完善的野生动物及其栖息地保护的法律制度。目前，有关保护野生动物及其栖息地的法律法规和组织机构主要有：

1. 主要法律　比较主要的有《中华人民共和国刑法》《中华人民共和国野生动物保护法》《中华人民共和国森林法》《中华人民共和国草原法》和《中华人民共和国环境保护法》等。此外，还有最高人民法院的司法解释和地方性法规。

2. 行政法规　经国务院批准的有《国家重点保护野生动物名录》《中华人民共和国陆生野生动物保护实施条例》《国家保护的有益的或者有重要经济、科学研究价值的陆生野生动物名录》《中华人民共和国自然保护区条例》和《森林和野生动物类型自然保护区管理办法》等。

3. 加入有关国际公约及协定　我国加入的国际公约和协定主要有《濒危野生动植物种国际贸易公约》（CITES）、《中华人民共和国政府和日本国政府保护候鸟及其栖息环境协定》《中华人民共和国政府和澳大利亚政府保护候鸟及其栖息环境协定》《关于特别是作为水禽栖息地的国际重要湿地公约》和《生物多样性公约》。

4. 野生动物保护组织　主要有世界动物保护协会（World Animal Protection）、国际野生生物保护学会（Wildlife Conservation Society）、野生动物救援（Wildlife rescue）以及中国野生动物保护协会（China Wildlife Conservation Association）等。

全国各级森林公安机关进行了数次规模较大的执法行动，如可可西里一号行动、南方二号行动、猎鹰行动、候鸟行动、春雷行动、候鸟二号行动等，有力地打击了破坏野生动物资源的行为，取得了显著成果。

三、保护地建设

1. 什么是保护地　保护地（protected area），是指专门用于生物多样性及有关自然与文化资源的管护，并通过法律及其他有效手段进行管理的特定陆地或海域。在我国保护地除了通常所说的自然保护区外，还包括风景名胜区、森林公园、地质公园以及部分重点文物单位等。

2. 中国的保护地　中国的保护地建设处于世界领先水平，至 2003 年底，中国已建立各种类型，不同级别的保护地 5 000 余处，占国土面积 18％以上。其中，自然保护区近 2 000 处，风景名胜区（含国家公园）800 余处，地质公园 50 余处，水利风景区 50 余处。此外，还有自然保护小区、农田保护等 1 000 余处。

四、救护中心建设

目前，国家林业和草原局批准建立了 17 处野生动物救护（繁育）中心，许多省也建立了省级、地（市）级、县级救护中心。主要作用有：

①通过科技攻关，成功解决了大熊猫、虎、朱鹮、金丝猴、扬子鳄等濒危物种的驯养和繁育等技术难题，使 10 多种野生动物建立了稳定的人工繁育种群，为野外放归、重建和恢复野外种群打下坚实的基础。其中，扬子鳄、野马和麋鹿的放归野外试验取得了重大突破。

②抢救了一大批受伤、病弱、饥饿、受困、迷途或其他原因受伤的野生动物，为我国野生动物保护，特别是对珍稀濒危野生动物保护做出巨大贡献。

五、监测体系建设

总体上全国野生动物监测体系建设相对滞后。2000 年，国家林业局成立了陆生野生动物监测中心。野生动物监测工作近年来逐渐得到发展。从 2005 年起，国家林业局在 10 个省实施野生动物监管项目。各省的野生动物监测工作也陆续展开。

六、宣传教育

多年来各级林业主管部门和社会团体采取多种形式向社会公众尤其是青少年广泛开展了野生动物保护宣传教育，使社会公众野生动物保护意识普遍提高。主要开展了以下工作：

①积极开展"爱鸟周"和"野生动物保护宣传月"活动。

②与新闻媒体合作，开展多种形式的科普教育和保护宣传。尤其是"人与自然""绿色空间"和"东芝动物乐园"等电视栏目家喻户晓、深入人心。

③举办专业培训，提高工作人员理论水平和管理效能。

七、科学研究

在这里主要介绍一下我国野生动物科学研究机构：

1. 中国科学院的有关研究所　目前，主要有中国科学院所属的动物研究所、昆明动物研究所、西北高原生物研究所、新疆土壤沙漠生物研究所、成都生物研究所，都是从事野生动物科学研究的机构。

2. 林业系统的直属科研机构　主要有国家林业和草原局陆生野生动物监测中心，全国鸟类环志中心和国家林业和草原局野生动物研究与发展中心。

3. 有关大专院校　各大学生物学系、生命科学学院是我国野生动物研究的一个重要组成部分。如安徽师范大学对扬子鳄的研究，四川师范大学对大熊猫的研究，西北大学对金丝猴的研究，均处于国际和国内领先地位。

4. 各省科研院所　总体数量较少，比较有代表性的有黑龙江省野生动物研究所、陕西省动物研究所、华南濒危动物研究所、广东省昆虫研究所和贵州省生物研究所。

八、实施野生动物"拯救工程"

拯救濒危野生动物是当今国际上十分关注的问题，也是我国野生动物保护事业中一项紧迫任务。近年来，我国在保护和拯救濒危动物方面取得很大进展，建立了 14 处濒危动物拯救中心和国家保护工程，积极拯救珍稀濒危野生动物物种。

著名的七大濒危野生动物保护工程是：大熊猫保护工程、朱鹮拯救工程、扬子鳄保护和发展工程、海南坡鹿拯救工程、野马拯救工程、麋鹿拯救工程和高鼻羚羊拯救工程。均取得了预期的成果。

九、中国野生动物保护的发展思路

（1）强化栖息地保护管理，促进栖息地的恢复和改善。

（2）加强濒危物种的人工繁育工作，确保物种不灭绝；加强驯养繁育工作，逐步实现由利用野外资源向利用人工资源转变。

（3）加大人才培养力度，继续开展资源调查；尽快建立资源监测体系，实现对资源的动态监测。

（4）完善法律法规，严厉打击破坏野生动物及其栖息地的行为；加强宣传教育和科学研究，提高野生动物保护意识，建立科技支撑体系。

第三节　中国自然保护区与动物保护

国际上一般都把 1872 年经美国政府批准建立的第 1 个国家公园——黄石公园（Yellowstone National Park）看作世界上最早的自然保护区，至今已有 100 多年历史。我国第 1 个自然保护区是 1956 年中国科学院建立的广东省鼎湖山自然保护区，主要保护对象为南亚热带地带性森林植被。20 世纪以来自然保护区事业发展很快；特别是第二次世界大战后，在世界范围内成立了许多国际机构，从事自然保护区的宣传、协调和科研等工作，如"国际自然及自然资源保护联盟"、联合国教科文组织的"人与生物圈计划"等。全世界自然保护区的数量和面积不断增加，并成为一个国家文明与进步的象征。

一、自然保护区及其作用

自然保护区（nature reserve）是指对有代表性的自然生态系统、珍稀濒危野生动植物物种的天然集中分布区、有特殊意义的自然遗迹等保护对象所在的陆地、陆地水域或海域，依法划出一定面积给予特殊保护和管理的区域。目前，大家普遍认为建立自然保护区和加强保护区管理是保护生物多样性及其生态功能的最好的方法。

自然保护区从作用上讲，有 6 个方面：①为人类提供研究自然生态系统的场所。②提供生态系统的天然"本底"。对于人类活动的后果，提供评价的准则。③是各种生态研究的天然实验室，便于进行连续、系统的长期观测以及珍稀物种的繁殖、驯化的研究等。④是宣传教育的活的自然博物馆。⑤保护区中的部分地域可以开展旅游活动。⑥能在涵养水源、保持水土、改善环境和保持生态平衡等方面发挥重要作用。

二、自然保护区类型

自然保护区是一个泛称。实际上，由于建立的目的、要求和本身所具备的条件不同，而有多种类型。

1. 按照保护的主要对象来划分　可以分为生态系统类型保护区（分为森林生态系统、草原与草甸生态系统、荒漠生态系统、内陆湿地及水域生态系统、海洋和海岸生态系统等 5 种类型）、生物物种保护区（分为野生植物类型和野生动物类型）和自然遗迹保护区（分为地质遗迹类型和古生物遗迹类型）3 类。

2. 按照保护区的性质来划分　可以分为科研保护区、国家公园（即风景名胜区）、管理区和资源管理保护区 4 类。不管保护区的类型如何，其总体要求是以保护为主，在不影响保护的前提下，把科学研究、教育、生产和旅游等活动有机地结合起来，使它的生态、社会和经济效益都得到充分展示。

3. 自然保护区自身可以分为核心区、缓冲区和实验区　自然保护区内保存完好的天然状态的生态系统以及珍稀、濒危动植物的集中分布地，应当划为核心区，禁止任何单位和个人进入。核心区外围可以划定一定面积的缓冲区，只准进入从事科学研究观测活动。缓冲区外围划为实验区，可以进入从事科学试验、教学实习、参观考察、旅游，以及驯化、繁殖珍稀、濒危野生动植物等活动。

三、中国专门保护野生动物的自然保护区简介

截至 2001 年底，中国保护野生动物类的自然保护区有 325 个，笔者搜集了一些比较著名的专门保护野生动物及其栖息地的国家级自然保护区资料，分述如下：

1. 湖南张家界大鲵国家级自然保护区　地处武陵山脉东段，境内以山地为主，最高峰斗篷山海拔 1 890.4m，是湖南湘、资、沅、澧四大水系的发源地。主要保护对象为大鲵及其生态环境。生长有野生动物 400 多种，有国家一级重点保护野生动物豹、云豹、黄腹角雉 3 种，国家二级重点保护野生动物大鲵、猕猴、穿山甲等 25 种。

2. 东北大连斑海豹国家级自然保护区　位于渤海辽东湾，面积 90.9 万 hm²，主要保护对象为斑海豹及其生态环境。每年来此栖息和繁殖的斑海豹种群数量仅 1 000 只左右。斑海豹是一种冬季生殖，冰上产仔的冷水性海洋哺乳动物，被我国列为国家二级重点保护野生动物。

3. 黑龙江东北黑蜂国家级自然保护区　位于黑龙江省饶河县境内，面积 27 万 hm²，保护对象为东北黑蜂及蜜源植物，是中国乃至亚洲唯一的国家级蜂种保护区。

东北黑蜂是自然选择与人工进行培育的中国唯一的地方优良蜂种。其各项生理指标均明显优于世界四大著名蜂种，是其他蜂种不可比拟的，是我国乃至世界不可多得的极其宝贵的蜜蜂基因库。东北黑蜂国家级自然保护区与新西兰北岛原始森林、德国原始黑森林并称为世界三大优质森林蜜产区。

4. 江苏大丰麋鹿国家级自然保护区　位于黄海之滨，为典型的滨海湿地，有大量林地、芦荡、沼泽地、盐裸地和森林草滩，总面积 78 000 hm²，是世界占地面积最大的麋鹿自然保护区，拥有世界最大的野生麋鹿种群。保护区有兽类 14 种，鸟类 182 种，爬行两栖类 27 种，昆虫 299 种之多。国家一级重点保护野生动物有麋鹿、白鹳、白尾海雕、丹顶鹤；国家二级重点保护野生动物有河麂等 23 种。保护区有千余头从英国重引进的麋鹿，物种丰富多样，具有显著的生态价值、社会价值和经济价值。

5. 青海可可西里国家级自然保护区　位于青海省玉树藏族自治州西部，总面积 450 万 hm²，是 21 世纪初世界上原始生态环境保存较好的自然保护区，也是中国建成的面积最大、海拔最高、野生动物资源最为丰富的自然保护区之一，主要是保护藏羚羊、野牦牛、藏野驴、藏原羚等珍稀野生动物、植物及其栖息环境。已知哺乳类有 30 种，鸟类有 56 种。本区产 2 种裂腹鱼类及 4 种鳅类，几乎全为高原特有种，爬行动物仅青海沙蜥 1 种。拥有野牦牛、藏羚羊、藏野驴、白唇鹿、棕熊等青藏高原上特有的野生动物。

2017 年 7 月 7 日，在波兰克拉科夫举行的第 41 届世界遗产大会上，青海可可西里经世界遗产委员会一致同意，获准列入《世界遗产名录》，成为中国第 51 处世界遗产，也是我国面积最大的世界自然遗产地。

6. 河南太行山猕猴国家级自然保护区　位于河南省北部太行山南端，横跨河南省济源、焦作、新乡 3 个地市，1998 年经国务院批准为国家级自然保护区，是华北地区面积最大的野生动物类型自然保护区，是世界猕猴类群分布的最北界。保护区总面积 56 600 hm²，属野生动物类型自然保护区，

主要保护对象为野生猕猴种群及其生境。保护区野生动物中有兽类 34 种，鸟类 140 种，两栖类 8 种，爬行类 19 种。列入国家一级重点保护野生动物的有兽类金钱豹、林麝 2 种，鸟类有白鹳、黑鹳、金雕和玉带海雕 4 种；列入国家二级重点保护野生动物的有水獭、黄喉貂、大鲵等，国家二级重点保护鸟类 21 种；保护区还有中国罕见物种隆肛蛙等。

7. 福建厦门海洋珍稀物种自然保护区　位于福建省厦门市海域，总面积 33 088 hm²。该保护区由原有的厦门中华白海豚省级自然保护区、厦门大屿岛白鹭省级自然保护区和厦门文昌鱼自然保护区合并而成。福建厦门海洋珍稀物种自然保护区保护 12 种珍稀物种及其生境。是一个以中华白海豚、文昌鱼等珍稀海洋生物及黄嘴白鹭等鸟类为主要保护对象的自然保护区。12 种珍稀物种分别是国家一级重点保护野生动物中华白海豚，国家二级重点保护野生动物文昌鱼、黄嘴白鹭和岩鹭，以及（小）白鹭、大白鹭、中白鹭、夜鹭、池鹭、中背鹭、苍鹭和小杓鹬等 8 种鸟。白鹭是厦门市鸟。

8. 长江上游珍稀特有鱼类国家级自然保护区　是在原"长江合江-雷波段珍稀鱼类国家级自然保护区"的基础上经过调整，2005 年由国务院批准成立的。保护区跨越四川、云南、贵州、重庆三省一市。目的是维护长江上游鱼类种群多样性和保护长江上游自然生态环境。保护区内属于国家一级重点保护的鱼类 2 种，即白鲟、达氏鲟；二级重点保护的鱼类 1 种，为胭脂鱼。此外，还有长江上游特有鱼类 66 种。

9. 江苏盐城沿海滩涂珍禽国家级自然保护区　1992 年晋升为国家级，同年加入联合国教科文组织的"人与生物圈计划"保护区网。主要保护对象为滩涂湿地生态系统和以丹顶鹤为代表的多种珍禽。该保护区河流众多，沼泽湿地多，生物资源丰富。鸟类有 315 种，其中属国家一级重点保护野生动物 9 种，国家二级重点保护野生动物 33 种。每年在此越冬的丹顶鹤有 800 只左右，为全世界最大的丹顶鹤越冬地，也是国际濒危物种黑嘴鸥的重要繁殖地。

10. 安徽扬子鳄国家级自然保护区　占地面积 5 188 hm²。1986 年升级为国家级自然保护区，主要保护对象是扬子鳄及其生活环境。国家一级保护野生动物有 4 种，包括扬子鳄、云豹、黑麂和梅花鹿；国家二级保护野生动物有 26 种，包括虎纹蛙、鸳鸯、白鹇、勺鸡、穿山甲、小灵猫等。保护区为野生扬子鳄主要分布区之一，有扬子鳄分布的池塘面积约 0.41km²，分布有扬子鳄约 150 条。

11. 广东惠东港口海龟国家级自然保护区　位于广东省惠东县稔平半岛的海湾岸滩，保护区湿地类型为浅海、潮间沙石海滩和岩石海岸，面积 18km²（海域面积 16km²）。沿岸海洋植物以湿地植物为主，是鱼类、贝类等海洋生物繁殖与栖息的良好场所。主要保护对象为海龟繁殖地，是中国南海北部大陆沿岸唯一的产卵地，每年 6—10 月都有成批海龟洄游到该湿地产卵。保护区是幼龟和雌龟栖息地，是中国大陆目前唯一的绿海龟按期成批的洄游产卵的场所，也是中国唯一的海龟自然保护区。

12. 广西合浦营盘港-英罗港儒艮国家级自然保护区　位于广西壮族自治区合浦县，保护对象为以儒艮和中华白海豚为主的珍稀海生动物及其栖息环境。保护区地处中国海岸线的西南部，南濒北部湾，区内水质良好，海草繁茂，生境适宜，是我国儒艮活动的密集区域。儒艮也称海牛、美人鱼，目前世界上仅有 5 个种群。

13. 四川卧龙国家级自然保护区　是国家级第三大自然保护区，是四川省面积最大、自然条件最复杂、珍稀动植物最多的自然保护区。保护区横跨卧龙、耿达两乡，总面积约 70 万 hm²。主要保护西南高山林区自然生态系统及大熊猫等珍稀动物。兽类中不少种类是我国特产或主产的珍稀动物，其中属国家一级重点保护野生动物的有熊猫、金丝猴、牛羚和白唇鹿等 4 种，其数量除白唇鹿外均较大；属国家二级重点保护野生动物的有猕猴、短尾猴、小熊猫、兔狲、金猫、猞猁、云豹、豹、雪豹、林麝、马麝、毛冠鹿、水鹿、白臀鹿等 14 种。

14. 新疆布尔根河狸国家级自然保护区　位于新疆维吾尔自治区北部阿勒泰地区的青河县布尔根河流域，保护区内设有河狸保护站。该站成立于 1980 年，主要保护对象是目前世界上稀有的动物河狸及赖以生存的自然环境。2013 年 12 月 25 日，经国务院审定，成为国家级自然保护区，面积 50km²。1981 年，布尔根河狸自然保护区设立，当时仅有蒙新河狸 40～50 只，现在已发展到 130 只左右。

15. 罗布泊野骆驼国家级自然保护区　位于欧亚大陆腹地中国新疆维吾尔自治区,面积 7.8 万 km²,是典型的极旱荒漠类型保护区,也是世界极度濒危物种——野骆驼的模式产地,植物类型均为荒漠植被,景观独特。在罗布泊湖盆北部山地和临近区域,分布着我国一级重点保护野生动物雪豹、北山羊、藏野驴及二级重点保护野生动物草原斑猫、棕熊、鹅喉羚、盘羊、岩羊、马鹿、猞猁、兔狲、塔里木兔等兽类,在荒漠地带也有兀鹫、金雕、草原雕、猎隼、红隼等多种猛禽活动,它们是干旱荒漠生态系统的重要组成部分,在生物多样性保护中具有重大科学价值。

16. 乌马河紫貂国家级自然保护区　为国务院 2017 年公布的新建的 17 个国家级自然保护区之一。该保护区位于黑龙江省北部,是以紫貂为主要保护对象的野生动物类型的自然保护区,其他典型代表动物还有猞猁、东北兔、花尾榛鸡等,是我国典型北方中温带针叶生态系统的代表,是研究小兴安岭森林和植被最理想的基地。千百年来紫貂皮一直是制裘的上等毛皮,被视为珍品,黑褐色毛中隐藏着均匀的白色针毛,行家称之"墨里藏针"。目前,全国野外紫貂总数仅有 1 000 多只,已濒临灭绝。

此外,国务院 2017 年公布的新建的 17 个国家级自然保护区中专门保护动物的自然保护区还有七星砬子东北虎国家级自然保护区、安吉小鲵国家级自然保护区、温泉新疆北鲵国家级自然保护区。

四、中国自然保护区发展规划

至 2006 年底,我国已建立各级自然保护区 2 349 处,其面积约占国土面积的 15%。其中,30 处国家级自然保护区已被联合国教科文组织的"人与生物圈计划"列为国际生物圈保护区。中国自然保护区的发展规划是:到 2050 年,我国自然保护区的数量要达到 2 500 个,总面积 1.728 亿 hm²,占国土面积的 18%,形成一个以自然保护区、重要湿地为主体,布局合理,类型齐全,设施先进,管理高效,具有重要国际影响的自然保护网络,分 3 个阶段进行:

1. 第 1 阶段　2001—2010 年要实现的目标是重点实施 15 个野生动植物拯救工程,包括大熊猫、朱鹮、虎、金丝猴、藏羚羊、扬子鳄、大象、长臂猿、麝、普氏原羚、野生鹿类、鹤类、野生雉类、兰科植物、苏铁,野生动物拯救工程就占了 13 个。

2. 第 2 阶段　2011—2030 年加快自然保护区建设,使全国自然保护区数量达 1 800 个,面积 1.55 亿 hm²,占国土面积 16.14%。

3. 第 3 阶段　2031—2050 年加强天然湿地保护,力争增加国际重点湿地 80 处。

▌本章小结▐

自工业革命开始,地球就已经进入了第 6 次物种大灭绝时期。近百年来,物种灭绝速度比自然速度快了 1 000 倍。中国国土面积广大,蕴藏着丰富的野生动物资源,但野生动物尤其是脊椎动物的生存状态并不乐观,脊椎动物目前受威胁的有 433 种。野生动物保护与管理是动物学研究的前沿和热点,通过本章学习要弄清我国脊椎动物资源概况,脊椎动物的关键类群及分布的关键地区,了解相应的动物保护法规、方针和政策,掌握我国自然保护区的建设与管理的现状和远景规划,熟悉一些著名的专门保护动物的国家级自然保护区,从而把所学的理论知识与我国的现实紧密结合起来,做到心中有数,避免纸上谈兵。

思考题

1. 查阅资料并结合本章内容,说明世界野生动物的生存状况如何?
2. 简述我国脊椎动物中两栖类、爬行类的资源状况。

3. 简述我国脊椎动物中鸟类的资源状况。

4. 简述我国脊椎动物中兽类的资源状况。

5. 简述我国单一种群野生动物的资源状况。

6. 野生动物资源从利用角度如何划分？举例说明。

7. 何为野生动物的关键类群？

8. 简述我国野生动物资源中兽类的关键类群。

9. 简述我国野生动物资源中鸟类的关键类群。

10. 简述我国野生动物资源中两栖类、爬行类的关键类群。

11. 简述我国野生动物资源中鱼类的关键类群。

12. 我国动物保护的策略和方针有哪些？

13. 我国已经实施的七大濒危野生动物保护工程是什么？

14. 何为自然保护区？

15. 自然保护区有什么作用？

16. 自然保护区的类型如何划分？

17. 请说出至少 15 处我国专门保护动物的自然保护区。

18. 至 2050 年，我国自然保护区的发展规划是什么？

附录 中国野生动物保护名录

一、《国家重点保护野生动物名录》

《国家重点保护野生动物名录》是根据《中华人民共和国野生动物保护法》和有关法律、法规的规定，由林业部和农业部共同制定的名录，名录还对水生、陆生野生动物做了具体划分，明确了由渔业、林业行政主管部门分别主管的具体种类。以下是国家林业和草原局 2021 年 2 月更新后的名录。鸟分类与教材有所不同，如名录中将隼形目划分为鹰形目和隼形目，将䴕形目改为啄木鸟目，将鸫科提升为鸫形目，将鸥形目各科划入鸻形目等，将雨燕目各科划入夜鹰目；将鹳形目取消，鹮科和鹭科划入鹈形目等。爬行纲将蜥蜴目和蛇目合并，称为有鳞目。详细内容见附表 1。

附表 1 国家重点保护野生动物名录（2021 年）

中文名	保护级别		备注
脊索动物门 Chordata			
哺乳纲 Mammalia			
灵长目♯			
懒猴科			
蜂猴	一级		
倭蜂猴	一级		
猴科			
短尾猴		二级	
熊猴		二级	
台湾猴	一级		
北豚尾猴	一级		原名"豚尾猴"
白颊猕猴		二级	
猕猴		二级	
藏南猕猴		二级	
藏酋猴		二级	
喜山长尾叶猴	一级		
印支灰叶猴	一级		
黑叶猴	一级		
菲氏叶猴	一级		
戴帽叶猴	一级		
白头叶猴	一级		
肖氏乌叶猴	一级		
滇金丝猴	一级		
黔金丝猴	一级		
川金丝猴	一级		
怒江金丝猴	一级		
长臂猿科			

（续）

中文名	保护级别		备注
西白眉长臂猿	一级		
东白眉长臂猿	一级		
高黎贡白眉长臂猿	一级		
白掌长臂猿	一级		
西黑冠长臂猿	一级		
东黑冠长臂猿	一级		
海南长臂猿	一级		
北白颊长臂猿	一级		
鳞甲目#			
鲮鲤科			
印度穿山甲	一级		
马来穿山甲	一级		
穿山甲	一级		
食肉目			
犬科			
狼		二级	
亚洲胡狼		二级	
豺	一级		
貉		二级	仅限野外种群
沙狐		二级	
藏狐		二级	
赤狐		二级	
熊科#			
懒熊		二级	
马来熊	一级		
棕熊		二级	
黑熊		二级	
大熊猫科#			
大熊猫	一级		
小熊猫科#			
小熊猫		二级	
鼬科			
黄喉貂		二级	
石貂		二级	
紫貂	一级		
貂熊	一级		
* 小爪水獭		二级	

（续）

中文名	保护级别		备注
* 水獭		二级	
* 江獭		二级	
灵猫科			
大斑灵猫	一级		
大灵猫	一级		
小灵猫	一级		
椰子猫		二级	
熊狸	一级		
小齿狸	一级		
缟灵猫	一级		
林狸科			
斑林狸		二级	
猫科 #			
荒漠猫	一级		
丛林猫	一级		
野猫		二级	原名"草原斑猫"
渔猫		二级	
兔狲		二级	
猞猁		二级	
云猫		二级	
金猫	一级		
豹猫		二级	
云豹	一级		
豹	一级		
虎	一级		
雪豹	一级		
海狮科 #			
* 北海狗		二级	
* 北海狮		二级	
海豹科 #			
* 西太平洋斑海豹	一级		原名"斑海豹"
* 髯海豹		二级	
* 环海豹		二级	
长鼻目 #			
象科			
亚洲象	一级		
奇蹄目			

（续）

中文名	保护级别		备注
马科			
普氏野马	一级		原名"野马"
蒙古野驴	一级		
藏野驴	一级		原名"西藏野驴"
偶蹄目			
骆驼科			原名"驼科"
野骆驼	一级		
鼷鹿科♯			
威氏鼷鹿	一级		原名"鼷鹿"
麝科♯			
安徽麝	一级		
林麝	一级		
马麝	一级		
黑麝	一级		
喜马拉雅麝	一级		
原麝	一级		
鹿科			
獐		二级	原名"河麂"
黑鹿	一级		
贡山麂		二级	
海南麂		二级	
豚鹿	一级		
水鹿		二级	
梅花鹿	一级		仅限野外种群
马鹿		二级	仅限野外种群
西藏马鹿（包括白臀鹿）	一级		
塔里木马鹿	一级		仅限野外种群
坡鹿	一级		
白唇鹿	一级		
麋鹿	一级		
毛冠鹿		二级	
驼鹿	一级		
牛科			
野牛	一级		
爪哇野牛	一级		
野牦牛	一级		
蒙原羚	一级		原名"黄羊"

（续）

中文名	保护级别		备注
藏原羚		二级	
普氏原羚	一级		
鹅喉羚		二级	
藏羚	一级		
高鼻羚羊	一级		
秦岭羚牛	一级		
四川羚牛	一级		
不丹羚牛	一级		
贡山羚牛	一级		原名"扭角羚"
赤斑羚	一级		
长尾斑羚		二级	
缅甸斑羚		二级	
喜马拉雅斑羚	一级		原名"斑羚"
中华斑羚		二级	
塔尔羊	一级		
北山羊		二级	
岩羊		二级	
阿尔泰盘羊		二级	原名"盘羊"
哈萨克盘羊		二级	
戈壁盘羊		二级	
西藏盘羊	一级		
天山盘羊		二级	
帕米尔盘羊		二级	
中华鬣羚		二级	原名"鬣羚"
红鬣羚		二级	
台湾鬣羚	一级		
喜马拉雅鬣羚	一级		
啮齿目			
河狸科			
河狸	一级		
松鼠科			
巨松鼠		二级	
兔形目			
鼠兔科			
贺兰山鼠兔		二级	
伊犁鼠兔		二级	
兔科			

（续）

中文名	保护级别		备注
粗毛兔		二级	
海南兔		二级	
雪兔		二级	
塔里木兔		二级	
海牛目♯			
儒艮科			
＊儒艮	一级		
鲸目♯			
露脊鲸科			
＊北太平洋露脊鲸	一级		
灰鲸科			
＊灰鲸	一级		
须鲸科			
＊蓝鲸	一级		
＊小须鲸	一级		
＊塞鲸	一级		
＊布氏鲸	一级		
＊大村鲸	一级		
＊长须鲸	一级		
＊大翅鲸	一级		
白鱀豚科			
＊白鱀豚	一级		
恒河豚科			
＊恒河豚	一级		
海豚科			
＊中华白海豚	一级		
＊糙齿海豚		二级	
＊热带点斑原海豚		二级	
＊条纹原海豚		二级	
＊飞旋原海豚		二级	
＊长喙真海豚		二级	
＊真海豚		二级	
＊印太瓶鼻海豚		二级	
＊瓶鼻海豚		二级	
＊弗氏海豚		二级	
＊里氏海豚		二级	
＊太平洋斑纹海豚		二级	

（续）

中文名	保护级别		备注
* 瓜头鲸		二级	
* 虎鲸		二级	
* 伪虎鲸		二级	
* 小虎鲸		二级	
* 短肢领航鲸		二级	
鼠海豚科			
* 长江江豚	一级		
* 东亚江豚		二级	
* 印太江豚		二级	
抹香鲸科			
* 抹香鲸	一级		
* 小抹香鲸		二级	
* 侏抹香鲸		二级	
喙鲸科			
* 鹅喙鲸		二级	
* 柏氏中喙鲸		二级	
* 银杏齿中喙鲸		二级	
* 小中喙鲸		二级	
* 贝氏喙鲸		二级	
* 朗氏喙鲸		二级	
鸟纲 Aves			
鸡形目			
雉科			
环颈山鹧鸪		二级	
四川山鹧鸪	一级		
红喉山鹧鸪		二级	
白眉山鹧鸪		二级	
白颊山鹧鸪		二级	
褐胸山鹧鸪		二级	
红胸山鹧鸪		二级	
台湾山鹧鸪		二级	
海南山鹧鸪	一级		
绿脚树鹧鸪		二级	
花尾榛鸡		二级	
斑尾榛鸡	一级		
镰翅鸡		二级	
松鸡		二级	
黑嘴松鸡	一级		原名"细嘴松鸡"

（续）

中文名	保护级别		备注
黑琴鸡	一级		
岩雷鸟		二级	
柳雷鸟		二级	
红喉雉鹑	一级		原名"雉鹑"
黄喉雉鹑	一级		
暗腹雪鸡		二级	
藏雪鸡		二级	
阿尔泰雪鸡		二级	
大石鸡		二级	
血雉		二级	
黑头角雉	一级		
红胸角雉	一级		
灰腹角雉	一级		
红腹角雉		二级	
黄腹角雉	一级		
勺鸡		二级	
棕尾虹雉	一级		
白尾梢虹雉	一级		
绿尾虹雉	一级		
红原鸡		二级	原名"原鸡"
黑鹇		二级	
白鹇		二级	
蓝腹鹇	一级		原名"蓝鹇"
白马鸡		二级	原名"藏马鸡"
藏马鸡		二级	
褐马鸡	一级		
蓝马鸡		二级	
白颈长尾雉	一级		
黑颈长尾雉	一级		
黑长尾雉	一级		
白冠长尾雉	一级		
红腹锦鸡		二级	
白腹锦鸡		二级	
灰孔雀雉	一级		原名"孔雀雉"
海南孔雀雉	一级		
绿孔雀	一级		
雁形目			
鸭科			
栗树鸭		二级	

（续）

中文名	保护级别		备注
鸿雁		二级	
白额雁		二级	
小白额雁		二级	
红胸黑雁		二级	
疣鼻天鹅		二级	
小天鹅		二级	
大天鹅		二级	
鸳鸯		二级	
棉凫		二级	
花脸鸭		二级	
云石斑鸭		二级	
青头潜鸭	一级		
斑头秋沙鸭		二级	
中华秋沙鸭	一级		
白头硬尾鸭	一级		
白翅栖鸭		二级	
鹳鹩目			
鹳鹩科			
赤颈鹳鹩		二级	
角鹳鹩		二级	
黑颈鹳鹩		二级	
鸽形目			
鸠鸽科			
中亚鸽		二级	
斑尾林鸽		二级	
紫林鸽		二级	
斑尾鹃鸠		二级	
菲律宾鹃鸠		二级	
小鹃鸠	一级		原名"棕头鹃鸠"
橙胸绿鸠		二级	
灰头绿鸠		二级	
厚嘴绿鸠		二级	
黄脚绿鸠		二级	
针尾绿鸠		二级	
楔尾绿鸠		二级	
红翅绿鸠		二级	
红顶绿鸠		二级	
黑颏果鸠		二级	

（续）

中文名	保护级别		备注
绿皇鸠		二级	
山皇鸠		二级	
沙鸡目			
沙鸡科			
黑腹沙鸡		二级	
夜鹰目			
蛙口夜鹰科			
黑顶蛙口夜鹰		二级	
凤头雨燕科			
凤头雨燕		二级	
雨燕科			
爪哇金丝燕		二级	
灰喉针尾雨燕		二级	
鹃形目			
杜鹃科			
褐翅鸦鹃		二级	
小鸦鹃		二级	
鸨形目♯			
鸨科			
大鸨	一级		
波斑鸨	一级		
小鸨	一级		
鹤形目			
秧鸡科			
花田鸡		二级	
长脚秧鸡		二级	
棕背田鸡		二级	
姬田鸡		二级	
斑胁田鸡		二级	
紫水鸡		二级	
鹤科♯			
白鹤	一级		
沙丘鹤		二级	
白枕鹤	一级		
赤颈鹤	一级		
蓑羽鹤		二级	
丹顶鹤	一级		
灰鹤		二级	
白头鹤	一级		

（续）

中文名	保护级别		备注
黑颈鹤	一级		
鸻形目			
石鸻科			
大石鸻		二级	
鹮嘴鹬科			
鹮嘴鹬		二级	
鸻科			
黄颊麦鸡		二级	
水雉科			
水雉		二级	
铜翅水雉		二级	
鹬科			
林沙锥		二级	
半蹼鹬		二级	
小杓鹬		二级	
白腰杓鹬		二级	
大杓鹬		二级	
小青脚鹬	一级		
翻石鹬		二级	
大滨鹬		二级	
勺嘴鹬	一级		
阔嘴鹬		二级	
燕鸻科			
灰燕鸻		二级	
鸥科			
黑嘴鸥	一级		
小鸥		二级	
遗鸥	一级		
大凤头燕鸥		二级	
中华凤头燕鸥	一级		原名"黑嘴端凤头燕鸥"
河燕鸥	一级		原名"黄嘴河燕鸥"
黑腹燕鸥		二级	
黑浮鸥		二级	
海雀科			
冠海雀		二级	
鹱形目			
信天翁科			
黑脚信天翁	一级		

（续）

中文名	保护级别		备注
短尾信天翁	一级		
鹳形目			
鹳科			
彩鹳	一级		
黑鹳	一级		
白鹳	一级		
东方白鹳	一级		
秃鹳		二级	
鲣鸟目			
军舰鸟科			
白腹军舰鸟	一级		
黑腹军舰鸟		二级	
白斑军舰鸟		二级	
鲣鸟科#			
蓝脸鲣鸟		二级	
红脚鲣鸟		二级	
褐鲣鸟		二级	
鸬鹚科			
黑颈鸬鹚		二级	
海鸬鹚		二级	
鹈形目			
鹮科			
黑头白鹮	一级		原名"白鹮"
白肩黑鹮	一级		原名"黑鹮"
朱鹮	一级		
彩鹮	一级		
白琵鹭		二级	
黑脸琵鹭	一级		
鹭科			
小苇鳽		二级	
海南鳽	一级		原名"海南虎斑鳽"
栗头鳽		二级	
黑冠鳽		二级	
白腹鹭	一级		
岩鹭		二级	
黄嘴白鹭	一级		
鹈鹕科#			
白鹈鹕	一级		
斑嘴鹈鹕	一级		

（续）

中文名	保护级别		备注
卷羽鹈鹕	一级		
鹰形目♯			
鹗科			
鹗		二级	
鹰科			
黑翅鸢		二级	
胡兀鹫	一级		
白兀鹫		二级	
鹃头蜂鹰		二级	
凤头蜂鹰		二级	
褐冠鹃隼		二级	
黑冠鹃隼		二级	
兀鹫		二级	
长嘴兀鹫		二级	
白背兀鹫	一级		原名"拟兀鹫"
高山兀鹫		二级	
黑兀鹫	一级		
秃鹫	一级		
蛇雕		二级	
短趾雕		二级	
凤头鹰雕		二级	
鹰雕		二级	
棕腹隼雕		二级	
林雕		二级	
乌雕	一级		
靴隼雕		二级	
草原雕	一级		
白肩雕	一级		
金雕	一级		
白腹隼雕		二级	
凤头鹰		二级	
褐耳鹰		二级	
赤腹鹰		二级	
日本松雀鹰		二级	
松雀鹰		二级	
雀鹰		二级	
苍鹰		二级	
白头鹞		二级	

（续）

中文名	保护级别		备注
白腹鹞		二级	
白尾鹞		二级	
草原鹞		二级	
鹊鹞		二级	
乌灰鹞		二级	
黑鸢		二级	
栗鸢		二级	
白腹海雕	一级		
玉带海雕	一级		
白尾海雕	一级		
虎头海雕	一级		
渔雕		二级	
白眼鹰		二级	
棕翅鹰		二级	
灰脸鹰		二级	
毛脚		二级	
大		二级	
普通		二级	
喜山		二级	
欧亚		二级	
棕尾		二级	
鸮形目#			
鸱鸮科			
黄嘴角鸮		二级	
领角鸮		二级	
北领角鸮		二级	
纵纹角鸮		二级	
西红角鸮		二级	
红角鸮		二级	
优雅角鸮		二级	
雪鸮		二级	
雕鸮		二级	
林雕鸮		二级	
毛腿雕鸮	一级		
褐渔鸮		二级	
黄腿渔鸮		二级	
褐林鸮		二级	
灰林鸮		二级	
长尾林鸮		二级	

（续）

中文名	保护级别		备注
四川林鸮	一级		
乌林鸮		二级	
猛鸮		二级	
花头鸺鹠		二级	
领鸺鹠		二级	
斑头鸺鹠		二级	
纵纹腹小鸮		二级	
横斑腹小鸮		二级	
鬼鸮		二级	
鹰鸮		二级	
日本鹰鸮		二级	
长耳鸮		二级	
短耳鸮		二级	
草鸮科			
仓鸮		二级	
草鸮		二级	
栗鸮		二级	
咬鹃目♯			
咬鹃科			
橙胸咬鹃		二级	
红头咬鹃		二级	
红腹咬鹃		二级	
犀鸟目			
犀鸟科♯			
白喉犀鸟	一级		
冠斑犀鸟	一级		
双角犀鸟	一级		
棕颈犀鸟	一级		
花冠皱盔犀鸟	一级		
佛法僧目			
蜂虎科			
赤须蜂虎		二级	
蓝须蜂虎		二级	
绿喉蜂虎		二级	
蓝颊蜂虎		二级	
栗喉蜂虎		二级	
彩虹蜂虎		二级	
蓝喉蜂虎		二级	

（续）

中文名	保护级别		备注
栗头蜂虎		二级	原名"黑胸蜂虎"
翠鸟科			
鹳嘴翡翠		二级	原名"鹳嘴翠鸟"
白胸翡翠		二级	
蓝耳翠鸟		二级	
斑头大翠鸟		二级	
啄木鸟目			
啄木鸟科			
白翅啄木鸟		二级	
三趾啄木鸟		二级	
白腹黑啄木鸟		二级	
黑啄木鸟		二级	
大黄冠啄木鸟		二级	
黄冠啄木鸟		二级	
红颈绿啄木鸟		二级	
大灰啄木鸟		二级	
隼形目♯			
隼科			
红腿小隼		二级	
白腿小隼		二级	
黄爪隼		二级	
红隼		二级	
西红脚隼		二级	
红脚隼		二级	
灰背隼		二级	
燕隼		二级	
猛隼		二级	
猎隼	一级		
矛隼	一级		
游隼		二级	
鹦形目♯			
鹦鹉科			
短尾鹦鹉		二级	
蓝腰鹦鹉		二级	
亚历山大鹦鹉		二级	
红领绿鹦鹉		二级	
青头鹦鹉		二级	
灰头鹦鹉		二级	
花头鹦鹉		二级	

（续）

中文名	保护级别		备注
大紫胸鹦鹉		二级	
绯胸鹦鹉		二级	
雀形目			
八色鸫科♯			
双辫八色鸫		二级	
蓝枕八色鸫		二级	
蓝背八色鸫		二级	
栗头八色鸫		二级	
蓝八色鸫		二级	
绿胸八色鸫		二级	
仙八色鸫		二级	
蓝翅八色鸫		二级	
阔嘴鸟科♯			
长尾阔嘴鸟		二级	
银胸丝冠鸟		二级	
黄鹂科			
鹊鹂		二级	
卷尾科			
小盘尾		二级	
大盘尾		二级	
鸦科			
黑头噪鸦	一级		
蓝绿鹊		二级	
黄胸绿鹊		二级	
黑尾地鸦		二级	
白尾地鸦		二级	
山雀科			
白眉山雀		二级	
红腹山雀		二级	
百灵科			
歌百灵		二级	
蒙古百灵		二级	
云雀		二级	
苇莺科			
细纹苇莺		二级	
鹎科			
台湾鹎		二级	

（续）

中文名	保护级别		备注
莺鹛科			
金胸雀鹛		二级	
宝兴鹛雀		二级	
中华雀鹛		二级	
三趾鸦雀		二级	
白眶鸦雀		二级	
暗色鸦雀		二级	
灰冠鸦雀	一级		
短尾鸦雀		二级	
震旦鸦雀		二级	
绣眼鸟科			
红胁绣眼鸟		二级	
林鹛科			
淡喉鹩鹛		二级	
弄岗穗鹛		二级	
幽鹛科			
金额雀鹛	一级		
噪鹛科			
大草鹛		二级	
棕草鹛		二级	
画眉		二级	
海南画眉		二级	
台湾画眉		二级	
褐胸噪鹛		二级	
黑额山噪鹛	一级		
斑背噪鹛		二级	
白点噪鹛	一级		
大噪鹛		二级	
眼纹噪鹛		二级	
黑喉噪鹛		二级	
蓝冠噪鹛	一级		
棕噪鹛		二级	
橙翅噪鹛		二级	
红翅噪鹛		二级	
红尾噪鹛		二级	
黑冠薮鹛	一级		
灰胸薮鹛	一级		

（续）

中文名	保护级别		备注
银耳相思鸟		二级	
红嘴相思鸟		二级	
旋木雀科			
四川旋木雀		二级	
鸸科			
滇鸸		二级	
巨鸸		二级	
丽鸸		二级	
椋鸟科			
鹩哥		二级	
鸫科			
褐头鸫		二级	
紫宽嘴鸫		二级	
绿宽嘴鸫		二级	
鹟科			
棕头歌鸲	一级		
红喉歌鸲		二级	
黑喉歌鸲		二级	
金胸歌鸲		二级	
蓝喉歌鸲		二级	
新疆歌鸲		二级	
棕腹林鸲		二级	
贺兰山红尾鸲		二级	
白喉石鹛		二级	
白喉林鹟		二级	
棕腹大仙鹟		二级	
大仙鹟		二级	
岩鹨科			
贺兰山岩鹨		二级	
朱鹀科			
朱鹀		二级	
燕雀科			
褐头朱雀		二级	
藏雀		二级	
北朱雀		二级	
红交嘴雀		二级	
鹀科			

（续）

中文名	保护级别		备注
蓝鹀		二级	
栗斑腹鹀	一级		
黄胸鹀	一级		
藏鹀		二级	
爬行纲 Reptilia			
龟鳖目			
平胸龟科♯			
* 平胸龟		二级	仅限野外种群
陆龟科♯			
缅甸陆龟	一级		
凹甲陆龟	一级		
四爪陆龟	一级		
地龟科			
* 欧氏摄龟		二级	
* 黑颈乌龟		二级	仅限野外种群
* 乌龟		二级	仅限野外种群
* 花龟		二级	仅限野外种群
* 黄喉拟水龟		二级	仅限野外种群
* 闭壳龟属所有种		二级	仅限野外种群
* 地龟		二级	
* 眼斑水龟		二级	仅限野外种群
* 四眼斑水龟		二级	仅限野外种群
海龟科♯			
* 蠵龟	一级		
* 绿海龟	一级		
* 玳瑁	一级		
* 太平洋丽龟	一级		
棱皮龟科♯			
* 棱皮龟	一级		
鳖科			
* 鼋	一级		
* 山瑞鳖		二级	仅限野外种群
* 斑鳖	一级		
有鳞目			
壁虎科			
大壁虎		二级	
黑疣大壁虎		二级	

（续）

中文名	保护级别	备注
球趾虎科		
伊犁沙虎	二级	
吐鲁番沙虎	二级	
睑虎科♯		
英德睑虎	二级	
越南睑虎	二级	
霸王岭睑虎	二级	
海南睑虎	二级	
嘉道理睑虎	二级	
广西睑虎	二级	
荔波睑虎	二级	
凭祥睑虎	二级	
蒲氏睑虎	二级	
周氏睑虎	二级	
鬣蜥科		
巴塘龙蜥	二级	
短尾龙蜥	二级	
侏龙蜥	二级	
滑腹龙蜥	二级	
宜兰龙蜥	二级	
溪头龙蜥	二级	
帆背龙蜥	二级	
蜡皮蜥	二级	
贵南沙蜥	二级	
大耳沙蜥	一级	
长鬣蜥	二级	
蛇蜥科♯		
细脆蛇蜥	二级	
海南脆蛇蜥	二级	
脆蛇蜥	二级	
鳄蜥科		
鳄蜥	一级	
巨蜥科♯		
孟加拉巨蜥	一级	
圆鼻巨蜥	一级	原名"巨蜥"
石龙子科		
桓仁滑蜥	二级	

（续）

中文名	保护级别		备注
双足蜥科			
香港双足蜥		二级	
盲蛇科			
香港盲蛇		二级	
筒蛇科			
红尾筒蛇		二级	
闪鳞蛇科			
闪鳞蛇		二级	
蚺科♯			
红沙蟒		二级	
东方沙蟒		二级	
蟒科♯			
蟒蛇		二级	原名"蟒"
闪皮蛇科			
井冈山脊蛇		二级	
游蛇科			
三索蛇		二级	
团花锦蛇		二级	
横斑锦蛇		二级	
尖喙蛇		二级	
西藏温泉蛇	一级		
香格里拉温泉蛇	一级		
四川温泉蛇	一级		
黑网乌梢蛇		二级	
瘰鳞蛇科			
* 瘰鳞蛇		二级	
眼镜蛇科			
眼镜王蛇		二级	
* 蓝灰扁尾海蛇		二级	
* 扁尾海蛇		二级	
* 半环扁尾海蛇		二级	
* 龟头海蛇		二级	
* 青环海蛇		二级	
* 环纹海蛇		二级	
* 黑头海蛇		二级	
* 淡灰海蛇		二级	
* 棘眦海蛇		二级	

（续）

中文名	保护级别		备注
＊棘鳞海蛇		二级	
＊青灰海蛇		二级	
＊平颏海蛇		二级	
＊小头海蛇		二级	
＊长吻海蛇		二级	
＊截吻海蛇		二级	
＊海蝰		二级	
蝰科			
泰国圆斑蝰		二级	
蛇岛蝮		二级	
角原矛头蝮		二级	
莽山烙铁头蛇	一级		
极北蝰		二级	
东方蝰		二级	
鳄目			
鼍科＃			
＊扬子鳄	一级		
两栖纲 Amphibia			
蚓螈目			
鱼螈科			
版纳鱼螈		二级	
有尾目			
小鲵科＃			
＊安吉小鲵	一级		
＊中国小鲵	一级		
＊挂榜山小鲵	一级		
＊猫儿山小鲵	一级		
＊普雄原鲵	一级		
＊辽宁爪鲵	一级		
＊吉林爪鲵		二级	
＊新疆北鲵		二级	
＊极北鲵		二级	
＊巫山巴鲵		二级	
＊秦巴巴鲵		二级	
＊黄斑拟小鲵		二级	
＊贵州拟小鲵		二级	
＊金佛拟小鲵		二级	

（续）

中文名	保护级别		备注
＊宽阔水拟小鲵		二级	
＊水城拟小鲵		二级	
＊弱唇褶山溪鲵		二级	
＊无斑山溪鲵		二级	
＊龙洞山溪鲵		二级	
＊山溪鲵		二级	
＊西藏山溪鲵		二级	
＊盐源山溪鲵		二级	
＊阿里山小鲵		二级	
＊台湾小鲵		二级	
＊观雾小鲵		二级	
＊南湖小鲵		二级	
＊东北小鲵		二级	
＊楚南小鲵		二级	
＊义乌小鲵		二级	
隐鳃鲵科			
＊大鲵		二级	仅限野外种群
蝾螈科			
＊潮汕蝾螈		二级	
＊大凉螈		二级	原名"大凉疣螈"
＊贵州疣螈		二级	
＊川南疣螈		二级	
＊丽色疣螈		二级	
＊红瘰疣螈		二级	
＊棕黑疣螈		二级	原名"细瘰疣螈"
＊滇南疣螈		二级	
＊安徽瑶螈		二级	
＊细痣瑶螈		二级	原名"细痣疣螈"
＊宽脊瑶螈		二级	
＊大别瑶螈		二级	
＊海南瑶螈		二级	
＊浏阳瑶螈		二级	
＊莽山瑶螈		二级	
＊文县瑶螈		二级	
＊蔡氏瑶螈		二级	
＊镇海棘螈	一级		原名"镇海疣螈"
＊琉球棘螈		二级	

（续）

中文名	保护级别		备注
* 高山棘螈		二级	
* 橙脊瘰螈		二级	
* 尾斑瘰螈		二级	
* 中国瘰螈		二级	
* 越南瘰螈		二级	
* 富钟瘰螈		二级	
* 广西瘰螈		二级	
* 香港瘰螈		二级	
* 无斑瘰螈		二级	
* 龙里瘰螈		二级	
* 茂兰瘰螈		二级	
* 七溪岭瘰螈		二级	
* 武陵瘰螈		二级	
* 云雾瘰螈		二级	
* 织金瘰螈		二级	
无尾目			
角蟾科			
抱龙角蟾		二级	
凉北齿蟾		二级	
金顶齿突蟾		二级	
九龙齿突蟾		二级	
木里齿突蟾		二级	
宁陕齿突蟾		二级	
平武齿突蟾		二级	
哀牢髭蟾		二级	
峨眉髭蟾		二级	
雷山髭蟾		二级	
原髭蟾		二级	
南澳岛角蟾		二级	
水城角蟾		二级	
蟾蜍科			
史氏蟾蜍		二级	
鳞皮小蟾		二级	
乐东蟾蜍		二级	
无棘溪蟾		二级	
叉舌蛙科			
* 虎纹蛙		二级	仅限野外种群

（续）

中文名	保护级别		备注
＊脆皮大头蛙		二级	
＊叶氏肛刺蛙		二级	
蛙科			
＊海南湍蛙		二级	
＊香港湍蛙		二级	
＊小腺蛙		二级	
＊务川臭蛙		二级	
树蛙科			
巫溪树蛙		二级	
老山树蛙		二级	
罗默刘树蛙		二级	
洪佛树蛙		二级	
文昌鱼纲 Amphioxi			
文昌鱼目			
文昌鱼科♯			
＊厦门文昌鱼		二级	仅限野外种群。原名"文昌鱼"。
＊青岛文昌鱼		二级	仅限野外种群
圆口纲 Cyclostomata			
七鳃鳗目			
七鳃鳗科♯			
＊日本七鳃鳗		二级	
＊东北七鳃鳗		二级	
＊雷氏七鳃鳗		二级	
软骨鱼纲 Chondrichthyes			
鼠鲨目			
姥鲨科			
＊姥鲨		二级	
鼠鲨科			
＊噬人鲨		二级	
须鲨目			
鲸鲨科			
＊鲸鲨		二级	
鲼目			
魟科			
＊黄魟		二级	仅限陆封种群
硬骨鱼纲 Osteichthyes			
鲟形目♯			

（续）

中文名	保护级别		备注
鲟科			
＊中华鲟	一级		
＊长江鲟	一级		原名"达氏鲟"
＊鳇	一级		仅限野外种群
＊西伯利亚鲟		二级	仅限野外种群
＊裸腹鲟		二级	仅限野外种群
＊小体鲟		二级	仅限野外种群
＊施氏鲟		二级	仅限野外种群
匙吻鲟科			
＊白鲟	一级		
鳗鲡目			
鳗鲡科			
＊花鳗鲡		二级	
鲱形目			
鲱科			
＊鲥	一级		
鲤形目			
双孔鱼科			
＊双孔鱼		二级	仅限野外种群
裸吻鱼科			
＊平鳍裸吻鱼		二级	
亚口鱼科			原名"胭脂鱼科"
＊胭脂鱼		二级	仅限野外种群
鲤科			
＊唐鱼		二级	仅限野外种群
＊稀有鮈鲫		二级	仅限野外种群
＊鯮		二级	
＊多鳞白鱼		二级	
＊山白鱼		二级	
＊北方铜鱼	一级		
＊圆口铜鱼		二级	仅限野外种群
＊大鼻吻鮈		二级	
＊长鳍吻鮈		二级	
＊平鳍鳅鮀		二级	
＊单纹似鱤		二级	
＊金线鲃属所有种		二级	
＊四川白甲鱼		二级	

（续）

中文名	保护级别		备注
* 多鳞白甲鱼		二级	仅限野外种群
* 金沙鲈鲤		二级	仅限野外种群
* 花鲈鲤		二级	仅限野外种群
* 后背鲈鲤		二级	仅限野外种群
* 张氏鲈鲤		二级	仅限野外种群
* 裸腹盲鲃		二级	
* 角鱼		二级	
* 骨唇黄河鱼		二级	
* 极边扁咽齿鱼		二级	仅限野外种群
* 细鳞裂腹鱼		二级	仅限野外种群
* 巨须裂腹鱼		二级	
* 重口裂腹鱼		二级	仅限野外种群
* 拉萨裂腹鱼		二级	仅限野外种群
* 塔里木裂腹鱼		二级	仅限野外种群
* 大理裂腹鱼		二级	仅限野外种群
* 扁吻鱼	一级		原名"新疆大头鱼"
* 厚唇裸重唇鱼		二级	仅限野外种群
* 斑重唇鱼		二级	
* 尖裸鲤		二级	仅限野外种群
* 大头鲤		二级	仅限野外种群
* 小鲤		二级	
* 抚仙鲤		二级	
* 岩原鲤		二级	仅限野外种群
* 乌原鲤		二级	
* 大鳞鲢		二级	
鳅科			
* 红唇薄鳅		二级	仅限野外种群
* 黄线薄鳅		二级	
* 长薄鳅		二级	仅限野外种群
条鳅科			
* 无眼岭鳅		二级	
* 拟鲇高原鳅		二级	仅限野外种群
* 湘西盲高原鳅		二级	
* 小头高原鳅		二级	
爬鳅科			
* 厚唇原吸鳅		二级	
鲇形目			

（续）

中文名	保护级别		备注
鳚科			
＊斑鳢		二级	仅限野外种群
鲇科			
＊昆明鲇		二级	
鲾科			
＊长丝鲾	一级		
钝头鮠科			
＊金氏鮴		二级	
鮡科			
＊长丝黑鮡		二级	
＊青石爬鮡		二级	
＊黑斑原鮡		二级	
＊鮡		二级	
＊红鮡		二级	
＊巨鮡		二级	
鲑形目			
鲑科			
＊细鳞鲑属所有种		二级	仅限野外种群
＊川陕哲罗鲑	一级		
＊哲罗鲑		二级	仅限野外种群
＊石川氏哲罗鲑		二级	
＊花羔红点鲑		二级	仅限野外种群
＊马苏大麻哈鱼		二级	
＊北鲑		二级	
＊北极茴鱼		二级	仅限野外种群
＊下游黑龙江茴鱼		二级	仅限野外种群
＊鸭绿江茴鱼		二级	仅限野外种群
海龙鱼目			
海龙鱼科			
＊海马属所有种		二级	仅限野外种群
鲈形目			
石首鱼科			
＊黄唇鱼	一级		
隆头鱼科			
＊波纹唇鱼		二级	仅限野外种群
鲉形目			
杜父鱼科			

（续）

中文名	保护级别		备注
* 松江鲈		二级	仅限野外种群。原名"松江鲈鱼"
半索动物门 Hemichordata			
肠鳃纲 Enteropneusta			
柱头虫目			
殖翼柱头虫科			
* 多鳃孔舌形虫	一级		
* 三崎柱头虫		二级	
* 短殖舌形虫		二级	
* 肉质柱头虫		二级	
* 黄殖翼柱头虫		二级	
史氏柱头虫科			
* 青岛橡头虫		二级	
玉钩虫科			
* 黄岛长吻虫	一级		
节肢动物门 Arthropoda			
昆虫纲 Insecta			
双尾目			
铗虫八科			
伟铗		二级	
蜉蝣目			
叶蜉科 ♯			
丽叶蜉		二级	
中华叶蜉		二级	
泛叶蜉		二级	
翔叶蜉		二级	
东方叶蜉		二级	
独龙叶蜉		二级	
同叶蜉		二级	
滇叶蜉		二级	
藏叶蜉		二级	
珍叶蜉		二级	
蜻蜓目			
箭蜓科			
扭尾曦春蜓		二级	原名"尖板曦箭蜓"
棘角蛇纹春蜓		二级	原名"宽纹北箭蜓"
缺翅目			
缺翅虫科			

（续）

中文名	保护级别		备注
中华缺翅虫		二级	
墨脱缺翅虫		二级	
蛩蠊目			
蛩蠊科			
中华蛩蠊	一级		
陈氏西蛩蠊	一级		
脉翅目			
旌蛉科			
中华旌蛉		二级	
鞘翅目			
步甲科			
拉步甲		二级	
细胸大步甲		二级	
巫山大步甲		二级	
库班大步甲		二级	
桂北大步甲		二级	
贞大步甲		二级	
蓝鞘大步甲		二级	
滇川大步甲		二级	
硕步甲		二级	
两栖甲科			
中华两栖甲		二级	
长阎甲科			
中华长阎甲		二级	
大卫长阎甲		二级	
玛氏长阎甲		二级	
臂金龟科			
戴氏棕臂金龟		二级	
玛氏棕臂金龟		二级	
越南臂金龟		二级	
福氏彩臂金龟		二级	
格彩臂金龟		二级	
台湾长臂金龟		二级	
阳彩臂金龟		二级	
印度长臂金龟		二级	
昭沼氏长臂金龟		二级	
金龟科			

（续）

中文名	保护级别		备注
艾氏泽蜻螂		二级	
拜氏蜻螂		二级	
悍马巨蜻螂		二级	
上帝巨蜻螂		二级	
迈达斯巨蜻螂		二级	
犀金龟科			
戴叉犀金龟		二级	原名"叉犀金龟"
粗尤犀金龟		二级	
细角尤犀金龟		二级	
胫晓扁犀金龟		二级	
锹甲科			
安达刀锹甲		二级	
巨叉深山锹甲		二级	
鳞翅目			
凤蝶科			
喙凤蝶		二级	
金斑喙凤蝶	一级		
裳凤蝶		二级	
金裳凤蝶		二级	
荧光裳凤蝶		二级	
鸟翼裳凤蝶		二级	
珂裳凤蝶		二级	
楔纹裳凤蝶		二级	
小斑裳凤蝶		二级	
多尾凤蝶		二级	
不丹尾凤蝶		二级	
双尾褐凤蝶		二级	
玄裳尾凤蝶		二级	
三尾褐凤蝶		二级	
玉龙尾凤蝶		二级	
丽斑尾凤蝶		二级	
锤尾凤蝶		二级	
中华虎凤蝶		二级	
蛱蝶科			
最美紫蛱蝶		二级	
黑紫蛱蝶		二级	
绢蝶科			

（续）

中文名	保护级别		备注
阿波罗绢蝶		二级	
君主娟蝶		二级	
大斑霾灰蝶		二级	
秀山霾灰蝶		二级	
蛛形纲 Arachnida			
蜘蛛目			
捕鸟蛛科			
海南塞勒蛛		二级	
肢口纲 Merostomata			
剑尾目			
鲎科♯			
＊中国鲎		二级	
＊圆尾蝎鲎		二级	
软甲纲 Malacostraca			
十足目			
龙虾科			
＊锦绣龙虾		二级	仅限野外种群
软体动物 Molluwdq			
双壳纲 Bivalvia			
珍珠贝目			
珍珠贝科			
＊大珠母贝		二级	仅限野外种群
帘蛤目			
砗磲科♯			
＊大砗磲	一级		原名"库氏砗磲"
＊无鳞砗磲		二级	仅限野外种群
＊鳞砗磲		二级	仅限野外种群
＊长砗磲		二级	仅限野外种群
＊番红砗磲		二级	仅限野外种群
＊砗蚝		二级	仅限野外种群
蚌目			
珍珠蚌科			
＊珠母珍珠蚌		二级	仅限野外种群
蚌科			
＊佛耳丽蚌		二级	
＊绢丝丽蚌		二级	
＊背瘤丽蚌		二级	
＊多瘤丽蚌		二级	

（续）

中文名	保护级别		备注
* 刻裂丽蚌		二级	
截蛏科			
* 中国淡水蛏		二级	
* 龙骨蛏蚌		二级	
头足纲 Cephalopoda			
鹦鹉螺目			
鹦鹉螺科			
* 鹦鹉螺	一级		
腹足纲 Gastropoda			
田螺科			
* 螺蛳		二级	
蝾螺科			
* 夜光蝾螺		二级	
宝贝科			
* 虎斑宝贝		二级	
冠螺科			
* 唐冠螺		二级	原名"冠螺"
法螺科			
* 法螺		二级	
刺胞动物门 Cnidaria			
珊瑚纲 Anthozoa			
角珊瑚目♯			
* 角珊瑚目所有种		二级	
石珊瑚目♯			
* 石珊瑚目所有种		二级	
苍珊瑚目			
苍珊瑚科♯			
* 苍珊瑚科所有种		二级	
软珊瑚目			
笙珊瑚科			
* 笙珊瑚		二级	
红珊瑚科♯			
* 红珊瑚科所有种	一级		
竹节柳珊瑚科			
* 粗糙竹节柳珊瑚		二级	
* 细枝竹节柳珊瑚		二级	
* 网枝竹节柳珊瑚		二级	

（续）

中文名	保护级别	备注
水螅纲 Hydrozoa		
花裸螅目		
多孔螅科 ♯		
＊分叉多孔螅	二级	
＊节块多孔螅	二级	
＊窝形多孔螅	二级	
＊错综多孔螅	二级	
＊阔叶多孔螅	二级	
＊扁叶多孔螅	二级	
＊娇嫩多孔螅	二级	
柱星螅科 ♯		
＊无序双孔螅	二级	
＊紫色双孔螅	二级	
＊佳丽刺柱螅	二级	
＊扇形柱星螅	二级	
＊细巧柱星螅	二级	
＊佳丽柱星螅	二级	
＊艳红柱星螅	二级	
＊粗糙柱星螅	二级	

注：1. 标"＊"者，由渔业行政主管部门主管；未标"＊"者，由林业和草原主管部门主管。

2. 标"♯"者，代表该分类单元所有种均列入名录。

二、《国家保护的有益的或者有重要经济、科学研究价值的陆生野生动物名录》

为贯彻落实《中华人民共和国野生动物保护法》，加强对我国国家和地方重点保护野生动物以外的陆生野生动物资源的保护和管理，根据《中华人民共和国野生动物保护法》（1988 年版）第九条，即"国家保护的有益的或者有重要经济、科学研究价值的陆生野生动物名录，由国务院野生动物行政主管部门制定并公布"的规定，经研究，于 2000 年 5 月在北京召开专家论证会并制定了《国家保护的有益的或者有重要经济、科学研究价值的陆生野生动物名录》（简称"三有名录"），于 2000 年 8 月 1 日以国家林业局令第 7 号发布实施。

《国家保护的有益的或者有重要经济、科学研究价值的野生动物名录》

哺乳纲 Mammalia 6 目 14 科 88 种

鸟纲 Aves 18 目 61 科 707 种

两栖纲 Amphibia 3 目 10 科 291 种

爬行纲 Reptilia 2 目 20 科 395 种

昆虫纲 Insecta 17 目 72 科 120 属另 110 种

合计 5 纲 46 目 177 科 1 591 种 及 昆虫 120 属的所有种和另外 110 种

1. 哺乳纲 6 目 14 科 88 种　刺猬、达乌尔猬、大耳猬、侯氏猬、树鼩、狼、赤狐、沙狐、藏狐、貉、鼬、白鼬、伶鼬、黄腹鼬、小艾鼬、黄鼬、纹鼬、艾鼬、虎鼬、鼬獾、缅甸鼬獾、狗獾、猪獾、大斑灵猫、椰子狸、果子狸、小齿椰子猫、缟灵猫、红颊獴、食蟹獴、云猫、豹猫、野猪、赤鹿、小麂、菲氏麂、毛冠鹿、狍、驯鹿、草兔、灰尾兔、华南兔、东北兔、云南兔、东北黑兔、毛耳飞鼠、复齿鼯鼠、棕鼯鼠、云南鼯鼠、海南鼯鼠、红白鼯鼠、台湾鼯鼠、灰鼯鼠、栗褐鼯鼠、灰背大鼯鼠、白斑鼯鼠、小鼯鼠、沟牙鼯鼠、飞鼠、黑白飞鼠、羊绒鼯鼠、低泡飞鼠、松鼠、赤腹松鼠、黄足松鼠、蓝腹松鼠、金背松鼠、五纹松鼠、白背松鼠、明纹花松鼠、隐纹花松鼠、橙腹长吻松鼠、泊氏长吻松鼠、红颊长吻松鼠、红腿长吻松鼠、橙喉长吻松鼠、条纹松鼠、岩松鼠、侧纹岩松鼠、花鼠、扫尾豪猪、豪猪、云南豪猪、花白竹鼠、大竹鼠、中华竹鼠、小竹鼠、社鼠。

2. 鸟纲 18 目 61 科 707 种　红喉潜鸟、黑喉潜鸟、小鸊鷉、黑颈鸊鷉、凤头鸊鷉、黑脚信天翁、白额鹱、灰鹱、短尾鹱、纯褐鹱、白腰叉尾海燕、黑叉尾海燕、白尾鹲、普通鸬鹚、暗绿背鸬鹚、红脸鸬鹚、小军舰鸟、白斑军舰鸟、苍鹭、草鹭、绿鹭、池鹭、牛背鹭、大白鹭、白鹭、中白鹭、夜鹭、栗鸦、黑冠鸦、黄苇鸦、紫背苇鸦、栗苇鸦、黑鸦、大麻鸦、东方白鹳、秃鹳、大红鹳、黑雁、鸿雁、豆雁、小白额雁、灰雁、斑头雁、雪雁、栗树鸭、赤麻鸭、翘鼻麻鸭、针尾鸭、绿翅鸭、花脸鸭、罗纹鸭、绿头鸭、斑嘴鸭、赤膀鸭、赤颈鸭、白眉鸭、琵嘴鸭、云石斑鸭、赤嘴潜鸭、红头潜鸭、白眼潜鸭、青头潜鸭、凤头潜鸭、斑背潜鸭、棉凫、瘤鸭、小绒鸭、黑海番鸭、斑脸海番鸭、丑鸭、长尾鸭、鹊鸭、白头硬尾鸭、白秋沙鸭、红胸秋沙鸭、普通秋沙鸭、松鸡、雪鹑、石鸡、大石鸡、中华鹧鸪、灰山鹑、斑翅山鹑、高原山鹑、鹌鹑、蓝胸鹑、环颈山鹧鸪、红胸山鹧鸪、绿脚山鹧鸪、红喉山鹧鸪、白颊山鹧鸪、褐胸山鹧鸪、白眉山鹧鸪、台湾山鹧鸪、棕胸竹鸡、灰胸竹鸡、藏马鸡、雉鸡、普通秧鸡、蓝胸秧鸡、红腿斑秧鸡、白喉斑秧鸡、小田鸡、斑胸田鸡、红胸田鸡、斑胁田鸡、红脚苦恶鸟、白胸苦恶鸟、董鸡、黑水鸡、紫水鸡、骨顶鸡、水雉、彩鹬、蛎鹬、凤头麦鸡、灰头麦鸡、肉垂麦鸡、距翅麦鸡、灰斑鸻、金斑鸻、剑鸻、长嘴剑鸻、金眶鸻、环颈鸻、蒙古沙鸻、铁嘴沙鸻、红胸鸻、东方鸻、小嘴鸻、中杓鹬、白腰杓鹬、大杓鹬、黑尾塍鹬、斑尾塍鹬、鹤鹬、红脚鹬、泽鹬、青脚鹬、白腰草鹬、林鹬、小黄脚鹬、矶鹬、灰尾漂鹬、漂鹬、翘嘴鹬、翻石鹬、半蹼鹬、长嘴鹬、孤沙锥、澳南沙锥、林沙锥、针尾沙锥、大沙锥、扇尾沙锥、丘鹬、姬鹬、红腹滨鹬、大滨鹬、红颈滨鹬、西方滨鹬、长趾滨鹬、小滨鹬、青脚滨鹬、斑胸滨鹬、尖尾滨鹬、岩滨鹬、黑腹滨鹬、弯嘴滨鹬、三趾鹬、勺嘴鹬、阔嘴鹬、流苏鹬、鹮嘴鹬、黑翅长脚鹬、反嘴鹬、红颈瓣蹼鹬、灰瓣蹼鹬、石鸻、大石鸻、领燕鸻、普通燕鸻、中贼鸥、黑尾鸥、海鸥、银鸥、灰背鸥、灰翅鸥、北极鸥、渔鸥、红嘴鸥、棕头鸥、细嘴鸥、黑嘴鸥、楔尾鸥、三趾鸥、须浮鸥、白翅浮鸥、鸥嘴噪鸥、红嘴巨鸥、普通燕鸥、粉红燕鸥、黑枕燕鸥、黑腹燕鸥、白腰燕鸥、褐翅燕鸥、乌燕鸥、白额燕鸥、大凤头燕鸥、小凤头燕鸥、白顶玄鸥、白玄鸥、斑海雀、扁嘴海雀、冠海雀、角嘴海雀、毛腿沙鸡、西藏毛腿沙鸡、雪鸽、岩鸽、原鸽、欧鸽、中亚鸽、点斑林鸽、灰林鸽、紫林鸽、黑林鸽、欧斑鸠、山斑鸠、灰斑鸠、珠颈斑鸠、棕斑鸠、火斑鸠、绿翅金鸠、红翅凤头鹃、斑翅凤头鹃、鹰鹃、棕腹杜鹃、四声杜鹃、大杜鹃、中杜鹃、小杜鹃、栗斑杜鹃、八声杜鹃、翠金鹃、紫金鹃、乌鹃、噪鹃、绿嘴地鹃、黑顶蛙嘴鸱、毛腿夜鹰、普通夜鹰、欧夜鹰、中亚夜鹰、埃及夜鹰、长尾夜鹰、林夜鹰、爪哇金丝燕、短嘴金丝燕、大金丝燕、白喉针尾雨燕、普通楼燕、白腰雨燕、小白腰雨燕、棕雨燕、红头咬鹃、红腹咬鹃、普通翠鸟、斑头大翠鸟、蓝翡翠、黄喉蜂虎、栗喉蜂虎、蓝喉蜂虎、蓝须夜蜂虎、蓝胸佛法僧、棕胸佛法僧、三宝鸟、戴胜、大拟啄木鸟、斑头绿拟啄木鸟、黄纹拟啄木鸟、金喉拟啄木鸟、黑眉拟啄木鸟、蓝喉拟啄木鸟、蓝耳拟啄木鸟、赤胸拟啄木鸟、蚁䴕、斑姬啄木鸟、白眉棕啄木鸟、栗啄木鸟、鳞腹啄木鸟、花腹啄木鸟、鳞喉啄木鸟、灰头啄木鸟、红颈啄木鸟、大黄冠啄木鸟、黄冠啄木鸟、金背三趾啄木鸟、竹啄木鸟、大灰啄木鸟、黑啄木鸟、大斑啄木鸟、白翅啄木鸟、黄颈啄木鸟、白背啄木鸟、赤胸啄木鸟、棕腹啄木鸟、纹胸啄木鸟、小斑啄木鸟、星头啄木鸟、小星头啄木鸟、三趾啄木鸟、黄嘴栗啄木鸟、大金背啄木鸟、歌百灵、蒙古百灵、云雀、小云雀、角百灵、褐喉沙燕、崖沙燕、岩燕、纯色岩燕、家燕、洋斑燕、金腰燕、斑腰燕、白腹毛脚燕、烟腹毛脚燕、黑喉毛脚燕、山鹡鸰、黄鹡鸰、黄头鹡鸰、灰鹡鸰、白鹡鸰、日本鹡鸰、印度鹡鸰、田鹨、平原鹀、布莱氏鹀、林鹀、树鹀、北鹀、草地鹀、红喉鹀、粉红胸鹀、水鹀、山鹀、大䳭鸲、暗灰䳭鸲、粉红山椒鸟、小灰山椒鸟、灰山椒鸟、灰喉山椒鸟、长尾山椒鸟、短嘴山椒鸟、赤红山椒鸟、褐背鹟鵙、钩嘴林鵙、凤头雀嘴鹎、领雀嘴鹎、红耳鹎、黄臀鹎、白头鹎、台湾鹎、白喉红臀鹎、短脚鹎、黑翅雀鹎、大绿雀鹎、蓝翅叶鹎、金额叶鹎、橙腹叶鹎、和平鸟、太平鸟、小太平鸟、虎纹伯劳、牛头伯劳、红背伯劳、红尾伯劳、荒漠伯劳、栗背伯劳、棕背伯劳、灰背伯劳、黑额伯劳、灰伯劳、楔尾伯劳、金黄鹂、黑枕黄鹂、黑头黄鹂、朱鹂、鹊色鹂、黑卷尾、灰卷尾、鸦嘴卷尾、古铜色卷尾、发冠卷尾、小盘尾、大盘尾、灰头椋鸟、灰背椋鸟、紫悲椋鸟、北椋鸟、粉红椋鸟、紫翅椋鸟、黑冠椋鸟、丝光椋鸟、灰椋鸟、黑领椋鸟、红嘴椋鸟、斑椋鸟、家八哥、八哥、林八哥、白领八哥、金冠树八哥、鹩哥、黑头噪鸦、短尾绿鹊、蓝绿鹊、红嘴蓝鹊、台湾蓝鹊、灰喜鹊、喜鹊、灰树鹊、白尾地鸦、秃鼻乌鸦、达乌里寒鸦、渡鸦、棕眉山岩鹨、贺兰山岩鹨、栗背短翅鸫、锈腹短翅鸫、日本歌鸲、红尾歌鸲、红喉歌鸲、蓝喉歌鸲、棕头歌鸲、金胸歌鸲、黑喉歌鸲、蓝歌鸲、红肋蓝尾鸲、棕腹林鸲、台湾林鸲、鹊鸲、贺兰山红尾鸲、北红尾鸲、蓝额长脚地鸲、紫宽嘴鸲、绿宽嘴鸲、白喉石即鸟、黑喉石即鸟、黑白林即鸟、台湾紫啸鸫、白眉地鸫、虎斑地鸫、黑胸鸫、灰背鸫、乌灰鸫、棕背黑头鸫、褐头鸫、白腹鸫、斑鸫、白眉歌鸫、宝兴歌鸫、剑嘴鹛、丽星鹩鹛、楔头鹩鹛、宝兴鹛雀、矛纹草鹛、大草鹛、棕草鹛、黑脸噪鹛、白喉噪鹛、白冠噪鹛、小黑领噪鹛、黑领噪鹛、条纹噪鹛、白颈噪鹛、褐胸噪鹛、黑喉噪鹛、黄喉噪鹛、杂色噪鹛、山噪鹛、黑额山噪鹛、灰翅噪鹛、斑背噪鹛、白点噪鹛、大噪鹛、眼纹噪鹛、灰肋噪鹛、棕噪鹛、栗颈噪鹛、斑胸噪鹛、画眉、白颊噪鹛、细纹噪鹛、蓝翅噪鹛、纯色噪鹛、橙翅噪鹛、灰腹噪鹛、黑顶噪鹛、玉山噪鹛、红头噪鹛、丽色噪鹛、赤尾噪鹛、红翅薮鹛、灰胸薮鹛、黄痣薮鹛、银耳相思鸟、红嘴相思鸟、棕腹鵙鹛、灰头斑翅鹛、台湾斑翅鹛、金额雀鹛、黄喉雀鹛、棕头雀鹛、棕喉雀鹛、褐顶雀鹛、灰奇鹛、白耳奇鹛、褐头凤鹛、红嘴鸦雀、三趾鸦雀、褐鸦雀、斑胸鸦雀、点胸鸦雀、白眶鸦雀、棕翅缘鸦雀、褐翅缘鸦雀、暗色鸦雀、灰冠鸦雀、黄额鸦雀、黑喉鸦雀、短尾鸦、黑尾鸦雀、红头鸦雀、灰头鸦雀、震旦鸦雀、山鹛、磷头树莺、巨嘴短翅莺、斑背大尾莺、北蝗莺、矛斑蝗莺、苍眉蝗莺、大苇莺、黑眉苇莺、细纹苇莺、叽咋柳莺、东方叽咋柳莺、林柳莺、黄腹柳莺、棕腹柳莺、灰柳莺、褐柳莺、烟柳莺、棕眉柳莺、巨嘴柳莺、橙斑翅柳莺、黄眉柳莺、黄腰柳莺、甘肃柳莺、四川柳莺、灰喉柳莺、极北柳莺、乌嘴柳莺、暗绿柳莺、双斑绿柳莺、灰脚柳莺、冕柳莺、冠纹柳莺、峨嵋柳莺、海南柳莺、白斑尾柳莺、黑眉柳莺、戴菊、台湾戴菊、宽嘴鹟莺、凤头雀莺、白喉林鹟、白眉姬鹟、黄眉姬鹟、鸲姬鹟、红喉姬鹟、棕腹大仙鹟、乌鹟、灰纹鹟、北灰鹟、褐胸鹟、寿带鸟、紫寿带鸟、大山雀、西域山雀、绿背山雀、台湾黄山雀、黄颊山雀、黄腹山雀、灰蓝山雀、煤山雀、黑冠山雀、褐冠山雀、沼泽山雀、褐头山雀、白眉山雀、红腹山雀、杂色山雀、黄眉林雀、冕雀、银喉长尾山雀、红头长尾山雀、黑眉长尾山雀、银脸长尾山雀、淡紫䴓、巨䴓、丽䴓、滇䴓、攀雀、紫颊直嘴太阳鸟、黄腹花蜜鸟、紫色蜜鸟、蓝枕花蜜鸟、黑胸太阳鸟、黄腰太阳鸟、火尾太阳鸟、蓝喉太阳鸟、绿喉太阳鸟、叉尾太阳鸟、长嘴捕蛛鸟、纹背捕蛛鸟、暗绿绣眼鸟、红胁绣眼鸟、灰腹绣眼鸟、树麻雀、山麻雀、红梅花雀、栗腹文鸟、燕雀、金翅雀、黄雀、白腰朱顶雀、极北朱顶雀、黄嘴、赤胸、桂红头岭雀、粉红腹岭雀、大朱雀、拟大朱雀、红胸朱雀、暗胸朱雀、赤朱雀、沙色朱雀、红腰朱雀、点翅朱雀、棕朱雀、酒红朱雀、玫红眉朱雀、红眉朱雀、曙红朱雀、白眉朱雀、普通朱雀、北朱雀、斑翅朱雀、藏雀、松雀、红交嘴雀、白翅交嘴雀、长尾雀、血雀、金枕黑雀、褐灰雀、灰头灰雀、红头灰雀、灰腹灰雀、红腹灰雀、黑头蜡嘴雀、黑尾蜡嘴雀、锡嘴雀、朱鹀、黍鹀、白头鹀、黑头鹀、褐头鹀、栗鹀、黄胸鹀、黄喉鹀、黄鹀、灰头鹀、硫黄鹀、圃鹀、灰颈鹀、灰眉岩鹀、三道眉草鹀、栗斑腹鹀、栗耳鹀、田鹀、小鹀、黄眉鹀、灰鹀、白眉鹀、藏鹀、红颈苇鹀、苇鹀、芦鹀、蓝鹀、凤头鹀、铁爪鹀、雪鹀

3. 两栖纲 3 目 10 科 291 种　版纳鱼螈、无斑山溪鲵、龙洞山溪鲵、山溪鲵、北方山溪鲵、盐源山溪鲵、安吉小鲵、中国小鲵、台湾小鲵、东北小鲵、满洲小鲵、能高山小鲵、巴鲵、爪鲵、商城肥

鲵、新疆北鲵、秦巴北鲵、极北鲵、呈贡蝾螈、蓝尾蝾螈、东方蝾螈、潮汕蝾螈、滇池蝾螈、琉球棘螈、黑斑肥螈、无斑肥螈、尾斑瘰螈、中国瘰螈、富钟瘰螈、广西瘰螈、香港瘰螈、棕黑疣螈、强婚刺铃蟾、大蹼铃蟾、微蹼铃蟾、东方铃蟾、沙坪无耳蟾、宽头短腿蟾、缅北短腿蟾、平顶短腿蟾、沙巴拟髭蟾、东南亚拟髭蟾、高山掌突蟾、峨山掌突蟾、掌突蟾、腹斑掌突蟾、淡肩角蟾、短肢角蟾、尾突角蟾、大围山角蟾、大花角蟾、腺角蟾、肯氏角蟾、挂墩角蟾、白颌大角蟾、莽山角蟾、小角蟾、南江角蟾、峨眉角蟾、突肛角蟾、粗皮角蟾、凹项角蟾、棘指角蟾、小口拟角蟾、突肛拟角蟾、川北齿蟾、棘疣齿蟾、景东齿蟾、利川齿蟾、大齿蟾、密点齿蟾、峨眉齿蟾、秉志齿蟾、宝兴齿蟾、红点齿蟾、疣刺齿蟾、无蹼齿蟾、乡城齿蟾、高山齿突蟾、西藏齿突蟾、金项齿突蟾、胸腺齿突蟾、贡山齿突蟾、六盘齿突蟾、花齿突蟾、刺胸齿突蟾、宁陕齿突蟾、林芝齿突蟾、平武齿突蟾、皱皮齿突蟾、锡金齿突蟾、圆疣齿突蟾、巍氏齿突蟾、哀牢髭蟾、峨眉髭蟾、雷山髭蟾、刘氏髭蟾、哀牢蟾蜍、华西蟾蜍、盘谷蟾蜍、隐耳蟾蜍、头盔蟾蜍、中华蟾蜍、喜山蟾蜍、沙湾蟾蜍、黑眶蟾蜍、岷山蟾蜍、新疆蟾蜍、花背蟾蜍、史氏蟾蜍、西藏蟾蜍、圆疣蟾蜍、绿蟾蜍、卧龙蟾蜍、鳞皮厚蹼蟾、无棘溪蟾、疣棘溪蟾、华西树蟾、中国树蟾、贡山树蟾、日本树蟾、三港树蟾、华南树蟾、秦岭树蟾、昭平树蟾、云南小狭口蛙、花细狭口蛙、孟连细狭口蛙、北方狭口蛙、花狭口蛙、四川狭口蛙、多疣狭口蛙、大姬蛙、粗皮姬蛙、小弧斑姬蛙、合征姬蛙、饰纹姬蛙、花姬蛙、德力娟蛙、台湾娟蛙、西域湍蛙、崇安湍蛙、棘皮湍蛙、海南湍蛙、香港湍蛙、康定湍蛙、凉山湍蛙、理县湍蛙、棕点湍蛙、突吻湍蛙、四川湍蛙、勐养湍蛙、山湍蛙、华南湍蛙、小湍蛙、绿点湍蛙、武夷湍蛙、北小岩蛙、刘氏小岩蛙、网纹小岩蛙、西藏小岩蛙、高山倭蛙、倭蛙、腹斑倭蛙、尖舌浮蛙、圆舌浮蛙、缅北棘蛙、大吉岭棘蛙、棘腹蛙、错那棘蛙、小棘蛙、眼斑棘蛙、九龙棘蛙、棘臂蛙、刘氏棘蛙、花棘蛙、尼泊尔棘蛙、合江棘蛙、侧棘蛙、棘胸蛙、双团棘胸蛙、弹琴蛙、阿尔泰林蛙、黑龙江林蛙、云南臭蛙、安龙臭蛙、中亚林蛙、版纳蛙、海蛙、昭觉林蛙、中国林蛙、峰斑蛙、仙姑弹琴蛙、海扇威蛙、脆皮蛙、叶邦蛙、无指盘臭蛙、沼蛙、合江臭蛙、桓仁林蛙、日本林蛙、光务臭蛙、大头蛙、昆仑林蛙、阔褶蛙、泽蛙、江城蛙（暂名）、大绿蛙、长肢蛙、龙胜臭蛙、长趾蛙、绿臭蛙、小山蛙、多齿蛙（暂名）、黑斜线蛙、黑斑蛙、黑耳蛙、黑带蛙、金钱蛙、滇蛙、八重山弹琴蛙、隆肛蛙、湖蛙、粗皮蛙、库力昂蛙、桑植蛙、梭德氏蛙、花臭蛙、胫腺蛙、细刺蛙、棕背蛙、台北蛙、滕格里蛙、滇南臭蛙、天台蛙、凹耳蛙、棘肛蛙、竹叶蛙、威宁蛙、雾川臭蛙、明全蛙、日本溪树蛙、海南溪树蛙、壮溪树蛙、背条跳树蛙、琉球跳树蛙、面天跳树蛙、侧条跳树蛙、白斑小树蛙、安氏小树蛙、锯腿小树蛙、黑眼睑小树蛙、金秀小树蛙、陇川小树蛙、墨脱小树蛙、勐腊小树蛙、眼斑小树蛙、白颊小树蛙、红吸盘小树蛙、香港小树蛙、经甫泛树蛙、大泛树蛙、杜氏泛树蛙、棕褶泛树蛙、洪佛泛树蛙、斑腿泛树蛙、无声囊泛树蛙、黑点泛树蛙、峨眉泛树蛙、屏边泛树蛙、普洱泛树蛙、昭觉泛树蛙、民雄树蛙、橙腹树蛙、双斑树蛙、贡山树蛙、大吉岭树蛙、白颌树蛙、莫氏树蛙、伊枷树蛙、翡翠树蛙、黑蹼树蛙、红蹼树蛙、台北树蛙、横纹树蛙、疣腿树蛙、疣足树蛙、瑶山树蛙、马来疣斑树蛙、广西疣斑树蛙、西藏疣斑树蛙

4. 爬行纲2目20科395种　平胸龟、大头乌龟、黑颈水龟、乌龟、黄缘盒龟、黄额盒龟、黄金龟、金头闭壳龟、百色闭壳龟、潘氏闭壳龟、琼崖闭壳龟、周氏闭壳龟、齿缘龟、艾氏拟水龟、黄喉拟水龟、腊戍拟水龟、缺颌花龟、菲氏花龟、中华花龟、锯缘摄龟、眼斑龟、拟眼斑龟、四眼斑龟、缅甸陆龟、砂鳖、东北鳖、小鳖、鳖、斑鳖、隐耳漠虎、新疆漠虎、蝎虎、长裸趾虎、卡西裸趾虎、墨脱裸趾虎、灰裸趾虎、西藏裸趾虎、莎车裸趾虎、截趾虎、耳疣壁虎、中国壁虎、铅山壁虎、多疣壁虎、兰屿壁虎、海南壁虎、蹼趾壁虎、无蹼壁虎、太白壁虎、原尾蜥虎、密疣蜥虎、疣尾蜥虎、锯尾蜥虎、台湾蜥虎、沙坝半叶趾虎、云南半叶趾虎、鳞趾虎、雅美鳞趾虎、新疆沙虎、吐鲁番沙虎、伊犁沙虎、托克逊沙虎、睑虎、凭祥睑虎、长棘蜥、丽棘蜥、短肢树蜥、棕背树蜥、绿背树蜥、蚌西树蜥、西藏树蜥、墨脱树蜥、细鳞树蜥、白唇树蜥、变色树蜥、裸耳飞蜥、斑飞蜥、长肢攀蜥、短肢攀蜥、裸耳攀蜥、草绿攀蜥、宜宾攀蜥、喜山攀蜥、宜兰攀蜥（新拟）、溪头攀蜥、米仓山攀蜥、琉

球攀蜥、丽纹攀蜥、台湾攀蜥、四川攀蜥、昆明攀蜥、云南攀蜥、喜山岩蜥、西藏岩蜥、拉萨岩蜥、新疆岩蜥、塔里木岩蜥、南亚岩蜥、吴氏岩蜥、蜡皮蜥、异鳞蜥、白条沙蜥、叶城沙蜥、红尾沙蜥、南疆沙蜥、草原沙蜥、奇台沙蜥、居岩沙蜥、乌拉尔沙蜥、旱地沙蜥、红原沙蜥、无斑沙蜥、白梢沙蜥、库车沙蜥、大耳沙蜥、宽鼻沙蜥、荒漠沙蜥、、西藏沙蜥、变色沙蜥、青海沙蜥、泽当沙蜥、长鬣蜥、喉褶蜥、草原蜥、台湾脆蛇蜥、细脆蛇蜥、海南脆蛇蜥、脆蛇蜥、孟加拉巨蜥、香港双足蜥、白尾双足蜥、丽斑麻蜥、敏麻蜥、山地麻蜥、喀什麻蜥、网纹麻蜥、密点麻蜥、荒漠麻蜥、快步麻蜥、虫纹麻蜥、捷蜥蜴、胎生蜥蜴、峨眉地蜥、台湾地蜥、崇安地蜥、黑龙江草蜥、台湾草蜥、雪山草蜥、恒春草蜥、北草蜥、南草蜥、蓬莱草蜥、白条草蜥、阿赖山裂脸蜥、光蜥、岩岸岛蜥、黄纹石龙子、中国石龙子、蓝尾石龙子、刘氏石龙子、崇安石龙子、四线石龙子、大渡石龙子、长尾南蜥、多棱南蜥、多线南蜥、昆明滑蜥、长肢滑蜥、台湾滑蜥、喜山滑蜥、桓仁滑蜥、拉达克滑蜥、宁波滑蜥、山滑蜥、康定滑蜥、西域滑蜥、南滑蜥、瓦山滑蜥、锡金滑蜥、秦岭滑蜥、墨脱滑蜥、股鳞蜓蜥、铜蜓蜥、斑蜓蜥、台湾蜓蜥、缅甸棱蜥、广西棱蜥、海南棱蜥、中国棱蜥、白头钩盲蛇、钩盲蛇、大盲蛇、恒春盲蛇、瘰鳞蛇、海南闪鳞蛇、闪鳞蛇、红尾筒蛇、红沙蟒、东疆沙蟒、东方沙蟒、青脊蛇、台湾脊蛇、海南脊蛇、井冈山脊蛇、美姑脊蛇、阿里山脊蛇、棕脊蛇、黑脊蛇、绿脊蛇、无颞鳞腹链蛇、黑带腹链蛇、白眉腹链蛇、绣链腹链蛇、棕网腹链蛇、卡西腹链蛇、瓦屋山腹链蛇、台北腹链蛇、腹斑腹链蛇、八线腹链蛇、丽纹腹链蛇、双带腹链蛇、平头腹链蛇、坡普腹链蛇、棕黑腹链蛇、草腹链蛇、缅北腹链蛇、东亚腹链蛇、白眶蛇、滇西蛇、珠光蛇、绿林蛇、广西林蛇、纹花林蛇、繁花林蛇、尖尾两头蛇、钝尾两头蛇、云南两头蛇、金花蛇、花脊游蛇、黄脊游蛇、纯绿翠青蛇、翠青蛇、横纹翠青蛇、喜山过树蛇、过树蛇、八莫过树蛇、黄链蛇、粉链蛇、赤链蛇、白链蛇、赤峰锦蛇、双斑锦蛇、王锦蛇、团花锦蛇、白条锦蛇、赤腹绿锦蛇、南峰锦蛇、玉斑锦蛇、百花锦蛇、横斑锦蛇、紫灰锦蛇、绿锦蛇、三索锦蛇、红点锦蛇、棕黑锦蛇、黑眉锦蛇、黑斑水蛇、腹斑水蛇、中国水蛇、铅色水蛇、滑鳞蛇、白环蛇、双全白环蛇、老挝白环蛇、黑背白环蛇、细白环蛇、颈棱蛇、水游蛇、棋斑水游蛇、喜山小头蛇、方花小头蛇、菱斑小头蛇、中国小头蛇、紫棕小头蛇、管状小头蛇、台湾小头蛇、昆明小头蛇、圆斑小头蛇、龙胜小头蛇、黑带小头蛇、横纹小头蛇、宁陕小头蛇、饰纹小头蛇、山斑小头蛇、香港后棱蛇、横纹后棱蛇、莽山后棱蛇、广西后棱蛇、沙坝后棱蛇、挂墩后棱蛇、侧条后棱蛇、山溪后棱蛇、福建后棱蛇、老挝后棱蛇、平鳞钝头蛇、棱鳞钝头蛇、钝头蛇、台湾钝头蛇、缅甸钝头蛇、横斑钝头蛇、横纹钝头蛇、喜山钝头蛇、福建钝头蛇、颈斑蛇、缅甸颈斑蛇、福建颈斑蛇、云南颈斑蛇、紫沙蛇、花条蛇、横纹斜鳞蛇、崇安斜鳞蛇、斜鳞蛇、花尾斜鳞蛇、灰鼠蛇、滑鼠蛇、海南颈槽蛇、喜山颈槽蛇、缅甸颈槽蛇、黑纹颈槽蛇、颈槽颈槽蛇、九龙颈槽蛇、红脖颈槽蛇、台湾颈槽蛇、虎斑颈槽蛇、黄腹杆蛇、尖喙蛇、黑头剑蛇、黑领剑蛇、环纹华游蛇、赤链华游蛇、华游蛇、温泉蛇、山坭蛇、小头坭蛇、渔游蛇、黑网乌梢蛇、乌梢蛇、黑线乌梢蛇、金环蛇、银环蛇、福建丽纹蛇、丽纹蛇、台湾丽纹蛇、舟山眼镜蛇、孟加拉眼镜蛇、眼镜王蛇、蓝灰扁尾海蛇、扁尾海蛇、半环扁尾海蛇、棘眦海蛇、棘鳞海蛇、龟头海蛇、青灰海蛇、青环海蛇、环纹海蛇、小头海蛇、黑头海蛇、淡灰海蛇、截吻海蛇、平颏海蛇、长吻海蛇、海蝰、白头蝰、尖吻腹、短尾腹、中介腹、六盘山腹、秦岭腹、岩栖腹、蛇岛腹、高原腹、乌苏里腹、莽山烙铁头蛇、山烙铁头蛇、察隅烙铁头蛇、菜花原柔头蛇、原柔头腹、乡城原柔头腹、白唇竹叶青蛇、台湾竹叶青蛇、墨托竹叶青蛇、竹叶青蛇、西藏竹叶青蛇、云南竹叶青蛇、极北蝰、圆斑蝰、草原蝰

5. 昆虫纲17目72科120属另110种　江西叉突襀、海南华钮襀、吉氏小扁襀、史氏长卷襀、怪螳属（所有种）、魏氏巨蝓、四川无肛蝓、尖峰岭彰蝓、污色无翅刺蝓、叶蝓属（所有种）、广西瘤蝓、褐脊瘤胸蝓、中华仿圆筒蝓、食蚜双突围啮、线斑触啮、黄脊扁角纹蓟马、墨脱埃蛾蜡蝉、红翅梵蜡蝉、漆点旌翅颜蜡蝉、碧蝉属（所有种）、彩蝉属（所有种）、琥珀蝉属（所有种）、硫磺蝉属（所有种）、拟红眼蝉属（所有种）、笃蝉属（所有种）、西藏管尾犁胸蝉、周氏角蝉、新象棘蝉、野核桃声毛管蚜、柳粉虱蚜、田鳖、山字宽盾蝽、海南杆蝓猎蝽、中华脉齿蛉、硕华盲蛇蛉、中华旌蛉、

双锯球胸虎甲、步甲属拉步甲亚属（所有种）、步甲属硕步甲亚属（所有种）、大卫两栖甲、中华两栖甲、大尖鞘叩甲、凹头叩甲、丽叩甲、黔丽叩甲、二斑丽叩甲、朱肩丽叩甲、绿腹丽叩甲、眼纹斑叩甲、豹纹斑叩甲、木棉梳角叩甲、海南硕黄吉丁、红绿金吉丁、北部湾金吉丁、绿点椭圆吉丁、三色红瓢虫、龟瓢虫、李氏长足甲、彩壁金龟属（所有种）、戴褐臂金龟、胫晓扁犀金龟、叉犀金龟属（所有种）、葛蛀犀金龟、细角尤犀金龟、背黑正鳃金龟、群斑带花金龟、褐斑背角花金龟、四斑幽花金龟、中华奥锹甲、巨叉锹甲、幸运锹甲、细点音天牛、红腹膜花天牛、畸腿半鞘天牛、超高萤叶甲、大宽喙象、拟蚤蝼（虫扇）、周氏新蝎蛉、中华石蛾、梵净蛉蛾、井冈小翅蛾、大黄长角蛾、北京举肢蛾、巨燕蛾、紫曲纹灯蛾、陇南桦蛾、半目大蚕蛾、乌桕大蚕蛾、冬青大蚕蛾、黑褐萝纹蛾、喙凤蝶属（所有种）、虎凤蝶属（所有种）、锤尾凤蝶、台湾凤蝶、红斑美凤蝶、旖凤蝶、尾凤蝶属（所有种）、曙凤蝶属（所有种）、裳凤蝶属（所有种）、宽尾凤蝶属（所有种）、燕凤蝶、绿带燕凤蝶、眉粉蝶属（所有种）、最美紫蛱蝶、黑紫蛱蝶、枯叶蛱蝶、绢蝶属（所有种）、黑眼蝶、岳眼蝶属（所有种）、豹眼蝶、箭环蝶属（所有种）、森下交脉环蝶、陕灰蝶属（所有种）、虎灰蝶、大伞弄蝶、古田钉突食虫虻、中国突眼蝇、铜绿狭甲蝇、海南木莲枝角叶蜂、蝙蛾角突姬蜂、黑蓝凿姬蜂、短异潜水蜂、马尾茧蜂、梵净山华甲茧蜂、天牛茧蜂、丽锥腹金小蜂、贵州华颚细蜂、中华新蜂、叶齿金绿泥蜂、双齿多刺蚁、鼎突多刺蚁、伪猛熊蜂、中华蜜蜂

三、我国鸟类特有种及地理分布

我国地大物博，从动物地理区划上看我国是世界上唯一一个占据两大动物地理界（古北界和东洋界）的国家，因此不仅鸟类资源是世界上最丰富的国家，而且特产鸟类和珍禽也多，我国特产鸟类种类及分布见附表2。

附表2 我国特产鸟类种类及分布

种类	地理分布
Anseriformes 雁形目	
Mergus Squamatus 中华秋沙鸭	自内蒙古自治区东北部的呼伦贝尔市向南至广东的整个东部地区、西到四川
Gruiformes 鹤形目	
Gorsachius Magnificus 海南虎斑鳽	安徽、浙江、福建、广西、海南
Galliformes 鸡形目	
Arborophila ardens 海南山鹧鸪	限于海南
A. crudigularis 台湾山鹧鸪	限于台湾
A. gingica 白额山鹧鸪	福建、广东、广西
A. rufipectus 四川山鹧鸪	限于四川西部
Bambusicola thoracica 灰胸竹鸡	长江以南各省区，北至陕西和河南
Chrysolophus amherstiae 铜鸡	由西藏南部向东至贵州西部
C. pictus 金鸡	青海、甘肃、陕西、四川、贵州、云南、湖北、湖南、广西
Crossoptilon auritum 蓝马鸡	青海、宁夏、甘肃、四川
C. harmani 藏马鸡	青海、西藏、四川、云南
C. mantchuricum 褐马鸡	河北、山西
Ithaginis cruentus 血雉	青海、西藏、甘肃、陕西、山西、河南、四川、云南
Lophophorus lhuysii 绿尾虹雉	青海、甘肃、四川
L. sclateri 白尾梢虹雉	西藏、云南

（续）

种类	地理分布
Lophura swinhoii 蓝鹇	台湾
Syrmaticus reevesii 白冠长尾雉	中原地区，北自河北，南至湖南，西至四川，东到安徽
S. ellioti 白颈长尾雉	中国东南部，自安徽南部至广东北部
S. mikado 黑长尾雉	台湾
Tetraophasis obscurus 雉鹑	青海、甘肃、西藏、四川、云南
Bonasa sewerzowi 斑尾榛鹑鸡	青海、甘肃、四川
Tragopan blythii 灰腹角雉	西藏、云南
T. caboti 黄腹角雉	福建、广东、广西
T. melanocephalus 黑头角雉	西藏

Gruiformes 鹤形目

Grus nigricollis 黑颈鹤	青海、西藏、四川、云南、贵州

Lariformes 鸥形目

Thalasseus bernsteini 黑嘴端凤头燕鸥	山东、福建、广东

Passeriformes 雀形目

Acrocephalus sorghophilus 细纹纬莺	辽宁、河北、江苏、湖北、福建
Actinodura souliei 灰头斑翅鹛	四川、云南
Aegithalos fuliginosus 银脸长尾山雀	甘肃、陕西、四川、湖北
Alcippe ruficapilla 棕头雀鹛	甘肃、陕西、四川、云南、贵州
A. striaticollis 高山雀鹛	青海、甘肃、西藏、四川
A. variegaticeps 金额雀鹛	四川、广西
Babax koslowi 棕草鹛	青海、西藏
B. waddelli 大草鹛	西藏
Carpodacus eos 曙红朱雀	青海、四川、云南
C. trifasciatus 斑翅朱雀	西藏、甘肃、陕西、四川、云南
C. vinaceus 酒红朱雀	西藏、甘肃、陕西、四川、云南、贵州、湖北、台湾
Urocissa caerulea 台湾暗蓝鹊	台湾
Emberiza jankowskii 栗斑腹鹀	辽宁、吉林、黑龙江、河北
E. koslowi 藏鹀	青海、西藏
Latoucheornis siemsseni 蓝鹀	甘肃、四川、贵州、安徽、湖北、福建、广东
Niltava hainana 海南蓝仙鹟	云南、广东、广西
Garrulax canorus 画眉	甘肃、陕西、河南以及长江以南地区，包括台湾、海南
G. davidi 山噪鹛	青海、甘肃、宁夏、内蒙古、陕西、山西、河北、河南、四川
G. elliotii 橙翅噪鹛	青海、西藏、甘肃、陕西、四川、云南、贵州、湖北
G. formosus 丽色噪鹛	四川、云南
G. henrici 灰腹噪鹛	西藏
G. lunulatus 斑背噪鹛	甘肃、陕西、四川、云南、湖北
G. maesi 褐胸噪鹛	西藏、四川、云南、贵州、广西、海南

（续）

种类	地理分布
G. maximus 花背噪鹛	青海、西藏、甘肃、四川、云南
G. poecilorhynchar 棕噪鹛	四川、云南、贵州、安徽、浙江、福建、台湾
G. sukatschewi 黑额山噪鹛	甘肃
Heterophasia auricularis 白耳奇鹛	台湾
Kozlowia roborowskii 藏雀	青海
Liocichla omeiensis 灰胸薮鹛	四川
L. steerii 黄胸薮鹛	台湾
Leptopoecile elegans 凤头雀莺	青海、西藏、甘肃、四川
Luscinia pectardens 金胸歌鸲	西藏、甘肃、陕西、四川、云南
L. ruficeps 棕头歌鸲	陕西
Melanocorypha maxima 长嘴百灵	青海、西藏、四川
Montifringilla ruficollis 棕颈雪雀	新疆、青海、西藏、四川
M. taczanowskii 白腰雪雀	青海、西藏、四川
Moupinia poecilotis 宝兴鹛雀	四川、云南
Myiophoneus insularis 台湾紫啸鸫	台湾
Niltava davidi 棕腹大仙鹟	四川、云南、福建、广东、广西
Niltava hainana 海南蓝鹟	云南、广东、海南、广西
Paradoxornis conspicillatus 白眶鸦雀	青海、甘肃、陕西、四川、湖北
P. fulvifrons 黄额鸦雀	西藏、陕西、四川、云南
P. heudei 震旦鸦雀	黑龙江、江苏、浙江、安徽、江西
P. paradoxus 三趾鸦雀	甘肃、陕西、四川
P. przewalskii 灰冠鸦雀	甘肃
P. webbianus 棕头鸦雀	自东北至云南的整个东部地区，包括台湾
P. zappeyi 暗色鸦雀	四川
Parus davidi 红腹山雀	甘肃、陕西、四川、湖北
P. holsti 台湾黄山雀	台湾
P. superciliosus 白眉山雀	青海、西藏、甘肃、四川
P. venustulus 黄腹山雀	黄河流域以南地区，西至甘肃、四川、贵州
Perisoreus internigrans 黑头噪鸦	青海、甘肃、四川
Phoenicurus alaschanicus 贺兰山红尾鸲	青海、甘肃、宁夏、陕西、山西、河南
Podoces biddulphi 白尾地鸦	新疆
P. hendersoni 黑尾地鸦	新疆、青海、甘肃、宁夏、内蒙古
Pseudopodoces humilis 褐背拟地鸦	新疆、青海、西藏、甘肃、四川
Pycnonotus sinensis 白头鹎	陕西、河北、河南、山东一带以南地区，包括台湾和海南
P. taivanus 台湾鹎	台湾
Regulus goodfellowi 台湾戴菊	台湾
Rhinomyias brunneata 白喉林鹟	江苏、浙江、江西、福建、广东、广西

（续）

种类	地理分布
Rhopophilus pekinensis 山鹛	新疆、青海、甘肃、宁夏、内蒙古、辽宁、河北
Scicercus congnitus 绿头鹟莺	福建
S. intermedius 短嘴鹟莺	福建、广东
Sitta villosa 黑头鸸	吉林、辽宁、甘肃、宁夏、陕西、山西、河北
S. yunnanensis 滇鸸	四川、云南
Spizixos semitorques 绿雀嘴鹎	甘肃、陕西、河南以及长江流域以南地区
Tarsiger johnstoniae 栗背林鸲	台湾
Turdus feae 褐头鸫	河北
T. kessleri 棕背鸫	西藏、青海、甘肃、四川、云南
T. mupinensis 宝兴歌鸫	甘肃、陕西、河北、四川
Urocynchramus pylzowi 朱鹀	云南、贵州
Yuhina brunneiceps 褐头凤鹛	台湾
Y. diademata 白领凤鹛	甘肃、陕西、四川、云南、贵州、湖北
Psittaciformes 鹦形目	
Psittacula derbiana 大绯胸鹦鹉	西藏、四川、云南

参　考　文　献

陈品建，2006. 动物生物学［M］. 北京：科学出版社.

陈小麟，方文珍，2012. 动物生物学［M］. 4 版. 北京：高等教育出版社.

丁汉波，1983. 脊椎动物学［M］. 北京：高等教育出版社.

堵南山，1989. 无脊椎动物学［M］. 上海：华东师范大学出版社.

凤凌飞，1991. 内蒙古珍稀濒危动物图谱［M］. 北京：中国农业科学技术出版社.

甘肃农业大学，1997. 草原保护学：草原啮齿动物学［M］. 2 版. 北京：中国农业出版社.

高本刚，1987. 野生毛皮动物——狩猎、驯养、加工［M］. 重庆：科学技术文献出版社.

国家林业局，2008. 中国重点陆生野生动物资源调查［M］. 北京：中国林业出版社.

华中师范学院，南京师范学院，湖南师范学院，1983. 动物学（上、下）［M］. 北京：高等教育出版社.

江静波，1982. 无脊椎动物学［M］. 北京：人民教育出版社.

蒋志刚，2004. 动物行为原理与物种保护方法［M］. 北京：科学出版社.

蒋志刚，2015. 中国哺乳动物多样性及地理分布［M］. 北京：科学出版社.

解谦，2003. 脊椎动物从水生到陆生的结构演变［J］. 山西：山西农业大学学报（04）：383-385.

解生勇，1998. 分子细胞遗传学［M］. 北京：中国农业科学技术出版社.

解焱，汪松，2004. 中国的保护地［M］. 北京：清华大学出版社.

解焱，Andrew T S，2009. 中国兽类野外手册［M］. 长沙：湖南教育出版社.

孔繁瑶，1997. 家畜寄生虫学［M］. 北京：中国农业出版社.

老克利夫兰 P 希克曼，1989. 动物学大全（上、下）［M］. 林琇瑛，译. 北京：科学出版社.

李博，杨持，1995. 草地生物多样性保护研究［M］. 呼和浩特：内蒙古大学出版社.

李难，1983. 生物进化论［M］. 北京：人民教育出版社.

林厚坤，张南奎，1986. 毛皮动物的饲养与管理［M］. 北京：农业出版社.

刘凌云，郑光美，1997. 普通动物学［M］. 3 版. 北京：高等教育出版社.

刘凌云，郑光美，2009. 普通动物学［M］. 4 版. 北京：高等教育出版社.

刘恕，1987. 动物学［M］. 北京：高等教育出版社.

马克勤，郑光美，1984. 脊椎动物比较解剖学［M］. 北京：高等教育出版社.

马勇，王逢桂，金善科，等，1987. 新疆北部地区啮齿动物的分类和分布［M］. 北京：科学出版社.

孟庆闻，缪学祖，俞泰济，等，1989. 鱼类学（形态，分类）［M］. 上海：上海科学技术出版社.

赛道建，2008. 普通动物学［M］. 北京：科学出版社.

上海水产学院，1962. 鱼类学（上、下）［M］. 北京：农业出版社.

尚玉昌，2014. 动物行为学［M］. 2 版. 北京：北京大学出版社.

盛和林，王培潮，祝龙彪，等，1985. 哺乳动物学概论［M］. 上海：华东师范大学出版社.

寿振黄，1962. 中国经济动物志（兽类）［M］. 北京：科学出版社.

万德光，吴家荣，1993. 药用动物学［M］. 上海：上海科学技术出版社.

吴常信，2016. 动物生物学［M］. 北京：中国农业出版社.

吴相钰，陈守良，葛明德，2014. 普通动物学［M］. 4 版. 北京：高等教育出版社.

武汉大学，南京大学，北京师范大学，1978. 普通动物学［M］. 2 版. 北京：高等教育出版社.

谢祚浑，1993. 普通动物学［M］. 北京：高等教育出版社.

许崇任，程红，2000. 动物生物学［M］. 北京：高等教育出版社，施普林格出版社.

许崇任，程红，2008. 动物生物学［M］. 2 版. 北京：高等教育出版社.

薛达元，蒋明康，1994. 中国的保护区建设与管理［M］. 北京：中国环境科学出版社.

杨安峰，1985. 脊椎动物学（上、下）［M］. 北京：北京大学出版社.

杨永章，1961. 鱼类学［M］. 北京：农业出版社.

于洪贤，2001. 两栖爬行动物学［M］. 哈尔滨：东北林业大学出版社.

翟中和，1995. 细胞生物学［M］. 北京：高等教育出版社.

张红卫，王子仁，张士璀，2001. 发育生物学［M］. 北京：高等教育出版社.

张孟闻，黄正一，1987. 脊椎动物学（上、下）［M］. 上海：上海科学技术出版社.

张训蒲，朱伟义，2000. 普通动物学［M］. 北京：中国农业出版社.

张月洪，曹新民，1986. 四十种特种经济动物养殖技术［M］. 北京：人民军医出版社.

赵尔宓，1998. 谈谈我国重点保护的两栖爬行动物［J］. 北京：大自然（5）：6-9.

赵尔宓，1998. 中国濒危动物红皮书. 两栖类和爬行类［M］. 北京：科学出版社.

赵翰文，艾静远，郭文场，1988. 动物学［M］. 沈阳：辽宁教育出版社.

郑生武，1994. 中国西北地区珍稀濒危动物志［M］. 北京：中国林业出版社.

郑作新，1966. 中国经济动物志（鸟类）［M］. 北京：科学出版社.

郑作新，1982. 脊椎动物分类学［M］. 北京：农业出版社.

"中国生物多样性保护行动计划"总报告编写组，1994. 中国生物多样性保护行动计划［M］. 北京：中国环境科学出版社.

周明镇，1979. 脊椎动物进化史［M］. 北京：科学出版社.

周正西，王宝青，1999. 动物学［M］. 北京：中国农业大学出版社.

朱洪文，1979. 组织学［M］. 北京：人民教育出版社.

左仰贤，2001. 动物生物学教程［M］. 北京：高等教育出版社.

Claude A V, Warren F W, Jr, Robert D B, 1984. General Zoology［M］. 6th ed. San Francisco：CBS College Publishing.

Clereland P H, 1973. Biology of the Invertebrates［M］. Saint Louis：The C. V. Mosby Company.

David S, David M H, Craig H H, et al., 2009. Life［M］. 9th ed. New York：W. H. Freeman and Company.

Gerald A, Teresa A, Bruce E B, 2000. Biology［M］. 10th ed. New York：W. H. Freeman and Company.

Hickman C W, Hickman C P Jr, 1972. Biology of animal［M］. Saint Louis：The C V Mosby. company.

Hickman Jr, Larry S R, Susan L K, 1974. Principles of Zoology［M］. Saint Louis：The C. V. Mosby Company.

Mitchell L G, 1998. Zoology［M］. United States：The Benjamim/Cummings Publishing Company, Inc.

Richards O W, Oavies R G, 1977. Imms' General Textbook of Entomology［M］. London：Chapman and Hall Ltd.

Ruth B, Stephen B, 1982. Biology：The Study of Life［M］. United States：Harcourt Brace Tovanovich, Inc.

Scott F, Kim Q, Lizabeth A, 2014. Biological Science［M］. 5th ed. New York：W. H. Freeman and Company.

Tan A P, 1985. Biology of the Invertebrates［M］. Boston：Prindle, Weber & Schmidt.

Wigglesworth V B, 1984. Insect physiology［M］. London：McGraw-Hill Companies, Inc.

William T K, 1980. Biological Science［M］. 3th ed. New York：W. W. Norton & Company, Inc.

图书在版编目（CIP）数据

动物学/武晓东，付和平主编．—2版．—北京：
中国农业出版社，2021.5
普通高等教育农业农村部"十三五"规划教材　全国
高等农林院校"十三五"规划教材
ISBN 978-7-109-23702-5

Ⅰ．①动… Ⅱ．①武… ②付… Ⅲ．①动物学—高等
学校—教材　Ⅳ．①Q95

中国版本图书馆 CIP 数据核字（2020）第 172063 号

动物学　第二版

DONGWUXUE DI-ER BAN

中国农业出版社出版
地址：北京市朝阳区麦子店街 18 号楼
邮编：100125
责任编辑：何　微　文字编辑：耿韶磊
版式设计：杜　然　责任校对：沙凯霖
印刷：中农印务有限公司
版次：2007 年 8 月第 1 版　 2021 年 5 月第 2 版
印次：2021 年 5 月第 2 版北京第 1 次印刷
发行：新华书店北京发行所
开本：889mm×1194mm　1/16
印张：29.5
字数：850 千字
定价：68.50 元